Berichtigungszettel

S. 5, Zeile 1 v. u.:
lies: Seite 386 statt: 385

S. 112, Zeile 7 v. o.:
Hinter „1 mm“ ist zu ergänzen „Flankenwinkel 5°“

S. 188, Zeile 5 v. o.:
Der lange Strich mit dem darüberstehenden n_i über der Gleichung von G_{Bi} (Formel 2b) ist zu streichen

S. 189, Tabelle 1:
In der Zeile für $i = 4$ ist in der Spalte r_i anstelle des Striches das Zeichen ∞ zu setzen

S. 303, unten:
Es ist zu ergänzen: VEB Carl Zeiss JENA

S. 311, Abbildung 5:
Links oben in der Abbildung muß die Einheit richtig heißen μm und nicht μ

S. 355, Abbildung 1:
In der Unterschrift muß es heißen Hz und nicht H_z

S. 380, Zeile 8 v. u.:
In der Gleichung für η muß es in der Doppelsumme des Nenners richtig heißen y_λ und nicht y_x

5327 Optik aller Wellenlängen

PHYSIKALISCHE GESELLSCHAFT
IN DER DEUTSCHEN DEMOKRATISCHEN REPUBLIK

OPTIK ALLER WELLENLÄNGEN

TAGUNG DER PHYSIKALISCHEN GESELLSCHAFT
IN DER DEUTSCHEN DEMOKRATISCHEN REPUBLIK
VOM 2.–5. NOVEMBER 1958 IN JENA

Mit 315 zum Teil farbigen Abbildungen

AKADEMIE-VERLAG · BERLIN
1959

Herausgegeben im Auftrag der Physikalischen Gesellschaft
in der Deutschen Demokratischen Republik

VERANTWORTLICHE REDAKTEURE:

Prof. Dr. Dr. h. c. Paul Görlich
wissensch. Hauptleiter im VEB Carl Zeiss JENA
und Direktor am Institut für Optik und Spektroskopie
der Deutschen Akademie der Wissenschaften zu Berlin

und

Dr. R. Tiedeken
wissensch. Abteilungsleiter im VEB Carl Zeiss JENA

Erschienen im Akademie-Verlag GmbH, Berlin W 1, Leipziger Straße 3–4
Lizenz-Nr. 202 · 100/693/59
Satz und Druck: B. G. Teubner Leipzig (III/18/154)
Bestellnummer: 5357
Printed in Germany
ES 18 B 5

INHALTSVERZEICHNIS

1. Grundlagen

2. Halbleiter

3. Spektroskopie

4. Spektralapparate

10. Spezialfragen der technischen Optik und Randgebiete

J. PICHT, Potsdam-Griebnitzsee

Über eine Verallgemeinerung der SCHRÖDINGER-Gleichung der Wellenmechanik

1. Vorbemerkungen über die mit dem bewegten Elektron verbundenen Wellen

In einer Arbeit, über die ich auszugsweise in Wien und einige Wochen vorher bereits in Potsdam vorgetragen habe,[1]) hatte sich gezeigt, daß die mit einem bewegten Elektron verbundene DE BROGLIE-Welle sehr eigentümlichen Charakter besitzt. Es handelt sich bei ihr – wie ich bereits in der 2. Auflage meiner „ETHEO" gezeigt habe – um eine *in*homogene ebene Welle, die sich in Richtung der Geschwindigkeit, also in Richtung von $\mathfrak{v}$ des Elektrons [gegen den als ruhend betrachteten Beobachter] mit der Phasengeschwindigkeit $\frac{c^2}{v} = u$ ausbreitet [bei $E_{\text{pot}} = 0$], dessen „Flächen gleicher Phase", d. h. dessen Wellenflächen Ebenen senkrecht zu $\mathfrak{v}$ sind, dessen „Flächen gleicher Amplitude" aber keineswegs mit den Flächen gleicher Phase, den Wellenflächen, zusammenfallen, sondern Rotationsellipsoide um den jeweiligen Ort des Elektrons sind, deren Rotationsachse mit der Bewegungsrichtung des Elektrons (gegen den Beobachter) – die als x-Achse gewählt sei – zusammenfällt und die kleine Achse der Ellipsoide bildet, während die beiden zu $\mathfrak{v}$ senkrechten Ellipsoidachsen einander gleich sind.

In jeder der ebenen, zur Bewegungsrichtung des Elektrons senkrechten *Phasenflächen* nimmt die Amplitude also von ihrem Durchstoßungspunkt mit der als geradlinig vorausgesetzten Bahn des Elektrons *nach allen Seiten gleichartig*[2]) [von ihrem Maximalwert im Schnitt der betreffenden Ebene mit der Bahn des Elektrons] ab, in den verschiedenen *bahnsenkrechten* Ebenen aber verschieden stark (Abb. 1-3).

Betrachten wir eine bahnsenkrechte Ebene, also eine der ebenen, bahnsenkrechten Wellenflächen, die das Elektron noch nicht erreicht hat, so sind in ihr die – vom Bahndurchstoßpunkt mit dieser Ebene *in ihr* allseitig gleichartig abnehmenden – Amplituden kleiner als zu einem späteren Zeitpunkt, wenn sich das Elektron dieser herausgegriffenen Ebene stärker genähert hat. Mit zunehmender Annäherung des Elektrons an diese herausgegriffene Ebene wachsen die Amplituden an bis zu *Maximal*werten, die gleichfalls *in den verschiedenen Punkten der Ebene* in Abhängigkeit von ihrem Abstand vom Bahndurchstoßungspunkt *verschieden groß* sind und die erreicht sind, wenn das Elektron *diese herausgegriffene* Ebene *erreicht* hat, d. h. *durchsetzt*, um dann – mit wachsendem Abstand des Elektrons von der betreffenden Ebene wieder in entsprechender Weise abzunehmen.

[1]) Inzwischen erschienen in: Optik **16**, (1959) 257—275

[2]) aber nicht „gleichmäßig"

Dieses sehr merkwürdige Anwachsen und wieder Abnehmen der Amplituden läßt sich mathematisch als eine „Absorption des Mediums" auffassen, wobei der Absorptionskoeffizient zunächst kleiner, später größer als 1 ist und nicht nur von x, sondern auch von $\varrho = \sqrt{y^2 + z^2}$ sowie von t abhängt.

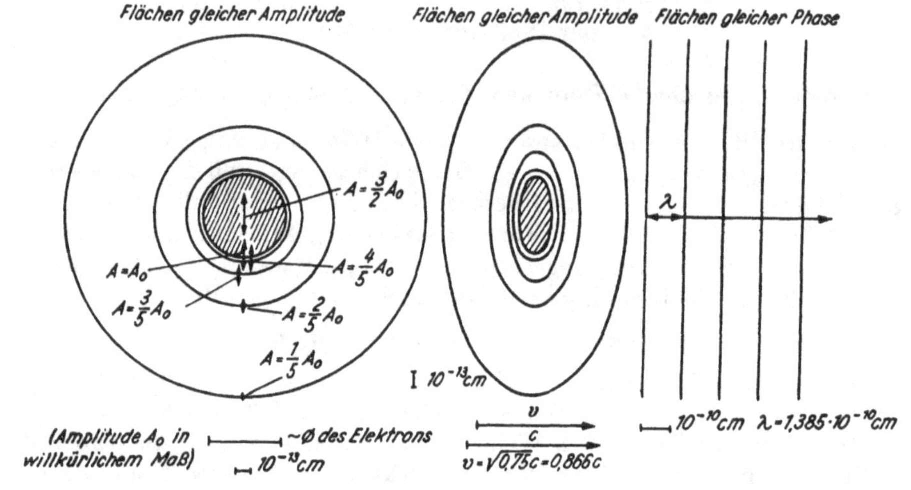

Abb. 1 Schematische Darstellung eines Elektrons (schraffiert) und des mit ihm:

1. in seinem Ruhesystem verbundenen (synchronen) *Schwingungs*vorganges, bei dem die Schwingungsamplituden A *außerhalb* des Elektrons umgekehrt proportional dem Abstand vom Mittelpunkt des Elektrons sind, entsprechend der LAPLACEschen Gleichung, während sie *innerhalb* des „Elektrons" der POISSONschen Gleichung entsprechend bestimmt sind. [Dabei ist in der *Zeichnung angenommen*, daß die in der POISSONschen Gleichung $\Delta\varphi = -4\pi k(x, y, z)$ auftretende Größe $k = \text{const}$ ist.]
2. [oben Mitte und rechts] mit Bezug auf einen Beobachter, gegen den sich das Elektron mit einer Geschwindigkeit v = 0,866 c bewegt, verbundenen *Wellen*vorganges. Bei diesem Wellenvorgang handelt es sich um inhomogene ebene Welle. Während die „Flächen gleicher Phase", also die „Wellenflächen" ebene, zur Bewegungsrichtung des Elektrons senkrechte Flächen sind (rechte Figur), sind die „Flächen gleicher Amplitude" Rotationsellipsoide.
3. [unten Mitte und rechts] mit Bezug auf einen Beobachter, gegen den sich das Elektron mit einer Geschwindigkeit v = 0,97 . . c bewegt, verbundenen Wellenvorganges. [siehe: 2)].

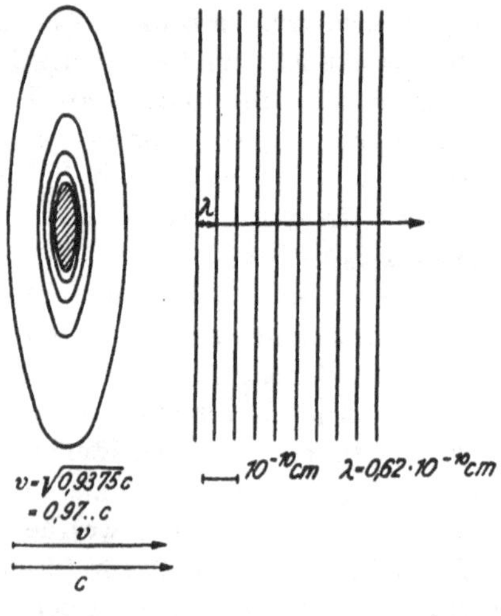

Um die mathematische Gesetzmäßigkeit der Ortsabhängigkeit dieses „gedachten Absorptionskoeffizienten" angeben zu können, kann man wieder vom Ruhsystem des Elektrons ausgehen, für das ja die „Flächen gleicher (Schwingungs-)Amplitude" Kugeln sind und die Amplitudenzu- bzw. -abnahme – cum grano salis¹) – proportional zu $\frac{1}{r_0}$ mit $r_0 \geqq r_0{}^*$ ist. Für das mit der Geschwindigkeit v gegen den ruhenden Beobachter bewegte Elektron ist dann die Amplitude der zugeordneten ebenen, sich in Richtung von $\mathfrak{v}$ ausbreitenden Welle umgekehrt proportional zu

$$\sqrt{\frac{(x - v\,t)^2}{1 - \beta^2} + y^2 + z^2},$$

wo die x-Achse mit der Bewegungsrichtung des Elektrons, also – genauer – mit der Bahn seines Mittelpunktes zusammenfällt und (wie üblich) $\beta = \frac{v}{c}$ gesetzt wurde.

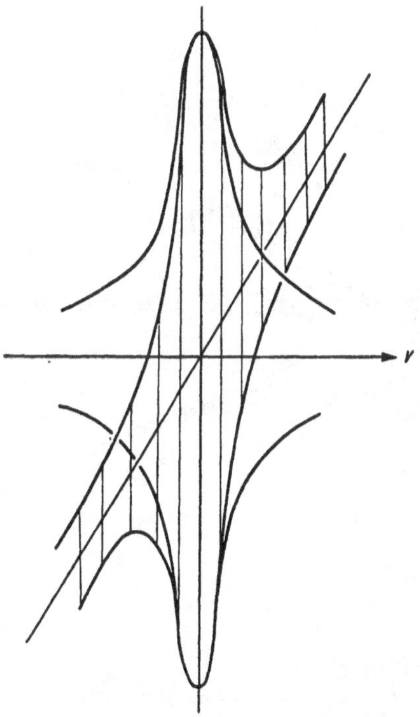

Abb. 2. Veranschaulichung der in und senkrecht zur Bewegungsrichtung des Elektrons (gegen den Beobachter) verschieden schnellen Abnahme der Schwingungsamplitude der mit dem bewegten Elektron verbundenen Welle.

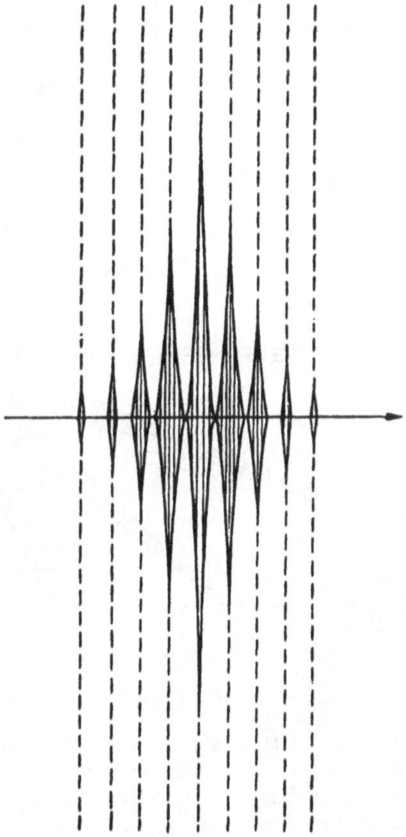

Abb. 3. Eine andere Art der Veranschaulichung der in Abb. 2 dargestellten verschieden schnellen Amplitudenabnahme (in und senkrecht zur Bewegungsrichtung des Elektrons) der mit dem bewegten Elektron verbundenen inhomogenen ebenen Welle.

¹) Nämlich mit Ausnahme des Bereiches innerhalb des Elektrons selbst, wo die „Amplitude"
$A(r_0) \sim \frac{1}{r_0^*}\left(\frac{3}{2} - \frac{1}{2}\,\frac{r_0{}^2}{r_0^{*2}}\right)$ ist, mit $2\,r_0^* =$ Ruhdurchmesser des Elektrons und $r_0 \leqq r_0^*$.

Der – gedachte – „Absorptionskoeffizient“ hat also hier eine sehr komplizierte Form, ganz abgesehen von seiner Veränderlichkeit mit x, y, z, t.

Es ist nun aber möglich, die mit dem bewegten Elektron verbundene de Broglie-Welle als Überlagerung einer *Vielzahl* (einer *zweifach*-unendlichen Mannigfaltigkeit) von *gleichfalls ebenen* Wellen gleicher – und gleichfalls mit $\mathfrak{v}$ des Elektrons zusammenfallender – Ausbreitungsrichtung aufzufassen, deren Flächen gleicher Amplitude nicht (Rotations-)Ellipsoide sondern *Ebenen* sind, wobei diese „Ebenen gleicher Amplitude“ allerdings gegen die zu $\mathfrak{v}$ des Elektrons senkrechten „Ebenen gleicher Phase“ geneigt sind (Abb. 4).

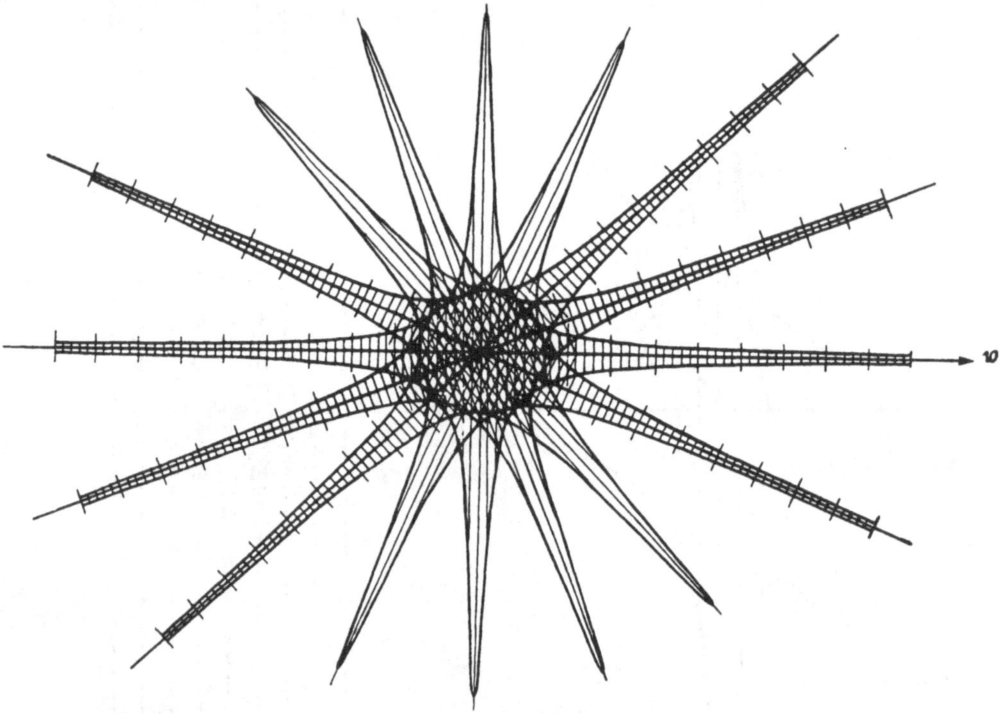

Abb. 4. Darstellung von 4 willkürlich aus der zweifach-unendlichen Mannigfaltigkeit von inhomogenen ebenen Wellen herausgegriffenen Wellen, die durch ihre Überlagerung die dem bewegten Elektron zugeordneteinhomogene ebene Welle ergeben, [bei der die *Flächen gleicher Amplitude Rotationsellipsiode* um den jeweiligen Ort des Elektrons bilden,] während bei *jeder einzelnen der zweifach-unendlich vielen inhomogenen ebenen Wellen* auch die *Flächen gleicher Amplitude ebene* Flächen sind, die aber gegen die — allen zweifach-unendlich vielen inhomogenen ebenen Wellen gemeinsamen — ebenen Flächen gleicher Phase verschieden stark geneigt sind. Zu jeder der 4 willkürlich herausgegriffenen inhomogenen ebenen Wellen ist die zu den ebenen Flächen konstanter Amplitude senkrechte „*Amplitudenflächen*normale“ eingezeichnet. Die zu diesen Amplitudenflächennormalen symmetrisch liegend gezeichneten Kurven geben — in willkürlicher Einheit — die *Größe* der Amplitude in Abhängigkeit vom Abstand der „Flächen gleicher Amplitude“ vom jeweiligen Mittelpunkt des Elektrons.
Die „Flächen gleicher Phase“ aller dieser zweifach unendlich vielen inhomogenen ebenen Wellen fallen zusammen und liegen senkrecht zu $\mathfrak{v}$, der Bewegungsrichtung des Elektrons.

Andererseits kann man die mit dem bewegten Elektron verbundene Welle auch auffassen als Überlagerung einer Vielzahl (einer *einfach*-unendlichen Mannigfaltigkeit) einer Art von Kopfwellen, die sich gleichfalls in Richtung von $\mathfrak{v}$ ausbreiten, deren „Flächen gleicher Phase" also wieder senkrecht zu $\mathfrak{v}$ liegen, deren „Flächen gleicher Amplitude" aber Kreiskegel (von für die einzelnen Kopfwellen *verschiedenem* Öffnungswinkel) sind, wobei die Achsen aller jener Kreiskegel mit $\mathfrak{v}$ zusammenfallen.

Man kann nämlich leicht zeigen, daß sich die Welle, die dem mit einer Geschwindigkeit $\mathfrak{v} = \text{const}$ bewegten Elektron als DE BROGLIE-Welle zugeordnet ist, darstellen läßt z. B. durch das Integral

$$\psi = C \cdot \int\limits_0^{\pi} \frac{2\pi i \nu\left(t - \frac{v}{c^2}x\right)}{\frac{x - vt}{\sqrt{1-\beta^2}}\cot\vartheta + \varrho} \operatorname{cotan}\vartheta \, d\vartheta = C \cdot \int\limits_{-\frac{\pi}{2}}^{+\frac{\pi}{2}} \frac{2\pi i \nu\left(t - \frac{v}{c^2}x\right)}{\frac{x - vt}{\sqrt{1-\beta^2}}\cot\vartheta + \varrho} \operatorname{cotan}\vartheta \, d\vartheta$$

mit
$$\varrho = \sqrt{y^2 + z^2} \quad \text{und} \quad \nu = \frac{mc^2}{h} = \frac{m_0}{\sqrt{1-\beta^2}} \cdot \frac{c^2}{h}.$$

Während die „*Flächen gleicher Phase*" also für *jede* der einzelnen Teilwellen wieder *Ebenen* ($x = \text{const}$) *senkrecht zu* $\mathfrak{v}$ sind, sind die „*Flächen gleicher Amplitude*" hier *gleichfalls* E b e n e n, die allerdings gegen die Phasenflächen (Wellenflächen) unter dem Winkel $\alpha = \operatorname{arc\,tan}(+\sqrt{1-\beta^2}\tan\vartheta)$ geneigt sind, wobei $0 \leqq \vartheta < \pi$ $\left(\text{oder: } -\frac{\pi}{2} \leqq \vartheta \leqq +\frac{\pi}{2}\right)$ ist und die einzelnen Teilwellen durch $\vartheta = \text{const}$ charakterisiert sind.

Jede einzelne dieser ebenen inhomogenen Teilwellen ist jetzt eine Welle, deren Flächen gleicher Amplitude also nicht nur Ebenen sind, sondern für die die *Neigung* jener Ebenen gleicher Amplitude (bei $v = \text{const}$) auch konstant ist, also zeitlich und räumlich unverändert bleibt und den Wert

$$\alpha = \operatorname{arc\,tan}(+\sqrt{1-\beta^2}\tan\vartheta)$$

besitzt. Da – mit $(x - vt) = \xi$ –

$$\frac{\xi}{\sqrt{1-\beta^2}}\cot\vartheta + \varrho = \frac{\xi}{\tan(+\alpha)} + \varrho = \frac{1}{\sin\alpha}(\xi\cos\alpha + \varrho\sin\alpha) = \frac{d}{\sin\alpha}$$

ist, so ist für jede dieser einzelnen ebenen Teilwellen die Amplitude umgekehrt proportional dem Abstande der Amplitudenfläche vom Ort des Elektrons, da für diese „Flächen gleicher Amplitude" jeder einzelnen der Teilwellen ja $\sin\alpha = \text{const}$ gilt.

Für jede einzelne der sich in Richtung von $\mathfrak{v}$ ausbreitenden ebenen Teilwellen, deren Wellenflächen zu $\mathfrak{v}$ orthogonal und deren Amplitudenflächen zu diesen Wellenflächen unter dem Winkel $\alpha = \operatorname{arc\,tan}(+\sqrt{1-\beta^2}\tan\vartheta)$ geneigt sind, können wir also einen – gedachten – Absorptionskoeffizienten annehmen, der von dem *orthogonalen* Abstand jener geneigten Amplitudenflächen vom Ort des Elektrons derart abhängt, daß die Amplituden der einzelnen Amplitudenflächen umgekehrt proportional dem Abstand jener Amplitudenflächen vom jeweiligen Ort des Elektrons sind, so daß also die Amplituden der dem Elektron vorauseilenden Amplitudenflächen zeitlich zunehmen, da der genannte Abstand vom sich bewegenden Elektron ja zunächst mehr und mehr abnimmt. Die Amplituden der dem Elektron folgenden Amplitudenflächen nehmen dagegen zeitlich mehr und mehr ab, da sich für sie der genannte Abstand mehr und mehr vergrößert.

Es ist übrigens zu erwarten – und inzwischen auf meine Veranlassung durch Herrn Joachim Förste auch gezeigt worden –, daß *jede einzelne dieser* ebenen *Teil*wellen mit zu den Wellenflächen geneigten Flächen gleicher Amplitude und mit den umgekehrt zum Abstand jener Amplitudenflächen vom Ort des Elektrons proportionalen, also örtlich und zeitlich veränderlichen Amplitudenwerten sich wird darstellen lassen als „Wellengruppe", d. h. durch Überlagerung von (*Unter-*)Teilwellen *konstanter* Amplitude, gleicher Ausbreitungsrichtung, aber verschiedener Frequenzen $\nu - d\nu < \nu = \frac{m c^2}{h} < \nu + d\nu$, eine Annahme, die evtl. damit zu begründen wäre, daß man das Elektron nicht als starres Gebilde betrachtet, sondern – wie ich es früher bereits aus anderen Überlegungen, nämlich aus der Tatsache folgerte, daß mit einem ruhenden Elektron ein Schwingungsvorgang verbunden ist, der konphas im ganzen Raum schwingt – als „atmendes", wie ich seinerzeit symbolisch sagte, wobei das „Atmen" dann nicht vollharmonisch ist.

Der oben (S. 8) erwähnte „Quasi-Absorptions"-Koeffizient der ebenen Wellen mit ebenen, zu den Phasenflächen geneigten Amplitudenflächen läßt sich übrigens darstellen durch

$$\varkappa = \frac{\lambda}{2\pi d} \ln \left| \frac{x - vt}{\sqrt{1-\beta^2}} \cos\vartheta + \varrho \sin\vartheta \right|$$
$$= \frac{\lambda}{2\pi d} \ln \left| \frac{x_{\text{ret, avanc}}}{\sqrt{1-\beta^2}} \cos\vartheta + \varrho \sin\vartheta \right|,$$

wenn man die Amplitude $A = a e^{-2\pi\varkappa \frac{d}{\lambda}}$ setzt und mit $d = d(\vartheta, t)$ den Abstand der „Flächen konstanter Amplitude" (der betreffenden Teilwelle) vom jeweiligen Ort des Elektrons bezeichnet.

Es ergibt sich so

$$A = A(d, t, \vartheta) = \frac{a}{\left| \frac{x - vt}{\sqrt{1-\beta^2}} \cos\vartheta + \varrho \sin\vartheta \right|} d\vartheta$$
$$= \frac{a}{\left| \frac{x_{\text{ret, avanc}}}{\sqrt{1-\beta^2}} \cos\vartheta + \varrho \sin\vartheta \right|} d\vartheta = \frac{a}{d(t, \vartheta)} d\vartheta$$

wofür man auch schreiben kann

$$\frac{a}{[(x - vt)\cos\alpha + \varrho \sin\alpha]} = \frac{\sin\alpha \sqrt{1-\beta^2}}{1 - \beta^2 \cos^2\alpha} d\alpha$$

mit

$$\alpha = \operatorname{arc\,tan}\left(\sqrt{1-\beta^2} \tan\vartheta\right).$$

2. Die Verallgemeinerung der SCHRÖDINGER-Gleichung

Da die Überlegungen, über die vorstehend kurz berichtet wurde, zeigten, daß man den mit einem bewegten Elektron verbundenen Elektronenwellen einen Quasi-Absorptionskoeffizienten $\varkappa$ zuordnen kann, dessen Größe vom Abstand der „Flächen gleicher Amplitude" vom jeweiligen Ort des Elektrons abhängt, so sei über einen *Versuch* berichtet, die bekannte SCHRÖDINGER-Gleichung der Wellenmechanik nach zwei Richtungen bzw. unter zwei Gesichtspunkten zu verallgemeinern. Der eine Gesichtspunkt besteht darin, daß die Möglichkeit einer Dämpfung der Elektronenwellen in Abhängigkeit von der durchlaufenen Weglänge bei der Ableitung der Gleichung berücksichtigt wird. Der zweite Gesichtspunkt bezieht sich auf die aus dem ersten folgende Berücksichtigung der Amplitudenveränderlichkeit in Abhängigkeit vom Wege und auf die mathematische Methode, die hierfür benutzt wird.

Wir gehen aus von einer einem bewegten Teilchen zugeordneten orts- und zeitabhängigen ebenen Welle

$$\begin{aligned}\Psi &= A\,e^{\frac{2\pi i}{h}(S-Et)} = A\,e^{iW^*(x,y,z,t)}\\ &= \psi e^{-\frac{2\pi i}{h}Et} \quad \text{mit} \quad \psi = A e^{\frac{2\pi i}{h}S}\end{aligned} \tag{1}$$

$$\text{mit } E = h\nu\,, \quad A = A(x,y,z)\,, \quad S = S(x,y,z)\,, \quad W^* = \frac{W}{\hbar} = 2\pi\frac{S-Et}{h} \tag{2}$$

und einer Dämpfungskonstante σ.

Als *Bezugs*medium (B), für das in der *Licht*optik das *Vakuum* gewählt wird, wählen wir für Elektronenwellen wieder – wie üblich[1]) – das „Medium", in dem die Phasengeschwindigkeit u_B der Elektronenwellen der Gesamtenergie E den Wert

$$u_B = \frac{E}{m_0\,c}\,, \tag{3}$$

die Teilchengeschwindigkeit der Elektronen also den Wert $v_B = c\sqrt{\frac{1}{2}}$ hat. Die zugehörige Wellenlänge der Elektronenwelle ist

$$\lambda_B = \frac{h}{m_0\,c}\,, \tag{4}$$

die Kreiswellenzahl also

$$k_B = 2\pi\frac{m_0\,c}{h}\,. \tag{5}$$

Diese (bzw. die ihnen entsprechenden) für die Elektronenwellen charakteristischen Größen haben in einem beliebigen Potentialfeld bzw. an einer Stelle in diesem, an der die Elektronen die potentielle Energie E_{pot} und die Geschwindigkeit v besitzen, die Werte

$$u = \frac{E}{mv}\,, \quad \lambda = \frac{h}{mv}\,, \quad k = 2\pi\frac{mv}{h}\,. \tag{6}$$

[1]) s. z. B.: J. PICHT, Vorlesungen über Atomphysik II, Berlin 1957 oder: J. PICHT, Einführung in die Theorie der Elektronenoptik, Leipzig 1957.

Für den „Brechungsindex" an jener Stelle gilt bekanntlich

$$\begin{aligned} n &= \frac{u_B}{u} = \frac{\lambda_B}{\lambda} \\ &= \frac{1}{E_0} \sqrt{(E - E_{\text{pot}})^2 - E_0^2}\,, \end{aligned} \tag{7}$$

worin noch $E_0 = m_0 c^2$ die Ruhenergie des Elektrons ist.

Für ψ leitet man leicht aus der für isotope absorbierende Medien geltenden Wellengleichung

$$\Delta \Psi - \frac{n^2}{u_B{}^2} \ddot{\Psi} - \frac{4\pi\sigma}{u_B{}^2} \dot{\Psi} = 0 \tag{8}$$

mit Berücksichtigung von (1) die für ψ geltende Schwingungsgleichung

$$\Delta \psi + \frac{1}{u_B{}^2} (n^2 \omega^2 + i \cdot 4\pi \sigma \omega)\, \psi = 0 \tag{9}$$

ab, die für $\sigma = 0$ in die gewöhnlich für die Behandlung in der Wellenmechanik benutzte Gleichung

$$\Delta \psi + \frac{n^2 \omega^2}{u_B{}^2} \psi \equiv \Delta \psi + k^2 \psi = 0 \tag{10}$$

übergeht.

Wir wollen bei den nachstehenden Überlegungen im Interesse der allgemeineren Gültigkeit das Dämpfungsglied $i \cdot \frac{4\pi\sigma\omega}{u_B{}^2} \psi$ beibehalten, also von (9) ausgehen. Diese Gleichung läßt sich mit (5), (6), (3), (4) und (7) in der Form schreiben

$$\Delta \psi + \frac{4\pi^2}{h^2} m_0 \frac{(E - E_{\text{pot}})^2 - E_0^2}{E_0} \left[1 + 2i \frac{\sigma}{\nu} \frac{E_0^2}{(E - E_{\text{pot}})^2 - E_0^2} \right] \psi = 0\,, \tag{11}$$

wobei noch berücksichtigt wurde, daß

$$\left(\frac{m_0}{m_{\text{kin}}}\right)^2 = \frac{E_0^2}{(E_0 + E_{\text{kin}})^2} = \left(\frac{m_0}{m_{\text{pot}}}\right)^2 = \frac{E_0^2}{(E - E_{\text{pot}})^2}, \quad \left(\frac{m_0}{m}\right)^2 = \left(\frac{m_0}{m_{\text{pot}}}\right)^2 = \frac{E_0^2}{E^2}$$

ist.

Statt (11) schreiben wir besser

$$\Delta \psi + \left[\frac{4\pi^2}{h^2} m_0 \frac{(E - E_{\text{pot}})^2 - E_0^2}{E_0} + i\sigma \frac{8\pi^2}{h} m_0 \frac{E_0}{E} \right] \psi = 0 \tag{12}$$

und setzen hier $\psi = A e^{\frac{2\pi i}{h} S}$, wo $A^2 = \psi\psi^*$ als Intensität der Welle mit der Anzahl der Elektronen pro Raumeinheit, also mit der Dichte ϱ der Elektronenstrahlung zu identifizieren, also $A = \sqrt{\varrho}$ zu setzen ist.

Multiplizieren wir (12) noch mit $\frac{h^2}{4\pi^2 m_0}$ und lassen den Faktor $e^{\frac{2\pi i}{h} S}$ $(\neq 0)$ vorübergehend fort, so lautet unsere Gleichung (12) jetzt, wenn wir sie noch mit $\frac{1}{m_0 c^2}$ $(= E_0^{-1})$ multiplizieren und $\frac{h}{m_0 c} = \lambda_B$ setzen:

$$\begin{aligned} & i\frac{\lambda_B}{2\pi} A \cdot \varDelta\left(\frac{S}{m_0 c}\right) - A\left(\nabla \frac{S}{m_0 c}\right)^2 + i\frac{\lambda_B}{\pi} \nabla A \nabla\left(\frac{S}{m_0 c}\right) \\ & + \frac{\lambda_B^2}{4\pi^2} \varDelta A + \frac{(E - E_{\mathrm{pot}})^2 - E_0^2}{E_0^2} A \\ & + i\sigma\frac{2\lambda_B^2}{h} A\, m_0 \frac{E_0}{E} = 0 . \end{aligned} \tag{13}$$

Hierin ist noch

$$A = \sqrt{\varrho}; \quad \nabla A = \frac{1}{2}\frac{\nabla\varrho}{\sqrt{\varrho}}; \quad \varDelta A = \frac{1}{2}\frac{\varDelta\varrho}{\sqrt{\varrho}} - \frac{1}{4}\frac{(\nabla\varrho)^2}{\varrho\sqrt{\varrho}}. \tag{14}$$

Dies setzen wir in (13) ein und multiplizieren die so erhaltene Gleichung mit $\sqrt{\varrho}\ (= A)$. Anschließend trennen wir vorübergehend[1]) Realteil und Imaginärteil und erhalten so – wenn wir den *Real*teil gleich noch *durch* ϱ, den Imaginärteil durch $i\varrho\frac{\lambda_B}{2\pi}$ dividieren und in *diesem* das noch vor der {}-Klammer als Faktor verbleibende

$$\lambda_B = \frac{h}{m_0 c} = \frac{hc}{E_0} \quad \text{sowie} \quad \frac{(E - E_{\mathrm{pot}})^2 - E_0^2}{E_0^2} = n^2 \quad \text{setzen –}$$

$$\left(\nabla\frac{S}{m_0 c}\right)^2 - \frac{\lambda_B^2}{8\pi^2}\left[\frac{\varDelta\varrho}{\varrho} - \frac{1}{2}\left(\frac{\nabla\varrho}{\varrho}\right)^2\right] - n^2 = 0 \qquad \Big|\cdot\psi \tag{15r}$$

$$\varDelta\left(\frac{S}{m_0 c}\right) + \frac{\nabla\varrho}{\varrho}\nabla\left(\frac{S}{m_0 c}\right) + \sigma\frac{4\pi}{c}\frac{E_0}{E} = 0 \qquad \Big|\cdot i\frac{\lambda_B}{2\pi}\psi \tag{15i}$$

Der bei (15i) angemerkte Faktor $i\frac{\lambda_B}{2\pi}\left(= i\frac{\hbar}{m_0 c} \text{ mit } \hbar = \frac{h}{2\pi}\right)$ soll nur daran erinnern, daß – außer dem im *Real- und* im *Imaginär*teil gemeinschaftlich fortgelassenen Faktor $\psi = A e^{\frac{2\pi i}{h}S}$ – im Imaginärteil noch zusätzlich der Faktor $i\frac{\lambda_B}{2\pi}$ fortgelassen wurde.

Da $\quad \dfrac{\nabla\varrho}{\varrho} = 2\dfrac{\nabla(\sqrt{\varrho})}{\sqrt{\varrho}} \quad$ und $\quad \dfrac{\varDelta\varrho}{\varrho} = 2\left[\dfrac{\varDelta(\sqrt{\varrho})}{\sqrt{\varrho}} + \left(\dfrac{\nabla(\sqrt{\varrho})}{\sqrt{\varrho}}\right)^2\right]\quad$ ist,

lassen sich die Gleichungen (15r), (15i) auch schreiben

$$\left(\nabla\frac{S}{m_0 c}\right)^2 - \frac{\lambda_B^2}{4\pi^2}\frac{1}{\sqrt{\varrho}}\varDelta(\sqrt{\varrho}) - n^2 = 0, \qquad \Big|\cdot\psi \tag{16r}$$

$$\varDelta\left(\frac{S}{m_0 c}\right) + \nabla\left(\frac{S}{m_0 c}\right)\frac{2}{\sqrt{\varrho}}\nabla(\sqrt{\varrho}) + \sigma\frac{4\pi}{c}\frac{E_0}{E} = 0 \qquad \Big|\cdot i\frac{\lambda}{2\pi}\psi \tag{16i}$$

Diese Gleichungen entsprechen den Gleichungen (8b), (9b) S. 149 meiner „Vorlesungen über Atomphysik" Bd. II, deren Erweiterung für den Fall einer vorhandenen Dämpfung (σ) der Elektronenwellen sie darstellen. Für $\sqrt{\varrho}$ können wir uns überall A geschrieben denken, wobei $A = |\psi| = \sqrt{\psi\psi^*}$ und $\psi = A e^{\frac{2\pi i}{h}S}$ ist.

[1]) Da wir die Gleichungen später wieder zusammenfassen werden, sei der zunächst fortgelassene gemeinsame Faktor jeweils hinter dem an Ende der Gleichungen gesetzten | angemerkt.

Nun ist

$$\frac{\partial}{\partial x}\psi = \left(\frac{2\pi i}{h}\frac{\partial S}{\partial x} + \frac{1}{A}\frac{\partial A}{\partial x}\right)\psi,$$

so daß sich ergibt

$$\begin{aligned}\frac{\partial S}{\partial x}\psi &= \frac{h}{2\pi i}\left(\frac{\partial}{\partial x} - \frac{1}{A}\frac{\partial A}{\partial x}\right)\psi = \frac{h}{2\pi i}\left(\frac{\partial}{\partial x} - \frac{1}{|\psi|}\frac{\partial|\psi|}{\partial x}\right)\psi \\ &= \frac{h}{2\pi i}\left(\frac{\partial}{\partial x} - \frac{1}{2}\left[\frac{1}{\psi}\frac{\partial\psi}{\partial x} + \frac{1}{\psi^*}\frac{\partial\psi^*}{\partial x}\right]\right)\psi.\end{aligned} \tag{17}$$

Ferner ist

$$\begin{aligned}\frac{\partial^2}{\partial x^2}\psi = &\left[\frac{2\pi i}{h}\frac{\partial^2 S}{\partial x^2} + \frac{1}{A}\frac{\partial^2 A}{\partial x^2} - \underline{\frac{1}{A^2}\left(\frac{\partial A}{\partial x}\right)^2}\right]\psi \\ &+ \left[-\frac{4\pi^2}{h^2}\left(\frac{\partial S}{\partial x}\right)^2 + \frac{4\pi i}{h}\frac{1}{A}\frac{\partial S}{\partial x}\frac{\partial A}{\partial x} + \underline{\frac{1}{A^2}\left(\frac{\partial A}{\partial x}\right)^2}\right]\psi,\end{aligned}$$

wo sich die beiden ——-Glieder gegenseitig aufheben, so daß

$$\frac{\partial^2 S}{\partial x^2}\cdot\psi = \frac{h}{2\pi i}\left[\frac{\partial^2}{\partial x^2} - \frac{1}{A}\frac{\partial^2 A}{\partial x^2} + \frac{4\pi^2}{h^2}\left(\frac{\partial S}{\partial x}\right)^2 - \frac{4\pi i}{h}\frac{1}{A}\frac{\partial A}{\partial x}\frac{\partial S}{\partial x}\right]\psi \tag{18}$$

wird.

Aus (17) wollen wir nun die Folgerung ziehen, daß wir $\frac{\partial S}{\partial x}$ und – in Verbindung mit den zu $\frac{\partial S}{\partial x}$ analogen Beziehungen für $\frac{\partial S}{\partial y}$ und $\frac{\partial S}{\partial z}$ – allgemeiner: daß wir ∇S *als auf* ψ *anzuwendenden „Operator"* ansehen können, wo der *Operator* $\underset{\overset{\smile}{0}}{\nabla S}$ definiert ist durch

$$\underset{\overset{\smile}{0}}{\nabla S} = \frac{h}{2\pi i}\left(\nabla - \frac{1}{A}\nabla A\right) = \frac{h}{2\pi i}\left(\nabla - \frac{1}{2}\left[\frac{1}{\psi}\nabla\psi + \frac{1}{\psi^*}\nabla\psi^*\right]\right). \tag{19}$$

Hieraus folgern wir zunächst, daß der Quadrat-Operator $(\underset{\overset{\smile}{0}}{\nabla S})^2 = (\underset{\overset{\smile}{0}}{\nabla S})(\underset{\overset{\smile}{0}}{\nabla S})$ zu bilden ist, indem man bei der Produktbildung auf die Reihenfolge der Faktoren achtet, so daß also

$$\begin{aligned}(\underset{\overset{\smile}{0}}{\nabla S})^2 &= -\frac{h^2}{4\pi^2}\left(\nabla - \frac{1}{A}\nabla A\right)\left(\nabla - \frac{1}{A}\nabla A\right) \\ &= -\frac{h^2}{4\pi^2}\left[\Delta - \frac{1}{A}\nabla A\,\nabla - \nabla\left(\frac{1}{A}\nabla A\right) + \frac{1}{A^2}(\nabla A)^2\right].\end{aligned} \tag{20}$$

Wird dieser „Operator" $(\underset{\overset{\smile}{0}}{\nabla S})^2$ auf ψ angewandt, so sind also nur bei den beiden ersten Gliedern die entsprechenden Differentiationen von ψ durchzuführen, während bei dem dritten und vierten Glied das ψ nur als reiner Faktor hinzutritt.

Diese „Operator-Deutung" ist natürlich eine Hypothese, die zwar naheliegt, sich aber wohl kaum einwandfrei beweisen läßt, sondern sich nur durch seine Auswirkungen auf das Ergebnis und dessen Vergleich mit experimentellen Ergebnissen prüfen läßt.

Um ΔS einen Operator $\underset{\substack{\smile\\0}}{\Delta S}$ zuzuordnen, sind zunächst zwei verschiedene Überlegungen *denkbar*. *Entweder* gehen wir aus von der Beziehung $\Delta S = \nabla(\nabla S)$, so daß

$$\underset{\substack{\smile\\0}}{\Delta S} = \nabla(\underset{\substack{\smile\\0}}{\nabla S}) = \frac{h}{2\pi i}\left[\Delta - \frac{1}{A}\Delta A + \frac{1}{A^2}(\nabla A)^2\right]$$

$$= -i\hbar\left[\Delta - \frac{1}{A}\Delta A + \frac{1}{A^2}(\nabla A)^2\right], \qquad (21_I)$$

oder wir haben aus (18) mit Berücksichtigung von (19) und (20) und den analogen Gleichungen für $\frac{\partial^2 S}{\partial y^2}$ und $\frac{\partial^2 S}{\partial z^2}$ den – auf ψ anzuwendenden – Operator $\underset{\substack{\smile\\\smile\\0}}{\Delta S}$ zu bestimmen.

Wir würden nach dieser *zweiten* Überlegung für $\underset{\substack{\smile\\\smile\\0}}{\Delta S}$ erhalten

$$\underset{\substack{\smile\\\smile\\0}}{\Delta S} = \frac{h}{2\pi i}\left[\Delta - \frac{1}{A}\Delta A + \frac{4\pi^2}{h^2}(\underset{\substack{\smile\\0}}{\nabla S})^2 - \frac{4\pi i}{h}\frac{1}{A}\nabla A\,\underset{\substack{\smile\\0}}{\nabla S}\right],$$

oder – wenn wir noch die Werte von $\underset{\substack{\smile\\0}}{\nabla S}$ und $(\underset{\substack{\smile\\0}}{\nabla S})^2$ hier einsetzen –

$$\underset{\substack{\smile\\\smile\\0}}{\Delta S} = \frac{h}{2\pi i}\left[-\frac{1}{A}\Delta A - \frac{1}{A}\nabla A\nabla + \nabla\left(\frac{1}{A}\nabla A\right) + \frac{1}{A^2}(\nabla A)^2\right].$$

Nun ist $\nabla\left(\frac{1}{A}\nabla A\right) = -\frac{1}{A^2}(\nabla A)^2 + \frac{1}{A}\Delta A$, so daß sich der Ausdruck für $\underset{\substack{\smile\\\smile\\0}}{\Delta S}$ noch vereinfacht zu

$$\underset{\substack{\smile\\\smile\\0}}{\Delta S} = -\frac{h}{2\pi i}\frac{1}{A}\nabla A\nabla\left(= -\frac{h}{2\pi i}\frac{1}{2}\left[\frac{1}{\psi}\nabla\psi + \frac{1}{\psi^*}\nabla\psi^*\right]\nabla\right), \qquad (21_{II})$$

worin – ebenso wie in (19) und (20) – noch $A = \sqrt{\varrho} = \sqrt{\psi\psi^*}$ gesetzt werden kann.

Diese Ausdrücke (19), (20), (21_I) bzw. (21_{II}) führen wir nun in die Gleichungen (16r) und (16i) ein[1]), *indem wir diese Gleichungen als auf ψ anzuwendende Operatorgleichungen* ansehen, also den oben – vor Gleichung (13) – fortgelassenen Faktor $e^{\frac{2\pi i}{h}S}$ sowie den bei dem Übergang von (13) zu den beiden Gleichungen (15r) und (15i) durch Multiplikation mit $\sqrt{\varrho} = A$ und Division beider Teilgleichungen durch $\varrho = A^2$ fortgelassenen *Faktor A wieder hinzufügen*. Wir erhalten dann:
aus (16r) mit (20)

$$\left[\Delta - \frac{1}{A}\nabla A\nabla - \nabla\left(\frac{1}{A}\nabla A\right) + \frac{1}{A^2}(\nabla A)^2 + \frac{1}{A}\Delta A + \frac{4\pi^2 n^2}{\lambda_B^2}\right]\psi = 0 \qquad \Big|\cdot -\left(\frac{\lambda_B^2}{4\pi^2}\right) \qquad (22\,\mathrm{r})$$

mit

$$\frac{4\pi^2 n^2}{\lambda_B^2} = 4\pi^2\,\frac{(E - E_{\mathrm{pot}})^2 - E_0^2}{h^2 c^2}$$

[1]) Nach den bisher durchgeführten Überlegungen scheint es erforderlich, $\underset{\substack{\smile\\0}}{\Delta S}$ [nach (21_I)] zu wählen.

bzw. [mit (21_{II})] aus (16i)

$$\left[\nabla A\,\nabla - 2\,\nabla A\left(\nabla - \frac{1}{A}\nabla A\right) - \frac{8\pi^2 i}{h}\,\sigma\,A\,m_0\,\frac{E_0}{E}\right]\psi = 0 \qquad \Big| \cdot -\left(\frac{\lambda_B}{2\pi}\right)^2$$

Diese Gleichung läßt sich noch vereinfachen und ergibt

$$\left[\nabla A\left(\nabla - \frac{2}{A}\nabla A\right) + \frac{8\pi^2 i}{h}\,\sigma\,A\,m_0\,\frac{E_0}{E}\right]\psi = 0\,. \qquad \Big| \cdot \left(\frac{\lambda_B}{2\pi}\right)^2 \tag{22i}$$

Die Gleichungen (22r) und (22i) lassen sich wieder zusammenfassen. Aus (22r) ergibt sich, da

$$-\nabla\left(\frac{1}{A}\nabla A\right) = \frac{1}{A^2}(\nabla A)^2 - \frac{1}{A}\Delta A$$

ist,

$$\left[\Delta - \frac{1}{A}\nabla A\,\nabla + \frac{2}{A^2}(\nabla A)^2 + \frac{4\pi^2 n^2}{\lambda_B^2}\right]\psi = 0\,. \qquad \Big| \cdot -\left(\frac{\lambda_B}{2\pi}\right)^2 \tag{22*r}$$

(22i) mit $\frac{1}{A}$ multipliziert ergibt

$$\left[\frac{1}{A}\nabla A\,\nabla - \frac{2}{A^2}(\nabla A)^2 + \frac{1}{A}\,\frac{8\pi^2 i}{h}\,\sigma\,A\,m_0\,\frac{E_0}{E}\right]\psi = 0\,, \qquad \Big| \cdot \left(\frac{\lambda_B}{2\pi}\right)^2 \tag{22*i}$$

so daß sich durch Addition [bzw. – bei Berücksichtigung der angemerkten, zunächst fortgelassenen Faktoren – durch Subtraktion] beider Gleichungen ergibt, da ja

$$\lambda_B = \frac{h}{m_0\,c} = \frac{h\,c}{E_0}, \quad \text{also} \quad \frac{E_0^2}{h} = \frac{h\,c^2}{\lambda_B^2} \quad \text{ist}$$

$$\left[\Delta + \frac{4\pi^2}{\lambda_B^2}\left(n^2 + 2\mathrm{i}\,\frac{\sigma}{\nu}\right)\right]\psi = 0 \tag{23}$$

mit

$$n = \frac{1}{E_0}\sqrt{(E - E_{\mathrm{pot}})^2 - E_0^2}\,.$$

Wegen der allgemein geltenden Beziehung $\lambda = \frac{\lambda_B}{n}$ läßt sich mit

$$k = \frac{2\pi}{\lambda} = n\,k_B$$

die Gleichung (23) auch schreiben

$$\left[\Delta + k^2\left(1 + \frac{2\mathrm{i}\sigma}{n^2\nu}\right)\right]\psi = 0 \tag{24}$$

Die Überlegungen führen also zurück auf eine Gleichung, die die bekannte Form der schwingungs- oder zeitfreien Wellengleichung hat, so daß die Operator-Überlegungen in der durchgeführten Art anwendbar und einwandfrei und diese sowie die Gleichungen (22r) und (22i) daher auch geeignet sein dürften, für allgemeinere Untersuchungen in der Wellenmechanik Anwendung zu finden.

Die Gleichungen (22*r) und (22*i), die die eigentlich zu lösenden Differentialgleichungen und beide von ψ gleichzeitig zu erfüllen sind und daher die Verallgemeinerung der SCHRÖDINGER-Gleichung darstellen, lauten – ausführlich geschrieben –:

$$\Delta\psi - \frac{1}{2}\left[\frac{1}{\psi}\nabla\psi + \frac{1}{\psi^*}\nabla\psi^*\right]\nabla\psi + \frac{1}{2}\left[\frac{1}{\psi}\nabla\psi + \frac{1}{\psi^*}\nabla\psi^*\right]^2\cdot\psi + \frac{(E - E_{\text{pot}})^2 - E_0^2}{c^2\hbar^2}\psi = 0 \qquad (25\text{r})$$

$$\frac{1}{2}\left[\frac{1}{\psi}\nabla\psi + \frac{1}{\psi^*}\nabla\psi^*\right]\nabla\psi - \frac{1}{2}\left[\frac{1}{\psi}\nabla\psi + \frac{1}{\psi^*}\nabla\psi^*\right]^2\cdot\psi + \frac{8\pi^2 i}{h} m_0\sigma\frac{E_0}{E}\psi = 0, \qquad (25\text{i})$$

worin wir ja

$$\frac{1}{\psi^*}\nabla\psi^* + \frac{1}{\psi}\nabla\psi = 2\frac{\nabla A}{A} = 2\frac{\nabla|\psi|}{|\psi|}$$

setzen können und so mit

$$n = \frac{1}{E_0}\sqrt{(E - E_{\text{pot}})^2 - E_0^2}$$

auf die Gleichungen (22*r) und (22*i) zurückkommen.

Nun ist noch

$$\frac{1}{2}\left[\frac{1}{\psi}\nabla\psi + \frac{1}{\psi^*}\nabla\psi^*\right]\nabla\psi - \frac{1}{2}\left[\frac{1}{\psi}\nabla\psi + \frac{1}{\psi^*}\nabla\psi^*\right]^2\cdot\psi = \frac{1}{2}\frac{\psi}{\psi^*}\nabla\psi^*\cdot\left\{\frac{1}{\psi}\nabla\psi + \frac{1}{\psi^*}\nabla\psi^*\right\}$$

so daß (25r) und (25i) übergehen in

$$\frac{1}{\psi}\Delta\psi - \frac{1}{2}\left\{\frac{1}{\psi}\nabla\psi + \frac{1}{\psi^*}\nabla\psi^*\right\}\cdot\frac{1}{\psi^*}\nabla\psi^* + \frac{(E - E_{\text{pot}})^2 - E_0^2}{c^2\hbar^2} = 0 \qquad (25\text{r}^*)$$

bzw.

$$\frac{1}{2}\left\{\frac{1}{\psi}\nabla\psi + \frac{1}{\psi^*}\nabla\psi^*\right\}\frac{1}{\psi^*}\nabla\psi^* + \frac{8\pi^2 i}{h} m_0\sigma\frac{E_0}{E} = 0. \qquad (25\text{i}^*)$$

Bei den vorstehenden Überlegungen haben wir – wie oben besonders erwähnt – das „Dämpfungsglied" $i\cdot\frac{4\pi\sigma\omega}{u^2_B}$ aus (9) im Interesse der allgemeineren Gültigkeit, darüber hinaus auch deswegen beibehalten, um zu vermeiden, daß im Verlaufe der Rechnung auch andere Glieder automatisch fortfallen, wie dies der Fall sein würde, wenn wir von vornherein $\sigma = 0$ gesetzt hätten.

Gehen wir daher jetzt zu $\sigma = 0$ über, so folgt aus (25i)

$$\frac{1}{2}\left[\frac{1}{\psi}\nabla\psi + \frac{1}{\psi^*}\nabla\psi^*\right]\cdot\left\{\nabla\psi - \left[\frac{1}{\psi}\nabla\psi + \frac{1}{\psi^*}\nabla\psi^*\right]\psi\right\} = 0,$$

also

$$\left[\frac{1}{\psi}\nabla\psi + \frac{1}{\psi^*}\nabla\psi^*\right]\cdot\frac{\psi}{\psi^*}\nabla\psi^* = 0.$$

Dies aber besagt, daß *entweder*

$$\left[\frac{1}{\psi}\nabla\psi + \frac{1}{\psi^*}\nabla\psi^*\right] = \frac{1}{\psi\psi^*}\nabla(\psi\psi^*) = \nabla(\ln\psi\psi^*) = 2\nabla(\ln A) = \frac{2}{A}\nabla A = 0 \qquad (29)$$

d. h. A = const

oder – was mit (29) im wesentlichen identisch ist – daß

$$\nabla \psi^* = 0 \tag{30}$$

sein muß.

Aus (25r) folgt dann weiter, daß – *gleichzeitig* mit (29) oder *gleichzeitig* mit (30) – für ψ die Bestimmungsgleichung

$$\varDelta\psi + \frac{(E - E_{\text{pot}})^2 - E_0^2}{c^2 \hbar^2}\psi = \varDelta\psi + \frac{n^2 E_0^2}{c^2\hbar^2}\psi = 0 \tag{31}$$

gilt, wofür wir auch schreiben können:

$$\varDelta\psi + k^2\psi = 0 .$$

Benutzen wir indessen nicht den Operator $\underset{0}{\varDelta S}$ nach (21_{II}), sondern den Operator $\underset{0}{\varDelta S}$ nach (21_I) – zusammen mit den Operatoren $\underset{0}{\nabla S}$ und $(\underset{0}{\nabla S})^2$ –, so erhalten wir statt (22*i)

$$\Big[\varDelta - \frac{1}{A}\varDelta A + \frac{2}{A}\nabla A \cdot \nabla - \frac{1}{A^2}(\nabla A)^2 + \frac{4\pi i}{\hbar}\sigma\frac{E_0 m_0}{E}\Big]\psi = 0 , \qquad \Big| \cdot \Big(\frac{\lambda_B}{2\pi}\Big)^2 \tag{22**i}$$

während natürlich (22*r) ungeändert bleibt, da dies ja nur durch Benutzung der ungeändert gelassenen Operatoren $\underset{0}{\nabla S}$ und $(\underset{0}{\nabla S})^2$ gewonnen wurde. Es gilt also neben (22**i) noch

$$\Big[\varDelta - \frac{1}{A}\nabla A \cdot \nabla + \frac{2}{A^2}(\nabla A)^2 + \frac{4\pi^2 n^2}{\lambda_B^2}\Big]\psi = 0 \qquad \Big| \cdot -\Big(\frac{\lambda_B}{2\pi}\Big)^2 \tag{22**r}$$

Fassen wir diese beiden Gleichungen mit Berücksichtigung der angegebenen Multiplikatoren wieder zusammen, so erhalten wir

$$\Big[-\frac{1}{A}\varDelta A + \frac{3}{A}\nabla A \cdot \nabla - \frac{3}{A^2}(\nabla A)^2 - \frac{4\pi^2 n^2}{\lambda_B^2} + \frac{4\pi i}{\hbar}\sigma\frac{E_0 m_0}{E}\Big]\psi = 0 \tag{29}$$

mit

$$\psi = A\, e^{\frac{2\pi i}{h} S},$$

worin noch

$$\nabla\psi = \Big[\frac{1}{A}\nabla A + \frac{2\pi i}{h}\nabla S\Big]\psi ,$$

also

$$\frac{3}{A}\nabla A \cdot \nabla\psi = \Big[\frac{3}{A^2}(\nabla A)^2 + i \cdot \frac{3}{\hbar}\frac{\nabla A}{A}\nabla S\Big]\psi$$

gilt. Setzen wir dies in (29) ein und trennen nun Realteil und Imaginärteil, so erhalten wir zur Bestimmung von A und S die beiden Gleichungen (30)

$$\left|\begin{aligned} \frac{1}{A}\,\Delta A + \frac{4\pi^2 n^2}{\lambda_B{}^2} = \frac{1}{A}\,\Delta A + n^2 k^2{}_B = 0 \\ 3\,\frac{\nabla A}{A}\,\nabla S + 4\pi\sigma\frac{E_0}{E} = 0 \end{aligned}\right| \tag{30}$$

mit

$$n = \frac{1}{E_0}\sqrt{(E - E_{\text{pot}})^2 - E_0{}^2}$$

zur Bestimmung von A und S in Abhängigkeit von n und σ bzw. von E_{pot} und σ.

Die erste der beiden gleichzeitig geltenden bzw. zu erfüllenden Gleichungen (30) läßt sich auch schreiben (mit $n \cdot k_B = k$)

$$\Delta A + k^2 A = 0\,, \tag{31$_1$}$$

entspricht also völlig der bekannten Schwingungsgleichung, neben der nach (30_2) noch

$$\nabla A\,\nabla S = -\frac{4}{3}\pi\,\sigma\,A\,\frac{E_0}{E} \tag{31$_2$}$$

als Bestimmungsgleichung für S gilt.

Potsdam, Institut für theoretische Physik der Pädagogischen Hochschule

Zusammenfassung

Nach Beschreibung der Eigenarten der einem bewegten Elektron zugeordneten DE BROGLIE-Welle, die mathematisch durch einen „gedachten Absorptionskoeffizienten“ erfaßt werden können, wird über einen Versuch berichtet, eine Verallgemeinerung der SCHRÖDINGER-Gleichung anzugeben, wobei die Dämpfung der Elektronenwellen berücksichtigt wird und spezielle Operatoren eingeführt werden.

V. RONCHI, Firenze

Ottica, fisica e ottica fisica

Da molti anni mi sono proposto di dare una definizione dell'ottica. Naturalmente ho consultato i testi più noti e più accreditati e ho finito col concludere che nessuno si era impegnato a fondo nel risolvere questo problema, e così di «Ottica» se ne parlava da tante parti, e ciascuno usava tale termine con un significato diverso. Cosicché si doveva concludere che questa parola, così antica e così importante, aveva finito col perdere significato.

Mi è parso interessante trattare l'argomento in questa sede, dal momento che a questo congresso è stato assegnato il tema „Optik aller Wellenlängen". Non dispiacerà agli organizzatori se mi permetto di discutere il signicfiato di questo titolo; lo scopo di questa critica è soltanto costruttivo e chiarificatore, e tutto quello che si fa con lo scopo di migliorare le nostre conoscenze scientifiche non può non riuscire gradito agli uomini di scienza.

Il titolo di questo tema indica senza alcun dubbio che alla parola «Ottica» si attribuisce un significato nettamente fisico: dal momento che si tratta di tutte le lunghezze d'onda, vuol dire che si intende dare alla parola suddetta un significato che non ha alcun riferimento con l'occhio e con la visione, ma soltanto con la ipotetica struttura ondulatoria dell'energia raggiante: qualche cosa di affine a quello che già è stato fatto quando si é parlato, anche da scienziati di primissimo piano, di «ottica delle onde elettromagnetiche», «ottica dei raggi X».

In ciò non vi è niente di straordinario: perché non vi è dubbio che oggi nella massima parte delle persone, anche del mondo ottico, é molto profonda la convinzione che i fenomeni ottici siano nettamente e sicuramente fisici.

E' vero che ogni tanto uno trova nel corso delle sue esperienze delle ingerenze, anche importanti, di natura fisio-psicologica, ma vengono considerate come dei disturbi, da eliminarsi il più possibile, o sostituendo l'occhio con altri rivelatori, o ricorrendo a valori statistici, relativi a un *occhio normale* definito più o meno arbitrariamente, o ricorrendo a convenzioni, anche esse più o meno arbitrarie.

Con questi metodi, di uso universalmente accettato, si è arrivati a concludere che i fenomeni ottici, essendo definibili e riproducibili anche senza l'intervento dell'osservatore, sono fenomeni fisici.

E' bene chiarire, per evitare equivoci, che per fenomeno fisico intendo appunto un fenomeno che si verifica secondo leggi naturali indipendentemente da ogni osservatore; e pertanto continuerebbe a verificarsi nella stessa identica maniera anche se non solo l'umanità intera, ma tutto il mondo pensante non esistesse affatto.

Così oggi la maggior parte delle persone è convinta che se chiude gli occhi, il mondo che la circonda rimane là dove lo vedevano e come lo vedevano, con tutte le forme, le posizioni, le luminosità e i colori, quando avevano gli occhi aperti.

E così, quando uno guarda in un cannocchiale, in un microscopio o in qualunque altro strumento, vede delle figure luminose e colorate, che hanno certe dimensioni e certe posizioni; ed egli crede che se anche chiude gli occhi, quelle figure rimangono là dove e come egli le aveva viste, conservando cioé posizione, dimensioni, colori e luminosità.

E' basandosi su questa convinzione che l'ottica ordinaria viene considerata come una scienza fisica. E' tale convinzione che nasce spontanea nell'individuo incolto; e quando va a scuola egli se la sente riconfermare e consolidare dalla autorità dei maestri, che ne portano a riprova dimostrazioni sperimentali, ritenute ineccepibili e decisive.

Ma é proprio questa convinzione che ora mi riprometto di discutere e di demolire.

Per definire la natura delle figure che uno vede davanti a sé, sia direttamente, sia ponendo l'occhio a strumenti ottici, basta studiare come si perviene alla loro formazione, basta cioé ricordare qual'é il meccanismo della visione. Si giunge così subito alla conclusione che le «figure viste» coi loro colori, e la loro luminosità esistono soltanto nella psiche dell'osservatore: esse costituiscono il *mondo apparente*, mondo che non solo ha un aspetto puramente soggettivo, ma in generale non coincide affatto col mondo reale, cioé col mondo fisico, esclusa forse una piccola regione vicina all'osservatore.

Il mondo fisico, secondo le ipotesi più recenti, è costituito da nubi di atomi in moto vibratorio e eventualmente anche traslatorio. Essi emettono delle radiazoni costituite da onde elettromagnetiche e da fotoni. Atomi, onde e fotoni sono entità prive di colore e di luminosità: il loro aspetto, se pure se ne può parlare, è uniforme: è buio. Ma le onde e i fotoni sono capaci di impressionare le retine degli occhi, e di provocarvi certe reazioni e certi fenomeni elettrodinamici, che si concludono con delle trasmissioni di impulsi nervosi lungo i nervi ottici, fino alla corteccia cerebrale. Di qui si passa nella psiche e si arriva all'ultimo stadio del meccanismo della visione: la rappresentazione del mondo mediante figure luminose e colorate, che vengono localizzate davanti agli occhi, con forme e posizioni determinate in base agli impulsi pervenuti alla corteccia, e integrati, quando occorre, mediante il contributo di altre facoltà, come la memoria e la fantasia.

Questo è il mondo apparente: esso è dunque prettamente psichico. Dunque se l'ottica è lo studio di ciò che si vede, e del come si vede, è una scienza psicologica e non fisica. O meglio: si tratta di uno studio complesso, in cui entra una parte fisica, cioé quella relativa allo stimolo esterno; una parte fisiologica, quale quella relativa all'occhio e al sistema nervoso connesso; e in fine la parte psicologica relativa al meccanismo della rappresentazione finale, conclusione di tutto il processo.

Ma chi esamini a fondo il complesso così ordinato, arriva presto alla conclusione che il nome di ottica spetta soltanto all'ultima parte, cioé a quella psicologica. Che a questa spetti non vi è dubbio: se con la parola «ottica» si vuol indicare lo studio di ciò che si vede e del come si vede, certamente ha senso parlare di ottica psicologica; anzi si direbbe quasi che la qualifica di psicologica è superflua.

Non altrettanto si può dire della parte fisiologica. Essa si dovrebbe chiamare più propriamente *fisiologia dell'occhio.*

In realtà essa consiste nello studio di un organo di senso, e di una trasmissione nervosa: studi affini si fanno per altri organi di senso, e il loro complesso si chiama appunto *fisiologia degli organi di senso,* né più né meno come si studia la *patologia degli organi di senso.* Voler chiamare *ottica fisiologica* la *fisiologia dello occhio,* ci porta a porre la domanda: ma ottica, che vuol dire? E dare una risposta a questa domanda si presenta assai difficile.

Tuttavia qui la differenza fra ottica fisiologica e fisiologia dell'occhio costituisce una finezza, che qualcuno potrebbe anche non apprezzare o non approvare. Ben diverso è il caso quando si passa alla parte fisica.

Parrebbe che compito di questa parte fosse di determinare la natura, la struttura e le proprietà dello stimolo fisico, capace di impressionare l'occhio e di portarvi le informazioni necessarie perché poi la psiche potesse, in base a queste informazioni assorbite dalla retina e trasmesse lungo il nervo ottico, ricostruire il fantasma rappresentativo nella maniera più fedele all'oggetto guardato e anche più utile ai fini della vita.

Ora, la ricerca di questa natura è stata difficilissima; costituisce uno dei capitoli più affascinanti della storia della scienza. E' ben noto che soltanto nel secolo XVI si cominciò ad avere delle idee definite a questo proposito, quando si cominciò a parlare di *raggi* rettilinei emessi in tutte le direzioni da ogni punto del corpo luminoso o illuminato. Nel secolo successivo si affrontò decisamente il problema di definire che cosa di fisico si propagava lungo questi raggi. Cominciò così quella lotta fra substantia e accidens, ossia fra materia e moto, fra corpuscoli e onde, che ancor oggi non si può dire chiusa.

Intanto però i raggi, semplicemente per la loro forma, e indipendentemente dalla natura di ciò che si propagava lungo di essi, si rivelarono uno strumento potente e utilissimo per risolvere molti problemi ottici; nacque così una certa ottica che studiava il comportamento dei raggi nei fenomeni ottici, postulandone l'esistenza, e disinteressandosi della natura e della struttura dell'agente fisico. Questa ottica non era ottica fisica, e infatti fu chiamata e si chiama tuttora ottica geometrica. Essendo costituita da deduzioni tratte da alcuni postulati, essa è pura matematica.

Finché ebbe credito l'ipotesi corpuscolare, valorizzata mirabilmente dal Newton, i raggi dell'ottica geometrica, rappresentando le traiettorie dei corpuscoli, avevano anche una certa pretesa fisica. Ma questa scomparve del tutto quando l'ipotesi corpuscolare cadde di fronte all'affermazione mirabile della teoria ondulatoria per opera specialmente di Thomas Young e di Agostino Fresnel, nelle prime decadi del secolo XIX. Sembrò allora che mentre l'ottica geometrica continuava il suo lavoro con criterio matematico, fosse effettivamente compito dell'ottica fisica la ricerca della struttura e delle proprietà delle onde capaci di impressionare l'occhio. Fu quello il periodo d'oro dell'ottica fisica.

Perché presto si andò verso una crisi gravissima che scosse le fondamenta stesse di tutta la scienza. Due scoperte celebri portarono verso la crisi della ottica fisica: la prima, preceduta dalla scoperta delle radiazioni invisibili infrarosse e ultraviolette, consistette nella costruzione del colossale quadro delle onde elettromagnetiche da quelle con λ di Km ai raggi gamma; la seconda è stata la scoperta dell'effetto fotoelettrico e la teoria dei quanti.

Le ripercussioni sull'ottica fisica sono state deleterie: in primo luogo è risultato che lo studio dei fenomeni ottici mediante il modello ondulatorio perdeva il carattere di studio fisico, e acquistava quello matematico affine a quello della ottica geometrica: questa postulava i raggi rettilinei; l'altra *postulava* le onde.

Ma più grave era la considerazione che lo studio veramente fisico aveva portato alla concezione di una «radiazione», cioé di una energia raggiante, rivelabile con mille dispositivi diversi, dai circuiti sintonizzati dei radioricevitori, alle numerose celle fotoelettriche, alle lastre fotografiche e all'occhio. In tutto questo complesso di ricettori l'occhio rappresenta un elemento modestissimo, in quanto di tutte le onde elettromagnetiche esso è capace di rivelarne una gamma ristrettissima: un'ottava appena. Quindi gli studi della natura della radiazione non si possono chiamare ottica. Si tratta di uno studio estremamente vasto, che riguarda tutta la radiazione, e il fatto che essa sia rivelata con l'occhio o con la lastra fotografica non ha che un interesse molto modesto, quale semplicemente quello di un particolare di tecnica operativa. Dunque lo studio della natura, della struttura e delle proprietà della radiazione si deve chiamare «fisica della radiazione».

Quindi non si può più parlare di ottica fisica. Bisogna riconoscere che se questo titolo esiste ancora, lo si deve a una specie di inerzia delle consuetudini, anche nel campo della scienza: tale titolo aveva un senso fino al principio del secolo XIX, perché allora si può dire che l'unico rivelatore della radiazione era l'occhio. Ma una volta caduto questo monopolio, di ottica fisica non si sarebbe dovuto parlare più, al di fuori dei trattati di storia della scienza.

E neppure è razionale parlarne attribuendo alla parola «ottica», come credo che facciano molti, non già un significato un po'etimologico, che richiama l'intervento dell'occhio, ma un significato un po'convenzionale acquistato anche questo per tradizione. Infatti quando si conoscevano soltanto le radiazioni cosidette visibili, perché rivelabili mediante l'occhio, il loro studio comprendeva i capitoli della riflessione, della rifrazione, della interferenza e della polarizzazione. Cosicché dire ottica voleva dire studiare questi fenomeni. E infatti, quando si scoprirono le onde elettromagnetiche, e se ne studiò la riflessione, la rifrazione, l'interferenza e la polarizzazione, si parlò di «ottica delle onde elettromagnetiche». E poi di «ottica dei raggi X».

Ma è fin troppo evidente che si tratta di una denominazione del tutto irrazionale. I fenomeni della riflessione, della rifrazione, dell'interferenza e della polarizzazione non sono affatto proprietà caratteristiche della radiazione visibile, ma tutte le onde li presentano, onde elastiche e onde elettromagnetiche: quindi chi considerasse giustificato il titolo di «ottica delle onde elettromagnetiche» dovrebbe spiegare perché non parla di «acustica delle onde elettromagnetiche» dal momento che anche in acustica si studia la riflessione, la rifrazione, l'interferenza delle onde. Volendo anche a questo proposito usare una denominazione razionale, a questo gruppo di studi sulla riflessione, la rifrazione, l'interferenza e la polarizzazione, si dovrebbe dare semplicemente il nome di *teoria delle onde*. I fenomeni sono sostanzialmente identici per tutte le specie di onde, siano esse elettromagnetiche, visibili o invisibili, siano esse meccaniche, come quelle considerate nell'acustica, o come quelle sulla superficie del mare, o addirittura come i terremoti. Cambiano da un gruppo all'altro i mezzi di rivelazione e certe manifestazioni caratteristiche, dipendenti dall'ordine di grandezza del parametro fondamentale, cioé della lunghezza d'onda.

Così vi sono alcuni fenomeni che sembrano giustificare il nome di «ottica ondulatoria» perché pur essendo la semplice verifica del fatto che anche le onde capaci di impressionare l'occhio si comportano come le altre onde, si adopera l'occhio come rivelatore. Ma lo strano é che proprio coloro che si dimostrano tanto affezionati al termine «ottica», sono anche i primi a riconoscere nell'occhio un rivelatore troppo autonomo, variabile e capriccioso, e a tentare in tutti i modi di eliminarlo, sostituendolo con lastre fotografiche e con celle fotoelettriche. Cioé mentre insistono a conservare il nome fanno tutto il possibile perché poi all'atto pratico sia il meno giustificato possibile, ossia esso perda anche quel residuo di contenuto razionale che aveva.

In conclusione non si dovrebbe parlar più di «ottica fisica» ma di «teoria delle onde» quando si vuol utilizzare il meccanismo ondulatorio; e di «fisica della radiazione» quando si vuol indagare la natura e la struttura di quella energia raggiante, che qualche volta è rivelabile anche mediante l'occhio.

Si può considerare razionale il nome dell'«ottica geometrica» considerata come un capitolo della matematica; sarebbe utile chiamare «fisiologia dell'occhio» quella che oggi si usa chiamare «ottica fisiologica» e si dovrebbe riservare il nome di «ottica» alla scienza della visione, ossia a una scienza fondamentalmente psicologica, anche se presume uno stimolo fisico e un intervento fisiologico.

*

Credo molto utile a questo punto una difesa dalle critiche che vengono mosse a queste proposte, da parte dei conservatori, contrarii a innovazioni di questo genere.

La prima accusa è che si tratta di «questioni di parole» di cui non vale la pena di occuparsi. Questa accusa non depone a favore di chi la fa. Le questioni di parole non sono insignificanti, perché le parole sono la espressione delle idee e quando le parole non sono precise, le idee sono false. Chi ha le idee chiare e definite, si esprime semplicemente, nitidamente e usa frasi inequivocabili. Credo che qualunque persona obbiettiva e ragionevole, quando viene dimostrato che una denominazione è superata ed è divenuta irrazionale e priva di significato, o addirittura dotata di un significato erroneo o capace di indurre in errore, non domandi di meglio che riportarsi sulla giusta via. Se non vuol far questo, vuol dire o che non ĕ convinto della dimostrazione ascoltata, o la conclusione, pur essendo ineccepibile, non é gradita perché urta contro qualche suo sentimento.

In generale questo secondo è il caso dei fautori dell'«ottica fisica». Essi sono nati e cresciuti, scientificamente parlando, in un ambiente «fisico a tutti i costi». Hanno imparato l'ottica come un capitolo della fisica, solo ogni tanto disturbato dall'intervento di un certo organo capriccioso chiamato occhio, hanno studiato e discusso sui difficilissimi problemi della «luce» come fenomeno fisico, oggetto di ricerche famose per secoli e secoli, da parte degli scienziati più famosi; si sono fatti così una mentalità fisica, che per loro è come una seconda natura.

Quando essi si sentono dire che la «luce» è un fenomeno psichico, come lo è il suono, il caldo, il freddo, l'odore e il sapore, che fuori della nostra psiche non esiste né luce, né suono; che la velocità della luce non c'é, o se c'é è uguale a quella del suono, e che quella che essi hanno chiamato velocità della luce è invece la velocità delle onde elettromagnetiche; e che quella che loro hanno chiamato velocità del suono è la velocità delle onde elastiche nella materia, essi si ribellano. Non possono negare l'evidenza di queste asserzioni, ma preferiscono non vederla, non guardarla, non codificarla in un nome, in un titolo. E per raggiungere questo scopo, si limitano a dire che la questione del nome non ha importanza, e che perciò si possono lasciare le cose come sono state finora.

Tutto ciò invece dimostra a esuberanza che la questione del nome ha una importanza enorme, profonda, filosofica: è una affermazione di principio, e oggi riportare le parole al loro significato vuol dire portare in questo campo una chiarificazione fondamentale.

La seconda obbiezione chiama in causa i rivelatori di radiazione, diversi dallo occhio: si obbietta cioé che si possono studiare i fenomeni delle lenti, degli specchi, etc., senza ricorrere all'intervento dell'occhio, ma utilizzando lastre fotografiche e celle fotoelettriche. Siamo quindi in un campo essenzialmente fisico, senza alcuna ingerenza fisiologica e tanto meno psicologica. Non è questa dunque un'ottica fisica?

No: è fisica, sì, ma non ottica. Perché si deve chiamare ottico un fenomeno in cui delle onde elettromagnetiche (o quanti di energia, se si preferisce) emesse da degli atomi, dopo essere state deviate da certi blocchi di vetro a facce sferiche, provocano delle modificazioni negli atomi di certe emulsioni di sali d'argento, proprio non si capisce. Forse perché qualche volta quelle stesse onde elettromagnetiche o parte di esse sono capaci di stimolare anche la retina degli occhi umani? O forse perché quei blocchi di vetro a facce curve da alcuni secoli sono stati usati per migliorare il funzionamento degli occhi? Non si direbbe che ciò costituisca una ragione sufficiente.

Allo stesso modo, se delle onde elettromagnetiche emesse da degli atomi, dopo essere state deviate da certi blocchi di vetro a facce curve, provocano l'emissione di una corrente elettrica da parte di uno strato di una sostanza particolare introdotta in un circuito elettrico, che ragioni vi sono per chiamare in causa l'ottica? Non si può dare una risposta positiva a questa domanda.

Bisogna riconoscere che si tratta di una incredibile inerzia filologica: le lenti, gli specchi, i prismi e gli altri dispositivi affini sono nati nel campo che una volta era decisamente ottico, perché le sole radiazioni conosciute erano quelle capaci di impressionare l'occhio, e questo era il solo rivelatore conosciuto. Specchi, prismi e lenti divennero cosí strumenti ottici, e hanno conservato questo titolo anche quando non lo meritavano più e nella opinione generale lo conservano ancora.

E' vero che da molto tempo sono stati sperimentati *specchi acustici*; ma ciò non ha gettato nessun dubbio sulla convinzione che gli specchi fossero ordigni ottici. Poi vennero gli specchi, i prismi e lenti per le onde elettromagnetiche; ma ancora nessuno veniva portato a dubitare che fosse improprio o almeno esagerato considerarle ordigni ottici.

Così a poco per volta il mondo fisico cambiava; le idee e le conoscenze si allargavano, ma quegli ordigni dovevano restare ottici. Credo che ormai sia giunto il tempo di rimodernare la struttura filologica delle qualifiche. Gli specchi, i prismi e le lenti sono dispositivi capaci di riflettere e di rifrangere tutte le onde, e non hanno nulla di prettamente ottico. Se si chiamano tuttora strumenti ottici, lo si deve soltanto al fatto che si continua ad usare una qualifica che aveva un significato allo stato delle conoscenze fisiche di oltre un secolo e mezzo fa.

Pertanto, se vogliano adeguare le denominazioni alla reale natura del fenomeno, dobbiamo riconoscere che la rivelazione della radiazione mediante le emulsioni fotografiche non può chiamarsi ottica; il suo nome è «fotografia», anche se nei dispositivi fotografici si impiegano lenti, prismi e specchi.

Così quando come rivelatore si usa uno dei tanti tipi di cellule fotoelettriche, non si può parlare di ottica, ma si deve parlare di «fotoelettricità».

Si viene così a costituire un quadro chiaro e limpido, anche dal punto di vista filosofico. Cioé: la «radiazione» può essere rivelata con tre tipi di ricettori:

1°) le emulsioni fotosensibili;
2°) le celle fotoelettriche;
3°) gli occhi.

Ciascun ricettore ha un proprio diagramma di sensibilità cromatica, e dà un risultato caratteristico; precisamente:

1°) le emulsioni fotosensibili danno un annerimento;
2°) le celle fotoelettriche danno corrente elettrica;
3°) gli occhi fanno vedere «luce».

Si hanno così tre scienze sorelle:

1°) fotografia;
2°) fotoelettricità;
3°) ottica.

Come si vede, l'ordine in questo assestamento è derivato dall'aver tenuto il debito conto del rivelatore; e ciò è, filosoficamente parlando, molto fisico: perché soltanto nella rivelazione noi abbiamo notizia della radiazione e delle sue caratteristiche. Il parlare di radiazione indipendentemente dal rivelatore, ossia dalla costatazione fisica del fenomeno, sa molto di ipotetico e di idealistico, ossia proprio quanto di meno fisico si possa pensare.

Chi confronti la semplicità e la chiarezza del quadro delle tre scienze sorelle ora presentato, con la confusione di linguaggio e di idee che oggi regna in quella che si chiama «ottica fisica», non può non riconoscere la necessità di adottare il nuovo sistema.

Il mio compito sarebbe terminato, tuttavia ritengo opportuno chiarire ancora i concetti espressi in questa comunicazione, mostrando l'evoluzione storica che ha portato alle idee attualmente dominanti nell'ambiente ottico mondiale.

Fino a tutto il secolo XVI, l'ottica, per quanto avesse studiato accuratamente il fenomeno della riflessione, e avesse già cominciato a studiare il fenomeno della rifrazione, non aveva fatto grandi progressi, perché non conosceva il meccanismo della visione, come lo conosciamo oggi. Non era possibile costruire un'ottica senza conoscere il meccanismo della visione.

Un mutamento profondo si ebbe nel 1604 quando Giovanni Keplero pubblicò i suoi «Paralipomena ad Vitellionem», contenente le idee fondamentali su cui è basata l'ottica moderna che, appunto per questo, merita di essere chiamata l'ottica del XVII secolo.

La meravigliosa costruzione del Keplero oggi viene presentata come una costatazione facilissima, senza mai ricordare il suo autore, e senza ricordare che essa rappresentò la conclusione di almeno venti secoli di tentativi infruttuosi, per quanto poderosi. Il discorso è molto semplice: da ogni punto dell'oggetto partono infiniti raggi rettilinei in tutte le direzioni; un piccolo cono di questi raggi entra nella pupilla dell'occhio e viene concentrato in un punto della retina. Da questo punto partono i segnali nervosi verso il cervello, e nel cervello, o meglio nella psiche avviene la ricezione e la rappresentazione di questi segnali. Come conclusione di questo processo un punto luminoso viene localizzato nel vertice del cono di raggi che sono penetrati nella pupilla.

Ripetendo lo stesso ragionamento per tutti i punti dell'oggetto, si viene a costruire punto per punto la figura creata dalla psiche, figura che, ricostruita così, occupa proprio la posizione dell'oggetto e ne ha esattamente la forma. Quando questo processo è terminato, cosa che avviene in un tempo straordinariamente breve, l'osservatore dice che «vede l'oggetto».

Questo è il meccanismo della *visione diretta*, così infatti si chiama la visione quando i raggi vanno direttamente dall'oggetto all'occhio, senza flessioni e deviazioni. Quando sul percorso dei raggi è interposta una lente, il cono dei raggi emessi da un punto dell'oggetto con base sulla lente viene trasformato in un altro cono, ancora con base sulla lente, ma col vertice in un altro punto, da cui continuano poi a divergere come se fosse un punto di un oggetto luminoso.

Naturalmente questi raggi, se penetrano in un occhio, vi agiscono come se provenissero veramente da un punto materiale. Perciò ripetendo per loro il ragionamento fatto per la visione diretta si arriva alla conclusione che la psiche dell'osservatore deve localizzare un punto luminoso nel punto d'incrocio dei raggi emessi dalla lente. Anche questa conclusione si può ripetere per ciascun punto di un oggetto, e così si arriva a concepire come l'osservatore veda una figura dove l'oggetto certamente non è; e questa figura è stata chiamata *immagine dell'oggetto data dalla lente.*

Questo ragionamento oggi non si ripete più estesamente come l'ho riferito ora. Una volta stabilito che l'osservatore *deve* localizzare il punto immagine nel vertice del cono di raggi emergenti dalla lente, era inevitabile che si immedesimasse l'immagine localizzata dalla psiche dell'osservatore col vertice dei raggi emersi dalla lente; e in un ambiente in cui tutti aspiravano a definire elementi fisici, era inevitabile che si finisse col chiamare immagine il vertice di tale cono di raggi, eliminando così ogni intervento fisio-psicologico dell'osservatore. Delle tre fasi costituenti il meccanismo della visione non restava così che quella fisica. Era allora naturale che lo studio di questi fenomeni assumesse un'apparenza prettamente fisica. Ecco quale è stato il processo storico che ha portato l'ottica ad essere considerata una scienza fisica: una specie di corto-circuito che ha tagliato fuori, come un'appendice superflua, la parte essenziale del meccanismo della visione, immedesimando l'immagine vista dall'osservatore col luogo dei vertici dei coni di raggi emersi dalla lente.

Oggi tutto ciò non si mette in evidenza: la *conclusione fisica* viene considerata come una realtà evidente per sé stessa e ormai pacifica. Che un osservatore veda un punto luminoso nel vertice del cono di raggi che arrivano ai suoi occhi è considerato un fatto così evidente e indiscutibile che non si spende una parola per dimostrarlo; e si è codificata tale regola, chiamando *luminoso* il punto stesso che emette i raggi, e quando uno tenta di distinguere il punto che emette i raggi, chiamandolo punto *radiante*, dal punto *luminoso*, cioé dalla figura creata dalla psiche dell'osservatore e localizzata sul punto radiante, viene considerato un *filosofo* pedante che si perde in *questioni di parole.*

Però se uno non disprezza le questioni di parole, e si sforza di dare a ciascun elemento un nome che ne rappresenti il meglio possibile la natura e la funzione, va incontro a grandi sorprese. Non solo trova utile distinguere il punto *radiante,* fisico, dal punto *luminoso* psichico, ma è costretto a riconoscere che la loro coincidenza è eccezionale. La regola considerata evidente e indiscutibile, che un osservatore vede un punto luminoso nel vertice del cono di raggi che arrivano ai suoi occhi, non é assolutamente vera: è una pura ipotesi. E siccome era stata questa regola a far perdere all'ottica la sua natura complessa fisico-fisio-psicologica, per trasformarla in una scienza fisica, una volta caduta la regola, deve annullarsi anche la trasformazione. L'ottica fisica non ha più ragion d'essere e si deve ritornare alle origini per riportare l'ottica alla sua vera natura.

Non dispiacerà agli organizzatori di questo congresso, se ho avuto l'ardire di esporre questa mia critica; se essi l'avessero conosciuta in precedenza, forse avrebbero usato una frase diversa per esprimere il tema del congresso stesso.

Tre anni or sono fui invitato a Parigi a un congresso organizzato presso l'UNESCO sul tema «L'immagine fissa e animata». Nel corso della discussione ebbi l'improntitudine di domandare la definizione di immagine. Ne risultò che nessuno sapeva che cosa era l'immagine e che ognuno interpretava questa parola a modo suo. La conclusione fu che il tema del congresso fu cambiato nella frase «La fotografia fissa e animata».

Gli organizzatori non mi serbarono rancore per questa mia critica ed anzi sono tuttora miei ottimi amici e collaboratori.

Termino chiedendo scusa agli organizzatori di questo magnifico congresso, se la mia critica non è giunta del tutto gradita, ma li vorrei rassicurare che, come ho detto all'inizio, la mia intenzione é stata soltanto di compiere opera chiarificatrice e costruttrice.

Arcetri-Firenze, Istituto Nazionale di Ottica

Zusammenfassung

Es wird vorgeschlagen, den Begriff „Optik" auf die physiologischen und psychologischen Auswirkungen elektromagnetischer Strahlung bestimmter Wellenlänge zu beschränken, für die das Auge als Empfänger in Frage kommt. Soweit elektromagnetische Strahlung beliebiger Wellenlänge ohne Bezug auf den Empfänger untersucht wird, hat man es nur mit „Physik" zu tun. Bei Benutzung von vorwiegend Ag-Salze enthaltenden Empfängern sollte man alle diese Erscheinungen als „Photographie" unterscheiden von den mit Photozellen oder Photoelementen usw. arbeitenden „photoelektrischen Erscheinungen", denen als dritte Gruppe die „Optik" als Teilgebiete der Physik anzugliedern wäre. Es wird auf die Wichtigkeit der begrifflichen Klarheit in diesen Fragen hingewiesen.

K. W. BÖER, Berlin

Optische Eigenschaften und Photoleitung von Kadmiumsulfid

Wenn ich über optische und elektrische Eigenschaften von Kadmiumsulfid spreche, so berichte ich über eine Substanz, die vor etwa zehn Jahren ein beträchtliches physikalisches und technisches Interesse erlangte. Dies war hauptsächlich durch die besonders guten Photoleitungseigenschaften des Kadmiumsulfids begründet, die wohl durch den großen Unterschied zwischen Dunkel- und Photostrom am deutlichsten werden: So nimmt z. B. die Leitfähigkeit bei Belichtung mit 1 $\mu W/cm^2$ im selektiven Maximum um mehr als sechs Größenordnungen zu. Unter Berücksichtigung der Linearität des Photoeffektes bei schwachen Intensitäten wäre hiermit die Photoempfindlichkeit vergleichbar mit der des adaptierten menschlichen Auges oder guter Sekundärelektronenvervielfacher.

So wundert es uns nicht, daß das Kadmiumsulfid in den Brennpunkt des Interesses rückte und zu einer Vielzahl wissenschaftlicher und technischer Arbeiten anregte. Aus diesen Untersuchungen ergaben sich aber auch vorher nicht geahnte Schwierigkeiten, die den anfänglichen Optimismus beträchtlich dämpften. Die mit abnehmender Intensität stark anwachsende Trägheit und die Neigung des Kadmiumsulfids, unterschiedlich zu altern, begrenzten seine technische Einsatzfähigkeit.

Inzwischen gewannen andere Substanzen in ständig wachsendem Maße an Interesse, so z. B. durch die Untersuchungen am Bell-Laboratorium angeregt die Elemente Germanium und Silizium sowie später durch die Untersuchungen von WELKER und seinen Mitarbeitern die Verbindungen der III. und V. Gruppe. Die Entdeckung des Transistoreffektes eröffnete neue Anwendungsmöglichkeiten halbleitender Substanzen. Eine Vielzahl von Forschern wandte sich den neuen Problemen zu, das Kadmiumsulfid trat in den Hintergrund.

Wenn ich nun heute über diese Substanz spreche, so möchte ich damit u. a. bezwecken, das Augenmerk wieder in stärkerem Maße auf sie zu lenken. Ich will an Hand einiger Beispiele zeigen, daß anfängliche Mißerfolge nicht davon abhalten dürfen, die Bemühungen um die Erforschung dieser Substanz fortzusetzen und zu intensivieren.

Eröffnet doch gerade sie durch die Lage ihrer Absorptionskante im sichtbaren Spektralgebiet, durch ihren sehr kleinen Dunkelstrom, ihre hohe Photoleitfähigkeit, ihre geringe Eigenfehlordnung sowie ihre bereits bei Zimmertemperatur eingefrorene Diffusion weite Möglichkeiten der Erforschung des Leitungsmechanismus fester Körper.

Wenngleich auch einatomige homöopolare Festkörper vom Typus Germanium hinsichtlich der Struktur ihrer Bänder vermutlich etwas einfacher sind, so dürfte es doch wegen der relativ hohen Leitfähigkeit dieser Stoffe z. B. kaum gelingen, den Verlauf der dielektrischen Relaxationserscheinungen, die eine Zeitkonstante

$$\tau = \frac{\varepsilon \varepsilon_0}{\sigma}$$

besitzen, zu verfolgen. Bei einer Leitfähigkeit von 1 Ω^{-1} cm^{-1} liegt diese Zeitkonstante bei 10^{-12} s, während sie beim CdS in der Größenordnung von 1 s liegt und damit eine Vielzahl von Untersuchungen über die Frage der Inhomogenität der Leitfähigkeit überhaupt erst ermöglicht.

So lassen sich viele Beispiele anführen, die zeigen, daß CdS eine recht günstige Substanz zur Untersuchung des Leitungsmechanismus ist, deren Ergebnisse mit einer gewissen Vorsicht dann auch auf andere Substanzen übertragen werden können.

Ich möchte hier zunächst die Photoleitfähigkeit etwas näher behandeln und einige Ergebnisse angeben, die wir in den letzten Jahren auf diesem Gebiete erzielten.

Zur experimentellen Bestimmung der Photoleitfähigkeit σ mißt man den Photostrom i und errechnet sie aus diesem, der angelegten Spannung U und der Geometrie der Kristallelektrodenanordnung $\frac{e}{q}$:

$$\sigma = i \frac{l}{q U} \tag{1}$$

Hierbei wird zunächst stillschweigend vorausgesetzt, daß CdS räumlich homogen und die Leitfähigkeit isotrop ist sowie Randschichten vernachlässigt werden können. Wir werden im zweiten Teil dieses Vortrags auf die Frage der Berechtigung dieser Voraussetzungen sowie ihre experimentellen Prüfungsmöglichkeiten näher eingehen.

Die Leitfähigkeit ist eine Summe der Produkte aus Stromträgerkonzentrationen n_ν und Beweglichkeiten b_ν. Es kann heute aus Überführungszahl- und Hallkonstantenmessungen entnommen werden, daß in dem genauer untersuchten Temperaturbereich zwischen 15° K und 650° K in dieser Summe lediglich der Anteil der Elektronen im Leitungsband wesentlich ist.

$$\sigma = \sum_\nu e_\nu n_\nu b_\nu \approx e n b \tag{2}$$

Über die Elektronenbeweglichkeit ist noch wenig bekannt. Abgesehen von orientierenden Untersuchungen von Diedrich [1], Niekisch [2], Böer [3] und Kröger und Mitarbeiter [5] sind erst in jüngerer Zeit bei uns breiter angelegte Untersuchungen begonnen worden mit dem Ziele, über den die Beweglichkeit bestimmenden Streumechanismus in Abhängigkeit von Temperatur und Elektronenkonzentration Näheres zu erfahren. Z. Z. ist erst eine Arbeit über die Druckabhängigkeit der Beweglichkeit fertiggestellt [4], die Aufschluß über den Streumechanismus mit akustischen Gitterschwingungen gibt. Bereits diese ersten Untersuchungen zeigen, daß die Beweglichkeit in weiten Temperaturbereichen durch die Dotierung und durch Fehlordnung sowie Baufehler bestimmt wird. Ich will jedoch hier nicht näher auf die Elektronenbeweglichkeit eingehen.

Der Realstruktureinfluß macht sich in noch stärkerem Maße für die Leitungselektronenkonzentration bemerkbar. Durch ihn wird eine Vielzahl von Termen in der verbotenen Zone geschaffen, die teils als Elektronenspender, teils als Haftstellen für Elektronen wirken können, und die entscheidend für Einstellzeiten sowie stationär erreichbare Elektronenkonzentrationen verantwortlich sind.

Normalerweise ist die verbotene Zone durch ein breites energetisches Spektrum solcher Störterme angefüllt, das gewöhnlich mehr oder weniger ausgeprägte Maxima besitzt (Abb. 1). Es ist verständlich, daß solche Kristalle wenig zur Untersuchung elementarer Prozesse der Leitfähigkeit geeignet sind, da entsprechende Erscheinungen zu kompliziert und nicht mehr einfach zu deuten sind.

Es ist daher eine primäre Aufgabe zu lernen, Kristalle herzustellen, die ein möglichst einfaches Termspektrum in der verbotenen Zone besitzen. Ein solch einfaches Termspektrum sollte jeweils nur eine Termgruppe mit einer um Größenordnungen über den übrigen Termen liegenden Konzentration aufweisen (Abb. 2). Damit die Konzentration der diese Terme erzeugenden Dotierungssub-

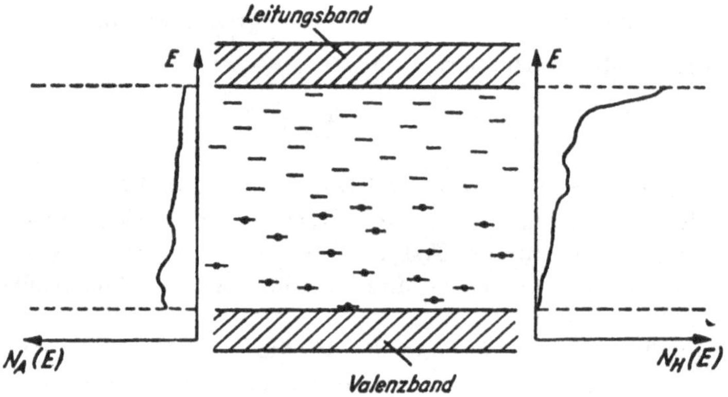

Abb. 1. Haftterm- und Aktivator-Spektrum in einem CdS-Kristall (schematisch)

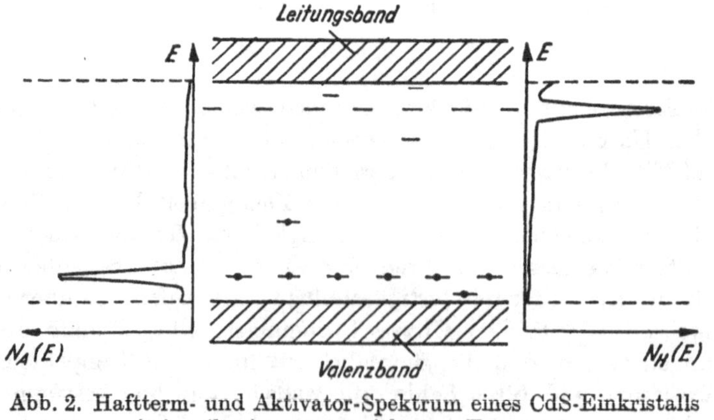

Abb. 2. Haftterm- und Aktivator-Spektrum eines CdS-Einkristalls mit jeweils einer ausgezeichneten Termgruppe

stanz nicht zu groß sein muß, ist eine extreme Reinigung des Ausgangsmaterials nötig.

Wir werden nach Abschluß unserer Untersuchungen ausführlich über die von uns verwandten und entwickelten Reinigungs- und Dotierungsverfahren berichten (vgl. [37]).

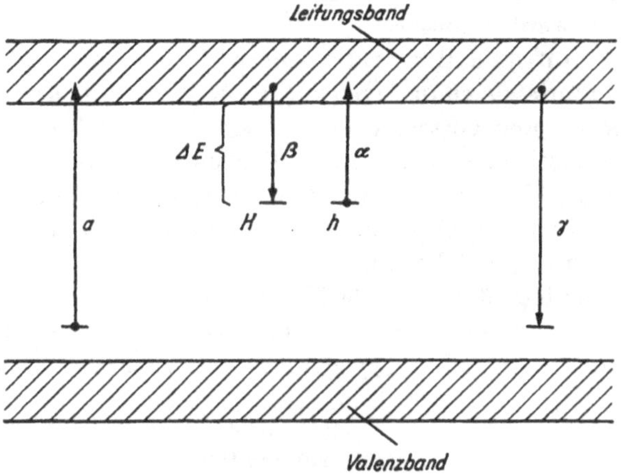

Abb. 3. Reaktionskinetisches Modell

Allerdings läßt es sich nicht vermeiden, daß entlang der Oberfläche der Kristalle zusätzliche Störterme in größerer Zahl auftreten (Oberflächenterme, Terme durch Adsorptionsschichten usw.). Ihr Einfluß auf den Leitungsvorgang kann verringert werden, wenn an Stelle einer Grundgitteranregung, die Stromträger nur in oberflächennahen Schichten produziert, stets eine Ausläuferanregung verwandt wird. Wegen des beträchtlichen Unterschiedes der Absorptionskonstante zwischen Grundgitter und Ausläufer, der etwa sechs Größenordnungen beträgt, ist eine weitgehende Unterdrückung von Streulicht im Grundgitter nötig (z. B. durch Verwendung eines zweiten als Filter wirkenden CdS-Kristalls).

Unter diesen Voraussetzungen läßt sich die für die Photoleitung entscheidende Leitungselektronenkonzentration aus dem in Abb. 3 gegebenen Modell gemäß dem folgenden Differentialgleichungssystem der Reaktionskinetik beschreiben:

$$\begin{aligned} \frac{\mathrm{d}n}{\mathrm{d}t} &= a - \beta n (H - h) + \alpha h - \gamma n (n + h) \\ \frac{\mathrm{d}h}{\mathrm{d}t} &= \beta n (H - h) - \alpha h, \end{aligned} \tag{3}$$

soweit man eine thermische Anregung von Defektelektronen aus Aktivatoren in das Valenzband vernachlässigt.

Das Problem der Beschreibung der Leitfähigkeit kann als gelöst betrachtet werden, wenn die in dem Gleichungssystem enthaltenen Parameter bekannt sind. Eine Bestimmung dieser Parameter auf direktem Wege durch entsprechende Anpassung des Lösungskurvenverlaufes an den Verlauf eines nichtstationären Prozesses der Photoleitung, z. B. des An- und Abklingens nach dem An- oder Abschalten einer Lichtanregung ist praktisch nicht möglich, da die Zahl der anzupassenden unbekannten Parameter zu groß ist (α, β, γ und H). Zudem ist das Differentialgleichungssystem i. a. nicht durch geschlossene Ausdrücke elementarer Funktionen lösbar, so daß zur Auswertung dann umständliche numerische Verfahren benutzt werden müssen.

So kommt es darauf an, experimentelle Methoden zu entwickeln, bei deren Auswertung das Differentialgleichungssystem (3) soweit vereinfacht werden kann, daß eine direkte Bestimmung einzelner Parameter möglich wird, und mit verschiedenen Methoden dann nacheinander alle Parameter zu bestimmen.

Ein anschließendes Einsetzen dieser Größen in das System (3) muß eine Beschreibung jedes experimentell gefundenen Verlaufes und damit eine Kontrolle der Parameterbestimmung ermöglichen.

Ich will im folgenden näher auf die Bestimmung der einzelnen Parameter eingehen, die als Termkonzentration, Anregungswahrscheinlichkeiten und Rekombinationskoeffizienten ein hohes physikalisches Interesse besitzen.

1. Hafttermspektrum

a) Methode der Glow-Kurven; sie wurde von Randell und Wilkins [6] zur Bestimmung der energetischen Lage von Hafttermen aus dem Temperatur-Zeit-Verlauf der Lumineszenz benutzt. Eine Vielzahl von Autoren [7] hat sie

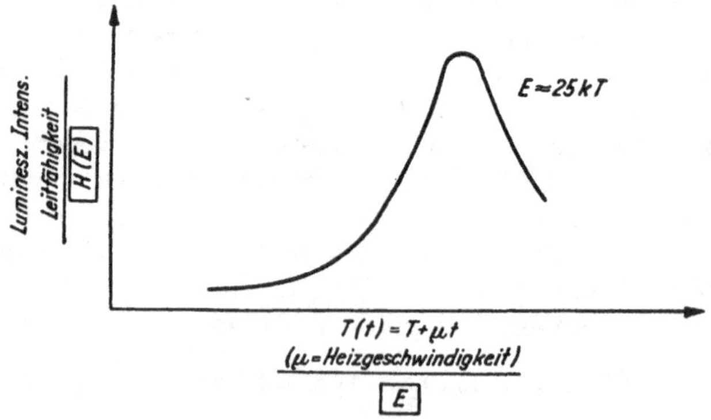

Abb. 4. Glowkurve der Leitfähigkeit (schematisch)

theoretisch weiter untersucht und festgestellt, daß der Temperatur-Verlauf von Lumineszenz oder Leitfähigkeit einer Glow-Kurve etwa dem energetischen Verlauf des Hafttermspektrums entspricht. Für die Umrechnung des Abszissenmaßstabs gilt die Beziehung (vgl. Abb. 4):

$$E \approx 25\,kT \tag{4}$$

b) Welchsellichtmethode; sie wurde von NIEKISCH [8] entwickelt und gestattet, aus dem Temperaturverlauf des Modulationsgrades des Photostroms bei Anregung mit sinusförmig moduliertem Licht geringer Intensität direkt die energetische Verteilung der Haftterme anzugeben. Diese Methode ist zwar experimentell komplizierter als die Methode der GLOW-Kurven, gestattet jedoch zuverlässigere Angaben über die Hafttermverteilung.

Mit beiden Methoden ist auch eine Prüfung der Voraussetzung, unter der zunächst alle weiteren Untersuchungen durchgeführt werden sollten, möglich, ob die Kristalle nur eine besonders deutlich ausgeprägte Hafttermgruppe besitzen.

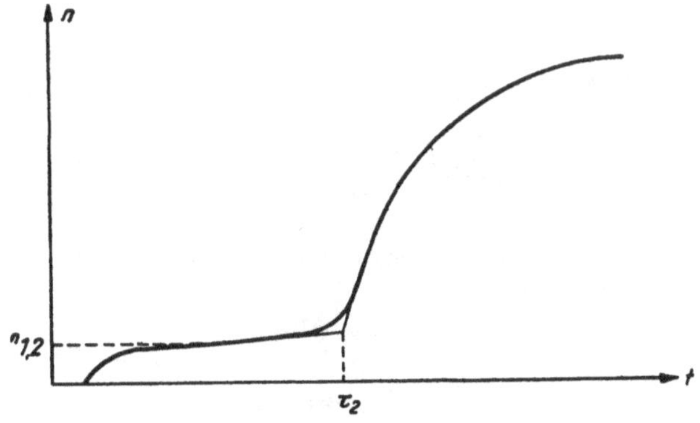

Abb. 5. Langzeitiges Anklingen der Photoleitung (schematisch)

c) Die Konzentration einer solchen Hafttermgruppe läßt sich in einfacher Weise auch aus der von uns entwickelten Methode des langzeitigen Anklingens [9], [10] bestimmen. Sind die Haftterme durch vorheriges Ausheizen beim Beginn der optischen Anregung entleert, so zeigt die Anklingkurve der Photoleitung bei kleinen Anregungsintensitäten ein charakteristisches Verhalten (vgl. Abb. 5): Sie durchläuft nach anfänglichem Anstieg zunächst ein Plateau, steigt dann weiter an und erreicht schließlich ihren stationären Endwert. Ein Ansteigen der Photoleitung über das Plateau wird zunächst durch die Füllung der Haftterme verhindert. Erst wenn die Füllung abgeschlossen ist (τ_2 in Abb. 5), erfolgt ein weiterer Anstieg.

Die Konzentration der Haftterme berechnet sich daher zu

$$H = a\tau_2 \tag{5}$$

(a ist die Zahl der pro sec und cm³ durch die optische Anregung in das Leitungsband gebrachten Elektronen.)

d) Der energetische Abstand dieser Hafttermgruppe läßt sich mit hoher Genauigkeit mit einer aus der Methode der GLOW-Kurven abgewandelten Methode [11] bestimmen. Danach ist die Lage des GLOW-Maximums T_{max} von der Heizgeschwindigkeit abhängig. Es ändert sich außer T_{max} auch die Leitungselektronenkonzentration n_{max} am Maximum gemäß:

$$n_{max} = n_1 e^{-\frac{\Delta E}{kT_{max}}} \tag{6}$$

woraus in einfacher Weise sofort ΔE entnommen werden kann. Eine Abschätzung des Fehlers dieser Methode ist möglich, er beträgt im allgemeinen weniger als 5% und liegt damit beträchtlich unter dem Fehler der Energiebestimmung nach anderen Methoden.

2. Anregungswahrscheinlichkeit α

a) Die Auswertung von Glow-Kurven ist mit der quasistationären Näherung möglich, und wir erhielten [12] unter der Voraussetzung $\beta \gg \gamma$

$$\Delta E = kT_{max} \ln \left(\frac{\alpha^* kT_{max}^2}{\mu \Delta E} \frac{\frac{h(T_{max})}{H}}{\left\{1 - \frac{h(T_{max})}{H}\right\}^2} \frac{\gamma}{\beta} \right) \tag{7}$$

einen Ausdruck, der es gestattet, bei bekanntem β, γ und ΔE den Wert des Frequenzfaktors α^* und gemäß

$$\alpha = \alpha^* e^{-\frac{\Delta E}{kT}} \tag{8}$$

auch den der Anregungswahrscheinlichkeit α anzugeben, soweit der Füllungsgrad der Haftterme am Glow-Maximum bekannt ist.

Bei Lumineszenzuntersuchungen läßt er sich direkt aus der Lichtsumme oberhalb des Glow-Maximums bestimmen. Er liegt in der Größenordnung von 10^{-1}.

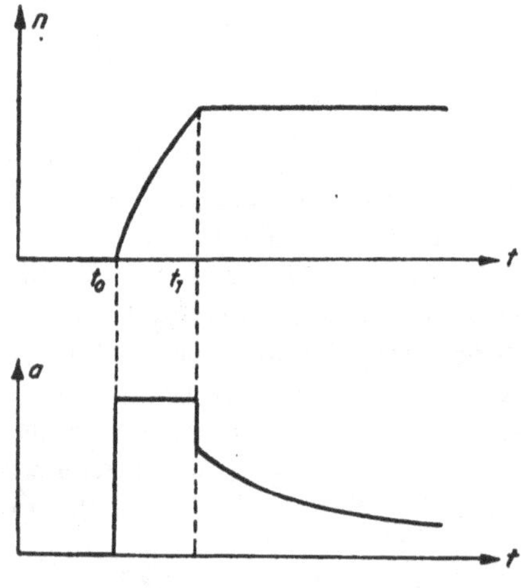

Abb. 6. Verlauf von Elektronenkonzentration n und anregender Lichtintensität a bei der Methode der gesteuerten Anregung (t_1 = Zeitpunkt des Regelbeginns)

b) Eine direkte Bestimmung von α gelingt mit der von uns entwickelten Methode der gesteuerten Anregung [13]. Diese Methode umgeht die Schwierigkeiten der Lösung des Differentialgleichungssystems (3). Hier wird für ein nichtstationäres Problem nicht die Änderung der Elektronenkonzentration als Funktion der Zeit bestimmt, sondern z. B. beim Anklingen der Photoleitung nach Ingangsetzung des Prozesses vom (beliebigen) Zeitpunkt t_1 (vgl. Abb. 6) die Lichtintensität so geregelt, daß der Photostrom konstant bleibt. Dann ist die zeitliche Abhängigkeit der Belichtung ohne Vernachlässigung direkt angebbar:

$$a(t) = A + B e^{-(\alpha + \beta n_0)(t - t_1)} \tag{9}$$

wobei A und B Polynome der Parameter und n_0 die Elektronenkonzentration bei Regelbeginn sind. Eine Meßkurvenschar bei unterschiedlichem Zeitpunkt des Regelbeginns ermöglicht die getrennte Bestimmung von α und des Anhaftkoeffizienten β.

Werden diese Messungen noch bei verschiedenen Temperaturen durchgeführt, so läßt sich die Temperaturabhängigkeit von α und β gewinnen, die für α in Gl. (8) angegeben ist. Damit läßt sich nach dieser Methode auch getrennt der Frequenzfaktor α^* und der energetische Abstand ΔE bestimmen und mit den Ergebnissen, die nach anderen unabhängigen Methoden gewonnen wurden, vergleichen.

3. Anhaftkoeffizient β

a) Die soeben beschriebene Methode der gesteuerten Anregung liefert mit α auch β sowie seine Temperaturabhängigkeit völlig näherungsfrei.

b) Auch mit der Methode des langzeitigen Anklingens kann β direkt gewonnen werden, denn es bestimmt ja durch die Vermittlung des Anhaftvorganges die Elektronenkonzentration am Plateau der Anklingkurve.

Eine Auswertung ergibt

$$\beta = \frac{1}{n_{1,2}\,\tau_2} \tag{10}$$

wobei $n_{1,2}$ die Elektronenkonzentration am ersten Wendepunkt der Anklingkurve (auf dem Plateau) ist (vgl. Abb. 5).

4. Rekombinationskoeffizient γ

Der Rekombinationskoeffizient läßt sich ebenfalls nach der Methode der Glow-Kurven bestimmen [11]. Er berechnet sich zu

$$\gamma = \frac{\mu \Delta E}{k T_{\max}^2\, n_{\max}} \tag{11}$$

und läßt sich sofort angeben, wenn der energetische Abstand der Haftterme vom Leitungsband bekannt ist.

Damit können alle interessierenden Parameter des Differentialgleichungssystems (3) aus dem Experiment entnommen sowie ihre Werte durch teilweise Doppelbestimmung kontrolliert werden.

Die beschriebenen Parameter sind abhängig von der Art der Dotierung. Sie wurden an einer Reihe von Kristallen bereits bestimmt, jedoch kann über den Zusammenhang mit der Dotierung erst nach Beendigung der in vollem Fluß befindlichen Untersuchungen zusammenfassend berichtet werden.

Es kann jedoch allgemein festgestellt werden, daß der Frequenzfaktor α^* etwa um vier Größenordnungen über dem Wert $10^8\ s^{-1}$ liegt, den andere Autoren aus Glow-Kurvenuntersuchungen erhielten, und daß damit eine Diskrepanz mit vielen theoretischen Überlegungen, aus denen man für α^* mindestens $10^{12}\ s^{-1}$ erwartete, beseitigt ist.

Außerdem zeigt sich, daß im allgemeinen $\beta \gg \gamma$ ist, so daß das retrapping stets berücksichtigt werden muß. Bisher wurden für γ Werte zwischen $2 \cdot 10^{-10}$ und $5 \cdot 10^{-12}$ cm^3 s^{-1} und für β zwischen $5 \cdot 10^{-8}$ und $2 \cdot 10^{-11}$ cm^3 s^{-1} gefunden. Es ist zu hoffen, daß man durch diese Untersuchungen die Photoleitung besonders einfach dotierter CdS-Kristalle erklären kann und daß es umgekehrt auch möglich sein wird, Kristalle gewünschter Photoleitungseigenschaften (z. B. Empfindlichkeit und Trägheit) durch entsprechende Dotierung herzustellen.

Die Tatsache, daß mit diesem in Abb. 3 angegebenen Modell nur *eine* Gruppe der elementaren Photoleitungserscheinungen beschrieben werden kann, ist bekannt. Ich will aus Zeitgründen hier nicht über eine Reihe weiterer Untersuchungen berichten, die wir über kontinuierliche Termverteilungen, thermoaktivierte Anhaftvorgänge [14], Lebensdauern von Leitungselektronen, Elektronenschwankungserscheinungen und photochemische Reaktionen [15], [16], [17] z. Z. durchführen (über letztere wird Herr Borchardt in seinem Referat berichten). Auch will ich nicht ausführlich auf die in starkem Maße realstrukturabhängige spektrale Verteilung der Photoleitung [18], [19] eingehen.

Räumlich inhomogene Leitfähigkeit

Ich möchte mich im zweiten Teil dieses Vortrages auf die Behandlung einer ganz anderen Gruppe von Erscheinungen beschränken, die auf die Photoleitung einen beträchtlichen Einfluß nehmen können. Es sind dies Effekte einer volumeninhomogenen Leitfähigkeit. Eine solche volumeninhomogene Leitfähigkeit kann verschiedene Ursachen haben:

1. Randschichten am Metall-Halbleiter-Kontakt
2. Räumlich fixierte Kristallbereiche unterschiedlicher Leitfähigkeit
3. Kristallinnere Raumladungseffekte des Plasmas (ähnlich einer Gasentladung).

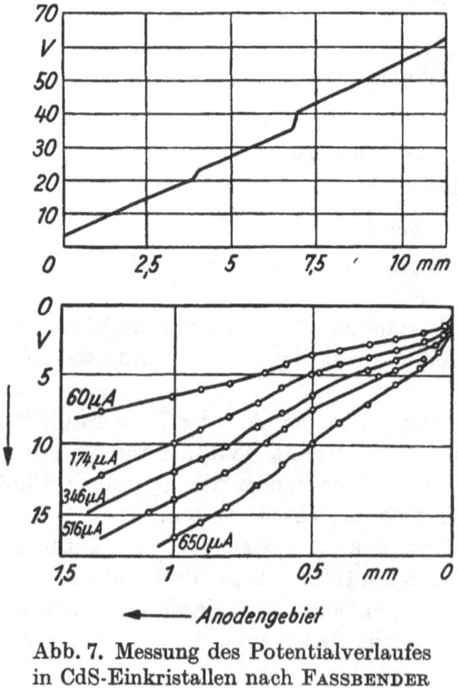

Abb. 7. Messung des Potentialverlaufes in CdS-Einkristallen nach Fassbender

Wir haben gezeigt, daß bei Kontaktierungen, die zu Verarmungsrandschichten führen, der Photostrom und die Kapazität von CdS-Kristallen wesentlich durch die Kontaktrandschicht bestimmt werden können [20]. Für kleine Photostromdichten kann der Zusammenhang zwischen anregender Lichtintensität und Kristallwiderstand bzw. Kristallkapazität direkt angegeben werden und stimmt befriedigend mit experimentell gewonnenen Werten überein.

Nachdem man nach BUTTLER und MUSCHEID [21], [22] oder nach SMITH [23] sperrschichtfreie Kontakte herstellen bzw. durch Potentialsondenmessungen den Einfluß von Verarmungsrandschichten eliminieren [24] kann, haben diese Randschichten an Interesse verloren. Ich möchte hier nicht näher auf sie eingehen.

Dagegen besitzen räumlich fixierte Kristallbereiche unterschiedlicher Leitfähigkeit einen nicht einfach eliminierbaren Einfluß auf den Leitungsvorgang. Einige von ihnen machen sich bereits durch einfache Potentialsondenmessungen bemerkbar, wie sie schon von FASSBENDER [25] publiziert wurden (Abb. 7).

Auch die dielektrischen Nachwirkungen des CdS weisen darauf hin, daß Gebiete unterschiedlicher Leitfähigkeit im felderfüllten Raum liegen müssen. Nur so ist zu erklären, daß der Entladevorgang eines Kondensators mit einem CdS-Kristall als Dielektrikum um viele Größenordnungen langsamer erfolgt als aus der Kristallkapazität und dem äußeren Entladewiderstand zu erwarten ist, und daß zudem kein einfaches Exponentialgesetz für den Entladevorgang gefunden wird [26]; vgl. Abb. 8. Im Falle eines inhomogenen Dielektrikums laden sich beim Stromfluß die Grenzschichten zwischen Bereichen hoher und niedriger Leitfähigkeit auf. Die Entladung erfolgt bei Beendigung des Stromflusses über den Vorwiderstand anderer Kristallbereiche.

Entfernt man nach dem Abschalten der Spannung die auf den Kondensatorbelägen sitzenden Ladungen durch einen kurzzeitigen Kurzschluß, so zeigt der zeitliche Verlauf der anschließend gemessenen, durch den Ausgleich der inneren Raumladungen auf den Metallbelägen induzierten Potentialdifferenz die große Mannigfaltigkeit der Erscheinungen, die bedingt ist durch die unterschiedliche Anordnung

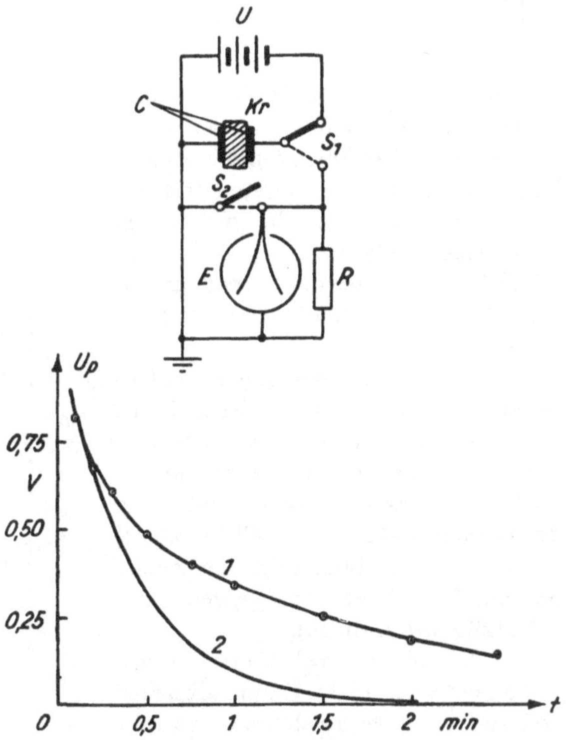

Abb. 8. Dielektrische Nachwirkungen von CdS-Einkristallen

a) Versuchsanordnung

b) Abklingen der Polarisationsspannung
Kurve 1: experimenteller Verlauf
Kurve 2: einfaches Exponentialgesetz

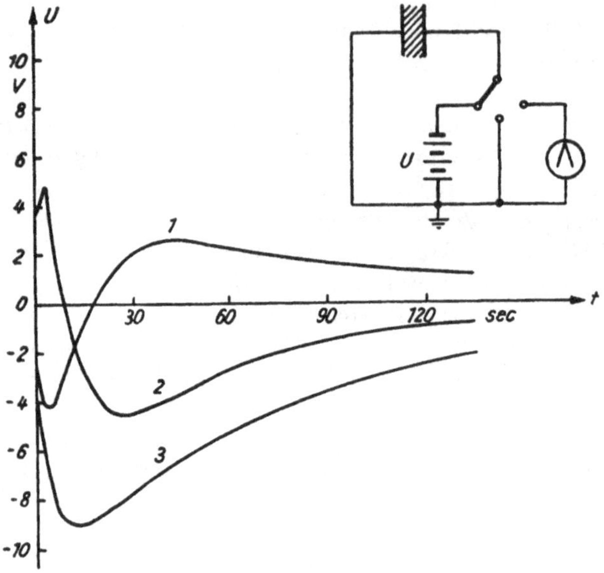

Abb. 9. Zeitlicher Verlauf der auf den Elektroden induzierten Potentiale beim Abbau innerer Raumladungen

der von Kristall zu Kristall verschiedenen Bereiche im felderfüllten Raum (vgl. Abb. 9). Der Ausgleich der Raumladungen erfolgt je nach Geometrie und Leitfähigkeit der Bereiche mit unterschiedlicher Zeitkonstante, so daß ein Überwiegen mal der einen, mal der anderen Polarität an den Außenelektroden bemerkt wird.

Infolge der statistisch gegebenen Unsymmetrie der Anordnung ist nicht zu erwarten, daß sich die inneren Raumladungen streng kompensieren, so daß auch eine elektrostatische Aufladung des Gesamtkristalls (ohne Elektroden!) gegen seine Umgebung kurz nach einem Stromfluß nachgewiesen werden kann [27], [28] (vgl. Abb. 10).

Die Aufladung wächst erwartungsgemäß mit wachsender Raumladung bei steigendem äußeren Feld und schwankt statistisch, je nachdem, welcher Kristallteil beim Versuch in die Kontaktzange eingespannt wurde.

Recht deutlich zeigt sich nun der Einfluß solcher Inhomogenitäten auf die

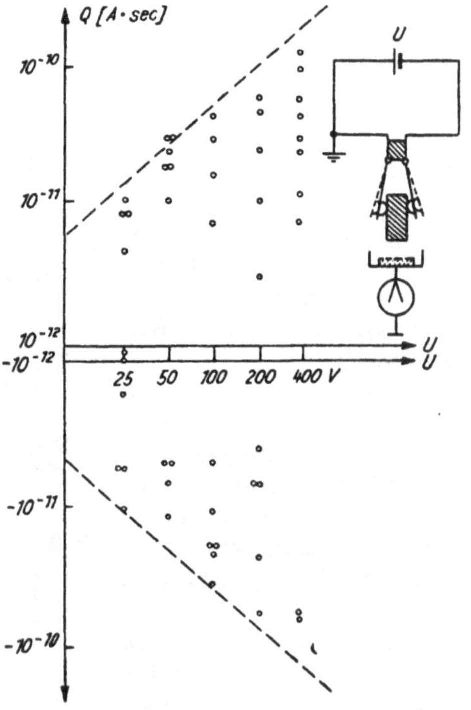

Abb. 10. Elektrostatische Aufladung von CdS-Einkristallen gegen ihre Umgebung nach Stromdurchfluß als Funktion der an die Kontaktzange angelegten Spannung

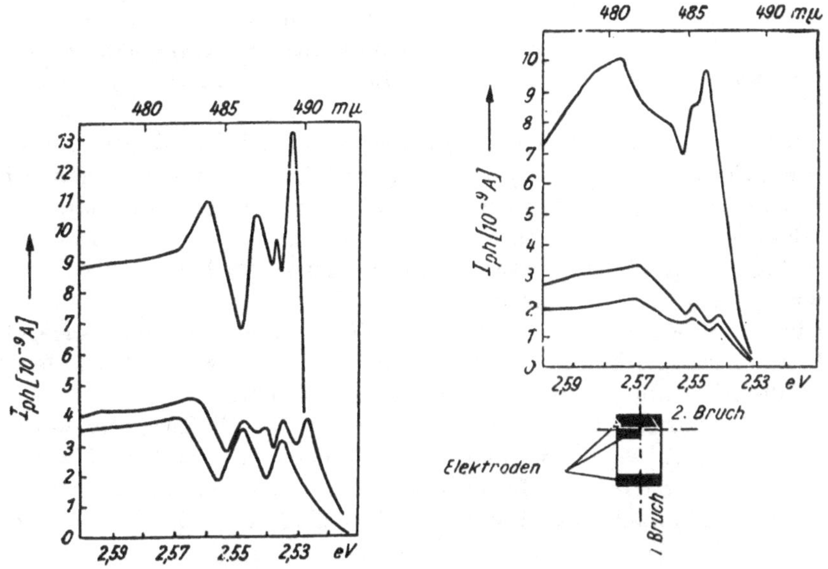

Abb. 11. Spektrale Verteilung der Photoleitfähigkeit im senkrecht und parallel zur c-Achse polarisierten Licht bei —183°C von drei Kristallteilen eines zerbrochenen Kristalls

spektrale Verteilung der Photoleitung [29]. Sucht man nämlich mit den angegebenen Methoden Kristalle aus, die möglichst wenige Inhomogenitäten zeigen, so ist das Spektrum der Photoleitung stark strukturiert (vgl. Abb. 11).

Verschiedene Teile eines Kristalls zeigen auch hier noch unterschiedliche Strukturierungen. Es ist zu vermuten, daß die im allgemeinen gefundenen wenig strukturierten Photoleitungskurven durch eine Überlagerung vieler, unterschiedlich strukturierter spektraler Verteilungen der Photoleitung in den Teilbereichen zustande kommen.

Wir haben nun vorgeschlagen, diese Bereichsstruktur der Kristalle direkt sichtbar zu machen [30] [31]. Dies kann durch Ausnutzung elektro-optischer Effekte geschehen; bei diesen Effekten wird das optische Absorptionsspektrum als Funktion des effektiv wirkenden Feldes, des fließenden Stromes oder des Raumladungsverlaufes geändert. Die folgende Tabelle zeigt eine Reihe von Effekten, die sich in der vorgeschlagenen Weise ausnutzen lassen:

	Direkte Effekte	Indirekte Effekte
Feldverlauf	Stark-Effekt [32] Franz-Effekt [33] . . .	inverser Piezoeffekt [34] . . .
Stromverlauf	. . . Eigenabsorption freier Elektronen	Joulesche Erwärmung . . .
Raumladungsverlauf	Absorption von Störstellen mit angehafteten Elektronen (z. B. F-Bande)	Störung der Gitterabsorption in der Umgebung eines Elektrons (Polaron)

Wird ein Kristall nun an einer Stelle des Spektrums, an der eine Veränderung der Absorption erfolgt, in monochromatischem Licht mikroskopiert, so wird der Feld-, Strom- oder Raumladungsverlauf direkt als entsprechende Schattierung des Bildes sichtbar.

Die angegebenen Effekte sind jedoch insbesondere bei niedrigen Feldstärken sehr kleine Effekte, und es bedarf daher hoch auflösender Monochromatoren, um sie nachzuweisen. Auch sollte eine Störung durch das Schallquantenfeld möglichst klein gehalten werden, was die Wahl sehr niedriger Versuchstemperaturen voraussetzt. Entsprechende Untersuchungen sind in Vorbereitung, auswertbare Ergebnisse liegen z. Z. noch nicht vor.

Wir haben jedoch eine große Zahl von CdS-Kristallen nach dem angegebenen Verfahren *im Bereich hoher Feldstärken* untersucht. Die Kristalle wurden dabei dicht an der Absorptionskante monochromatisch belichtet und eine Verschiebung der Absorptionskante nach langen Wellen unter der Wirkung des angelegten Feldes beobachtet. Die Verschiebung betrug maximal 100 Å und war räumlich inhomogen. Erst bei sehr hohen Stromdichten im Durchschlagsbereich trat eine homogene Eindunkelung des ganzen Kristalls infolge gleichmäßiger Erwärmung auf.

In Abb. 12b ist eine Reihe von Strombahnen erkennbar, die bei vorsichtigem Experimentieren sichtbar werden (in Abb. 12a ist der gleiche Kristall ohne äußeres Feld aufgenommen). Durch Joulesche Erwärmung wird entlang dieser ausgezeichneten Strombahnen eine Gitterkonstantenänderung und damit auch eine Verschiebung der Absorptionskonstante bewirkt.

Abb. 13 zeigt bei Feldstärken, die etwa einem Drittel der Durchschlagsfeldstärke entsprechen, ein z. T. feinstrukturiertes Absorptionsgebiet, das schlauchartig den Bereich zwischen Kathode und Anode überbrückt.

Abb. 14 zeigt an einem anderen Kristall etwa im gleichen Feldstärkebereich ein knollenartiges Herauswachsen verdunkelter Kristallbereiche aus der Kathode.

Die Natur beider elektro-optischen Erscheinungen ist noch weitgehend ungeklärt. Aus Abklingmessungen der zeitlich trägen Erscheinungen kann jedoch mit Sicherheit geschlossen werden, daß es sich um keine Erwärmungseffekte handelt [35].

Bei den meisten untersuchten Kristallen tritt jedoch eine andere charakteristische elektro-optische Erscheinung auf, die für eine Reihe von Kristallen in Abb. 15 wiedergegeben ist. Es tritt eine ringförmig um die Kathode angeordnete Verdunkelung auf, die von der Kathode im allgemeinen durch einen unverdunkelten Bereich getrennt ist und gegen die Anode mit einer scharfen Grenze endet. Diese Verdunkelung ist ebenfalls auf eine Verschiebung der Absorptionskante zurückzuführen, die monoton mit dem Abstand von der Kathode zunimmt und an der anodenseitigen scharfen Begrenzung ihren maximalen Wert von etwa 100 Å annimmt.

Durch Staubfiguren und Potentialsondenmessungen läßt sich zeigen, daß diese Verdunkelungen ein Abbild des Feldverlaufes geben. Es ist zu vermuten, daß der Feldverlauf durch den Franz-Effekt sichtbar gemacht wird. Ein solcher Feld-

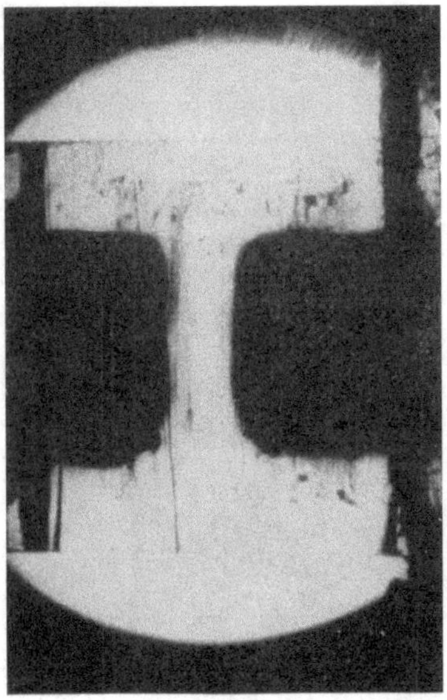

a) ohne Feld

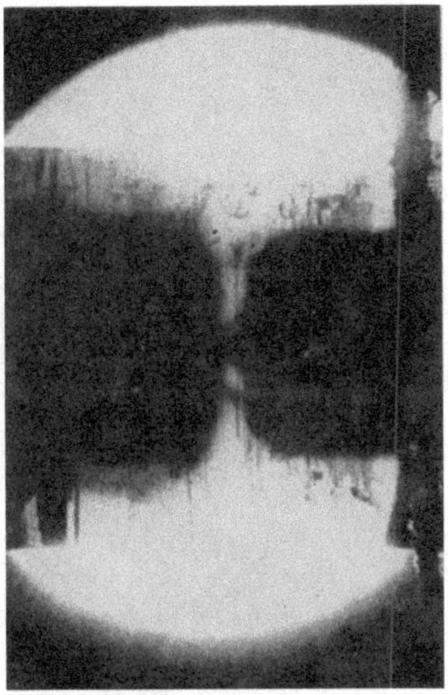

b) mit Feld

Abb. 12. Mikrophotographie eines Kristalls im monochromatischen Licht

Abb. 13. Mikrophotographie eines CdS-Einkristalls im monochromatischen Licht; $T = -183\,^\circ\mathrm{C}$, $\lambda = 500$ nm

Abb. 14. Mikrophotographie eines CdS-Einkristalls im monochromatischen Licht; $T = -183\,^\circ\mathrm{C}$, $\lambda = 500$ nm

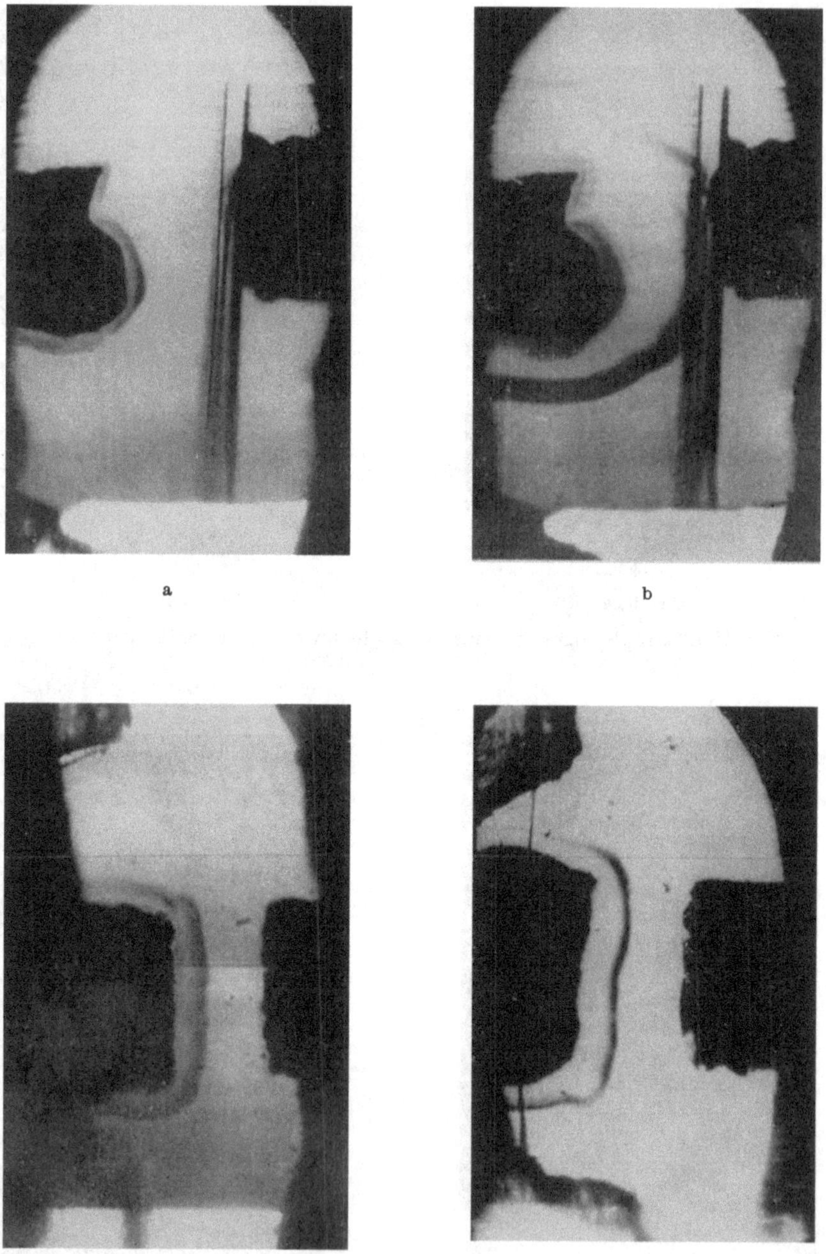

a b c d

Abb. 15. Mikrophotographie von CdS-Einkristallen im monochromatischen Licht; $T = -183\,°C$'
$\lambda = 500$ nm

verlauf setzt die Bildung von Raumladungen mit einer Doppelschicht voraus, so wie sie in Abb. 16 wiedergegeben sind.

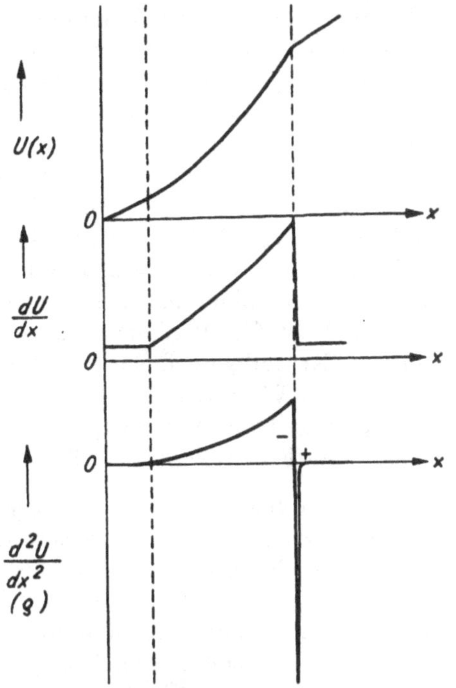

Abb. 16. Räumlicher Verlauf von Potential, Feld und Raumladung im Innern eines CdS-Kristalls bei hohen Feldern

Da dieser Feldverlauf allgemein bei hohen Feldstärken bei den untersuchten Kristallen auftritt und nur unwesentlich durch irgendwelche bei geringeren Feldern beobachtbare Kristallinhomogenitäten beeinflußt wird, kann angenommen werden, daß seine Ausbildung prinzipieller Natur ist. Wir haben es hier offensichtlich mit einer bislang unbekannten Felddeformation im Bereich der Durchschlagsfeldstärke zu tun.

Eine Raumladungsverteilung, welche einen derartigen Feldverlauf bewirkt, läßt sich aber zwangsläufig sofort erklären [36], wenn man eine elektrische Anregung von Elektronen und Defektelektronen aus Termen in der verbotenen Zone annimmt und berücksichtigt, daß die Rekombinationsrate für freie Ladungsträger größer ist als für an Störstellen gebundene und weiter berücksichtigt, daß die Lebensdauer von Elektronen im Leitungsband groß gegen die der Löcher im Valenzband ist. Man erhält dann das in Abb. 17 gezeichnete Bild für negative und positive Ladungen.

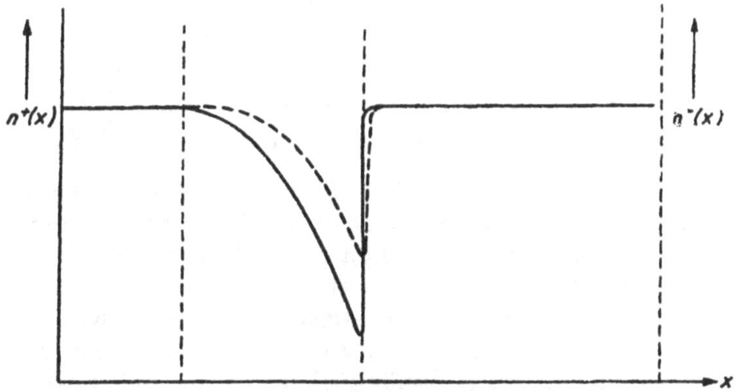

Abb. 17. Räumlicher Verlauf für positive und negative Ladungsträger in CdS-Einkristallen bei hohen Feldstärken

Die monoton mit dem Abstand von der Kathode wachsende negative Raumladung bewirkt ein monoton wachsendes Feld, das natürlich nur bis zur Durchschlagsfeldstärke wachsen kann. Hier tritt Produktion von Stromträgern ein, das Feld bricht zusammen, und ein Gebiet sehr hoher Leitfähigkeit schließt sich in Richtung auf die Anode an.

Damit werden sofort die ringförmigen Verdunkelungserscheinungen verständlich, für welche die Geometrie der Kathoden-Anoden-Anordnung unerheblich ist. Die Erscheinungen haben gewisse Ähnlichkeit mit entsprechenden Erscheinungen des Plasmas einer Gasentladung und lassen schließlich auch die Theorie des elektrischen Durchschlags in einem neuen Licht erscheinen.

Hiernach ist für den Durchschlag nicht bestimmend, daß die Feldstärke im gesamten Kristallbereich, berechnet aus angelegter Spannung und Elektrodenabstand, den Wert der Durchschlagsfeldstärke erreicht – sie braucht das nur noch in einem kleinen Bereich –, sondern daß der selbststabilisierte Strom, der in einem solchen „Plasma" fließt, einen kritischen Wert übersteigt.

An diesem Beispiel wollte ich zeigen, wie wesentlich bisher unbekannte Inhomogenitäten den Leitungsmechanismus beeinflussen können. Es muß zukünftigen Untersuchungen vorbehalten bleiben zu entscheiden, ob in diesem Teilgebiet der Festkörperphysik durch Betrachtung inhomogener Kristallbereiche mit elektro-optischen Methoden noch weitere Überraschungen zu erwarten sind.

Hiermit möchte ich meinen Vortrag schließen, in dem ich versuchte, Sie in zwei Teilgebieten der Festkörperforschung mit den Ergebnissen unserer Untersuchungen vertraut zu machen. Ich hoffe, daß es mir gelungen ist, damit auch zu zeigen, daß gerade das Kadmiumsulfid eine Fülle von Möglichkeiten zur Erforschung des Leitungsmechanismus fester Körper bietet, und ich bin sicher, daß auch in Hinsicht auf die technische Entwicklung nicht allein Anregungen aus der Kadmiumsulfidforschung gewonnen werden können, sondern bei entsprechender Beherrschung der Dotierung die Substanz selbst in zunehmendem Maße an Interesse gewinnen wird.

(W. Borchardt, Berlin)

Zusammenfassung

Nach einleitenden Bemerkungen über die Rolle des CdS in der Festkörperphysik wird im ersten Teil des Vortrages über die Ergebnisse umfangreicher Untersuchungen der Photoleitung berichtet. Es wird ein reaktionskinetisches Differentialgleichungssystem angegeben und ausführlich dargelegt, wie sich experimentell die Voraussetzungen für die Gültigkeit des diesem System zugrundeliegenden Modells prüfen lassen und wie sich die Parameter dieses Systems, die als Termkonzentration, Anregungswahrscheinlichkeiten und Rekombinationskoeffizienten ein hohes physikalisches Interesse besitzen, experimentell bestimmen lassen. Es wird gezeigt, daß durch die kombinierte Anwendung verschiedener

Methoden teilweise eine Doppelbestimmung von Parametern und damit eine Kontrolle der erhaltenen Werte möglich ist. Für den Frequenzfaktor α^* der Anregungswahrscheinlichkeit werden Werte um $10^{12}\,s^{-1}$ gefunden, die um 4 Größenordnungen über den Ergebnissen anderer Autoren liegen und durch ihre Übereinstimmung mit theoretisch erwarteten Werten die bisherige Diskrepanz beseitigen. Ferner zeigt sich, daß im allgemeinen eine Vernachlässigung des retrappings unzulässig ist.

Im zweiten Teil des Vortrags wird auf Effekte einer volumeninhomogenen Leitfähigkeit näher eingegangen. Da Kontaktrandschichten durch Entwicklung spezieller Kontaktierungs- und Prüfmethoden an Bedeutung verloren haben, werden andere Volumeninhomogenitäten der Leitfähigkeit ausführlicher diskutiert, nämlich die Existenz räumlich fixierter Kristallbereiche unterschiedlicher Leitfähigkeit und kristallinnere Raumladungseffekte des Elektronenplasmas. Die Existenz von Kristallbereichen unterschiedlicher Leitfähigkeit kann durch Untersuchung dielektischer Nachwirkungen nachgewiesen werden. Möglichkeiten zu ihrer direkten Sichtbarmachung vermittels elektro-optischer Effekte werden diskutiert. Die Existenz kristallinnerer Raumladungseffekte konnte mittels elektro-optischer Effekte bei hohen Feldstärken nachgewiesen werden. Unter der Annahme einer elektrischen Anregung von Elektronen und Defektelektronen aus Termen in der verbotenen Zone können diese Raumladungseffekte gedeutet werden. Sie zeigen eine gewisse Ähnlichkeit mit Plasmaerscheinungen in einer Gasentladung und müssen in der Theorie des elektrischen Durchschlags berücksichtigt werden.

Berlin, II. Physikalisches Institut der Humboldt-Universität

Literatur

[1] DIEDRICH, H., Ann Phys. **13**, 349 (1953).
[2] NIEKISCH, E. A., Ann. Phys. **15**, 279, 288 (1955).
[3] BÖER, K. W., Habilitationsschrift (1955) S. 178.
[4] JAHNE, E., Diplomarbeit (1958).
[5] KRÖGER, F. A., VINK, H. J. u. VOLGER, J., Philips Res. Rep. **10**, 39 (1955).
[6] RANDALL, R. u. WILKINS, M., Proc. Roy. Soc. London A **184**, 366, 390 (1945).
[7] Vgl. BÖER, K. W., OBERLÄNDER, S. u. VOIGT, J., Z. Naturf. **13a**, 544 (1958).
[8] NIEKISCH, E. A., Ann. Phys. **15**, 279, 288 (1955).
[9] BÖER, K. W. u. VOGEL, H., Ann. Phys. **17**, 10 (1955).
[10] BÖER, K. W. u. WANTOSCH, H., Ann. Phys. **2**, 406 (1959).
[11] BÖER, K. W., OBERLÄNDER, S. u. VOIGT, J., Ann. Phys. **2**, 130 (1959).
[12] BÖER, K. W., OBERLÄNDER, S. u. VOIGT, J., Z. Naturf. **13a**, 544 (1958).
[13] BÖER, K. W. u. OBERLÄNDER, S., Z. Naturf. **13a**, 351 (1958).
[14] BÖER, K. W. u. BORCHARDT, W., Fortschr. Phys. **1**, 184 (1953).
[15] BÖER. K. W., Physica **20** (1954).
[16] BÖER. K. W., BORCHARDT, E. u. BORCHARDT, W., Z. Phys. Chemie **203**, 145 (1954).
[17] BÖER, K. W., BORCHARDT W. u. OBERLÄNDER. S., Z. Phys. Chem. **210**, 218 (1959).
[18] BÖER. K. W. u. GUTJAHR, H., Z. Phys. **152**, 203 (1958).
[19] GUTJAHR, H., Z. Naturf. **12a**, 1021 (1957).
[20] BÖER, K. W., Arbeitstagung Festkörperphysik Dresden (1952), S. 112.

[21] Buttler, W. und Muscheid, W., Ann. Phys. **14**, 215 (1954) und **15**, 82 (1955).
[22] Fassbender, J., Z. Phys. **145**, 301 (1956)
[23] Smith, R. W., Phys. Rev. **97**, 1525 (1955).
[24] Böer, K. W., Ann. Phys. **10**, 20 (1952).
[25] Fassbender, J., Arbeitstagung Festkörperphysik Dresden (1952), S. 74.
[26] Böer, K. W. und Kümmel, U., Ann. Phys. **20**, 303 (1957).
[27] Böer, K. W. und Kümmel, U., Z. Naturf., **12a**, 667 (1957).
[28] Böer, K. W. und Kümmel, U., Ann. Phys. **2**, 217 (1958).
[29] Böer, K. W. und Gutjahr, H., Z. Phys. **152**, 203 (1958).
[30] Böer, K. W., Hänsch, H. J., und Kümmel, U., Naturwiss. **45**, 460 (1958).
[31] Böer, K. W., Iswest. Akad. Nauk UdSSR (im Druck).
[32] vgl. z. B. Gross, J. F., Sachartschenja, B. P. und Reinow, N. M., Dokl. Akad. Nauk UdSSR **97**, 57 (1954).
[33] Franz, W., Z. Naturf. **13a**, 484 (1958).
[34] Gobrecht, H., und Bartschat, A., Z. Phys. **136**, 224 (1953).
[35] Böer, K. W., Kümmel, U. und Hänsch, H. J., Z. Phys. **155**, 170 (1959).
[36] Böer, K. W., Z. Phys. **155**, 184 (1959).
[37] Böer, K. W. und Zimmermann, Kl. Monatsber. Dtsch. Akad. der Wiss. (im Druck)

K. W. BÖER und W. BORCHARDT, Berlin

Photochemische Reaktionen und Lebensdauer von Photozellen

Bei intensiver Belichtung von CdS-Einkristallen zeigen sich bei hinreichend hoher Temperatur Effekte, die von uns als photochemische Reaktionen gedeutet wurden [1], [2]. Abb. 1 zeigt in einem schematischen Übersichtsbild das allen untersuchten Kristallen gemeinsame charakteristische Verhalten.

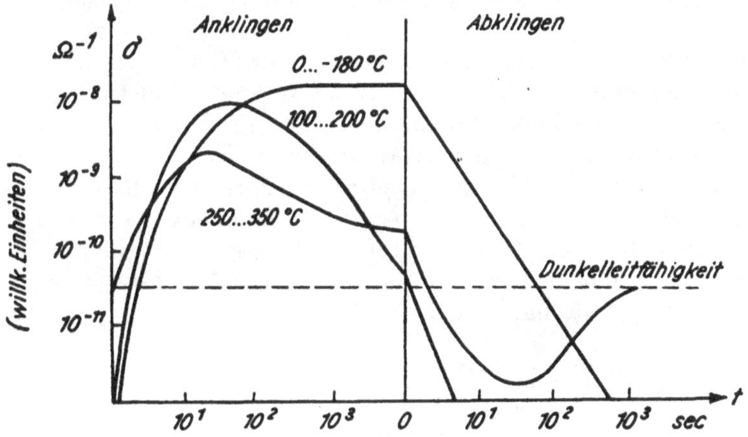

Abb. 1. Photochemische Reaktionen in CdS-Kristallen (schematisch)

Nur in einem Temperaturbereich etwa unter 0° C zeigt sich im allgemeinen das bekannte Anklingen auf einen stationären Wert. Bei höherer Temperatur setzt nach Durchlaufen eines Maximums ein Absinken der Leitfähigkeit ein. Diese Abnahme kann sich über mehrere Größenordnungen erstrecken und findet ihr Ende im Einmünden in einen tiefliegenden stationären Wert. Je höher die Temperatur ist, um so rascher wird diese endgültige Stationarität erreicht. Die durch eine solche Belichtung bei höherer Temperatur erzielte Leitfähigkeitsminderung ist einfrierbar. Qualitativ verläuft der Vorgang bei Belichtung im Grundgitter und im Ausläufer in gleicher Weise.

Wie aus der rechten Hälfte der Abb. 1 hervorgeht, bildet sich bei hoher Temperatur die Leitfähigkeitsminderung bei Dunkelheit wieder zurück: Die Leitfähigkeit sinkt unter den stationären Dunkelleitfähigkeitswert und nähert sich diesem von unten her.

In neueren Untersuchungen an definiert dotierten und an besonders reinen CdS-Kristallen konnten wir feststellen, daß bezüglich der Einsatztemperatur dieses Effektes beträchtliche Unterschiede bestehen (vgl. Abb. 2).

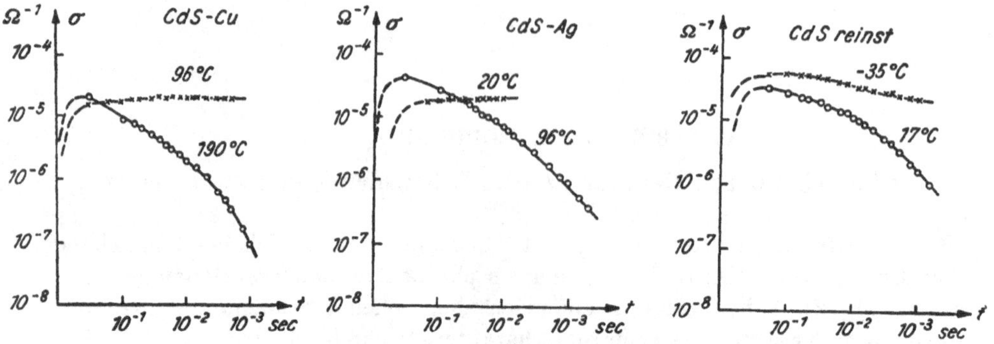

Abb. 2. Einfluß der Dotierung auf die Einsatztemperatur photochemischer Reaktionen

So zeigen mit Cu aktivierte Kristalle noch bei 100° C keine merkliche Abnahme der Leitfähigkeit, und erst bei Temperaturen über 150° C findet man die deutliche Ausbildung eines Leitfähigkeitsmaximums. Mit Ag dotierte Kristalle dagegen zeigen nur bis etwa 60° C das übliche Anklingen, und bereits bei 90° C kann man ein deutliches Maximum der Leitfähigkeit finden. Nicht bewußt aktivierte Reinstkristalle schließlich zeigen durchweg bereits bei Zimmertemperatur, einzelne sogar bereits bei — 30° C die beginnende Ausbildung eines Maximums.

Zur Beschreibung dieser Vorgänge wurde von uns folgendes reaktionskinetische Differentialgleichungssystem angegeben [3]:

$$\frac{\mathrm{d}n}{\mathrm{d}t} = a + a_{\mathrm{Th}} - \beta n R - \alpha n^2$$
$$\frac{\mathrm{d}R}{\mathrm{d}t} = \gamma n - \delta R \qquad (1)$$

Diesem System liegen folgende Überlegungen zugrunde: Die Änderung der Leitungselektronenkonzentration $\frac{\mathrm{d}n}{\mathrm{d}t}$ ist durch die Differenz zwischen Anregungs- und Rekombinationsprozessen bestimmt. Erstere bestehen aus der optischen Anregung a und der thermischen Anregung a_{Th}. Als Rekombinationsprozesse betrachten wir die bimolekulare Rekombination, die durch das Glied αn^2 beschrieben wird, und eine durch das Glied $\beta n R$ beschriebene Zusatzrekombination, die der durch die Belichtung induzierten Leitfähigkeitsabnahme Rechnung trägt. R beschreibt hier durch die Belichtung entstehende Rekombinationszentren, über die eine Rekombination von Leitungselektronen bevorzugt erfolgt. Die Bildung dieser zusätzlichen Rekombinationszentren R geschieht proportional zur Leitungselektronenkonzentration n, wie experimentell gezeigt werden konnte. Aus der Temperaturabhängigkeit des Effektes folgt, daß sie mit einer temperaturabhängigen Zerfallswahrscheinlichkeit δ wieder zerfallen.

Auf ein monomolekulares Rekombinationsglied wurde in diesem Gleichungssystem verzichtet, da unsere Anklinguntersuchungen sich nur auf hohe Lichtintensitäten und langzeitige Vorgänge erstreckten, wo ein quadratisches Rekombinationsgesetz gut erfüllt ist.

Da dieses Gleichungssystem nicht geschlossen integrierbar ist, schien eine Auswertung zunächst nicht in einfacher Weise möglich zu sein. Mit Hilfe der kürzlich von BÖER und OBERLÄNDER publizierten Methode der gesteuerten Anregung [4] gelingt es jedoch, die Zerfallswahrscheinlichkeit δ der Rekombinationszentren R zu bestimmen. Dazu wird von einem bestimmten Zeitpunkt t_1 ab die bisher konstante optische Anregung durch eine Automatik so gesteuert, daß die Elektronenkonzentration n von diesem Zeitpunkt ab konstant bleibt (vgl. Abb. 3).[1])

Der dazu notwendige zeitliche Verlauf der Lichtintensität wird gemessen. Nunmehr kann das Gleichungssystem (1) als System für die Größen $R(t)$ und eine zeitlich variable optische Anregung $a(t)$ aufgefaßt werden. Man erhält für die gemessene Größe $a(t)$ den Ausdruck

$$a(t) = A + B \cdot e^{-\delta(t-t_1)}. \quad (2)$$

Dabei sind die Konstanten A und B einfache aus den Parametern des Gleichungssystems (1) gebildete Polynome. Der Ausdruck (2) gestattet die Berechnung der Zerfallswahrscheinlichkeit δ, und es ist zu erwarten, daß die Berechnung von δ für verschieden dotierte Kristalle weiteren Aufschluß darüber geben wird, in welcher Weise die Realstruktur die Temperaturabhängigkeit der photochemischen Reaktionen beeinflußt.

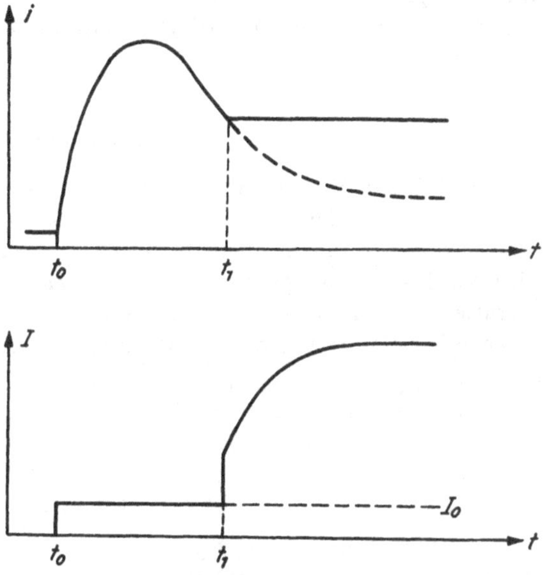

Abb. 3. Strom- und Lichtintensitätsverlauf bei Anwendung der Methode der gesteuerten Anregung auf photochemische Reaktionen (schematisch)

Diese Untersuchungen haben neben ihrem grundlagentheoretischen Interesse auch praktisch für die Herstellung von CdS-Widerstands-Photozellen Bedeutung. Nach den bisher vorliegenden Untersuchungen kann wohl angenommen werden, daß die photochemischen Reaktionen weitgehend für Änderungen der Empfindlichkeit solcher Photozellen im Betrieb, also ihre Alterung, maßgebend sind. Auf Grund unserer Ergebnisse sollte es möglich sein, durch Wahl geeignet dotierter Ausgangsmaterialien Photozellen herstellen zu können, die ihre Empfindlichkeit über sehr lange Zeiten hinweg unverändert beibehalten.

---

[1]) Experimentell wird der Photostrom i konstant gehalten und damit eine evtl. Änderung der Elektronenbeweglichkeit vernachlässigt.

Da mit der Leitfähigkeitsminderung beim Ablauf photochemischer Reaktionen eine Verminderung der Trägheit der CdS-Kristalle verbunden ist, läßt sich, indem man das Material vor der Benutzung photochemischen Reaktionen bei hohen Temperaturen aussetzt und die Reaktionsprodukte dann durch Abkühlung auf Zimmertemperatur einfriert, unter Inkaufnahme geringerer Empfindlichkeit der Frequenzbereich der Anwendbarkeit dieser Photozellen nicht unbeträchtlich erweitern.

Ferner ist zu erwarten, daß die Auswertung jetzt laufender Untersuchungen mit einer großen Zahl verschiedener Dotierungen es ermöglichen wird, den Anwendungsbereich von CdS-Widerstands-Photozellen zu höheren Temperaturen hin zu erweitern.

Zusammenfassung

Der Ablauf photochemischer Reaktionen an definiert dotierten CdS-Einkristallen wird beschrieben. Nach Angabe eines reaktionskinetischen Modells, dessen Auswertung Aussagen über physikalisch interessierende Parameter gestattet, wird der Einfluß der photochemischen Reaktionen auf Widerstands-Photozellen diskutiert. Es ergeben sich Schlußfolgerungen für die Herstellung von Photozellen mit besonders geringen Alterungserscheinungen.

II. Physikalisches Institut der Humboldt-Universität und Physikalisch Technisches Institut, Bereich elektrischer Durchschlag der Deutschen Akademie der Wissenschaften zu Berlin

Literatur

[1] Böer, K. W., Borchardt, E., und Borchardt, W., Z. Phys. Chem. **203**, 145 (1954).
[2] Böer, K. W., Physica **20** (1954)
[3] Böer, K. W., Borchardt, W., und Oberländer, S., Z. Phys. Chem. **210**, 218 (1959).
[4] Böer, K. W., und Oberländer, S., Z. Natf. **13a**, 351 (1958).

E. HELBIG und H. KLAUS, Jena

Einige Untersuchungen über die Ermüdung und Temperaturabhängigkeit von Photoelementen[1])

In der photometrischen Meßpraxis ist man in immer steigendem Maße darum bemüht, von den visuellen Meßmethoden abzugehen und an deren Stelle physikalische einzuführen. Als Empfänger werden dabei in vielen Fällen Photoelemente verwendet. Der von diesen abgegebene Photostrom kann nun — wie auch bei den anderen lichtelektrischen Empfängern — durch die äußeren Bedingungen in recht erheblichem Maße beeinflußt werden. Es ist demzufolge unerläßlich, vor dem Einsatz von Photoelementen in der Meßtechnik erst einmal diese Einflüsse und die daraus resultierenden Meßfehler so exakt wie möglich zu ermitteln.

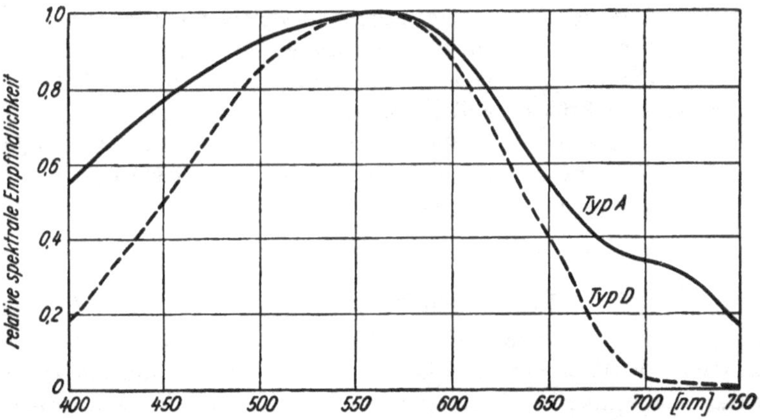

Abb. 1. Mittlere relative spektrale Empfindlichkeiten von Photoelementen der Typen A und D aus der Entwicklung des VEB Carl Zeiss JENA

Im Rahmen der dargelegten Messungen wurden einige Eigenschaften von zwei Photoelement-Typen der Entwicklung im VEB Carl Zeiss JENA untersucht, und zwar die Ermüdung und Temperaturabhängigkeit des Photostromes bzw. der Photospannung. Die charakteristischen spektralen Empfindlichkeiten der zwei Photoelement-Typen — als Typ A und D bezeichnet [1] — sind in Abb. 1 aufgezeichnet.

1) Ausführlicher Bericht erscheint im Jenaer Jahrbuch 1959 II.

1. Untersuchung der Ermüdung der Photoelemente

Die Ermüdung macht sich in der Weise bemerkbar, daß der Photostrom nach dem Einsetzen der Beleuchtung eine begrenzte Zeit braucht, bis er einen konstanten Wert erreicht. Der zeitliche Verlauf des Photostromes hängt dabei nicht nur vom Photoelement-Typ, sondern auch von einer Anzahl äußerer Parameter ab.

1.1 Abhängigkeit von der Beleuchtungsstärke

Die Ermüdung nimmt — wenigstens oberhalb einer gewissen Beleuchtungsstärke — im Kurzschlußfall bei beiden Typen mit steigender Beleuchtungsstärke zu. Sie ist beim Typ A größer als bei D.

Im Gegensatz zum Kurzschlußstrom weist die Leerlaufspannung beim Typ A eine wesentlich geringere Ermüdung auf, die Abhängigkeit von der Beleuchtungsstärke besteht aber in gleicher Weise, d.h. die Ermüdung vergrößert sich mit steigender Beleuchtungsstärke.

Für den Typ D zeigt die Leerlaufspannung Kurven, die keine abfallende, sondern eine ansteigende Tendenz aufweisen.

Selbstverständlich ist es auch von Interesse zu wissen, welches Verhalten die Photoelemente nach der Ermüdung zeigen, in welcher Weise also die Erholung verläuft. Die Messungen zeigen, daß sie anfänglich sehr rasch voranschreitet, nach einer der Ermüdung folgenden Dunkelpause von nur 10 Minuten ist der Photostrom bereits wieder erheblich angestiegen. Im übrigen scheint der Verlauf der Erholung nur in geringem Maße vom Grad der Ermüdung abhängig zu sein. Wann die Photoelemente sich restlos erholt haben, läßt sich nach einer Beobachtungszeit von 1,5 Stunden noch nicht erkennen.

1.2 Abhängigkeit von der Temperatur

Es wurden Untersuchungen bei verschiedenen Temperaturen (20°, 30°, 40°C) vorgenommen. Der Photostrom sinkt beim Typ A am Anfang um so stärker ab, je höher die Temperatur ist. Nach einer gewissen Zeit ändern sich jedoch die Verhältnisse, und am Ende des Beobachtungszeitraumes ist der relative Photostrom bei der tiefsten Temperatur am kleinsten, bei der höchsten dagegen am größten.

Beim Typ D verlaufen die Kurven von vornherein um so höher oder tiefer, je höher bzw. tiefer die Temperatur liegt.

1.3 Abhängigkeit vom Außenwiderstand

Beim Typ A wird die Ermüdung mit wachsendem Außenwiderstand geringer. Die Kurven nähern sich verständlicherweise mit zunehmendem Außenwiderstand einer Grenzkurve, nämlich der für den Außenwiderstand Unendlich.

Bei den Photoelementen des Typs D verlaufen die Kurven mit zunehmendem Außenwiderstand immer stärker ins positive Gebiet des Koordinatensystems.

2. Untersuchung der Abhängigkeit des Photostromes von der Temperatur

Bei Photoelementen ist von vornherein eine Abhängigkeit von der Temperatur zu erwarten, weil ja die verwendeten Halbleiter einen großen Temperaturkoeffizienten des spezifischen Widerstandes aufweisen.

2.1 Temperaturabhängigkeit des Photostromes bei verschiedenen Beleuchtungsstärken

Es wurden Untersuchungen im Temperaturbereich von 20 ··· 50° C vorgenommen. Die Abhängigkeit von der Temperatur nimmt mit steigender Beleuchtungsstärke zu. Der größte Teil der untersuchten Photoelemente weist bei kleinen Beleuchtungsstärken für den Kurzschlußfall in dem untersuchten Temperaturbereich einen positiven Temperaturkoeffizienten auf, bei höheren Beleuchtungsstärken ist er ausschließlich negativ.

Bei den Photoelementen des Typs D wurde für die höheren Beleuchtungsstärken eine etwas geringere Temperaturabhängigkeit festgestellt als bei A.

2.2 Temperaturabhängigkeit des Photostromes bei verschiedenen Außenwiderständen

Die Messungen zeigen einen eindeutigen Einfluß des Außenwiderstandes auf den Verlauf der die Temperaturabhängigkeit kennzeichnenden Kurven, ein klarer, gesetzmäßiger Zusammenhang ist jedoch nicht erkennbar. Man kann aber mit gutem Recht sagen, daß die bei verschiedenen Außenwiderständen ermittelten Charakteristiken mit steigender Beleuchtungsstärke immer stärker bündeln, d. h., daß der Einfluß des Außenwiderstandes mit steigender Beleuchtungsstärke geringer wird. Das Verhalten ist bei beiden Photoelement-Typen ähnlich.

2.3 Temperaturabhängigkeit des Photostromes bei verschiedener spektraler Zusammensetzung des Lichtes

Die Temperaturabhängigkeit wird in erheblichem Maße auch durch die spektrale Zusammensetzung des Lichtes beeinflußt. Es wurden Untersuchungen mit einem Rot- bzw. Blaufilter und mit Normlichtart A durchgeführt. Beim Typ A ist die Abhängigkeit von der Temperatur bei Verwendung des Blaufilters sehr viel stärker als beim Rotfilter. Für den Typ D ist der Einfluß bei beiden Filtern ungefähr von gleicher Größe.

Zusammenfassung

An zwei Photoelement-Typen verschiedener spektraler Empfindlichkeit wurden Untersuchungen über die Ermüdung und Temperaturabhängigkeit durchgeführt. Hinsichtlich der Ermüdung wurde die Abhängigkeit von der Beleuchtungsstärke, der Temperatur und vom Außenwiderstand untersucht. Die Temperaturabhängigkeit wurde bei verschiedenen Beleuchtungsstärken und Außenwiderständen und bei unterschiedlicher spektraler Zusammensetzung des Lichtes ermittelt.

VEB Carl Zeiss JENA

Literatur

[1] Dietzel, G., Görlich, P., und Krohs, A., Jenaer Jahrbuch 1958 I, S. 203; Arbeitstagung Festkörperphysik und Physik der Leuchtstoffe, Akademie-Verl. Berlin 1958, S. 110.

H. ZAHN, Leipzig

Über die spektroskopische Methode zur quantitativen Bestimmung von ^{15}N in Stickstoff

Der natürliche Stickstoff liegt in Form von zwei stabilen Isotopen vor, nämlich als ^{14}N und ^{15}N. Diese Isotope können drei verschiedene Moleküle bilden. Es sind dies $^{14}N\,^{14}N$, $^{14}N\,^{15}N$ und $^{15}N\,^{15}N$. Regt man ein Stickstoffgemisch aus diesen Molekülen zur Lichtemission an, so erhält man aufgrund der verschiedenen Massen dieser Moleküle einen Isotopieeffekt, der sich in einer Verschiebung der Bandenkanten ausdrückt. Die Bestimmung der Verschiebung für die Isotopenmoleküle läßt sich schematisch folgendermaßen zeigen.

Auf der oberen Seite einer Wellenskala befinden sich die Bandenkanten der einfach positiv geladenen Stickstoffmolekülionen und auf der unteren Seite die Bandenkanten der neutralen Stickstoffmoleküle. Die Richtung der Bandenkantenverschiebung für die schweren Isotopenmoleküle ist durch Pfeile gekennzeichnet. So tritt z. B. bei den neutralen Molekülen der Bandenkopf des $^{14}N\,^{14}N$-Molekels bei 3159 Å, der des $^{15}N\,^{14}N$ bei 3162 Å und der des $^{15}N\,^{15}N$-Molekels bei 3165 Å auf. Wir haben hier eine Verschiebung nach langen Wellenlängen. Dagegen erfolgt bei der 0,1-Bande eine Verschiebung nach kürzeren Wellenlängen. Der Bandenkopf des $^{14}N\,^{14}N$-Molekels liegt hier bei 3577 Å, der des $^{14}N\,^{15}N$-Molekels bei 3573 Å und der des $^{15}N\,^{15}N$-Molekels bei 3569 Å. Die Isotopieverschiebung geschieht in Richtung der Nullstelle des Bandensystems, die in der Nähe des 0,0 Schwingungsüberganges liegt. Sie ist in ihrer Größe hauptsächlich durch den Unterschied der Schwingungsenergie zweier Isotopenmoleküle verschiedener Masse bestimmt. Beide Bandensysteme sind nach dem Ultravioletten abschattiert und überdecken sich zum großen Teil. Für die Isotopenanalyse bleiben praktisch nur die durch die Isotopenverschiebung heraustretenden freiliegenden Teile übrig. Hoch und Weisser benutzten die Banden der Übergänge $\Delta v = 1$, $\Delta v = -1$ im 2. positiven System des Stickstoffs. Ihre Arbeit ist in der Zeitschrift Helvet. Chimica Acta 33, S. 2128 veröffentlicht und von der Meßabteilung des Instituts für Physikalische Stofftrennung als Grundlage für die Ausarbeitung einer Methode zur quantitativen Bestimmung von schwerem Stickstoff verwendet worden.

Wie bereits erwähnt wurde, kann man beim Stickstoff drei verschiedene Isotopenmoleküle unterscheiden. Ihre Konzentrationen seien

$$[^{14}N_2] = a; \quad [^{15}N_2] = b; \quad [^{14}N\,^{15}N] = c$$

ferner sei die Gesamtkonzentration des leichten Isotops c_l und die des schweren Isotops c_s. Dann gelten folgende Gleichungen:

$$c_l + c_s = 1 \quad c_l = a + \tfrac{1}{2}c$$
$$a + b + c = 1 \quad c_s = b + \tfrac{1}{2}c.$$

Mit der Voraussetzung, daß die Isotopenmoleküle bei den hohen Temperaturen im Entladungsröhrchen entsprechend den Entladungsverhältnissen dem Massenwirkungsgesetz

$$\frac{c^2}{a \cdot b} = 4$$

gehorchen, kann man leicht folgende Gleichung ableiten:

$$\frac{c_l}{c_s} = \sqrt{\frac{a}{b}} = \frac{c}{2b} = \frac{2a}{c}.$$

Die Molekülkonzentrationen sind den Intensitäten ihrer Bandenköpfe proportional. Es seien $i_{^{14}N_2}$, $i_{^{14}N\,^{15}N}$ und $i_{^{15}N_2}$ die Intensitäten der Bandenköpfe der Isotopenmoleküle. Dann gilt wegen der gleichen Übergangswahrscheinlichkeit der Elektronensprünge in diesen Molekeln

$$\frac{c_l}{c_s} = \sqrt{\frac{i_{^{14}N_2}}{i_{^{15}N_2}}} = \frac{i_{^{14}N\,^{15}N}}{2 i_{^{15}N_2}} = \frac{2 i_{^{14}N_2}}{i_{^{14}N\,^{15}N}}.$$

Nach diesen Ausführungen wollen wir uns mit dem praktischen Teil der Isotopenanalyse beschäftigen. Das Stickstoffisotopengemisch wird in Entladungsröhrchen aus Rasothermglas bei einem Druck von 2 Torr abgefüllt. Rasotherm

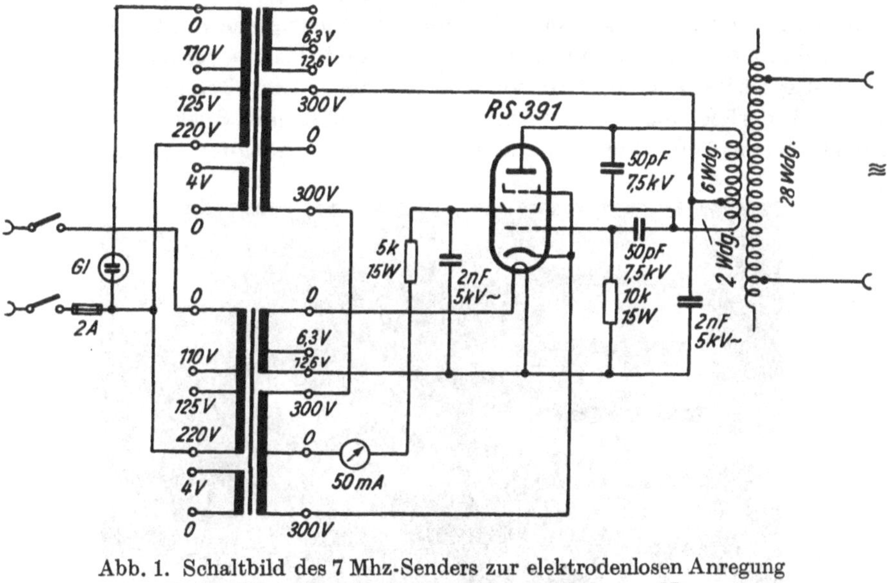

Abb. 1. Schaltbild des 7 Mhz-Senders zur elektrodenlosen Anregung für die spektroskopische Isotopenanalyse von N_2

ist in dem gegebenen Spektralbereich gerade noch verwendbar. Das Entladungsröhrchen besteht aus zwei Hohlkugeln von je etwa 10 ccm Inhalt, die durch eine 25 mm lange Kapillare mit einem Innendurchmesser von 1 mm miteinander verbunden sind. Um die Stickstoffmolekel zu einer intensiven Lichtemission anzuregen, wird oberhalb und unterhalb der Kapillare je eine Kupferschelle an das Entladungsröhrchen gelegt. Zur elektrodenlosen Anregung benutzten wir einen selbstgebauten HF-Sender mit einer Frequenz von 7 MHz. Das Schaltbild des Senders zeigt Abb. 1.

An dem Eingang des Senders liegt eine stabilisierte Netzspannung von 220 V. Die Spannung wird über einen Trafo auf 1,2 KV transformiert und der Anode der Senderöhre zugeführt. Als Senderöhre verwendeten wir eine RS 391 von RFT. Der Schwingkreis des Senders ist induktiv mit den Schellen des Entladungsröhrchens gekoppelt. Die Ausgangsspannung des Senders beträgt 20 KV, die Leistung etwa 100 W. Im Hinblick auf die Entladungsröhrchen ist noch zu bemerken, daß die Entladungen nur dann gleichmäßig brannten, wenn der Stickstoff sehr sauber abgefüllt worden war. Geringe Verunreinigungen bewirkten, daß sich dunkle Niederschläge in der Kapillare absetzten, die sogar zum Abreißen der Entladung führten. Die Kapillare wird im Betriebszustand mit einem Kaltluftstrom gekühlt. Für die Aufnahme der Stickstoffspektren benutzten wir einen sowj. UV-Spektrograph vom Typ ISP 28. Der zu analysierende Lichtstrahl fällt durch einen Spalt über einen Kollimator auf ein Spiegelobjektiv, das gegen die optische Achse um 2° 17′ geneigt ist. Das Spiegelobjektiv lenkt den Lichtstrahl auf ein 60° Prisma, in dem er zerlegt und durch ein Kameraobjektiv auf die Kameraebene abgegebildet wird. Die lineare Dispersion beträgt in dem Wellenlängenbereich, der für die Isotopenanalyse in Frage kommt, 18 Å/mm. Die Lichtquelle wurde mit einer Linse auf den Spalt des Spektrographen abgebildet und das Spektrum aufgenommen. Als günstig erwies sich ein Spalt von 20 μ, bei dem nicht allzu große Belichtungszeiten erforderlich waren. Die Aufnahmen wurden mit Spektralplatten „blau extrahart“ von Agfa Wolfen gemacht und unter konstanten Bedingungen mit

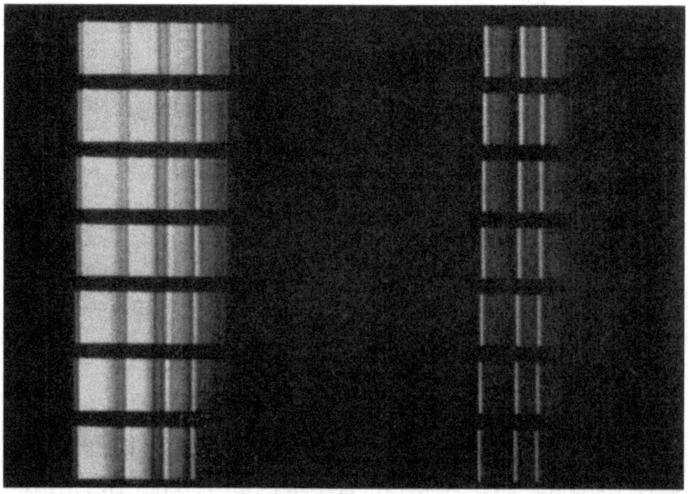

Abb. 2. Ausschnitt aus dem Spektrum einer angereicherten Stickstoffprobe bei verschiedenen Belichtungszeiten

Metol-Hydrochinon in einer Verdünnung von 1:8 entwickelt. Für die Analyse verwendeten wir die Bandenköpfe des $^{14}N\,^{14}N$-Molekels bei 3159 Å und die des $^{14}N\,^{15}N$-Molekels bei 3162 Å. Der Bandenkopf des $^{15}N\,^{15}N$-Molekels bei 3165 Å war bei kleinen Konzentrationen zu schwach, um zur Auswertung mit herangezogen werden zu können. Die Belichtungszeiten wurden so variiert, daß die beiden benutzten Bandenköpfe ungefähr die gleiche Schwärzung hervorriefen. Das hat den Vorteil, daß die Plattenkonstanten, wie wir bei der Auswertung sehen werden, wegfallen.

Abb. 2 zeigt einen Ausschnitt aus einigen Stickstoffspektren, die bei verschiedenen Belichtungszeiten aufgenommen worden sind. Die Belichtungszeiten betragen bei dem $^{14}N_2$-Bandenkopf 2 bis 16 Sekunden, bei dem $^{14}N\,^{15}N$-Bandenkopf 200 bis 2400 Sekunden. Die Situation wird günstiger, wenn wir stärker angereicherte Proben analysieren. Bei einer mit 8% ^{15}N angereicherten Probe brauchen wir für den $^{14}N\,^{15}N$-Bandenkopf wesentlich kleinere Belichtungszeiten, nämlich 18 bis 90 Sekunden.

Zur Auswertung der Proben ist zu sagen, daß die Schwärzungen S der identifizierten Bandenköpfe ausphotometriert und die Schwärzungen in linearen Skalenteilen des Photometers in Abhängigkeit von der Belichtungszeit t auf Millimeterpapier aufgetragen werden. Die Schwärzungen wurden mit einem Schnellphotometer des VEB Carl Zeiss JENA bestimmt.

Abb. 3 zeigt die Schwärzungskurven des $^{14}N_2$-Bandenkopfes und $^{14}N\,^{15}N$-Bandenkopfes einer angereicherten Stickstoffprobe. Auf der Abszisse sind für jeden Bandenkopf getrennt die Belichtungszeiten aufgetragen. Für die Konzentrationsbestimmung kommt nur der geradlinige Teil der Schwärzungskurve in

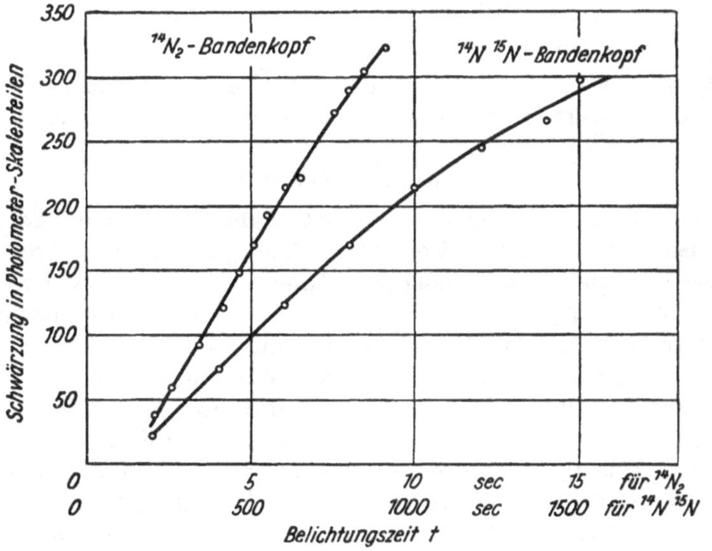

Abb. 3. $S = f(t)$ für die Bandenköpfe von $^{14}N_2$ und $^{14}N^{15}N$ einer schwach angereicherten Stickstoffprobe

Frage, weil hier die Schwärzung der Konzentration proportional ist. Aus dem Verhältnis der Neigung des geradlinigen Teiles der Schwärzungskurven können die Konzentrationen ermittelt werden. Je steiler die Kurve des $^{14}N\,^{15}N$-Bandenkopfes ist, desto größer ist die Konzentration an ^{15}N. Die Intensitäten kann man nun bei gleicher Schwärzung aus den Belichtungszeiten bestimmen. Nach Schwarzschild ist

$$S = \gamma \cdot \log \frac{It^p}{\alpha},$$

wobei S die Schwärzung, I die Intensität, t die Belichtungszeit, p der Schwarzschildexponent und γ, α Plattenkonstanten sind.
Da die Bandenköpfe gleiche Schwärzungen haben, gilt

$$\frac{i_{^{14}N_2}}{i_{^{14}N\,^{15}N}} = \left(\frac{t_{^{14}N\,^{15}N}}{t_{^{14}N_2}}\right)^p \quad \text{oder} \quad \frac{c_l}{c_s} = 2\left(\frac{t_{^{14}N\,^{15}N}}{t_{^{14}N_2}}\right)^p$$

Wenn p bekannt ist, kann man mit Hilfe der Formel $c_l + c_s = 1$ sofort die ^{15}N-Konzentration angeben. Um den Schwarzschildexponenten p zu bestimmen, wurden Proben bekannter Konzentration aufgenommen und ausgewertet. Wir verwendeten natürlichen Stickstoff und erhielten für

$$p = \frac{\lg 131{,}5}{\lg \frac{t_{^{14}N\,^{15}N}}{t_{^{14}N_2}}} = 0{,}81$$

Wie groß sind die Fehler bei der ^{15}N-Bestimmung? Durch Vergleiche mit massenspektrometrisch gemessenen ^{15}N-Konzentrationen ergibt sich folgendes Bild:

$c_s\% = 0{,}38$ mit einem Fehler von 5% von c_s
„ $= 0{,}8$ „ „ „ „ 3% „ „
„ $> 1{,}2$ „ „ „ „ 2% „ „

Die Fehler sind bei den kleinen Konzentrationen am größten und nehmen später einen konstanten Wert an, der durch die Gradation der Spektralplatten bedingt ist.

Zusammenfassung

Es wird über die Anwendung einer von Hoch und Weisser angegebenen spektroskopischen Methode zur routinemäßigen Isotopenanalyse am Stickstoff berichtet. Die Methode ist von besonderem Interesse, da die Verwendung stabiler Isotope zur Markierung von Atomen in der Forschung in steigendem Maße an Bedeutung gewinnt und das dringende Bedürfnis nach möglichst einfachen Methoden der Isotopenanalyse besteht, durch welche das kostspielige Massenspektrometer ersetzt werden kann. Das Stickstoffisotopengemisch wird bei einem Druck von 2 Torr in Entladungsröhren aus Rasotherm-Glas abgefüllt und mit einem kleinen Hochfrequenzgenerator von 7 MHz zur Emission angeregt. Die Aufnahme des Stickstoffspektrums erfolgt mit einem sowjetischen UV-Spektrographen vom Typ ISP 28. Zur Auswertung werden die Schwärzungskurven des Bandenkopfes von $^{14}N\,^{14}N$ bei 3159 Å und von $^{14}N\,^{15}N$ bei 3162 Å benutzt.

Leipzig, Institut für physikalische Stofftrennung

E. FREYTAG, Berlin

Über die Spektren des Li II und Li III[1])

Über das wasserstoffähnliche Spektrum des Li III berichtete zuerst EDLÉN [1], der die drei ersten Linien der LYMANserie bei 134,997, 113,903 und 108,00 Å feststellte. Später berichteten GALE und HOAG [2] von einer Fortsetzung der Serie bis zum 5. Serienglied und vom ersten Glied der BALMER-Serie bei 729,1 Å, geben dabei aber die Wellenlängen lediglich auf 0,1 Å genau an.

Es ist nun gelungen, die LYMANserie des Li III weiter fortzusetzen und genauer auszumessen. Als Lichtquelle wurde, wie bei EDLÉN sowie GALE und HOAG, ein Hochvakuumfunke benutzt. Der Vakuumspektrograph eigener Konstruktion mit streifender Inzidenz besaß ein Glasgitter mit 1182 Strichen/mm. Als Aufnahmematerial wurden SCHUMANN-Platten benutzt, die sich auf den ROWLANDkreis biegen ließen. Die Spannungen an der Ladekapazität von 0,11 μF lagen zwischen 20 und 40 kV.

Als Bezugslinien für die Vermessung dienten die stets sichtbaren Linien 199,280 Å von Li II, 134,997 Å von Li III und 100,254 Å von Be III, die mit guter Genauigkeit bekannt sind [3]. Die theoretischen Werte der Serienglieder $n = 5$ bis $n = 8$ lassen sich mit genügender Genauigkeit nach einer Formel von PENNEY [4] berechnen, da die Meßgenauigkeit bei 0,02 Å liegt. Gegenüber diesen Werten liegen die experimentell ermittelten nach vorläufigen Rechnungen noch um 0,02 bis 0,04 Å zu hoch, obwohl ein systematischer Fehler ausgeschlossen erscheint.

Im Spektrum des Li II konnten die Übergänge 5—1 und 6—1 vermessen werden, von denen der erste bei EDLÉN zwar angegeben, aber noch nicht vermessen wurde. Diese beiden, bei 168,7 und 167,2 Å liegenden Linien stimmen mit den bekannten bzw. extrapolierten Termwerten gut überein.

Linien des Li III nach PENNEY:

$n = 5$	105,47 Å
6	104,14 Å
7	103,36 Å
8	102,86 Å

Berlin, I. Physikalisches Institut der Humboldt-Universität

Literatur

[1] EDLÉN, B., und ERICSON, A., Nature **125**, 233 (1930).
[2] GALE, H. G., und HOAG, J. B., Phys. Rev. **37**, 1703 (1931).
[3] ROBINSON, H. A., Phys. Rev. **51**, 14 (1937).
[4] PENNEY, W. G., Phil. Mag. **9**, 661 (1931).

[1]) Vollständiger Text erschien in „Naturwissenschaften" **46**, 314 (1959).

W. NEBE, Jena

Verfahren zur interferometrischen Analyse von Dreistoffgemischen

Interferometrische Methoden zur Analyse von Dreistoffgemischen

Zur Analyse eines Gemisches aus 3 Stoffen ist es erforderlich, zwei voneinander unabhängige Meßgrößen zu bestimmen. Will man die interferometrische Messung heranziehen, deren Vorzüge hinsichtlich Genauigkeit und Schnelligkeit bekannt sind, so wird damit nur die Brechungszahl bestimmt, und man ist genötigt, noch eine zweite Größe, wie die Dichte, Viskosität o. a. zu messen. Dies erfordert neue Geräte und ist, insbesondere bei Gasen, oftmals schwer durchführbar. Im Bestreben, auch die zweite Messung interferometrisch auszuführen, hat man sich durch Verwendung von Absorptionsmitteln geholfen. Man mißt erst die Gesamtprobe und dann nach Absorption der einen Komponente den Proberest als binäres Gemisch. Dieses Verfahren ist genau, sehr rasch und wird gern angewandt. Es hat jedoch den Nachteil, daß das Absorptionsmittel spezifisch nur den einen Anteil, und diesen restlos aufnehmen muß. Das im folgenden beschriebene Verfahren wendet nur interferometrische Messungen der Probe an, ohne Absorptionsmittel hinzuzuziehen.

Die Dispersionswirkung bei der Analyse von Zweistoff-Gemischen

Bei der interferometrischen Analyse von binären Gemischen treten in den Eichkurven, die den Zusammenhang zwischen der Streifenverschiebung und der Konzentration angeben, Sprungstellen auf. Die Eichkurve geht bei bestimmten Konzentrationen auf einen benachbarten Kurvenast über. Im Interferenzbild beobachtet man ein Überwechseln der Achromasie auf den Nachbarstreifen. Die Ursache dafür ist die verschiedene Dispersionswirkung des Kompensators und der Substanzen in der Meßkammer. Wenn der Kompensator den Gangunterschied für eine mittlere Wellenlänge (grün) genau ausgleicht, wird er im allgemeinen langwelliges Licht (rot) zu wenig, kurzwelliges (blau) zu viel kompensieren, oder umgekehrt. In Abb. 1 ist dieses Verhalten für verschiedene Kompensationsstellungen angedeutet. Man erkennt, daß die Symmetrieachse der Farbigkeit wandert. Z. B. für $q = 1$ liegt das farblose Maximum bereits im Maximum 1. Ordnung, so daß man dieses als Nullmarke für die Kompensatoreinstellung nehmen wird. Der Einstellfehler beträgt einen ganzen Streifenabstand. Da die

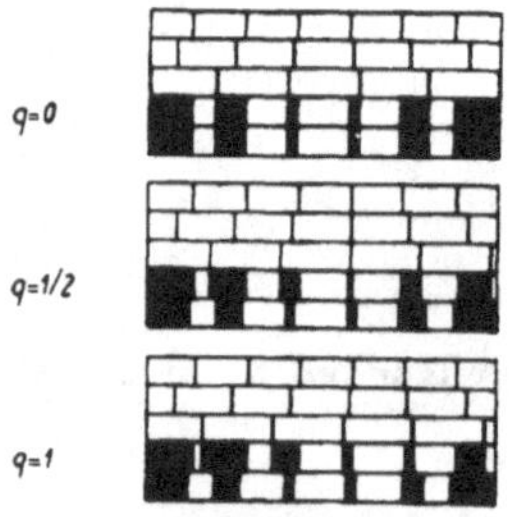

Abb. 1. Chromatische Verschiebungen bei Interferenzstreifen

Farbsymmetrie mit wachsender Konzentration kontinuierlich wandert, überschreitet die Symmetrieachse auch das Minimum 1. Ordnung. In diesem Falle ($q = 1/2$) hat man zwei mögliche Einstellungen für die Kompensation; es liegt eine Sprungstelle vor. Mit wachsender Konzentration wechseln die Sprungstellen regelmäßig mit Achromasiestellen, an denen die Farbsymmetrieachse in einem Maximum liegt und wo infolgedessen dieses Maximum mit höchster Deutlichkeit als Nullmarke angesehen wird. Den Abstand zweier benachbarter Sprungstellen oder, was praktisch dasselbe ist, zweier benachbarter Achromasiestellen bezeichnen wir als Achromasielänge H. Das Vorzeichen von H sei positiv, wenn die Sprünge zur nächst höheren Streifenzahl erfolgen, sonst negativ. Für ein binäres Gemisch ist H eine charakteristische Konstante. Sie kann aus den optischen Daten der beiden Komponenten des Gemisches wie folgt berechnet werden:

Wir bezeichnen in Anlehnung an Hansen als wirksame Dispersion eines optischen Systems, das von zwei Lichtstrahlen durchsetzt wird, den Ausdruck

$$D = 100 \cdot \frac{\frac{\partial G}{\partial \lambda} \cdot \Delta \lambda}{G} = 100 \cdot \frac{G_{bl} - G_{rt}}{G},$$

wo G den Gangunterschied bei einer mittleren Wellenlänge (grün), $\Delta \lambda$ die Differenz zweier Wellenlängen blau (bl) und rot (rt) bezeichnet. Speziell für die Kompensationseinrichtung, deren optische Daten bekannt sind, setzen wir $D = D^*$. Im System „Kammer“ ist

$$G = l \cdot (n_r - n_l)\,, \quad \frac{\partial G}{\partial \lambda} \Delta \lambda = l \cdot (\Delta n_r - \Delta n_l)\,,$$

und folglich

$$D = 100 \cdot \frac{\Delta n_r - \Delta n_l}{n_r - n_l}.$$

Hierbei bedeuten n_r und n_l die Brechungszahlen für den rechten und linken Teil der Kammer.

Die Achromasiebedingung verlangt, daß gleichzeitig für alle Wellenlängen – d. h. im wesentlichen gleichzeitig für blaues und rotes Licht – der Gangunterschied bis auf ganzzahlige Vielfache der betr. Wellenlängen kompensiert ist: $l(n_r - n_l) = G + q\lambda$ mit ganzzahligem q für 2 verschiedene Wellenlängen. Daraus folgt mit $G = -h\lambda$ und $h/q = H$ durch einiges Umformen

$$H = \frac{D + \Lambda}{D - D^*},$$

wo

$$\Lambda = 100 \cdot \frac{\lambda_{rt} - \lambda_{bl}}{\lambda_e}$$

gesetzt ist. Hat man ein binäres Gemisch aus zwei Gasen mit den Brechungszahlen n_1 und n_2 und dient die eine Komponente als Vergleichsgas, $n_l = n_1$, so ist $n_r - n_l = c(n_2 - n_1)$ und folglich ist

$$D = 100 \cdot \frac{\Delta n_2 - \Delta n_1}{n_2 - n_1}$$

eine Konstante und ebenso H. Man kann H im voraus berechnen oder aus der Bestimmung von H z. B. die wirksame Dispersion

$$D = \frac{D^* H + \Lambda}{H - 1}$$

berechnen.

Anwendung auf Dreistoffgemische

Für Dreistoffgemische, wiederum mit $n_l = n_1$, ist

$$n_r - n_l = (c_1 - 1)\, n_1 + c_2 n_2 + c_3 n_3$$

und folglich

$$D = 100 \cdot \frac{(c_1 - 1)\, \Delta n_1 + c_2 \Delta n_2 + c_3 \Delta n_3}{(c_1 - 1)\, n_1 + c_2 n_2 + c_3 n_3}.$$

In diesem Falle ist D von den einzelnen Konzentrationen abhängig und kann zu deren Bestimmung herangezogen werden. Dasselbe gilt dann auch für die Achromasielänge H.

Zur Bestimmung von H stehen drei Verfahren zur Verfügung, die wir am Beispiel eines Gemisches von zwei Gasen A und B mit Luft erläutern:

1. Man läßt die Probe langsam in die Interferometerkammer, in der sich Luft befindet, einströmen, kompensiert laufend die Streifenverschiebung und beobachtet dabei das Überwechseln der Farblosigkeit des Maximums 0. Ordnung zum Maximum 1., 2. usw. Ordnung, also die Sprungstellen. Sprungstellen liegen jeweils bei den Streifenzahlen $h = H/2, 3H/2, 5H/2$ usw. (absolut genommen), woraus sich H unter Berücksichtigung der Sprungrichtung leicht errechnet. Die Genauigkeit beträgt etwa 6 bis 10% des Meßwertes, wenn man den Mittelwert aus 6 Sprungbeobachtungen verwendet.
   Das Verfahren versagt, sobald keine Sprungstellen im Meßbereich für das Gemisch liegen, also bei kleinen Konzentrationen. In diesem Falle kann man sich mit dem 2. Verfahren helfen.
2. Man verwendet dazu einen Dispersionskompensator. Darunter verstehen wir eine Vorrichtung, mit der man bei gegenläufiger Änderung des Gangunterschiedes im blauen und roten Licht *keine* Änderung des Gangunterschiedes in grünem Licht bewirkt. Bei Verstellungen am Dispersionskompensator ändert sich nicht die Lage, wohl aber die Farbigkeit der Interferenzstreifen. Man kann die Sprungstellen in jedem Falle so einstellen, daß man sie bequem beobachten kann.

Diese Methoden der Sprungbeobachtung erfordern, da man mehrere Beobachtungen durchführen muß, mehrmaliges langsames Füllen der Kammern und dabei ein geübtes Auge zum Erkennen der Farbigkeit. Für Routine-Analysen sind sie wenig geeignet.

Beim 3. Verfahren wird wie gewöhnlich die Probe in die Kammer gefüllt und mit weißem Licht die Streifenzahl h gemessen. Mit blauem und rotem Licht mißt man dann nacheinander die dem gefundenen h nächstliegende Koinzidenzeinstellung. Die Differenz bezeichnen wir als Farbdifferenz τ. Sie ändert sich bei wachsender Konzentration gleichmäßig (Abb. 1), d. h., das Verhältnis $\tau:h$ ist konstant. Die Farbdifferenz τ, die an der ersten Achromasiestelle $h = |H|$ vorliegt, bezeichnen wir mit T. Es gilt die Beziehung $\tau:h = T:H$. T ist von der Auswahl der beiden Farbfilter abhängig und kann als bekannt angenommen werden. Aus den gemessenen Werten τ und h berechnet sich $H = \frac{h}{\tau} \cdot T$. Die Genauigkeit der Bestimmung von H ist nach dieser Methode etwas besser als bei den beiden vorigen. Außerdem ist dieses Verfahren der Messungen mit monochromatischem Licht wesentlich schneller und weniger anstrengend.

Mit dem gemessenen Wert H findet man nach der obigen Formel

$$D = \frac{D^* H + \Lambda}{H - 1}.$$

Wir haben nunmehr 3 Gleichungen:

$$(c_1 - 1) n_1 + c_2 n_2 + c_3 n_3 = \frac{\lambda}{l} \cdot h$$

aus der Messung des Gangunterschieds im weißen Licht,

$$(c_1 - 1) \Delta n_1 + c_2 \Delta n_2 + c_3 \Delta n_3 = \frac{D}{100} \cdot \frac{\lambda}{l} \cdot h$$

aus der Bestimmung von H bzw. D, und

$$c_1 + c_2 + c_3 = 1.$$

Aus diesen Gleichungen lassen sich c_1, c_2 und c_3 in erster Näherung als lineare Funktionen von h und D und schließlich auch als Funktionen von h und τ angeben. Zur Erleichterung der Auswertung kann man graphische Hilfsmittel wie Netztafeln oder Nomogramme verwenden. Das Verfahren setzt voraus, daß man die optischen Daten (n_e und $n_{bl} - n_{rt} = \Delta n$) eines jeden der 3 beteiligten Gase kennt. Die n_e-Werte sind für eine große Anzahl von Gasen aus der Literatur bekannt, z. T. auch die Δn-Werte. Diese letzteren kann man aber z. B. durch Sprungbeobachtung in binären Gemischen bestimmen.

Die Messungen im weißen und im monochromatischen Licht können auch von ungeübten Kräften ohne Schwierigkeiten durchgeführt und anhand der Auswertehilfen die Konzentrationen schnell bestimmt werden. Dadurch eignet sich das Verfahren auch für Routineuntersuchungen insbesondere bei solchen Substanzen, die sich schwer durch Absorptionsmittel trennen lassen.

VEB Carl Zeiss JENA

Zusammenfassung

Es wird über ein neues Verfahren berichtet, das auf rein interferometrischem Wege die Analyse von Dreistoffgemischen gestattet. Als zweite Meßgröße wird neben der Brechungszahl ein Wert für die mittlere Dispersion bestimmt. Die an sich bekannte, aber sehr mühsame Beobachtung der Sprungstellen, die im weißen Licht in den Eichkurven auftreten, wird nach diesem Verfahren umgangen, so daß die Einzelmessung schnell ausführbar ist. Das Verfahren bildet eine Analogie zu Bestimmungen der mittleren Dispersion mit dem Abbe-Refraktometer.

M. PETTIG, Jena

Beobachtung magnetischer Kernresonanzen in Emission

In der Hochfrequenzspektroskopie insbesondere auf dem Gebiet der magnetischen Kernresonanzen untersucht man Übergänge zwischen eng benachbarten Energieniveaus. Die geringe Energiedifferenz hat zur Folge, daß die Wahrscheinlichkeit für spontane Übergänge sehr klein ist und diese im allgemeinen völlig zu vernachlässigen sind. Beobachtet werden Übergänge, die durch Absorption von Energie oder durch induzierte Emission unter dem Einfluß einer eingestrahlten Hochfrequenzwelle hervorgerufen werden. Übergänge in beiden Richtungen finden somit gleichzeitig statt, und da beide die gleiche Übergangswahrscheinlichkeit besitzen, überwiegt der Vorgang, dessen Ausgangsniveau die größere Besetzungszahl aufweist. Im Gleichgewichtszustand verteilen sich die Kerne nach einer BOLTZMANN-Verteilung auf die verschiedenen Niveaus, so daß stets die tieferen Zustände stärker bevölkert sind. Aus diesem Grunde beobachtet man immer eine Netto-Absorption. Will man jedoch Emissions-Spektroskopie treiben, so muß man also eine Verteilung herstellen, bei der höhere Energieniveaus stärker als tiefer gelegene besetzt sind.

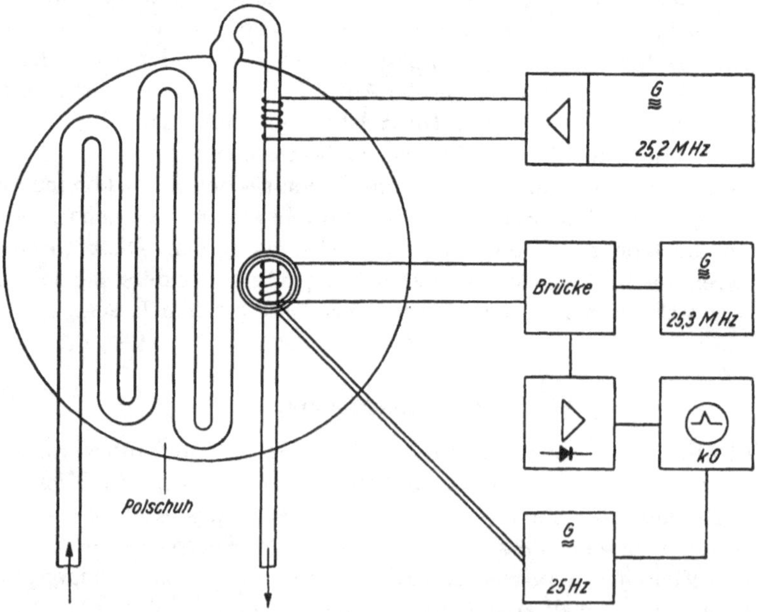

Abb. 1. Schema der Versuchsanordnung

Eine Möglichkeit, eine derartige Verteilung zu erreichen, besteht nach BLOCH [1] darin, die Resonanzstelle durch eine Frequenz- oder Magnetfeld-Änderung unter den Bedingungen des adiabatischen schnellen Resonanzdurchgangs zu überstreichen. Unmittelbar nach dieser Resonanzanregung liegt dann eine BOLTZMANN-Verteilung vor, die sich durch eine negative Temperatur beschreiben läßt. Anschließend stellt sich jedoch durch den Spin-Gitter-Relaxationsmechanismus wieder die alte Gleichgewichtsverteilung ein, die der Umgebungstemperatur entspricht. Will man aber zur Beobachtung einer ständigen Emission eine fortdauernde Überbevölkerung des angeregten Zustandes erreichen, so muß man dafür Sorge tragen, daß fortlaufend angeregte Kerne erzeugt werden. Dies kann, wie im folgenden beschrieben wird, mit Hilfe einer strömenden Flüssigkeit geschehen.

Grundlagen des Verfahrens

Bei der Durchführung des Experiments muß den mit der Flüssigkeit im Luftspalt eines Magneten bewegten Kernen zunächst Gelegenheit gegeben werden, die Gleichgewichtsverteilung einzunehmen. Die Einstellung der BOLTZMANN-Verteilung erfolgt nach einem Exponentialgesetz, deren Zeitkonstante durch die Spin-Gitter-Relaxationszeit T_1 gegeben ist. Die genannte Aufgabe wird auf die Weise gelöst, daß die Flüssigkeit nach Eintritt in das Magnetfeld zunächst eine Rohrschlange (links in Abb. 1) der Länge l_1 mit der Geschwindigkeit v_1 durchströmt, so daß die Verweilzeit auf diesem Wege

$$\tau_1 = \frac{l_1}{v_1} \gg T_1 \tag{1}$$

beträgt. Anschließend fließen die Kerne in einem engeren Rohr mit erhöhter Geschwindigkeit v_2 durch eine erste in der Nähe des Polschuhrandes angeordnete Spule, die über einen Leistungsverstärker von einem Hochfrequenzgenerator gespeist wird. An dieser Stelle erfolgt der geforderte adiabatische schnelle Resonanzdurchgang. Durch die gesteigerte Geschwindigkeit und den möglichst klein gehaltenen Abstand l_2 zu einer folgenden zweiten Spule wird angestrebt, daß die neue angeregte aber instabile Verteilung der Kerne auf die Energiezustände bei Ankunft in dieser Nachweisspule noch nicht wieder abgebaut ist:

$$\frac{l_2}{v_2} \ll T_1 . \tag{2}$$

Die Nachweisspule bildet einen Teil eines Kernresonanz-Spektrometers, das sich aus Hochfrequenzgenerator, Brücke, Verstärker mit Gleichrichter und Kathodenstrahl-Oszillograph zusammensetzt. Damit auf dem Oszillographen-Schirm die Resonanzlinie in ganzer Breite erscheint, wird das Magnetfeld in unmittelbarer Umgebung der Nachweisspule mit einer Niederfrequenz moduliert, die einem Tongenerator entnommen wird. Dieser Generator liefert gleichzeitig die Horizontal-Ablenkung für den Oszillographen.

Die Magnetfelder, die die Kerne auf ihrem Wege passieren, und die entsprechende makroskopisch beobachtbare Kernmagnetisierung M_z in Richtung des

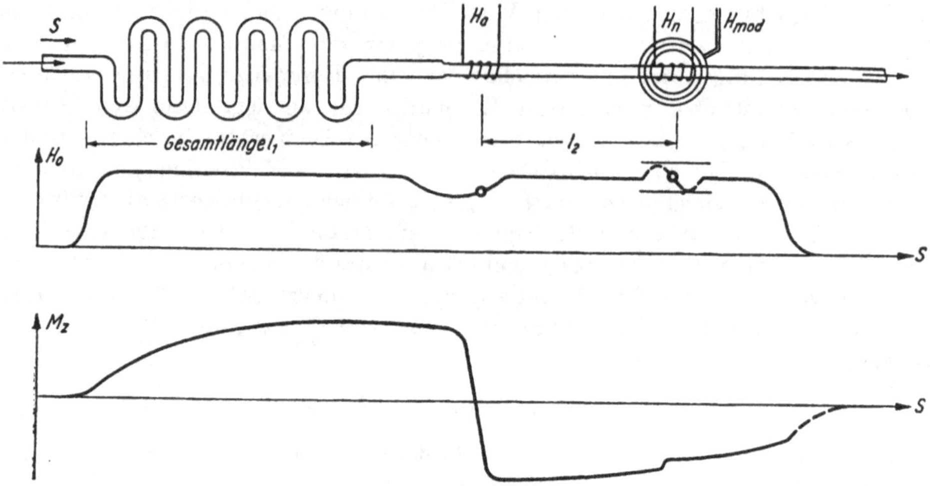

Abb. 2. Erläuterung der Wirkungsweise des Verfahrens

Feldes H_0 sind in Abb. 2 schematisch wiedergegeben. Zunächst verläuft der Weg über die Strecke l_1 in einem Gebiet praktisch konstanter Feldstärke. Man beobachtet dementsprechend einen exponentiellen Anstieg der resultierenden Kernmagnetisierung bis zu ihrem Gleichgewichtswert. Da die Rohrleitung dann am Rande der Polschuhe verläuft, nimmt die auf die Kerne einwirkende Feldstärke ab. Der Abfall ist so gewählt, daß bei dem folgenden Wiederanstieg in der Anregungsspule die der eingestrahlten Hochfrequenz zugeordnete Resonanzfeldstärke passiert wird. Der Resonanzdurchgang erfolgt hier also nicht durch eine zeitliche Variation des Feldes (oder der Frequenz), sondern durch die Bewegung der Keine in einem räumlich veränderlichen Felde. Damit der Durchgang zu einer Überbevölkerung des oberen Niveaus führt, sind für die Zeit τ_R, die zum Überstreichen der natürlichen Linienbreite benötigt wird, folgende Bedingungen einzuhalten

$$\tau_R \gg \frac{1}{\nu_a} \tag{3a}$$

$$\tau_R \ll T_1 \tag{3b}$$

$$\tau_R \gg \frac{1}{\gamma H_a}. \tag{3c}$$

ν_a bedeutet die Frequenz des eingestrahlten Hochfrequenzfeldes der Stärke H_a, γ ist das gyromagnetische Verhältnis der untersuchten Kerne. Die letzte Bedingung ist im Falle des durch Bewegung in einem Feld mit dem Gradienten $\frac{\partial H_0}{\partial s}$ in Richtung des Flüssigkeitsstromes bewirkten Resonanzdurchgangs gleichbedeutend mit der Forderung

$$\frac{v_2}{\gamma H_a^2} \frac{\partial H_0}{\partial s} \ll 1\,. \tag{4}$$

Die Überbevölkerung des oberen Niveaus äußert sich makroskopisch in einer Kernmagnetisierung, die antiparallel zum äußeren Feld gerichtet ist. Diese Magnetisierung verringert sich auf dem Wege zur Nachweisspule um einen kleinen Betrag. In dieser Spule erfolgt der Nachweis der Kernresonanz-Emission unter den üblichen Bedingungen mit einer geringen Hochfrequenzfeldstärke H_n und Modulation des Feldes H_0. Entsprechend der Energieabgabe an den Spektrometerkreis verkleinert sich die Magnetisierung beim Resonanzdurchgang, um schließlich nach Verlassen des Magnetfeldes auf Null abzuklingen.

Experimentelle Durchführung und Ergebnisse

Die praktische experimentelle Ausführung des Röhrensystems entspricht weitgehend dem linken Teil des in Abb. 1 gezeigten Schemas. Das Röhrensystem war in dem 2,8 cm breiten Luftspalt eines Elektromagneten mit 20 cm Polschuhdurchmesser angeordnet. Die Strecke l_1, die in zwei Ebenen untergebracht wurde, hatte eine Länge von 240 cm. Bei einer Geschwindigkeit v_1 von 20 cm/sec ergibt sich damit ein τ_1 von 12 sec. Die Versuche wurden mit Protonen des Leitungswassers durchgeführt; sie besitzen eine Relaxationszeit T_1 von etwa einer Sekunde, so daß die Bedingung (1) gut erfüllt war. Den Bedingungen (3a) und (3b) für den schnellen Resonanzdurchgang ist mit $\nu_a = 25{,}2$ MHz relativ leicht zu genügen; auf die Erfüllung der Forderung (3c) bzw. (4) wird weiter unten an Hand der Abb. 4 eingegangen. Durch eine Querschnittsverringerung der Rohrleitung am Anfang der Strecke l_2 wird die Wassergeschwindigkeit um den Faktor 5 erhöht, so daß die Bedingung (2) bei einem Spulenabstand von 7 cm noch in guter Näherung erfüllt ist; der Abfall der Magnetisierung beträgt etwa 7%.

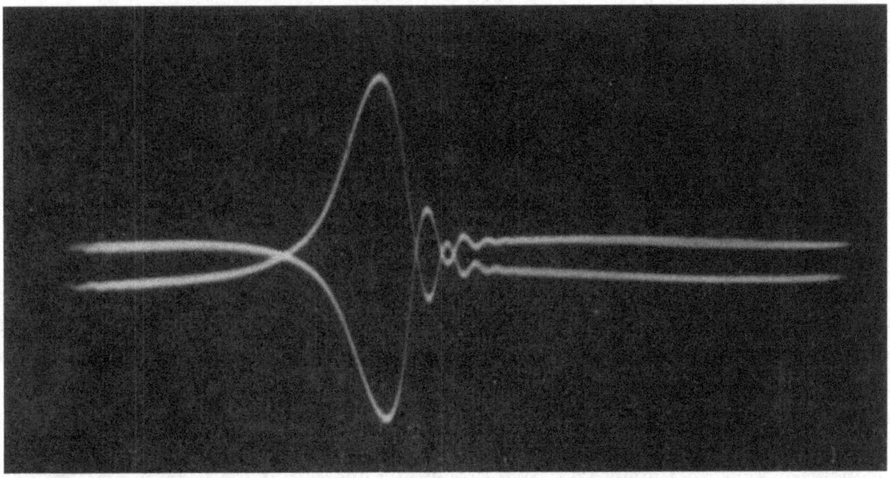

Abb. 3. Beobachtetes Absorptions- und Emissions-Signal

Solange der erste Hochfrequenzgenerator ausgeschaltet ist, beobachtet man auf dem Oszillographenschirm eine Absorptionslinie (nach oben geschriebene Resonanzlinie in Abb. 3). Strahlt man jedoch in der ersten Spule die volle Hochfrequenzleistung ein, so kehrt sich die Linie in eine Emissionslinie um (nach unten geschriebene Linie in Abb. 3). Die Emissionslinie ist entsprechend dem Abfall der Magnetisierung längs des Weges l_2 etwas kleiner. Verringert man die Hochfrequenzleistung, so lassen sich alle Zwischenwerte der Kernverteilung auf die Energieniveaus zwischen einer Verteilung mit der Spintemperatur t_s von etwa $-315°$ K über die Gleichverteilung bis zu einer Verteilung mit der Spintemperatur $t_s = 290°$ K einstellen. Entsprechend ändern sich Größe und Vorzeichen des beobachteten Signals; seine Abhängigkeit von der eingestrahlten Feldstärke H_a bzw. der ihr proportionalen Hochfrequenzspannung an der Anregungsspule ist in Abb. 4 wiedergegeben. Das beobachtete Einmünden in einen Sättigungswert bei größeren Spannungen zeigt, daß auch die Bedingung (4) erfüllt wurde und das Emissionssignal seine volle Größe erreichte.[1])
Die Anordnung kann außer zur Emissions-Spektroskopie im Prinzip auch zur Verstärkung von Hochfrequenzen nach dem Maser-Verfahren [3] herangezogen werden. Bei einer Steigerung der Güte des Nachweiskreises kann schließlich

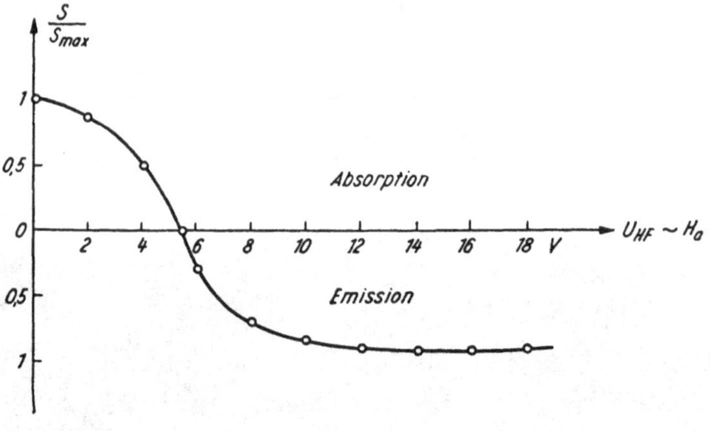

Abb. 4. Abhängigkeit der Signalgröße von der HF-Spannung an der Anregungsspule

Selbsterregung (vgl. [4]) eintreten. In diesen Fällen findet eine Frequenzumsetzung von der Anregungsfrequenz zur Emissionsfrequenz statt. Der Unterschied der Frequenzen rührt von der Differenz der Feldstärken an den Orten von Anregungs- und Nachweisspule her.

---

[1]) Nach Durchführung der hier beschriebenen Versuche wurde uns eine nach dem gleichen Prinzip arbeitende Anordnung von Benoit, Grivet und Guibe [2] bekannt. Wegen unzureichender Hochfrequenzleistung konnten jedoch diese Autoren das Emissionssignal nicht in seiner vollen Größe beobachten.

Zusammenfassung

Es werden ein Verfahren und eine Apparatur beschrieben, die es unter Anwendung strömender Flüssigkeiten gestatten, eine ständige magnetische Kernresonanz-Emission nachzuweisen. Die Anordnung kann als „Maser" betrieben werden.

Jena, Physikalisches Institut der Friedrich-Schiller-Universität

Literatur

[1] Bloch, F., Phys. Rev. **70**, 460 (1946).
[2] Benoit, H., Grivet, P., und Guibe. L., CR **246**, 3053, 3608 (1958).
[3] Gordon, J. P., Zeiger, H. J., und Townes, C. H., Phys. Rev. **99**, 1264 (1955).
[4] Wladimirsky, K. W., JETP **33**, 532 (1957).

B. ELSCHNER, Jena

Paramagnetische Elektronenresonanz in Mn-dotiertem Flußspat

Mit einer Mikrowellenspektrometer-Brückenanordnung [1] wurden CaF_2-Kristalle, die mit etwa 0,1 Atom% Mn^{++} dotiert waren, bei Zimmertemperatur untersucht. Die Einkristalle wurden durch langsames Abkühlen einer CaF_2-Schmelze gewonnen. Sie wurden im Kristall-Labor des VEB Carl Zeiss JENA hergestellt.

Die dabei erzielten Ergebnisse bestätigen die Befunde, die bei Abschluß der vorliegenden Arbeit von englischen Autoren veröffentlicht wurden [2].

Wir beobachteten 6 Hyperfeinstruktur-Komponenten infolge magnetischer Wechselwirkung der ungepaarten Elektronen der Mn^{++}-Ionen mit den Mn^{55}-Kernen ($I = 5/2$). Jede dieser Mn-Hyperfeinstruktur-Komponenten ist wiederum deutlich in mehrere Komponenten aufgespalten. Am deutlichsten ist diese zweite Aufspaltung, die schon im Video-Betrieb auf dem Oszillographenschirm zu beobachten ist (Abb. 1), bei dem Übergang $m_I = + 1/2$ (A negativ). Wenn der CaF_2-Kristall so in dem äußeren Magnetfeld justiert wurde, daß das Magnetfeld parallel zur Würfelkante des Kristalles verläuft, erscheinen 9 Komponenten dieser zweiten Aufspaltung. Das Auftreten dieser weiteren Aufspaltung wird auf eine Wechselwirkung der Mn^{++}-Ionen mit den umgebenden 8 Fluor-Ionen (F^{19}, $I = 1/2$) zurückgeführt. In der oben zitierten Arbeit [2] wird aus den Abständen dieser

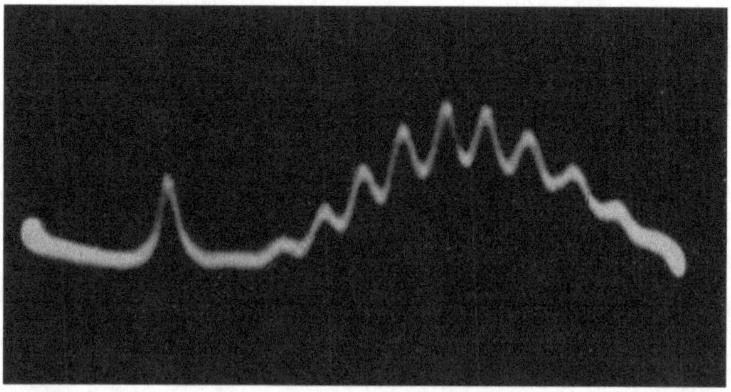

Abb. 1. Fluor-Hyperfeinstruktur im $m_I = +\frac{1}{2}$-Übergang der Mangan-Hyperfeinstruktur im CaF_2.

Die linke große Zacke rührt vom Diphenyl-Pikryl-Hydrazyl her.

Fluor-Hyperfeinstruktur-Komponenten abgeleitet, daß die magnetischen Elektronen vom Mn^{++} etwa 0,3% 2 s-Charakter an jedem Fluor-Kern haben (σ-Bindung zwischen Mn^{++} und F^{-}).

Jena, Physikalisches Institut der Friedrich-Schiller-Universität

Literatur

[1] Albold, E., Elschner, B., und Wenzel, P., Exp. Techn. d. Phys. 5, 254 (1958).
[2] Baker, J. M., Bleaney, B., und Hayes, W., Proc. roy. soc. (A) **247**, 141 (1958).

M. FRĄCKOWIAK, Toruń

Die Untersuchung eines Organophosphors in vorerregtem Zustand

Fröhlich, Szalay, Mischung, Lewis und seine Mitarbeiter [1], [2], [3], [4] haben festgestellt, daß durch die Vorerregung manche Organophosphore ihre Eigenschaften ändern. Man hat die Änderungen der Intensität der Absorption sowie der Phosphoreszenz mit der Vorerregung beobachtet. Diese Änderungen hängen ebenfalls von der Temperatur, Konzentration wie auch von der gegenseitigen Orientierung der elektrischen Vektoren des linear polarisierten vorerregenden und erregenden Lichtes ab. Die letzte Abhängigkeit des Vorerregungseffektes

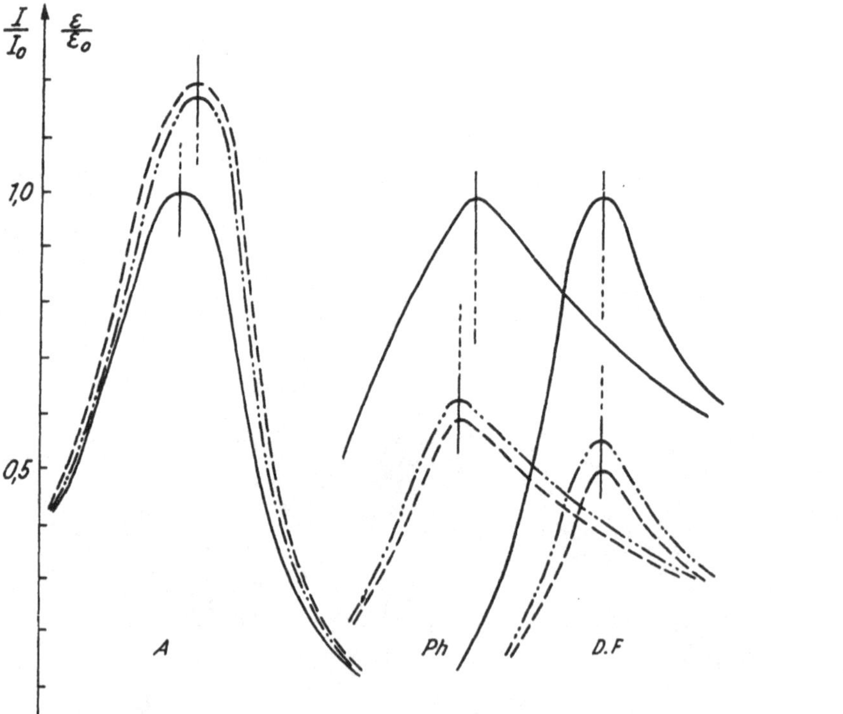

Abb. 1. Acridingelb in Gelatine. Die Absorptions- und Emissions-Spektra in Abhängigkeit von der Vorerregung

A – Absorption; *Ph* – Phosphoreszenz; *D.F.* – Dauerfluoreszenz
———— für nichtvorerregten Zustand — · · — · · — für 10 Min. Vorerregung
— — — — für 20 Min. Vorerregung

veranlaßte obenerwähnte Forscher dazu, diese Erscheinung durch die Änderung der Orientierung der Absorptions- sowie Emissionsachsen der lumineszierenden Moleküle während der Vorerregung anstatt durch die Entstehung der instabilen Isomeren des Farbstoffes zu deuten. Wir werden jedoch voraussetzen, daß während der Vorerregung instabile lumineszierende Isomere entstehen.

Es liegt nahe, sich die vorkommende Erscheinung folgendermaßen vorzustellen:

$$
\begin{array}{l}
h\nu_0 + A \rightarrow A^* \rightarrow A'^* \rightarrow A' + h\nu'' \\
\qquad\qquad\;\; \downarrow \qquad\qquad \downarrow \\
\qquad\qquad A + h\nu' \qquad A + h\nu''' \\
h\nu_0' + A' \rightarrow A'^* \rightarrow A^* \rightarrow A + h\nu' \\
\qquad\qquad\quad \downarrow \\
\qquad\qquad\quad A' + h\nu'' \\
\qquad\qquad\quad \downarrow \\
\qquad\qquad\quad A + h\nu'''
\end{array}
$$

wo A – nicht deformierte Moleküle, A' – deformierte Moleküle bedeuten. Die Richtigkeit unserer Voraussetzungen sowie der Annahme dieses Modells können

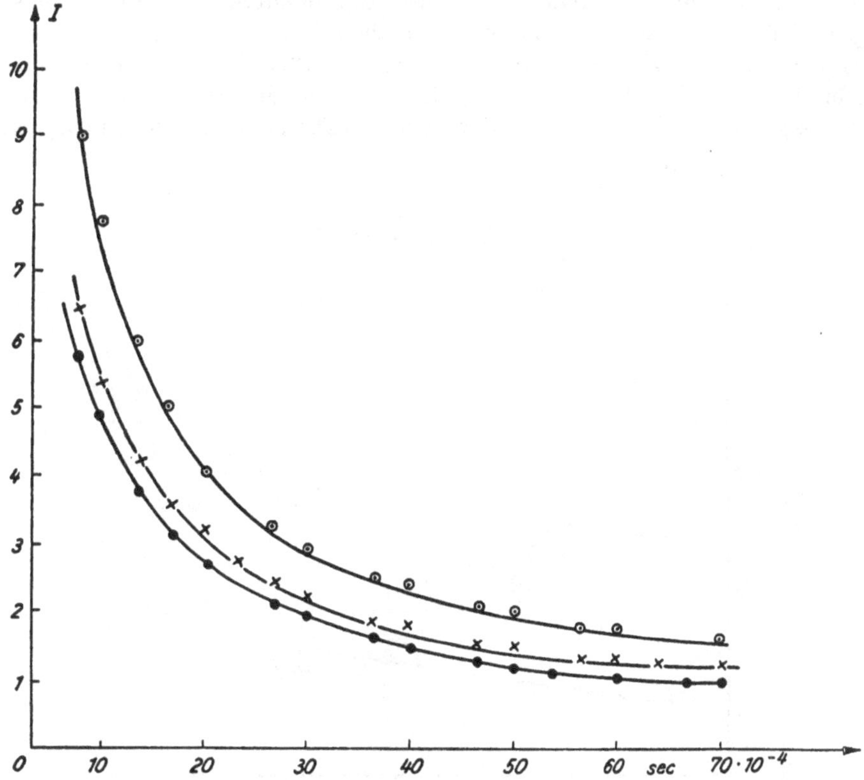

Abb. 2. Acridingelb in Gelatine. Die Abklingungskurven in Abhängigkeit von der Vorerregung

–⊙– für nichtvorerregten Zustand –×– für 3 Min. Vorerregung –●– für 6 Min. Vorerregung

wir feststellen, wenn wir alle sich hieraus ergebenden Folgerungen durch Versuche nachprüfen. Gemäß diesem Programm werden allseitige Versuche des vorerregten Zustandes von Acridingelb in Gelatine durchgeführt.

Die Beschreibung der bisher erhaltenen Ergebnisse ist der Inhalt dieses Vortrages. Alle Versuche sind an denselben Präparaten durchgeführt. Acridingelb hat man absichtlich gewählt, weil die Untersuchungen von Walerys [5] die Verminderung der Intensität des Phosphoreszenzlichtes sowie der Dauerfluoreszenz mit gleichzeitiger Vergrößerung der Absorption in vorerregtem Zustand nachgewiesen haben. Die Änderung der Emissions- und Absorptionsspektren sind in Abb. 1 dargestellt. Der Vergleich dieser Versuche mit denen von Fröhlich – welcher feststellte, daß Rhodulinorange *N* in Gelatine in vorerregtem Zustand größere Absorption und gleichzeitig größere Intensität des Phosphoreszenzlichtes als im nicht vorerregten Zustand hat – liefert, daß nicht die Absorption die Intensität des Phosphoreszenzlichtes bedingt. Wir meinen, daß man diese Erscheinungen auf Grund von spezifischen Eigenschaften der instabilen deformierten Moleküle deuten muß. Die von Frąckowiak und Heldt [6] durchgeführten gründlichen Untersuchungen der Abklingkurven der Phosphoreszenz zeigen, daß neben der Verminderung der Phosphoreszenzintensität die Wahrscheinlichkeit des Elektronenüberganges, der zur Phosphoreszenz in verschiedenen lumineszierenden Zentren führt, mit der Dauer der Vorerregung wächst (s. Abb. 2 und 3). Die Vergrößerung der oben erwähnten Wahrscheinlichkeiten ist

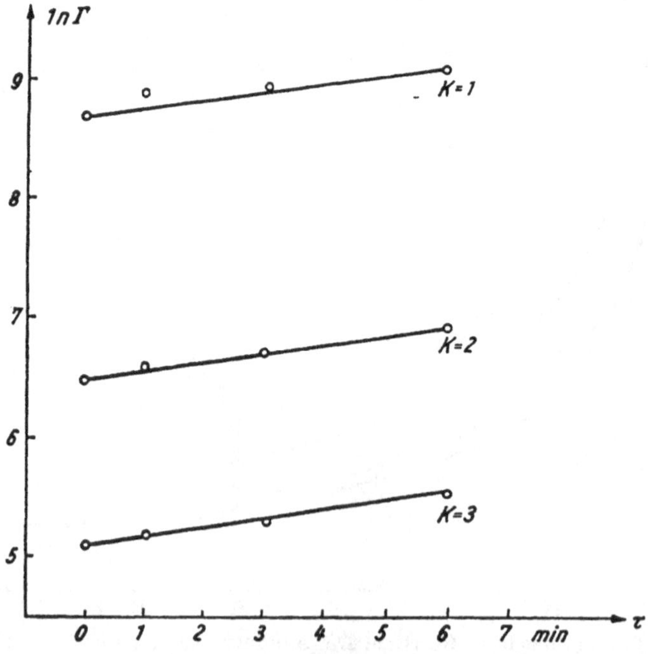

Abb. 3. Acridingelb in Gelatine. Die Elektronenübergangswahrscheinlichkeiten in verschiedenen Zentren ($k = 1$, $k = 2$, $k = 3$) in Abhängigkeit von der Vorerregung

nur dann möglich, wenn die Übergangswahrscheinlichkeiten in den entstehenden deformierten Molekülen größer als diejenige in den nicht deformierten Molekülen sind.

Wenn man die spektrale Lage der Maxima der Absorptions- und Emissionsspektren der Photolumineszenz in Kauf nimmt (Abb. 1), dann kann man die Phosphoreszenz- und die Dauerfluoreszenzerscheinungen im nicht vorerregten und im „gesättigten" vorerregten Zustand mit Hilfe der JABŁOŃSKIschen Elektronenniveausschematas [7] darstellen (Abb. 4). So muß man jeden Organophosphor, der irgendeinen Vorerregungseffekt liefert, als ein aus mindestens zwei verschiedenen Arten von Molekülen, deformierten und nicht deformierten, zusammengesetztes System behandeln. Deshalb sind wir gezwungen anzunehmen, daß das Schema „a" in Abb. 4 zu einem aus nicht deformierten und einer verhältnismäßig kleinen Anzahl deformierter Moleküle zusammengesetzten System gehört. Dagegen gehört das Schema „b" in Abb. 4 zu einem „gesättigten" vorerregten Zustand, der stark mit deformierten Molekülen angereichert ist. Trotzdem scheint uns, daß das Elektronenniveausschema der nicht deformierten Moleküle näher dem Schema „a" und das der deformierten Moleküle näher dem Schema „b" liegt. Bekanntlich ist die Wahrscheinlichkeit des Elektronenüberganges, die zur Phosphoreszenz führt, bei Zimmertemperatur praktisch der Wahrscheinlichkeit des Elektronenüberganges vom metastabilen Niveau M zu dem Fluoreszenzniveau F gleich. Es seien Γ und Γ' die obenerwähnten Übergangswahrscheinlichkeiten der nicht deformierten und der deformierten Moleküle und E_F, E_M sowie E'_F, E'_M die entsprechenden Energieniveaus. Wenn man die Änderungen von Γ (Abb. 3) und die Lagen der Maxima der Spektren (Abb. 1) berücksichtigt, bekommt man folgende Ungleichungen: $\Gamma < \Gamma'$ und $E_F - E_M < E'_F - E'_M$. Nimmt man für Γ die JABŁOŃSKI-RANDALLsche Formel [8], [9]

$$\Gamma = S_0 \exp\left(-\frac{E_F - E_M}{kT}\right),$$

wo S_0 eine Proportionalitätskonstante, k die Boltzmannsche Konstante, T die Temperatur ist, so bekommen wir die weitere Ungleichung $S_0 \ll S'_0$.

Wir können also sagen, daß die deformierten Moleküle ein im Vergleich zu den nicht deformierten Molekülen unterschiedliches Energieniveausystem sowie eine unterschiedliche Konstante S_0 haben. Daraus können wir folgern, daß die Konstante S_0

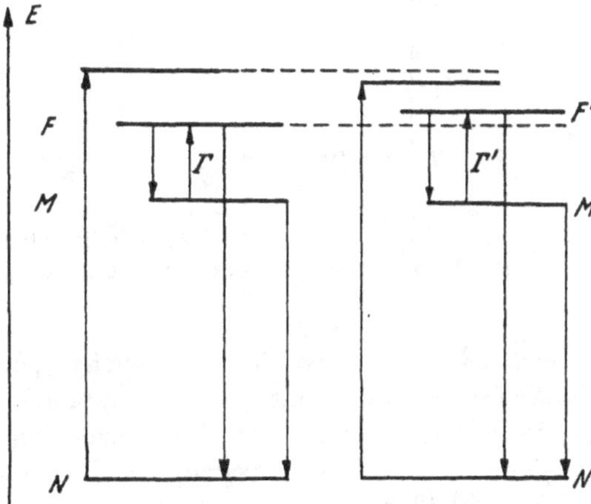

Abb. 4. JABŁOŃSKIsche Elektronenniveausschema für Acridingelb in Gelatine
a) JABŁOŃSKIsche Elektronenniveausschema für nichtvorerregten Zustand
b) JABŁOŃSKIsche Elektronenniveausschema für vorerregten Zustand

eng mit der Elektronenstruktur der Moleküle verknüpft ist. Die Instabilität der deformierten Moleküle folgt daraus, daß der im Dunkeln gehaltene vorerregte Organophosphor nach einiger Zeit zu seinem Anfangszustand, dem nicht vorerregten Zustand zurückkehrt. Die mittlere Lebensdauer des deformierten Zustandes beträgt etwa 2 Stunden. Es ist zu erwarten, daß die von deformierten Molekülen emittierte Lumineszenz einen anderen Polarisationsgrad aufweist. Es müßte sich also der Polarisationsgrad der Photolumineszenz mit der Vorerregung

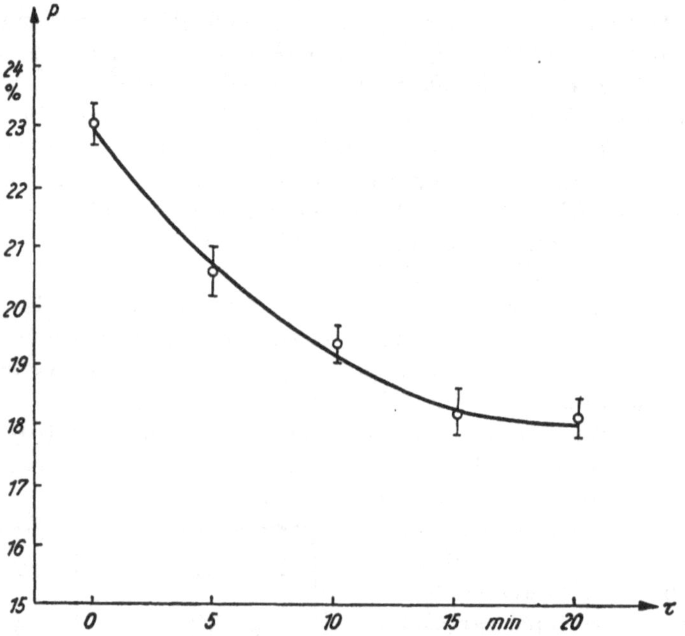

Abb. 5. Acridingelb in Gelatine.
Der Polarisationsgrad der Floureszenz in Abhängigkeit von der Vorerregung

ändern. Die Ergebnisse der Untersuchungen von FRĄCKOWIAK, GRZYWACZ und HELDT [10] stimmen mit unserer Annahme überein. In Abb. 5 ist die Änderung des Polarisationsgrades, der im ganzen Fluoreszenzband gemessen ist, in Abhängigkeit von der Vorerregung als Beispiel angeführt.

Die Vergrößerung der Gesamtabsorption des vorerregten Organophosphors ist durch die größere Extinktion der deformierten gegenüber der der nicht deformierten Moleküle zu deuten. Die gleichzeitige Verminderung des Phosphoreszenzlichtes kann man mit Hilfe der JABŁOŃSKIschen Theorie des Abklingens der Phosphoreszenz [11] mit der vergrößerten Fluoreszenz auf Kosten der verminderten Phosphoreszenzausbeute der deformierten Moleküle im Vergleich mit der der nicht deformierten deuten.

Obgleich die oben erwähnten Untersuchungen noch nicht abgeschlossen sind und nicht alle möglichen Erscheinungen, die aus unserem Modell folgen, erschöpfen, kann man jedoch schon jetzt annehmen, daß im vorerregten Zustand instabile deformierte Moleküle mit den oben beschriebenen Eigenschaften wirklich entstehen.

Zusammenfassung

Untersucht wurden die Abklingkurven des in Gelatine gelösten Acridingelbs in Abhängigkeit von der Vorerregungszeit. Der untersuchte Organophosphor wurde mit linear polarisiertem weißen Licht vorerregt. Die Analyse der Abklingkurven zeigte, daß die Wahrscheinlichkeit der mit Phosphoreszenz verbundenen Elektronenübergänge mit der Dauer der Vorerregung zunimmt. Die Verminderung der Lichtsumme der Phosphoreszenz des im Zustande der Vorerregung befindlichen Organophosphors ist durch die Veränderung des Verhältnisses der Fluoreszenz zur Phosphoreszenzausbeute bedingt. Die Abklingkurven in beiden Zuständen des Organophosphors sind durch gleichförmige Ausdrücke, die den theoretischen Jabłońskischen Abklingkurven ähneln, gegeben.

Toruń, Instytut Fisiki-Zakład Optyki

Literatur

[1] Fröhlich, P., Acta Chem. et Physik 2, 111 (1948).
[2] Szalay, L., Acta Chem. et Physik 2, 6 (1948).
[3] Mischung, H., Acta Chem. Min., 6 (1938).
[4] Lewis, G. N., und Biegeleisen, J., J. Amer. Chem. Soc., 65, 520 (1943).
[5] Walerys, H., Acta Physik Polon. (im Druck).
[6] Frąckowiak, M. und Heldt, J., Acta Physik Polon. (im Druck).
[7] Jabłoński, A., Z. Physik 95, 53 (1935).
[8] Jabłoński, A., Z. Physik 94, 38 (1935).
[9] Randall, J. T. und Wilknis, M. H. F., Proc. Roy. Soc. London A 184, 732 (1945).
[10] Frąckowiak, M., Grzywacz, J., und Heldt, J., (in Vorbereitung).
[11] Jabłoński, A., Acta Physik Polon. 13, 175 (1954); 14, 295 (1955); 16, 471 (1957).

H. BÖTTCHER und M. SCHUBERT, Jena

Über Gitterfehler bei Reflexionsgittern

Bei der vorliegenden Untersuchung des Einflusses unperiodischer Gitterfehler auf die Selektions- und Dispersionseigenschaften von Echelette-Gittern wird berücksichtigt, daß diese Gitter in zweierlei Hinsicht verwendet werden: einmal zur Ausfilterung der Strahlung unerwünschter Wellenlängen, zum anderen als dispergierende Glieder in Monochromatoren.

Wir legen unseren Betrachtungen ein fehlerhaftes Gitter zugrunde, bei dem die Gitterkonstanten unregelmäßig verteilt sind; die Gitterelementwinkel werden dagegen für alle Furchen als gleich angenommen. Ein Ausschnitt aus diesem

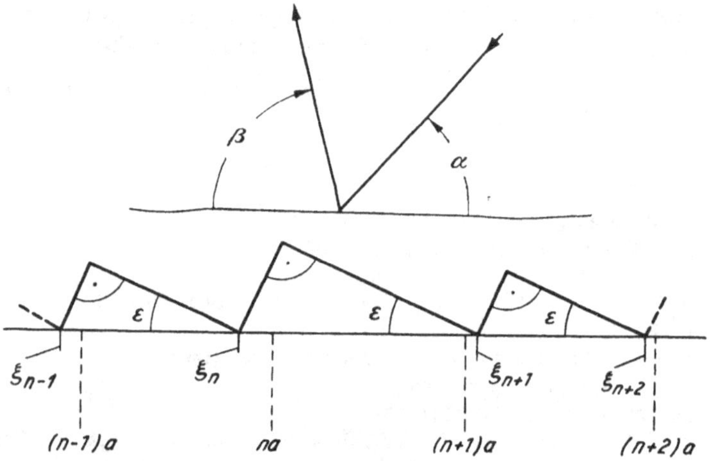

Abb. 1. Ausschnitt aus einem fehlerhaften Gitter

fehlerhaften Gitter ist in Abb. 1 dargestellt. Die Hypotenusen der Dreiecke des Furchenprofils liegen nicht zwischen den Punkten eines präzisen Gitters, sondern zwischen den davon abweichenden des Systems $\{\xi_n\}$. Die Abweichung der Koordinate ξ_n vom zugehörigen Gitterpunkt des präzisen Gitters sei mit $\eta_n = \xi_n - n \cdot a$ bezeichnet. Läßt man auf ein solches fehlerhaftes Gitter ein paralleles Bündel unter dem Winkel α auffallen, so hängt die in den Winkel β abgebeugte Intensität von folgenden Faktoren ab: den Winkeln α und β, der Wellenlänge λ des verwendeten Lichtes und den Kenngrößen des Gitters: der Gitterstrichzahl N, dem Gitterelementwinkel ε, der mittleren Gitterkonstante a und den Abweichungen $\{\eta_n\}$. Die Größen $\{\eta_n\}$ weichen bei verschiedenen Gittern voneinander ab, so daß auch die Intensität von Gitter zu Gitter verschieden ist. Zur sinnvollen Aussage eines Mittelwertes der Intensität kommt man, wenn Wahrscheinlichkeitsannahmen für das Auftreten der $\{\eta_n\}$ gemacht werden. Anknüpfend an eine Arbeit von E. BUCHWALD (Ann. d. Phys. **80**, 279 (1926)), wo das Problem unperiodischer Gitterfehler für Transmissionsgitter mit punktförmigen Durchlaßbereichen behandelt wird, wollen wir annehmen: Die η_n seien unabhängig voneinander nach einer GAUSS-Funktion um Null verteilt; große Abweichungsbeträge sollen also wesentlich seltener als kleine vorkommen. Das mittlere Quadrat der Abweichung bezogen auf das Quadrat der mittleren Gitterkonstante sei mit $q^2 = \langle\eta_n{}^2\rangle/a^2$ bezeichnet; die quadratisch gemittelte, relative Schwankung der Gitterkonstanten ist dann $\sqrt{2} \cdot q$.

Die mittlere Intensität I (Mittelung über alle η_n) hängt demnach von den Größen α, β, λ und N, ε, a, q ab. Zur Berechnung von I haben wir uns für die Anwendung der HUYGHENSschen Beugungstheorie unter Vernachlässigung der kleinen Kathetenseiten entschieden. Die Benutzung der KIRCHHOFFschen Theorie würde die ohnehin schon recht umfangreichen Rechnungen noch bedeutend komplizieren. Abschätzungen haben ergeben, daß für die praktisch wichtigen Wertbereiche von α, β, λ, q, ε nur geringe Abweichungen von den unten angegebenen Ergebnissen zu erwarten sind, wenn die KIRCHHOFFsche anstelle der HUYGHENSschen Beugungstheorie verwendet wird.

Unter diesen Voraussetzungen erhält man für die mittlere Intensität den folgenden Ausdruck:

$$\begin{aligned} I = {} & \frac{1}{LN} \cdot \frac{\sin^2[NkB/2]}{\sin^2[kB/2]} \cdot \frac{1}{k^2D^2} \cdot \Big\{ e^{-q^2k^2B^2} + e^{-q^2k^2(C^2+D^2)} \\ & \qquad - 2e^{-\frac{1}{2}q^2k^2(B^2+C^2+D^2)} \cos[kD] \Big\} + \\ & + \frac{1}{L} \cdot \frac{1}{k^2D^2} \cdot \Big\{ 2e^{-\frac{1}{2}q^2k^2(B^2+C^2+D^2)} (1 - e^{q^2k^2BC}) \cos[kD] + \\ & \qquad + 2 - e^{-q^2k^2B^2} - e^{-q^2k^2(C^2+D^2)} + \\ & \qquad + 2e^{-q^2k^2(C^2+D^2)} (e^{q^2k^2CD} - 1) \cos[kB] + \\ & \qquad + 2e^{-\frac{1}{2}q^2k^2(B^2+C^2+D^2)} (1 - e^{q^2k^2BD}) \cos[k(B-D)] \Big\} + \\ & + \frac{1}{LN} \cdot \frac{1}{k^2D^2} \Big\{ 2e^{-q^2k^2(C^2+D^2)} (1 - e^{q^2k^2CD}) \cos[kB] + \\ & \qquad + 2e^{-\frac{1}{2}q^2k^2(B^2+C^2+D^2)} (e^{q^2k^2BD} - 1) \cdot \cos[k(B-D)] \Big\} . \end{aligned} \tag{1}$$

Dabei bedeutet L die relative Wellenlänge λ/a. k, B, C, D sind Abkürzungen für

$$\begin{aligned} k &= 2\pi/L. \\ B &= \cos\alpha - \cos\beta. \\ C &= \sin\varepsilon \cdot \{\sin(\alpha+\varepsilon) + \sin(\beta-\varepsilon)\}. \\ D &= \cos\varepsilon \cdot \{\cos(\alpha+\varepsilon) - \cos(\beta-\varepsilon)\}. \end{aligned} \tag{2}$$

Der erste Term gibt Anlaß zu dem in Abb. 2a schematisch dargestellten Linienspektrum. Es ergibt sich daraus, in welcher Weise die Intensität in die verschiedenen Ordnungen gebeugt wird. Die Linienhöhe multipliziert mit der effektiven Linienbreite (L/N) ergibt die gesamte Intensität, die jeweils in eine Ordnung gebeugt wird. Wir wollen diese Größe mit T_m bezeichnen, wenn die m-te Ordnung vorliegt. Der zweite (von N unabhängige) Term beschreibt eine in größeren β-Bereichen kontinuierliche Strahlung, das Opaleszenzfeld (vgl. Abb. 2b), dessen Intensität wir mit I_{opal} bezeichnen. Der dritte Term ist unter normalen Bedingungen stets gegen den ersten und zweiten Term zu vernachlässigen. Für $q \to 0$

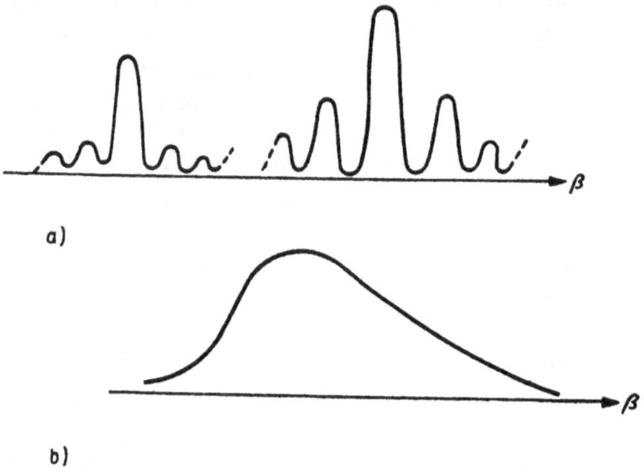

Abb. 2. Schematische Darstellung der Intensitätsverteilung

geht der zweite und dritte Term nach Null, der erste Term gibt dann die Intensitätsverteilung des präzisen Gitters wieder. Es ist noch zu bemerken, daß der in Gl. (1) angegebene Ausdruck normiert ist. $\int_0^\pi d\beta \cdot I$ ist gleich 1, wenn $\sin\alpha$ und die $\sin\beta_m$ nahe bei 1 liegen, wie es von praktisch wichtigen Fällen angenommen werden kann. Für den praktischen Gebrauch ist Gl. (1) zu unübersichtlich; es werden deshalb Näherungsformeln je nach dem Untersuchungszweck für kleine q daraus abgeleitet.

Verwendung als Filter ($m = 0$)

Bei einem Gitter mit dem relativen Fehler q hängt die in die nullte Ordnung gebeugte Intensität T_0 in der folgenden Weise mit dem bei einem präzisen Gitter vorliegenden Wert $(T_0)_{\text{präz}}$ zusammen:

$$T_0 = (T_0)_{\text{präz}} \left\{1 - q^2\, 4\,\pi^2 \frac{\sin^2\alpha \cdot \sin^2 2\,\varepsilon}{L^2}\right\}. \qquad (3)$$

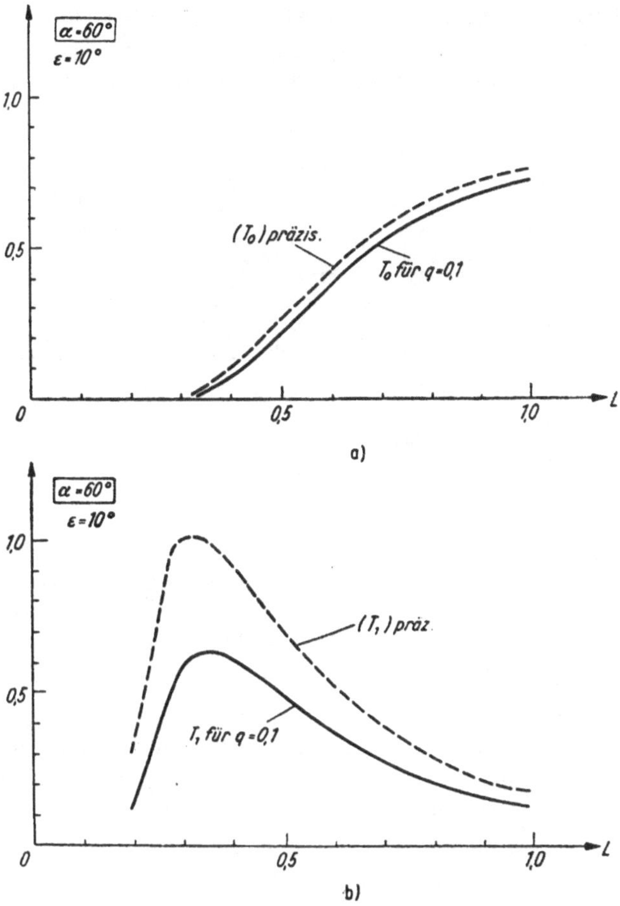

Abb. 3. Intensitäten in nullter und erster Ordnung

Für kleine Korrekturfaktoren $q^2\, 4\,\pi^2 \sin^2 \alpha \cdot \sin^2 2\,\varepsilon/L^2$ stimmt T_0 aus Gl. (3) recht gut mit dem aus Gl. (1) zu gewinnenden, exakten Ausdruck überein (Abweichungen nur von 4. Ordnung in q). Der Korrekturfaktor ist stets ≥ 0, das bedeutet $T_0 \leq (T_0)_{\text{präz}}$. Der Korrekturfaktor steigt mit q^2, ε^2 (für kleine ε!) an und nimmt mit L^2 ab. Für kleine L macht er sich also verhältnismäßig stark bemerkbar. Der Korrekturfaktor ist relativ unabhängig von α, solange $\sin \alpha$ nahe bei 1 liegt. Ein typisches Beispiel für die Verhältnisse bei der Verwendung des Gitters in nullter Ordnung ist in Abb. 3a angegeben. Für $\alpha = 60°$, $\varepsilon = 10°$ und $q = 10\%$ (also einen verhältnismäßig großen Fehler) ist T_0 im Vergleich zu $(T_0)_{\text{präz}}$ ersichtlich. Man erkennt, daß die Filtereigenschaften (im wesentlichen durch $\frac{d\,T_0}{d\,L}$ zu kennzeichnen) beim Übergang vom präzisen zum fehlerhaften Gitter nur unerheblich verändert werden.

Verwendung als dispergierendes Glied ($m = 1$)

Die in die erste Ordnung gebeugte Intensität hängt mit der entsprechenden Größe des präzisen Gitters durch

$$T_1 = (T_1)_{\text{präz}} \left\{1 - q^2\, 4\,\pi^2 \frac{1 - C\,D}{L^2}\right\} \tag{4}$$

zusammen. Für die Übereinstimmung dieser Beziehung mit dem aus Gl. (1) zu gewinnenden exakten Ausdruck gilt das gleiche wie bei $m = 0$. Der Korrekturfaktor ist wieder stets positiv und hängt quadratisch von q ab. Die Abhängigkeit von ε und L ist aus Abb. 4 ersichtlich. Bemerkenswert ist, daß für alle ε der minimale Korrekturfaktor den gleichen Wert hat. Für kleine L steigt der Korrekturfaktor jeweils stark an. In Abb. 3b ist für $\alpha = 60°$, $\varepsilon = 10°$ und

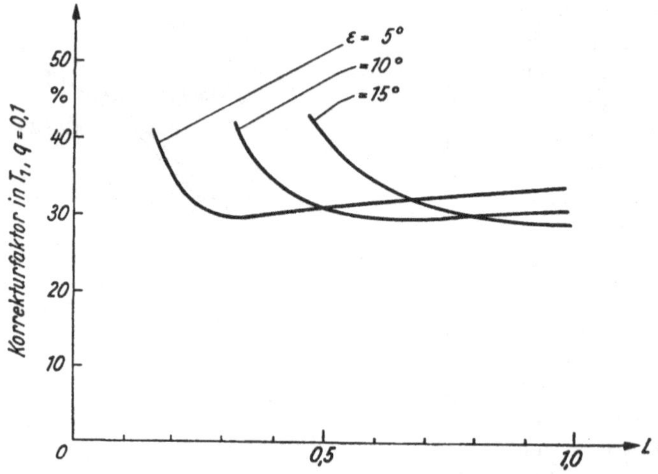

Abb. 4. Korrekturfaktoren für erste Ordnung

$q = 10\%$ der Wert von T_1 im Vergleich zu $(T_1)_{\text{präz}}$ ersichtlich. Obwohl genau derselbe Fehler angenommen wurde wie beim Beispiel für die nullte Ordnung, erkennt man, daß jetzt beim Übergang von präzisen zum unpräzisen Gitter wesentlich größere Abweichungen auftreten.

Opaleszenzfeld

Für ansteigendes q wird die in die einzelnen Ordnungen gebeugte Intensität geringer, es entsteht dafür das Opaleszenzfeld. Für $q \lesssim 0{,}1$ ergibt sich die Stärke des Opaleszenzfeldes aus Gl. (1) zu

$$I_{\text{opal}} = q^2 \left(\frac{2}{LD}\right)^2 \cdot \{B^2 - CD - BC \cos[kD] + CD \cos[kB] + - BD \cos[k(B-D)]\}\,. \tag{5}$$

Ein typisches Beispiel für die Verteilung des Opaleszenzfeldes bei einer „ersten Ordnung-Stellung" ist aus Abb. 5 ersichtlich; für $\alpha = 60°$, $\varepsilon = 10°$, $q = 10\%$ und $L = 0{,}4$ ist dort I_{opal} angegeben. Diese Intensität nimmt nur im Bereich $75° \lesssim \beta \lesssim 95°$, d. h. über einen Bereich von etwa 0,4 rad, wesentlich von Null verschiedene Werte an. Der Mittelwert von I_{opal} beträgt dort etwa 0,6. Das Integral über I_{opal} in diesem β-Bereich ($\approx 0{,}4 \cdot 0{,}6 = 24\%$) entspricht etwa demjenigen Wert, um den sich die in die erste Ordnung gebeugte Intensität vermindert ($(T_1)_{\text{präz}} - T_1 \approx 30\%$), wenn man vom präzisen zum fehlerhaften Gitter übergeht.

Der β-Bereich $75° \lesssim \beta \lesssim 95°$ ist derjenige Bereich, wo bei dem gewählten α und ε die Maxima erster Ordnung mit größter Stärke ($(T_1)_{\text{präz}} \gtrsim 0{,}7$) auftreten; in diesem β-Bereich haben die Wellenlängen $0{,}25 \lesssim L \lesssim 0{,}55$ ihre Maxima erster Ordnung (vgl. Abb. 3b). Aus Gl. (5) ergibt sich, daß die Opaleszenzstrahlung von allen diesen begünstigten Wellenlängen im wesentlichen in den genannten β-Bereich fällt.

Besteht das zu untersuchende Spektrum aus einzelnen monochromatischen Linien (diskontinuierliches Spektrum), so kann der Einfluß der Opaleszenzstrahlung durch eine hinreichend große Gitterstrichzahl (kleine effektive Linienbreite der Beugungsfigur in der ersten Ordnung!) weitgehend unterdrückt werden. Setzt man aber voraus, daß das zu untersuchende Spektrum im Bereich $0{,}25 \lesssim L \lesssim 0{,}55$ etwa von gleicher Intensität sei (kontinuierliches Spektrum) so ergibt sich folgender wichtige Befund: Stellt man auf einen bestimmten β-Wert ein, so findet man am Austrittsspalt eine Intensität, die zum Teil von der (Opaleszenz-)Strahlung derjenigen Wellenlängen herrührt, deren Maximum erster Ordnung nicht bei β liegt, zum anderen Teil von der Strahlung derjenigen

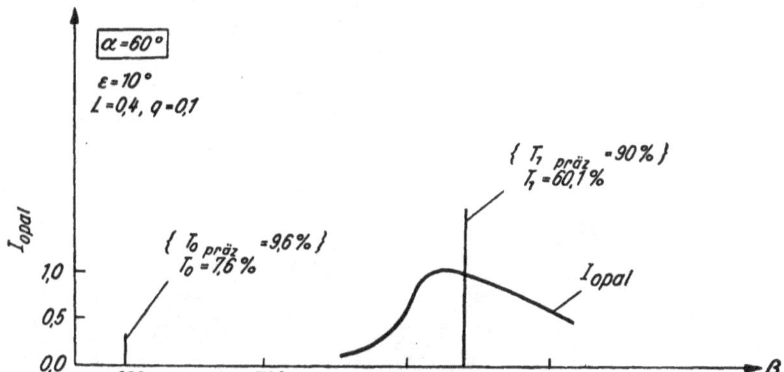

Abb. 5. Opaleszenzfeld

Wellenlängen herstammt, die bei β ihr Maximum erster Ordnung haben. Das Verhältnis der unerwünschten Strahlung zur gesuchten Strahlung ist näherungsweise gleich dem Korrekturfaktor $[(T_1)_{\text{präz}} - T_1]/(T_1)_{\text{präz}}$, gemittelt über alle günstigen Wellenlängen L.

In gleicher Weise wie das Echelettegitter läßt sich auch der andere Typ der Reflexionsgitter, das allerdings weniger bedeutende Laminargitter behandeln. Man gelangt zu analogen Ergebnissen.

Es ist vorgesehen, an anderer Stelle ausführlich zu berichten.

Zusammenfassung

Es wird über den Einfluß unperiodischer Gitterfehler bei Echelettegittern berichtet. Unter Zugrundelegung einer statistischen Verteilung der Gitterkonstanten wird die mittlere Intensität in verschiedenen Ordnungen angegeben: Die Abweichung von der Intensitätsverteilung des „präzisen" Gitters wird diskutiert. Das Auftreten unperiodischer Gitterfehler wirkt sich auf die Dispersions- bzw. Selektionseigenschaften der Reflexionsgitter aus.

Jena, Physikalisches Institut der Friedrich-Schiller-Universität

W. ROHMANN und M. SCHUBERT, Jena

Über die unvermeidlichen Fehler bei der Registrierung von Spektren

Eine Reihe von Meßanordnungen zur direkten Registrierung von Spektren besitzt die folgenden gemeinsamen Merkmale: Ein Spektralapparat erzeugt ein Spektrum $S(\lambda)$. $S(\lambda)$ wird von einem Empfänger mit Spalt abgetastet, die Ausgangsspannung verstärkt und auf ein Registriergerät gegeben. Infolge der endlichen Spaltbreite und der endlichen Zeitkonstante des Verstärkers wird jedoch nicht $S(\lambda)$, sondern ein verzerrtes Spektrum

$$A_v(\lambda) = \frac{1}{b}\int\limits_0^\infty d\tau \cdot F(\tau) \cdot \int\limits_0^b d\lambda' \cdot S(\lambda' + \lambda - g\tau - b) \tag{1}$$

aufgezeichnet, das außer von $S(\lambda)$ von der Spaltbreite b, der Abtastgeschwindigkeit g und der Systemfunktion $F(\tau)$ des Verstärkers ($F(\tau)$ wird in einfachen Fällen durch eine Zeitkonstante z beschrieben) abhängt. Liegt unabhängig vom Signal am Verstärkereingang eine Rauschspannung $r(t)$, so addiert sich zu $A_v(\lambda)$ noch ein Rauschanteil

$$A_r(\lambda) = \frac{1}{b \cdot E} \cdot \int\limits_0^\infty d\tau \cdot F(\tau) \cdot r\left(\frac{\lambda}{g} - \tau\right). \tag{2}$$

E bedeutet darin die Empfängerempfindlichkeit. Der Gesamtausschlag am Schreiber

$$A(\lambda) = A_v(\lambda) + A_r(\lambda) = S(\lambda) + [A_v(\lambda) - S(\lambda)] + A_r(\lambda) \tag{3}$$

setzt sich aus $S(\lambda)$, einem Verzerrungsfehler $[A_v(\lambda) - S(\lambda)]$ und einem Rauschfehler $A_r(\lambda)$ zusammen. Steht nur eine begrenzte Aufnahmezeit zur Verfügung, so sind diese beiden Fehler unvermeidlich.

Wie hängt das registrierte Spektrum von der Austrittsspaltbreite, Abtastgeschwindigkeit und Zeitkonstante des Verstärkers ab und wie hat man diese Größen zu dimensionieren, damit der Fehler ein Minimum wird? Um $A(\lambda)$ berechnen zu können, muß $S(\lambda)$ bekannt sein. In den aus der Literatur [1], [2], [3] bekannten Arbeiten zu diesem Problem werden daher im allgemeinen spezielle Annahmen über das Profil des abzutastenden Spektrums gemacht. Wir knüpfen an eine frühere Arbeit von SCHUBERT [4] an, die wesentlich geringere Voraussetzungen über $S(\lambda)$ enthält. Um das Spektrum zu charakterisieren, wird dort davon Gebrauch gemacht, daß die Fouriertransformierte von $S(\lambda)$ für hohe Frequenzen den Wert Null annimmt, $S(\lambda)$ also eine obere Grenzfrequenz $\varkappa$ besitzt. Diese Tatsache ergibt sich unmittelbar aus den

Eigenschaften der Prismen- und Gitterspektralapparate, bildet daher keine willkürliche Annahme. Die Existenz einer oberen Grenzfrequenz $\varkappa$ bedingt für $S(\lambda)$ den Musterpunktabstand $l = \frac{1}{2\varkappa}$.

Als einzige Voraussetzung wurde zunächst nur verwendet, daß unterhalb der Grenzfrequenz $\varkappa$ mit Ausnahme des für Verzerrungen unwesentlichen Gleichgliedes keine Frequenz bevorzugt sei. Insgesamt ergibt sich für das Amplitudenquadratspektrum der Fouriertransformierten von $S(\lambda)$ ein ,,Kastenspektrum".

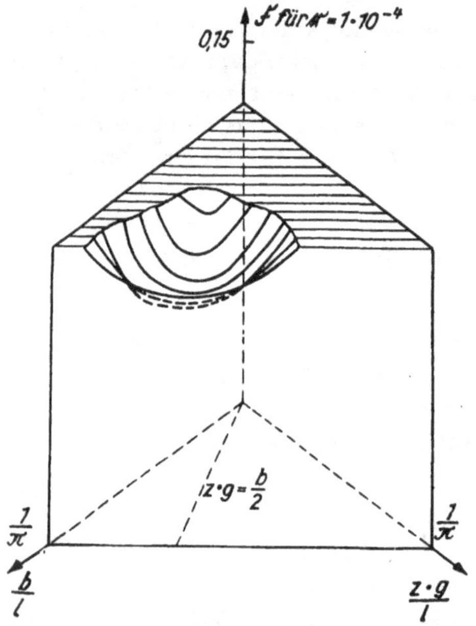

Abb. 1. Mittlerer quadratischer Gesamtfehler

Man geht also hier bei Fehleruntersuchungen von registrierten Spektren analog wie in der Abbildungstheorie vor. Auch dort ist nach Toraldo di Francia [5] zur Charakterisierung der Intensitätsverteilung in Objekt- und Bildebene mit Vorteil das informationstheoretische Hilfsmittel des Musterpunktabstandes zu benutzen.

Unter den genannten Voraussetzungen erhält man für den mittleren quadratischen Gesamtfehler, bezogen auf die mittlere Wechselleistung in guter Näherung

$$\mathfrak{F} = \frac{\pi^2}{12 l^2} \cdot (b + g \cdot z)^2 + \frac{l^3}{b^2 \cdot g \cdot z} \mathfrak{r}. \quad (4)$$

Für $F(\tau)$ in Gl. 1 wurde dabei die Systemfunktion des Integrators eingesetzt.

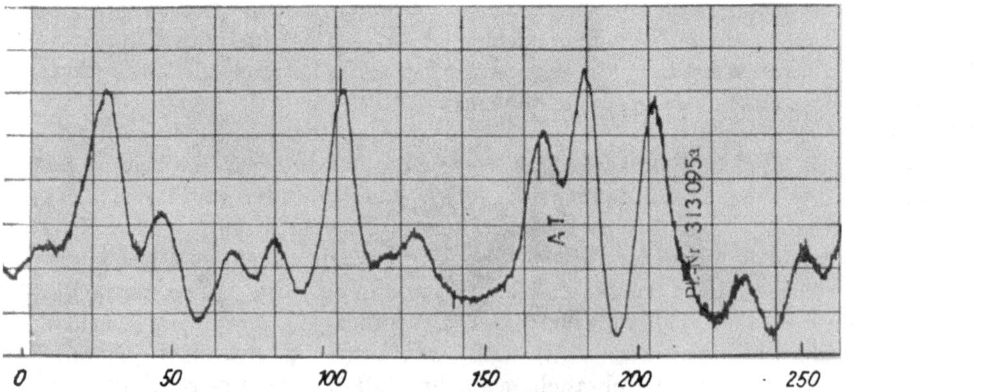

Abb. 2. Aufnahme von $S(\lambda)$

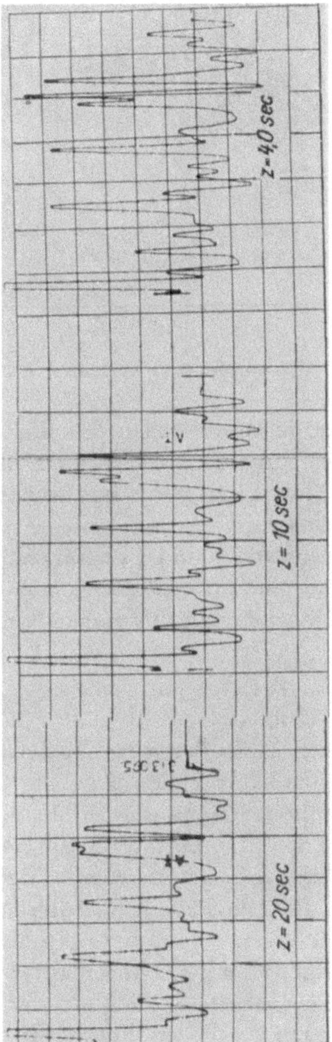

Abb. 3. Einfluß der Zeitkonstante auf die Verzerrung des Spektrums

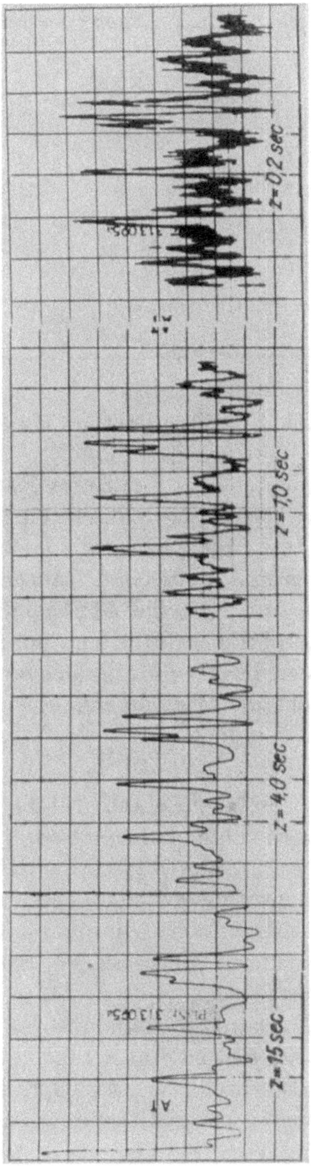

Abb. 5. Einfluß des Rauschens auf das registrierte Spektrum

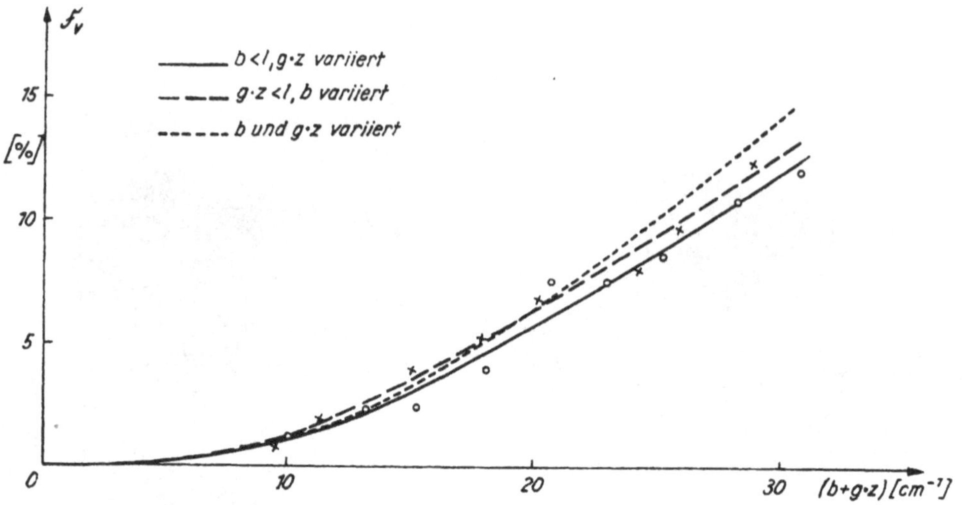

Abb. 4. Abhängigkeit des Verzerrungsfehlers von der Spaltbreite und Zeitkonstante

$\mathfrak{r}$ bedeutet eine reduzierte Rauschleistung, in der im wesentlichen das mittlere Rauschspannungsquadrat eingeht. Das erste Glied gibt den Verzerrungsfehler, das zweite den Rauschfehler an. Der Verzerrungsfehler steigt an mit wachsendem b und $g \cdot z$, beim Rauschfehler ist es umgekehrt.

In Abb. 1 ist die Abhängigkeit des Gesamtfehlers von b und $g \cdot z$ dargestellt. Man sieht, es gibt eine optimale Spaltbreite und eine optimale Zeitkonstante, bei der der absolute Fehler ein Minimum wird. Zwischen den optimalen Werten besteht der Zusammenhang

$$\frac{z_{\text{opt}} \cdot g}{b_{\text{opt}}} = \frac{1}{2}. \tag{5}$$

An Stelle eines Integrators kann man auch einen Tiefpaß mit einem anderen Frequenzgang benutzen und erhält dann das folgende allgemeinere Ergebnis: Der mittlere quadratische Gesamtfehler $\mathfrak{F}$ wird ein Minimum, wenn das Produkt aus Zeitkonstante des Tiefpasses und Abtastgeschwindigkeit dividiert durch die Spaltbreite einen Wert c annimmt. Die Konstante c hängt nur vom Frequenzgang des verwendeten Tiefpasses ab. Sie beträgt z. B. beim RC-Glied $c = 0{,}25$, beim Integrator $c = 0{,}5$.

Läßt man die Annahme des kastenförmigen Amplitudenquadratspektrums fallen und geht zu einem allgemeineren Verlauf über (selbstverständlich mit der aus den Eigenschaften des Spektralapparates folgenden endlichen oberen Grenzfrequenz), so erhält man in diesem Fall für den Gesamtfehler

$$\mathfrak{F} = 24\, l^3 \cdot \mathfrak{S} \left\{ \frac{\pi^2}{12\, l^2} (b + g \cdot z)^2 + \frac{l^3}{b^2 \cdot g \cdot z} \cdot \frac{\mathfrak{r}}{24\, l^3 \cdot \mathfrak{S}} \right\} \tag{6}$$

mit $\mathfrak{S} = \int\limits_0^{1/2\, l} d\xi \cdot P(\xi) \cdot \xi^2$; $P(\xi)$ gibt den Verlauf des Amplitudenquadratspektrums

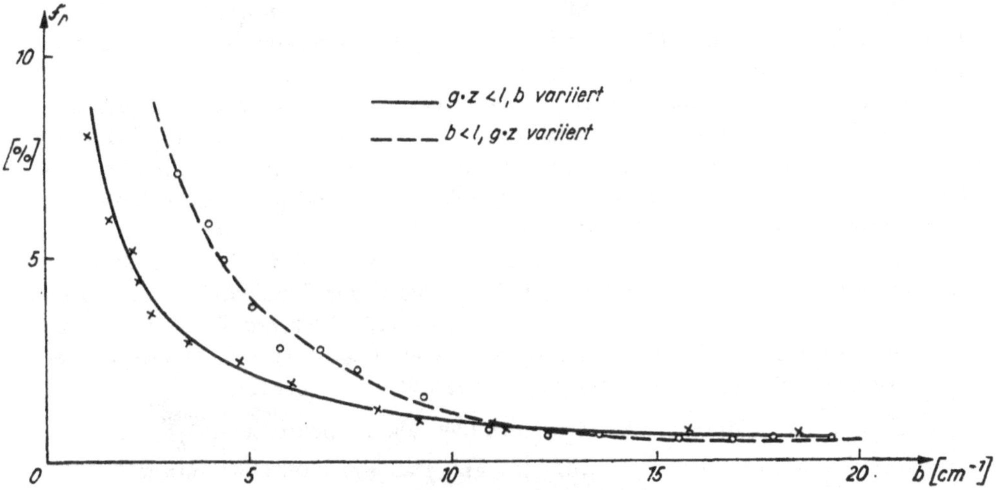

Abb. 6. Abhängigkeit des Rauschfehlers von der Spaltbreite und Zeitkonstante

an, über diese Funktion werden weiter keine Annahmen gemacht. Man sieht unmittelbar, daß auch im Fall eines beliebigen Spektrums die Beziehung zwischen $z_{opt} \cdot g$ und b_{opt} erhalten bleibt.

Zur experimentellen Prüfung der erhaltenen Ergebnisse wurde ein Spektrum $S(\lambda)$ bei verschiedenen Rauschleistungen, Spaltbreiten, Abtastgeschwindigkeiten und Zeitkonstanten registriert. Abb. 2 zeigt das registrierte Spektrum $S(\lambda)$. Dieses Spektrum wurde mit einer kleinen Spaltbreite, Abtastgeschwindigkeit und Zeitkonstante aufgenommen („klein" bedeutet $b \lesssim l$; $z \cdot g \lesssim l$, wobei l der Musterpunktabstand von $S(\lambda)$ ist). Die verzerrten und verrauschten Spektren wurden

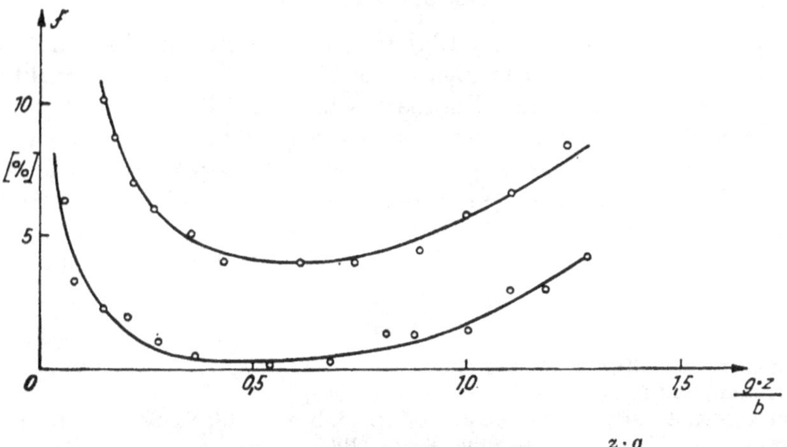

Abb. 7. Abhängigkeit des Gesamtfehlers von $\frac{z \cdot g}{b}$

mit $S(\lambda)$ verglichen, die Abweichungen gemessen und der mittlere quadratische Gesamtfehler errechnet. Dabei mußten alle vorkommenden Spektren auf die gleiche Ausschlagshöhe bezogen werden.

Abb. 3 zeigt den Einfluß der Zeitkonstanten auf die Verzerrung des registrierten Spektrums. In Abb. 4 ist quantitativ der Verzerrungsfehler als Funktion von $(b + z \cdot g)$ aufgetragen. Die Messungen bestätigen hinreichend den oben beschriebenen theoretischen Befund der symmetrischen und quadratischen Abhängigkeit des Verzerrungsfehlers von b und $g \cdot z$.

In Abb. 5 ist die Abhängigkeit des Rauschfehlers von der Zeitkonstanten dargestellt. Man erkennt, daß zunächst bei kleinem z der Rauschfehler verhältnismäßig groß ist, mit wachsendem z abnimmt und schließlich der Verzerrungsfehler überwiegt. Das Ergebnis der quantitativen Messung zeigt Abb. 6. Die experimentellen Befunde stimmen befriedigend mit der Theorie überein.

In Abb. 7 ist schließlich der Gesamtfehler als Funktion von $\frac{z \cdot g}{b}$ für zwei verschiedene Rauschleistungen aufgetragen. Das erwartete Minimum des Gesamtfehlers läßt sich tatsächlich beobachten. Es ist relativ breit und liegt zwischen den Werten $\frac{z \cdot g}{b} = 0{,}3$ und $\frac{z \cdot g}{b} = 0{,}7$, wie es nach dem Frequenzgang des verwendeten Tiefpasses zu erwarten ist. Der steile Anstieg des Fehlers für kleine $\frac{z \cdot g}{b}$-Werte ist durch das Rauschen, der flachere Anstieg für größere $\frac{z \cdot g}{b}$-Werte durch den Verzerrungsfehler bedingt.

Eine Meßanordnung zur direkten Registrierung von Spektren, die die eingangs genannten Voraussetzungen erfüllt, führt also zu einem Minimum des Gesamtfehlers, wenn $\frac{z \cdot g}{b}$ einen durch den Frequenzgang des Verstärkers bedingten konstanten Wert c annimmt. Dieser Optimalwert hängt nicht vom Profil des Spektrums ab.

Zusammenfassung

Es wird der Einfluß von Spaltbreite, Abtastgeschwindigkeit und Zeitkonstante auf die Wiedergabetreue einer in der Ultrarot- und Raman-Spektroskopie üblichen Registriereinrichtung diskutiert. Ohne spezielle Voraussetzungen über das Linienprofil einführen zu müssen, lassen sich einfache Beziehungen zwischen den obengenannten Größen angeben, bei denen die Wiedergabetreue ein Optimum erreicht. Diese Beziehungen werden diskutiert und mit experimentellen Ergebnissen verglichen.

Jena, Physikalisches Institut der Friedrich-Schiller-Universität

Literatur

[1] Broderson, S., J.O.S.A. **43**, 877 (1953).
[2] Emslie, A., und King, G., J.O.S.A. **43**, 664 (1953).
[3] Mogilewski, A., und Abramson, J., Izv. Akad. Nauk UdSSR, Ser. Fiz. **19**, 49 (1955).
[4] Schubert, M., Exp. Techn. d. Phys. **6**, 203 (1958)
[5] di Francia, T., J.O.S.A. **45**, 497 (1955).

Г. Г. ПЕТРАШ, Москва

Оптимальные условия регистрации спектров поглощения

Возможности спектрального прибора с точки зрения изучения спектров ограничиваются, как известно, двумя разнородными факторами а именно, систематическими искажениями спектра, связанными с влиянием аппаратной функции конечной ширины, и случайными ошибками измерения, связанными обычно с флюктуационными процессами в приемнике света. Во многих случаях экспериментатор имеет возможность изменять ширину аппаратной функции прибора, например, изменяя ширину щелей монохроматора. При этом обычно дело обстоит так, что уменьшение ширины аппаратной функции связано с увеличением случайных ошибок и наоборот. В тех же случаях, когда зкспериментатор не может изменятъ аппаратную функцию, можно всё-таки уменьшить систематические ошибки математическим путём, но при этой операции также возрастают случайные ошибки в окончательном результате и притом тем больше, чем полнее устраняются систематические искажения. Таким образом, при выборе условий спектральных измерений всегда приходится искать компромисс между систематическими и случайными ошибками измерения и оптимальным решением будет то, при котором полная ошибка будет наименьшей.

Конечно, получаемые из этого требования оптимальные условия измерения при решении различных спектроскопических задач, таких как, например, измерение интенсивности в максимуме линии или различение двух близких линий, будут различными. Кроме того, оптимальные условия измерения зависят ещё от применённого способа обработки спектрограммы. В связи с этим С. Г. Раутианом и автором в Оптической лаборатории ФИАН было проведено сравнение различных методов редукции к идеальному прибору. При этом оказалось, что увеличение роли случайных ошибок при редукции не позволяет получить выигрыш в точности больше, чем в 4–5 раз, если применена точная редукция, например, по Willis–у. При применении же приближенной редукции, например по Рэлею, выигрыш в точности не превосходит 2–3.

Более подробно результаты этой работы были доложены академиком Г. С. Ландсбергом в Амстердаме в 1956 г. и позднее опубликованы в Инженерно-Физическом журнале [1]. В настоящем докладе мы ограничимся рассмотрением двух простых примеров, для того чтобы показать, каким образом должны выбираться параметры прибора при решении различных спектроскопических задач.

I. Оптимальные условия измерения при малых систематических ошибках

Вопрос о влиянии аппаратной функции и инерции регистрирующей системы рассматривался в работах [2]...[6]. В них даются рекомендации относительно выбора условий измерения, полученные из условия достижения наименьших систематических ошибок при заданном отношении сигнал/шум. Как будет видно, полученные таким образом условия измерения не обеспечивают минимум суммарной ошибки.

Как известно, влияние аппаратной функции зависит от формы измеряемого распределения и от формы самой аппаратной функции. Однако, если предположить, что систематические ошибки малы, то для широкого класса входящих в рассмотрение функций наблюдаемое распределение по спектру можно представить в виде:

$$h(\lambda) = \varphi(\lambda) + [a\alpha^2 + b\tau^2 v^2]\varphi''(\lambda), \tag{1}$$

здесь $\varphi(\lambda)$ измеряемое распределение. Первый член в скобках $a\alpha^2$ описывает влияние аппаратной функции, α – ширина аппаратной функции, a –коэффициент, зависящий только от формы аппаратной функции. Второй член в скобках описывает влияние инерции регистрирующей системы, τ – её постоянная времени, v – скорость сканирования по λ. Коэффициент b зависит только от формы частотной характеристики регистрирующей системы. Никаких предположений о форме $\varphi(\lambda)$ пока не делается. Это выражение определяет систематические ошибки.

Все наши дальнейшие вычисления будут относиться в основном к инфракрасным приборам средней дисперсии. Для них случайные ошибки определяются обычно только шумами приемника и могут быть записаны в виде:

$$\frac{\overline{\Delta\varphi^2}}{I_0^2} = \frac{E}{\tau S^4} \tag{2}$$

здесь I_0–отсчёт от полного до нулевого поглощения, S–ширина щелей монохроматора, E–постоянный для данного прибора параметр характеризующий точностные качества прибора.

Для простоты мы ограничимся случаем, когда $\varphi(\lambda)$ функция двух параметров: высоты в максимуме φ_0 и γ ширины, и запишем:

$$\varphi''(\lambda) = r(\lambda)\frac{\varphi(\lambda)}{\gamma^2} \tag{3}$$

Тогда суммарную ошибку измерения оптической плотности D мы сможем записать в виде:

$$\varepsilon^2 = \frac{\overline{\Delta D^2}}{D^2} = M(x)\left\{\left[a\frac{\alpha^2}{\gamma^2} + b\frac{\tau^2 v^2}{\gamma^2}\right]^2 r^2(\lambda) + \frac{E}{x^2\tau^2 S^4}\right\} \tag{4}$$

где $M(x)$ – множитель, возникающий при пересчете от ошибок в поглощении $x = 1 - \frac{I}{I_0}$ к ошибкам в плотности $D = -\ln(1 - x)$.

Для упрощения отыскания оптимума примем, что ширина аппаратной функции определяется только щелями монохроматора и совпадает с их шириной (щели равной ширины). При этом $\alpha = S$. Тогда нетрудно показать, что в минимуме ε^2 выполняются следующие соотношения:

1. $x_m \approx 0{,}5$ – истинное поглощение примерно равно 1/2.

2. $\frac{\varepsilon_S}{\varepsilon_\tau} = 4$ – систематическая ошибка, связанная с аппаратной функцией, в 4 раза больше ошибки, возникающей из-за инерции регистрирующей системы.

3. $\frac{\varepsilon^2_{\text{сист}}}{\varepsilon^2_{\text{случ}}} = \frac{5}{4}$ – полная систематическая ошибка примерно равна случайной.

4. $\tau_m v = \frac{S_m}{2}\sqrt{\frac{a}{b}}$ – оптимальная постоянная времени τ_m пропорциональна S_m, причём коэффициент пропорциональности не зависит от формы $\varphi(\lambda)$. Если мы будем считать, что щелевая аппаратная функция имеет вид треугольника с шириной на полувысоте S, а свойства регистрирующей системы эквивалентны свойствам RC интегрирующей цепочки с постоянной времени τ, то получим:

$$\tau_m v = 0{,}204\, S_m \tag{5}$$

5. Оптимальная ширина щелей S_m и соответствующая минимальная суммарная ошибка зависят от формы измеряемого распределения. Для случая гауссовой линии получим:

$$S_m = 1{,}6\gamma \left(\frac{Ev}{\gamma^5}\right)^{1/9}; \qquad \varepsilon^2 = 8{,}4 \left(\frac{Ev}{\gamma^5}\right)^{4/9}. \tag{6}$$

Заметим, что если бы мы исходили, как это делается в [3] ··· [6] из заданного отношения сигнал щум, то вместо (5) получили бы существенно отличное условие: $\tau S^4 = \text{const}$. Сравнение с (5) показывает, что в этом случае, мы можем быть далеки от минимума суммарной ошибки.

Следует отметитъ, что первые три соотношения не зависят от формы $\varphi(\lambda)$, аппаратной функции и частотной характеристики регистрирующей системы. Что же касается самих величин оптимальных параметров S_m, τ_m то при заданных параметрах измеряемого распределения и прибора они определяются величиной $\frac{Ev}{\gamma^5} = \frac{E}{T\gamma^4}$ т. е. случайной ошибкой измерения поглощения, которая получилась бы на данном приборе со щелями шириной $S = \gamma$ и при записи с постоянной времени равной времени сканирования ширины измеряемой линии γ.

Заметим ещё, что по v оптимума нет. Коль скоро выбраны оптимальные условия измерения, то единственная возможность улучшения точности связана с уменьшением скорости сканирования.

II. Разрешающая сила

Рассмотрим теперь другую классическую проблему спектроскопии, вопрос о разрешении, и посмотрим, к чему приводит здесь совместный учёт влияния аппаратной функции и шумов. Как мы увидим, здесь также необходимо искать компромисс между этими двумя факторами.

Вопрос о разрешающей силе можно поставить в общем виде как вопрос о возможности различения двух структур в спектре при наличии определенной аппаратной функции и шумов. Ясно, что наличие шумов приводит к тому, что мы не можем различить две структуры отличающиеся меньше, чем на величину шумов. Мы, однако, опять ограничимся только простым и наиболее привычным примером и будем следовать в основном привычному подходу к разрешающей силе. Именно, мы рассмотрим задачу о возможности различения двух близких одинаковых линий поглощения по провалу в наблюдаемой кривой поглощения.

Рассмотрим сначала самый простой случай двух очень узких линий поглощения. Сразу же нужно оговориться, что понятие узкой линии поглощения может быть применено только в том случае, когда фиксирована толщина поглощающего слоя, ибо увеличивая толщину слоя, всегда можно сделать кривую поглощения достаточно широкой. Будем снова считать аппаратную функцию чисто щелевой, т. е. треугольной. Тогда форма суммарной кривой поглощения будет представляться суммой двух треугольников. Для определения предела разрешения нам нужно теперь найти такое расстояние между линиями $2d$, при котором мы не сможем больше заметить провала между максимумами. Применим следующий критерий разрешения: будем считать разрешенной ту структуру, для которой отношение глубины провала в наблюдаемом поглощении к среднеквадратичной величине шумов $r = \frac{\Delta P}{\sqrt{\delta P^2}} \geqslant r_{пр}$ больше или равно некоторой заданной величины $r_{пр}$. Выбор $r_{пр}$ зависит от того, с какой степенью достоверности желают обнаружить провал.

Подойдем с этим критерием к нашей задаче о двух узких линиях. На этот раз мы не будем учитывать влияние τ, но это, как это ясно из предыдущего, не внесет больших ошибок в наше рассмотрение. Случайные ошибки в этом случае запишем в виде

$$\delta P^2 = \frac{E}{\tau S^4} = \frac{A^2}{S^4} \tag{7}$$

Вычислим величину r. Легко видеть, что

при $$0 < S < d \qquad \Delta P = P_m; \quad r = \frac{\Delta P}{A} S^2 = \frac{C S}{A} \tag{8}$$

где $C = P_m S = \int P d\lambda$ – интегральное поглощение одной линии.

При $d < S < 2d \quad \Delta P = P_m\left(\frac{2d}{S} - 1\right) \quad r = \frac{C}{A}(2d - S)$ (9)

при $S > 2d \quad \Delta P = 0, \quad r = 0.$

Легко видеть, что $S_m = d$. Условие разрешения в оптимуме $d_{\text{пр}} = \frac{A\, r_{\text{пр}}}{C}$. Разрешающая сила:

$$R = \frac{\Delta\lambda}{\lambda} = \frac{\lambda C}{2A\, r_{\text{пр}}}\,; \tag{10}$$

Таким образом, при наших условиях наибольшая разрешающая сила, достигаемая в оптимальных условиях, т. е. при $S = d$, прямо пропорциональна интегральному поглощению каждой из линий и обратно пропорциональна параметру A, задающему точностные характеристики прибора.

Был проведен также расчет разрешения двух одинаковых линий поглощения конечной ширины[10]. В этом случае нужно ещё искать оптимум по толщине слоя. Мы не будем приводить здесь эти результаты, отметим только, что условие для выбора оптимальной ширины щелей $S_m \simeq d$ примерно сохраняется дла случая, когда $\frac{d}{\gamma} > 1{,}25$, практически при любой форме линий.

Нужно отметить, что для линий конечной ширины при увеличении точности измерений разрешающая сила стремится к некоторому пределу. Это обстоятельство связано с тем фактом, что при некотором сближении линий вообще пропадает провал между максимумами. Это означает, что в этом случае критерий разрешения, связанный с наблюдением провала в поглощении, не годится и нужно искать другой критерий разрешения, ибо, как было показано Г. С. Гореликом [7] и С. Т. Раутианом [8], [9] в принципе разрешающая сила должна стремиться к бесконечности при беспредельном увеличении точности измерений.

В заключение следует отметить недостаточность обычно приводимых характеристик инфракрасных приборов. Действительно, приведенные простые примеры показывают, что при решении задач, связанных с учётом влияния спектрального прибора на измеряемое распределение, таких как проблема разрешения или выбор оптимальных условий измерения, требуется указывать, кроме обычно приводимых характеристик прибора, ещё и точностную характеристику прибора, например, параметр E.

Москва, Физический институт имени П. Н. Лебедева АНСССР

M. SCHUBERT, Jena

Zusammenfassung

Die Genauigkeit bei der Aufnahme von Spektren wird durch zwei verschiedenartige Faktoren begrenzt: Einmal durch eine systematische Verzerrung des Spektrums, die von der endlichen Breite der Apparatefunktion und der Trägheit der Registriereinrichtung herrührt; zum anderen durch statistische Schwankungen, die sich im allgemeinen am Strahlungsempfänger ergeben. Um den *Gesamt*fehler möglichst klein zu halten, muß ein Kompromiß zwischen dem Anteil des systematischen und statistischen Fehlers geschlossen werden. In der vorliegenden Arbeit wird an Hand von zwei Beispielen gezeigt, wie die optimalen Meßbedingungen zu wählen sind.

Das erste Beispiel betrifft die optimalen Meßbedingungen für *kleine systematische* Fehler. Unter dieser Voraussetzung läßt sich für eine größere Gruppe von Spektralverteilungen ein einheitlicher Ausdruck für den Gesamtfehler gewinnen, in der die Anteile des systematischen und statistischen Fehlers zusammengefaßt sind. Es wird die Abhängigkeit von den Parametern der Meßanordnung, wie Zeitkonstante, Spaltbreite, Abtastgeschwindigkeit angegeben. Daraus wird abgeleitet, unter welchen Meßbedingungen der Gesamtfehler ein Minimum wird. Die Größe des Gesamtfehlers bei diesen optimalen Meßbedingungen wird diskutiert.

Im zweiten Beispiel wird die Frage des Auflösungsvermögens behandelt. Zwei linienartige Strukturen werden als aufgelöst betrachtet, wenn sich eindeutig eine Senke zwischen den Maxima der Linien erkennen läßt. Das Auflösungsvermögen wird durch die Breite der Apparatefunktion und die Existenz des Rauschens beeinträchtigt. Es wird unter Voraussetzung zweier monochromatischer Linien angegeben, mit welcher Zuverlässigkeit sich jeweils eine Senke finden läßt, wenn die Breite der Apparatefunktion und die Größe des Rauschens variiert wird. Das optimale Auflösungsvermögen wird bestimmt. Auf die Behandlung von Linien endlicher Breite wird hingewiesen.

Es wird bemerkt, daß man denjenigen Daten, die üblicherweise über UR-Geräte veröffentlicht werden, noch eine Angabe („Genauigkeitscharakteristik") beifügen solle, so daß die Lösung von Aufgaben möglich wird, wie sie in den beiden Beispielen beschrieben sind.

Литература

[1] Петраш, Г. Г., Раутиан, С. Г., Инж. Физ. Журн. **1**, 61 (1958)
[2] Brodersen S., JOSA, **43**, 1216 (1953)
[3] Daly, Sutherland, Proc. Phys. Soc., A **62**, 205 (1949)
[4] Абрамсон, И. С., и Могилевский, А. Н., Изв. АН СССР, сер. физ., **19**, 49 (1955)
[5] Zbinden R. u. Baldinger E., Helv. phys. Acta, **26**, III (1953)
[6] Дмитриевский, О. Д., Непорент, Б. С., и Никитин, В. А., УФН, **64** вып. 3, 437 (1958)
[7] Горелик, Г. С., ДАН, **83**, 549 (1952)
[8] Раутиан, С. Г., ДАН, **109**, 743 (1956)
[9] Раутиан, С. Г., Диссертация, Москва (1957)
[10] Петраш, Г. Г., Инж. Физ. Журнал, **1**, № 9, 74 (1958)

K. LENZ, Berlin-Adlershof

Experimentelle Untersuchungen über das Leistungsvermögen von Prismen-Monochromatoren[1])

Spektralphotometrische Aufgaben können häufig durch den Einsatz von Monochromatoren mit größerer Photometriergenauigkeit und in einem kürzeren Zeitraum gelöst werden, als dies mit Spektrographen möglich ist. Die hohe Lichtempfindlichkeit der Photomultiplier gestattet es, die Monochromatorspalte auf so geringe, förderliche Breiten ($\leq$ 20/1000 mm) einzustellen, daß beispielsweise das lichtelektrische Trennvermögen eines Prismenmonochromators in der Größenordnung dem wellenoptischen Auflösungsvermögen seiner Prismen entspricht. Lichtelektrische Messungen unter diesen Bedingungen erfordern jedoch eine genauere Bestimmung der spezifischen Eigenschaften des verwendeten Monochromators, da neben den Justier- und Abbildungsfehlern auch das Streulicht und andere Faktoren die Photometriergenauigkeit beeinflussen. Speziell für einige Prismen-Monochromatoren mit Spiegeloptik (2 Einfach-Monochromatoren und 3 Doppel-Monochromatoren mit subtraktiver Dispersionsschaltung; Öffnungsverhältnis 1 : 4 bis 1 : 6,6) haben wir das Leistungsvermögen bestimmt und sind zu folgenden Ergebnissen gelangt:

1. Dejustierungen der Monochromatoren sind häufig. Nur die Doppel-Monochromatoren weisen unvermeidbare Justierfehler auf. Symmetriefehler in der Abstimmung beider Monochromatorhälften bewirken, daß die Monochromatorspalte nicht bei allen Wellenlängeneinstellungen genau aufeinander abgebildet werden. Verfälschungen der Intensitätsverhältnisse sind die Folge, wie aus Tabelle 1 zu entnehmen ist.

Tabelle 1

Intensität von Quecksilberlinien gemessen mit dem Doppelmonochromator II; Spaltbreiten 15/1000 mm

A optimale Justierung für $\lambda = 404{,}7$ nm
B optimale Justierung für $\lambda = 546{,}1$ nm

Wellenlänge λ in nm	404,7	435,8	546,1	577,0	579,0
Intensität *A*	125	100	120	155	155
B	2	14	320	145	140

2. Koma und bildverbreitender Astigmatismus sind noch bei Spalthöhen von 2 mm nachweisbar. Eine befriedigende Linienschärfe erreichen nur diejenigen

[1]) Eine ausführliche Darstellung des Berichtes erfolgt an anderer Stelle.

Monochromatoren, deren Prismen sich für alle Wellenlängeneinstellungen exakt im Minimum der Ablenkung befinden.

3. Die Reproduzierbarkeit der Wellenlängeneinstellung genügt in sämtlichen untersuchten Fällen nicht, um das optimale Trennvermögen auszunutzen. Beispielsweise beträgt die Wellenlängengenauigkeit des besten Monochromators bei der Wellenlänge 4000 Å: $\pm 1{,}1$ Å. Das lichtelektrische Trennvermögen erlaubt jedoch Spektrallinien in einem Abstand von 0,7 Å aufzulösen.

4. Während das Streulicht eines Spektrographen nur eine untergeordnete Bedeutung hat — es fällt in den Schleier der Photoplatte —, muß der Streulichteinfluß bei lichtelektrischen Messungen berücksichtigt werden, da vor allem die Photomultiplier Intensitätsunterschiede von mehreren Größenordnungen und somit auch das Streulicht erfassen. Zum Vergleich des Streulichtes verschiedener Monochromatortypen eignen sich besonders monochromatische Streulichtverteilungen, die auf folgende Weise gewonnen werden: Monochromatisches Licht von gegebener Wellenlänge λ und der spektralen Bandbreite $\Delta\lambda$ wird in den zu untersuchenden Monochromator eingestrahlt und die Intensität der durchgelassenen Strahlung für verschiedene Wellenlängeneinstellungen gemessen. Bei einer Wellenlänge $\lambda = 546{,}1$ nm des eingestrahlten Lichtes mit dei Bandbreite ± 5 nm und der normierten Intensität 1 ergeben die Messungen (Tab. 2) folgende Streulichtbeträge:

Tabelle 2

Monochromator	Streulichtintensität bei der Wellenlängeneinstellung 600 nm	Streulichtintensität bei der Wellenlängeneinstellung 400 nm
Doppelmonochromator I Schwerflintprismen	$6 \cdot 10^{-8}$	$< 10^{-8}$
Doppelmonochromator I Quarzglasprismen	$3 \cdot 10^{-6}$	$< 10^{-8}$
Doppelmonochromator II Schwerflintprismen	$8 \cdot 10^{-8}$	$< 10^{-8}$
Einfachmonochromator mit		
Schwerflintprisma	$2 \cdot 10^{-5}$	10^{-6}
Quarz-Cornu-Prisma	$2 \cdot 10^{-5}$	$3 \cdot 10^{-6}$
Steinsalzprisma	$9 \cdot 10^{-5}$	$7 \cdot 10^{-5}$
Lithiumfluorid-Prisma	10^{-4}	$2 \cdot 10^{-5}$
Gittermonochromator (Messungen nach Pritchard)	$6 \cdot 10^{-4}$	$1{,}5 \cdot 10^{-4}$

5. Die experimentell ermittelten spektralen Halbwertsbreiten stimmen für geometrische Spaltbreiten von mindestens 2/10 mm genau mit den nach der WILLIAMS-Formel errechneten Bandbreiten überein. Die Zehntelwertsbreiten sowohl der Doppelmonochromatoren als auch der Einfachmonochromatoren, haben etwa die doppelte Größe der Halbwertsbreiten.

6. Die spektrale Durchlässigkeit der Doppelmonochromatoren ist im ultravioletten Spektralbereich und im Gebiet zwischen 700 und 950 nm (sekundäres Reflexionsminimum der Al-Spiegel!) sehr gering. Prozentuale Durchlässigkeiten für den sichtbaren Wellenlängenbereich zeigt Tabelle 3.

Tabelle 3

Wellenlänge λ in nm	400	450	500	550	600	650
Einfachmonochromator mit Schwerflintprisma	36%	42%	48%	49%	48%	45%
Doppelmonochromator I Schwerflintprismen	13%	19%	22%	24%	24%	22%
Doppelmonochromator II Schwerflintprismen	3%	7%	9%	10%	10%	9%

Zusammenfassung

Es wird über Auflösungsvermögen, Streulicht und spektrale Durchlässigkeit, sowie über die Genauigkeit von Wellenlängeneinstellungen bei einigen Monochromator-Typen berichtet. Leistungsvergleiche zwischen Einfach- und Doppelmonochromatoren fallen zu Ungunsten der letzteren aus.

Berlin-Adlershof, Institut für Optik und Spektroskopie der DAdW

F. FRÖHLICH und M. SCHMUNTZSCH

Streulichtbestimmungen in Prismenmonochromatoren

Den Austrittsspalt eines Monochromators verläßt neben der regulären Intensität mit einer spektralen Verteilung, die im wesentlichen von den verwendeten Spaltbreiten und der Lineardispersion des Prismas abhängt, immer auch ein durch Beugung, Streuung und Reflexion an den Oberflächen der optischen Elemente oder im Inneren der Prismen und Linsen hervorgerufener Betrag an Streuintensität, für dessen spektrale Herkunft der gesamte Wellenlängenbereich der verwendeten Lichtquelle in Frage kommt. Mit der Austrittsspaltbreite a und den Spalthöhen h werde dieser Streubetrag für die eingestellte Wellenlänge λ_0

$$G(\lambda_0) = k \cdot a \cdot h \cdot \int_0^\infty F(\lambda) \cdot \Phi(\lambda, \lambda_0) \cdot \mathrm{d}\lambda . \tag{1}$$

Dabei sei $F(\lambda)$ die Intensitätsverteilung in der Ebene des Austrittsspaltes; $\Phi(\lambda, \lambda_0)$ sei die Streufunktion und stelle den wellenlängenabhängigen Bruchteil von $F(\lambda)$ dar, der den Austrittsspalt pro Spaltbreiteneinheit als Streulicht verläßt. In der Konstanten k seien die Eintrittsspaltbreite und die Leistungsverluste im Monochromator enthalten.

Ein dem Wert (1) entsprechender Betrag wird von einem nicht selektiven Empfänger (Thermoelement, GOLAY-Zelle) gemessen. Bei Verwendung von selektiven Empfängern (Fotozellen, Multipliern) mit einer spektralen Empfindlichkeit $\varepsilon(\lambda)$ hat an Stelle von $F(\lambda)$ der Ausdruck $F(\lambda) \cdot \varepsilon(\lambda)$ zu stehen. Gl. (1) gibt dann die „registrierte“ Gesamtstreuintensität an; das ist aber gerade jene Intensität, die systematische Fehlmessungen hervorruft.

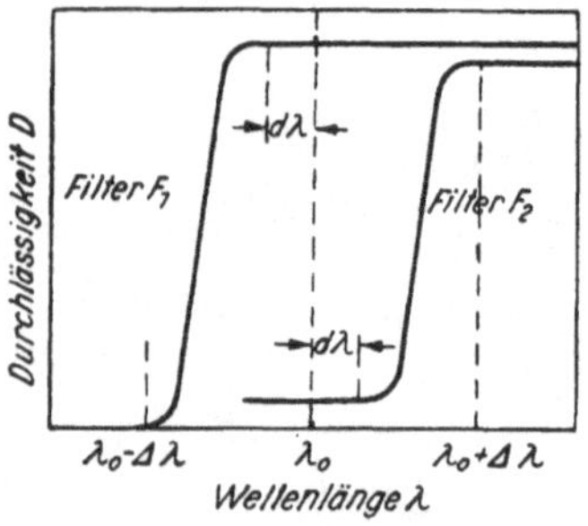

Abb. 1. Durchlässigkeit der Filter für Streulichtmessungen

Der Grad der Fehlmessung hängt ab von dem Verhältnis von Streuintensität G zu regulär austretender Intensität Z, dem relativen Streubetrag

$$\alpha(\lambda_0) = \frac{G(\lambda_0)}{Z(\lambda_0)} \cdot 100\,[\%]$$

für die betreffende Wellenlänge λ_0 und weiter vom spektralen Verlauf der Extinktion (bzw. Emission) der jeweiligen Probe. Zur experimentellen Bestimmung von α können geeignete Filter verwendet werden: Hat ein Filter F_2 (vgl. Abb. 1) für eine Wellenlänge λ_0 eine geringe Durchlässigkeit D_0, so wird Streulicht aus dem Wellenlängenbereich $\lambda > \lambda_0 + \Delta\lambda$ (mit der

Filterdurchlässigkeit D^*) eine größere Durchlässigkeit D_1 vortäuschen. Daraus folgt, wie früher gezeigt wurde [1]

$$\alpha = \frac{D_1 - D_0}{D^* - D_0} \tag{2a}$$

und analog mit einem Filter F_1 (vgl. Abb. 1) für Streulicht aus dem Wellenlängenbereich $\lambda < \lambda_0 - \Delta\lambda$

$$\alpha = \frac{D_0 - D_1}{D_0}. \tag{2b}$$

Das Verfahren muß naturgemäß auf Spektralbereiche beschränkt bleiben, für die Filter mit genügend steiler Absorptionskante zur Verfügung stehen, und gibt ferner auch keine Auskunft über den spektralen Ursprung des Streulichtes. Im folgenden wird jedoch gezeigt, wie mit Hilfe eines geeigneten Ansatzes für die Streufunktion $\Phi(\lambda, \lambda)$ eine Ermittlung von α auch in experimentell unzugänglichen Gebieten möglich wird und wie Einblick in die spektrale Verteilung des Streulichtes erhalten werden kann.

Dazu wird zunächst in Gl. (1) für λ formal die Winkelstellung des Prismas (Trommelstellung TT) als sachgemäße Veränderliche eingeführt

$$g(\mathrm{TT}_0) = k \cdot a \cdot h \cdot \int\limits_{(\mathrm{TT})_1}^{(\mathrm{TT})_2} f^*(\mathrm{TT}) \cdot \varphi(\mathrm{TT}, \mathrm{TT}_0) \cdot \mathrm{d}(\mathrm{TT}). \tag{3}$$

Der eingestellten Wellenlänge λ_0 entspreche hier die Stellung TT_0 des Prismas. In $f^*(\mathrm{TT})$ sei die Empfängerempfindlichkeit enthalten, $f^*(\mathrm{TT}) = f(\mathrm{TT}) \cdot \varepsilon(\mathrm{TT})$; außerhalb der angegebenen Integrationsgrenzen sei $f^*(\mathrm{TT}) = 0$.

$f^*(\mathrm{TT})$ ist die Intensitätsverteilung in der Ebene des Austrittsspaltes. Für die regulär austretende Intensität an der Stelle TT_0 folgt damit zunächst unter Vernachlässigung des Streulichtes bei der Austrittsspaltbreite a, der ein Wert $\Delta\mathrm{TT}$ entspreche, der einfache Ausdruck

$$Z(\mathrm{TT}_0) = k \cdot h \cdot \int\limits_{\mathrm{TT}_0 - \frac{\Delta \mathrm{TT}}{2}}^{\mathrm{TT}_0 + \frac{\Delta \mathrm{TT}}{2}} f^*(\mathrm{TT}) \cdot \mathrm{d}(\mathrm{TT}) \approx k \cdot h \cdot f^*(\mathrm{TT}_0) \cdot \Delta\mathrm{TT} = k \cdot a \cdot h \cdot f^*(\mathrm{TT}_0)$$

Der Messung unmittelbar zugänglich ist die Größe Z; sie stellt praktisch den Empfängerausschlag als Funktion der Trommelstellung TT bei konstanten Spaltbreiten dar. Das bei einer solchen Bestimmung mit erfaßte Streulicht ist im allgemeinen, verglichen mit Z, so klein, daß der daraus für die α-Bestimmung folgende Fehler zu vernachlässigen ist.

Ansatz 1: $\varphi = \varphi(\mathrm{TT})$, eine Abhängigkeit von der Stelle TT_0 sei nicht vorhanden.

Dann ist die Gesamtstreuintensität für alle Werte konstant und der relative Streubetrag an einer speziellen Stelle TT_0 mit der regulär austretenden Intensität $Z(\mathrm{TT}_0) = Z_0$:

$$\alpha_0 = \frac{g}{Z_0}$$

α_0 kann experimentell nach Gl. (2a, b) bestimmt werden. Damit ist g^*/Z_0 bekannt und mithin an einer beliebigen anderen Stelle mit der regulär austretenden Intensität Z

$$\alpha = \alpha_0 \cdot \frac{Z_0}{Z} \tag{4}$$

Da sich das Verhältnis Z_0/Z bei konstanten Spaltbreiten sehr leicht messen läßt, ist damit auch α für beliebige Stellen bestimmt. Die Formel (4) beschreibt den Vorgang qualitativ richtig: Bei kleinen Z-Werten große α-Werte! Quantitativ bestehen jedoch beträchtliche Abweichungen. An Stellen mit gleichem Z werden auf der steilen Flanke der Intensitätsverteilung f^*(TT) experimentell wesentlich größere α-Werte als auf der flachen Seite gefunden [1]. Dieses Ergebnis wird im zweiten Ansatz für φ berücksichtigt.

Ansatz 2: $\varphi(\mathrm{TT}, \mathrm{TT}_0) = A \cdot e^{-\delta \cdot |\mathrm{TT} - \mathrm{TT}_0|} + C$

Der Streuanteil aus der Meßstellung TT_0 unmittelbar benachbarten Spektralbereichen wird bevorzugt; A, C und δ seien konstant. Ein solcher Ansatz für die Streufunktion erscheint auch nach den Untersuchungen von Pritchard [2] an einem Gittermonochromator und von Donaldson [3] an Prismenmonochromatoren berechtigt. Für den Gesamtstreulichtbetrag ergibt sich damit:

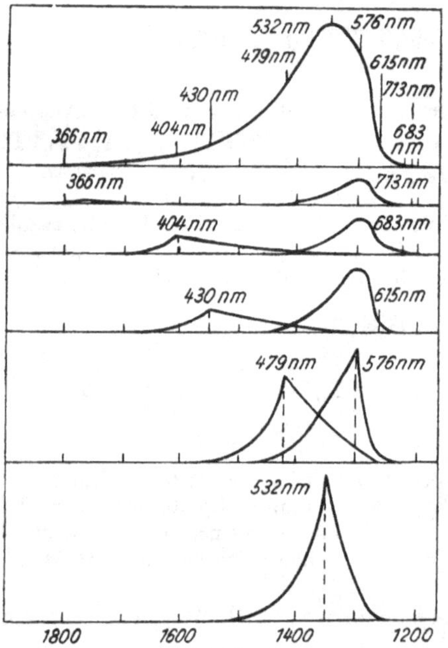

Abb. 2. Obere Kurve: Intensitätsverteilung f^*(TT) in rel. Einheiten in der Ebene des Austrittsspaltes
Darunterliegende Kurven: Nachbarstreulicht N in rel. Einheiten für verschiedene Meßstellungen TT_0 bzw. Wellenlängen λ_0.

$$g(\mathrm{TT}_0) = k \cdot a \cdot h \cdot \int_{(\mathrm{TT})_1}^{(\mathrm{TT})_2} f^*(\mathrm{TT}) \times \{A \cdot e^{-\delta|\mathrm{TT}-\mathrm{TT}_0|} + C\}\,\mathrm{d}(\mathrm{TT}) \tag{5}$$

oder nach Zerlegung mit

$$N = \int_{(\mathrm{TT})_1}^{(\mathrm{TT})_2} f^*(\mathrm{TT}) \cdot e^{-\delta|\mathrm{TT}-\mathrm{TT}_0|} \cdot \mathrm{d}(\mathrm{TT});$$

$$U = \int_{(\mathrm{TT})_1}^{(\mathrm{TT})_2} f^*(\mathrm{TT}) \cdot \mathrm{d}(\mathrm{TT}); \quad B = \frac{C}{A}$$

$$g(\mathrm{TT}_0) = k \cdot a \cdot h \cdot A \cdot (N + B \cdot U)\,. \tag{5a}$$

Die Gesamtstreuintensität setzt sich danach aus einem konstanten „Untergrund“ – Streuanteil $C \cdot U$ und einem aus der jeweiligen Nachbarschaft stammenden und mit dem Abstand von der Meßwellenlänge stark abklingenden „Nachbar“ – Streuanteil $A \cdot N$ zusammen. Damit ergibt sich für den relativen Streubetrag unabhängig von den Spaltdimensionen

$$\alpha = \frac{A \cdot (N + B \cdot U)}{f^*} \tag{6}$$

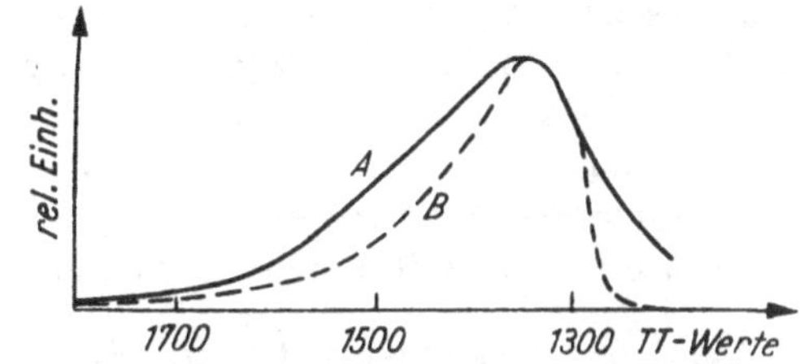

Abb. 3. Kurve A: Nachbarstreulicht N in rel. Einheiten als Funktion der Trommelstellung TT.
Kurve B: Zugehörige Intensitätsverteilung f^*(TT) in der Ebene des Austrittsspaltes, sie stellt gleichzeitig Z(TT) in rel. Einheiten dar.

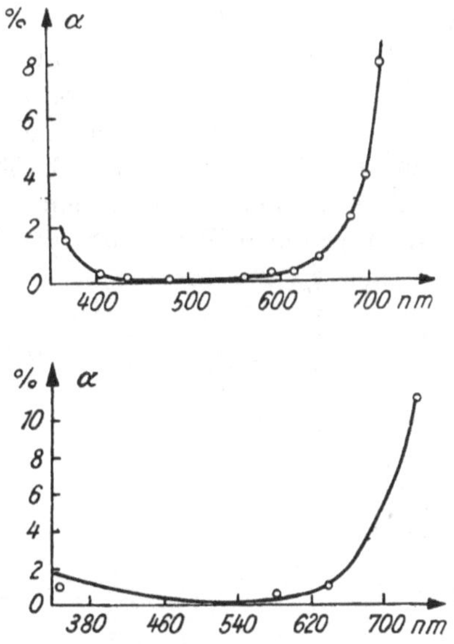

Abb. 4a, b. Relativer Streubetrag α als Funktion der Wellenlänge. Kurvenverlauf nach Gl. (6) berechnet, ○ gemessene Werte; a) Glasprisma b) Quarzprisma

Die Gleichung (6) gestattet nun, die Brauchbarkeit des Ansatzes 2 über die Streuverteilung zu prüfen, in dem die experimentell nach Gl. (2a, b) im sichtbaren Spektralbereich gefundenen α-Werte mit den sich aus Gl. (6) ergebenden Werten verglichen werden. Dazu hat zunächst die Bestimmung der einzelnen Größen in Gl. (5) und (6) zu erfolgen.

Zuerst wird Z und damit auch das zu Z proportionale f^* bei konstanten Spaltbreiten gemessen und in relativen Einheiten graphisch dargestellt (z. B. Abb. 3 Kurve B). Das Integral U ist dann unmittelbar durch Planimetrieren zu gewinnen. Bei N ist vor der graphischen Summation jeder Wert f^*(TT) zunächst noch mit $e^{-\delta|\mathrm{TT}-\mathrm{TT}_0|}$ zu multiplizieren. In Abb. 2 ist das so gefundene N für verschiedene Wellenlängen in relativen Einheiten angegeben. In Abb. 3 erkennt man die von N zu fordernde Eigenschaft, wonach sich für kleine und gleiche Z, etwa bei 1800 bzw. 1250 TT in Abb. 3, auf der Seite des starken Abfalls von Z(TT) sehr viel größere Werte ergeben müssen als auf der flachen. Dann wird an einer günstigen Stelle TT_0 der relative Streubetrag α_0 gemessen und danach mit einem Filter vor dem Eintrittsspalt ein Intensitätsbereich der Größe ΔU, der soweit von TT_0 entfernt liegt, daß N unverändert bleibt, abgeschnitten. Die Messung ergibt dann den Wert α_1 und damit nach Gl. (6)

$$\alpha_0 - \alpha_1 = \Delta\alpha = \frac{A}{f^*}\{N + B\cdot U - (N + B\cdot U_1)\}; \quad U - U_1 = \Delta U$$

oder schließlich nach Umrechnung für B den Ausdruck

$$B = \frac{N\cdot\Delta\alpha}{\alpha_0\cdot\Delta U - U\cdot\Delta\alpha}$$

Zur Abschätzung von δ werden nacheinander Filter vor den Eintrittsspalt gebracht, deren in der Nähe von TT_0 gelegene Absorptionskanten sich jeweils um geringe TT-Werte unterscheiden. Jedem so definierten ΔU-Bereich läßt sich ein $\Delta \alpha$ zuordnen und daraus δ abschätzen. Die noch unbestimmte Größe A dient zur Normierung: Sie wird so gewählt, daß der aus Gl. (6) folgende α-Wert für die betrachtete Stelle mit α_0 übereinstimmt.

Die Leistungsfähigkeit der Gl. (6) wurde für verschiedene Prismen, Lichtquellen und Empfängerzellen am Spiegelmonochromator des VEB Carl Zeiss JENA [4] überprüft. In Abb. 4a sind für die Kombination Flintglasprisma, Glühlampe, Zäsium-Antimon-Zelle, die aus Gl. (6) folgende Kurve (Normierung bei 713 nm) und die nach Gl. (2a, b) experimentell ermittelten α-Werte (Kreise) dargestellt. Abb. 4b zeigt eine analoge Darstellung bei Verwendung eines Quarzprismas. In Abb. 5 ist die nach Gl. (6) für die Kombination Quarzprisma, Wasserstofflampe, Zäsium-Antimon-Zelle zu erwartende Streulichtverteilung eingezeichnet. Im Wellenlängenbereich zwischen 250 und 450 nm sind die α-Werte außerordentlich gering, weil sich hier der Kondensor der Lichtquelle stets so einstellen läßt, daß im Maximum von f^* (TT) gemessen wird. Eine Überprüfung mit experimentellen Werten war nur auf der langwelligen Seite möglich. Die Ergebnisse an anderen Prismen und Empfängern sind ähnlich.

Die Übereinstimmung zwischen dem theoretischen Verlauf nach Gl. (6) und den experimentellen Werten ist gut. Sie läßt den Ansatz 2 berechtigt erscheinen. Eine geringe systematische Abweichung, wonach die α-Werte auf der kurzwelligen (flachen Seite) der f^* (TT)-Kurve zu groß berechnet werden, deutet darauf hin, daß das Nachbarstreulicht in unmittelbarer Umgebung von TT_0 noch stärker als mit $e^{-\delta |TT - TT_0|}$ (vgl. Ansatz 2) abklingt[1]). Auch ist die Konstanz von δ über größere Wellenlängenbereiche sicher nur in Näherung richtig.

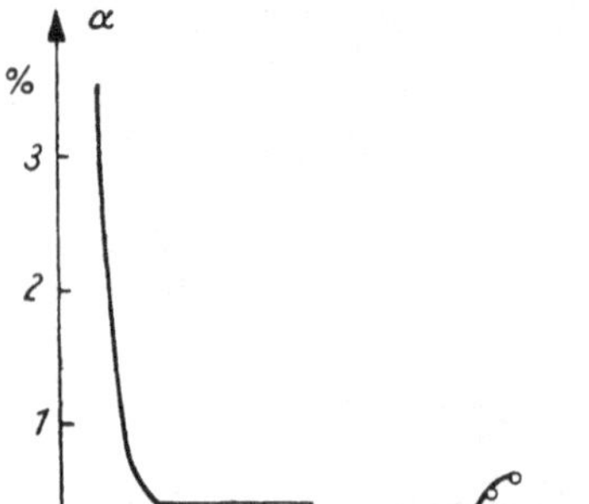

Abb. 5. Relativer Streubetrag α als Funktion der Wellenlänge im UV, Kurvenverlauf nach Gl. (6) berechnet. Die α-Werte zwischen 250 und 370 nm sind nach Gl. (6) abgeschätzt und liegen in dem eingezeichneten Rechteckbereich.

Als Ursache für das Untergrund-Streulicht werden diffuse Reflexion und Streuung an den verstaubten Oberflächen der abbildenden Elemente im Monochromator und die unter größeren Winkeln im Inneren der Prismen gestreute Intensität angesehen. Das Nachbarstreulicht dürfte durch Fehler bei der optischen Abbildung des Eintrittsspaltes in die Ebene des Austrittsspaltes und vor allem durch die unter kleinen Winkeln im Innern der Prismen gestreute Intensität bedingt sein. Die in den Prismen auf-

[1]) Das ist in Übereinstimmung mit Untersuchungen von K. Lenz, über die auf dieser Tagung vorgetragen wurde. (s. S. 101)

tretende Streuung wird durch kleinste Einzelkristallite im kompakten Einkristallmaterial [5] bzw. durch optische Diskontinuitäten sehr kleiner Bereiche im Innern des Glases hervorgerufen. Ein Maß für die Güte des Prismas stellen die Größen δ und B dar, die bei Verwendung anderer Lichtquellen oder Empfängerzellen unverändert erhalten bleiben. Kleine B-Werte bedeuten hohen Nachbarstreuanteil (beim verwendeten Quarzprisma z. B. war B zu vernachlässigen, d. h., es trat nur Nachbarstreulicht auf). δ ist eine Funktion der wirksamen Größe der streuenden Bereiche.

Die Streuintensität kann bei synthetischen Kristallen durch Verbesserung der Herstellungsbedingungen herabgesetzt werden. So zeigen die nach der NACKEN-KYROPOULOS-Methode aus der Schmelze gezogenen Kristalle höhere Streuintensitäten als die nach dem STOCKBARGER Verfahren hergestellten Kristalle [6]. Ferner dürfte die durch sorgfältige Beseitigung der inneren Spannungen und durch Vermeidung plastischer Deformation der Oberfläche beim Polieren erzielbare Verbesserung des Auflösungsvermögens [7] ebenfalls auf eine Verminderung des relativ hohen Nachbarstreulichtes zurückzuführen sein.

Die Untersuchungen wurden im Institut für experimentelle Physik der Universität Halle durchgeführt. Herrn Prof. Dr. W. MESSERSCHMIDT und Herrn Dr. H. BETHGE danken wir für ihr förderndes Interesse.

Zusammenfassung

Durch Zerlegung des in Prismenmonochromatoren auftretenden Streulichtes in einen wellenlängenunabhängigen Untergrundstreuanteil und einen von der jeweiligen Meßstelle abhängenden Nachbarstreuanteil gelingt es, mit Hilfe graphischer Integrationen nach geeigneter Normierung den relativen Streubetrag und dessen spektrale Verteilung theoretisch zu ermitteln. Zwei dabei auftretende für das jeweilige Prisma charakteristische Konstanten sind als Gütemaß für das verwendete Prismenmaterial anzusehen. Die geschilderte Methode gestattet eine Ermittlung der Streulichtbeträge auch in Wellenlängenbereichen, für welche die üblichen rein experimentellen Bestimmungen nur unter großem Aufwand möglich sind.

Halle, Institut für experimentelle Physik der Martin-Luther-Universität

Literatur

[1] FRÖHLICH, F., Exp. Techn. Phys. **5**, 231 (1956).
[2] PRITCHARD, B., S. J.O.S.A. **45**, 356 (1955).
[3] DONALDSON, R., J. sci. instr. **29**, 150 (1952).
[4] FALTA, W., Jenaer Jahrb. (1954) II. Teil, 446.
[5] PARKER, N. S. u. SCHNEIDER, E. E., Nature **178**, 326 (1956).
[6] SCHREIBER, G., Wiss. Ztschr. Humboldt-Univ. Berlin **VI**, 453 (1956/57).
[7] SMAKULA, A., J.O.S.A. **45**, 1086 (1955); **47**, 115 (1957).

H. REIMANN, Berlin

Ein Vakuumgitterspektrometer für das ferne Infrarot

Es wird ein Gitterspektrometer für das ferne Infrarot beschrieben. Der Bau des Gerätes erfolgte, um Hochdruckbögen im Wellenlängenbereich zwischen 100 und 1000 μm[1]) untersuchen zu können.

Da nur Emissionsmessungen beabsichtigt waren, wurde ein einfaches Gerät angestrebt. Maßnahmen wie Wellenlängenentzerrung und automatische Spaltverstellung sind deshalb vorerst nicht berücksichtigt worden.

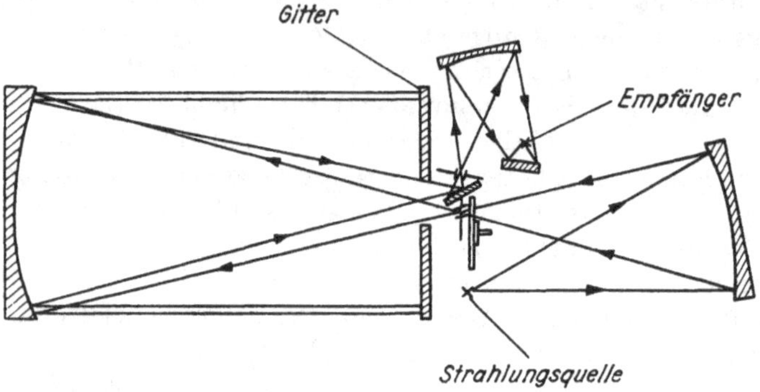

Abb. 1. Strahlengang der Gitterspektrometers

Abb. 1 zeigt den Strahlengang des Gerätes. Es ist ein Autokollimations-Strahlengang, der deshalb gewählt wurde, weil das Volumen des Vakuumkessels vorgegeben war. Die Strahlungsquelle wird über einen Hohlspiegel auf den Eintrittsspalt abgebildet. Vor dem Eintrittsspalt ist der Modulator – ein Synchronmotor mit einer Metallscheibe – und ein Filter angeordnet. Der Kollimatorspiegel hat 30 cm Durchmesser und 60 cm Brennweite. Die Größe der Gitter beträgt 30 mal 30 cm, mit einem Mittendurchbruch von 6 cm Durchmesser. Die Gitter bestehen aus Aluminium. Die Gitterdrehung erfolgt durch einen Synchronmotor über ein Wechselgetriebe.

Zwei weitere Spiegel bilden den Austrittsspalt verkleinert auf den Empfänger ab. Abb. 2 zeigt eine Teilansicht des Gerätes. Die Länge des Kessels beträgt 120 cm, der Durchmesser 60 cm. Um das Gerät zu evakuieren, wird der Kessel an die Frontplatte herangefahren und verschraubt. Ein Gummiring dient als Dichtung. Mit einer Vorpumpe war der Druck während des Betriebes einige zehntel Torr.

[1]) In den Abb. 4 bis 10 sind versehentlich die früheren Bezeichnungen benutzt worden.

Abb. 2

Abb. 3 zeigt das Blockschaltbild der Verstärkeranlage. Als Strahlungsempfänger wurde ein Vakuumbolometer der Firma Heimann benutzt. Dann folgt ein 5stufiger Schmalband-Verstärker. Durch RC-Filter wurde die Bandbreite auf einige Hz eingeengt, um dadurch das Rauschen zu verringern. An dem Vorverstärker ist eine phasenempfindliche Gleichrichterstufe angeschlossen. Die dazu notwendige Schaltspannung für die Gleichrichtung liefert eine Blei-Sulfid-Zelle, die in der Nähe des Eintrittsspaltes am Modulator angeordnet ist.

Nach der Gleichrichterstufe folgt ein Tiefpaß (RC-Glied) zur weiteren Bandbreiteneinengung. Die dadurch hervorgerufenen Zeitkonstanten, die zur Unterdrückung des Störpegels notwendig sind, betragen bis zu 300 sek. Dann folgt eine Gleichstromendstufe für den Schreiber. Die Betriebsfrequenz beträgt 21 Hz.

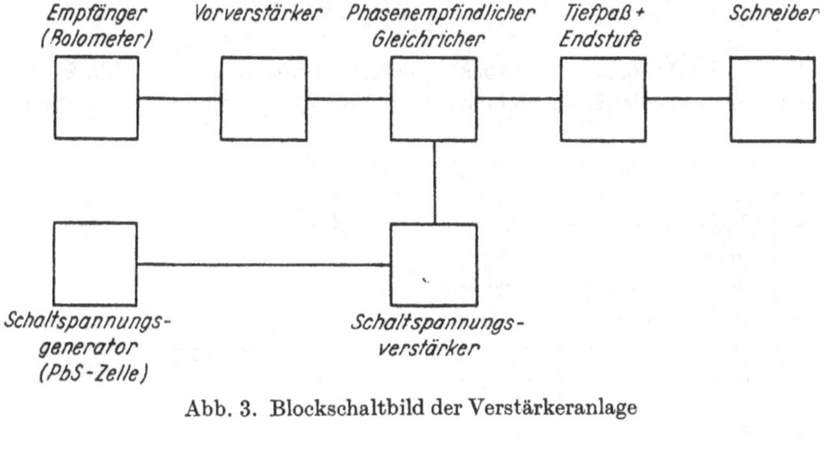

Abb. 3. Blockschaltbild der Verstärkeranlage

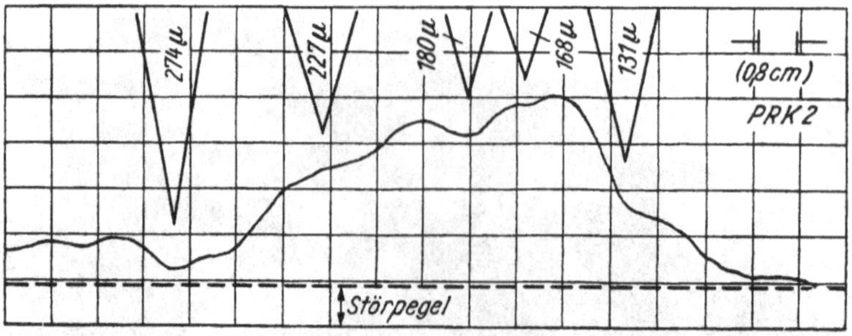

Abb. 4.

Abb. 4 zeigt das Spektrum einer Quecksilberhochdrucklampe PRK 2. Die Registrierkurve setzt sich zusammen aus der Emissionskurve des Strahlers, der Energieverteilungskurve des Gitters und den Durchlässigkeitskurven der Filter. Zur Ausfilterung der kurzwelligen Strahlung wurde schwarzes Papier aus Photopackungen (120 μm stark) und 1 mm starke Paraffinplatten benutzt. Dieses Spektrum wurde aufgenommen mit einem Echelettegitter mit einer Gitterkonstanten von 1 mm. Die Einschnitte sind Wasserdampf-Rotationsbanden. Die Zeit für die Aufnahme betrug $1^1/_2$ Stunden.

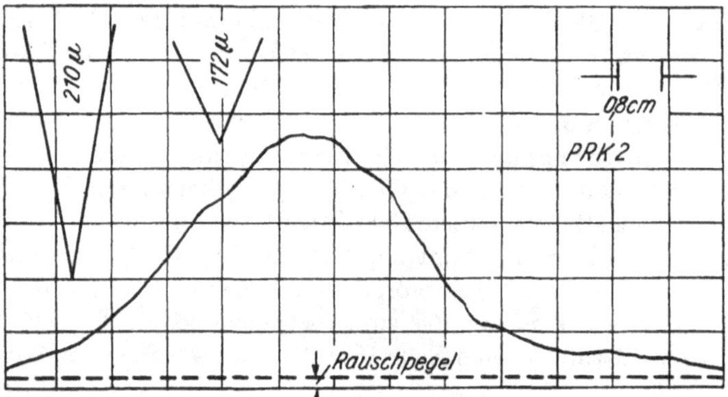

Abb. 5.

Durch die Evakuierung des Spektrometers ergibt sich, wie Abb. 5 zeigt, ein ähnlicher Kurvenverlauf, bei dem noch geringe Reste der Wasserbanden zu erkennen sind.

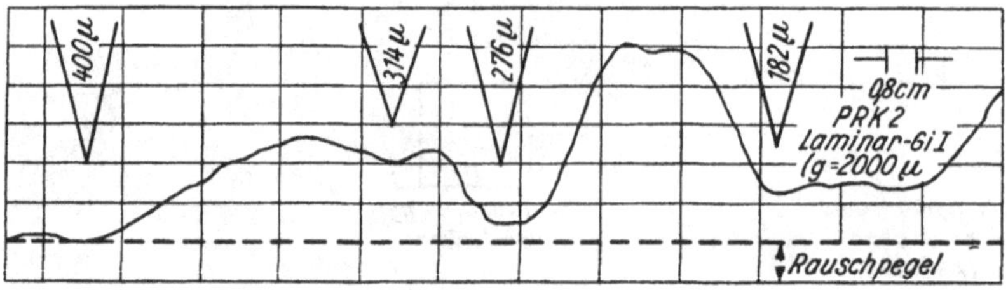

Abb. 6.

Der erfaßbare Spektralbereich reicht zur Zeit von 80 bis 800 μm. Abb. 6 und 7 zeigen zwei weitere Spektren der PRK 2, mit je einem Laminar-Gitter von 2 bzw. 4 mm Gitterkonstante. Die Rotationsbande bei 760 μm konnte, wie aus Abb. 7 ersichtlich ist, noch nachgewiesen werden.

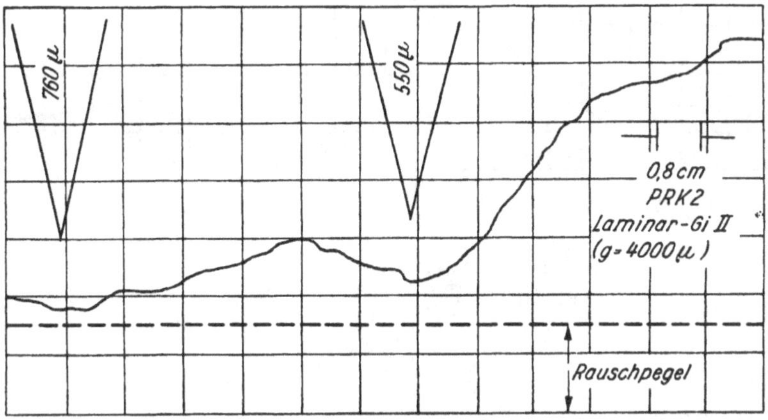

Abb. 7.

Die Spaltbreiten variieren zwischen 0,8 und 1,2 cm. Das Auflösungsvermögen, das ja bei konstanten Spalten mit wachsender Wellenlänge zunimmt, beträgt 5 bis 10 cm^{-1}.

Bei Untersuchungen an Hochdruckbögen wurde festgestellt, daß auch andere Lampen als die erwähnte PRK 2 eine Emission in diesem Wellenlängenbereich

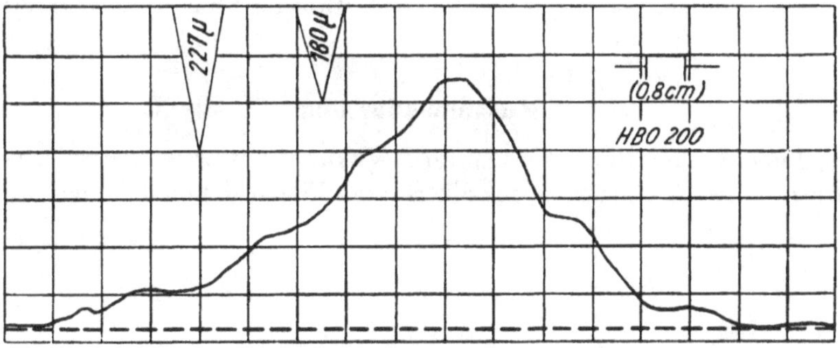

Abb. 8.

zeigen. Abb. 8 zeigt das Spektrum von einer HBO 200. Mit wachsendem Druck ist jedoch eine Abnahme der Emission nach langen Wellen hin festzustellen, da die Selbstabsorption des Bogens zunimmt.

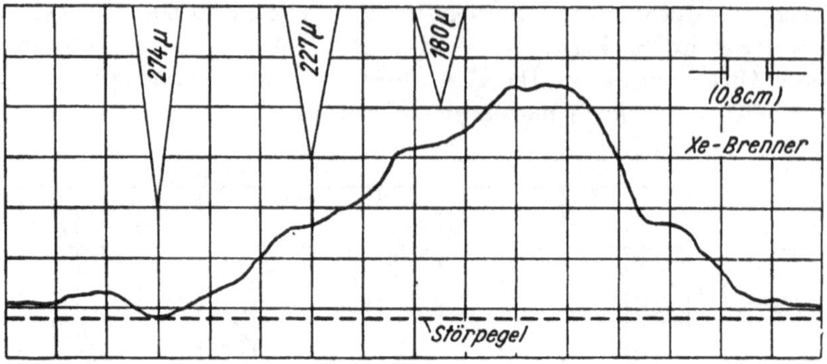

Abb. 9.

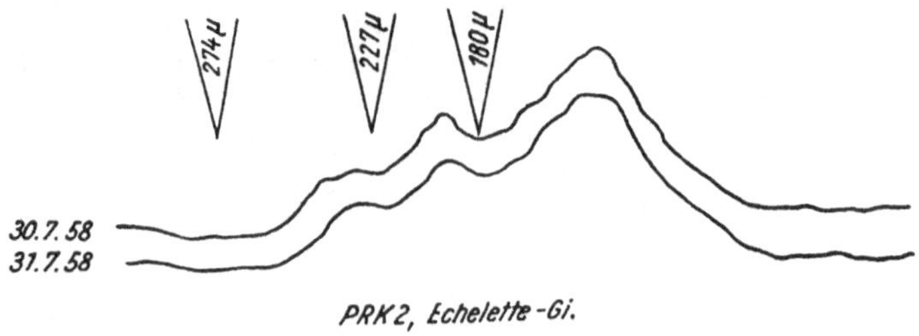

Abb. 10.

Abb. 9 zeigt das Spektrum von Xenon, das allerdings geringer ist, als das von einer entsprechenden Quecksilberentladung.

Die Reproduzierbarkeit des Gerätes veranschaulicht Abb. 10, das 2 Registrierkurven enthält, die an zwei verschiedenen Tagen aufgenommen worden sind.

Berlin, Institut für Strahlungsquellen der DAdW

Zusammenfassung

Es wird über ein registrierendes Infrarot-Vakuum-Gitterspektrometer und über die Infrarotemission einiger Quecksilber- und Edelgaslampen berichtet.

M. RIEMANN, Jena (Stadtroda)

Über einige Probleme beim Bau eines Vakuumspektrographen

I.

Vakuumspektroskopische Arbeiten leiden vielfach unter der geringen Intensität der nachzuweisenden kurzwelligen Strahlen. Es ist daher wünschenswert, im Strahlengang der Vakuumspektrographen- bzw. Monochromatoren alle Verluste infolge Absorption und Reflexion so gering wie möglich zu machen und die Empfindlichkeit der Empfänger nach Möglichkeit zu steigern, ganz abgesehen von der Forderung nach leistungsfähigen Lichtquellen für das Wellenlängengebiet unterhalb 2000 Å.

II.

Wegen des schlechten Reflexionsvermögens aller bekannten Reflektoren im extremen Ultraviolett und der damit verbundenen Intensitätsverluste ist es deshalb nicht üblich, Vakuumspektrographen zu bauen, deren Strahlengang mehr als eine Reflexion aufweist.

Wir haben uns jedoch zu dem bekannten EBERTschen Strahlengang mit drei Reflexionen entschlossen, da wir

1. nur zwischen 2000 und 1000 Å arbeiten wollen und
2. sowohl Absorptions- als auch Brechzahlmessungen an künstlichen Einkristallen durchführen wollen.

Dieser EBERTsche Strahlengang (Abb. 1), wie er neuerdings wieder von FASTIE [1] publiziert wurde, hat gegenüber allen Rowlandkreisanordnungen und bisherigen Prismengeräten große Vorteile. Die Strahlenführung ist sehr kompakt, wie auf dem Bild zu sehen ist. Das bringt vakuumtechnische Vorteile. Die Abbildungseigenschaften sind infolge der symmetrischen Reflexion am sphärischen Hohlspiegel ausgezeichnet. Der Strahlengang gestattet die Anwendung von Plangittern anstelle von Konkavgittern und, was für uns das wesentlichste war, es ist möglich, das Plangitter durch ein LITTROW-Prisma für

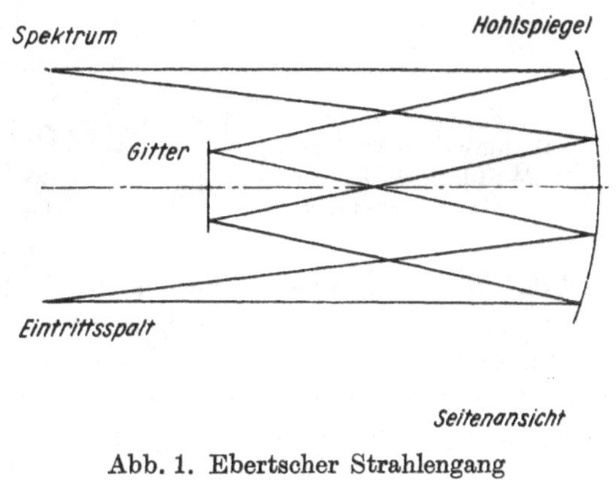

Abb. 1. Ebertscher Strahlengang

Brechzahlmessungen zu ersetzen, ohne andere Teile des Spektrographen verändern zu müssen.

III.

Den durch diese Wahl des Strahlengangs entstandenen Intensitätsschwierigkeiten wurden zwei Arbeiten gewidmet. Die eine davon diente der Empfindlichkeitssteigerung von fluoreszierenden Natriumsalizylat-Schichten für Empfängerzwecke. Über die Ergebnisse dieser Arbeit soll am Schluß dieser Ausführungen berichtet werden. Die zweite Arbeit beschäftigte sich mit dem Reflexionsvermögen von aufgedampften Aluminium-Schichten im extremen Ultraviolett unter dem Einfluß ihrer Oxydation.

Wie schon aus älteren Messungen von Sabine [2] und Gleason [3] und neueren Resultaten von Hass [4] bekannt ist, hat aufgedampftes Aluminium zwischen 2000 und 1000 Å von allen Metallen das beste Reflexionsvermögen. Trotzdem hat auch dieses Metall zwei sehr störende Nachteile:

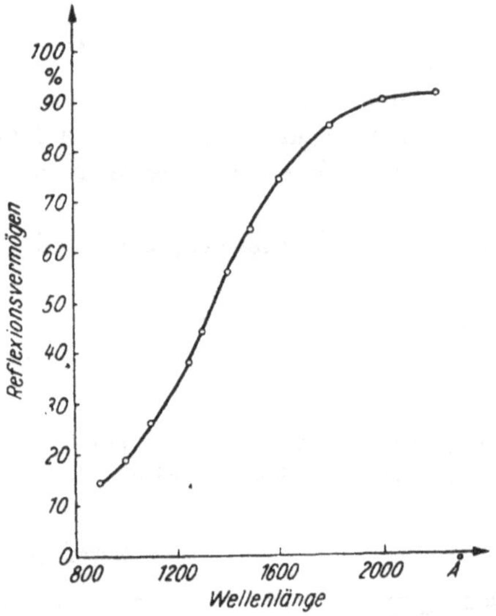

Abb. 2. Reflexionsvermögen von Al in % im Vakuum-UV nach Messungen von Hass, 24 Std. nach der Herstellung der reflektierenden Schicht

1. sinkt sein Reflexionsvermögen zwischen 2000 und 1000 Å sehr stark von etwa 90% auf etwa 20% ab. In Abb. 2 ist eine Kurve des Reflexionsvermögens von Aluminium zwischen 2000 und 1000 Å nach einer Meßreihe von Hass gezeigt. Die Messung wurde 24 Stunden nach der Herstellung der Schicht gemacht.
2. Ist das Reflexionsvermögen für irgendeine Wellenlänge zwischen 2000 und 1000 Å nicht zeitlich konstant, sondern nimmt allmählich auf niedrige Werte ab. (Zum Beispiel bei 1150 Å von 20% auf 5% im Zeitraum eines Vierteljahres.)

Das zeitliche Absinken des Reflexionsvermögens ist auf das Wachstum der Oxydschicht zurückzuführen, die einen nach kurzen Wellenlängen zunehmenden Teil der eingestrahlten Energie absorbiert. Wir bestimmten zunächst die Dicke und das Wachstum dieser Oxydschicht, da frühere Messungen sehr verschiedene Resultate ergeben hatten. Die bisher bekannten Dickenangaben für die Oxydschicht schwankten zwischen 40 Å von Hass [3] und 4000 Å von Steinheil [6]. Unsere Meßmethode für die Bestimmung der Oxydschichtdicke basierte auf der Widerstandserhöhung einer aufgedampften Aluminiumschicht, die durch Abbau von Aluminium in nichtleitendes Oxyd entstand. Voraussetzung dafür war das Vorhandensein einer Widerstandsschichtdickenkurve für Aluminiumschichten. Diese Kurve erhielten wir einerseits durch Widerstandsmessungen und andererseits durch Schichtdickenmessungen mit Hilfe eines bei uns neu entwickelten

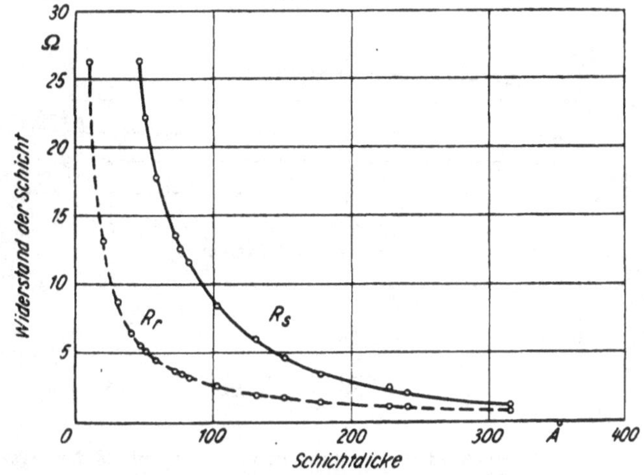

Abb. 3. Widerstands-Schichtdickenkurve für Al bei der benutzten Anordnung. Unterbrochene Kurve: Verlauf bei dickenunabhängigem spezifischen Widerstand

Schichtdickeninterferometers, dessen Genauigkeit und Reproduzierbarkeit für eine Schichtdickenmessung bei $\pm$ 10 Å liegt. Abb. 3 zeigt die erhaltene Widerstands-Schichtdickenkurve. Die unterbrochene Kurve stellt den Verlauf dar, wenn die spezifische Leitfähigkeit des Aluminiums konstant geblieben wäre.

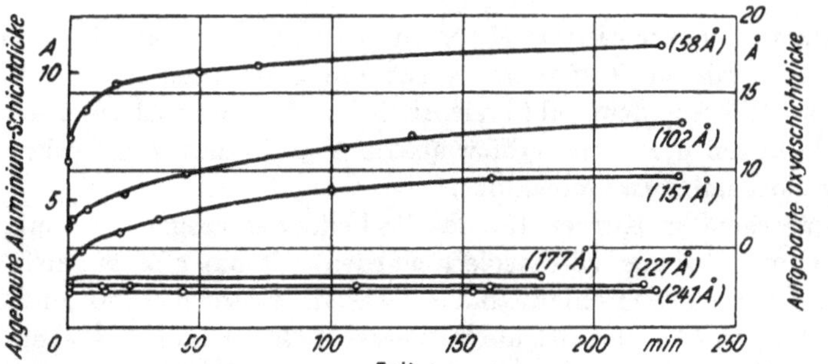

Abb. 4. Zeitlicher Verlauf des Abbaues von Al. Parameter ist die Schichtdicke der benutzten Al-Schicht

Für den zeitlichen Verlauf der Dicke der durch Oxydation abgebauten Aluminiumschicht erhielten wir eine Reihe von Kurven, die in Abb. 4 zu sehen sind. Die Zahlen an den Kurven geben die Dicken der zur Messung verwendeten Aluminiumschichten an. Nach diesen Kurven hat es den Anschein, als ob dünnere

Aluminiumschichten stärker oxydieren. Ähnliche Resultate hatten auch BOETTCHER und HASS [5]. Die stärkere Oxydation bei dünneren Aluminiumschichten wird jedoch zumindest zum Teil vorgetäuscht durch entstehende Kontaktbrükken in der dünnen Aluminiumschicht, die einen stark erhöhten Gesamtwiderstand

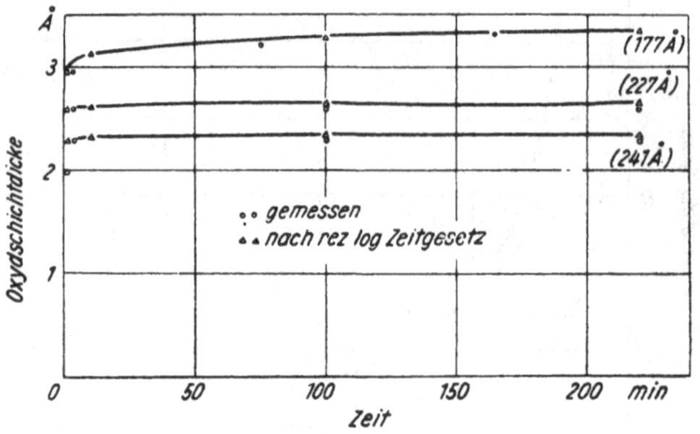

Abb. 5. Vergleich zwischen gemessenem Schichtdickenverlauf der Oxydschicht und der Theorie von MOTT und CABRERA

der Schicht zur Folge haben. Wir bezogen uns deshalb auf Messungen an dickeren Schichten. Bei dickeren Schichten konnte auch die Gültigkeit des reziprok-logarithmischen Zeitgesetzes von HAUFFE [7]

$$D = \frac{1}{a - B \ln t}$$

nach der Oxydationstheorie von MOTT und CABRERA [8] bestätigt werden. Abb. 5 zeigt drei nach diesem Zeitgesetz berechnete Kurven mit den entsprechenden Meßpunkten. Wie aus dem Bild ersichtlich ist, sind nach unseren Messungen die Oxydschichtdicken nur wenig größer als 2,5 Å und damit einmolekular und werden später höchstens zweimolekular.

Die entsprechenden Kurven für das Reflexionsvermögen von aufgedampftem Aluminium im extremen Ultraviolett wurden mit einer Meßanordnung gemessen, die fünf schmale Durchlaßbanden der Luft zwischen 1140 und 1190 Å ausnutzt [9]. Das wesentliche Element dieser Meßanordnung, wie sie in Abb. 6, allerdings zur Messung von Durchlässigkeiten, skizziert ist, ist ein thermolumineszenter Phosphor D, der nur auf Strahlung reagiert, die kurzwelliger als 1300 Å ist. Da die Luft bei diesen kurzen Wellenlängen nur die erwähnten fünf schmalen Durchlässigkeitsbanden besitzt, reagiert dieser Phosphor auch nur auf diese Stıahlung. Beim Erhitzen gibt der Phosphor sichtbares Licht ab das von der Photozelle Z aufgefangen wird und damit im Elektrometer E in Aufladeschaltung gemessen werden kann. Als Lichtquelle diente ein Funke F, gespeist vom Feußner-Generator G vom VEB Carl Zeiss JENA.

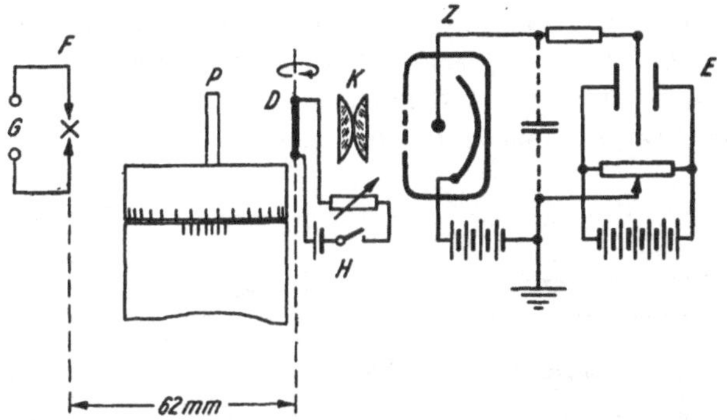

Abb. 6. Meßanordnung zur Messung von Durchlässigkeiten und Reflexionsvermögen im Gebiet zwischen 1140 und 1190 Å.

G – Funkengenerator; *F* – Funke; *P* – Probe; *H* – Heizkreis; *E* – Elektrometer; *D* – Empfänger (thermolumineszenter Phosphor); *K* – Kondensor; *Z* – Gasgefüllte Photozelle

Ein typisches Meßergebnis zeigt die Abb. 7. Wie man sieht, konnte die erste Messung schon 7 Min. nach der Herstellung der Schicht durchgeführt werden. Anstelle der bisher gemessenen 20% Reflexionsvermögen einige Stunden nach dem Aufdampfen, konnten 54% gemessen werden. Das Reflexionsvermögen sinkt anders, als es nach den Oxyddickenmessungen zu erwarten war. Das beruht wahrscheinlich darauf, daß die intensive UV-Strahlung die Oxydation verstärkt. Wir konnten diesen Effekt eindeutig mit Widerstandsmessungen nachweisen.

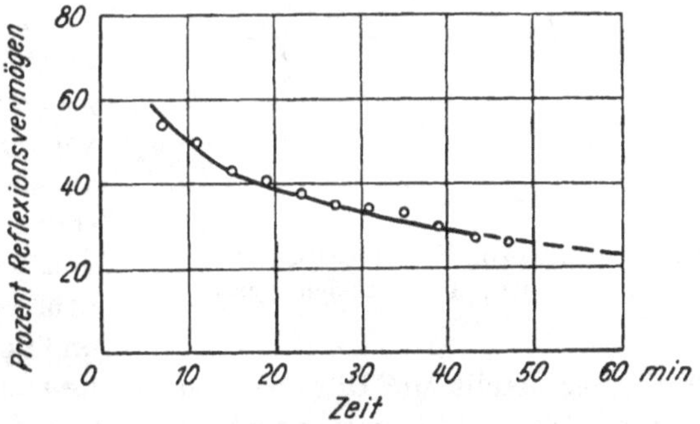

Abb. 7. Reflexionsvermögen von Al bei etwa 1140 Å in Abhängigkeit von der Zeit. Zeit gerechnet vom Aufdampfen der Reflexionsschicht

IV.

Die andere schon erwähnte Arbeit diente der Steigerung der Lichtausbeute von Fluoreszenzschichten aus Natrium-Salizylat-Kristalliten, die in Kombination mit Sekundär-Elektronen-Vervielfachern als Empfänger dienen sollen. Die aus der Literatur von Hammann [10] und Johnson, Watanabe und Tousey [11] bekannten Messungen des spektralen Ganges der Quantenausbeute und der Verlauf des Emissionsspektrums mit ihren günstigen Resultaten konnte von uns bestätigt werden. Danach ist die Quantenausbeute im gesamten Ultraviolett konstant, und das Emissionsspektrum liegt in der Nähe der größten Empfindlichkeit von Cäsium-Antimon-Photokathoden. Die Abb. 8 zeigt die von uns gemessene relative Quantenausbeute im nahen Ultraviolett an verschiedenen Schichten in Durchsicht. Man sieht die gute Konstanz. In Abb. 9 ist das von uns gemessene Emissionsspektrum von Natrium-Salizylat und im Vergleich dazu die spektrale Empfindlichkeitskurve eines Sekundär-Elektronen-Vervielfachers vom VEB Carl Zeiss JENA mit Cäsium-Antimon-Photokathode dargestellt.

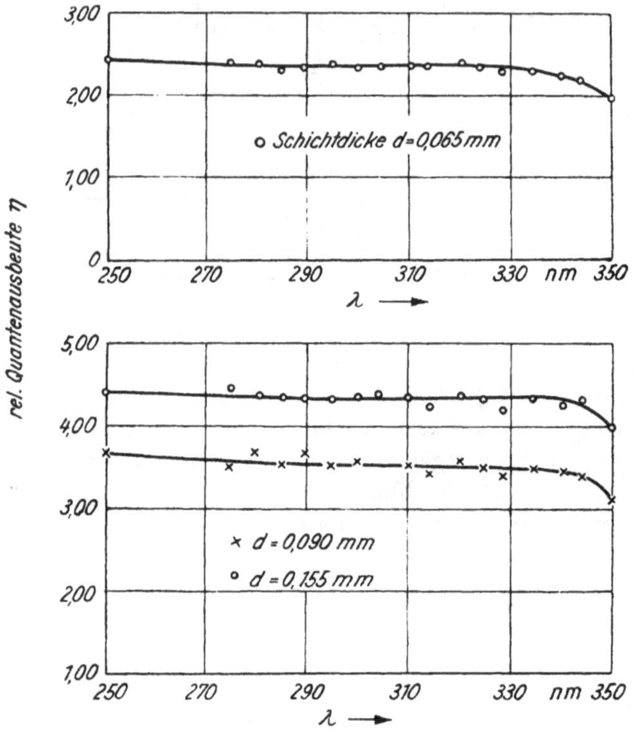

Abb. 8. Quantenausbeute von Natriumsalizylat von Schichten verschiedener Dicke in Durchsicht gemessen

Die tatsächliche Lichtausbeute einer Fluoreszenzschicht *in Durchsicht* hängt jedoch außer von diesen reinen Stoffeigenschaften noch wesentlich von der Korngröße und der Dicke der verwendeten Schichten ab. Unsere Schichten bestanden aus Kriställchen von der ziemlich einheitlichen Größe zwischen 60 und 70 μm. Die Schichten wurden keilförmig hergestellt, um Dickenabhängigkeiten messen zu können. Abb. 10 zeigt die Intensität des Fluoreszenzlichtes einer keilförmigen Natrium-Salizylat-Schicht in Abhängigkeit von der Keilverschiebung, also mittelbar von der Schichtdicke. Wie man sieht, existiert ein ausgeprägtes Intensitätsmaximum, d. h. eine günstigste Dicke. Die zweite Kurve zeigt die durchgelassene Intensität von längerwelligem Licht von 600 nm, das keine Fluoreszenz anregt und nicht absorbiert, aber stark gestreut wird. Theoretisch sind solche Schichten bisher von STEPANOW und seiner Schule in Minsk behandelt worden [12]. Wir haben uns nicht an die sehr schwierig darzustellenden Aussagen der STEPANOWschen Theorie gehalten, sondern haben uns ein eigenes Modell für die in diesen Schichten stattfindende Vielfachstreuung geschaffen, das wir statistisch behandelten. Die wichtigsten Resultate unserer Überlegungen sind die beiden

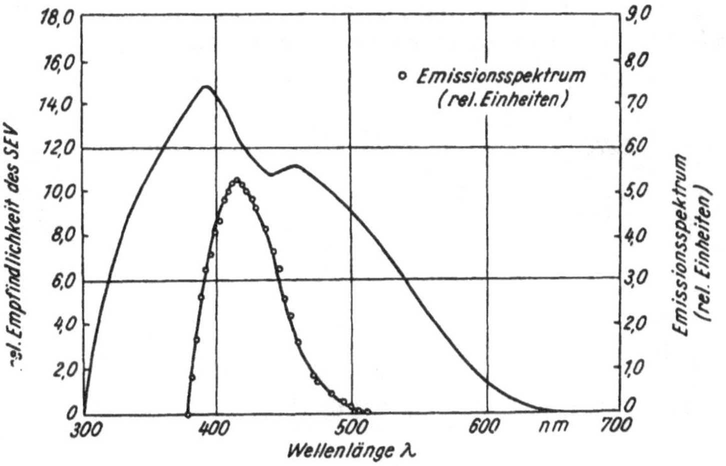

Abb. 9. Gemessenes Emissionsspektrum von Natriumsalizylat im Vergleich zur spektralen Empfindlichkeit eines SEV mit Cäsium-Antimon-Kathode vom VEB Carl Zeiss JENA

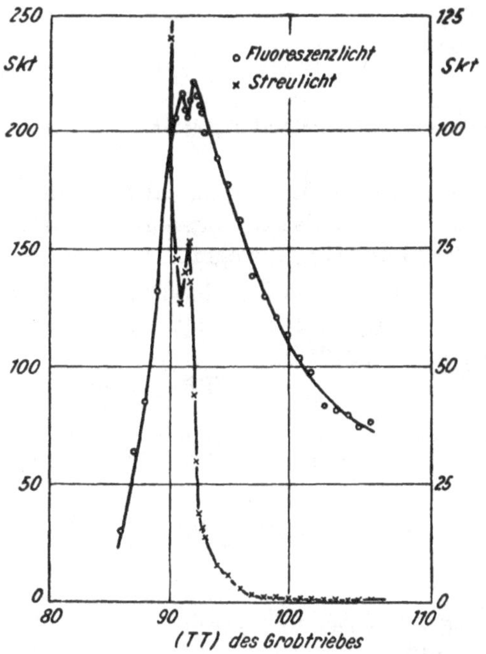

Abb. 10. Verlauf der Fluoreszenzlichtintensität und Streulichtintensität an Natriumsalizylat-Schichten in Durchsicht in mittelbarer Abhängigkeit von der Schichtdicke

Formeln für Fluoreszenzlicht und nicht anregendes Streulicht in solchen Schichten in Abhängigkeit von der Kristallitgröße und der Schichtdicke. Danach sinkt die Intensität des durchgelassenen Lichtes in solchen Schichten nicht mit einer einfachen Exponentialfunktion der Dicke wie bei absorbierenden Medien, sondern stärker, mit $\exp(-D^2/d^2)$. Wir haben unsere Formeln geprüft und fanden sehr gute Übereinstimmung mit den Messungen. In Abb. 11 ist z. B. der Quotient aus Fluoreszenzlicht und nicht anregendem Streulicht in Abhängigkeit von der Dicke der Schicht aufgetragen. Die ausgezogene Kurve stellt unsere theoretische Erwartung dar, während die Kreise aus Messungen entstanden sind. Unsere Formeln haben, wie auch die Aussagen der Theorie von Stepanow den Nachteil, daß die eigentlichen Stoffeigenschaften, wie Absorption und Brechung, im Endresultat untergehen. Die in den Formeln auftretenden Konstanten wurden empirisch bestimmt.

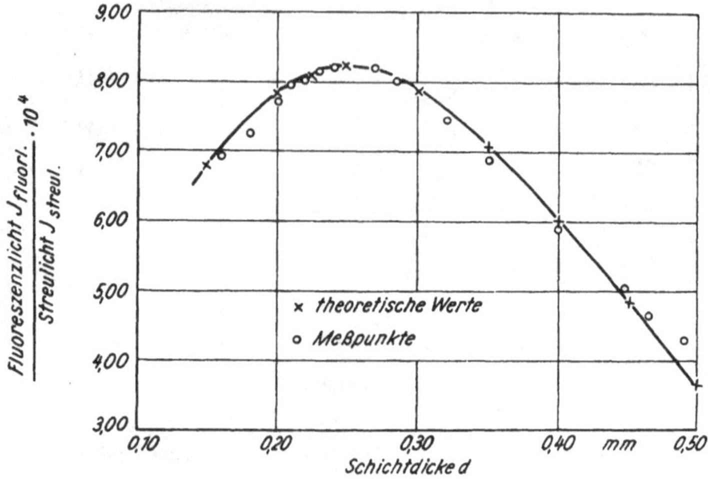

Abb. 11. Verlauf des Quotienten aus Fluoreszenzlichtintensität und Streulichtintensität bei Natriumsalizylat in Abhängigkeit von der Schichtdicke

Zusammenfassung

Es wird berichtet

1. über den Zweck des im Bau befindlichen Vakuumspektrographen und seinen Strahlengang;
2. über das Reflexionsvermögen von aufgedampften Aluminiumschichten im extremen Ultraviolett unter Beachtung des Oxydationsvorgangs. Derartige Schichten werden als Spiegel im Strahlengang des Spektrographen verwendet;
3. über Meßergebnisse der Fluoreszenzeigenschaften von Schichten aus Natriumsalizylat. Derartige Schichten werden als Elemente des Empfängers im Vakuum-Ultraviolett verwendet.

VEB Carl Zeiss JENA

Literatur

[1] FASTIE, JOSA **42** (1952) 647.
[2] SABINE, Phys. Rev., **55**, (1939) 1064.
[3] GLEASON, Proc. N. A. Sc., **15**, (1929) 551.
[4] HASS, JOSA, **47**, (1957) 1070.
[5] BOETTCHER u. HASS, Optik, **6**, (1950) 299.
[6] STEINHEIL, Ann. Phys., **19**, (1934) 465.
[7] HAUFFE, Reaktionen in und an festen Stoffen, Springer Verlag 1955.
[8] MOTT u. CABRERA, Rep. Prog. Phys., **12**, (1949) 163.
[9] PURCELL, JOSA, **43**, (1953) 1166.
[10] HAMMANN, Z. f. ang. Phys., **10**, (1958) 187.
[11] JOHNSON, WATANABE u. TOUSEY, JOSA, **41**, (1951) 702.
[12] STEPANOW, Trudi instituta fisiki i matematiki ANBSSR wip. 2, (1957) S. 19, Minsk.

P. KRÖPLIN, Jena

Der neue Plangitterspektrograph des VEB Carl Zeiss JENA

In der Vergangenheit wurden in der Spektroskopie insbesondere in Europa vorwiegend Prismengeräte benutzt. Erst die letzten Jahre zeigen eine steigende Verbreitung der Gitter in verschiedenen Anwendungsgebieten.

Als Nachteile der Gitter gegenüber Prismen galten früher die sogenannten Gitter-Geister, die geringe Strahlungsleistung und der hohe Preis. Man ist jedoch heute in der Lage, Gitter herzustellen, in denen die Gitterfehler so gering sind, daß sie für die spektralanalytische Praxis von untergeordneter Bedeutung sind. Weiterhin trat in bezug auf Strahlungsleistung eine wesentliche Verbesserung ein, als man dazu überging, Aluminiumspiegel an Stelle von Spiegelmetallplatten für die Gitterteilung zu benutzen. Aluminium besitzt ein wesentlich höheres Reflexionsvermögen als Spiegelmetall. Außerdem ist es möglich, die Furchen mit geschliffenen Diamanten in das Metall zu drücken und ihnen ein bestimmtes Profil zu geben, wodurch die Strahlungsverteilung auf die Spektralordnungen gesteuert werden kann. Das größere Angebot an Originalgittern und neuerdings auch an hochwertigen Kopien führte schließlich auch zu einer Preisherabsetzung, so daß der Verwendung von Gittern heute kaum noch Argumente entgegenzustellen sind.

Das schwierige Problem der Gitterherstellung wurde in den vergangenen Jahren auch im VEB Carl Zeiss JENA gelöst, so daß auch bei uns die Voraussetzungen zum Bau von Gitterspektrographen gegeben sind.

Grundlage für das Verständnis jedes Gitterspektrographen ist die Gitterformel:

$$a\ (\sin\alpha + \sin\beta) = m\lambda \tag{1}$$

Hierin bedeuten:

a Gitterkonstante
m Spektralordnung
λ Wellenlänge
α Einfallswinkel
β Beugungswinkel

Zur Einstellung verschiedener Wellenlängen λ braucht man nur die Strahlenrichtungen α und β zu ändern. Dafür sind im Laufe der Jahre verschiedene technische Lösungen vorgeschlagen worden. Die Typen unterscheiden sich jedoch nicht nur konstruktiv, sondern auch in ihren physikalischen Eigenschaften. Einen Spektrographentyp, in dem alle Vorzüge vereinigt sind, gibt es nicht.

Eine Gegenüberstellung aller Eigenschaften unseres Plangitterspektrographen zu anderen Spektrographentypen würde zu weit führen. Auf einige wesentliche Eigenschaften und Typen soll jedoch kurz eingegangen werden.

Am bekanntesten sind die Konkavgitteraufstellungen auf dem Rowlandkreis, die sich durch den Fortfall von zusätzlicher Abbildungsoptik auszeichnen. Wenn Gitter und Spalt auf einem Kreis angeordnet werden, dessen Durchmesser gleich dem Krümmungsradius R der Gitterplatte ist, so liegen sämtliche Spektren auf diesem Kreis (Abb. 1).

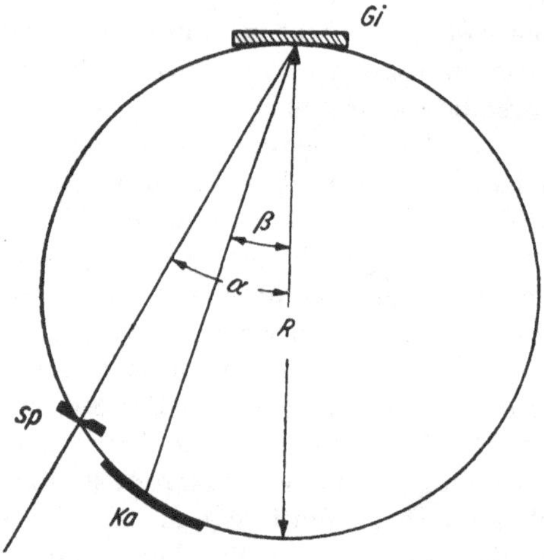

Abb. 1. Rowlandkreis
Gi – Gitter; *Sp* – Spalt; *Ka* – Kassette; *R* – Krümmungsradius der Gitterplatte

Durch Verschieben der Kamera auf dem Kreis, d. h. durch Änderung von β, kann man verschiedene Spektralbereiche aufnehmen. Die Dispersion dieser Aufstellung (RUNGE-PASCHEN-Aufstellung) ist jedoch nicht ganz konstant. Die lineare Dispersion

$$\frac{d\lambda}{d\xi} = \frac{a \cos\beta}{R m} \tag{2}$$

in der ξ die Koordinate der Spektrenlänge bedeutet, hängt vom Beugungswinkel β ab. Der Vorzug dieser Aufstellung ist ihr einfacher mechanischer Aufbau. Sie eignet sich vor allem für Spektralgeräte für die lichtelektrische Direktanalyse. Bei einer zweiten Form ist die Kamera dem Gitter gegenüber angeordnet, so daß β angenähert 0 ist. Hier ist die Dispersion praktisch konstant. Wellenlängenwechsel erfolgt durch Ändern von α. Dieses Prinzip findet Verwendung bei der ROWLANDschen Gitteraufstellung und beim ABNEY-Spektrographen. Eine dritte Variante, bei der α und β geändert werden, ist die EAGLE-Aufstellung. Gleichzeitige Änderung von α und β gestattet die Einstellung von doppelt hohen Wellenlängen bzw. Spektralordnungen.

Der Fortfall der Abbildungsoptik bedingt jedoch bei diesen Konkavgitteraufstellungen einige physikalische Schwächen. Wegen der großen Winkel α und β, unter denen die Strahlung das Gitter trifft, ist die Abbildung astigmatisch, d. h. ein Spaltpunkt wird im Spaltbild zu einem senkrechten Strich von der Länge

$$z = l\left(\sin^2\beta + \sin^2\alpha \frac{\cos\beta}{\cos\alpha}\right) \tag{3}$$

auseinandergezogen. Hierin ist l die Länge der Gitterfurchen.

Für gebräuchliche Werte $l = 50$ mm, $\beta = 20°$ und $\alpha = 0°$ beträgt z schon etwa 6 mm.

Es ist offensichtlich, daß man bei solchen Spektrographen keine Blenden oder Stufenfilter, die für spektralanalytisches Arbeiten mit photographischer Registrierung von großer Wichtigkeit sind, am Spalt verwenden kann. Auch die Methode der gekreuzten Spalte, bei der ein zum Gitterspektrum senkrecht stehendes Prismenspektrum auf den Eintrittsspalt des Gitterspektrographen abgebildet wird, so daß in der Aufnahme Spektren verschiedener Ordnungen getrennt übereinander liegen, ist nicht anwendbar.

Nachteilig ist weiterhin die starke Krümmung des Spektrums, die zum Arbeiten mit Film oder extrem dünnen Platten zwingt. (Eine 24 cm-Platte ist bei einem 2 m-Spektrographen etwa 7,2 mm durchgebogen).

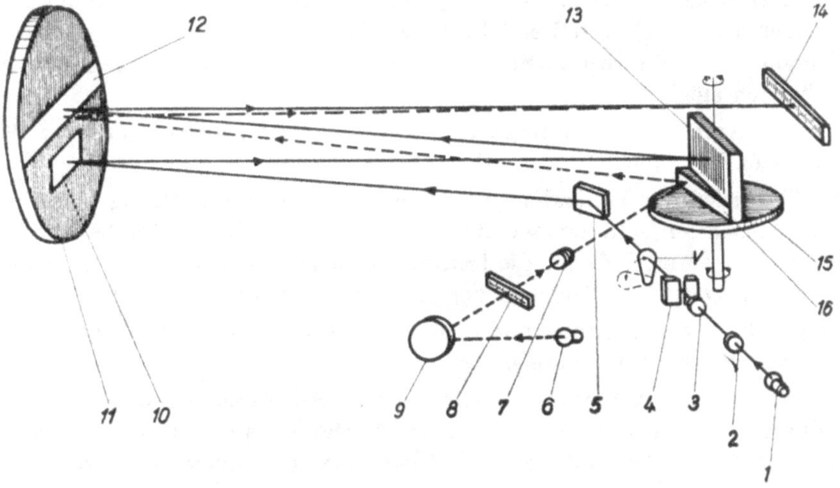

Abb. 2. Strahlengang des Plangitterspektrographen

1 – Strahlungsquelle; *2* – und *3* – Kondensoren; *4* – Spalt; *5* – Umlenkspiegel; *6* – Lichtquelle; *7* – Objektiv; *8* – Wellenlängenskala; *9* – Spiegel-Kondensor; *10* – Kollimator; *11* – sphärischer Spiegel; *12* – Kameraspiegel; *13* – Gitter; *14* – Spektrenebene mit Skalenbild; *15* – drehbarer Gittertisch; *16* – Spiegel; *V* – Verschluß

Von Wadsworth wurde 1895 eine Konkavgitteraufstellung angegeben, bei der der Astigmatismus durch Anwendung eines Kollimatorspiegels beseitigt wird. Neben der Plattenkrümmung ist bei dieser Aufstellung jedoch ein komplizierter Verstellmechanismus von Nachteil.

Unsere Aufstellung benutzt ein Plangitter im parallelen Licht. Zur Abbildung wird ein großer sphärischer Hohlspiegel benutzt, der die Funktion von Kollimator- und Kameraobjektiv erfüllt (Abb. 2). Ein ähnlicher Aufstellungstyp wurde 1884 von Ebert vorgeschlagen, nach dem diese Aufstellung manchmal benannt wird.

Spalt und Spektrum liegen im Prinzip übereinander. Zwischen beiden befindet sich das drehbare Plangitter. Der Lichtstrahl wurde jedoch vor dem Gitter geknickt, so daß sich der Spalt an der Längsseite des Spektrographen befindet. Die durch den Spalt (4) unterhalb des Gitters eintretende und vom Spiegel (5) um 90° umgelenkte Strahlung wird vom Kollimatorteil des sphärischen Spiegels (10) parallelgerichtet und zum Gitter (13) hin reflektiert. Das Parallelstrahlenbündel wird am Gitter spektral zerlegt und unter verschiedenen Beugungswinkeln zum Kamerateil (12) des sphärischen Spiegels hin reflektiert, durch den in die Plattenebene (14) oberhalb des Gitters das Spektrum abgebildet wird.

Der für den Spiegel erforderliche Mehraufwand und der Nachteil von zusätzlichen Reflexionsverlusten werden durch die hervorragenden Eigenschaften dieser Aufstellung aufgewogen:

1. Die Abbildung ist praktisch stigmatisch (punktförmig), weil der Winkel φ, unter dem das Licht auf den Hohlspiegel fällt, unabhängig von α und β ist. φ liegt zwischen 0° und 2°, so daß z nach (3), wo an Stelle von α und β φ einzusetzen ist, im ganzen Bereich unter 0,06 mm bleibt. Die Verwendung von Blenden, Stufenfiltern und Spektrenvorzerlegern ist daher im gesamten Spektralbereich möglich.
2. Das Spektrum der Anordnung ist eben, so daß eine Durchbiegung der Platten nicht erforderlich ist.
3. Das Verstellen der Wellenlängenbereiche, d. h. die Veränderung von α und β, erfolgt technisch sehr einfach durch Drehen des Gitters. Da bei dieser Anordnung $\alpha = \beta$ ist, β aber in die Dispersionsformel (2) eingeht, ist die Dispersion des Spektrographen allerdings von der Gittereinstellung α abhängig.
4. Die gleichzeitige Änderung von α und β gestattet die Einstellung von hohen Wellenlängen bzw. Ordnungen.
5. Das Gitter ist relativ einfach auswechselbar, weil es im parallelen Licht steht. Dadurch vereinfacht sich die Justierung. Die Verwendbarkeit verschiedener Gitter läßt den Anwendungsbereich des Spektrographen in weiten Grenzen ändern.

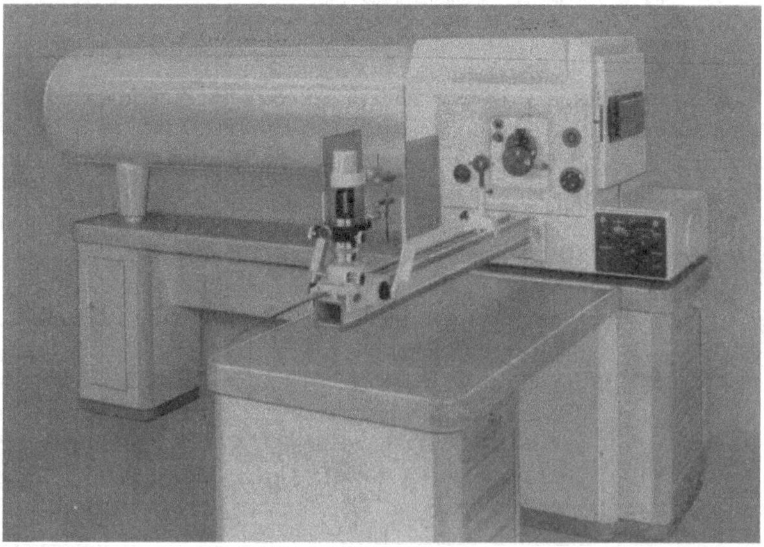

Abb. 3. 2m-Plangitterspektrograph

Abb. 4. Spektrographenkopf

Das von unten schräge Auftreffen der Strahlung auf das Gitter hat bei einer Drehung des Gitters aus der Nullstellung heraus eine Neigung der Spektrallinien zur Folge. Diese Neigung läßt sich jedoch durch entgegengesetzte Drehung des Spaltes kompensieren. Im Gegensatz zum Konkavgitterspektrographen, bei denen wegen des starken Astigmatismus Spalt und Furchen genau parallel stehen müssen, bringt eine Neigung des Spaltes zu den Furchen hier keine merkliche Bildverschlechterung. Abb. 3 zeigt eine Gesamtansicht des Spektrographen. Das zweiteilige Gehäuse ist ein Leichtmetallgußkörper. Alle Bedienungsteile befinden sich am Spektrographenkopf (Abb. 4), während das lange Rohr den sphärischen Spiegel enthält.

Der Spektrograph steht auf einem zweiteiligen Spezialtisch. Vom Arbeitsplatz aus können alle Bedienungsteile betätigt werden. Den Erfordernissen der Routineanalyse wurde durch Einbau einer elektrischen Kassettenverstellung Rechnung getragen. Die Schrittgröße ist entsprechend der eingestellten Spalthöhe wählbar. Zur Vermeidung von Doppelbelichtungen kann der Kassettentransport automatisch nach der Belichtung ausgelöst werden. Ein Anschluß für ein Zeitschaltgerät ist vorhanden. Das übliche Plattenformat 9×24 cm findet Verwendung. Auf Wunsch kann auch eine 9×30-cm-Kassette geliefert werden.

In dem für die Routineanalyse wichtigen Spektralbereich von 2000 bis 7000 Å der 1. Ordnung ist eine Wellenlängenskala vorgesehen, die auf das Spektrum projiziert werden kann. Die Skala (8) in Abb. 2 wird über das Objektiv (7), einen am Gittertisch befestigten Spiegel (16) und den Hohlspiegel (12) in die Plattenebene abgebildet. Die Skalenprojektion verschiebt sich bei einer Drehung des Gitters mit dem Spektrum.

Wie bereits erwähnt, ist die Dispersion des Plangitterspektrographen vom Einfallswinkel α abhängig. Eine Folge der veränderlichen Dispersion sind Differenzen zwischen Skalenwert der Wellenlängenteilung und der Spektrallinie. Die Disper-

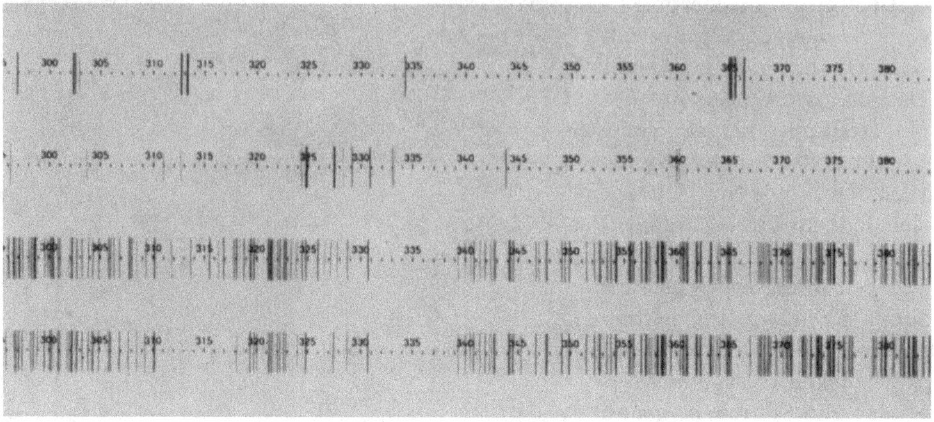

Abb. 5. Spektrum mit Wellenlängenteilung

sionsänderung ist jedoch gering, so daß die Fehler im ganzen Plattenbereich unter 3 Å bleiben.

Wie in anderen Spektrographen dient die Wellenlängenskala nicht zur Wellenlängenbestimmung, sie ist vielmehr eine reine Finderteilung.

Der Spalt ist ein symmetrischer Präzisionsspalt mit einer Ablesegenauigkeit von 1 μm. Auf dem Spalt sitzt ein Spaltvorsatz, der die für die spektralanalytische Praxis wichtigen Blenden, Treppenblenden und Stufenfilter enthält.

Die Gittereinstellung erfolgt an einem Knopf mit Teilkreis, an dem der Einfallswinkel α mit einer Genauigkeit von 30″ entsprechend 4,4 Å abgelesen werden kann.

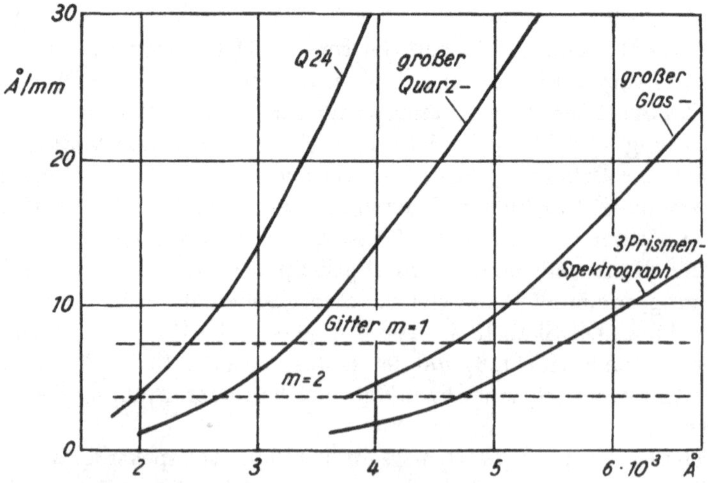

Abb. 6. Dispersion des Plangitterspektrographen im Vergleich zu verschiedenen Prismenspektrographen

Hinzuweisen ist auf eine für uns neue optische Bank, die wesentlich steifer als die Dreikantschiene ist und die eine reproduzierbare Einstellung der Reiter gewährleistet.

Die Grundausrüstung des Spektrographen ist ein Gitter von 70×50 mm geteilter Fläche mit 650 Furchen pro mm. Das Öffnungsverhältnis beträgt dann 1:30, die lineare Dispersion 7,5 Å mm in der 1. Spektralordnung (Abb. 5 und 6).

Das Auflösungsvermögen des Spektrographen wird in erster Linie durch die Gitterqualität bestimmt. Das theoretische Auflösungsvermögen eines Gitters ist gleich dem Produkt aus der Anzahl der Furchen und der Spektralordnung:

$$R = m \cdot N \qquad (4)$$

mit N als Anzahl der Furchen.

Für die 1. Spektralordnung ($m = 1$) beträgt das Auflösungsvermögen $R = 45000$.

Selbstumkehr von Spektrallinien, Linienkonturen, Hyperfeinstrukturen u. a. lassen sich in höheren Ordnungen untersuchen. Die Abb. 7 bis 9 zeigen Beispiele von hohen Auflösungsvermögen unseres Plangitterspektrographen.

Auf eine wesentliche Eigenschaft der Gitter, nämlich die gesteuerte Verteilung der Strahlung auf die Spektralordnungen soll doch noch etwas näher eingegangen werden. Die Gitterfläche besteht nicht aus geritzten und ungeritzten Teilen, sondern die ganze Oberfläche ist durch einen unsymmetrisch geschliffenen Diamanten zu einer Treppenfläche deformiert worden. Wenn ein solches Gitter so gedreht wird, daß das Licht senkrecht auf eine der Treppenstufen fällt, so wirkt es für Licht, dessen halbe Wellenlänge gleich einem Vielfachen der Treppenhöhe ist, wie ein Stufengitter, bei dem alles Licht in einer Spektralordnung konzentriert wird

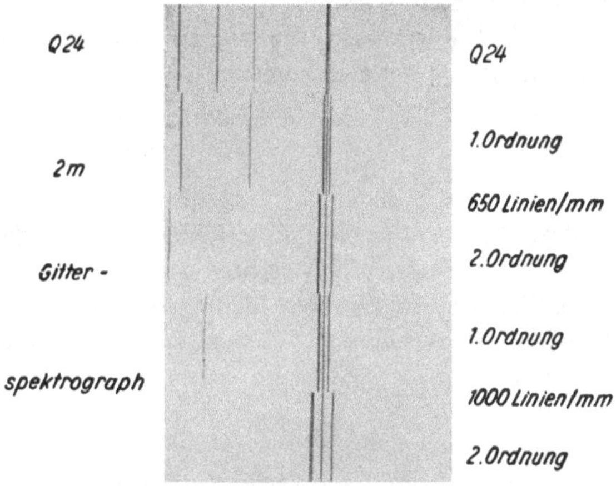

Abb. 7. Eisenlinien bei 3100 Å

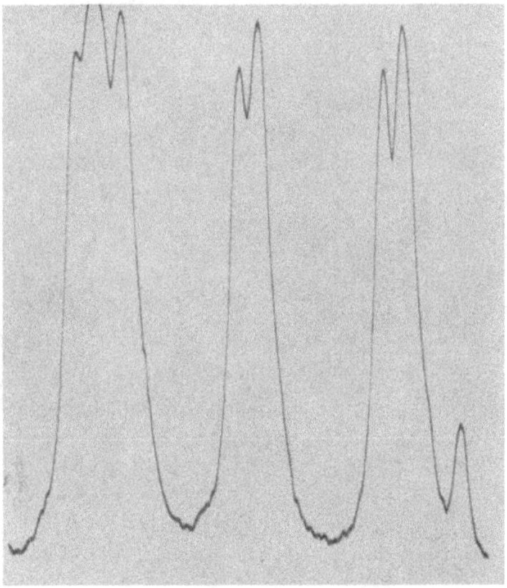

Abb. 8. Selbstumkehr der Eisenlinien bei 3100 Å. Lichtelektrische Registrierung einer Spektralaufnahme in der 4. Ordnung

(Blaze-Effekt). Wird das Gitter aus der günstigsten Stellung herausgedreht, so nimmt der Blaze-Effekt ab.

Abb. 10 zeigt den gemessenen Wirkungsgrad des Blaze-Effekts bei einem Gitter in Abhängigkeit von der Wellenlänge für die Spektralordnungen 0, 1 und 2. Die für ideales Furchenprofil gültige Kurve ist zum Vergleich eingezeichnet.

Wenn man bedenkt, daß ein Gitter 650 Furchen pro Millimeter besitzt, kann man ermessen, welche hohen Anforderungen an den die Furchen ziehenden Diamanten gestellt werden.

Die Halbwertsbreite für den Blaze-Effekt in niedrigen Ordnungen kann man angenähert berechnen nach:

$$\lambda_{HW} = \frac{m \cdot \lambda}{m \pm 0{,}44} \tag{5}$$

Abb. 10 zeigt auch die bei Ultrarotspektrographen ausnutztbare Ausfilterung des Ultravioletten Lichtes aus dem direkten Licht der Ordnung $m = 0$.

Als Anwendungsgebiete des Spektrographen kommen in Frage: Spektralanalyse von linienreichen Spektren, Routineanalyse von Metallen aller Art im sicht-

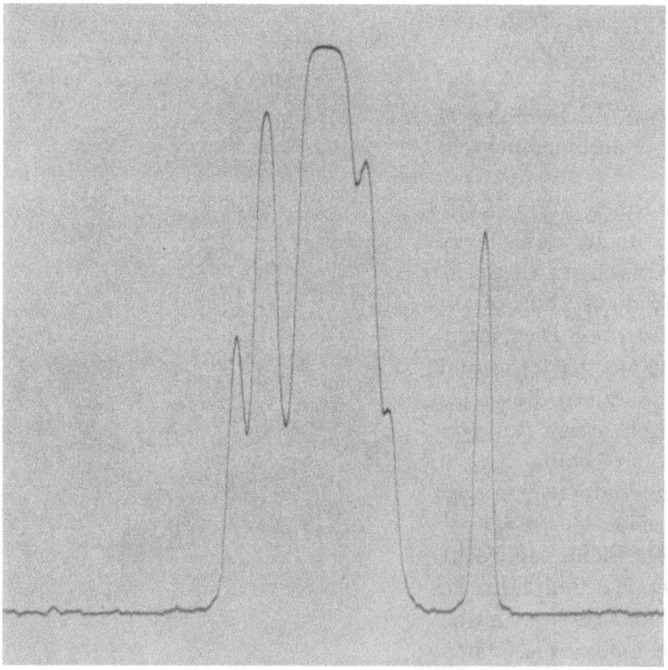

Abb. 9. Hyperfeinstruktur der Hg-Linie 5461 Å
mit den Komponenten —0,129 —0,083 +0,069 +0,102 +0,236 Å.
Lichtelektrische Registrierung einer Spektralaufnahme in der 5. Ordnung

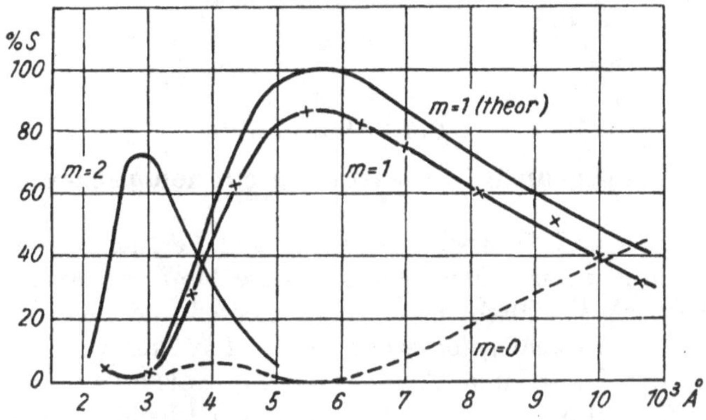

Abb. 10. Strahlungsverteilung bei einem „Blaze"-Gitter auf die Spektralordnungen 0, 1 und 2

baren und ultravioletten Spektralbereich, physikalische Untersuchungen von Spektrallinien.

Zusammenfassung

Es wird über einen neuen stigmatischen 2-m-Plangitterspektrographen des VEB Carl Zeiss JENA berichtet. Der Spektrograph eignet sich für spektrochemische Analyse von linienreichen Elementen und für wissenschaftliche Untersuchungen.

VEB Carl Zeiss JENA

H. SCHOBER, München

Über den gegenwärtigen Stand der physiologischen Optik

Jedem Mediziner und Naturwissenschaftler sind die Namen jener großen Forscher geläufig, die in wenigen Jahrzehnten um die Wende dieses Jahrhunderts die wissenschaftliche physiologische Optik experimentell und theoretisch begründet und in einem weiten Ausmaß gefördert haben. Die Physiker A. König, E. Lummer, E. Brodhun, J. v. Kries und A. v. Tschermak-Seysenegg, die Augenärzte Ch. Donders, C. v. Hess und A. Gullstrand, der Chemiker W. Ostwald und die Philosophen E. Mach, A. Lotze und W. Wundt sind nur eine kleine Auswahl aus der großen Reihe aller dieser bedeutenden Forscher, die in der Hauptsache im Bereich des deutschen Sprachgebietes damals tätig waren. Etwa zu Beginn des ersten Weltkrieges hat aber gerade im ursprünglichen Heimatbereich dieser Gelehrten das Interesse an der physiologischen Optik sehr rasch abgenommen, die großen Schulen sind überall verschwunden und haben sich mit anderen Fragen zu beschäftigen begonnen. In weiten Kreisen der Naturwissenschaft und Medizin wurde die Meinung verbreitet, daß die physiologische Optik eine abgeschlossene Disziplin sei, deren Weiterbehandlung keine grundlegenden Probleme mehr aufwerfen könne. Die Lage war also ähnlich jener, in der sich die klassische Physik etwa zur Zeit befand, als M. Planck seine ersten Arbeiten veröffentlichte.

Die neue und auch heute nicht voll entfaltete Blüte der physiologischen Optik begann erst in den 30er Jahren, hauptsächlich durch die Arbeiten französischer, englischer, russischer, schwedischer und amerikanischer Forscher angeregt, und nunmehr auf der ganzen Welt gefördert. Den Anstoß gaben vor allem die Forderungen der praktischen Disziplinen, der Lichttechnik, Photographie und Kinematographie, der photometrischen und Farbmeßtechnik, darüber hinaus aber die Entwicklung der Elektrophysiologie, der Histologie und der experimentellen Psychologie. Nicht zuletzt haben gerade in der neuesten Zeit das Fernsehen und die Informationstheorie, sowie die Regeltechnik und Kybernetik neue und entscheidende Impulse gegeben.

In der älteren physiologischen Optik hat man mehr oder weniger streng zwischen der physikalischen Seite, d.h. den Vorgängen im abbildenden System (Hornhaut, Linse und Glaskörper), der physiologischen Erregung der Netzhaut-Rezeptoren, der Erregungsleitung im Sehnerven, sowie den damit verbundenen photochemischen und neuroelektrischen Prozessen und der in den Bereich der Psychologie gehörenden Empfindungs- und Wahrnehmungsentstehung unterschieden. Man hat dementsprechend versucht, halb physikalische Maßnahmen wie das Rayleighsche Auflösungskriterium, die Begriffe photometrischer Kontrast und Auflösungsvermögen des Auges, entsprechende Einheiten der Farbmetrik und eine mit physikalischen Methoden begründete Photometrie und

Farbmeßtechnik einzuführen. Es ist wohl allgemein kekannt, daß diese Versuche mißlungen sind. Aus den folgenden Ausführungen wird hervorgehen, warum das der Fall war und wie nach der gegenwärtigen Auffassung vorgegangen werden muß. Wir wissen heute genau, daß jeder Versuch, eine exakte Trennung zwischen dem physikalischen, physiologischen und psychologischen Bereich bei der Erfassung und Darstellung des Sehvorganges durchzuführen, von vornherein zum Scheitern verurteilt ist und daß wir das Auge und den gesamten Gesichtssinn immer nur als Bestandteil eines lebenden Organismus auffassen dürfen. Man darf weder den Abbildungsapparat als „photographisches Objektiv", noch die Netzhaut als „photographische Emulsion" auffassen, wie es früher häufig geschehen ist. Das besonders in Physikerkreisen verbreitete Wort von HELMHOLTZ, daß das Auge „ein so schlechtes optisches System sei, daß man es einem Optiker sofort zurückgeben würde", hat in der modernen Betrachtungsweise überhaupt keinen Platz mehr. Ebenso falsch ist es, von der Einzelempfindung im optischen Bereich auszugehen. Denn es gibt in Wirklichkeit keine optische Einzelempfindung, da gerade der Gesichtssinn sich dadurch auszeichnet, daß er an keiner Stelle des Sehraumes Empfindungslosigkeit zeigt. Man hat daher immer eine Summe von „Gesichtswahrnehmungen" zu betrachten. Auch vollkommene Lichtlosigkeit ruft eine positive Empfindung, das sog. „Eigengrau der Netzhaut" hervor, die selbst vom Blinden wahrgenommen wird.

Das auf der Netzhaut durch den optischen Abbildungsapparat des Auges entworfene Bild eines Punktes stellt stets eine komplizierte Zerstreuungsfigur dar, deren Größe und Form zwar durch die geometrisch-optischen Fehlereigenschaften von Hornhaut, Linse und Glaskörper und durch die Beugung an den Pupillenrändern physikalisch bedingt ist, aber durch die ständigen Schwankungen der Akkommodationslage und Pupillenweite fortwährend und unwillkürllch verändert wird. Diese Änderungen sind für den Sehvorgang von entscheidender Bedeutung; jeder Versuch, sie etwa durch Drogen wie Atropin usw. auszuschalten, führt zu einer bemerkenswerten Abweichung von der Wirklichkeit. Die alte, in Verbindung mit dem RAYLEIGHschen Auflösungskriterium gemachte Hypothese, daß zwischen zwei erregten Netzhautrezeptoren ein minder gereizter Rezeptor liegen müsse und daß auf diese Weise eine „anatomische Auflösungsgrenze des Auges" zu definieren sei, wird schon dadurch widerlegt, daß auch bei bester Refraktionskorrektur die Zerstreuungsfigur des Einzelpunktes stets ein Areal von sehr vielen, mindestens 36 Netzhautrezeptoren überdeckt, daß aber auch durch die unwillkürlichen Akkommodations- und Konvergenzbewegungen schon in Sekundenbruchteilen die Erregung des Einzelrezeptors geändert wird. Die Definition eines „Kontrastübertragungsfaktors für das Auge" auf Grund rein physikalischer Überlegungen, etwa mit Hilfe des GULLSTRANDschen Augenmodells, kann daher niemals wirklichkeitsnah bleiben und ergibt keine in der Praxis verwertbaren Maßzahlen.

Das abbildende System des Auges zeigt so ziemlich alle geometrisch-optischen Fehler, vor allem eine erhebliche sphärische und chromatische Aberration, Astigmatismus, Koma, Bildverzeichnung und Bildfeldwölbung. Außerdem ist kein Teil des Auges zum andern genau zentriert, die Zentrierung der Linse ändert sich nach C. v. HESS außerdem mit dem Akkomodations- und Konvergenzvorgang. Der Versuch, eine geometrisch-optische Achse für das Auge festzulegen, bringt ebenfalls keinen praktischen Erfolg. Die sphärische Aberration in den einzelnen Zonen von Hornhaut und Linse ist sehr unterschiedlich und außerdem stark durch den Akommodationsvorgang beeinflußbar. Nach IVANOFF kann die sphärische Aberration zwischen der Zentral- und Peripherzone bis zu 4 dptr betragen, die Überkorrektur auf die Ferne ändert sich mit der Akkommodation auf die Nähe in eine Unterkorrektur. Wie bedeutungsvoll diese Momente sind, sei am Beispiel der sog. „Nachtmyopie" erörtert (Abb. 1). Der in heller Tagesbeleuchtung Rechtssichtige wird in der Dämmerung, beispielsweise im Kino um 0,5 bis 1 dptr, bei Mondlicht sogar um fast 2 dptr kurzsichtig. Die chromatische Aberration zwischen dem roten und blauen Ende des Spektrums beträgt nach den Messungen von WALD und GRIFFIN, IVANOFF u. a. (Abb. 2) ebenfalls rund 2 dptr. Nach den Erfahrungen der subjektiven Stigmatoskopie und den Arbeiten von POLACK und LAPIQUE stellt das rechtsichtige Auge bei Beleuchtung durch unbuntes Licht der Farbtemperatur 6000° Kelvin im Abstand von etwa 1 m auf den chromatischen Brennpunkt der gelben Wellenlänge etwa im Bereich der Natriumlinie ein, erweitert aber seinen Akkommodationsbereich in die Ferne durch eine Verschiebung des Einstellpunktes auf den Rot- und in die Nähe auf den Blaubereich des Spektrums. Die praktische Bedeutung dieses Vorgangs ist offensichtlich sehr groß und bildet gegenwärtig ein wichtiges Thema für verschiedene Arbeitsgruppen (Bedeutung des Gelblichtes in der Straßenbeleuchtung, Gelbfärbung des Fernsehschirmes, gelbe Kraftwagenscheinwerfer, Blauunterlage beim Röntgenfilm usw., um nur einige dieser Themen zu nennen). Die alte Frage der Optik, ob das Auge auf die engste Bündelstelle oder die Stelle größter Leuchtdichte im Bündel

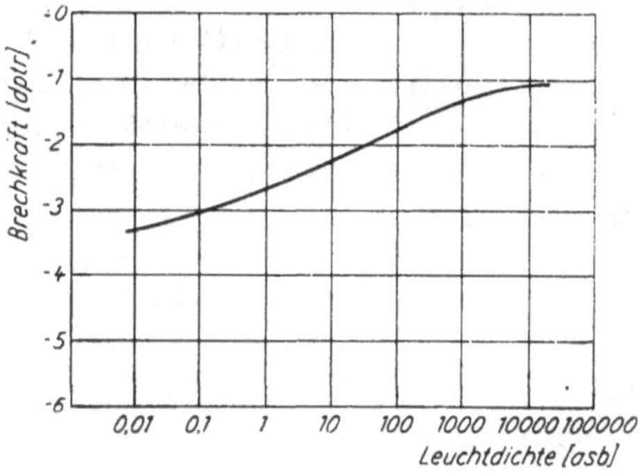

Abb. 1. Änderung der durchschnittlichen Brechkraft des Auges mit der Gesichtsfeldleuchtdichte nach SCHOBER

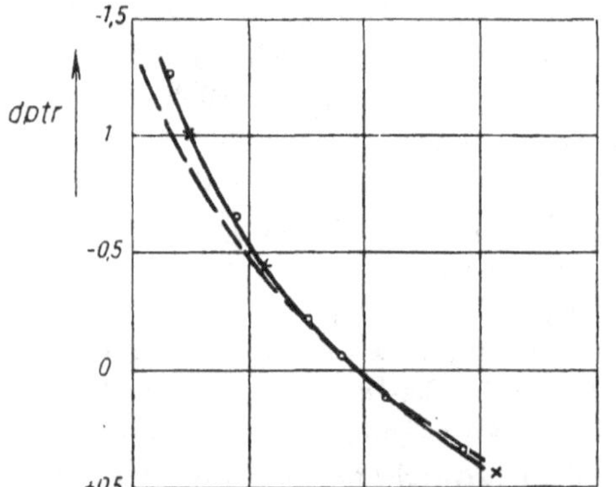

Abb. 2. Der Verlauf der chromatischen Aberration für die Brechkraft des menschlichen Auges in Abhängigkeit von der Wellenlänge.
Die ausgezogene Kurve bezieht sich auf Messungen von IVANOFF, die gestrichelte auf Messungen von WALD und GRIFFIN

einstellt, hängt damit eng zusammen. Sie ist, wie man sofort einsieht, eine der wichtigsten Grundlagen für den Schärfebegriff.

Nach den Untersuchungen von OTERO, RONCHI, SCHOBER u. a. ist die Nachtmyopie in erster Line durch ein Zusammenwirken der sphärischen und chromatischen Aberrationsvorgänge mit der Akkommodation zu verstehen. Nach PALACIOS (Abb. 3) rückt mit abnehmender Gesichtsfeldleuchtdichte der Fernpunkt in

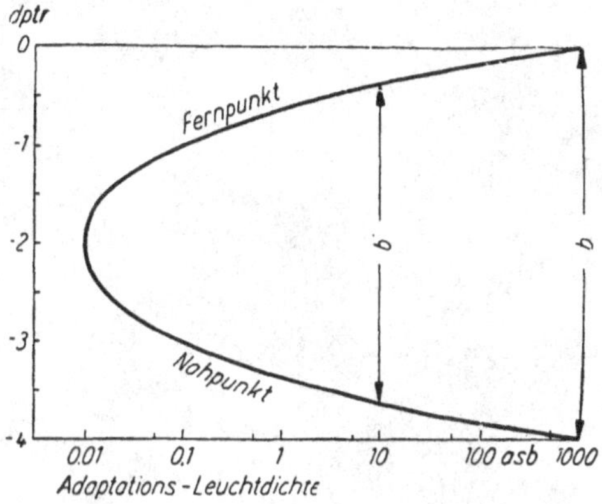

Abb. 3. Verlauf der Nachtmyopie und Nachtpresbyopie nach PALACIOS. Die Abszisse bedeutet die Adaptationsleuchtdichte (durchschnittliche Leuchtdichte des Gesichtsfeldes), die Ordinate die durchschnittliche Brechkraft, gemessen an einer größeren Zahl von Beobachtern. Der obere Kurvenast stellt die Leuchtdichteabhängigkeit des Fernpunktes (Nachtmyopie), der untere Kurvenast die Leuchtdichteabhängigkeit des Nahpunktes (Nachtpresbyopie) dar. Der mit b bzw. b′ gekennzeichnete lotrechte Streckenabschnitt bezeichnet die zur jeweiligen Adaptationsleuchtdichte gehörende Akkommodationsbreite

Richtung zum Auge, der Nahpunkt aber vom Auge weg. Dadurch wird also die Akkommodationsbreite verringert. Bei schlechter Beleuchtung ist das menschliche Auge nicht allein für die Ferne kurzsichtig, sondern auch für die Nähe alterssichtig. Man muß also die Nachtmyopie in Verbindung mit der Nachtpresbyopie sehen, man darf aber dabei auch nicht den Einfluß der chromatischen Aberration außer acht lassen. Wenn die ursprüngliche von LORD RAYLEIGH entdeckte Nachtmyopie erst in den letzten Jahren wiederentdeckt wurde und erst heute in ihrer praktischen Bedeutung voll erkannt wird, so liegt das zu einem großen Teil daran, daß man es früher fast nur mit der rötlichen Glühlampenbeleuchtung zu tun hatte, nunmehr aber im wesentlich weißeren Licht der Leuchtstofflampen arbeitet.

Da die Pupille in heller Tagesbeleuchtung nur eine Weite von 1,5 bis 2 mm hat, die Länge des Augapfels aber 24 mm beträgt, spielt bei der Bildentstehung auch die Lichtbeugung eine beträchtlich Rolle. Nach den Rechnungen und Versuchen von ARNULF, SCHOBER und JUNG und anderen Autoren ergibt sich, daß der Beugungsanteil und der geometrisch-optische Fehleranteil für die Zerstreuungsfigur auf der Netzhaut bei einer Pupillenweite von rund 3,5 mm, also der einer guten künstlichen Beleuchtung entsprechenden Pupillenweite des gesunden Jugendlichen den gleichen Beitrag liefern, daß also das Auge von der Seite der Physik her offensichtlich auf diese Beleuchtung abgestimmt ist.

Die unregelmäßige Form der Zerstreungsfiguren auf der Netzhaut wird durch den stets vorhandenen regelmäßigen und unregelmäßigen Astigmatismus besonders stark beeinflußt. Unregelmäßiger Astigmatismus entsteht in erster Linie

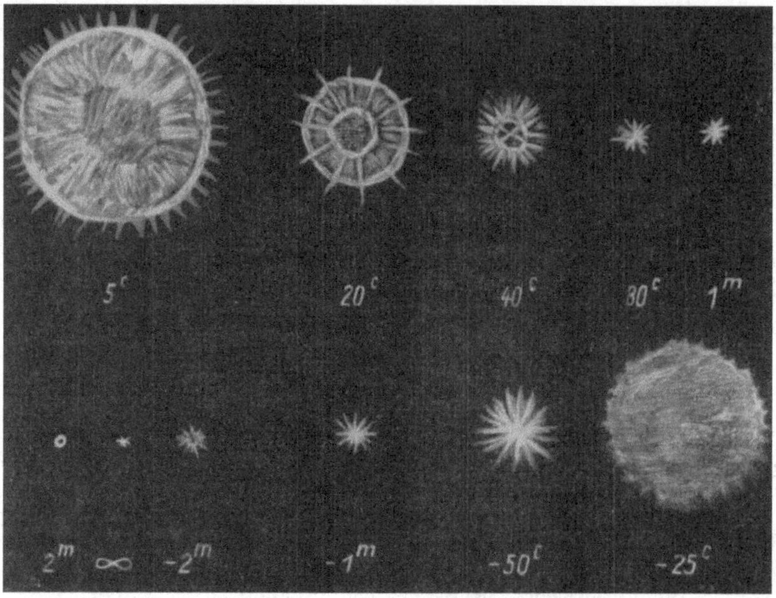

Abb. 4. Die Abbildung eines punktförmigen Objektes durch das rechtsichtige Auge bei Einstellung der Akkommodation auf verschiedene, in cm bzw. in m angegebene Entfernungen nach der Originalzeichnung von OVE-MÜLLER-REE. Man erkennt deutlich die Unterschiede in der Lichtverteilung der Zerstreuungsfigur, die bei hyperoper Einstellung ihr Maximum in einer ringförmigen Zone (5^c—2^m) und bei myoper Einstellung im Zentrum besitzt (—25^c bis —2^m).

durch den histologischen Bau der Linse, die man in grob bildlicher Strukturdarstellung als Kreuzung zwischen einer Apfelsine und einer Zwiebel beschreiben kann. Der Scheibchenaufbau der Linse erzeugt vor allem die für jeden Bildpunkt charakteristische Strahlenstruktur (Sternstrahlen!), die je nach dem individuellen Bau der Linse als 5-, 6- oder auch anders gezackter Stern erscheinen. Aber auch diese Bilder ändern sich, wie die ausgezeichneten Zeichnungen von MÜLLER-REE zeigen, mit dem Akkommodationszustand und der Refraktionseinstellung (Abb. 4). Die Linsenstruktur ist auch wesentlich an den in der Zeit beginnenden Alterssichtigkeit oder beginnenden grauen Stars auftretenden monokularen Mehrfachbildern beteiligt.

Die ursprünglich auf HELMHOLTZ und seine Schule zurückgehende Deutung des Akkommodationsvorganges aus einer Krümmungsänderung der Linsenvorderfläche und die durch GULLSTRAND angebrachte Korrektur durch die sogenannte innere Akommodation, d.h. eine Erhöhung der Linsenbrechkraft durch die schichtweise von der Linsenperipherie zur Linsenmitte zunehmende Brechungszahl, hat einer genauen Prüfung ebenfalls nicht standhalten können. Ohne daß wir heute noch endgültige Aussagen über den wirklichen Akkommodationsvorgang machen könnnen — auf die recht interessanten modernen Hypothesen sei hier aus Gründen der Stoffkonzentration nicht weiter eingegangen —, kann man mit Sicherheit sagen, daß die weit verbreitete Ansicht, die Akkommodation werde allein durch einen Zug der Ziliarfasern auf die Linsenkapsel bewirkt, einer experimentellen und theoretischen Kritik nicht standgehalten hat. Aus den Untersuchungen an lebenden und Leichenaugen und vor allem aus den mühsamen Arbeiten von Pflugk weiß man, daß eine derart einfache Hypothese unzulässig ist.

Unsere Kenntnisse über die Netzhaut sind vor allem durch die 1941 in Buchform veröffentlichten histologischen Arbeiten von Polyak entscheidend bereichert worden. Man weiß heute, daß neben den beiden Rezeptorarten, Zapfen und Stäbchen, die in der Netzhaut vorhandenen Schaltelemente (Bipolar-, Ganglien- und amakrine Zellen) eine bedeutsame Rolle für den Sehvorgang spielen (Abb. 5). Im innersten Bereich der Netzhautgrube, der Foveola (Sehwinkelausdehnung rund 1°20′, Flächengröße rund 0,4 mm Durchmesser) findet man etwa 34000 Zapfen. Aber nur ein kleiner zentral gelegener Teil unter ihnen, etwa 2500 auf einer Fläche von rund

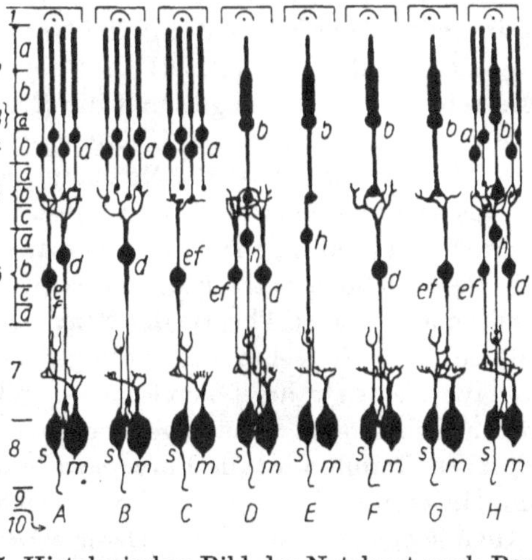

Abb. 5. Histologisches Bild der Netzhaut nach Polyak.

An das Pigmenteptihel (1) schließt sich das Niveau (2) der Zapfen und Stäbchen an. Dieses ist auf verschiedenen Wegen über das Niveau der Bipolarzellen (5 und 6) an das Niveau der Ganglienzellen angeschlossen. Man betrachte zuerst den Fall A (reines Stäbchensystem). Hier werden mehrere Stäbchen von den Endfasern der Bipolarzellen (d), (e) und (f) umfaßt. Die Niveaus werden in der Literatur folgendermaßen bezeichnet: (1) Pigmentepithel, (2a) Zapfen- bzw. Stäbchen-Endglieder, (2b) Zapfen bzw. Stäbchen-Fußteil, (3) äußere Grenzmembran, (4a und b) äußere und innere Zone der äußeren Körnerschicht, (5a, b und c) äußerer, mittlerer und innerer Teil der äußeren plexiformen Schicht, (6a, b, c und d) innere Körnerschicht, (7) innere plexiforme Schicht, (8) Ganglienzellenschicht, (9) Sehnervenfaserschicht, (10) innere Grenzmembran. Von den Bipolarzellen gehen Fasern zu den beiden Ganglienzellen (s) und (m). Im Falle B ist der Vorgang durch das Vorhandensein einer einzigen Bipolarzelle noch vereinfacht. Ähnliches gilt vom Fall C. Die Fälle D bis G stellen die Einzelschaltungsmöglichkeiten von Zapfen aus der Netzhautgrube über einer oder mehrere Bipolarzellen auf die zugehörigen Ganglienzellen der Netzhaut dar. Der Fall H zeigt die typische Schaltung in der Netzhautperipherie, die gemeinsame Erfassung von Stäbchen und Zapfen über Bipolarzellen durch das Ganglienzellensystem

0,1 mm Durchmesser = 20 Sehwinkelminuten ist einzeln über je eine zugehörige Schaltzellenkombination an je eine Sehnervenfaser geschaltet. Nur diese Zellen stellen den Bereich der höchsten Sehschärfe, das Gebiet des zentralen Sehens dar. Je weiter man gegen die Peripherie der Netzhaut kommt, desto dicker und kürzer werden die Zapfen. Sie sind außerdem in immer wachsender Gruppe parallel an eine Sehnervenfaser geschaltet und fast ausnahmslos mit Stäbchen durchmischt, die an der gleichen Nervenfaser hängen. Das anteilmäßige Verhältnis von Zapfen und Stäbchen in einem bestimmten Netzhaut-Empfindungselement verschiebt sich also mit steigendem Abstand vom Bereich des zentralen Sehens immer mehr zu ungunsten der Zapfen. Jedoch gibt es in der Regel selbst in der Peripherie der Netzhaut kein vollkommen zapfenfreies Empfindungselement, das etwa dem stäbchenfreien in der innersten Foveola entsprechen würde. Durch die in der Netzhaut vorhandenen Schaltmechanismen kann aber auch sowohl die Ausdehnung des „Empfindungselementes" über einen mehr oder weniger großen Flächenbereich der Netzhaut als auch die Erregbarkeit der in diesem Bereich vorhandenen Rezeptoren laufend verändert werden. Diese Eigenart des Schaltsystems ist für viele Vorgänge bedeutsam. Sie ist sowohl imstande, die Abhängigkeit der Sehschärfe vom Netzhautort und von der Gesichtsfeldleuchtdichte als auch die Unterschiede im Sehen bei heller Beleuchtung, in der Dämmerung und in der Nacht zu deuten. Die v. KRIESsche Duplizitätstheorie, d. h. die Annahme, daß die Netzhautzapfen für das Sehen in heller Tagesbeleuchtung, die Netzhautstäbchen aber für das Sehen an der Absolutschwelle (Nachtsehen) als Rezeptoren anzusehen sind, wird durch die POLYAKschen Untersuchungen und die Ergebnisse der modernen Elektrophysiologie vor allem im Bereich des Übergangsgebietes (Dämmerungssehen) sinnvoll ergänzt. Die Schaltschichten der Netzhaut regeln sowohl die Unterschiedsempfindlichkeit als auch die Sehschärfe, den physiologischen Kontrast und die Farbempfindlichkeit. Sie sind also genau so bedeutsam wie die in der älteren physiologischen Optik ausschließlich betrachteten Rezeptoren. Für die bisherige rein physikalisch-chemisch aufgebaute Theorie des Sehvorganges bringen sie aber die Schwierigkeit, daß sie einerseits echte Verbindungen zwischen den einzelnen Empfindungselementen der Netzhaut herstellen können, andererseits aber von der Reizenergie und anderen Umständen abhängige Erregbarkeitsdämpfung im betroffenen Element bewirken. Damit wird die Filtertheorie, die sich bei der photographischen Abbildung im Sinne der Informationsbetrachtungen sehr gut bewährt hat, auf das Auge schlecht anwendbar. Denn es ändert sich sowohl die Rastergröße als auch die Empfindlichkeit des einzelnen Rasterpunktes mit der auftreffenden Informationsenergie. Der für die Informationstheorie so wichtige Satz, daß für die Reizübertragung eine einfache lineare Summation gelten soll, daß also ein doppelt so starker Reiz auch eine doppelte Erregung bedeuten soll, gilt für den Bereich des Gesichtssinnes nicht mehr, genauso, wie beim Auge die informationstheoretischen Filtereigenschaften eine Funktion der auftreffenden Reizenergie sind. Die hier geschilderten Eigenschaften der Netzhaut machen die Definition eines Kontrastübertragungsfaktors des Auges in jenem einfachen Sinne, wie man ihn für ein physikalisches optisches Übertragungssystem, also etwa für das photographische Objektiv definieren kann, unmöglich. Sie bewirken aber auch auf der anderen Seite, daß die an und für sich schlechte optische Abbildung auf der Netzhaut zu der bekannten hohen Leistungsfähigkeit des Gesichtssinnes hinsichtlich Absolut- und Unterschiedsempfindlichkeit, Sehschärfe, Farben- und räumlichem Sehen führt.

Die Foveola bildet lediglich den inneren Teil der Netzhautgrube (Fovea centralis). Der früher dafür gebräuchliche Name „Gelber Fleck" (Macula lutea) sollte heute besser vermieden werden. Dieser 1779 von SOEMMERING eingeführte Ausdruck geht auf die Beobachtung zurück, daß sowohl im Leichenauge, als auch bei der Betrachtung der Netzhaut mit dem Augenspiegel im rotfreien Licht das Gebiet der Netzhautgrube auffallend gelb gefärbt erscheint. Die beiden Farbbereiche im Leichenauge und beim Spiegeln des lebenden Auges stimmen aber weder in ihrem Farbton noch in der Ausdehnung überein, sie haben möglicherweise überhaupt nichts miteinander zu tun. Verschiedene erfahrene Beobachter wie GULLSTRAND und NORDENSON vertreten sogar die Auffassung, daß die Gelbfärbung der Netzhautgrube im lebenden Auge lediglich durch selektive Reflexion entstehe und daß ihr kein gelbes Netzhautpigment zugrunde liege. Interessant in diesem Zusammenhang sind vielleicht auch die für die moderne Farbentheorie bedeutsamen Entdeckungen von A. KÖNIG, die neuerdings von HARTRIDGE und WRIGHT wieder bestätigt werden konnten, wonach der Bereich des eigentlichen zentralen Sehens, also der Bereich der einzeln geschalteten Zapfen beim normal farbentüchtigen Beobachter eine Blaublindheit vortäusche.

Wenn es auch im Rahmen dieses Vortrages unmöglich erscheint, auf die Vorgänge des Farbensehens näher einzugehen, so sei es doch erlaubt, an dieser Stelle eine kurze Bemerkung dazu zu machen. Physiker, Chemiker und Physiologen stützen sich hier heute im allgemeinen auf die YOUNG-HELMHOLTZsche Dreifarbenhypothese, während die HERINGsche Vierfarbentheorie vor allem von Psychologen bevorzugt wird. Nach der YOUNG-HELMHOLTZschen Theorie müßte es zur einfachen Erfüllung der GRASSMANNschen Farbmischgesetze in der Netzhaut entweder drei verschiedene Arten von Rezeptoren oder drei verschiedene Arten von Sehstoffen in der Netzhaut geben. Aus Gründen, die in der elektrophysiologischen Reizübertragung zu suchen sind, vor allem zur Erfüllung des Alles- oder Nichtsgesetzes, ist die Existenz von drei verschiedenen Farbrezeptorarten aber auch dann unentbehrlich, wenn man die Möglichkeit von drei verschiedenen Sehstoffen diskutiert. Denn ein jeder Rezeptor kann nur eine einzige Reizqualität, in der Regel die Reizstärke, in Form einer elektrischen Niederfrequenz durch die Sehleitung im Gehirn übertragen. Dabei ist die Frequenz und nicht die Stromstärke das für die übertragene Qualität maßgebende Merkmal. Je stärker der Reiz, desto höher die Übertragungsfrequenz. Da ein Rezeptor nur eine einzige Qualität übertragen kann, ist es unmöglich, daß er etwa zwischen Reizstärke und Reizart, also z. B. zwischen Lichtstärke und Farbe unterscheidet. Leider ist es aber bis heute weder der Histologie (selbst unter Anwendung des Elektronenmikroskops) noch der Photochemie oder der Elektrophysiologie gelungen, Anhaltspunkte für die Existenz von 3 verschiedenen Rezeptorarten zu gewinnen. Wir tappen also gerade mit der wichtigsten

Grundlage unserer Farbentheorien heute mehr im Dunkeln als zur Zeit von Helmholtz, wo man glaubte, einer brauchbaren Lösung schon sehr nahe zu sein. Man hat nicht einmal einen Anhaltspunkt, um sich für die eine oder die andere der großen Theorien zu entscheiden. Die meisten Forscher der Gegenwart neigen dazu, die Domäne der Dreifarbentheorie in den Netzhautvorgängen, diejenige der Vierfarbentheorie aber in den zentralen Vorgängen zu suchen. Sie schließen sich damit der schon von J. v. Kries aufgestellten Zonentheorie des Farbensehens an.

Was die Sehstoffe betrifft, so ist lediglich der schon vor hundert Jahren durch Boll und Kühne entdeckte und bereits damals weitgehend erforschte Sehpurpur, das Rhodopsin, mit Sicherheit bekannt. Bei ihm handelt es sich um den für das nächtliche Sehen wichtigen Stäbchensehstoff. Die Existenz eines Tagessehstoffes, des sog. Iodopsin, muß zwar mit großer Wahrscheinlichkeit angenommen werden, ein sicherer Nachweis dieser Substanz ist aber nur dem amerikanischen Photochemiker G. Wald an Tieraugen gelungen. Irgendwelche angeblich gefundenen Farbsehstoffe haben sich immer wieder bei genauerer Prüfung als unhaltbar erwiesen.

Weitgehend geklärt ist die Frage nach der absoluten Lichtempfindlichkeit des Auges, die lange Zeit im Mittelpunkt des Interesses der physiologischen Optik gestanden hat. Aus übereinstimmenden Messungen sehr vieler Beobachter geht hervor, daß bei maximaler Dunkeladaption (mindestens 45 Minuten Aufenthalt in einem lichtlosen Raum) von einem Rechtsichtigen und nicht über 50 Jahre alten geübten Beobachter punktförmige, etwa 0,1 Sekunden dauernde Reize der Wellenlänge 512 nm (Empfindlichkeitsmaximum der Netzhautstäbchen) und einem 12 bis 15^0 seitlich vom Fixierpunkt gelegenen Netzhautbereich erkannt werden können, sobald sie eine Hornhautbeleuchtungsstärke von 10^{-9} lx erzeugen. Das sind etwa 80 Lichtquanten. Unter Berücksichtigung der Absorptions- und Streuverhältnisse im Augeninnern kommt man auf diesem Wege zu einer Zahl von 2—10 Lichtquanten, die für den Mindestsehreiz in der Netzhaut erforderlich sind. Diese Zahl stimmt recht gut mit jener überein, die man mit Hilfe des Poissonschen Wahrscheinlichkeitsgesetzes in Form der Blau-Altenburger-Gleichung gewinnt. Auch andere Versuche bestätigen diese Ergebnisse und man kann heute wohl mit Sicherheit sagen, daß zur Erregung einer Schwellenempfindung des Gesichtssinnes mindestens 2, im Durchschnitt 2—10 Lichtquanten erforderlich sind.

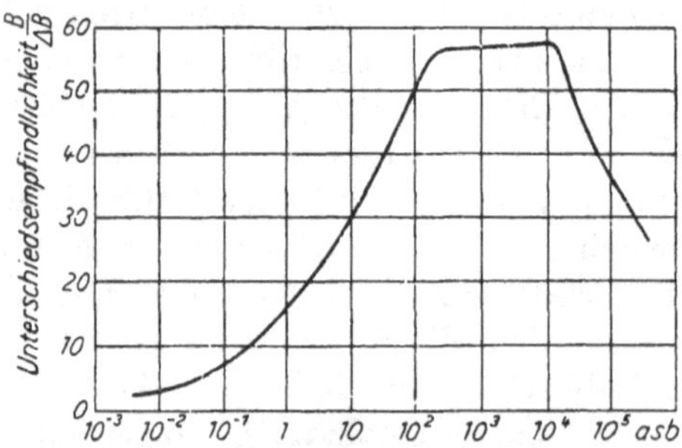

Abb. 6. Das erweiterte Weber-Fechnersche Gesetz für die Abhängigkeit der Unterschiedsempfindlichkeit von der durchschnittlichen Gesichtsfeldleuchtdichte in der Darstellung von A. König und E. Brodhun

Die absolute Lichtsinnschwelle ist eine praktisch wenig verwertbare Größe. Wie bereits eingangs erwähnt, ist das Gesichtsfeld des menschlichen Auges nie leer, der Fall, wo es sich um einen einzigen Sinnesreiz in einem sonst leeren Gesichtsfeld handelt, bildet eine kaum zu verwirklichende Ausnahme. Viel wichtiger als die absolute Lichtsinnschwelle ist die sog. relative Unterschiedsempfindlichkeit. Sie wird vielfach photometrischer Kontrast genannt und als Differenz zwischen 2 benachbarten Leuchtdichten im Gesichtsfeld im Verhältnis zu ihrer Summe definiert. Der photometrische Kontrast gehorcht dem sog. erweiterten WEBER-FECHNERschen Gesetz, dessen Zusammenhänge in Abb. 6 dargestellt sind. Gerade dieses Gesetz zeigt den Unterschied zwischen der früheren und der modernen Darstellung physiologisch-optischer Probleme. WEBER und FECHNER waren ursprünglich der Meinung, daß der photometrische Kontrast im Schwellenbereich unabhängig von den beiden Leuchtdichten und von der Durchschnittsleuchtdichte im Gesichtsfeld konstant bleibe ,und etwa 1—2 Prozent der herrschenden Durchschnittsleuchtdichte im Gesichtsfeld betrage. Dieses vereinfachte WEBER-FECHNERsche Gesetz gilt aber höchstens in einem engen Beleuchtungsbereich zwischen guter künstlicher und einer durchschnittlichen natürlichen Beleuchtung, also im Gebiet zwischen 200 und 7000 asb. In der Meinung, daß es sich bei diesem vereinfachten WEBER-FECHNERschen Gesetz um ein Grundgesetz der Physiologie handle, hat man mit seiner Hilfe verschiedene Rechenformeln und Theorien aufgebaut, mit denen man den Sehvorgang formelmäßig zu erfassen trachtete. Man weiß heute, daß alle diese Formeln nur einen sehr beschränkten Anwendungsbereich haben.

Eine der größten Schwierigkeiten für die Aufstellung von Rechenformeln und Gesetzmäßigkeiten für die relative Unterschiedsschwelle liegt in der Tatsache, daß jeder Netzhautbereich Rückwirkungen auf die übrigen Teile der Netzhaut hat. Damit wird die relative Unterschiedsempfindlichkeit des Auges und photometrische Kontrastfunktion von der Umfeldleuchtdichte im gesamten Gesichtsfeld und von dem bei der Wahrnehmung bestehenden Adaptationszustand abhängig. Das hat zuerst LAU erkannt. Nach den sehr ausführlichen experimentellen Untersuchungen von SCHUMACHER und BLACKWELL erreicht die relative Unterschiedsempfindlichkeit im allgemeinen dann ein Maximum, wenn die Adaptationsleuchtdichte und die Durchschnittsleuchtdichte im Gesichtsfeld nicht sehr stark vom Mittelwert zwischen den beiden zu vergleichenden Leuchtdichten B_1 und B_2 abweichen, wenn also das Umfeld ungefähr die gleiche Leuchtdichte wie das Infeld hat. Bei optischen Instrumenten wird dann die photometrische Kontrastempfindlichkeit eine Funktion des Instrumentengesichtsfeldes. Aus diesem Grunde und wegen des Fehlens der einfachen Summationseigenschaften hat die Angabe von Kontrastfunktionen oder Kontrastübertragungsfunktionen hinsichtlich des Auges nur dann einen Sinn, wenn diese Funktionen unter Berücksichtigung aller jener Umstände gemessen werden, die sie entscheidend beeinflussen und wenn sie außerdem nur auf bestimmte begrenzte Verhältnisse bezogen werden. Bei der Angabe einer Kontrastübertragungsfunktion des Auges ist also unter allen Umständen der zugehörige Adaptationszustand, der Anteil des physiologischen Gesichtsfeldes am Instrumentengesichtsfeld und die Ausdehnung von Infeld und Umfeld, sowie die Reizdauer zu erwähnen. Außerdem ist ein deutlicher Einfluß der Lichtfarbe zu erkennen, dessen Ausmaß bis heute noch nicht ausreichend erforscht ist.

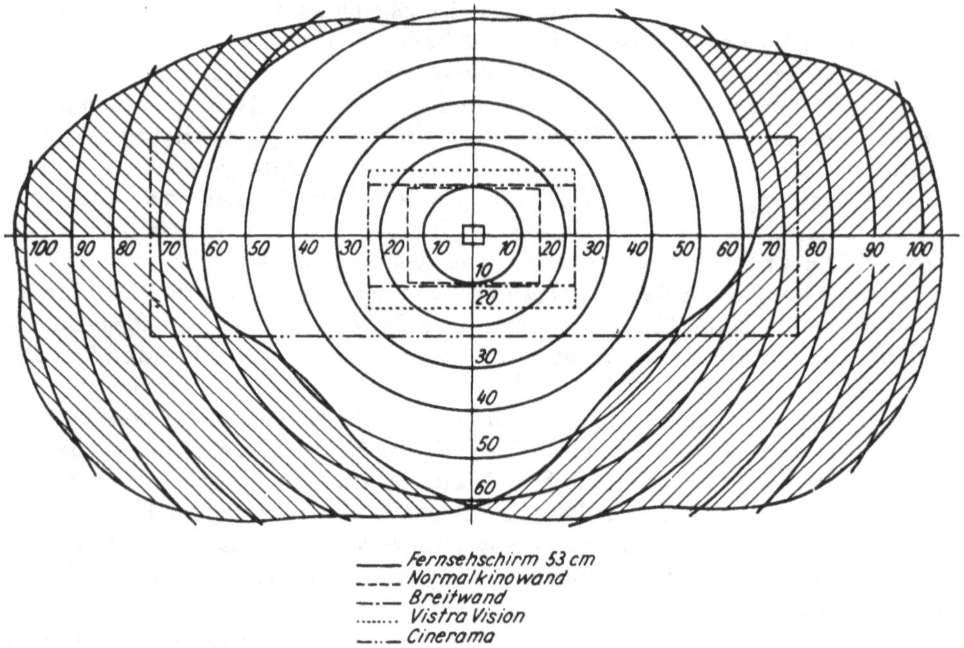

Abb. 7. Der Anteil von Fernsehschirmen und Kinoprojektionsflächen am Gesichtsfeld beider Augen bei Lage des Fixierpunktes in der Schirmmitte

Die vorstehend besprochenen Zusammenhänge zwischen der Unterschiedsempfindlichkeit und dem Gesichtsfeld spielen in der Praxis eine sehr große Rolle. Das ist beispielsweise aus Abb. 7 zu erkennen. In diesem Bild sind die Gesichtsfeldanteile des Fernsehschirms, des Normalkinoschirms, der Breitwand- und der Überbreitwandverfahren eingetragen. Da beispielsweise beim Fernsehen durch den Fernsehschirm nur ein sehr geringer Gesichtsfeldanteil erfaßt wird, ist es begreiflich, daß Störwirkungen von der Peripherie des Gesichtsfeldes sich besonders bemerkbar machen. Die Forderung, Fernsehbilder zur Vermeidung von Sehbeschwerden nicht im abgedunkelten, sondern im normal beleuchteten Raum zu betrachten, findet hierin die gleiche zwanglose Begründung wie die Erfahrung, daß Sehbeschwerden bei der Breitwand- und Überbreitwanddarstellung im Kino wesentlich geringer sind als bei der Normalkinowand.

Neben dem bisher besprochenen photometrischen Kontrast, also dem relativen Leuchtdichteunterschied zwischen Infeld und Umfeld, spielt der immer gleichzeitig vorhandene physiologische Konstrast eine wichtige Rolle. Man versteht unter diesem Begriff eine aktive Hemmwirkung erregter Netzhautbereiche auf ihre Nachbarschaft, die dazu führt, daß die Nachbarsehelemente eines stark gereizten Sehelementes unempfindlicher werden. Der physiologische Kontrast erzeugt die hohe Sehschärfe des Auges bei der doch immerhin sehr schlechten geometrisch-optischen Abbildung. Er erreicht, daß die Netzhaut örtlich ihre (mit den Worten des Photographen gesprochen) Gradation verändert und nach Bedarf steiler oder flacher macht. Vom Standpunkt der Filtertheorie der optischen Abbildung würde das bedeuten, daß durch den physiologischen Kontrast die Bewertung der höheren und der niedrigeren Raumfrequenzen entscheidend verändert werden kann. Beobachtet man beispielsweise eine Kante, die eine helle Fläche von einer dunklen Umgebung abgrenzt, so findet man nicht ein stufenförmiges Ansteigen der Leuchtdichte, sondern einen etwas eigenartigen, als Machschen Kontraststreifen bezeichneten Verlauf der Helligkeit. Die Helligkeit steigt weder sprunghaft, noch entsprechend der Beugung am Bildrand in einer schwach gekrümmten Gradationskurve an. Man findet vielmehr zwischen den beiden Leuchtdichtebereichen einen hellen und einen dunklen Streifen. Das Machsche Kontrastphänomen spielt begreiflicherweise bei allen Fragen, die mit der Detailerkennbarkeit und dem Auflösungsvermögen zusammenhängen, eine wichtige Rolle. In der Meßtechnik gehören hierher vor allem die bekannten Punkt- und Streifenraster, die für die Definition des Kontrastübertragungsfaktors benutzt werden. Das Machsche Kontrastphänomen ist gerade in den letzten Jahren wieder Gegenstand der Forschung, besonders im Bereich des optischen Instituts in Florenz (Ronchi, Fiorentini) u. a. geworden. Da der Machsche Kontraststreifen einen deutlichen Unterschied zwischen dem lichttechnisch meßbaren Leuchtdichteverlauf und dem subjektiven Helligkeitseindruck offenbart, ist es nicht leicht, zu einem allgemein gültigen Urteil über sein genaues Aussehen und die dabei bestehenden quantitativen Verhältnisse zu gelangen.

Ein besonders charakteristisches Beispiel für die Unmöglichkeit, physikalische, physiologische und psychologische Momente voneinander zu trennen, bilden die Sehschärfe und das Auflösungsvermögen des Auges. Der dem Physiker besonders naheliegende Versuch, die Sehschärfe mit Hilfe des „Minimum Separabile", also der Trennschärfe des Auges zu definieren, ist mißlungen. Nach dem auch heute noch in der Instrumentenoptik weitgehend gebräuchlichen Rayleighschen Auflösungskriterium (Abb. 8) müßte zur Trennung eines Doppelpunktes zwischen 2 erregten Emfindungselementen der Netzhaut ein unerregtes oder zumindest mindererregtes Empfindungselement liegen. Es müßten also zwei gleichhelle Punkte dann noch gerade voneinander trennbar sein, wenn ihr Abstand den Radius des Zerstreuungsscheibchens (im wesentlichen des Beugungsscheibchens) entspricht. Das wären nach den gemessenen und errechneten Daten ungefähr 20 Sehwinkelsekunden. Da ein solcher Sehwinkel mit dem Durchmesser eines Einzelzapfens im innersten Bereich der Netzhautgrube annähernd identisch ist, hat man ihn häufig als „anatomische Grenze des Auflösungsvermögens" definiert. Diese hohe Trennschärfe für 2 benachbarte Objektpunkte wird allerdings in der

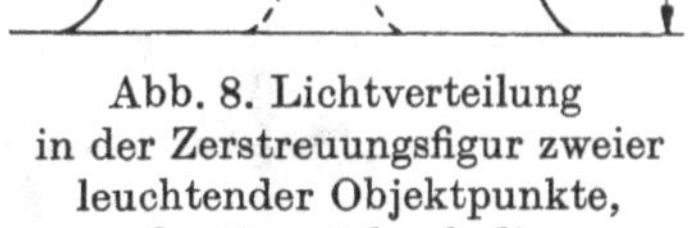

Abb. 8. Lichtverteilung in der Zerstreuungsfigur zweier leuchtender Objektpunkte, bestimmt durch die Beugungsfigur (Rayleighsches Auflösungskriterium)

Praxis niemals erreicht, selbst dann nicht, wenn man dazu Personen nimmt, deren Augen dem Idealzustand möglichst nahekommen, also eine möglichst gute Zentrierung ihres optischen Abbildungssystems und ein Minimum von Unregelmäßigkeiten der Struktur der abbildenden Teile aufweisen. Auch bei Zuhilfenahme künstlicher Pupillen (Einhaltung des vom Standpunkt der Strahlen- und Beugungsoptik günstigsten Pupillendurchmessers von 3 mm) und genauer Einstellung des Adaptationszustandes, der Gesichtsfeldleuchtdichte und des photometrischen Kontrastes werden in der Praxis für die Trennschärfe von 2 Einzelpunkten selten bessere Werte als 90′′ gefunden. Sobald man aber nicht nur 2 Punkte, sondern 2 ausgedehnte Objekte, z. B. Linien oder andere Strichfiguren voneinander trennen will, steigt die Sehschärfe sofort an. Sie liegt im Falle von ausgedehnten Objekten für den rechtsichtigen Beobachter zwischen 40 und 60′′. Die „Noniussehschärfe" und die Erkennbarkeit einer einzelnen Linie benötigt noch wesentlich kleinere Sehwinkel, die bei der Noniussehschärfe zwischen 5′′ und 10′′, beim Erkennen einer schwarzen Linie auf hellem Untergrund bei etwa 0,5′′ liegen. Unter Noniussehschärfe wird allgemein die Erkennbarkeit der seitlichen Abweichung von 2 übereinanderstehenden Linien verstanden, die in einer geradlinigen Verbindung (Ablesung eines Noniusmaßstabes) liegen sollten (Abb. 9).

Die ursprünglich für das RAYLEIGHsche Auflösungskriterium gegebene Begründung, daß zwischen der Größe des Einzelzapfens und der Trennschärfe des Auges ein exakter Zusammenhang bestehe, läßt sich heute weder aus anatomischen, noch aus physiologischen und experimentellen Gründen aufrecht erhalten. Ein solcher Zusammenhang hätte zur Voraussetzung, daß zu jedem einzelnen Zapfen der Netzhautgrube auch wirklich eine eigene, von ihren Nachbarn getrennte Faser der Sehleitung gehört, die als Einzelfaser bis in die Hinterhaupt-Hirnrinde

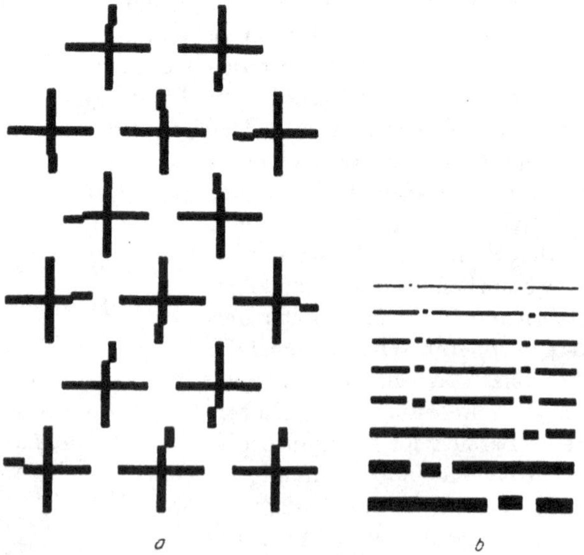

Abb. 9. In den USA übliche Sehzeichen zur Bestimmung der Noniussehschärfe

weitergeführt ist. Nach den Ergebnissen der Netzhauthistologie sind aber selbst die Zapfen des inneren Teiles der Netzhautgrube und ihre Sehnervenfasern durch horizontale und amakrine Zellen untereinander verbunden. Diese Verbindung ist besonders bei herabgesetzter Beleuchtung praktisch bedeutsam und bewirkt weitgehend die Leuchtdichteabhängigkeit der Sehschärfe. Eine Trennung der einzelnen Leitungsfasern im innersten Teil der Netzhautgrube ist nur bei sehr hohem Beleuchtungsniveau (zwischen etwa 200 und 7000 asb) oder bei Lähmung der nervösen Verbindungen durch Strychnin in einem sehr begrenzten Ausmaß möglich. (Es ist schon lange bekannt, daß man durch Stychnineinspritzung in die Schläfengegend eine gewisse Erhöhung der Sehschärfe erreichen kann.) Da also durchweg, insbesondere aber bei niedrigem Beleuchtungsniveau, neben dem Einzelzapfen auch seine Nachbarn und neben dem einzelnen, aus mehreren Zapfen und Stäbchen zusammengesetzten und einer Sehnervenfaser hängenden Empfindungselement der Netzhaut, auch seine Nachbarn in den Zusammenhang einbezogen werden müssen, ist es bedeutsam, nicht nur die Ausdehnung, sondern auch die Art der Lichtverteilung in der Zerstreuungsfigur zu betrachten. Ein weiterer Hinweis in dieser Richtung ist durch die Tatsache gegeben, daß die Farbabhängigkeit der Sehschärfe nicht etwa durch den chromatischen Aberrationsfehler, sondern offensichtlich durch das spektrale Empfindlichkeitsmaximum des Auges bestimmt ist. Die Sehschärfe erreicht nach Schober und Wittmann ihren Maximalwert nicht etwa im gelben Natriumlicht, sondern im polychromatischen Quecksilber- oder Leuchtstofflampenlicht. Die Zerstreuungsfigur der Netzhaut wird, wie bereits erwähnt, einerseits durch physikalische Umstände, nämlich die Lichtbeugung an den Pupillenrändern und optische Abbildungsgüte der brechenden Augenmedien, andererseits aber durch die Schwankungen der Akkommodation und des Pupillendurchmessers, durch die physiologische Erregbarkeit der einzelnen Netzhautteile und damit den physiologischen Kontrast (Machsche Kontrastfigur!) in ihrer Wirkung auf die Netzhaut wesentlich beeinflußt. Würde man voraussetzen, daß lediglich die Beugung die Lichtverteilung in der Zerstreuungsfigur regelt, was allenfalls bei einem optischen Instrument, niemals aber beim menschlichen Auge erlaubt ist, so könnte man ohne Schwierigkeiten den Lichtabfall vom Zentrum zum Rand des Beugungsscheibchens berechnen. Liegen 2 leuchtende Objektpunkte so nahe nebeneinander, daß entsprechend dem Rayleighschen Kriterium der Rand des einen Beugungsscheibchens mit dem Mittelpunkt des anderen zusammenfällt, so entsteht das bekannte charakteristische, aus 2 Glockenkurven zusammengesetzte Bild der Lichtverteilung (vgl. Abb. 8). Es enthält 2 Maxima der Netzhautbeleuchtungsstärke und zwischen ihnen eine sattelförmige Helligkeitsabnahme. Im Sattel fällt die Beleuchtungsstärke auf etwa 75 bis 80% der beiden Maxima ab. Unter der Voraussetzung, daß das eine Maximum auf den ersten, das zweite auf den dritten und der mittlere Sattel auf einen dazwischenliegenden mindergereizten Zapfen (Empfindungselement) fallen würde, müßte das Dreizapfensystem imstande sein, eine Leuchtdichteverringerung zu registrieren und damit die Existenz von zwei voneinander getrennten Lichtpunkten festzustellen. In diesem Falle wäre die Trennschärfe eine reine Folge der Unterschiedsempfindlichkeit des

Auges, von der bereits ausführlich gesprochen wurde. Für derartig kleine Punktreize reicht aber nach dem erweiterten Weber-Fechnerschen Gesetz der bestehende Beleuchtungsunterschied nicht mehr aus. Schon aus diesem Grunde kann die Trennschärfe keine reine Funktion der Unterschiedsempfindlichkeit sein, wie neuerdings der amerikanische Sinnesphysiologe und Augenarzt Ogle wieder deutlich ausgeführt hat. Mit Hilfe von Messungen, die er unter größten Vorsichtsmaßregeln gemacht hat, konnte er nachweisen, daß nicht der Unterschied zwischen der Beleuchtungsstärke in den beiden Maxima und im Sattel, also nicht der Beleuchtungsunterschied des mindergereizten Zapfens zu seinen Nachbarn, sondern lediglich der Unterschied zwischen allen Zapfen im gereizten und jenen im nichtgereizten Netzhautteil für die Trennschärfe bedeutsam ist. Für das Auflösungsvermögen des Auges ist also die gesamte Zerstreuungsfigur auf der Netzhaut und damit in erster Linie das Aussehen des Bildrandes maßgebend. Am Zustandekommen der Trennschärfe ist niemals ein Dreizapfen- oder Dreisehelementebereich, sondern eine viel größere Netzhautfläche maßgebend. Ogle drückt das etwa folgendermaßen aus: „Wenn man den Unterschied zwischen einem einzelnen Punkt und einem Doppelpunkt erkennt, so liegt das nicht etwa daran, daß man zwischen zwei hellen Punkten eine dunklere Trennstelle sieht, sondern vielmehr daran, daß die Zerstreuungsspur des Doppelpunktsystems an der Trennstelle eine charakteristische Randeinschnürung erleidet." Nach den experimentellen Ergebnissen von Berger und Buchthal wird das Auflösungsvermögen des Auges für zwei benachbarte punktförmige selbstleuchtende Objekte bei Betrachtung gegen einen dunklen Hintergrund (Umfeld) mit zunehmender Leuchtdichte der beiden Objekte immer geringer. Es wachsen nämlich in diesem Falle nicht nur die wahrnehmbaren Durchmesser der beiden Zerstreuungsfiguren an; es wird auch ihre Randbegrenzung (Sternstrahlen!) immer unübersichtlicher. Nach Fiorentini, einer Mitarbeiterin von Prof. Ronchi, steigt in entsprechender Weise das Auflösungsvermögen des Auges bei konstant gehaltener Leuchtdichte der beiden Objektpunkte mit der Leuchtdichte des Umfeldes an. Nach den bisherigen Erfahrungen wird unter sonst konstant gehaltenen und optimalen Verhältnissen das höchste Auflösungsvermögen bei einem Leuchtdichtequotienten zwischen Objekt und Umfeld von 50 : 1 bis 100 : 1 erreicht. Mit diesen im Labor gemachten Erfahrungen stimmen auch die der Astronomen gut überein. Bei schwachen Doppelsternen wird beispielsweise die Grenze von 50 : 1 häufig unterschritten, wenn beispielsweise der Nachthimmel durch Stadtdunst usw. aufgehellt ist. Sie werden dann schlechter voneinander trennbar. Umgekehrt ist das Leuchtdichteverhältnis zwischen Objekt und Umfeld bei sehr hellen Sternen (1. und 2. Größenklasse) zu groß, so daß sie ebenfalls bedeutend schlechter voneinander trennbar sind als etwa Doppelsterne der 3.–5. Größenklasse.

Das Auflösungsvermögen des Auges und die Sehschärfe bilden aber auch ein geradezu klassisches Beispiel für die Tatsache, daß man bei Betrachtungen auf optischem Bereich mit physikalischen oder physiologischen Überlegungen allein und selbst mit der Kombination von Physik und Physiologie nicht auskommt. Es ist unvermeidlich, psychologische Momente mit heranzuziehen. Bei ausgedehnten Objekten und vor allem bei Strichgittern und Streifenmustern (FOUCAULTsche oder GUILLERYsche Sehzeichen, aber auch bei den GOLDMANNschen Schachbrettmustern) spielt neben dem photometrischen Kontrast, nämlich dem relativen Leuchtdichteunterschied zwischen Infeld und Umfeld der physiologische Kontrast und die Formenwahrnehmung eine wichtige Rolle.

Aber selbst dann, wenn man alle Kontrastphänomene nach TSCHERMAK im Sinne des aktiven physiologischen Kontrastes und nicht allein den formelmäßig erfaßbaren photometrischen Kontrast bei der Definition des Auflösungsvermögens und der Sehschärfe berücksichtigen würde, fehlt noch immer eine wichtige und stets vorhandene Eigenschaft des Gesichtssinnes, nämlich die Formenempfindlichkeit. Das „Minimum separabile" ist stets mit dem „Minimum cognobile" vereint. Das haben bereits die Sinnesphysiologen und Augenärzte um die Jahrhundertwende, allen voran C. v. HESS, E. LANDOLT und E. PERGENS klar erkannt, als sie den Versuch machten, ein „internationales Normsehzeichen" zu definieren, das von allen Schwierigkeiten, die der Formensinn in das Problem hineinbringt, frei sein sollte. Das Ergebnis aller dieser Überlegungen war bekanntlich der LANDOLT-Ring, ein ringförmiges geschlitztes Sehzeichen mit quadratischer Schlitzöffnung, wobei die Strichdicke und damit auch die Schlitzweite den 5. Teil des Außendurchmessers des Ringes beträgt. Die Schlitze sind bei den einzelnen Ringproben verschieden gelagert, der Prüfling soll nach Uhrzeit die Schlitzlage angeben. Die Praxis hat gezeigt, daß nicht alle Schlitzlagen untereinander gleichwertig sind. Die Lagen 3, 6, 9 und 12 Uhr werden wesentlich leichter erkannt als die schrägen Lagen 1, 2, 4, 5, 7, 8, 10 und 11. Nach den experimentellen Untersuchungen des Verfassers ist das nicht etwa eine Folge des Hornhaut- und Linsenastigmatismus, sondern der mit der Wahrnehmung eines optischen Reizes untrennbar verbundenen Richtungslokalisation. Neuerdings konnten amerikanische Autoren zeigen, daß der Unterschied im Erkennen der Schlitzlage 3 und 9 deutlich auf den Formensinn zurückzuführen ist. Die Schlitzlage 3, welche dem großen Buchstaben „C" ähnelt, wird weitaus häufiger und sicherer erkannt als die Schlitzlage 9. Bei den üblichen Sehproben der Augenärzte und Augenoptiker (Ziffern oder Buchstaben) herrscht begreiflicherweise der Formensinn über alle anderen Empfindungsmerkmale vor (Abb. 10).

Abb. 10. Sehzeichen zur typischen Formensinnprüfung nach BAUSCH und LOMB

In den letzten Jahren hat man vor allem unter dem Einfluß der Arbeiten von GOLDMANN (Bern) und verschiedener französischer Forscher Rasterteste, Strichraster und Punktraster in Form der FOUCAULTschen Miren und der GOLDMANNschen Schachbrettmuster

Abb. 11.
Rasterzeichen nach GOLDMANN

(Abb. 11) als Ersatz für den LANDOLT-Ring empfohlen. Es ist noch keineswegs entschieden, ob sie gegenüber diesem einen wirklichen Fortschritt darstellen. Verschiedene experimentelle Untersuchungen haben auch bei diesen Zeichen gezeigt, daß ihre Erkennbarkeit durch den Formensinn stark beeinflußbar ist. So erkennen beispielsweise beim GOLDMANN-Test viele Beobachter die Lage des gröberen Rasters nicht etwa an seiner (noch nicht aufgelösten) Struktur, sondern daran, daß die Ecken der Vierecke meistens anders mit Punkten besetzt sind als beim feineren Raster. Die Sätze, welche der bekannte und erfahrene Ophthalmologe A. BRÜCKNER 1932 in seinem „Kurzen Handbuch der Augenheilkunde" schrieb, haben auch heute noch nicht ihre Bedeutung verloren. Es sagt:

„Es kommt für gewöhnlich bei der klinischen Prüfung der Sehschärfe auf eine Untersuchung des Formensinnes heraus. Der Versuch, diesen bei der Prüfung auszuschalten, etwa durch Anwendung des LANDOLTschen Ringes, wie es der Autor dieses Sehzeichens glaubte, ist als nicht geglückt zu bezeichnen; die Annahme, daß bei Erkennung der Lücke des LANDOLTschen Ringes ausschließlich das Minimum separabile in Betracht komme, trifft nicht zu. Auch die internationale Kommission, die sich 1905 mit dieser Frage befaßte, hat bewußt bei Empfehlung seiner Sehprobentafeln, insbesondere auch des von ihr herangezogenen LANDOLTschen Ringes von dieser Schwellenbestimmung Abstand genommen, weil auch hierbei der Formensinn der ausschlaggebende Faktor ist. Alle Versuche, die neuerdings z. B. in der Schweiz augenscheinlich unter Nichtberücksichtigung der älteren Forschungen auf diesem Gebiet darauf ausgehen, eine klinische, quantitativ exakte Methode zu gewinnen, scheinen von vorneherein aussichtslos. Wir müssen daran festhalten, daß die klinische Prüfung der Sehschärfe mit den üblichen Sehzeichen im wissenschaftlichen Sinne durchaus ungenau ist, da in das Resultat eine große Zahl von Faktoren eingehen, die im Einzelfall sich garnicht übersehen lassen."

Die eben gebrachten Ausführungen über den Sehschärfenbegriff und das Auflösungsvermögen des Auges sind neben jenen über die Unterschiedsempfindlichkeit (photometrischer Kontrast) nur zwei besonders charakteristische Merkmale, die uns zeigen, daß man bei der Betrachtung von Problemen des Gesichtssinnes weder mit der Physik noch der Physiologie allein zurechtkommt. Das Auge als Organ des lebenden Menschen muß immer als solches angesehen werden und seine Vorgänge sind nur aus einer Kombination von Physik, Physiologie und Psychologie zu betrachten. Die objektive physikalische Reizwirkung ist nur eine der Komponenten, welche die Entstehung der Empfindung, bzw. Wahrnehmung hervorruft. Die physiologische Erregbarkeit und die photochemischen, sowie elektrischen Vorgänge in der Netzhaut und Sehleitung bilden die zweite wichtige Komponente. Von gleicher Bedeutung sind aber auch die psychologischen Zusammenhänge, welche erst in der Hinterhauptrinde des Gehirns voll zur Wirkung kommen. In diesem Sinne sind die hier gemachten Ausführungen eine Bestätigung dessen, was bereits Herr Ronchi in seinem Referat gesagt hat.

Institut für medizinische Optik der Universität München

Zusammenfassung

Es wird auf den Ganzheitscharakter des Sehvorganges hingewiesen, der zwar durch physikalische Vorgänge ausgelöst wird, der aber auch alle physiologischen und psychologischen Erscheinungen des Sehens umschließt. So werden zunächst einige neue physikalische und physiologische Erkenntnisse, wie die Unmöglichkeit, eine allgemein gültige Kontrastübertragungsfunktion für das Auge aufzustellen u. a. dargelegt. Weiterhin werden Einzelheiten über die Struktur der Empfängerelemente der Netzhaut angegeben. Auch die Bedeutung der Umfeldleuchtdichte für Fernsehen und Kino wird gestreift, weiterhin Kontrastphänomene. Auf die Unsicherheit der exakten Sehschärfenbestimmung wird hingewiesen.

K. MÜTZE, Berlin

Ist die Forschung in der biologischen Optik noch heute aktuell?

Das Thema enthält die bisher nicht gebräuchliche Begriffsformulierung „biologische Optik", es wird nötig sein, diese Formulierung zunächst näher zu erklären. Unter „biologischer Optik" soll die Wissenschaft von den Vorgängen in demjenigen unserer Sinnesorgane verstanden werden, das auf physikalische Reize elektromagnetischer Wellen der Wellenlängen von etwa 300 nm bis etwa 750 nm mit der Empfindung von Licht und Farbe reagiert, und zwar von den Vorgängen, die vom physikalischen Reiz über die physiologische Erregung zur psychologischen Empfindung und Wahrnehmung führen. Die „biologische Optik" umfaßt also in gleichem Maße die physikalische, die physiologische und die psychologische Optik dieses Sinnesorganes, unseres Sehorganes, welches im wesentlichen aus dem peripheren Teil, dem Auge oder den beiden Augen, und dem zentralen Teil im Gehirn sowie den zwischen peripherem und zentralem Teil liegenden Leitungsbahnen besteht.

Diese Formulierung wurde gewählt, um damit zum Ausdruck zu bringen, daß bei einer Forschung über den Seh- und Wahrnehmungsvorgang letzthin physikalische, physiologische und psychologische Optik nicht zu trennen sind. Damit wird nicht behauptet, daß eine Forschung in der physikalischen Optik oder in der physiologischen Optik oder in der psychologischen Optik entbehrlich wäre oder ihren Wert verliert, sondern nur, daß sie im Rahmen einer „biologischen Optik", also im Rahmen eines größeren Zusammenhanges und im Hinblick auf diesen Zusammenhang erfolgen muß.

Wir wissen heute, daß es eigentlich eine getrennte Wahrnehmung eines Sinnesorganes unbeeinflußt von der Wahrnehmung der anderen Sinnesorgane kaum gibt, sondern daß meist eine Wahrnehmung nur durch mehr oder weniger engen Zusammenhang aller Sinnesorgane zustande kommt. LAU konnte auf solche Zusammenhänge zwischen optischer und akustischer Wahrnehmung hinweisen. Er zeigte, daß der Eindruck der Lautstärke eines Vortragenden sich änderte, je nachdem, ob man den Vortragenden ohne Fernglas betrachtete, oder mit Fernglas ihn einmal vergrößert oder bei umgekehrter Benutzung des Fernglases verkleinert sah.

In einem Vergnügungspark in Kopenhagen, so wurde mir berichtet, werden die Besucher in ein Haus geführt, in dem Straßenzüge oder Innenräume aufgebaut sind. Der Besucher kann dort umhergehen. Der Boden, auf dem er sich bewegt, ist aber unmerklich verschieden geneigt, und die errichteten Wände machen diese Veränderung mit, so daß sie immer rechtwinklig zum Boden und nicht lotrecht im Raum stehen. Optisch sieht der Besucher also keine Veränderung in der Neigung des Bodens; diese Änderung nimmt er nur mit dem Gleichgewichtsorgan wahr. Zwischen den Wahrnehmungen des Gleichgewichtsorganes und denen des Sehorganes besteht damit ein Widerspruch, der dazu führt, daß der Besucher nach kurzer Zeit nicht mehr in der Lage ist, ruhig und ohne Schwanken weiterzugehen. Er selbst ist dabei nicht in der Lage anzugeben, worauf dieses Unvermögen zurückzuführen ist.

Abb. 1

Sind diese Zusammenhänge eines Sinnesorganes zu den anderen Wahrnehmungszentren gestört, dann kann es zum Ausfall des Sinnesorganes kommen, obwohl das Sinnesorgan sonst intakt ist. Solche Ausfälle können Teilausfälle oder Totalausfälle sein. Man kann sich als gesunder Mensch nicht recht vorstellen, daß man im engeren Sinne sehen, das heißt den optischen Eindruck aufnehmen kann, und dennoch blind ist, d. h. nichts vom optischen Eindruck wahrnimmt. Ich möchte deshalb ein Bild zeigen, bei dem man hiervon eine annähernde Vorstellung bekommen kann, obwohl der Vorgang, der sich beim Betrachten abspielt, nichts mit einer derartigen Blindheit zu tun hat. Es sind vollkommen andere Faktoren, die hier eine Rolle spielen (Abb. 1).

In dieser Abbildung hat man die Wahl zwischen zwei Bildinhalten, der Darstellung einer jungen, hübsch aussehenden Frau, die ihren Blick nach links hinten wendet und daher nur von der Seite zu sehen ist, und der Darstellung einer älteren Frau mit scharfen, kantigen Gesichtszügen, die nach links vorn sieht. Immer nur einer der beiden möglichen Eindrücke wird wahrgenommen, der andere ignoriert, obwohl beide optisch abgebildet werden.

Man sieht bereits daraus, daß es eigentlich nicht statthaft ist, eine Forschung an einem Sinnesorgan isoliert von den anderen Wahrnehmungsvorgängen durchzuführen. Viel kritischer wird solche Isolierung aber, je weiter man in das Spezielle hinabsteigt. Und auch hierfür mögen für unser Sehorgan drei Beispiele gezeigt werden.

Das im peripheren Organ, dem Auge, aufgenommene Bild wird nicht kritiklos als solches hingenommen. Zunächst ist das Auge in physikalisch-optischer Hinsicht ein höchst unvollkommenes, mit allen optischen Fehlern behaftetes Instrument. Die einzelnen Teile: Hornhaut, Pupille, Linse, Netzhautgrube sind nicht zentriert, so daß wir verschiedene Achsen unterscheiden müssen. Sphärische Aberration und chromatische Aberration, sowie Beugung und Zerstreuung in den brechenden Medien liefern auf der Netzhaut nur ein mangelhaftes Bild des betrachteten Objektes. Hinzu kommen Fehler im Verhältnis der Brennweite des Systems zur Länge des Augapfels, bekannt als Hyperopie oder Myopie,

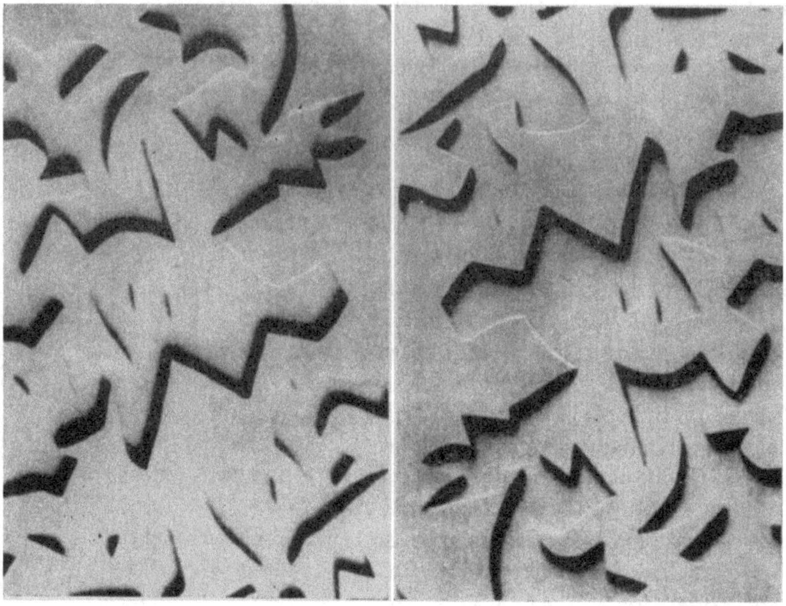

Abb. 2

ein mehr oder weniger starker Astigmatismus, eine Abweichung zwischen den Brennweiten beider Augen, eine Diskrepanz zwischen Akkommodation und Konvergenz, um nur einige Fehler zu nennen.

Und dennoch ist unser Sehorgan das empfindlichste Sinnesorgan, welches wir besitzen. Von allen genannten Fehlern spüren wir im allgemeinen nichts, es sei denn, daß die Fehlsichtigkeiten, die Myopie, Hyperopie und der Astigmatismus ein größeres Ausmaß annehmen. Die Aberrationen, die Beugung und die mangelnde Zentrierung stören überhaupt nicht. Wir besitzen zentral gewisse Kompensationsmechanismen, die, sei es über die Motorik, sei es auch nur sensorisch, diese Mängel beheben. Hierzu gehören die Anpassungsvorgänge an die Helligkeit durch die Adaptation, an die Entfernung durch die Akkommodation, an ein Muskelgleichgewicht zwischen Akkommodation und Konvergenz durch die Fusion. Hierzu gehören weiter der Vorgang des Kontrastes, ein rein physiologisches Geschehen im Auge, wobei benachbarte unterschiedlich gereizte Sinneselemente sich gegenseitig in der Richtung beeinflussen, daß eine stärker unterschiedliche Empfindung erzielt wird. Hierdurch werden Grenzen zwischen verschieden hell oder verschieden farbig abgebildeten Objektteilen, die infolge der Aberrationen und Beugung unscharf erscheinen, wieder als scharf empfunden. Dieses verbesserte Bild wird unter Hinzuziehung des eigenen Wissens und der Erfahrung des Sehorganes und der anderen Sinnesorgane ausgewertet. Eine solche Auswertung geschieht unbewußt und ohne eigenes besonderes Zutun, nicht nach besonderer Überlegung. Daß es hierbei zu Fehlauswertungen kommen kann und daß dies unbewußt geschieht, ja, daß es sogar unwillkürlich geschieht, auch wenn wir uns dessen bewußt sind, daß eine Fehlauswertung vorliegt, kann ich Ihnen an zwei Bildern zeigen und an einem Versuch beschreiben.

Im ersten (Abb. 2) wird zweimal das gleiche Bild gezeigt, nur daß es in einer Aufnahme um 180° gegenüber der anderen gedreht ist. Der Eindruck auf den Beschauer ist dennoch ein ganz unterschiedlicher. In dem einen Bild glaubt man reliefartig erhabene Figuren auf ebenem Untergrund vor sich zu haben; im zweiten Bild hat man den Eindruck einer Laubsägearbeit. Die im ersten Bild erhabenen Teile werden hier im zweiten Bild zu Ausschnitten. Der Beschauer kann sich dieser Wahrnehmung nicht entziehen, obwohl er weiß, daß es das gleiche Bild ist; er kann seinen Eindruck auch nicht oder nur schwerlich ändern. Bestimmend für den Eindruck ist die Erfahrung, daß in den meisten Fällen das Licht von vorn oder von oben, z. T. auch von links kommt. Lau konnte zeigen, daß bei der Photographie von Personen eine Beleuchtung von links bevorzugt wird. Wir schreiben am besten bei einer Beleuchtung von vorn oder links. So haben wir in den Fällen, in denen das Bild nicht unmittelbar die Richtung der Beleuchtung als eine ganz bestimmte erkennen, sondern mehrere Möglichkeiten hierfür offen läßt, unbewußt zunächst den uns geläufigsten Eindruck der Lichtrichtung von links oder vorn bzw. oben.

Noch interessanter ist das nächste Bild (Abb. 3). Wir sehen eine farbig angemalte Hohlmaske eines Gesichtes. Dieser Anblick ist uns vollkommen ungewohnt, daher wird das Bild invertiert; es erscheint als konvexes Gesicht. Der gewohnte

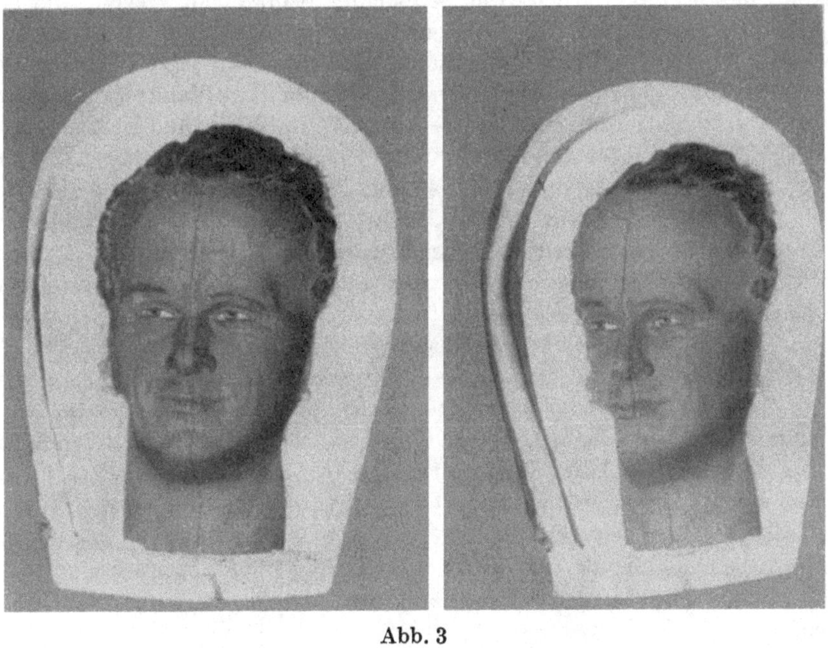

Abb. 3

Anblick eines Gesichtes und der vollkommen ungewohnte Anblick einer Hohlmaske sind als Erfahrung so stark, daß es selbst unter besonderen Bedingungen der Stereoskopie nicht gelingt, eine Hohlmaske zu sehen. Wir haben einen Kopf stereoskopisch aufgenommen, dabei die Basis der Aufnahme auf das 15fache des Augenabstandes vergrößert, so daß bei stereoskopischer Betrachtung dieser Bilder mit normalem Augenabstand das Gesicht in der Tiefe vollkommen verzerrt erscheint. Vertauscht man jetzt die Bilder, so müßte man auf Grund der großen Aufnahmebasis einen starken pseudoskopischen Effekt haben, d. h., auf Grund der vertauschten Querdisparationen in den beiden Bildern müßte man das Bild als Hohlmaske sehen. Dies gelingt nicht. Trotz der binokularen Faktoren, die allgemein als stärkste Faktoren in der Tiefenwahrnehmung anzusehen sind, wird das Gesicht als konvexes Gesicht gesehen.

Geht man nun bei der Hohlmaske von einer Betrachtung von vorn zu einer Betrachtung aus seitlicher Richtung über, dann verschieben sich die in verschiedener Tiefe liegenden Objektteile im Bild gegeneinander; die vorderen wandern zur einen Seite, die hinteren zur anderen. Da andererseits das Bild vom Betrachter invertiert wird, widerspricht die tatsächliche gegenseitige Verschiebung der vermuteten. Dieser Widerspruch wird aber vom Auge nicht als solcher empfunden, sondern dafür eine Drehung wahrgenommen, bei der die beobachtete gegenseitige Verschiebung verschieden tiefliegender Gesichtsteile mit der gewohnten konvexen Form übereinstimmt.

Setzt man sich in einer Entfernung von etwa 2 m vor eine Wand mit erkennbarem Muster, beobachtet monokular und spiegelt über einen teildurchlässig versilberten Spiegel einen seitlich vom Beobachter befindlichen Gegenstand ein, so wird dieser Gegenstand vor der Wand wahrgenommen, wenn die Entfernung zum Gegenstand kleiner ist als die zur Wand. Entfernt man jetzt den Gegenstand weiter vom Beobachter, so wird er schließlich an der Wand wahrgenommen, wenn sich beide Entfernungen vom Beobachter zur Wand und zum Gegenstand gleichen. Wird der Gegenstand noch weiter entfernt, so rückt er im Bild nicht mehr weiter hinaus hinter die Wand, sondern erscheint weiterhin wie vorher an der Wand, er ändert nur seine Größe. Rückt der Beobachter jetzt dichter an die Wand auf etwa 50 cm, so gelingt es bei Wiederholung des Versuches schließlich, auch den Gegenstand hinter der Wand zu sehen. Doch entspricht die wahrgenommene Entfernung nicht der rein geometrischen. Erst bei binokularer Betrachtung wird das Bild in beiden Fällen in der richtigen Entfernung hinter der Wand lokalisiert. Sobald jedoch der Gegenstand hinter der Wand wahrgenommen wird, beim binokularen Sehen oder im zweiten Falle des monokularen Sehens mit verringertem Abstand von der Wand, tritt eine Veränderung in der wahrgenommenen Struktur der Wand ein. Der Beobachter hat den Eindruck, vor einer gläsernen Wand zu sitzen, hinter welcher auch Gegenstände betrachtet werden können.

Aus diesen Beispielen geht hervor, wie das Netzhautbild in der Wahrnehmung verarbeitet wird, wie dies unbewußt geschieht, auch wenn wir wissen, daß es z. B. falsch geschieht, und wie wenig wir uns diesen Vorgängen entziehen können.

Diese Beispiele zeigen auch deutlich, daß wir es beim Sehen mit einem komplexen Vorgang physikalischer, physiologischer und psychologischer Natur zu tun haben und es geht auch daraus hervor, wie schwierig eine Forschung durchzuführen sein wird, aber auch wohl, wie wichtig sie ist.

Die biologische Optik war dennoch von jeher ein Stiefkind der Forschung und ist es heute im besonderen Maße. Zwar tauchten schon immer Probleme dieses Fachgebietes vereinzelt in anderen Wissenszweigen auf und wurden dort untersucht; ich denke hier z. B. an die Untersuchungen über den Verlauf der Kurve der Empfindlichkeit des menschlichen Auges, an die Untersuchungen über Schwellen und Empfindlichkeiten, an die Untersuchungen über die Sehschärfe. Doch haben sich ganz allgemein diesem Gebiet als geschlossenem Gebiet nur wenige vereinzelte Forscher gewidmet. Das hat gewiß seine Ursachen.

Zunächst wird von den meisten Wissenschaftlern dieses Gebiet als ein Grenzgebiet, allenfalls als ein kleines nebensächliches Teilgebiet ihrer Forschung betrachtet. Insbesondere gilt dies von den Physikern, den Medizinern, den Biologen, den Physiologen und den Psychologen. Schon aus dieser, sicher nicht vollständigen Aufzählung, kann man ersehen, wer zu Fragen der biologischen Optik etwas zu sagen hat.

Es ergibt sich aber auch daraus die Tatsache, daß der einzelne Physiker, Physiologe, Psychologe usw. von sich aus kaum immer die richtige Einstellung zu den Problemen dieses Gebietes und zur allgemeinen Bedeutung dieser Probleme besitzt und besitzen kann. Die Schwierigkeiten in der experimentellen Untersuchung, die Besonderheiten in den Ergebnissen und vor allem die Auswertung dieser Ergebnisse werden oft aus der Fachrichtung des betreffenden Wissenschaftlers heraus unterschiedlich beurteilt.

Diese Auffassung von der biologischen Optik als ein Teil- oder Grenzgebiet anderer Wissensgebiete hat auch zur Folge, daß eine Heranbildung von wissenschaftlichem Nachwuchs nicht stattfindet. Die wenigen Forscher, die sich einmal diesem Gebiet ganz verschrieben haben, kommen aus den Wissensgebieten, die bereits genannt wurden, also im wesentlichen aus der Medizin, Physik, Physiologie oder Psychologie. Das erfordert für sie ein Umlernen und Neulernen und bringt einen erheblichen Zeit- und Kostenaufwand mit sich.

Der Mangel einer Spezialausbildung auf dem Gebiet der physiologischen Optik kann heute nur durch eine Zusammenarbeit von Wissenschaftlern der an der biologischen Optik interessierten Wissenszweige ausgeglichen werden, insbesondere der Physik, Medizin, Physiologie und Psychologie. Es lassen sich heute die physikalischen, medizinischen und psychologischen Anteile an der biologischen Optik im allgemeinen nicht mehr trennen. So wenig wie man am Auge seine Anatomie, seine Physik und die Funktion der Wahrnehmung voneinander trennen kann und nur das eine oder andere für sich zu untersuchen vermag, ohne auf die übrigen Gegebenheiten Rücksicht zu nehmen, um aus dieser Untersuchung auf den Sehvorgang in seiner Gesamtheit schließen zu können, so wenig läßt sich die biologische Optik nur von der einen oder von der anderen Seite betrachten.

Sie ist ein zusammenhängendes Ganzes, das immer nur als solches Gegenstand der Forschung sein kann und sein darf.

Ein Hemmnis für die Forschung ist die Unmöglichkeit der Beurteilung eines wirtschaftlichen Wertes der Forschung. Der wirtschaftliche Wert einer Forschung in der biologischen Optik ist schwer zu erfassen; auch dieser Grund kann leicht dazu führen, die Forschung als allgemeine Forschung zu vernachlässigen und sie nur bei unmittelbar interessierenden Sonderfragen anzusetzen. Da aber gerade hier ein Teilgebiet aus dem Ganzen sich nicht ohne weiteres herausgreifen läßt, ohne dabei seine Form und Eigenheiten grundlegend zu ändern oder zu verlieren, können die Lösungen von speziellen Fragen oft nur unbefriedigend und nur unvollständig oder sogar unmöglich sein. Hinzu kommt, daß der einzelne Forscher, je nachdem, aus welchem eigenen Erfahrungsgebiet er an diese Fragen herantritt, sich erst mehr oder weniger lange und eingehend in den ganzen Problemkreis einarbeiten muß, wenn er nicht Fehlergebnisse erhalten will. Der hierdurch entstehende Zeit- und Kostenaufwand ist wirtschaftlich noch weniger tragbar.

Ein wirtschaftlicher Nutzen der Forschung auf diesem Gebiet wird sich direkt selten nachweisen lassen. Meist werden Erkenntnisse gewonnen werden, die, isoliert für sich betrachtet, das Extrem einer Grundlagenforschung ohne jede praktische Nutzanwendung zu sein scheinen. Diese Ergebnisse bekommen ihren Wert im Laufe der Zeit, in der Form einer Sammlung von Erfahrungen, die dann bei anderen Forschungen unbedingt gebraucht werden und nicht erst für diese Zwecke besonders erworben werden können. Sie gehen in das Ergebnis dieser anderen Forschungen irgendwie ein, ohne selbst noch besonders kenntlich zu sein.

Auch werden sich oft Ergebnisse zeigen, die nicht sofort gedeutet und erklärt werden können und die erst durch Kombination mit ganz anders gearteten Ergebnissen anderer Forscher ihre Erklärung finden.

Das setzt natürlich ein tiefes Eindringen in das ganze Forschungsgebiet und den Besitz großer Erfahrungen, umfassende Literaturkenntnisse und eine weitgehende wissenschaftliche Zusammenarbeit voraus. Bei einer gelegentlichen Behandlung von Einzelfragen als Teil- oder Grenzfragen ist so etwas kaum möglich.

Die Bedeutung der Forschungsarbeit in der biologischen Optik braucht nur kurz mit einigen Beispielen gestreift zu werden. Bei allen Arbeiten, bei denen das Auge als messendes und prüfendes Organ eingesetzt wird, sind die Erfahrungen, Regeln und Erkenntnisse der biologischen Optik zu beachten, so in der Photometrie, der Farbmetrik, der Augenoptik im besonderen Maße, der Röntgentechnik, der Beleuchtungstechnik, im Verkehr, im Film, im Fernsehen, in der Meßtechnik im Dunkeln bei Verwendung beleuchteter Skalen, überhaupt bei allen Arbeiten im Grenzgebiet zwischen Zapfen- und Stäbchensehen, also bei bestimmten geringen Helligkeiten usw.

Es ist nötig, an dieser Stelle auf den großen Unterschied zwischen physikalischen und physiologischen Versuchen hinzuweisen. Ist man doch in Kreisen, die der biologischen Optik nicht sehr nahe stehen, oft leicht geneigt, ein

Ergebnis, das mit 50% eine Annahme bestätigt, als ungenügend zu bezeichnen, oder ein Resultat, das nur mit 1 oder 2 Versuchspersonen erhalten wurde, wegen der kleinen, angeblich unzureichenden Zahl der Versuchspersonen abzulehnen.

Wir haben es bei allen Versuchen mit dem Auge mit Versuchen an einem lebenden Organ zu tun. Ein Vorgang läßt sich im Organismus nicht ohne weiteres isolieren; oft hängt er mit einem anderen Vorgang eng zusammen.

Ein gutes Beispiel ist hier die Akkommodation des Auges, d. i. seine Einstellung auf ein betrachtetes Objekt, so daß dieses scharf gesehen wird. Wir wissen, daß für gewöhnlich diese Einstellung durch eine Änderung in der Krümmung der Linsenflächen durch Kontraktion des Ziliarmuskels erfolgt. Aber allein reicht diese Krümmungsänderung nicht aus. Es kommt eine zweite Möglichkeit der Steigerung der Brechkraftzunahme durch Änderung des Brechungsindex der Linsensubstanz hinzu.

Mit der Tätigkeit des Ziliarmuskels geht eine Verengerung der Pupille einher; auch diese unterstützt die Akkommodationseinstellung durch Verbesserung der Abbildungsgüte auf der Netzhaut und durch Vergrößerung der Abbildungstiefe. Wir wollen schließlich dabei nicht außer Acht lassen, daß eine sogenannte äußere Akkommodation auch von einigen Forschern vertreten wird. Es wird darunter eine Akkommodation verstanden, die durch Einwirkung der äußeren Augenmuskel zustande kommen könnte und in einer Verlängerung oder Verkürzung des Augapfels bestehen würde. Es stehen Beweise und Gegenbeweise einander gegenüber. Hier sollte nur einmal auch diese eventuelle Möglichkeit erwähnt werden, wobei man daran zu denken hat, daß diese äußere Akkommodation hauptsächlich nur dann in Tätigkeit tritt, wenn die innere z. B. infolge fehlender Linse nach einer Staroperation nicht mehr funktioniert.

Interessant wird die Akkommodation, wenn die Beleuchtung des Gesichtsfeldes herabgesetzt wird. Es zeigt sich dann deutlich der Zusammenhang mit der Adaptation, der Anpassung des Auges an die Beleuchtungsverhältnisse der Umwelt. Dieser Zusammenhang ist immer vorhanden, denn die Akkommodationsbreite hängt von der Gesichtsfeldleuchtdichte ab; er wird bei einer Herabsetzung der Leuchtdichte besonders augenscheinlich. Die Anpassung an die Helligkeit geschieht u. a. in der uns hier besonders interessierenden Form einer Zusammenfassung der einzelnen Sinneszellen zu einem Sinneselement. Je geringer die Helligkeit, desto mehr Lichtsinneszellen werden zu einem Sinneselement zusammengefaßt. Dadurch wird jedoch auf der anderen Seite die Sehschärfe herabgesetzt, die ja ihrerseits um so größer ist, je weniger Lichtsinneszellen zu einem Sehelement zusammengefaßt sind. Und nun setzt, wie SCHOBER es zu erklären versucht, ein fein abgestuftes Spiel dieser beiden Vorgänge der Akkommodation und der Adaptation ein, um einen Ausgleich zwischen der Erreichung der bestmöglichen Sehschärfe und der bestmöglichen Helligkeitsempfindung zu erzielen, das mit einem Kompromiß endet und eine etwas myope Einstellung der Akkommodation zur Folge hat, die uns bekannte Nachtmyopie. Die Form der Zerstreuungskreise des Netzhautbildes ist unter den gegebenen Bedingungen einer möglichst großen zu erreichenden Hellempfindung bei dieser myopen Einstellung die günstigste.

Ein weiterer Zusammenhang besteht zwischen Akkommodation und Konvergenz der beiden Blicklinien der Augen, damit bei Betrachtung eines Objektes in der Nähe dieses auch einfach gesehen wird.

Denken wir ferner an andere Einflüsse auf die Akkomodation, an Einflüsse der chromatischen Aberration, der sphärischen Aberration, der Beleuchtung und der Farbe des betrachteten Objektes, denken wir daran, daß diese Einflüsse und Zusammenhänge aus anatomischen und anderen Gründen bei den verschiedenen Individuen niemals die gleichen sein können, so ist verständlich, daß wir als Ergebnisse von Untersuchungen über die Akkommodation keine Gesetze, sondern nur Regeln erwarten können, die auch Abweichungen und Ausnahmen zulassen. Und was an diesem Beispiel gezeigt wurde, gilt auch für die übrigen Forschungsergebnisse. Im Gegensatz zum physikalischen Gesetz können wir im allgemeinen nur physiologische Regeln aufstellen, bedingt durch den lebenden Organismus, durch die Verschiedenheit der Individuen, durch die verschiedenen Möglichkeiten, die im Organ zur Erreichung eines Zieles meist vorgesehen sind.

So ist es auch verständlich, daß von einer Versuchsreihe, auch wenn man von Meßfehlern absieht, nicht eine 100 %ige Bestätigung einer Annahme zu erwarten ist. Wir können von vornherein bei den Versuchen mehrere Arten unterscheiden, und ich möchte diese an Hand eines Beispieles aufzählen. Als Beispiel nehmen wir die Tätigkeit, monokular in den verschiedenen Hauptschnitten ungleich zu akkommodieren.

Zur ersten Gruppe gehören Versuche derart, festzustellen, ob dieser Vorgang überhaupt möglich ist, ob also das Auge überhaupt in der Lage ist, ungleich zu akkommodieren. Hier genügt die Bestätigung der Möglichkeit an einer oder zwei Versuchspersonen.

Zur zweiten Gruppe gehören Versuche derart, festzustellen, ob dieser Vorgang oft vorkommt oder nicht. Hier kann der Prozentsatz der positiven Ergebnisse schwanken, und es sind durchaus Ergebniszahlen unter 50% als hinreichend für einen positiven Versuchsablauf möglich. Auch wenn nur bei 35% oder 40% der Versuchspersonen in unserem Beispiel eine astigmatische Akkommodation nachgewiesen wird, sagt uns dieses Ergebnis sehr viel und bestätigt die Existenz einer solchen Akkommodation.

Zur dritten Gruppe gehören Versuche derart, festzustellen, ob dieser Vorgang im allgemeinen eine Regel ist oder nicht. Hier wird der Prozentsatz der positiven Untersuchungsergebnisse schon höher sein müssen als bei den Versuchen zu 2, um diese Aussage zu bestätigen. Jedoch sind Abweichungen durchaus möglich und nicht immer als anomal und pathologisch zu bezeichnen. Wenn wir also aussagen wollen, daß in der Regel ein vorhandener Astigmatismus durch eine ungleiche Akkommodation teilweise oder ganz kompensiert wird, werden wir uns nur mit einem Versuchsergebnis zufrieden geben, das uns einen höheren Prozentsatz positiver Ergebnisse liefert.

Man sieht aus diesen Beispielen, wie notwendig es ist, nicht nur das Ergebnis zu betrachten, sondern auch zu überlegen, in welche Gruppe der Versuch einzureihen und welches Ergebnis zu erwarten ist; dies muß in der biologischen Optik in erhöhtem Maße geschehen als es z. B. in der Physik der Fall ist.

Ich sagte, daß die Verschiedenheit der Individuen, die anatomische Verschiedenheit der Augenfehler und der Abbildungsfehler des Auges, die oft verschiedenen Möglichkeiten in einem lebenden Organ, ein bestimmtes Ziel zu erreichen, uns daran hindern, Gesetze zu erfassen. Hinzu kommt die Fähigkeit des Auges und des Sehorgans als Ganzes, eigene Fehler mehr oder weniger gut zu kompensieren, wie bereits ausgeführt wurde. Dieses hochempfindliche Organ ist in seiner Funktion außerdem abhängig vom Lebensalter und den Alterungsvorgängen, von dem Gesundheitszustand, der Ermüdung, der Gewöhnung, der Übung des Organes selbst als auch des Gesamtorganismus, von der Tageszeit, der Jahreszeit. Es sind Faktoren, die im Versuch berücksichtigt oder ausgeschaltet werden müssen, ohne dabei eigentlich unphysiologisch zu werden. Das läßt sich nicht immer erreichen, dann muß man sich aber dessen bewußt sein und diesen Umstand bei der Auswertung in Rechnung stellen.

Eine wesentliche Erscheinung im biologisch-optischen Experiment, die dem physikalischen Versuch fehlt, ist die, daß einer Empfindung oder Wahrnehmung einer zusammengesetzten Erscheinung ganz andere, neuartige Eigenschaften anhaftet, die aus den Einzelteilen und Einzelheiten der Erscheinung nicht vorher erschlossen werden können. Man spricht hier von dem Begriff der Ganzheit, der dieser komplexen Erscheinung angehört. Der größte Teil unserer Wahrnehmungen sind Wahrnehmungen solcher Ganzheitsqualitäten.

Ein Beispiel zeigt Ihnen das nächste Bild (Abb. 4). Wir haben im rechten oberen Bild zwei sägeförmige Linien und im linken oberen Bild eine Reihe gegeneinander etwas versetzter Striche. Beide Bilder sind ebenflächige Zeichnungen in der Bildebene. Vereinigt man sie zu dem unten dargestellten Bild, dann erhält man plötzlich den Eindruck einer räumlichen Anordnung. Dieser räumliche

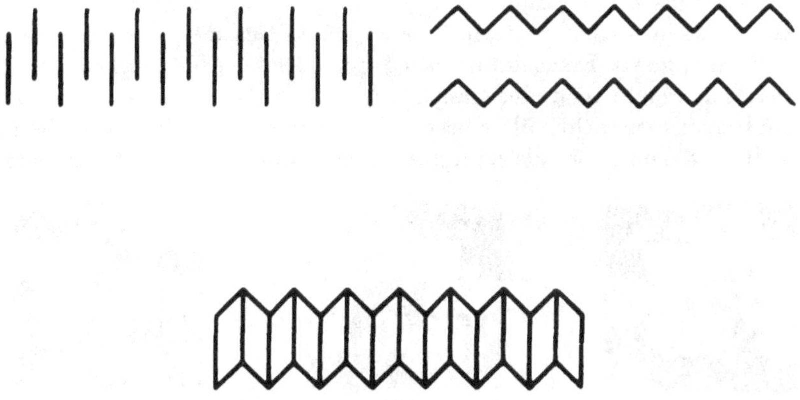

Abb. 4

Eindruck haftet nur dem vereinigten Bild an und kann aus den Einzelbildern nicht gefolgert werden.

Ein weiteres einfaches Beispiel hierfür haben wir beim Lesen. Es besteht ein großer Unterschied zwischen dem Wahrnehmen der einzelnen Buchstaben eines Wortes und dem Lesen eines Wortes. Dem Wort als komplexe Erscheinung haften andere Eigenschaften an, die nicht aus der Summe der Eigenschaften der Buchstaben erklärt werden können. Wir verbinden mit dem Wort sofort einen Sinn, das Wort vermag uns etwas zu sagen. Aber auch, wenn wir ein Wort einer uns fremden Sprache lesen und keinen Sinn damit verbinden können, ergibt sich eine bestimmte Aussprache oder ein bestimmter Klang, eine bestimmte Betonung. Es ist etwas ganz anderes als das bloße Aneinanderreihen und Nacheinanderaussprechen der einzelnen Buchstaben. Man kann selbst einmal den Versuch machen und eine sinnlose Aneinanderreihung von Buchstaben zu lesen versuchen und spürt den Unterschied zwischen der Wahrnehmung einer Summe von Eigenschaften der Buchstaben und der Ganzheitsqualität eines Wortes (Abb. 5).

Sehschärfe

Introspektion

ntaktehglo

Abb. 5

Auf der gleichen Ebene liegt einer der Gründe für die Schwierigkeiten bei den Sehschärfebestimmungen. Wir kommen nie von der Formempfindlichkeit des Auges ab und können sie nicht von der Trennschärfe des Auges trennen. Die Formempfindlichkeit hängt im wesentlichen mit den Ganzheitseigenschaften des Testes zusammen. Testzeichen, die eine willkürliche Form besitzen, wobei Strichstärke, Größe und Verteilung von Hell und Dunkel denen von Snellen oder Pflügerhaken entsprechen, ergeben plötzlich eine geringere Sehschärfe, bis zu 25% der Sehschärfe, die man mit Snellen- oder Pflügerhaken erhält (Abb. 6). Und gar erst der Unterschied zwischen unseren Fern- und Nahsehproben, der Unterschied in den Ganzheitseigenschaften einer Optotype und der eines Lesetextes, zeigt uns die Unzulänglichkeit dieser Untersuchungsverfahren für eine vergleichbare Sehschärfebestimmung.

Die Ganzheitseigenschaft unterliegt bestimmten Gesetzen, die von den Einzelteilen der komplexen Erscheinung abhängen. Diese Abhängigkeit ist Gegenstand der Untersuchungen der ganzheitspsychologischen Wahrnehmungsfunktionen und kann hier nicht näher besprochen werden. Wie diese Ganzheitseigenschaft z. B. mit dem Wort als komplexe Erscheinung und nicht mit dem Wort

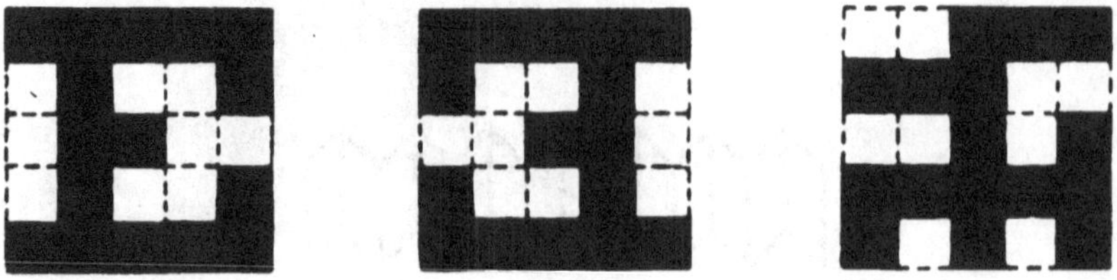

Abb. 6

als Summe der Buchstaben verbunden ist, zeigt die Möglichkeit, bis zu einem gewissen Grade Buchstaben fortzulassen, zu vertauschen oder durch falsche zu ersetzen, ohne auch nur im geringsten am Worteindruck etwas zu ändern, eine Tatsache, die jedem, der einmal Korrektur gelesen hat, in unangenehmer Erinnerung ist. Man muß tatsächlich dabei sehr genau die Buchstaben einzeln lesen, um evtl. vorhandene Fehler zu finden.

Und noch ein weiteres Beispiel einer Ganzheitseigenschaft sei erwähnt. Es ist die stereoskopische Tiefenwahrnehmung. Betrachten wir Gegenstände, die, von uns aus gesehen, im Raume hintereinander liegen, so fallen nur die Bilder von einem, nämlich dem unmittelbar angeblickten Gegenstand, auf korrespondierende, sich in der Wahrnehmung entsprechende Stellen der Netzhäute des Auges, so daß dieser Gegenstand einfach gesehen wird. Von allen anderen, vor oder hinter diesem Gegenstand liegenden Objekten fallen die Bilder auf nichtkorrespondierende Netzhautstellen, und es müßte Doppeltsehen dieser Objekte eintreten. Dies ist jedoch nur bei Gegenständen der Fall, die weit vor oder hinter dem betrachteten Gegenstand liegen. Für die anderen, weniger weit vor oder hinter liegenden Gegenstände gelingt dem Auge ebenfalls noch eine Vereinigung. Hierbei ergibt sich aber plötzlich aus den rein geometrisch seitlichen Differenzen zwischen den Bildlagen auf den Netzhäuten beider Augen ein Tiefeneindruck, der in keiner Weise vorher aus den wahrgenommenen Teilbildern zu erwarten ist. Die meisten Beobachter, die ein stereoskopisches Sehvermögen besitzen, kommen gerade in diesem Falle in den Genuß der plötzlich eintretenden Ganzheitsqualität des Tiefeneindruckes, wenn sie Bilder im Stereoskop betrachten. Erst eine gewisse Zeit nach Beginn der Betrachtung der Bilder entsteht für gewöhnlich der sterische Tiefeneindruck plötzlich und ohne Zutun des Beobachters.

Für die experimentelle Forschungsarbeit bedeutet diese Ganzheitsqualität eine Forderung besonderer Vorsicht und Beachtung. Wie schon früher angedeutet, ist es vollkommen unmöglich, beliebige Trennungen vorzunehmen. Bei jeder Teilung oder Isolierung eines Vorganges im Sehorgan muß man damit rechnen, gewaltsam eine Änderung vorgenommen zu haben, die das Ergebnis evtl. verfälscht.

Auch in der Anatomie haben ähnliche Überlegungen eingesetzt und zu gleichen ganzheitlichen Erkenntnissen geführt wie in der Wahrnehmungspsychologie. Auch hier betrachtet man heute neben der Funktion des einzelnen Organteiles im erhöhten Maße seine Funktion in Zusammenhang mit den anderen Organteilen und im Gesamtorgan. Man hat den Begriff der „funktionellen Einheit" geschaffen und versteht darunter die Zusammenfassung aller funktionell zusammenhängenden Teile in der Betrachtung. Die Größenordnung kann hier verschieden sein, und eine funktionelle Einheit einer bestimmten Größenordnung ist an sich nur wieder ein Teil einer funktionellen Einheit der nächsthöheren Größenordnung. Nur innerhalb einer funktionellen Einheit als Gesamtheit kann etwas über einen Teil und seine Funktion innerhalb dieser Einheit gesagt werden. Es ist nicht möglich, einen Teil isoliert zu untersuchen und dann etwas über seine Funktion in der höheren funktionellen Einheit auszusagen. Als Beispiel sei hier der Ziliarmuskel und seine bisher vertretene Aufgliederung in einen meridionalen, zirkularen und radiären Anteil genannt, deren Wirkungen man im einzelnen untersucht. Der Muskel kann nur als funktionelle Einheit untersucht werden, wobei sich zeigt, daß diese Dreiteilung nicht aufrechterhalten werden kann, da während der Veränderung des Muskels bei der Akkommodation die eine Faserrichtung sich in eine andere ändert.

Die Beispiele, die ich bisher nannte und auch die Aufzählung, die ich von der Bedeutung der biologischen Optik brachte, sind ein Beweis, daß eine Forschung in der „biologischen Optik" auch heute aktuell ist. Ich möchte aber abschließend ein besonders wichtiges Anwendungsgebiet noch nennen, um dessentwillen eine Forschung getrieben werden muß. Dies ist die Untersuchung und Behebung von Sehstörungen. Bereits die Ursachen, die zu vermehrten Beschwerden aufgrund von Sehstörungen Anlaß geben, wie z. B. die Beleuchtung mit Leuchtstoffröhren oder das Fernsehen, die erhöhten Anforderungen in der feinmechanischen Industrie, dem Röhren- und Transistorenbau, der Textilindustrie bringen ständig neue Probleme. Die Untersuchung einfacher Fehlsichtigkeiten erfordert immer genauere und kompliziertere Verfahren, um auch Fehler aufzudecken, an die man vor einiger Zeit noch gar nicht dachte. Schließlich ist die ganze Schwachsichtigen- und Schielbehandlung eine große soziale Aufgabe, denn 6 bis 10% der Bevölkerung leiden an diesen Fehlern, sind keine vollen Arbeitskräfte und fallen oft genug als vollkommen Erblindete, weil sie das einzige gesunde Auge durch Unfall auch noch verloren haben, ganz und gar aus. Schon aus diesen letztgenannten Gründen lohnt sich eine eigene Forschung in der biologischen Optik und die Loslösung von den anderen Wissensgebieten als eines ihrer Grenzgebiete.

Berlin-Adlershof, Institut für Optik und Spektroskopie der DAdW

Zusammenfassung

Unter Berücksichtigung einer ganzheitlichen Betrachtung des Sehvorganges sind wir weit davon entfernt, die auftretenden Probleme gelöst zu haben. An Hand von Beispielen aus den Anforderungen, die heutzutage an das Auge gestellt werden, wird die Notwendigkeit einer Forschung in der „biologischen Optik" dargelegt.

R. RIEKHER, Berlin

Über Brillengläser mit gleitender Dioptrienzahl

Als ich vor dem Krieg in der Augenoptikerlehre war, kam eines Tages eine alte Dame in den Laden. Sie packte 4 oder 5 Brillen aus und begann deren Verwendungszweck umständlich zu erläutern. Zu der ersten erklärte sie, „das ist meine Lesebrille", die zweite war ihre Wirtschaftsbrille, „die trage ich in der Küche beim Wirtschaften". Eine weitere Brille war für die Fernsicht bestimmt. Gespannt fragte ich nach dem Zweck der letzten Brille. Die Auskunft lautete: „Das ist meine Suchbrille, damit suche ich die anderen".

An diese kleine Episode mußte ich denken, als 1953 Herr Professor LAU die Frage stellte, ob es möglich sei, ein Brillenglas zu schaffen, das dem Alters-ich-

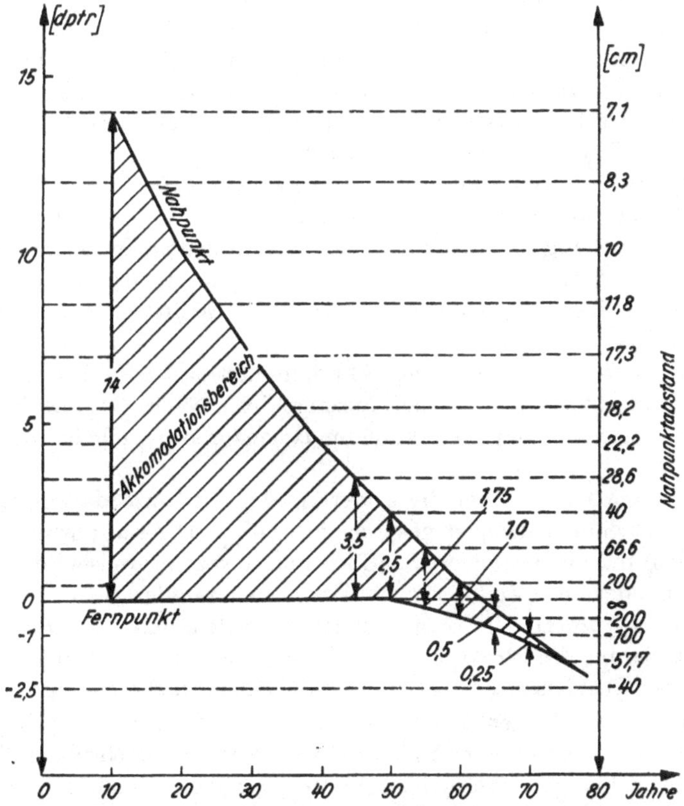

Abb. 1. Nah- und Fernpunktabstand des menschlichen Auges in Abhängigkeit vom Lebensalter

tigen einen stetigen Übergang von einem Fern- zu einem Nahbereich bietet. Daß der ältere Mensch auch mit zwei Brillen nicht in der Lage ist, den gesamten Sehraum vom normalen Leseabstand bis zur Ferne mit zwei Brillen vollständig zu erfassen, zeigt nicht nur das Beispiel der alten Dame, sondern auch die neuere Entwicklung der Trifokalbrillen.

Betrachtet man die durchschnittliche Abnahme der Akkommodationsbreite mit zunehmendem Alter (Abb. 1), so stellt man fest, daß bei einem 50jährigen die Akkommodationsbreite auf etwa 2,5 dptr gesunken ist. Ein 60jähriger verfügt nur noch über etwa 1 dptr Akkommodationsbreite. Fällt bei einem 50jährigen der Fernpunkt ins Unendliche, so kann er bei Ausnutzung der 2,5 dptr Akkommodationsbreite den Raum von Unendlich bis heran auf 40 cm scharf sehen. Für die kürzeren Entfernungen wird ein Nahzusatz benötigt. Ein Nahzusatz von 1 dptr würde – immer unter Ausnutzung der vollen Restakkommodation – den Nahpunkt auf etwa 28 cm heranrücken, also in eine bequeme Leseentfernung. Automatisch ist damit aber auch der Fernpunkt auf etwa 1 m herangerückt; das Glas ist für die Ferne unbrauchbar. Es beginnt der übliche Griff zur Brille, der nur durch ein Zweistärkenglas vermieden werden kann.

Betrachten wir noch kurz die Verhältnisse beim 60jährigen. In der Regel ist der Fernpunkt durch die Altershypermetropie um $^1/_2$ dptr über das Unendliche hinaus gerückt. Die verbliebene Akkommodationsbreite von nur 1 dptr ermöglicht dadurch nur ein scharfes Sehen von Unendlich bis auf etwa 2 m. Um in etwa 28 cm Abstand lesen zu können, wäre ein Nahzusatz von 3 dptr erforderlich. Dieses Nahglas reicht dann aber nur von etwa 28 cm bis etwa 40 cm. Der Zwischenbereich von 40 cm bis 2 m ist unscharf und kann nur durch eine weitere Zwischenstärke erschlossen werden. Es ist aber zu bedenken, wie wichtig im modernen Leben gerade dieser Zwischenbereich ist, sei es im Beruf oder daheim beim Fernsehen, beim Autofahren oder beim Betrachten von Schaufensterauslagen, Bildern oder dgl. mehr.

Über eine weitere Abnahme der Akkommodationsbreite bei noch höherem Alter gehen die Ansichten etwas auseinander. Nach Duane bleibt es im wesentlichen bei einer Dioptrie Akkommodationsbreite, auch bei noch höherem Alter.

Es soll hier auch nicht über die Änderung der Akkommodation des Auges in Verbindung mit dem Brillenglas gesprochen werden. Die Einführung sollte lediglich die Bedeutung des Problems umreißen und darauf hinweisen, daß der 50jährige bereits mindestens zwei, der noch Ältere aber mindestens drei verschiedene Stärken benötigt, um für alle Entfernungen volle Sehschärfe zu erlangen. (Dabei soll bei Emmetropie die Stärke Null miteinbezogen werden, denn hier handelt es sich ja um das Problem des Überganges von einer Stärke zur anderen).

Bis vor nicht sehr langer Zeit hat der alternde Mensch in der Regel auf die Ausnutzung des Zwischenbereichs verzichtet, denn 3 verschiedene Brillen sind schon eine recht lästige Angelegenheit. Heute versucht man durch die Entwicklung der Trifokalgläser, die überall sehr intensiv betrieben wird, auch diesen Bereich zu erfassen.

Zwei- und Dreistärkebrillen sind – so hoch die technische Leistung auch anerkannt werden muß – vom Standpunkt des blickenden Auges keineswegs eine ideale Lösung. Es treten bei diesen Gläsern nicht nur Bildsprünge und Bildverdoppelungen auf, sondern auch eine sprunghafte Änderung der Bildgrößen und des Akkommodationszustandes. Der Wunsch nach einem kontinuierlichen Übergang ist daher durchaus verständlich.

Als wir seinerzeit die Möglichkeit diskutierten, ein Brillenglas mit stetigem Übergang zu schaffen, war es uns zunächst gleich klar, daß dieses Glas nicht dadurch erreicht werden kann, daß man von einem Zweistärkenglas ausgeht und versucht, das Übergangsgebiet verlaufen zu lassen. Wir haben vielmehr gleich am Beginn unserer Betrachtungen eine Brillenglasform entworfen, bei der die eine Fläche eine asphärische Rotationsfläche ist, die so gelegt ist, daß die Rotationsachse mit der Nahsehrichtung übereinstimmt. Dabei muß also die Asphäre im Scheitelpunkt die stärkste Krümmung aufweisen, wenn die Konvexfläche des Brillenglases asphärisch ist. Umgekehrt muß die Krümmung nach dem Rande zunehmen, wenn die Konkavfläche des Glases asphärisch gestaltet wird. Die zweite Fläche des Brillenglases kann nach Bedarf sphärisch oder torisch sein.

Diese Glasform wurde aus optischen und auch aus technischen Überlegungen heraus gewählt. Das Glas hat einen mehr oder weniger ausgedehnten Nahbereich, von dem aus die Brechkraft nach allen Seiten stetig abnimmt, also auch nach unten. Das entspricht aber im allgemeinen den praktischen Erfordernissen. Für die kürzeren Abstände wird vorzugsweise die Blickrichtung schräg nach unten benötigt, für die größeren Entfernungen dagegen die oberen und seitlichen Teile der Gläser. Daß die Brechkraft vom Nahbezirk auch nach unten wieder abnimmt, ist sehr erwünscht, damit beim Gehen der Fußboden und Treppenstufen wieder deutlich gesehen werden. Aus technischen Gründen wurde diese Glasform gewählt, weil nur eine rotationssymmetrische Asphäre sich mit den Mitteln der heutigen technischen Optik einwandfrei herstellen läßt. Die Herstellung einer Fläche, die kein Rotationskörper ist, dürfte ein Problem besonderer Art sein.

Als Erzeugende für die Asphäre wurden zunächst Kegelschnitte in Betracht gezogen, und zwar weil wir uns in der Folge auf asphärische Außenflächen beschränkt haben: Ellipsen mit der großen Achse als Rotationsachse, Parabeln und Hyperbeln.

Von Herrn Dr. Jaeckel wurde damals ein Verfahren ausgearbeitet, um unter den Kegelschnitten geeignete Bogenstücke für den Übergang auszuwählen. Dabei wurden alle Kegelschnitte mit gleichem Scheitelradius 1 zusammengefaßt und dann die Punkte der verschiedenen Kegelschnitte miteinander verbunden, die den Radius N. 1 haben. Diese Kurvenzüge wurden als Äquiradialen bezeichnet. Sie bildeten ein ausgezeichnetes Hilfsmittel, um für jeden gewünschten Radienübergang ein passendes Kurvenstück zu finden. Herr Dr. Jaeckel hat in Jena vor 4 Jahren über seine Arbeit vorgetragen [1].

Über eine weitere Kurvengruppe als Erzeugende für die asphärische Fläche der Brillengläser hat Herr Dr. Jaeckel im Mai d. J. in Wien auf der Tagung der Gesellschaft für angewandte Optik berichtet [2]. Es sind dies die Mehrkreisevolventen. Bei diesen Kurven ist die Evolute aus Kreisbögen aufgebaut, die ohne Knick aneinandergesetzt sind. Die Mehrkreisevolventen haben den großen Vorzug, daß man den Kurvenverlauf und damit auch die Änderung der Flächenbrechkraft in beliebiger Weise variieren kann. Praktische Vorzüge sind die relativ einfache Berechnung der Kurven und die leichte und exakte Herstellbarkeit der Evoluten für Evolutenschleifmaschinen.

Die folgenden Ausführungen sollen sich auf einige Angaben über die Fehler der neuen Brillengläser beschränken, denn über den neuen Brillenglastyp selber und über die ersten Ergebnisse mit Versuchsgläsern wurde schon früher von Herrn Professor Lau vorgetragen [3], [4], [5], [6].

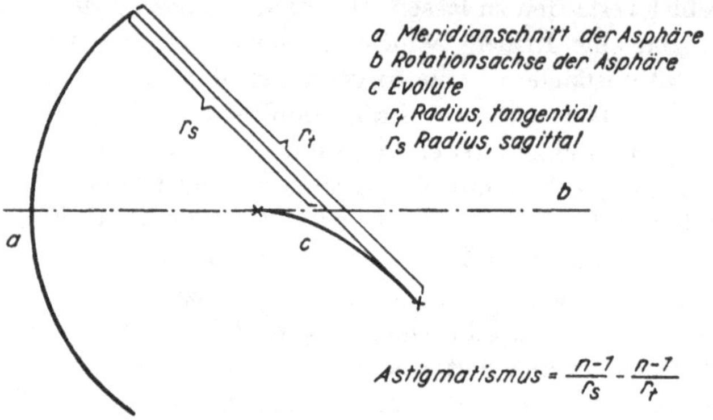

Abb. 2. Flächenastigmatismus an einer Asphäre

An jeder Asphäre tritt außerhalb der Rotationsachse ein Flächenastigmatismus auf (Abb. 2). Dieser ist dadurch bedingt, daß im Tangentialschnitt der Radius eines Flächenpunktes bis zur Evolute reicht, im Sagittalschnitt jedoch nur bis zur Rotationsachse der Asphäre.

Auf Abb. 3 ist die Flächenbrechkraft im Tangential- und Sagittalschnitt aufgetragen und darunter der dazugehörende Astigmatismus. Die Brechkraftabnahme bei diesen Beispielen beträgt im Tangentialschnitt 2 dptr. Nach Erreichen dieses Wertes ist ein Minimalwert beibehalten worden. Die Abnahme selber ist linear.

Abb. 3. Flächenbrechkraft und Astigmatismus bei gleichmäßiger Dioptrienänderung

In diesem Fall beträgt der Flächenastigmatismus 50% der tangentialen Brechkraftänderung bzw. $66^2/_3$% der mittleren Brechkraftänderung. Der Anstieg des Astigmatismus verläuft ebenfalls linear. Dabei ist es, wie man sieht, gleichgültig, von welcher Ausgangsbrechkraft man ausgeht.

Abb. 4 zeigt die entsprechenden Verhältnisse bei einer zunächst langsamen Abnahme des Brechwertes. Hier steigt auch der Astigmatismus langsam an, um jedoch dann über den Maximalwert, der vorher bei einer linearen Änderung erreicht wurde, hinauszugehen. Auch hier sind die Werte unabhängig von der Ausgangsbrechkraft.

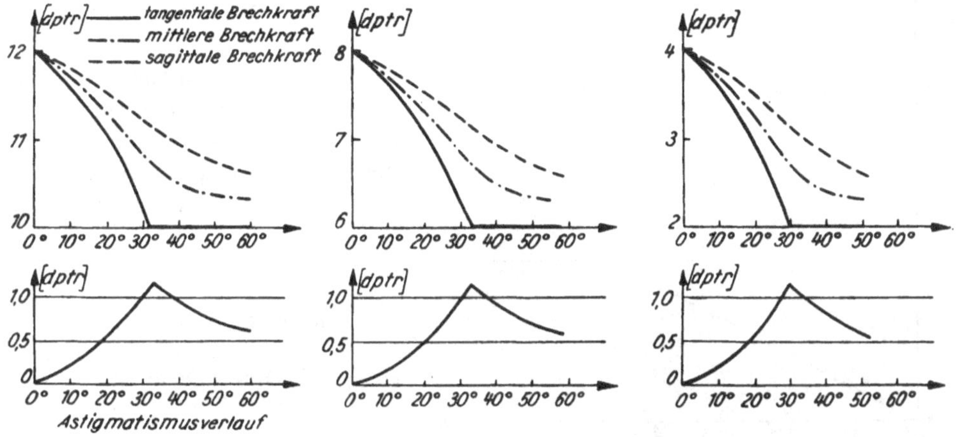

Abb. 4. Flächenbrechkraft und Astigmatismus bei am Anfang langsamer Dioptrienänderung

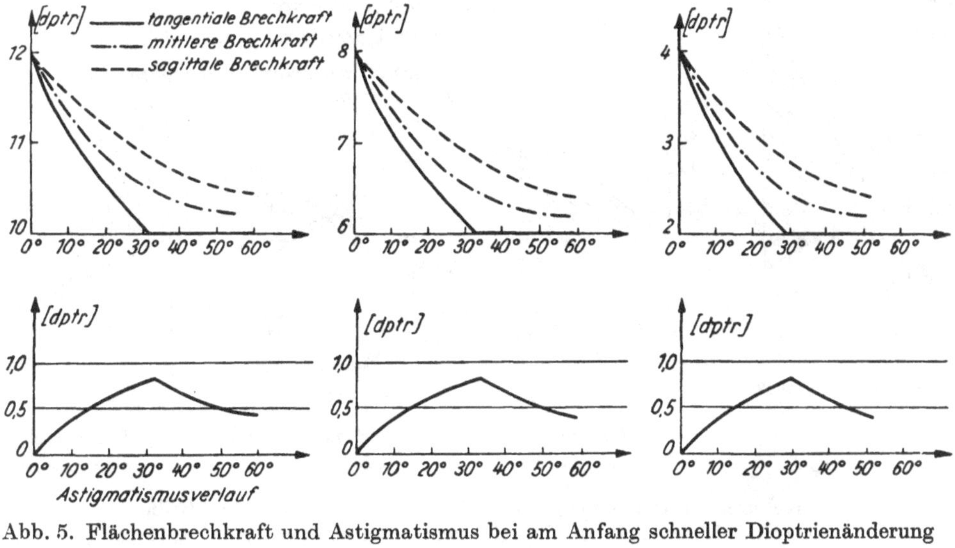

Abb. 5. Flächenbrechkraft und Astigmatismus bei am Anfang schneller Dioptrienänderung

Bei einer schnellen Änderung des Brechwertes am Anfang steigt auch der Astigmatismus schnell, bleibt aber dann relativ klein (Abb. 5). In Abb. 6 ist noch einmal eine lineare Änderung der Brechkraftabnahme über einen größeren Bereich verteilt. Am Astigmatismusverlauf und Höchstwert hat sich gegenüber den zuerst gezeigten Beispielen nichts geändert.

Faßt man diese Ergebnisse zusammen, so kann man sagen, daß in dem interessierenden Bereich der Flächenastigmatismus unabhängig von der Ausgangsbrechkraft

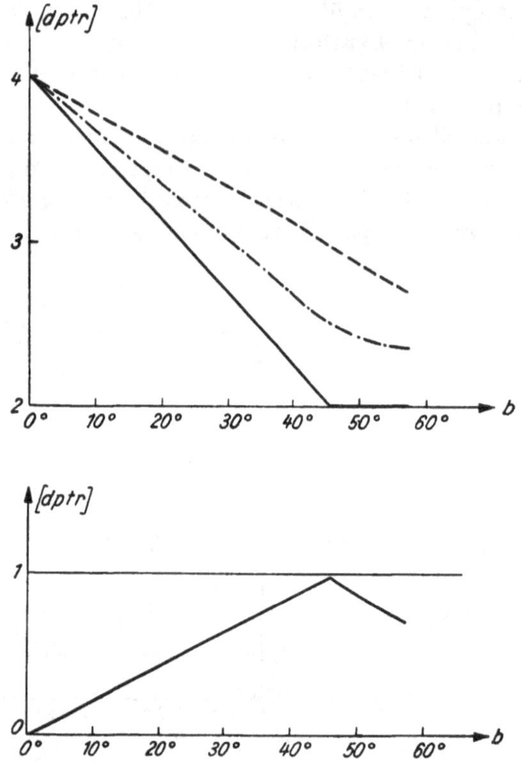

Abb. 6. Flächenbrechkraft und Astigmatismus bei gleichmäßiger Dioptrienänderung über größeren Bereich

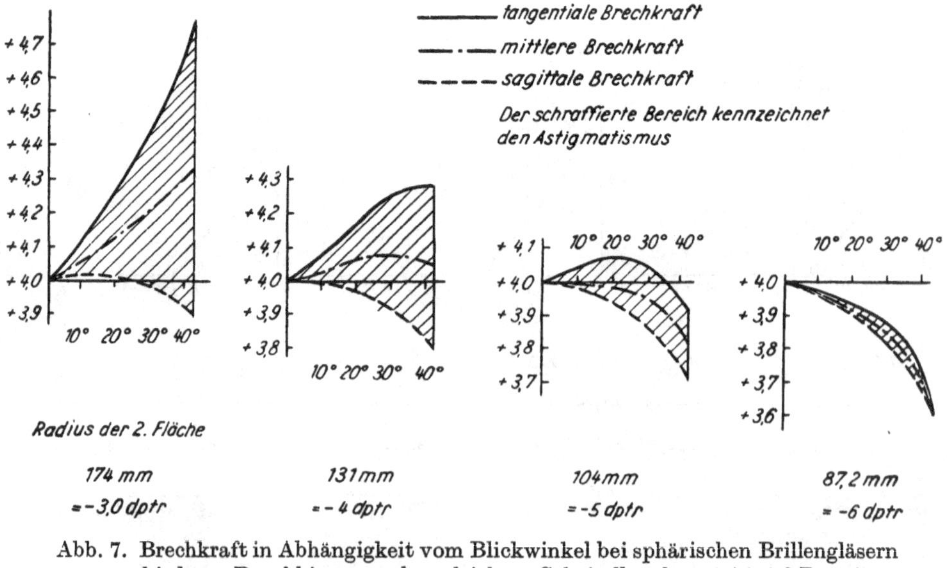

Abb. 7. Brechkraft in Abhängigkeit vom Blickwinkel bei sphärischen Brillengläsern verschiedener Durchbiegung, aber gleichem Scheitelbrechwert (+4,0 Dptr.)

ist und nur durch den prozentualen Verlauf der Dioptrienänderung vorgeschrieben wird.

Es bleibt somit die Durchbiegung des Glases als Freiheitsgrad, mit dem man versuchen kann, den Flächenastigmatismus zu mindern. Abb. 7 zeigt für einige sphärische Brillengläser gleicher Brechkraft, aber verschiedener Durchbiegung den Astigmatismus schiefer Bündel in Abhängigkeit von der Durchbiegung. Bei diesen Fällen liegt die tangentiale Kurve oben, d. h. der Astigmatismus hat ein anderes Vorzeichen als der Flächenastigmatismus unserer Asphären. Er ist bei flachen Gläsern am größten. Leider steigt bei diesen Gläsern aber auch die mittlere Brechkraft mit zunehmendem Blickwinkel an, was entgegen unseren Bestrebungen ist.

Der Astigmatismus schiefer Bündel hängt ferner außer von der Durchbiegung auch von der Gesamtbrechkraft des Glases ab. Die Aussichten, den Astigmatismus schiefer Bündel zur Kompensation des Flächenastigmatismus zu benutzen, sind deshalb bei stärkeren positiven Werten am günstigsten.

Weitere Möglichkeiten für eine Verminderung des Astigmatismus sind in der Orientierung der zweiten Fläche zur ersten und in der Orientierung des Glases zum Augendrehpunkt gegeben. Abb. 8 zeigt 3 besonders interessierende Fälle: bei a) liegen Augendrehpunkt und Krümmungsmittelpunkt der zweiten Fläche auf der Rotationsachse der Asphäre; bei b) ist der Krümmungsmittelpunkt der zweiten Fläche so gelegt, daß in der Glasmitte keine Prismenwirkung entsteht; bei c) liegt der Augendrehpunkt auf der Normalen zur Glasmitte. Der Fall b) verspricht trotz der Unsymmetrie die günstigsten Ergebnisse.

Um die Verhältnisse zu studieren, wurden an Versuchsgläsern eine Reihe von Messungen durchgeführt. Dabei wurde eine Meßanordnung benutzt (Abb. 9), die im Prinzip einem Scheitelbrechwertmesser entspricht, die jedoch eine Verschwenkung des Glases und des Beobachtungsfernrohrs gestattet. Rechts ist der Kollimator mit der verschiebbaren Marke, links das Beobachtungsfernrohr. Die Anordnung entspricht allerdings nicht ganz den Gebrauchsbedingungen, da die Messung auch in dem Nahbereich für eine unendlich große Dingweite erfolgt.

Erschwert werden die Messungen dadurch, daß man gezwungen ist, die Eintrittspupille auf etwa 3 mm zu verkleinern. Das entspricht etwa dem Pupillendurchmesser eines alterssichtigen Benutzers. Bei einer wesentlich größeren Pupille der Meßeinrichtung würde sich die Änderung des Brechwertes innerhalb des Pupillenbereiches störend bemerkbar machen.

Abb. 10 zeigt die Ergebnisse der Messungen eines Versuchsglases in zwei verschiedenen Orientierungen. Zum Vergleich ist der Verlauf der Flächenbrechkraft und des Flächenastigmatismus der Asphäre des gleichen Glases (Abb. 10a) vorangestellt. Die Änderung der Flächenbrechkraft beträgt bei diesem Glas im Tangentialschnitt etwa 1,5 dptr. Der Flächenastigmatismus steigt auf fast 1 dptr. Der gemessene Astigmatismus des Glases ist im Übergangsgebiet um fast 50% bzw. 40% kleiner als der Flächenastigmatismus. Die mittlere Dioptrienänderung ist im Fall c) etwas größer als im Falle b). Bei großen Blickwinkeln sinkt im

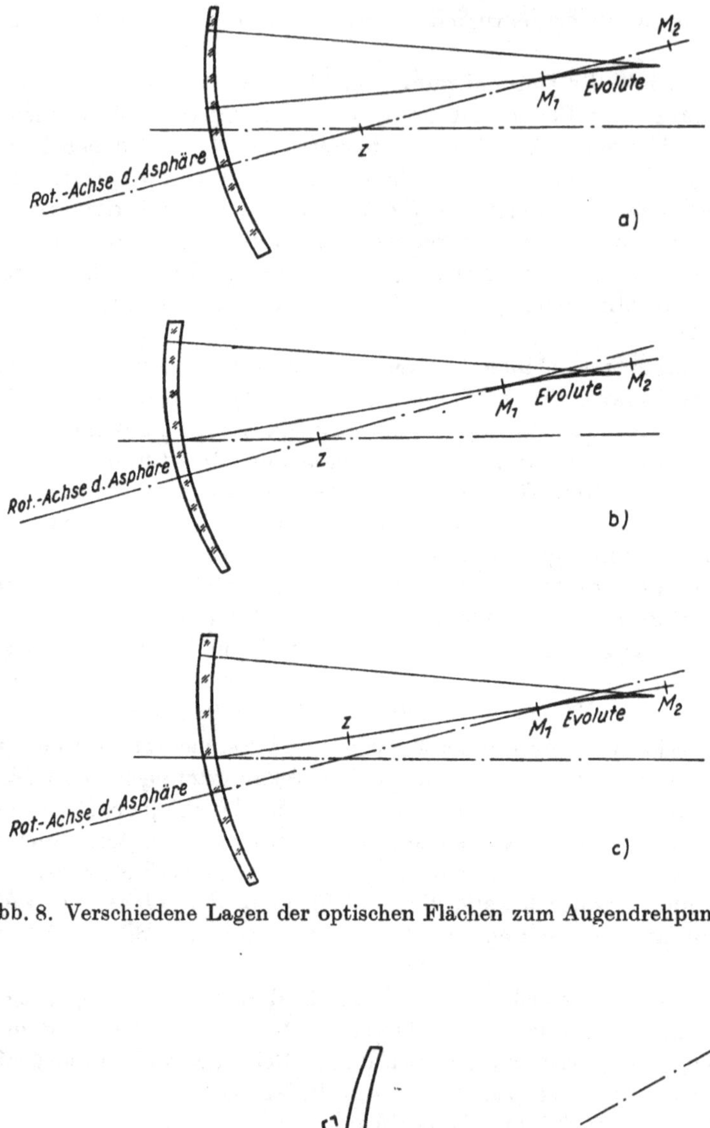

Abb. 8. Verschiedene Lagen der optischen Flächen zum Augendrehpunkt

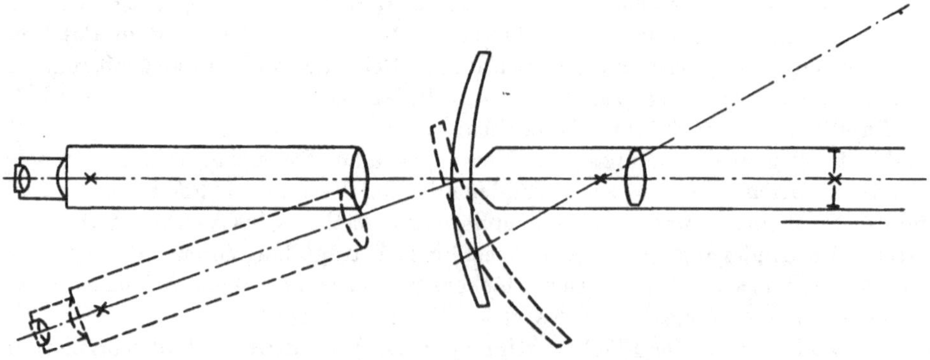

Abb. 9. Meßeinrichtung für Brillengläser

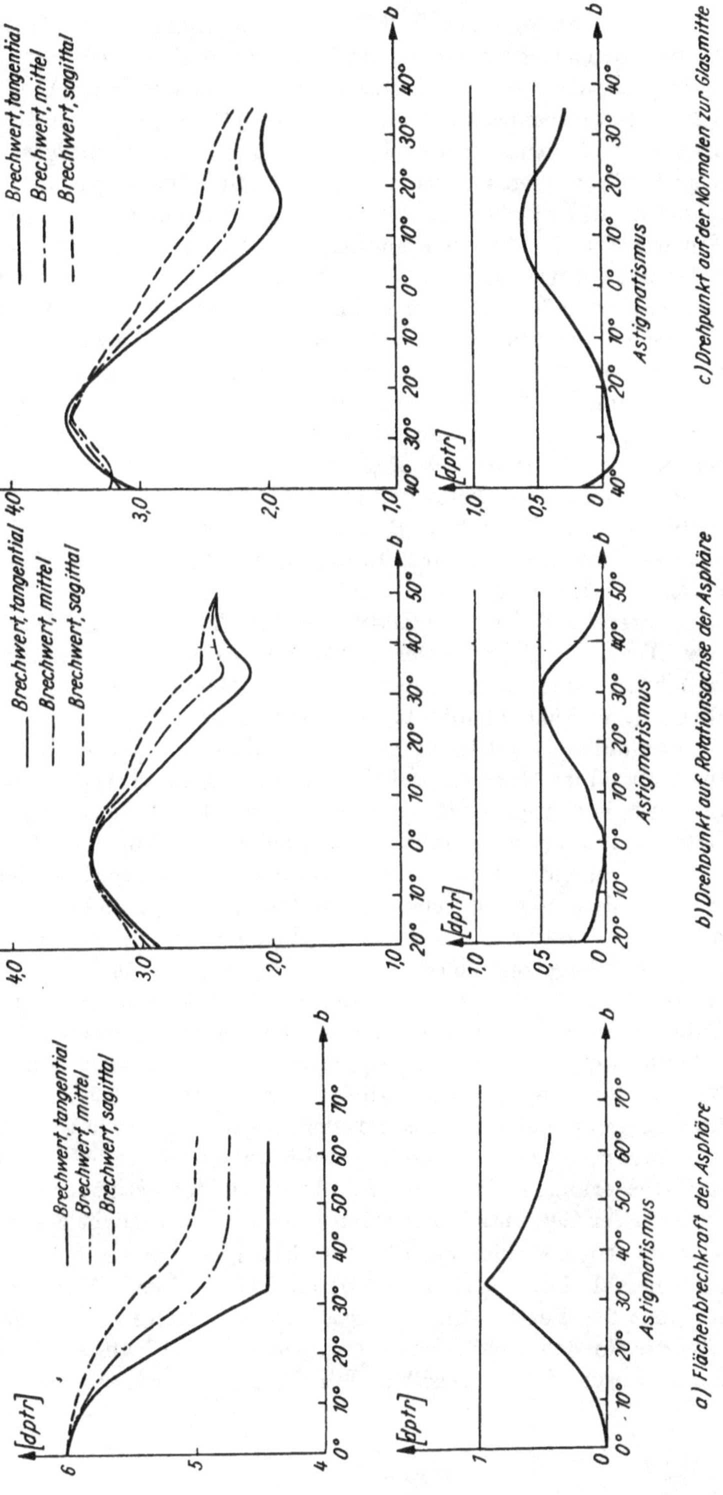

Abb. 10. Vergleich von Flächenbrechkraft (a) und gemessener Brechkraft an fertigem Glas (b und c)

Fall b) der Astigmatismus auf Null; er steigt allerdings dann bei noch größeren Winkeln, die nicht mehr gemessen werden konnten, wieder an.

Daß der gemessene Astigmatismus nicht das scharfe Maximum aufweist wie der Flächenastigmatismus, muß allerdings zum Teil darauf zurückgeführt werden, daß bei den Messungen mit einer endlich großen Pupille gearbeitet wurde.

Fassen wir die Ergebnisse zusammen, so können wir sagen, daß bei einer zunächst langsamen Brechkraftabnahme, wie sie für ein ausgedehntes Nahgebiet empfehlenswert ist, der Astigmatismus in dem Übergangsgebiet etwa 50 bis 60% der mittleren Dioptrieänderung beträgt. Bei einem mittleren Übergang von 1,5 dptr, also etwa 0,75 bis 0,9 dptr. Im Nahbereich ist kein Astigmatismus vorhanden, und im äußeren Fernbereich nimmt er ebenfalls ab.

Da die Brechkraft konzentrisch vom Nahbereich abnimmt, und demzufolge auch die Richtung des Astigmatismus in den verschiedenen Glasteilen radial zum Nahbereich liegt, ist es nicht möglich, durch eine torische Innenfläche den Astigmatismus für das konzentrisch liegende Übergangsgebiet überall aufzuheben oder zu vermindern. Man kann dadurch nur erreichen, daß der Astigmatismus in einem bestimmten Bereich, z. B. dem Vertikalbereich, in der Übergangszone vermindert oder aufgehoben wird. In den senkrecht dazu liegenden Teilen wird er dann um den gleichen Betrag erhöht, desgleichen tritt dann auch im Nahgebiet ein entsprechender Astigmatismus auf. Trotz dieser Einschränkungen bleibt der Weg, mit einer torischen Innenfläche zu arbeiten, bedeutungsvoll, denn man kann dadurch erreichen, daß der Astigmatismus in einem breiten Vertikalbereich so klein bleibt, daß er nicht mehr stört.

Nur in den äußeren seitlichen Teilen des Glases ist der Astigmatismus dann bemerkbar, aber hier stört er praktisch kaum, da diese Teile vorzugsweise für das indirekte Sehen wichtig sind. Sie werden für die Orientierung im Raum benötigt. Dem Auge dienen die im indirekten Sehen empfangenen Reize als Signale für eine einzuschlagende Blickrichtung. Erfahrungsgemäß wird hierbei ein geringer Astigmatismus als weniger störend empfunden als Doppelbilder bzw. sprunghafte Lage und Größenänderungen, wie sie an jedem Zweistärkenglas auftreten.

Da fast jedes Auge mit einem geringen Astigmatismus behaftet ist (physiologischer Astigmatismus), der sehr häufig 0,5 bis 0,75 dptr beträgt, gibt es eine Reihe Fälle, wo auf die torische Innenfläche verzichtet werden kann. Es sind dies die häufigeren Fälle, wo ein sogenannter „Astigmatismus mit der Regel" vorhanden ist. Bei diesen Fällen wird im Vertikalschnitt der Astigmatismus des Glases im Übergangsgebiet vermindert oder aufgehoben. Ist dagegen der Astigmatismus des Auges „gegen die Regel", so muß unbedingt ein Ausgleich durch eine torische Fläche erfolgen, da durch das Addieren der astigmatischen Fehler im Vertikalschnitt der Gesamtastigmatismus über das Verträgliche gesteigert würde.

Am eigenen Auge konnte ich die Auswirkungen der Astigmatismuskompensation im Vertikalschnitt sehr gut studieren. Durch einen physiologischen Astigmatismus „mit der Regel" von 0,75 dptr wird für mich im Übergangsgebiet der Astigmatismus für den Vertikalschnitt aufgehoben. Im Nahbereich ist der Astigmatismus praktisch nicht bemerkbar. Für die Ferne wird erst bei seitlichen Winkeln von über etwa 15^0 der Astigmatismus bemerkbar, aber erst beim Fixieren durch über 25^0 seitlich gelegene Glasteile störend. Bei tagelangem Gebrauch hatte ich jedoch nie das Gefühl, diese Teile für das Fixieren zu benötigen, jedoch unbedingt für das indirekte Sehen. Dabei wurde von mir das ungestörte Blickfeld des Glases als weit angenehmer empfunden als das zerrissene Gesichtsfeld einer zum Vergleich getragenen Zweistärkenbrille.

Zum Schluß noch ein kurzer Vergleich mit einer Trifokalbrille. Bei Trifokalgläsern ist zwar kein störender Astigmatismus vorhanden, aber streng punktuelle Abbildung kann auch hier nicht für alle Bereiche erreicht werden. Von Nachteil sind jedoch die Übergangsstellen, an denen oft sehr störende Reflexe auftreten. Für das blickende Auge fällt an jeder Übergangsstelle ein Bereich von etwa 7 bis 10^0 für das deutliche Sehen vollständig aus, denn in diesem Bereich überlappen sich die Bilder, die durch die beiden anstoßenden Glasteile erzeugt werden, mehr oder weniger stark. Das bedeutet aber, daß bei einem Trifokalglas mit 3 Übergängen in der Vertikalen insgesamt über 20^0 für ein scharfes Sehen ausfallen. Das Auge gewöhnt sich zwar im allgemeinen an diese Übergänge, aber man sieht, daß für die kurze und mittlere Entfernung dadurch doch nur recht kleine Fensterchen übrig bleiben. Das Ziel der Brillentechnik über das ganze Blickfeld weitgehend gleichmäßig gut zu sehen, wurde somit bei diesen Gläsern keineswegs erreicht.

Zusammenfassung

Für den alterssichtigen Menschen bildet die Abnahme des Akkommodationsvermögens eine Unannehmlichkeit, die auch durch Zwei- und Mehrstärkengläser nicht in vollauf befriedigender Weise beseitigt wird. Bei diesen Gläsern ändert sich die Brechkraft beim Übergang von einem Bereich zum anderen immer sprunghaft, außerdem treten in vielen Fällen noch Bildsprünge auf. Es wird über gemeinsam mit den Herren Prof. Lau und Dr. Jaeckel durchgeführte Versuche berichtet, deren Zielsetzung ein Brillenglas mit kontinuierlichem Übergang vom Fern- zum Nahteil ist. Der an den Asphären der neuen Gläser auftretende Flächenastigmatismus wird besprochen und die Kompensationsmöglichkeiten dafür werden diskutiert.

Berlin-Adlershof, Institut für Optik und Spektroskopie der DAdW

Literatur

[1] Jaeckel, G., Die Äquiradialen — ein Hilfsmittel zur Auswahl geeigneter Kegelschnitte für die Erzeugung asphärischer Flächen. Arbeitstagung Optik 26.—27. 3. 1954 in Jena, Deutscher Verlag der Wissenschaften Berlin, 1954.

[2] Jaeckel, G., Die Mehrkreisevolvente als Hilfsmittel für die Berechnung apshärischer Brillengläser. Optik, **15**, 10, 606 (1958).

[3] Lau, E., Weiterentwicklung in der Brillenoptik. Vortrag auf der 3. Fachtagung der Augenoptiker Leipzig 1955. Wiss. Ann. 5 825 (1956).

[4] Lau, E., Brillenglas mit gleitender Dioptrienzahl nach einer Arbeit gemeinsam mit Dr. Jaeckel und R. Riekher. Vortrag auf der Tagung der Deutschen Gesellschaft für angewandte Optik in Berlin, Mai 1956.

[5] Lau, E., Brillengläser mit gleitender Dioptrienzahl. Vortrag auf der Augenoptikertagung in Köln, Oktober 1956.

A. MARECHAL, Paris

La diffusion résiduelle des surfaces polies

Les surfaces polies diffusent une faible quantité de lumière que l'on ne peut étudier que dans le cadre de la théorie de la diffraction. Les légères irrégularités de la surface se retrouvent à un facteur près sur la surface d'ondre réfléchie ou réfractée. Il en resulte que l'amplitude vibratoire sur une surface de référence peut s'écrire sous la forme

$$e^{jk\Delta} \cong 1 + jk\Delta\,.$$

où Δ est le faible chemin optique aléatoire dû aux irrégularités. L'amplitude diffractée s'exprime alors par la transformée de FOURIER de la répartition des amplitudes sur la surface de référence et elle se décompose en deux termes:

1. Le terme régulier, faisant apparaître la diffraction normale de la pupille.

2. Le terme aléatoire, qui donne naissance à la diffusion.
   On peut alors étudier:

   a) l'énergie totale diffusée; on trouve qu'elle est égale à $\frac{4\pi^2}{\lambda^2}\overline{\Delta^2}$ si l'on prend comme unité l'énergie totale qui traverse la pupille. Ce résultat est à rapprocher de l'expression (identique) de la perte d'éclairement au centre d'une tache de diffraction en présence de faibles abberrations [1].

   b) La répartition angulaire du flux diffusé. On trouve pour expression de l'éclairement dans le plan focal d'une lentille de distance focale f:

$$D(y', z') = 4\pi^2 f^2 E_0^2 \Omega \frac{\overline{\Delta^2}}{\lambda^4} \Phi\left\{\frac{y'}{\lambda}, \frac{z'}{\lambda}\right\}$$

où:

Ω — est l'angle solide sous lequel on voit la surface diffusante (ou encore la lentille);
E_0 — est le champ électrique sur la pupille;
Φ — est une fonction de deux variables qui est la transformée de FOURIER de la fonction d'autocorrélation des défaut Δ

Ce résultat a été soumis à des expériences préliminaires et la vérification paraît satisfaisante.

Le détail des calculs sera publié très prochainement dans Optica acta [2].

Paris, Institut d'Optique théorique et appliquée

Zusammenfassung

Das durch geringfügige Abweichungen brechender oder spiegelnder polierter Flächen von der mathematisch genauen Sollform entstehende Streulicht wird mit Hilfe der Wellentheorie untersucht. Dabei tritt in einem Gliede die normale, durch die Pupille bewirkte Beugung auf, und an einem zweiten wirken sich die Streueinflüsse der statistisch verteilten Flächendeformationen aus. Dann werden das gesamte Streulicht und seine winkelmäßige Verteilnug untersucht. Vorläufige Experimentaluntersuchungen haben ausreichende Übereinstimmung mit der Theorie ergeben.

Literatur

[1] MARECHAL, A., These, Revue d'Optique **26**, (1947). 264
[2] MARECHAL, A., Optica Acta V p. 71 (1958)

B. SCHNABEL, Jena

Zur Beugungstheorie der Bildfehler

Ausgangspunkt für eine Beugungstheorie der Abbildung ist irgendeine Form des HUYGENSschen Prinzips, z. B. der KIRCHHOFFsche Satz:

$$u_p = \frac{1}{4\pi}\int\left\{u\cdot\frac{\partial}{\partial n}\left(\frac{1}{s}\exp(-iks)\right) - \frac{\partial u}{\partial n}\cdot\frac{1}{s}\exp(-iks)\right\}df$$

Als beugende Öffnung fungiert in diesem Falle die Austrittspupille des Systems. Nach dem Einsetzen der Randwerte

$$u = \frac{A}{R}\exp[ik(R-V)]$$

$$\frac{\partial u}{\partial n} = -\frac{A}{R^2}(1-ikR)\cos(R,n)\exp[ik(R-V)],$$

wo V als Funktion der Koordinaten in der Austrittspupille und des Abstandes des GAUSSschen Bildpunktes von der optischen Achse die geometrisch-optischen Eigenschaften des Systems charakterisiert, kann das Integral ausgerechnet werden.

Mit dieser Aufgabe haben sich bereits mehrere Autoren befaßt. Es seien hier NIJBOER und ZERNIKE, MARÉCHAL und SLEVOGT genannt. Diesen Arbeiten ist das folgende gemeinsam. Es werden Koordinaten verwendet, die sich auf den Hauptstrahl beziehen. Außerdem wird immer mit kreisförmiger Austrittspupille gerechnet. Der Rand der Austrittspupille ist aber in diesen Koordinaten für ein schiefes Bündel kein Kreis, sondern eine Ellipse, deren Exzentrizität mit zunehmender Neigung des Hauptstrahls gegen die optische Achse wächst. Für die Behandlung großer Gesichtsfelder, z.B. bei Fotoobjektiven, sind die zitierten Arbeiten nicht gut verwendbar. Als Integrationsfläche in der Austrittspupille wird in den obigen Arbeiten zunächst eine Kugel um den GAUSSschen Bildpunkt verwendet. Im Verlauf der Rechnung findet jedoch näherungsweise ein Übergang zu der Ebene senkrecht zum Hauptstrahl statt, die die erwähnte Kugel im Durchstoßpunkt des Hauptstrahls berührt. Das verursacht einen prinzipiellen Fehler, der mit wachsender relativer Öffnung des Systems wächst. Für die Behandlung von Systemen großer relativer Öffnung sind die erwähnten Arbeiten also ebenfalls nicht gut anwendbar. Es kommt hinzu, daß bei schiefen Bündeln auch Vignettierung auftreten kann. Zu diesem Problem liegt beugungstheoretisch eigentlich noch gar keine Lösung vor, es findet sich lediglich bei SLEVOGT eine Bemerkung dazu.

Die beugungstheoretische Behandlung von Systemen großer relativer Öffnung und mit großem Gesichtsfeld kann nun folgendermaßen durchgeführt werden. Anstelle der Kugel um den GAUSSschen Bildpunkt wird die achsensenkrechte

Ebene durch die Austrittspupille als Integrationsgebiet verwendet. Dementsprechend werden Koordinaten benutzt, die sich auf die optische Achse beziehen. Man erhält so:

$$u_p = \frac{i A a^2}{\lambda R_0^2} \int_0^1 \int_0^{2\pi} \frac{1}{R^{*2} s^*} \exp\left[i k (R - s - V)\right] r \, dr \, d\varphi$$

mit

$$R_0 = [d^2 + \sigma^2]^{1/2}$$

$$R^* = \left[\left(\frac{d}{R_0}\right)^2 + \left(\frac{\sigma - \eta}{R_0}\right)^2 + \left(\frac{\zeta}{R_0}\right)^2\right]^{1/2}$$

$$s^* = \left[\left(1 + \frac{x}{d}\right)^2 + \left(\frac{y - \eta}{d}\right)^2 + \left(\frac{z - \zeta}{d}\right)^2\right]^{1/2}$$

$$\left.\begin{array}{ll} \xi = -d & \\ \eta = a r \cos\varphi & 0 \leqq r \leqq 1 \\ \zeta = a r \sin\varphi & 0 \leqq \varphi \leqq 2\pi \end{array}\right\} \text{Koordinaten in der Austrittspupille}$$

x, y, z: Koordinaten des Aufpunktes (der Ursprung liegt im Durchstoßpunkt der Achse durch die Gaussssche Ebene)

$k = \frac{2\pi}{\lambda}$: Wellenzahl

R: Abstand Gaussscher Bildpunkt—Austrittspupille

s: Abstand Aufpunkt—Austrittspupille

σ: Abstand Gaussscher Bildpunkt—optische Achse

Lediglich die Voraussetzung

$$\cos(R, n) \approx \cos(s, n)$$

wurde bei der Ableitung benutzt, d.h. der Aufpunkt darf nicht zu weit vom Gaussschen Bildpunkt entfernt sein. Diese Annahme bedeutet aber keine wesentliche Beschränkung des Anwendungsbereichs der Theorie. Die weitere Berechnung des Integrals kann nun z. B. in entsprechender Weise geschehen, wie es in der oben angegebenen Arbeit von Slevogt geschildert ist.

Bei Vignettierung tragen mindestens zwei kreisförmige körperliche Blenden zur Bildung der Austrittspupille bei. Es ist also über die beiden Kreisabschnitte zu integrieren, die als Teile der beiden Austrittspupillenöffnungen zur Wirkung kommen:

$$u_p = \iint_{(1)} B_1(a_1, d_1) \, r \, dr \, d\varphi + \iint_{(2)} B_2(a_2, d_2) \, r \, dr \, d\varphi$$

$$B = \frac{i A a^2}{\lambda R_0^2 \, R^{*2} s^*} \exp\left[i k (R - s - V)\right]$$

Als Folge der erwähnten Wahl von Integrationsfläche und Koordinaten lassen sich die zugehörigen numerischen Integrationen ausführen.

Auch im Zuge der vollständigen Berechnung eines optischen Systems bietet die skizzierte Methode Vorteile. Sie findet infolge der Wahl der Koordinaten zwanglos Anschluß an eine eikonaltheoretische Berechnung der Bildfehlerfunktion V nach der Methode von H. Marx [2].

Zusammenfassung

Zunächst werden die Beschränkungen des Anwendungsbereiches vorhandener Theorien diskutiert. Daran anschließend wird eine neue Theorie skizziert, die für beliebige Öffnungen und beliebige Hauptstrahlneigung gültig ist. Auch Vignettierung läßt sich ohne zusätzliche Annahmen behandeln. Im Anschluß an eikonaltheoretische Rechnungen von H. Marx gestattet die neue Theorie die vollständige Berechnung eines optischen Systems. Eine ausführliche Veröffentlichung erfolgt demnächst in der Zeitschrift „Optik".

Jena, Theoretisch-Physikalisches Institut der Friedrich-Schiller-Universität

Literatur

[1] Slevogt, Optik, **14**, 377 (1957).
[2] Marx, H., Optik, **4**, 97 (1949).

H. E. FINCKE, Jena

Bisphärische Flächen als Korrektionsmittel in der photographischen Optik

Es sind Versuche bekannt geworden [1], den Öffnungsfehler zusätzlich dadurch zu beeinflussen, daß man sammelnde bzw. zerstreuende Flächen am Rande mit einer von der Linsenmitte etwas abweichenden zweiten Krümmung (Bisphäre) versieht, die ringförmig, d. h. zentrisch zur optischen Achse verläuft. Im Durchstoßungskreis beider Sphären sind dann zwei Normalen wirksam, deren Richtungen – wenn auch nur in geringem Maße – voneinander abweichen. Für ein bestimmtes Öffnungsverhältnis – im folgenden Beispiel 1:3,5 – folgen daraus zwei Schnittweiten eines Achsenparallelstrahls und dementsprechend auch zwei verschiedene Brennweiten (Abb. 1). Es handelt sich also nicht um einen stetigen Übergang wie bei asphärischen Flächen.

Geometrisch-optisch lassen sich also mit Hilfe einer oder mehrerer bisphärischen Flächen die Querabweichungen des Öffnungsfehlers reduzieren. Der Einfluß einer solchen Korrektion auf die Abbildung in der Achse – nur um eine solche handelt es sich, da die schrägen Bündel die Bisphäre voraussetzungsgemäß weder ganz noch zum Teil durchsetzen sollen – läßt sich durch eine wellenoptische Untersuchung abschätzen.

Nach dem bereits 1954 vom Verfasser angewendeten Verfahren [2] wurde auf der Grundlage der geometrisch-optischen Aberrationen mit Normierung des Randes (h_{Rd}) durch

$$\frac{h^2}{h_{\mathrm{Rd}}^2} = q\,, \quad \text{wobei} \quad 0 \leqq q \leqq 1{,}0 \text{ ist,}$$

die Definitionshelligkeit nach STREHL berechnet. Trotz der möglichen Bedenken gibt sie erfahrungsgemäß einen recht zuverlässigen Einblick in die Beziehungen zwischen Lage der Bildebene, Bildschärfe und Kontrast. Setzt man willkürlich die Helligkeit im Zentrum des axialen Beugungsscheibchens bei idealer Strahlenvereinigung auf 100 fest, so wird durch die Gangunterschiede (Phasendifferenzen) kl zwischen der ideal sphärischen und einer infolge des Öffnungsfehlers rotationssymmetrisch deformierten Wellenfläche die Beleuchtungsstärke im Zentrum zum Teil wesentlich niedrigere Werte aufweisen und es kommt nach dem Energiegesetz zu einer Aufhellung und Verbreiterung des Ringsystems, wodurch Bildschärfe und Kontrast erheblich absinken können.

Entwickelt man die durch den Öffnungsfehler hervorgerufenen Abweichungen $\Delta s'$ nach Potenzen von q, so erhält man

$$\Delta s' = a_1 q + a_2 q^2 + a_3 q^3 + \cdots$$

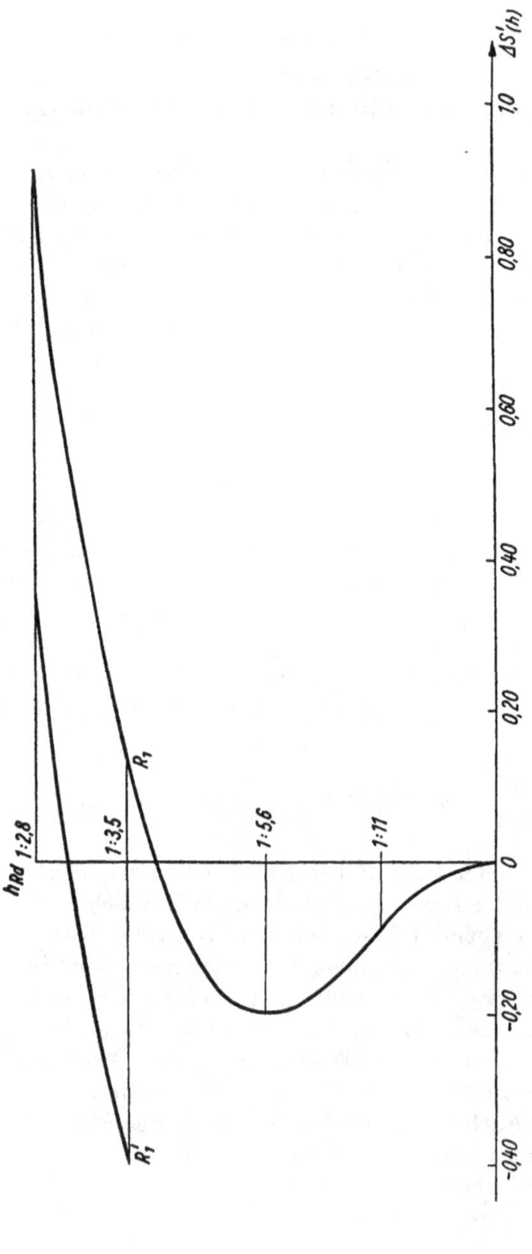

Abb. 1.
Kurve der sphärischen Aberration.
Für das Öffnungsverhältnis 1: 2,8 wurde starke Überkorrektion des Randes angenommen.
Durch Anbringung einer bisphärischen Fläche bricht aber die Kurve beispielsweise bei R_1 ab und wird bei R_1' bis zum Rand fortgesetzt

Die ihnen entsprechenden Wellenaberrationen kl in Punkten auf der optischen Achse mit den Koordinaten $q = 0$, $\Delta s' = \xi$ folgen letztlich aus

$$kl = \frac{k}{8B^2} \int_0^1 (\Delta s' - \xi) \cdot dq$$

$$= \frac{k}{8B^2} \left[\frac{a_1}{2} q^2 + \frac{a_2}{3} q^3 + \frac{a_3}{4} q^4 - \xi q \right]_0^1,$$

wenn man das Polynom für $\Delta s'$ einsetzt und die Integration ausführt [3]. Dabei ist $k = \frac{2\pi}{\lambda}$ die Wellenzahl und B die maximale Öffnungszahl des Objektivs.

Im Falle *einer* bisphärischen Fläche erhält man *zwei* Kurven der sphärischen Aberration (Abb. 1), nämlich

$$\Delta s'_a = a_1 q + a_2 q^2 + a_3 q^3 \qquad 0 \leqq q \leqq q_1$$

$$\text{und} \quad \Delta s'_b = b_1 q + b_2 q^2 + b_3 q^3 \qquad q_1 \leqq q \leqq 1{,}0$$

und dementsprechend

$$kl = \frac{k}{8B^2} \left[\int_0^{q_1} \Delta s'_a \cdot dq + \int_{q_1}^1 \Delta s'_b \cdot dq - \int_0^1 \xi \, dq \right]$$

Durchgeführte Rechnungen, denen ein absichtlich stark überkorrigiertes Tessar zugrunde lag, ergaben, daß es für prinzipielle Untersuchungen erlaubt ist, die Kurve $\Delta s'$ an einer Stelle q_1 (z. B. bei 1:3,5, s. Abb. 1) mit Hilfe einer Konstanten c (z. B. $R_1 R'_1$) seitlich zu versetzen, so daß eine Sprungstelle entsteht, wie das aus Abb. 1 ersichtlich ist. Es ist dann

$$b_1 = a_1$$

$$b_2 = a_2$$

$$b_3 = a_3$$

Die Frage ist nur, wie groß man c zu wählen hat, um eine möglichst hohe Definitionshelligkeit zu erreichen.[1]) Denn diese hängt wesentlich von einem geeigneten Wert des Parameters c ab. Man hat also

$$\Delta s_a' = a_1 q + a_2 q^2 + a_3 q^3 \qquad \text{für} \quad 0 \leqq q \leqq q_1$$

$$\text{und} \quad \Delta s_b' = a_1 q + a_2 q^2 + a_3 q^3 - c \qquad \text{für} \quad q_1 \leqq q \leqq 1{,}0$$

und erhält letztlich für

$$kl = \frac{k}{8B^2} \left\{ \left[\frac{a_1}{2} q^2 + \frac{a_2}{3} q^3 + \frac{a_3}{4} q^4 \right]_0^1 - \left[c \cdot q \right]_{q_1}^1 - \left[\xi \cdot q \right]_0^1 \right\}$$

Gilt für die Lichterregung u einer idealen Welle im Aufpunkt P der zeitfreie Ansatz

$$u_p = A \exp(i k x)$$

[1]) Über diesbezügl. Ergebnisse s. d. Untersuchungen d. Verf. in Jenaer Jahrbuch 1959 I S. 55—58.

wobei A die Amplitude, i die imaginäre Einheit und x der Laufweg der Welle bis zum Aufpunkt bedeuten, so läßt sich eine mit sphärischer Aberration behaftete Welle beschreiben durch

$$u_p = A \cdot \exp[i\,k\,(x + l)] = A \cdot e^{ikl} \cdot e^{ikx}$$

d. h. der Laufweg variiert mit dem Betrag der Wellenaberration l. Die komplexe Amplitude

$$A \cdot e^{ikl} = e^{\frac{2\pi i}{\lambda} \cdot l}$$

ist von λ und l abhängig. Bedient man sich der Eulerschen Beziehung

$$u_p = A\,(\cos kl + i \sin kl),$$

so ist die Definitionshelligkeit J proportional dem Quadrat der Summe der Erregungszustände u_p genommen über 0 bis 1,0 der normierten Einfallshöhe q, also

$$J \approx \left[A \int_0^1 \cos kl \cdot dq\right]^2 + \left[A \int_0^1 \sin kl \cdot dq\right]^2$$

In der Rechnung setzen wir die Amplitude $A = \text{const} = 1{,}0$.

Im Falle einer bisphärischen Fläche ist dabei zu beachten, daß l aus zwei verschiedenen Funktionen $\Delta s'$ innerhalb der Bereiche $0 \leqq q \leqq q_1$ und $q_1 \leqq q \leqq 1{,}0$, die sich u. U. nur durch eine additive Konstante unterscheiden, berechnet werden muß.

Die Rechnung läßt sich so einrichten, daß man sofort die Definitionshelligkeit in % erhält.

Zugrunde gelegt wurde die in Abb. 1 gezeigte Kurve des Öffnungsfehlers eines Objektivs 1:2,8 $f = 50$ mm. Wie bereits in [2] mitgeteilt wurde, erhält man stets mehrere Maxima der Definitionshelligkeit zwischen Zone und Gaussschem Brennpunkt. Experimentell zeigt sich, daß durch den absolut größten Wert J die beste Bildebene (optimales Verhältnis zwischen Bildschärfe und Kontrast) bestimmt ist. Erfahrungsgemäß befindet sich diese Bildebene bei dem vorliegenden Kurventyp in der Umgebung des Achsenpunktes $0{,}8\,\Delta s'_{max}$, bei Überkorrektion und Abblendung wandert sie in Richtung des Gaussschen Brennpunktes.

Die Ergebnisse der Durchrechnung für zahlreiche Bildebenen sind aus Abb. 2 ersichtlich. Danach würde der Öffnungsfehler für 1:3,5 mit einer Definitionshelligkeit von 47% günstig auskorrigiert sein. Die Anbringung der zweiten Sphäre soll nahe dem Blendenraum und vorerst so erfolgen, daß sie nur von dem Randstrahl eines achsenparallelen Bündels durchsetzt wird. Es bleibt abzuwarten, ob sich die Auswirkungen des Verfahrens noch auf andere Bildfehler, z. B. die Koma, erstrecken lassen, was außerordentlich wünschenswert wäre.

Für das Öffnungsverhältnis 1:2,8 mit starker Überkorrektion, also ohne Bisphäre, würden sich wesentlich niedrigere, flache und schnell wechselnde Maxima und Minima ergeben. Die Erhöhung des Öffnungsverhältnisses über 1:3,5 hinaus verschlechtert demnach die Bildqualität. Man kann nun bereits vermuten, daß das Korrektionsergebnis mit Bisphäre zwischen beiden Kurvenzügen liegen wird.

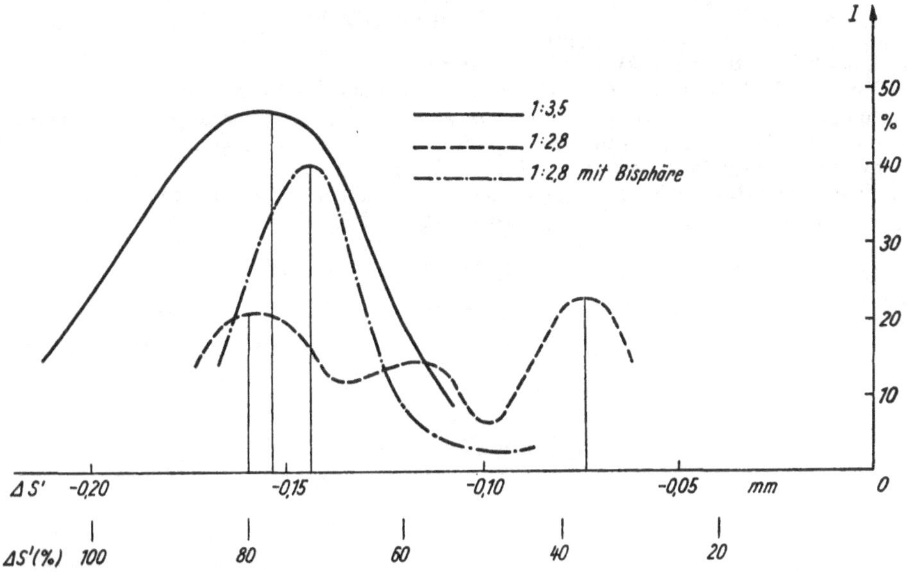

Abb. 2. Verlauf der Definitionshelligkeit J nach Strehl bei Verschiebung der Bildebene vom Gaußschen Brennpunkt 0 in Richtung auf das Objektiv zu. Der Wert für das Öffnungsverhältnis 1 : 2,8 liegt infolge der angenommenen starken Überkorrektion wesentlich niedriger als bei Abblendung auf 1 : 3,5. Durch Einführung einer bisphärischen Fläche erhält man jedoch für 1 : 2,8 ein scharfes Maximum und eine fast auf das Doppelte (rd. 40 %) gestiegene Intensität J.

Tatsächlich erhält man bei rund $0{,}73\,\Delta s'$ ein kräftiges Maximum von rund 40 %, d. h. eine etwa doppelt so hohe Konzentration von Lichtenergie wie ohne bisphärische Fläche.

Die vorliegende Untersuchung hat gezeigt, daß sich im Falle des zugrunde gelegten Beispiels durch Einführung einer bisphärischen Fläche der Korrektionszustand in der Achse eines photographischen Objektivs günstig beeinflussen läßt. Ob und in welchem Falle sich dieses Verfahren praktisch bewährt und wirtschaftlich durchführbar ist, bedarf noch weiterer Untersuchungen, vor allem im Hinblick darauf, ob nicht auch auf einen größeren Teil des Bildfeldes Einfluß genommen werden kann.

Zusammenfassung

Von der wellenoptischen „Abbildung" eines künstlichen Sterns durch ein photographisches System ausgehend, wird die Lichtverteilung im axialen Bildpunkt als Folge des sphärischen Korrektionszustandes an verschiedenen Beispielen dargestellt. Es wird untersucht, ob und in welchem Umfange sich durch bisphärische Flächen die Lichtverteilung der idealen annähern, d. h. auch die *physikalisch*-optische Leistung tatsächlich verbessern läßt.

VEB Carl Zeiss JENA

Literatur

[1] Patent der DBR Nr. 1031538 Klasse 42h 4/04.
[2] FINCKE, H. E., Über den Aufbau des optischen Bildes und den Einfluß der Lichtverteilung im Beugungsscheibchen auf die Bildgüte photographischer Objektive; vorgetragen auf der Arbeitstagung Optik der Physikalischen Gesellschaft am 26. und 27. März 1954 in Jena, Jenaer Jahrbuch 1954, Bd. II, S. 385ff.
[3] Ableitungen d. Verfahren zur Berechnung der Definitionshelligkeit geben u.a. STREHL, PICHT, RICHTER und JENTSCH. Quellenangaben s. [2].

J. KLEBE, Potsdam

Untersuchungen über Brechzahltoleranzen bei einem beliebigen k-flächigen optischen System

Bezeichnungen: n_i bzw. n'_i Brechungsindex eines Mediums vor bzw. hinter der i-ten brechenden Fläche; d'_i Abstand zwischen der i-ten und $(i+1)$-ten brechenden Fläche; r_i Radius der i-ten brechenden Fläche; s_i bzw. s'_i paraxiale objekt- bzw. bildseitige Schnittweite der i-ten brechenden Fläche; $\beta'_{i,j}$ lateraler Abbildungsmaßstab, $D_{i,j}$ Brechkraft, $f_{i,j}$ bzw. $\bar{f}_{i,j}$ bild- bzw. objektseitige Brennweite eines optischen Systems (i, j), wobei der erste Index die vordere, der zweite die letzte Fläche dieses Systems bezeichnet. Das Δ-Zeichen soll die Abweichung zwischen den fehlerhaften Werten und den Ausdrücken des fehlerfreien Systems angeben. Weiterhin sei vereinbart, daß für die leeren Summen und Produkte folgende Beziehungen gelten sollen:

$$\sum_{i=j}^{1} x_i = 0 \quad \text{und} \quad \prod_{i=j}^{1} x_i = 1 \quad \text{für} \quad 1 < j$$

Daraus folgt, daß auf Grund der Definition $\beta'_{i,j}$ für $i > j$ stets den Wert 1 annimmt.

Bei der fabrikatorischen Herstellung von Linsen und optischen Systemen kann der Fall eintreten, daß zwei verschiedene Schmelzen ein- und derselben Glassorte verwendet werden müssen, wobei die Brechungsindices dieser beiden Schmelzen um kleine Werte differieren. Man kann sich nun einmal die Frage vorlegen, wie diese Brechzahländerungen den Korrektionszustand und die optischen Grundgrößen des betrachteten Systems verändern. Andererseits kann man aber auch fragen, wie groß dürfen die Abweichungen in den Brechungszahlen dieser beiden Schmelzen sein, ohne daß die relativen Fehler gewisser charakteristischer Größen einen bestimmten Wert überschreiten. Daher ermittelt man gewisse Toleranzen, also kleine Abweichungen von den der theoretischen Berechnung zugrundegelegten Werten, indem man fordert, daß die optischen Grundgrößen des Systems und die Bildfehler nur um kleine, noch zulässige Werte von den Sollwerten abweichen. Bei der Festlegung dieser zulässigen Werte muß man allerdings noch berücksichtigen, daß auch noch durch Fehler der anderen Grundkonstanten, wie sie die Abstände der brechenden Flächen und ihre Krümmungen darstellen, weitere Veränderungen hervorgerufen werden können.

Bei der Berechnung der Brechzahltoleranzen müßte man nun exakterweise von sämtlichen optischen Grundgrößen des vorliegenden Systems und den Bildfehlern ausgehen. Es ergäbe sich dann eine Anzahl von Toleranzwerten für jede Brechzahl, aus der man für die endgültige Angabe den minimalen Wert herausgreifen müßte, da dieser dann bestimmt sämtliche Forderungen erfüllt. Um nun die Anzahl der nötigen Berechnungen für den Praktiker nicht zu umfangreich und möglichst einfach zu gestalten, werden für die folgenden Berechnungen lediglich die Änderungen der paraxialen Schnittweite, des lateralen Abbildungsmaßstabes sowie der Brennweite herangezogen. Wählt man ihre zulässigen relativen Fehler hinreichend klein, so darf man erwarten, daß auch die Änderungen der anderen Größen in gewissen kleinen Grenzen bleiben.

Für die folgenden Überlegungen wird ein beliebiges k-flächiges optisches System zugrunde gelegt, dessen optische Grundgrößen sowie die aller seiner Teilsysteme als bekannt vorausgesetzt werden. Desgleichen seien die Werte der paraxialen Durchrechnung des fehlerfreien Systems bekannt.

In Arbeiten von J. Picht [1] und vom Verfasser [2], [3], [4] wurde untersucht, wie sich die Brechzahländerungen auf die Grundgrößen eines beliebigen optischen Systems auswirken. Im Anschluß an ähnliche Toleranzüberlegungen für Abstände und Krümmungen [5], [6] sollen hier nun Formeln für die Brechzahltoleranzen abgeleitet werden. In den Arbeiten [2], [3], [4] werden exakte und Näherungsformeln angegeben, die die Wirkung von Brechzahlabweichungen auf die paraxiale Schnittweite, die laterale Vergrößerung und die Brennweite zeigen. Da es sich bei den Toleranzwerten immer um kleine Größen handeln wird, kann man im folgenden sicherlich die wesentlich einfacher zu handhabenden Näherungsformeln verwenden.

Für die bildseitige paraxiale Schnittweitenänderung $\Delta s'_k$ findet man nach [2] unter der Voraussetzuug, daß sich sämtliche Brechungsindices des betrachteten Systems ändern, was ebenfalls bei den folgenden Formeln angenommen werden soll, folgenden Wert

$$\Delta s'_k = \frac{1}{n'_k} \sum_{i=1}^{k} \left\{ \frac{s'^2_i (s_i - r_i)}{s_i r_i} \Delta n_i + \frac{s'_i (r_i - s'_i)}{r_i} \Delta n'_i \right\} \prod_{l=i+1}^{k} \frac{s'^2_l}{s_l^2} \tag{1}$$

Nach [3] ergibt sich für die Änderung des lateralen Abbildungsmaßstabes

$$\Delta \beta'_{1,k} = \beta'_{1,k} \cdot \sum_{i=1}^{k} \left(\frac{\Delta n_i}{n_i} - \frac{\Delta n'_i}{n'_i} \right) \left\{ \frac{s_i}{r_i} - \frac{s'_i (s'_i - r_i)}{r_i n'_i} \cdot \sum_{j=i}^{k} \frac{D_{j,j}}{\beta'_{j,j}} \beta'^2_{i+1,j} \right\} \tag{2}$$

Schließlich erhält man nach [4] für die Abweichung der bildseitigen Brennweite den folgenden Wert

$$\Delta f'_{1,k} = f'_{1,k} \sum_{i=1}^{k} \frac{\bar{f}_{i,i}}{r_i} \left(\frac{\Delta n'_i}{n'_i} - \frac{\Delta n_i}{n_i} \right) \frac{f'_{1,i-1} - f'_{1,i}}{f'_{1,i-1}} \prod_{l=i+1}^{k} \frac{f'_{l,l} - f'_{1,l}}{f'_{l,l}}, \tag{3}$$

wobei man $f'_{1,0} = \infty$ anzusetzen hat. Auf Grund der bekannten Beziehung $n_{i+1} = n'_i$, aus der sofort $\Delta n_{i+1} = \Delta n'_i$ folgt, kann man die Gleichungen (1), (2) und (3) noch umformen und erhält dann

$$\Delta s'_k = n'_k \left\{ \frac{\Delta n_1}{n_1} \frac{s'_1 (s'_1 - r_1)}{r_1 n'_1} \beta'^2_{2,k} + \sum_{i=2}^{k} \frac{\Delta n_i}{n_i} \left[\frac{s'_i (s'_i - r_i)}{r_i n'_i} \beta'^2_{i+1,k} - \frac{s'_{i-1} (s'_{i-1} - r_{i-1})}{r_{i-1} n'_{i-1}} \beta'^2_{i,k} \right] - \frac{\Delta n'_k}{n'_k} \frac{s'_k (s'_k - r_k)}{r_k n'_k} \right\} \tag{1a}$$

$$\Delta \beta'_{1,k} = \beta'_{1,k} \left\{ \frac{\Delta n_1}{n_1} \left[\frac{s_1}{r_1} - \frac{s'_1 (s'_1 - r_1)}{\beta'^{\,2}_{1,1} r_1 n'_1} \sum_{j=1}^{k} \frac{D_{j,j}}{\beta_{j,j}} \beta'^{\,2}_{1,j} \right] \right.$$

$$+ \sum_{i=1}^{k-1} \frac{\Delta n'_i}{n'_i} \cdot \left[\frac{s_{i+1}}{r_{i+1}} - \frac{s_i}{r_i} + \frac{s'_i (s'_i - r_i)}{r_i f'_{i,i} \beta'_{i,i}} \right.$$

$$\left. \left. + \left\langle \frac{s'_i (s'_i - r_i)}{r_i n'_i} - \frac{s'_{i+1} (s'_{i+1} - r_{i+1})}{\beta'^{\,2}_{i+1,i+1} r_{i+1} n'_{i+1}} \right\rangle \cdot \sum_{j=i+1}^{k} \frac{D_{j,j}}{\beta'_{j,j}} \beta'^{\,2}_{i+1,j} \right] + \frac{\Delta n'_k}{n'_k} \left[\frac{s'_k (s'_k - r_k)}{r_k f'_{k,k} \beta'_{k,k}} - \frac{s_k}{r_k} \right] \right\} \tag{2a}$$

$$\Delta f'_{1,k} = f'_{1,k} \left\{ - \frac{\Delta n_1}{n_1} \frac{\bar{f}'_{1,1}}{r_1} \prod_{l=2}^{k} \frac{f'_{l,l} - f'_{1,l}}{f'_{l,l}} \right.$$

$$+ \sum_{i=2}^{k} \frac{\Delta n_i}{n_i} \left[\frac{\bar{f}'_{i-1,i-1}}{r_{i-1}} \cdot \frac{f'_{1,i-2} - f'_{1,i-1}}{f'_{1,i-2}} \frac{f'_{i,i} - f'_{1,i}}{f'_{i,i}} \right.$$

$$\left. \left. - \frac{\bar{f}'_{i,i}}{r_i} \frac{f'_{1,i-1} - f'_{1,i}}{f'_{1,i-1}} \right] \cdot \prod_{l=i+1}^{k} \frac{f'_{l,l} - f'_{1,l}}{f'_{l,l}} + \frac{\Delta n'_k}{n'_k} \frac{\bar{f}'_{k,k}}{r_k} \frac{f'_{1,k-1} - f'_{1,k}}{f'_{1,k-1}} \right\} \tag{3a}$$

Zur Ermittlung der Toleranzwerte kann man nun für die relativen Fehler der oben betrachteten Größen gewisse Höchstgrenzen festsetzen, etwa in der Form

$$\frac{\Delta s'_k}{s'_k} \leqq A\,\%; \quad \frac{\Delta \beta'_{1,k}}{\beta'_{1,k}} \leqq B\,\%; \quad \frac{\Delta f'_{1,k}}{f'_{1,k}} \leqq C\,\% \tag{4}$$

Indem man diese Forderungen (4) mit den entsprechenden Gleichungen (1a), (2a) bzw. (3a) kombiniert, erhält man 3 Ungleichungen, auf deren einer Seite die obigen Summenausdrücke stehen, die jeweils aus $(k+1)$ Summanden bestehen, und jeder dieser Summanden nur von einer relativen Brechzahländerung abhängt. Folgende Überlegung führt nun zu der Berechnung der gesuchten Toleranzwerte: Wenn nur eine einzige Brechungsindexabweichung auftritt, so entarten die auftretenden Summenausdrücke jeweils nun zu einem einzelnen Summanden. Die Toleranzbedingung muß hier für diesen Summanden allein gültig sein. Da insgesamt aber $(k+1)$ derartige Brechzahländerungen vorliegen können, darf man für einen Brechungsindexfehler höchstens den $(k+1)$-ten Teil der relativen Abweichungen in Rechnung stellen. Nach einigen Umformungen erhält man dann entsprechend den 3 verschiedenen Ausgangsgleichungen (1a), (2a) und (3a) für jede Brechzahl 3 Werte:

$$\Delta n_1 \leqq \frac{A}{100(k+1)} \cdot \frac{n_1^2}{n'_k} \frac{r_1 s'_k}{\beta'^{\,2}_{1,k} s_1 (s_1 - r_1)} = \frac{A}{100(k+1)} \cdot F_{A,1}$$

$$\Delta n_i \leqq \frac{A}{100(k+1)} \frac{n_i^2}{n'_k} \cdot \frac{r_i r_{i-1} s'_k}{\beta'^{\,2}_{i,k} \left\{ r_{i-1} s_i^2 - r_i s'^{\,2}_{i-1} + r_i r_{i-1} d'_{i-1} \right\}} = \frac{A}{100(k+1)} F_{A,i}$$

$$\text{für } i = 2, 3, \ldots, k \tag{1b}$$

$$\Delta n'_k \leqq \frac{A}{100(k+1)} \frac{n'_k r_k}{r_k - s'_k} = \frac{A}{100(k+1)} F_{A,k+1},$$

die sich aus den Schnittweitenwerten ergeben. Die Änderungen des Abbildungsmaßstabes liefern dann

$$\Delta n_1 \leqq \frac{B}{100(k+1)} \cdot \frac{n_1 n_1' r_1 \beta_{1,1}'^2}{s_1 \beta_{1,1}'^2 n_1' - s_1'(s_1' - r_1) \sum\limits_{j=1}^{k} \frac{D_{j,j}}{\beta_{j,j}'} \beta_{1,j}'^2} = \frac{B}{100(k+1)} F_{B,1}$$

$$\Delta n_i \leqq \frac{B}{100(k+1)} \cdot \frac{n_i}{G_{B,i}} \quad \text{mit}$$

$$G_{Bi} = \frac{n_i}{\frac{s_i}{r_i} - \frac{s_{i-1}}{r_{i-1}} + \frac{s_{i-1}'(s_{i-1}' - r_{i-1})}{r_{i-1} f_{i-1,i-1}' \beta_{i-1,i-1}'}} + \left\{ \frac{s_{i-1}'(s_{i-1}' - r_{i-1})}{r_{i-1} n_{i-1}'} - \frac{s_i'(s_i' - r_i)}{\beta_{i,i}'^2 r_i \cdot n_i'} \right\} \sum_{j=i}^{k} \frac{D_{j,j}}{\beta_{j,j}'} \beta_{i,j}'^2$$

$$= \frac{B}{100(k+1)} \cdot F_{B,i} \quad \text{für} \quad i = 2, 3, \ldots, k \tag{2 b}$$

$$\Delta n_k' \leqq \frac{B}{100(k+1)} \cdot \frac{n_k' r_k f_{k,k}' \beta_{k,k}'}{s_k'(s_k' - r_k) - s_k \beta_{k,k}' f_{k,k}'} = \frac{B}{100(k+1)} \cdot F_{B,k+1}$$

Schließlich findet man aus den Brennweitenabweichungen:

$$\Delta n_1 \leqq \frac{C}{100(k+1)} \cdot \frac{n_1 r_1}{\bar{f}_{1,1}} \cdot \prod_{l=2}^{k} \frac{f_{l,l}'}{f_{l,l}' - f_{1,l}'} = \frac{C}{100(k+1)} \cdot F_{C,1}$$

$$\Delta n_i \leqq \frac{C}{100(k+1)} \cdot \frac{n_i \prod\limits_{l=i+1}^{k} \frac{f_{l,l}'}{f_{l,l}' - f_{1,l}'}}{\frac{\bar{f}_{i-1,i-1}}{r_{i-1}} \frac{f_{1,i-2}' - f_{1,i-1}'}{f_{1,i-2}'} \cdot \frac{f_{i,i}' - f_{1,i}'}{f_{i,i}'} - \frac{\bar{f}_{i,i}}{r_i} \cdot \frac{f_{1,i-1}' - f_{1,i}'}{f_{1,i-1}'}}$$

$$= \frac{C}{100(k+1)} F_{C,i} \quad \text{für} \quad i = 2, 3, \ldots, k \tag{3 b}$$

$$\Delta n_k' \leqq \frac{C}{100(k+1)} \cdot \frac{n_k' r_k f_{1,k-1}'}{\bar{f}_{k,k}(f_{1,k-1}' - f_{1,k}')} = \frac{C}{100(k+1)} \cdot F_{C,k+1}$$

Nun darf man bei allen optischen Systemen, bei denen Luftabstände auftreten, annehmen, daß sich die Brechungszahl der Luft nicht verändert im Rahmen der hier gemachten Voraussetzungen und somit auch keine Toleranzangaben erforderlich sind. Bei der Berechnung der relativen Fehler der behandelten Größen fallen also diese Brechzahländerungen heraus, so daß jetzt in Wirklichkeit nicht mehr $(k+1)$ Summanden auftreten, sondern entsprechend der Anzahl x der Luftmedien nur noch $(k - x + 1)$.

Man kann dann die Brechzahltoleranzen nach folgenden Formeln berechnen:

$$\Delta n_1 \leqq \frac{Z}{100(k-x+1)} F_{Z,1}$$

$$\Delta n_i \leqq \frac{Z}{100(k-x+1)} F_{Z,i} \quad \text{mit} \quad Z = A, B, C \tag{5}$$

$$\Delta n_k' \leqq \frac{Z}{100(k-x+1)} F_{Z,k+1},$$

wobei jetzt nach (5) nur noch die Werte berechnet werden müssen, die einen von eins verschiedenen Brechungsindex besitzen. Alle Toleranzwerte für die Luftmedien sind dann 0.
Unabhängig davon, welche der zwei Formelgruppen man zur Berechnung der Toleranzwerte benutzt, erhält man für jeden Brechungsindex drei verschiedene Toleranzangaben. Von diesen muß man den absolut kleinsten als endgültigen Toleranzwert verwenden, damit alle drei Forderungen (4) erfüllt werden können.

Im folgenden soll an Hand eines speziellen Zahlenbeispiels die Leistungsfähigkeit der abgeleiteten Formeln dargelegt werden. Den Rechnungen wurde ein beliebig angenommenes unkorrigiertes optisches System zugrundegelegt, dessen optische Grundkonstanten aus Tabelle 1 zu ersehen sind. Die objektseitige paraxiale Schnittweite wurde willkürlich mit $s_1 = -100{,}0$ angesetzt. Die Werte der Toleranzforderung wurden zweckmäßig mit $A = B = C = 0{,}7\,\%$ angenommen.

Tabelle 1

Das den Rechnungen zugrundeliegende optische System

i	d_i'	r_i	$(n_i)_{\lambda=d}$	Medium
1	10.0	+150.0	1.0	Luft
2	2.0	—100.0	1.56138	LLF 4
3	7.5	+ 75.0	1.0	Luft
4	4.0	—	1.60738	Sk 2
5	4.0	+ 50.0	1.0	Luft
6	—	+120.0	1.60738	Sk 2
7	—	—	1.0	Luft

In den Tabellen 2a und 2b sind die nach den Formeln (1b), (2b), (3b) bzw. (5) errechneten Toleranzwerte zusammengestellt. Aus ihnen wurden die minimalen Werte als endgültige Toleranzangaben ermittelt und in einer weiteren Spalte auf praktisch verwertbare abgerundet. Da die Abweichungen teilweise nach oben, teilweise nach unten vorgenommen wurden, werden sie sich in ihrer Wirkung gegenseitig aufheben.

Die Tabelle 3 enthält dann die relativen Fehler der jeweiligen Grundgrößen, wie sie sich aus einer paraxialen Durchrechnung mit den unter Zugrundelegung der Toleranzwerte (1b), (2b), (3b), bzw. (5), errechneten neuen Brechungszahlen ergaben.

Abschließend möchte ich Frau Renate Wolff danken, die mich bei der Berechnung der Tabellenwerte unterstützte.

Zusammenfassung

In der vorliegenden Arbeit wird die Frage untersucht, um wieviel man bei einem beliebigen k-flächigen optischen System die Brechungsindices der Medien zwischen den einzelnen brechenden Flächen varriieren darf, ohne daß dabei die relativen Fehler der paraxialen Schnittweite, des lateralen Abbildungsmaßstabes

Tabelle 2a Toleranzwerte nach Gl. (1 b), (2 b) und (3 b)

$A = B = C = 0{,}7\%$	Δn_1	Δn_2	Δn_3	Δn_4	Δn_5	Δn_6	Δn_7
Werte nach Gl. (1b)	+0.000838027	–0.000806240	**+0.000552772**	**–0.000979330**	**+0.000729894**	**–0.00124911**	+0.00203011
Werte nach Gl. (2b)	**+0.00044659**	**–0.00044912**	+0.00066643	–0.00113495	+0.00077880	–0.00133273	–0.00197073
Werte nach Gl. (3b)	+0.00411236	–0.00162415	+0.00116611	–0.00199300	+0.00158186	–0.00230833	**+0.00136741**
minimaler Wert	+0.00044659	–0.00044912	+0.000552772	–0.00097933	+0.000729894	–0.00124911	+0.00136741
abgrundeter Toleranzwert	+0.00045	–0.00045	+0.00055	–0.00098	+0.00073	–0.00125	+0.00137

Tabelle 2b Toleranzwerte nach Gl. (5)

$A = B = C = 0{,}7\%$	Δn_1	Δn_2	Δn_3	Δn_4	Δn_5	Δn_6	Δn_7
Werte aus Schnittweitenbedingung	0	—0.001881227	0	**–0.002285103**	0	**–0.00291459**	0
Werte aus Vergrößerungsbedingung	0	**–0.00104795**	0	–0.00264822	0	–0.003109703	0
Werte aus Brennweitenbedingung	0	–0.00378427	0	–0.00464369	0	–0.00537841	0
minimaler Wert	0	–0.00104795	0	–0.00228510	0	–0.00291459	0
abgerundeter Toleranzwert	0	–0.00105	0	–0.00229	0	–0.00291	0

Tabelle 3

Relative Fehler der Grundgrößen unter Verwendung der Toleranzwerte, errechnet aus paraxialem Strahlengang

	Paraxiale bildseitige Schnittweite s'_6	Laterale Vergrößerung $\beta'_{1,6}$	Bildseitige Brennweite $f'_{1,6}$
Toleranzwerte einzeln nach Tabelle 2a	0,706%	0,39%	0,65%
Toleranzwerte einzeln nach Tabelle 2b	0.708%	0.58%	0.69%
minimale Teleranzwerte nach Tabelle 2a	0.523%	0.384%	0.337%
abgerundete Toleranzwerte nach Tabelle 2a	0.518%	0.379%	0.337%
minimale Toleranzwerte nach Tabelle 2b	0.411%	0.381%	0.302%
abgerundete Toleranzwerte anch Tabelle 2b	0.409%	0.379%	0.300%

und der Brennweite des betreffenden Systems einen gewissen vorgegebenen Wert überschreiten. Im Anschluß an ähnliche Toleranzüberlegungen wird dabei von Formeln ausgegangen, die die Änderung der oben genannten optischen Grundgrößen in Abhängigkeit von auftretenden Brechungszahländerungen angeben. Die hieraus ermittelten zulässigen Brechungsindexabweichungen werden als Toleranzwerte bei der praktischen Fertigung optischer Systeme vorgeschlagen.

Potsdam, Institut für Theoretische Physik der Pädagogischen Hochschule

Literatur

[1] Picht, J., Über den Einfluß von Fehlern bei der Herstellung optischer Systeme auf die Bildfehler dieser Systeme. Wiss. ZS. d. Päd. Hochsch. Potsdam, Math.-Nat. Reihe **1**, 13, (1954).

[2] Klebe, J., Über die Wirkung von Brechzahländerungen eines beliebigen optischen Systems auf dessen paraxiale Schnittweite. Wiss. ZS. d. Päd. Hochsch. Potsdam, Math.-Nat. Reihe **3**, 3, (1957).

[3] Klebe, J., Über den Einfluß von Brechzahländerungen eines beliebigen optischen Systems auf seine laterale Vergrößerung. Wiss. ZS. d. Päd. Hochsch. Potsdam, Math-Nat. Reihe 4, (1958), 99.

[4] Klebe, J., Über Brechzahländerungen in ihrer Wirkung auf die Brennweite bei einem beliebigen optischen System. Wiss. ZS. d. Päd. Hochsch. Potsdam, Math-Nat. Reihe (im Druck).

[5] Klebe, J., Untersuchungen über Abstandstoleranzen bei einem beliebigen k-flächigen optischen System. Feingerätetechnik **5**, 509, 1956.

[6] Klebe, J., Untersuchungen über Radientoleranzen eines beliebigen k-flächigen optischen Systems. Feingerätetechnik **7**, 71, 1958.

H. SCHOELER, Jena

Die Verzeichnung in der Photogrammetrie

Wenn in diesem Rahmen über Probleme der Photogrammetrie gesprochen werden soll, so sei es gestattet, zur Photogrammetrie selbst und zu ihrer Bedeutung etwas zu sagen.

Die Photogrammetrie, kurz nach der Erfindung der Photographie als geodätisches Meßverfahren durch den Franzosen A. LAUSSEDAT um 1850 begründet, umfaßt allgemein die meßtechnische Verwertung vornehmlich photographischer Bilder. Damit wird die direkte Messung am Objekt ersetzt durch die Ausmessung von Photogrammen bzw. Stereogrammen. Diese Meßtechnik erlaubt es uns, auch sehr schnell ablaufende Vorgänge exakt zu erfassen; hingewiesen sei hier z. B. auf die Vermessung von Meereswellen, Wolkenbildungen und atomaren Vorgängen in Nebelkammern. Hauptanwendungsgebiet der Photogrammetrie ist aber bis heute das Karten- und Vermessungswesen geblieben. Gegenüber den konventionellen klassisch-geodätischen Verfahren der direkten Messung mit optischen oder mechanischen Meßmitteln im Gelände bedeutet die mittelbare Ausmessung im photographischen Bild in der häuslichen Bearbeitung einen sehr bedeutenden Fortschritt sowohl hinsichtlich des Arbeitsaufwandes und damit der Arbeitszeit

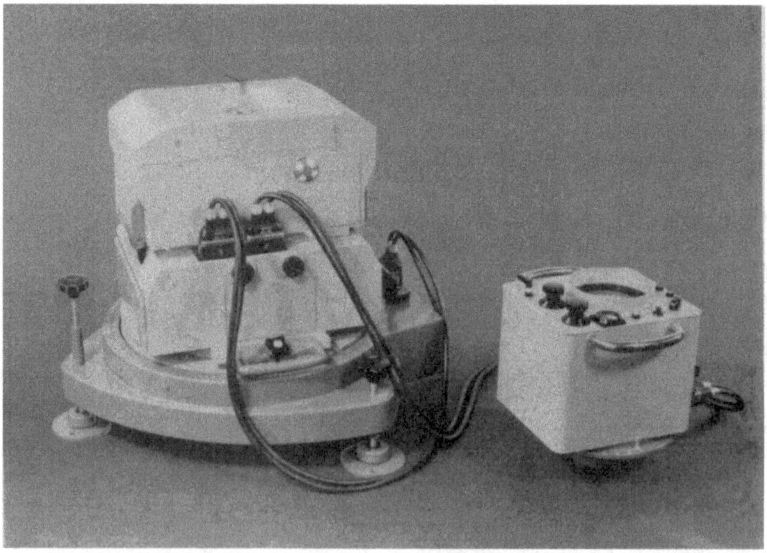

Abb. 1. Luftbildaufnahmegerät Meßreihenbildner MRB 21/1818 des VEB Carl Zeiss JENA

sowie des Kostenaufwandes. Etwa 80% der modernen kartographischen Darstellungen gehen auf photogrammetrische Arbeiten zurück. Die moderne Aerophotogrammetrie, das ist die photogrammetrische Aufnahme vom Flugzeug aus und deren nachfolgende Auswertung umfaßt heute praktisch den gesamten Bereich der geodätischen Landesaufnahme von den großmaßstäblichen Vermessungen für das Steuer- und Eigentumskataster bis zu den ersten kleinmaßstäblichen Vermessungen für unterentwickelte Gebiete. In gewissem Umfange können photogrammetrische Arbeitsverfahren ausreichend genau auch terrestrische Triangulationen ersetzen.

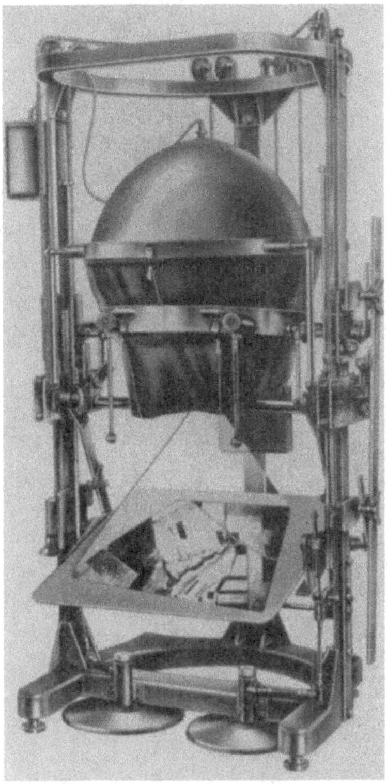
Abb. 2. Zeiß-Entzerrungsgerät SEG I

Die Arbeitsmittel der Luftphotogrammetrie sind einmal die Meßkammern, in der Aerophotogrammetrie als Meßreihenbildner oder Reihenmeßkammern bezeichnet.

Es handelt sich dabei um vollautomatische, elektrisch angetriebene und gesteuerte photographische Aufnahmegeräte, deren Aufnahmebildwinkel allgemein 60 bis 65°, 90 bis 95°, 120 bis 125° und 130 bis 135° betragen.

Die einfachste Art der Auswertung ist die des Photogrammes, die sog. Einbildphotogrammetrie. In der Hauptsache werden für diese Aufgabe Entzerrungsgeräte verwendet, die dem Meßbild einen einheitlichen vorgeschriebenen Maßstab erteilen.

Für die Erfassung der dritten Dimension benutzt man die automatischen Zweibildkartiergeräte, in denen das aus je zwei sich überdeckenden Folgebildern entstehende Stereogramm ausgemessen wird.

Alle genannten Geräte benutzen optische Meßsysteme hoher Leistung. Die Aufgabenstellung selbst macht es verständlich, daß an die geometrische Genauigkeit der Meßbilder hohe Anforderungen gestellt werden müssen; in Sonderheit deshalb, weil man aus wirtschaftlichen Gründen bestrebt ist, die Meßergebnisse aus möglichst kleinmaßstäblichen Meßbildern abzuleiten. Das photographische Meßbild soll einer mathematischen Zentralprojektion möglichst nahe kommen. Wenn wir jene Einflüsse betrachten, die eine Abweichung des Meßbildes von der Zentralprojektion bewirken, so sind dies im wesentlichen:

1. die Bildwanderung während der Öffnung des Verschlusses
2. die Strahlenbrechung durch Refraktion
3. die Erdkrümmung

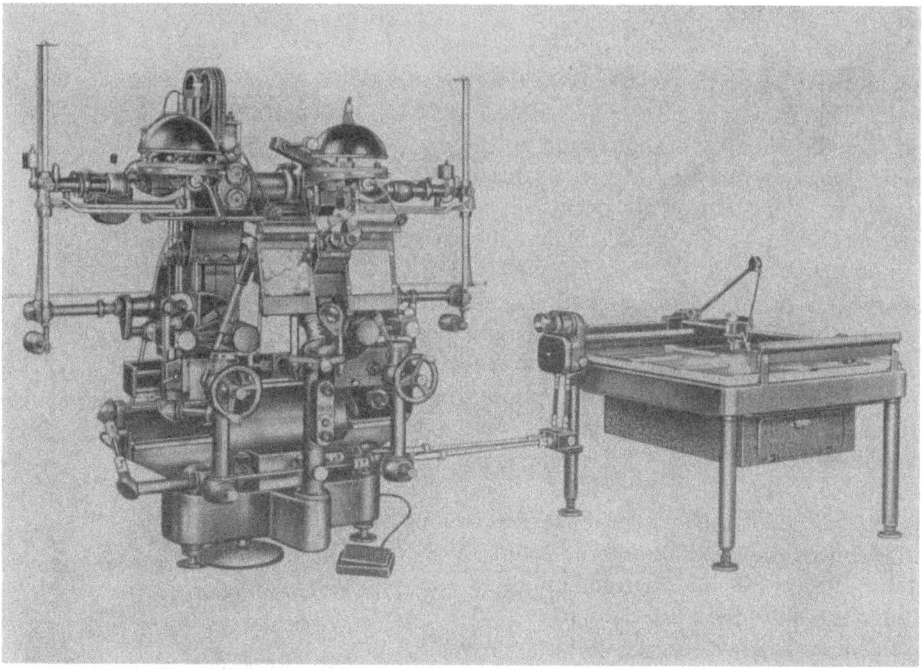

Abb. 3. Stereoplanigraph

4. Veränderungen des photographischen Schichtträgers
5. Veränderungen in der Photoemulsion
6. Verzeichnungen des optischen Systemes

Darüber hinaus wirken auf das Auswerteergebnis noch die Fehler des Auswertegerätes ein. Letztere und die Positionen 1. bis 5. können innerhalb einer Größenordnung von $\pm$ 10μm, bezogen auf die Bildebene, gehalten werden. Sollen Verzeichnungsfehler des optischen Systemes keinen zusätzlichen Einfluß ausüben, so müssen diese sicher innerhalb einer Grenze von $\pm$ 3 μm bleiben. Noch vor wenigen Jahren erschien eine solche Forderung an photographische Objektive größerer Bildwinkel unerfüllbar.

Die erste Lösung zur Eliminierung der Verzeichnung optischer Systeme bei der Auswertung fanden unabhängig voneinander der Italiener I. Porro (1865) und der Braunschweiger Professor C. Koppe (1896).

Diese als Porro-Koppesches Prinzip bekannt gewordene Meßeinrichtung sieht vor, daß das photographische Meßbild durch das gleiche Objektiv hindurch ausgemessen wird, das auch zur Erzeugung des Meßbildes benutzt wurde.

Praktisch muß jedoch in der Regel für die Auswertung ein besonderes Objektiv verwendet werden. Man kann dafür sorgen, daß die Verzeichnung dieses Auswerteobjektives nahezu dem Aufnahmeobjektiv entspricht. Man erreicht so eine

Verzeichnungskompensation, die lediglich durch die unvermeidlichen Fertigungsfehler eines bestimmten Typs gestört ist. Solche Anordnungen sind für eine Reihe photogrammetrischer Auswertungen im Gebrauch und auch die topographische Photogrammetrie hat sich anfänglich dieser Methode des Verzeichnungsausgleiches zwischen Aufnahme und Auswertung bedient.

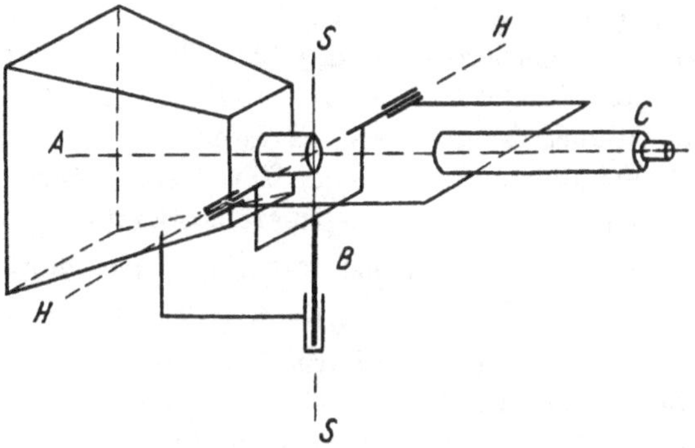

Abb. 4. Bildmeßtheodolit

Die Forderung nach beliebiger Kombination verschiedener Aufnahme- und Auswertesysteme und die Notwendigkeit linearer präziser Messungen in den photographischen Bildern für neuere analytische Auswertemethoden haben zur Entstehung der sog. Hochleistungsobjektive beigetragen. Neben großen Öffnungsverhältnissen und hohem Auflösungsvermögen für schwache Kontraste unterscheiden sich solche Meßobjektive von gewöhnlichen photographischen optischen Systemen vor allem auch durch geringe Verzeichnung.

Abb. 5 zeigt z. B. die auf die Gaussche Bildebene bezogene Verzeichnung zweier optischer Systeme, eine Darstellung, wie sie im allgemeinen für rein optische Zwecke üblich und ausreichend ist. Eine solche Verzeichnung ist bekanntlich die Differenz zwischen den im photographischen Bild ermittelten Strecken

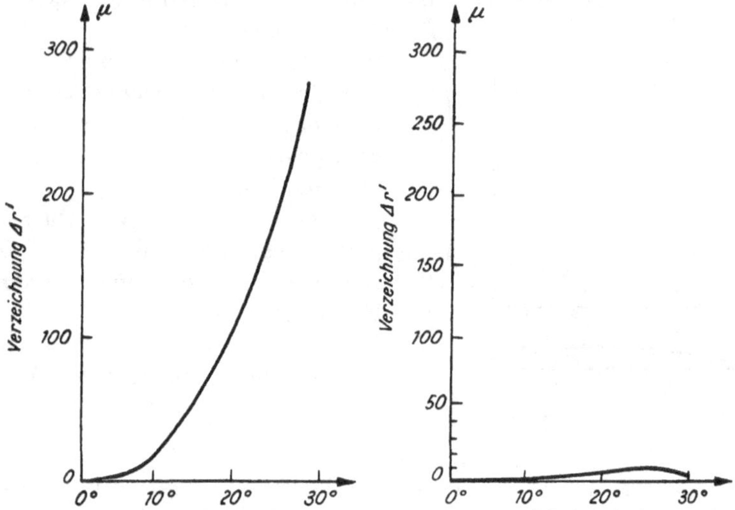

Abb. 5. Verzeichnungskurven

Hier und in den Abb. 7 und 8 ist statt μ μm zu lesen

und den entsprechenden Bildgrößen einer mathematischen Zentralprojektion mit dem Projektionsabstand f. Als Projektionsabstand f gilt dabei vereinbarungsgemäß die GAUSSsche Brennweite. Solche GAUSSschen Verzeichnungskurven haben daher die Abszisse als Tangente.

Wenn es darum geht, an Hand eines Meßbildes einen bestimmten Gegenstand in der Natur zu rekonstruieren, so müssen zwei Forderungen erfüllt sein:

a) es muß der Maßstab des Meßbildes bekannt sein
b) die auszuwertenden Details müssen formtreu abgebildet werden.

Wenn man daraufhin die Kurven der Abbildung 5 ansieht, erkennt man, daß die als GAUSSsche Verzeichnung benannte Abweichung des photographischen Meßbildes zur strengen mathematischen Zentralprojektion innerhalb eines begrenzten Kurvenabschnittes aufgefaßt werden kann:

a) als Änderung des Bildmaßstabes um einen geeigneten Mittelwert
b) als differential von Bildpunkt zu Bildpunkt veränderlicher Bildmaßstab bezogen auf diesen Mittelwert.

Für die Ausmessung des photographischen Bildes ist aber ausschließlich die Formtreue der Abbildung entscheidend, da die Änderung des Maßstabes um einen geeigneten Mittelwert aus der Verzeichnungskurve abgeleitet werden kann.

Hierzu als Beispiel die Abbildung 6. Eine Verzeichnung gemäß den in Abbildung 5 dargestellten Kurven verschiebt den photographischen Bildpunkt umso weiter vom Bildmittelpunkt weg, je größer der Bildwinkel wird. Definitionsgemäß spricht man in so einem Falle von einer kissenförmigen Verzeichnung.

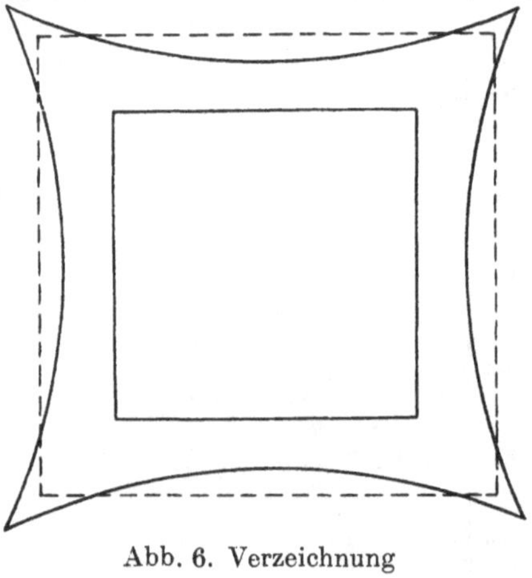
Abb. 6. Verzeichnung

Die GAUSSsche Verzeichnungskurve zeigt somit den Übergang zwischen dem stark ausgezogenen Quadrat und der zugehörigen kissenförmig verzeichneten Bildfigur. Für die Photogrammetrie entscheidend ist jedoch ausschließlich der Übergang von dem gestrichelt eingezeichneten Quadrat zur Bildfigur.

Bezeichnet man eine vom Durchstoßungspunkt der optischen Achse[1]) durch die Bildebene – in der Photogrammetrie als Bildhauptpunkt bezeichnet – ausgehende Bildstrecke mit r', den Einfallswinkel eines Strahles gegen die optische Achse mit τ und die Verzeichnung mit $\Delta r'$, so gilt:

$$r' = f \tan \tau + \Delta r',$$

wenn f die GAUSSsche Brennweite ist. Bei der Rekonstruktion von Objekten aus dem Meßbild ersetzt man jedoch f praktisch durch eine Rechengröße c, die inner-

[1]) Mit dem Begriff der „optischen Achse" wird hier ein ideal zentriertes optisches System vorausgesetzt.

halb des Abbildungsbereiches die wirksamen Verzeichnungswerte $\Delta r'$ auf einen mittleren Abbildungsmaßstab reduziert:

$$r' = c \tan \tau + \Delta r'.$$

D. h. für die in Abbildung 5 für das Tessar gegebene Verzeichnungskurve ergibt sich für einen zwischen $\tau = 0$ und $\tau = \tau_{\max}$ liegenden Bildwinkel τ_c ein nochmaliger Durchgang durch Null.

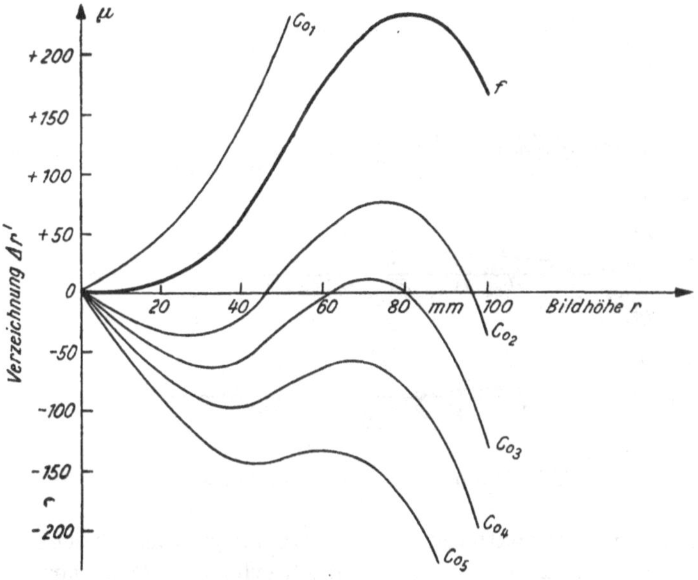

Abb. 7. Verzeichnungskurven

Abb. 7 zeigt die Variationsmöglichkeit der wirksamen Verzeichnung eines Objektives durch Wahl verschiedener Multiplikationsfaktoren c. Diese Rechengröße c, die praktisch um einen geringen Betrag von der Gaussschen Brennweite des Systemes abweicht, wird in der Photogrammetrie entweder als Objektiv- oder Kammerkonstante bezeichnet. Für die Festlegung dieser Rechengröße c sind unterschiedliche Verfahren im Gebrauch. Sie können im wesentlichen wie folgt zusammengefaßt werden:

a) Die durch Verzeichnungskurve und Abszissenachse eingeschlossenen positiven und negativen Flächen sollen sich ausgleichen.

b) Ausgehend von der Überlegung, daß den außerhalb der optischen Achse liegenden Verzeichnungswerten für $r' > 0$ eine wachsende Anzahl von Bildpunkten zukommt, kann die genannte Forderung a) dahingehend erweitert werden, daß der Ausgleich der Flächen dann eintreten soll, wenn die Verzeichnungskurve über einer Abszissenachse aufgetragen ist, die entsprechend dieser zunehmenden Bildfläche geteilt ist.

c) Maxima und Minima der wirksamen Verzeichnung sollen gleichgroß sein.

d) Die Kurve der wirksamen Verzeichnung soll an bestimmten Zwangspunkten die Abszissenachse schneiden, d. h. für vorgegebene Werte r' soll die Verzeichnung Null sein.

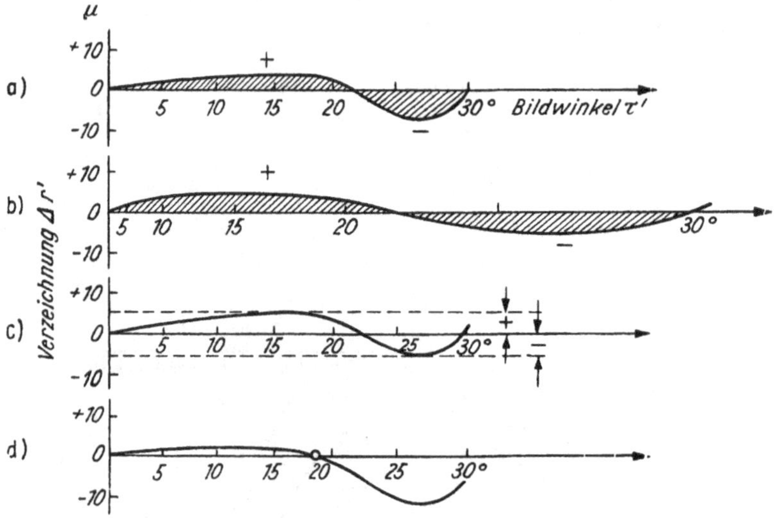

Abb. 8. Zur Kalibrierung von Meßkammern

Je nach Art der beabsichtigten Ausmessung der photographischen Bilder kann die Festlegung des Faktors c unterschiedlich erfolgen. Gegenwärtig ist die Methode der Zweibildauswertung vorherrschend in der Photogrammetrie. Hierbei wird durch zwei stereoskopische Teilbilder des Objektes ein ausmeßbares virtuelles Raummodell erzeugt. Das Zustandekommen eines solchen Raummodells ist von der richtigen gegenseitigen Orientierung der beiden Teilbilder abhängig. Da die Feststellung der gegenseitigen Orientierung zum Zeitpunkt der Aufnahme mit der notwendigen Genauigkeit bisher nicht erfolgen kann, müssen die erforderlichen Einstellelemente aus dem Bildinhalt heraus abgeleitet werden. Fehler in der Bestimmung dieser Größen führen zu einem deformierten Raummodell und damit zu falschen Meßergebnissen. Aus diesem Grunde verlangt man für bestimmte, nach einem festen Schema in der Bildebene angeordnete Bildpunkte möglichst Verzeichnungsfreiheit. Diese Forderung führt dazu, daß der unter d) genannten Methode praktisch die größere Bedeutung zukommt.

Sogenannte Hochleistungsobjektive der Photogrammetrie weisen nach den mitgeteilten Grundsätzen ermittelte Verzeichnungswerte auf, die für die nutzbare Bildfläche unter 10 μm liegen. Damit ergeben sich beim heutigen Entwicklungsstand der Konstruktion von Meßobjektiven immer noch systematische Auswertefehler, die auf die Verzeichnung des verwendeten optischen Systems zurückgeführt werden können.

Die Kompensation dieser Restfehler, sowie die der durch notwendige Fertigungstoleranzen verursachten, ist in den letzten Jahren besonders intensiv verfolgt worden. Für rotationssymmetrische Verzeichnungsfehler werden beim Auswerteprozeß sogenannte Kompensationsplatten verwendet. Es sind dies in der Bildebene angebrachte Platten, deren der Bildebene abgewandte Oberflächen deformiert sind und die damit den Meßstrahlengang beeinflussen. Sie werden für verschiedene Aufnahmesysteme berechnet und können von Fall zu Fall ausgewechselt werden.

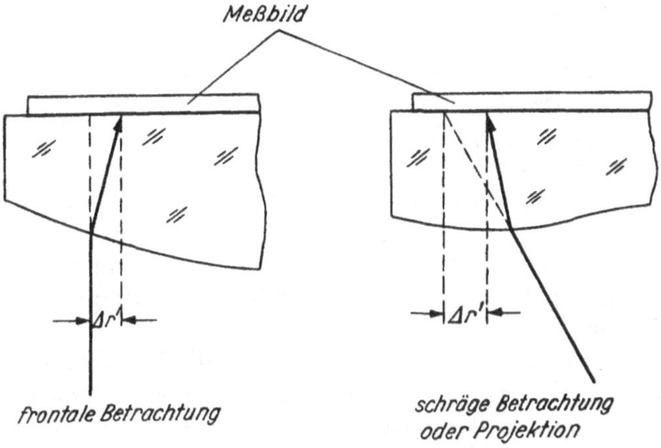

Abb. 9. Kompensationsplatten

Bei Anwendung solcher Kompensationsplatten gelingt es, die durch Verzeichnungsfehler des optischen Systemes verursachten Auswertefehler soweit zu verringern, daß sie bezogen auf die Bildebene kleiner sind als 3 μm.

VEB Carl Zeiss JENA

Zusammenfassung

Ausgehend von der Verzeichnung im optischen Sinne, bezogen auf die GAUSSsche Brennweite, wird übergegangen zur Verzeichnung im Sinne der Photogrammetrie. Es wird erläutert, nach welchen Grundsätzen die Kammerkonstante als Multiplikator in der Kammerfunktion bestimmt werden kann. Bei der Kalibrierung photogrammetrischer Meßkammern wird die Kammerkonstante so festgelegt, daß die bei der Auswertung wirksame Verzeichnung innerhalb des gesamten Bildformates möglichst gering ist oder aber für vorgegebene Zwangspunkte des Meßbildes im Sinne der Photogrammetrie Verzeichnungsfreiheit besteht.

G. WÜRTZ, Jena

Über den Einfluß von Herstellungsfehlern auf die Verzeichnung und die Kompensationsmöglichkeiten

Die gewaltigen Fortschritte in der Leistungssteigerung photogrammetrischer Meßobjektive nach dem Kriege nötigten dazu, dem Einfluß von Herstellungsfehlern auf die photographische Abbildung mehr als zuvor Beachtung zu schenken. Dies wird ohne weiteres klar, wenn man bedenkt, daß sich heutzutage die Grenze der Verzeichnung für ein praktisch verzeichnungsfreies Meßobjektiv zwischen 5 und 10 μm bewegt und daß die visuellen Auflösungszahlen für ein Hochleistungsobjektiv 250 l/mm in der Achse und 120 l/mm am Bildrand bei einem Bildwinkel von 26^g betragen.

Herstellungsfehler der Objektive wirken sich auf die Bildgüte und die Verzeichnung aus, doch gehen beide Bildfehler nach unseren Erfahrungen nicht immer miteinander konform.

In den nachfolgenden Ausführungen wird nur die Verzeichnung geometrisch-optisch behandelt. Wir unterscheiden hierbei zwei Fehlerursachen, Dezentrierungen und Verkippungen der Einzellinsen und Abweichungen der Einzellinsenflächen eines optischen Systems von der Kugelgestalt. Es soll gezeigt werden, wie man diese Fehler bei der serienmäßigen Prüfung der Meßobjektive erfaßt, und welche Mittel zu ihrer Kompensation beim Einbau in die Meßkammer zur Verfügung stehen.

Grundsätzlich soll das Prüfverfahren dem vorgesehenen Verwendungszweck entsprechen, d.h. photographische Aufnahmeobjektive müßten z.B. photographisch geprüft werden. Einem solchen Verfahren stehen jedoch eine Reihe von Schwierigkeiten gegenüber, so daß die Verzeichnungsmessung für alle photogrammetrischen Meßobjektive zur Zeit bei uns wie übrigens auch bei anderen Herstellerbetrieben und Laboratorien visuell nach dem Goniometerverfahren

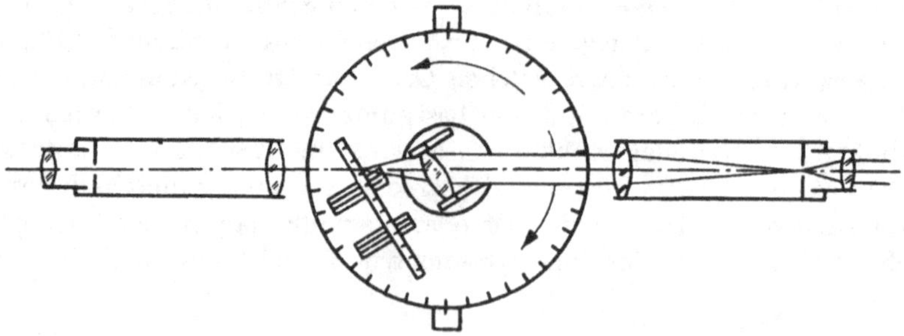

Abb. 1. Schema eines Verzeichnungsmeßgerätes im Horizontalschnitt

durchgeführt wird. Das Prinzip einer derartigen Meßeinrichtung für die im allgemeinen auf „Unendlich" abgestimmten Meßobjektive ist aus Abb. 1 ersichtlich. Sie besteht aus einem stabilen Goniometerdrehtisch mit einem Präzisionsteilkreis zur Ablesung der Winkelwerte auf 1^{cc}. Auf diesem befindet sich eine verschiebbare Objektivhalterung, in die der Prüfling eingesetzt und mit seiner Eintrittspupille über den Tischdrehpunkt gebracht wird. Dahinter sitzt in einer Maßstabshalterung ein mit äußerster Genauigkeit planparallelgeschliffener und geteilter Glasmaßstab. Zur Fokussierung läßt sich die Maßstabshalterung in einer sauber gearbeiteten Führung in Richtung der Objektivachse verschieben. Für die Einstellung der Maßstabsteilstriche dient ein vor dem Drehtisch befindliches Autokollimations- und Beobachtungsfernrohr, das in der Höhe verstellbar ist. Ein Gegenfernrohr gleicher Art auf der gegenüberliegenden Seite besorgt die Ausrichtung des Maßstabs von hinten bei vorher eingesetztem Objektiv. Vor der Messung werden beide Fernrohre horizontiert und aufeinander abgestimmt. Nach Einsetzen des Prüflings in die Halterung geschieht die Ausrichtung des Objektivfassungsrandes und des Maßstabs rechtwinklig zur Fernrohrzielachse nach dem Verfahren der Autokollimation, wobei außerdem der Maßstab in die Ebene der besten über das ganze Bildfeld gemittelten Bildschärfe zu bringen ist. Danach wird der Nullstrich der Maßstabsteilung in den Bildhauptpunkt gerückt. Es folgt

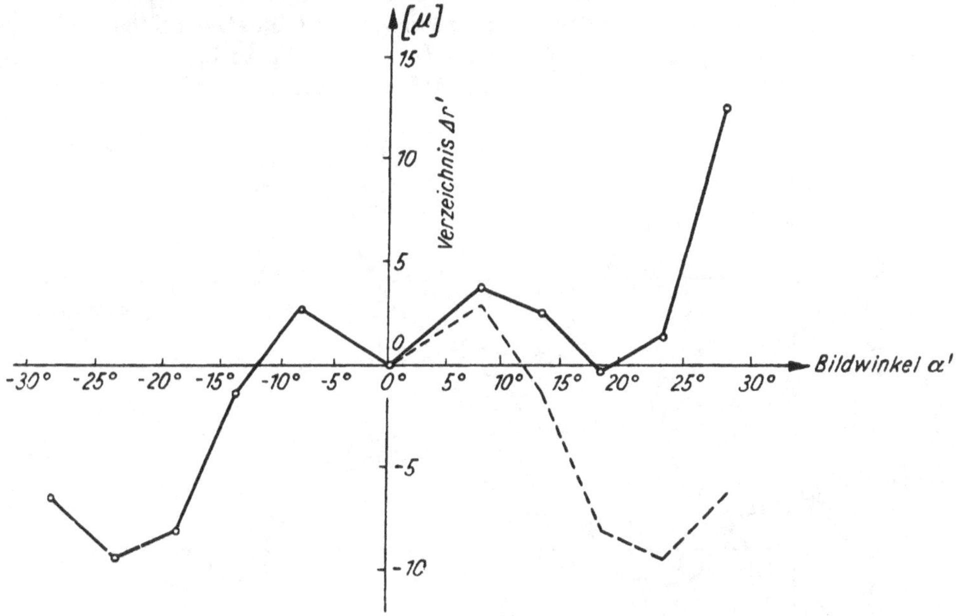

Abb. 2. Asymmetrische Verzeichnungskurve eines Meßobjektivs.[1])
Bem. Die Ordinate gibt natürlich die „Verzeichnung" $\Delta r'$ und nicht das „Verzeichnis" an, die Einheit hierfür muß korrekt „μm" heißen.

[1]) In diesem und den nachfolgenden Bildern ist Altgrad-Teilung benutzt worden, da in einzelnen Meßgeräten z. T. noch diese Teilung verwendet worden ist.

die Ablesung des zugehörigen Teilkreiswerts und seine Eintragung in das Meßprotokoll. Durch Drehen des Goniometerdrehtischs werden nun von einem Bildrand zum anderen ganzzahlig bezifferte Teilstriche des Maßstabs mit gleichen Abständen untereinander eingestellt und die Teilkreisablesungen protokolliert. Der gleiche Meßvorgang wird nach Drehung des Prüflings um 100^g um die optische Achse für einen rechtwinklig zum ersten gelegenen Objektivschnitt wiederholt. Die Genauigkeit einer Winkelmessung vom Nullpunkt aus beträgt im achsennahen Gebiet $\pm 3^{cc}$, sie nimmt am Bildrand je nach dem Korrektionszustand des Objektivs stark ab, so läßt sich z.B. beim alten Topogontyp 10/100 für einen Bildwinkel von 50^g nur noch eine Genauigkeit von $\pm 30^{cc}$ erzielen.

Da die Verzeichnung ein rotationssymmetrischer Abbildungsfehler ist, müssen für symmetrisch zum Bildhauptpunkt liegende Teilstriche die vom Nullpunkt aus gemessenen Winkel absolut gleich groß sein. Abweichungen deuten auf Asymmetriefehler des Gerätes oder des Prüflings hin.

Um die Asymmetrie des Objektivs zu bestimmen, wird es in seinem Halterungsring um 200^g umgeschlagen, dann mißt man in derselben Weise nochmals durch. Die gesuchte Objektivasymmetrie ergibt sich dann aus dem Mittel der Differenz zwischen den Bildwinkeln der *linken* und *rechten* Seite der ersten Lage und derjenigen der *rechten* und *linken* Seite in der zweiten Lage für jedes zum Nullpunkt symmetrisch gelegene Teilstrichpaar. Die Ursache dieser Asymmetrie sind Dezentrierungen und Verkippungen der Einzellinsen des Objektivs infolge meist unvermeidlicher Fertigungsfehler. Als Folge davon erhält man bei der Auswertung eine asymmetrische Verzeichnungskurve (Abb. 2). Zum besseren Vergleich wurden

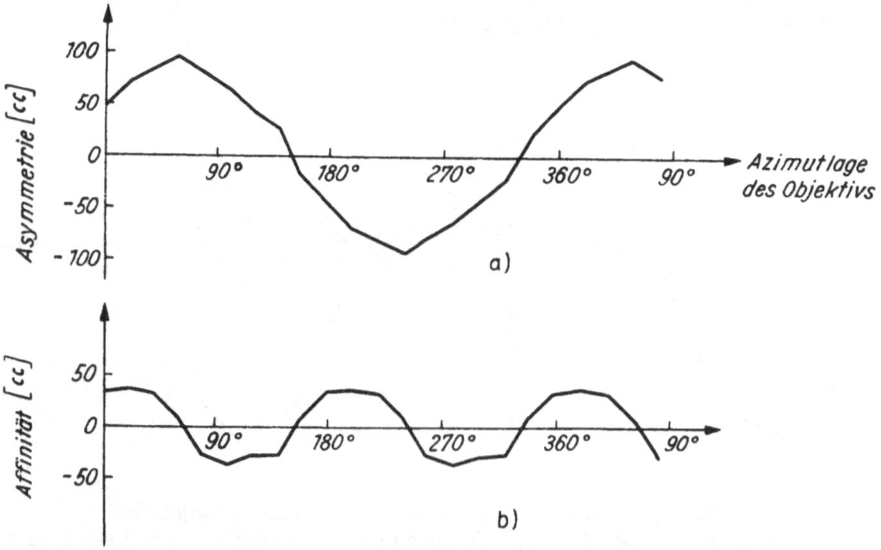

Abb. 3. a) Asymmetriekurve eine Meßobjektivs
b) Affinitätskurve eines Meßobjektivs durch Messung in verschiedenen Objektivschnitten bei einem Bildwinkel von etwa 28^g.

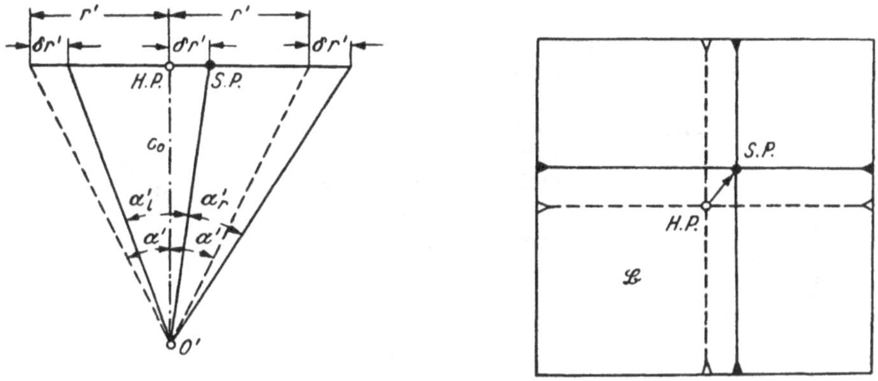

Abb. 4. Bestimmung des Symmetriepunktes aus Bildwinkeldifferenzen

in der Darstellung vcn Abb. 2 die Kurvenäste beider Bildhälften übereinander geklappt.

Durch die beschriebene Verzeichnungsmessung werden jedoch nur die radialen Komponenten der im allgemeinen beliebig gerichteten asymmetrischen Gesamtverschiebung erfaßt. Von größerer Bedeutung für die Photogrammetrie sind dagegen die Tangentialkomponenten, wie wir später noch sehen werden.

Wie sich theoretisch nachweisen läßt, ändert sich die Größe der asymmterischen Versetzung mit der Lage des Objektivhauptschnitts nach dem Sinusgesetz entsprechend der allgemeinen Formel:

$$a \cdot \sin(\psi + \psi_0) = b$$

Die maximale Radialkomponente ergibt sich somit in einfacher Weise, indem man aus den in zwei zueinander rechtwinklig gelegenen Azimutlagen erhaltenen Objektivasymmetrien die Vektorsumme bildet. Abb. 3 zeigt unter a) den Verlauf einer solchen Asymmetriekurve für ein von uns in verschiedenen Objektivschnitten und nach stets gleichen Maßstabsteilstrichen durchgemessenes Meßobjektiv.

Dem gleichen Gesetz gehorchen die Neigungswinkelkomponenten einer hinreichend schwach geneigten Ebene. Durch Neigung der Bildebene läßt sich daher für eine bestimmte Bildzone theoretisch eine vollständige Kompensation des radialen Asymmetrieanteils erreichen. Inwieweit dies auch für andere Bildzonen zutrifft, hängt von der Gestalt der mit dem Bildwinkel veränderlichen Funktion der Asymmetrie ab.

Die praktische Durchführung der Kompensation bei der Meßkammerkalibrierung geschieht durch eine in der Wirkung ähnliche relative Verschiebung des Objektivs zu den Meßmarken des Film- oder Plattenanlegerahmens, wie aus Abb. 4 ersichtlich ist. Der Schnittpunkt der Meßmarkenverbindungslinien und gleichzeitig der Ausgangspunkt der Winkelmessung fällt nun nicht mehr mit dem Bildhauptpunkt zusammen, sondern mit dem sogenannten Symmetriepunkt, von

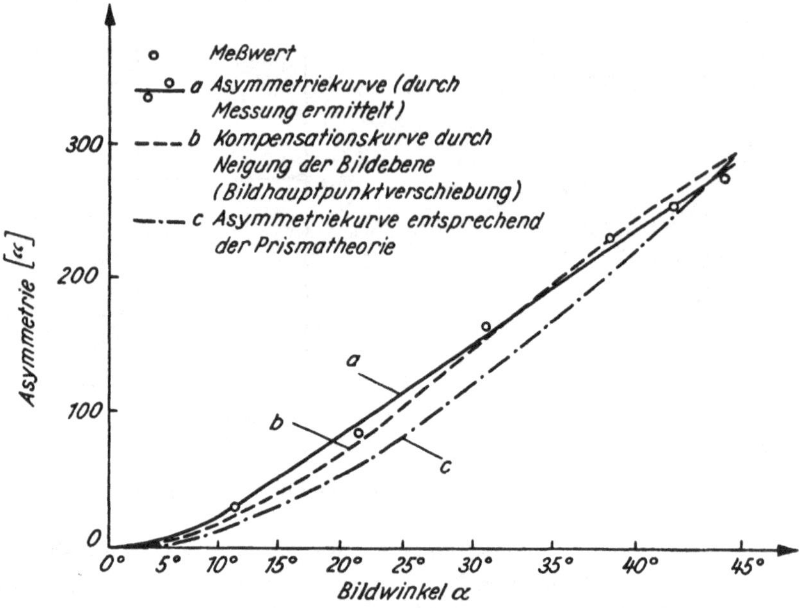

Abb. 5. Asymmetrie- und Kompensationskurven
a) Asymmetriekurven eines gemessenen Topogons 10/100
b) Kompensationskurve durch Bildhauptpunktsverschiebung
c) Aus der Prismatheorie entwickelte Asymmetriekurve

dem aus die Verzeichnungen rotationssymmetrisch wirken. Das Maß der Verschiebung ergibt sich aus den gemessenen Bildwinkeldifferenzen zu

$$\delta r' = \frac{c_0}{2 \cdot \sin^2 \alpha' \, \varrho^{cc}} (\alpha_l' - \alpha_r') = \frac{c_0}{2 \varrho^{cc} \sin^2 \alpha'} \Delta \alpha',^{1)} \tag{2}$$

wie sich nach der Skizze in Abb. 4 leicht ableiten läßt. In der Praxis verwendet man jedoch zur Bestimmung von $\delta r'$ möglichst alle anfallenden Messungsergebnisse und erhält dann nach einem Ausgleichsverfahren:

$$\delta r' \approx \frac{[\Delta \alpha_i']}{2 \cdot [\sin^2 \alpha_i']} \cdot \frac{c_0}{\varrho^{cc}} \tag{2a}$$

In Abb. 5 sind anhand von Messungsergebnissen die ausgeglichene Asymmetriekurve eines Topogons 10/100 und die nach (2a) rechnerisch ermittelte Kompensationskurve für die Bildwinkeldifferenzen aufgetragen worden. Die Abweichungen zwischen beiden Kurven sind so gering, daß sie praktisch vernachlässigt werden können.

Zum besseren Verständnis der besprochenen Kompensationsmethode möge angeführt werden, daß die Projektorkammern des Auswertegeräts bei der Orientierung von Meßbildern mit nicht dezentriertem Bildmittelpunkt eine zwangsläufige Winkeldrehung gegenüber der Projektionsebene erfahren, so daß man es in

[1]) Hierin ist ϱ^{cc} der Umrechnungsfaktor von Bogenmaß in Gradmaß.

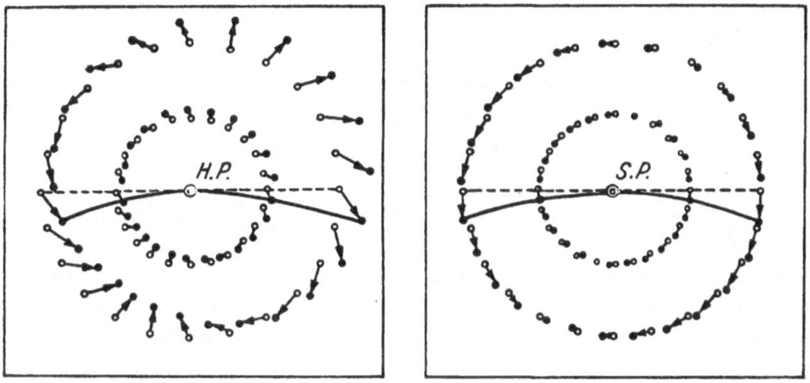

Abb. 6.
Asymmetrische Bildversetzungen vor und nach der Kompensation

diesem Fall tatsächlich mit einer Neigungskompensation zu tun hat, wenn man die Projektionsebene als geneigte Bildebene auffaßt.

Abb. 6 zeigt zum Vergleich asymmetrische Bildversetzungen vor und nach der Kompensation. Ungetilgt sind die asymmetrischen Tangentialkomponenten geblieben, die in der amerikanischen Fachliteratur wenig sinnvoll „tangentiale Verzeichnungen" genannt werden. Sie lassen sich durch keine bekannte Operation beseitigen, es sei denn, daß man bei Auswertegeräten mit optischer Projektion Aufnahme- und Projektionsobjekte aufeinander abstimmt, doch ist dieser Weg heutzutage wegen der verschiedenartigen im Gebrauch befindlichen Aufnahme- und Auswertegeräte und im Interesse einer wirtschaftlichen Arbeitsweise unrealistisch, so daß sie in Kauf genommen werden müssen. Sie sollen jedoch nicht größer sein als die maximale Verzeichnung.

Zur Beurteilung der Brauchbarkeit eines Meßobjektivs benötigt man demnach die Größe der asymmetrischen Tangentialkomponenten. Da die unmittelbare Messung einen höheren Prüfmittel- und Arbeitsaufwand erfordert, liegt der Gedanke nahe, nach einem Zusammenhang zwischen der radialen und tangentialen Komponente zu suchen. Amerikanische Wissenschaftler schufen eine Ersatzlösung, indem sie sich die asymmetrischen Fehlereinwirkungen durch Vorsetzen eines schwachen Glasprismas vor ein ideales Objektiv entstanden denken. Sie erhalten dadurch einfache Ausdrücke für beide Komponenten. Für hinreichend kleine Prismenwinkel gilt:

$$\delta r_r' = K \cdot \left\{\sec^2 \alpha \cdot \left(\frac{n \cos \alpha'}{\cos \alpha} - 1\right) - (n - 1)\right\} \tag{3}$$

$$\delta r_t' = K \cdot \left\{\sec \alpha \cdot \left(\frac{n \cos \alpha'}{\cos \alpha} - 1\right) - (n - 1)\right\} \tag{4}$$

Daraus läßt sich ein nur vom Einfallswinkel abhängiges Verhältnis beider Komponenten ableiten:

$$\frac{\delta r_r'}{\delta r_t'} = \frac{\sec^2\alpha \left(\frac{n \cos\alpha'}{\cos\alpha} - 1\right) - (n-1)}{\sec\alpha \left(\frac{n \cos\alpha'}{\cos\alpha} - 1\right) - (n-1)} \tag{5}$$

Man erkennt, daß wegen $\sec\alpha \geqq 1$ mit Ausnahme von $\alpha = 0$ $\delta r_r'$ stets größer als $\delta r_r'$ sein muß.

Die Allgemeingültigkeit dieser Theorie muß jedoch angesichts der aus verschiedenartigen Einzellinsen zusammengesetzten Objektivtypen in Zweifel gezogen werden, obwohl mir bisher keine Gegenäußerungen bekannt geworden sind. F. E. Washer [1] schreibt allerdings, daß nicht alle Formen asymmetrischer Abweichungen durch den Prismaeffekt erklärt werden können. Es hätte sich jedoch im Verlaufe von zwanzig Jahren bei der Kalibrierung von Meßkammern durch das National Bureau of Standards eine gute Übereinstimmung mit der Prismatheorie gezeigt, und er empfiehlt ihre Anwendung solange, bis keine elegantere und begründetere Lösung gefunden worden ist. Diese Erklärung befriedigt meiner Ansicht nach nicht. Eigene Untersuchungen an Orthoprotaren 25/190 und Topogonen 10/100 für Hauptstrahlneigungen von 27,2° bzw. 42° führten zu dem in der Tabelle von Abb. 7 dargebotenen Ergebnis. Die asymmetrischen Komponenten wurden durch optische Rechnung unter Verwertung der in einem Spezialgerät auf ±1 bis 2 μm gemessenen Ablagen der Krümmungsmittelpunkte der Einzellinsenflächen ermittelt. Das Verhältnis der beiden Komponenten zueinander ist bei den Orthoprotaren ziemlich konstant, wenn auch nicht in Übereinstimmung mit dem Rechnungswert nach der Prismatheorie, während dies bei den Topogonen nicht der Fall ist. So übersteigt bei einigen Objektiven die Tangentialkom-

Abb. 7. Tabelle der rechnerisch ermittelten Asymmetriekomponenten

A) Topogone 10/100					B) Orthoprotare 25/190				
Nr.	$\delta r_r'$	δr_t	$\frac{\delta r_r'}{\delta r_t'}$	$\left(\frac{\delta r_r'}{\delta r_t'}\right)_P$	Nr.	$\delta r_r'$	$\delta r_t'$	$\frac{\delta r_r}{\delta r_t'}$	$\left(\frac{\delta r_r'}{\delta r_t'}\right)_P$
	μm	μm				μm	μm		
1	31,1	33,3	1:1,1	1:0,6	1	9,9	5,0	1:0,5	1:0,7
2	28,6	30,2	1:1,1		2	14,7	5,7	1:0,4	
3	11,6	13,2	1:1,1		3	2,0	0,7	1:0,4	
4	7,1	18,9	1:2,7		4	5,5	2,5	1:0,5	
5	13,7	7,5	1:0,5		5	4,8	2,3	1:0,5	
6	13,5	9,0	1:0,7		6	13,6	5,9	1:0,4	
7	14,4	11,1	1:0,8		7	6,0	1,9	1:0,3	
8	25,4	16,5	1:0,7		8	0,36	0,14	1:0,4	
9	12 7	7,0	1:0,6		9	11,1	5,0	1:0,5	
10	8,6	4,8	1:0,6		10	5,4	2,0	1:0,4	
11	9,1	15,5	1:1,7						
12	0,9	6,3	1:7,0						

ponente im Widerspruch zur Prismatheorie die Radialkomponente z.T. beträchtlich an Größe, was bereits aus den von uns angestellten Variationsrechnungen für Einzelflächenkippungen zu vermuten war. Abgesehen von einigen Ausnahmen ergibt sich daraus die Notwendigkeit, die Tangentialkomponente in einem besonderen Prüfverfahren meßbar oder zumindest abschätzbar zu erfassen, wenn man die Brauchbarkeit eines Objektivs korrekt beurteilen will.

In Abb. 5 ist die aus Messungsergebnissen errechnete Asymmetriekurve für die Radialkomponente nach Formel (3) aufgetragen worden. Sie zeigt gegenüber der tatsächlichen Asymmetriekurve einen stärker gekrümmten Verlauf.

Ich komme nun auf die zweite Art von Herstellungsfehlern zu sprechen. Sie macht sich in einer Unstimmigkeit der in verschiedenen Objektivschnitten nach gleich großen Bilddiagonalen gemessenen Bildwinkel bemerkbar. Zur Erforschung der Charakteristik dieses Fehlers wurden an einem Meßobjektiv für eine Bilddiagonale von 200 mm die Winkel in Objektivschnitten von 20^0 zu 20^0 gemessen. Die Differenzen der Winkel für je ein Paar von Orthogonalschnitten sind in der graphischen Darstellung von Abb. 3 unter b) zum Ausdruck gebracht worden. Die durch Verbindung der einzelnen Meßwerte entstandene Kurve ist wie bei der Asymmetrie einer Sinuskurve ähnlich, allerdings mit einer um die Hälfte kleineren Periode. Dieses Ergebnis entspricht dem Affinitätsgesetz, wie es zwischen Kreis und Ellipse besteht, deren eine Halbachse gleich dem Radius des Kreises ist. Deshalb bezeichnet man diesen Fehler als Affinitätsfehler. Er entsteht vermutlich durch Abweichungen der Einzellinsenflächen eines optischen Systems von der Kugelgestalt infolge von Polierfehlern oder Verspannungen unter Druckeinwirkung der Fassungsteile. Derartige Verformungen wirken sich nicht immer rotationssymmetrisch aus, wodurch wiederum die Asymmetrie beeinflußt wird.

Ähnlich wie bei der Asymmetrie läßt sich auch für die Affinität ein maximaler Wert aus den Ergebnissen zweier Paare rechtwinklig zueinander gelegener Objektivschnitte durch Vektoraddition errechnen. In der Praxis mißt man daher ein Meßobjektiv in vier Schnitten von 50^g zu 50^g durch.

Die Kompensationsmöglichkeit des Affinitätseinflusses auf die Verzeichnung ist gering. Durch Änderung der Kammerkonstante bei der Kalibrierung einer Meßkammer läßt sich ein vermittelnder Ausgleich erzielen, für die Restabweichungen ist jedoch wie für die asymmetrische Tangentialkomponente eine Toleranz entsprechend der Größe der maximalen Verzeichnung festzulegen.

Durch das beschriebene Meßverfahren ist nur eine punktweise Überprüfung des Meßobjektivs möglich, deren Genauigkeit insbesondere nach dem Bildrand zu stark abnimmt. Eine Möglichkeit zur umfassenderen Prüfung bietet sich durch die Interferenzmeßmethode an, wenn es dabei gelingt, für die Serientestung ein arbeits- und zeitmäßig vertretbares Verfahren zu finden. Dagegen erscheint es vorläufig unmöglich, ein Objektiv bereits in der Fertigung gebrauchsfähig herzustellen. Wir sind daher in der Zukunft noch darauf angewiesen, größere Stückzahlen als notwendig zu fertigen, um eine ausreichende Anzahl guter Meßobjektive herauszubekommen.

Zusammenfassung

Theoretisch ist die Verzeichnung für alle Azimute eines Objektives gleich. Abweichungen in einzelnen Schnitten weisen auf Herstellungsfehler hin. Man unterscheidet einmal Fehler, die asymmetrische Veränderungen der Verzeichnungskurve hervorrufen und zum anderen solche, die eine Affinabbildung erzeugen. Da kleine Herstellungsfehler in der Zentrierung und der Herstellung der Linsenflächen nicht vermieden werden können, müssen die Auswirkungen solcher Fehler durch entsprechende Kalibrierung des Aufnahmegerätes reduziert werden. Es wird berichtet über die Anlage und Auswertung von Verzeichnungsmessungen.

VEB Carl Zeiss JENA

Literatur

[1] WASHER, F. E., Prism Effect, Camera Tipping and Tangential Distortion, Photogrammetric Eng., H. 4, 721 (1957).

E. WOLF, Jena

Über die praktische Ermittlung der photogrammetrischen Verzeichnung an Überweitwinkelobjektiven im endlichen Abbildungsbereich

Die Mehrzahl der stereophotogrammetrischen Auswertegeräte stützt sich auf die Rekonstruktion des objektseitigen Aufnahmestrahlenbündels. Eines dieser Geräte ist das mit rein optischer Projektion arbeitende Stereokartiergerät „Multiplex“. Ohne auf Prinzip und Arbeitsweise näher eingehen zu wollen sei gesagt, daß die in die Projektorkammern dieses Gerätes eingelegten verkleinerten Original-Luftbilder so projiziert werden, daß das objektseitige Strahlenbündel der Bildaufnahme exakt wiederhergestellt wird, und daß die Scharfabbildung der projizierten Bilder in einer bestimmten endlichen Projektionsweite erfolgt. Zur exakten Wiederherstellung des Aufnahmestrahlenbündels gehört u.a., daß die Verzeichnung der Projektionsobjektive der Verzeichnung der Aufnahmekammer, mit der die auszuwertenden Meßbilder aufgenommen wurden, entspricht. Jedes der in die Multiplex-Projektoren einzubauenden Projektionsobjektive ist daher auf seine tatsächliche Verzeichnung hin zu überprüfen.

Während die Ermittlung der Verzeichnung der Aufnahmeoptik genau wie die der auf „unendlich“ abgestimmten Auswertekammern verschiedener anderer stereoskopischer Auswertegeräte nach dem Goniometerverfahren geschieht, wird die Ermittlung der Verzeichnung dieser Multiplex-Projektionsobjektive entsprechend ihrer späteren Anwendung zweckmäßigerweise im endlichen Abbildungs-

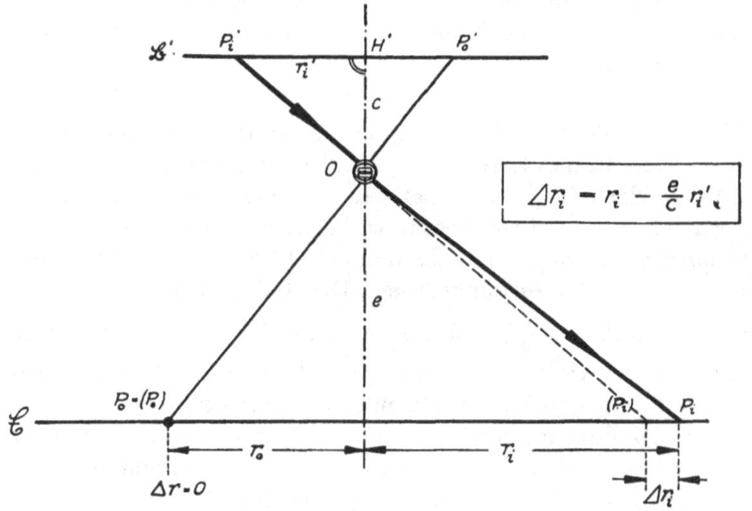

Abb. 1. Prinzip der Bestimmung der photogrammetrischen Verzeichnung im endlichen Abbildungsbereich

bereich durchgeführt. Dies ist bei diesen Objektiven umso eher möglich, als ihre Brennweiten verhältnismäßig klein sind (sie betragen ca. 20 mm bzw. 42 mm) und auch ihre Projektionsweiten bei nur 270 mm bzw. 350 mm liegen.

Im folgenden sollen zwei Meßanordnungen näher beschrieben werden, die speziell für die Verzeichnungsmessung an diesen Multiplex-Projektionsobjektiven eingerichtet wurden. Die erste der beiden Meßanordnungen dient der Verzeichnungsmessung an den losen Objektiven, die zweite dient der Messung der Verzeichnung von in die Projektorkammern eingebauten und auf eine bestimmte vorgegebene Kammerkonstante abgestimmten Objektiven. Das Prinzip beider Meßanordnungen ist in Abb. 1 dargestellt.

Die Verzeichnung Δr wird durch Vergleich einander in Bildebene $\mathfrak{B}'$ und Projektionsebene $\mathfrak{E}$ zugeordneter, radial vom Bildhauptpunkt H' ausgehender Strecken r' bzw. r ermittelt. Zu diesem Zweck wird ein in der Bildebene $\mathfrak{B}'$ angeordneter Glasmaßstab bzw. eine besondere Testfigur auf die Projektionsebene $\mathfrak{E}$ projiziert und in dieser ausgemessen. Bei vollkommen verzeichnungsfrei arbeitender Optik müßte

$$r = \frac{e}{c} r'$$

sein. In der Projektionsebene $\mathfrak{E}$ gemessene Differenzen

$$\Delta r = r - \frac{e}{c} r'$$

geben damit unmittelbar die Verzeichnungsbeträge in dieser Ebene an. Nach dieser Definition ist die gemessene Verzeichnung positiv, wenn der projizierte Bildpunkt in der Projektion vom Bildhauptpunkt H' weg bzw. negativ, wenn er zum Bildhauptpunkt hin versetzt ist. Da die Verzeichnung in der Photogrammetrie im allgemeinen auf die Bildebene reduziert wird, ergibt sich unter Beibehaltung der Vorzeichen

$$\Delta r' = r \frac{c}{e} - r'$$

Das in Abb. 1 angedeutete Meßprinzip ist anwendbar, weil die photogrammetrische Verzeichnung in mindestens einem bestimmten radialen Abstand vom Bildhauptpunkt H', der mit r_0 bezeichnet sein soll, gleich Null ist, eine Tatsache, die darin begründet ist, daß die stereoskopische Auswertung von Luftbildern sich in der Regel auf Orientierungs- und Paßpunkte stützt, die innerhalb einer gewissen Ringzone um den Bildhauptpunkt liegen. Die Radien dieser Ringzone liegen etwa zwischen $r = \frac{s}{2}$ und $r = \frac{s}{3}$, wobei s die Seite des für Luftbilder quadratischen Bildformates ist. So wie beim praktischen Gebrauch die einzelnen Luftbilder auf solche Orientierungs- und Paßpunkte eingepaßt werden, ebenso wird zwecks Messung der Verzeichnung im vorliegenden Falle der projizierte Glasmaßstab bzw. das projizierte Testgitter in der Projektionsebene $\mathfrak{E}$ auf bestimmte Zwangspunkte, die symmetrisch zum Bildhauptpunkt liegen, eingepaßt.

Abb. 2 zeigt den schematischen Aufbau der Meßanordnung, die der Messung der Verzeichnung nicht eingebauter Multiplex-Objektive dient. Die einzelnen Teile des Gerätes sind vertikal übereinander angeordnet.

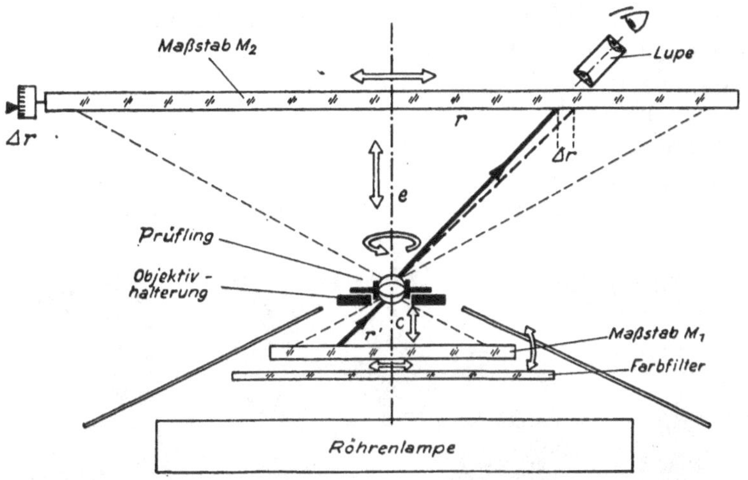

Abb. 2. Schematischer Aufbau des Verzeichnungsmeßgerätes für lose Multiplex-Objektive

Die Glasmaßstäbe M_1 und M_2 können in ihrer Längsrichtung und in Richtung der optischen Achse des Prüflings verschoben werden. Der Maßstab M_1 kann ferner um seinen in der Mitte liegenden Nullpunkt geneigt werden und der Prüfling kann um seine optische Achse gedreht werden. Die seitliche Verschiebung des auf Kugeln gelagerten Maßstabes M_2 ist meßbar, die Ablesung geschieht an einer Mikrometertrommel. Der Maßstab M_1 wird durch das zu prüfende Objektiv hindurch in der Ebene des Maßstabes M_2 abgebildet und ausgemessen. Die Beobachtung der Maßstabsstriche erfolgt mit Hilfe von Lupen, die über M_2 beweglich angeordnet sind. Die Ausleuchtung des Maßstabes M_1 geschieht mittels einer Röhrenlampe. Zwischen dieser und dem Maßstab läßt sich ein Rot- oder Grünfilter einschieben. Letzteres ist erforderlich, um bei der Verzeichnungsmessung die gleichen Lichtverhältnisse herstellen zu können, die beim praktischen Gebrauch des Objektives im Multiplex vorliegen. Beim Multiplex erfolgt die für die stereoskopische Betrachtung und Ausmessung der projizierten Luftbilder erforderliche Bildtrennung nach dem Anaglyphenverfahren unter Verwendung der komplementären Farben Rot und Grün.

Der Einpaß- und Meßvorgang verläuft wie folgt: Zunächst wird zwischen der Objektivhalterung und dem Maßstab M_2 die erforderliche Projektionsweite e eingestellt. Dann werden Maßstäbe und Objektivhalterung mittels Kollimator zueinander parallel ausgerichtet und die Maßstäbe horizontal so verschoben, daß ihre in den Mitten liegenden Nullpunkte auf einer gemeinsamen Senkrechten zu M_1 und M_2 liegen. Nun wird c so eingestellt, daß M_1 in M_2 scharf abgebildet wird, und zwar wird auf beste Schärfe in den Zwangspunkten geachtet. Ist in den Zwangspunkten eine Asymmetrie vorhanden, so wird diese durch eine im allgemeinen geringfügige Neigungskorrektur des Maßstabes M_1 beseitigt.

Das Objektiv wird in zwei rechtwinklig aufeinander stehenden Schnitten gemessen. Zwischen beiden Messungen bleiben die Geräteeinstellungen unverändert.

Es wird lediglich das Objektiv in seiner Halterung um 90° um seine optische Achse gedreht und gegebenenfalls M_1 geringfügig gekippt, um auch im zweiten Objektivschnitt die symmetrische Lage in den Zwangspunkten einzuhalten.

Abb. 3 zeigt das Gerät in der Ansicht. Abb. 4 zeigt als Beispiel das Ergebnis einer solchen an einem Überweitwinkel-Meßobjektiv mit 122° nutzbarem Bildwinkel durchgeführten Messung. Die in den vier Azimuten gemessenen Verzeichnungsbeiträge sind auf die Bildebene reduziert als $\Delta r'$ angegeben.

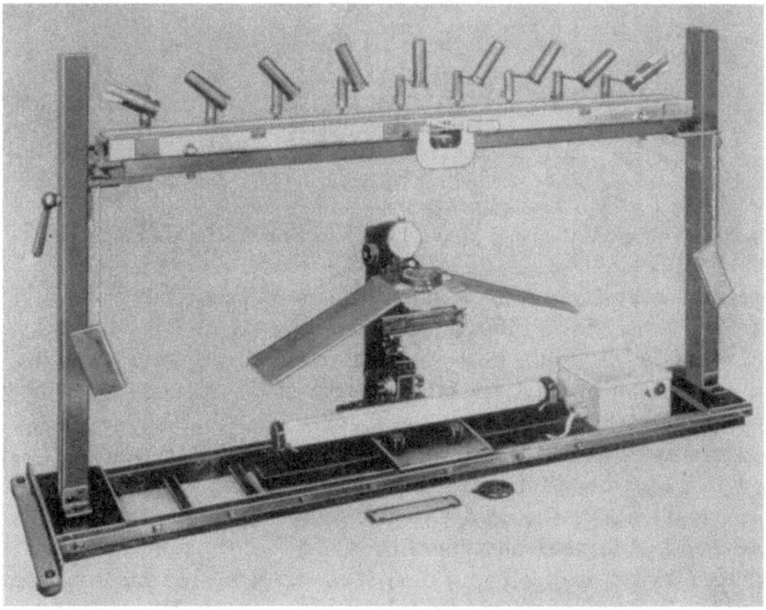

Abb. 3. Verzeichnungsmeßgerät für lose Multiplex-Objektive

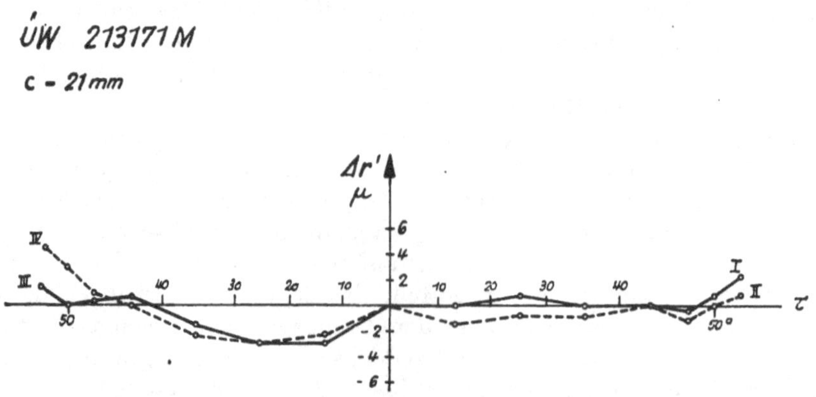

Abb. 4. Ergebnis einer Verzeichnungsmessung, aufgetragen in den vier Azimuten *I* bis *IV*

In Abb. 4 ist ebenso wie in Abb. 7 statt μ μm zu lesen

Nach dieser soeben geschilderten Meßanordnung zur Verzeichnungsmessung an losen Multiplex-Objektiven soll nun die bereits eingangs erwähnte zweite Meßanordnung zur Prüfung der Verzeichnung der in die Multiplex-Projektorkammern eingebauten Optik kurz beschrieben werden. Sie besteht, wie Abb. 5 im Schema zeigt, einmal aus dem Multiplex-Projektor mit Projektorkammer und zugehöriger Beleuchtungseinrichtung, und zum anderen aus einem Präzisionskoordinatographen, der die Messung beliebiger, in einer horziontalen Ebene gelegener Punkte gestattet.

Der zu prüfende Projektor wird zentrisch über dem Koordinatographentisch befestigt und so ausgerichtet, daß die Zwangspunkte des in die Projektorkammer eingelegten und projizierten Testes symmetrisch zum Bildhauptpunkt liegen. Zu diesem Zweck läßt sich die kardanisch aufgehängte Projektorkammer um zwei aufeinander senkrecht stehende Achsen neigen. Das Bild des projizierten Testes wird auf einem kleinen weißen Projektionsschirm aufgefangen, der in den beiden senkrecht aufeinander stehenden Koordinatenachsen x und y meßbar verschoben werden kann. Der Antrieb erfolgt über zwei Handräder, die Ablesung erfolgt an Zählwerken. Genau im Zentrum des runden Projektionsschirmchens befindet sich eine punktförmige Meßmarke.

Abb. 6 zeigt die in Abb. 5 schematisierte Meßanordnung in der Ansicht.

Während bei dem zuerst genannten Gerät die beiden Maßstäbe M_1 und M_2 als fehlerfrei angenommen werden können, müssen bei der zweiten Meßanordnung die Fehler des Testes und insbesondere die Fehler des Koordinatographen

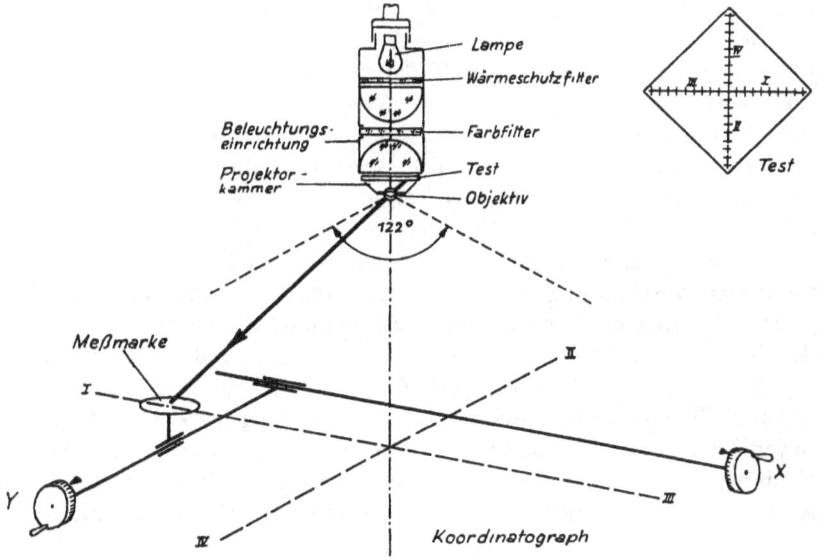

Abb. 5.
Schematischer Aufbau der Meßanordnung zur Bestimmung der Verzeichnung der in die Multiplex-Projektorkammern eingebauten Optik

Abb. 6. Meßanordnung zur Bestimmung der Verzeichnung der in die Multiplex-Projektorkammern eingebauten Optik

berücksichtigt werden. An die gemessenen Werte sind also Verbesserungen anzubringen, die einer zu diesem Zweck angefertigten Tabelle entnommen werden.

Die Meßgenauigkeit ist bei beiden Meßanordnungen genähert gleich. Sie nimmt verständlicherweise bei Objektiven mit extrem großen Bildwinkeln mit größer werdenden Bildwinkeln ab. Im Mittel liegt sie, bezogen auf die Projektionsebene, bei $\pm 0{,}02$ mm, und, bezogen auf die Bildebene, im Falle der Multiplex-Überweitwinkelobjektive und dem Verhältnis $c : e = 21 : 270 \approx 1 : 13$ bei $\pm 1{,}5\ \mu$m. Die zweite Meßanordnung hat gegenüber der ersten einige Vorteile, nämlich die, daß das Objektiv zusammen mit seiner eigentlichen Beleuchtungseinrichtung und in der endgültigen Abstimmung in der Projektorkammer geprüft wird, daß der Prüfling gleichzeitig auf vier Azimute eingepaßt und nach der Einpassung unmittelbar in beiden Objektivschnitten gemessen werden kann, und daß eine evtl. Affinität des Prüflings bereits vor der Messung beim Einpassen auf die Zwangspunkte erkannt werden kann. Sie hat jedoch auch Nachteile, von denen besonders die infolge des gerichteten Lichtes der Beleuchtungseinrichtung bei Dezentrierung des Lampenwendels in der Projektion auftretenden Fehler erwähnt sein sollen. Sie lassen sich jedoch bei Verwendung eines auf der Unterseite mattierten Kondensors weitgehend ausschalten.

Abschließend seien in Abb. 7 die aus den jeweils vier Azimuten gemittelten Verzeichnungskurven eines in beiden Meßanordnungen geprüften Multiplex-Überweitwinkelobjektives aufgetragen und der Soll-Verzeichnungskurve des ge-

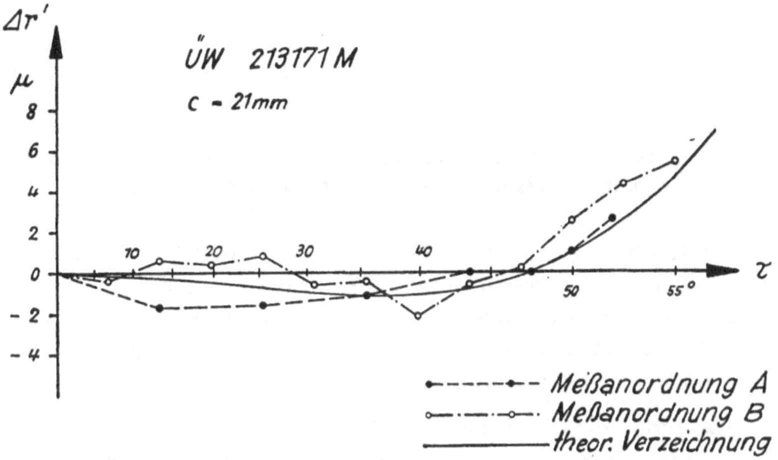

Abb. 7. Mittlere Verzeichnung eines Multiplex-Überweitwinkelobjektives. Gegenüberstellung der in den beiden Meßanordnungen ermittelten und der theoretischen Verzeichnung

nannten Objektivtypes gegenübergestellt. Die Erfahrung hat gezeigt, daß beide Meßanordnungen eine ausreichend genaue Bestimmung des Verzeichnungsverlaufs an den genannten Objektiven ermöglichen.

Zusammenfassung

Während die Verzeichnung von photogrammetrischen Aufnahmeobjektiven fast ausschließlich für die Abbildung von Zielpunkten im Unendlichen bestimmt wird, müssen eine Reihe photogrammetrischer Projektionsobjektive im Endlichen getestet werden. Berichtet wird über die Durchführung und Auswertung solcher Verzeichnungsmessungen an einem Projektionsobjektiv mit 122° nutzbarem Bildwinkel.

VEB Carl Zeiss JENA

H. BECKER, Berlin

Über die Deformation des LITTROW-Spiegels zur Verringerung des Astigmatismus

Im Institut für Gerätebau wurde im Jahre 1957 ein UV-Bestrahlungs-Monochromator entwickelt. Mit diesem Gerät sollten biologische und pharmakologische Objekte mit UV-Licht bestimmter Wellenlänge bestrahlt werden, um die dabei auftretenden Veränderungen zu beobachten. Für die Gestaltung des Gerätes bestanden vor allem folgende Forderungen:

1. Es sollte eine möglichst hohe Strahlungsintensität im UV-Gebiet aufweisen, wobei ein gewisser Verzicht auf strenge Monochromasie zulässig war.
2. Das austretende Strahlenbündel sollte allseitig schwenkbar sein, um es in beliebiger Richtung auf Objekte lenken zu können.

Zwecks Erfüllung der ersten Forderung wurde das Gerät so gestaltet, daß der Lichtbogen der Lichtquelle (einer Höchstdrucklampe) im übertragenen Sinne als Eintrittsspalt Verwendung fand. Das Öffnungsverhältnis des Monochromators wurde 1:4 gewählt. Bedingt durch die Größe des Lichtbogens (Eintrittsspaltes) mußte die Kollimatorbrennweite zu 500 mm festgelegt werden. Für die Anordnung des Monochromators wurde der LITTROW-Strahlengang gewählt. Da die notwendige Prismengröße (200 mm Basis) nicht mehr in Quarz zu realisieren war, fand ein Wasserprisma Verwendung. Der Fangspiegel des Gerätes lenkte den austretenden Strahl um 90° von der optischen Achse des einfallenden Lichtbündels ab, um die sich der Monochromator und damit der austretende Strahl um 360° drehen kann.

Der Hohlspiegel hatte eine sphärische Flächenform. Bei dem erheblichen Winkel, der zwischen der optischen Achse des ein- und austretenden Bündels am Hohlspiegel bestand, trat naturgemäß ein starker Astigmatismus auf. Da bei dem vorliegenden Fall als ,,Austrittsspalt“, wegen der Schwenkbarkeit des Austrittsbündels, eine kreisförmige Blende Verwendung finden mußte, hätte sich ein starker Astigmatismus äußerst schädlich auf die verbleibende Strahlungsintensität ausgewirkt. Es wurde gezeigt, daß die Zerstreuungsfiguren im meridionalen wie auch im sagittalen Brennpunkt etwa die achtfache Länge der Lichtbogengröße aufweisen. An der Stelle engster Einschnürung trat vor allem eine starke Koma in Erscheinung, so daß die Fläche dieser Zerstreuungsfigur ebenfalls etwa die achtfache Größe des Lichtbogens hatte.

Es gelang, den vorhandenen Astigmatismus durch eine im wesentlichen zylindrische Deformation des LITTROW-Planspiegels sehr stark zu verringern. Die

Zerstreuungsfigur an der Stelle engster Einschnürung wies durch verbleibende Restfehler nur noch etwa die doppelte Flächengröße des „Eintrittsspaltes“ auf.

Die Deformation des aus Glas bestehenden LITTROW-Spiegels wurde dadurch erreicht, daß derselbe in seiner Dicke so gering gehalten wurde, daß er sich gegen eine Metallschiene elastisch verformen ließ. Die Verformung geschah durch eine Vielzahl von Einstellschrauben einer hinter ihm angeordneten Justierfassung. Dadurch wurde eine Abweichung von einer streng kreiszylindrischen Verformung ermöglicht, was sich wiederum vorteilhaft auf die Verringerung insbesondere der Koma-Anteile auswirkte. Die Strahlenvereinigung unter Verwendung dieses Spiegels war von solcher Qualität, daß es möglich war, mit einer „Kamm-Schneide“ eine FOUCAULT-Darstellung der Öffnung des Spiegels zu erreichen.

Zusammenfassung

Bei einem Bestrahlungsmonochromator, der mit einem sphärischen Hohlspiegel ausgerüstet ist, konnte der vorhandene Astigmatismus durch eine Deformation des LITTROW-Planspiegels erheblich verringert werden.

Berlin, Institut für Gerätebau der DAdW

H. RIESENBERG, Jena

Über eine Gruppe von Mikroskop-Spiegelobjektiven mit Zentralabschattungen verschiedener Größe

Die Ausdehnung der mikroskopischen Untersuchungsmethoden auf die unsichtbaren Spektralgebiete, insbesondere die Mikroskopie mit ultravioletten Strahlen, brachte einen Aufschwung in der Entwicklung von Mikroskopobjektiven mit sich. Objektive, deren optisch wirksame Flächen keine brechenden, sondern spiegelnde Flächen sind, schienen geeignet zu sein, den neuen Erfordernissen besonders gut Rechnung zu tragen. So entstanden vor etwa 10 Jahren mehr oder weniger gleichzeitig in verschiedenen Ländern Spiegelobjektive vom SCHWARZSCHILDschen Typ, die einen großen Hohlspiegel und einen kleinen erhabenen Spiegel enthalten. Sowohl theoretische als auch experimentelle Untersuchungen zeigten bald, daß mit dem an sich frappant einfachen Aufbau wohl gute Ergebnisse erzielt werden können, daß jedoch andererseits prinzipielle Grenzen für eine derartige Objektivkonstruktion bestehen, deren Überschreitung notwendigerweise eine Bildverschlechterung nach sich zieht, die in vielen Fällen als unbefriedigend oder gar als untragbar angesehen werden muß.

Ein wesentlicher Fortschritt wurde erzielt durch Objektiventwürfe von D. S. GREY. Er gab katadioptrische Objektive an, die als wesentliche Bauelemente das SCHWARZSCHILDsche Spiegelpaar enthalten, durch Hinzufügen von Linsen jedoch eine sehr viel bessere Korrektion ermöglichen und, ganz allgemein gesprochen, weit anpassungsfähiger an verschiedene Zwecke sind als die bisherigen reinen Spiegel- (katoptrischen) Objektive.

Ein wesentliches Merkmal aller Spiegelobjektive ist die Ausblendung eines zentralen Teils der Apertur durch den kleinen erhabenen Spiegel, die wir kurz die Zentralabschattung nennen. Genauer verstehen wir darunter das Verhältnis der inneren oder minimalen zur äußeren oder maximalen (numerischen) Apertur

$$\text{Z. A.} = \varrho = \frac{\sin \sigma_{\text{Min}}}{\sin \sigma_{\text{Max}}}.$$

Die Größe dieser Zentralabschattung ist zusammen mit den Abbildungsfehlern des Objektivs maßgeblich für seine Bildgüte. Wir haben nun eine Reihe von katadioptrischen Objektiven berechnet, die sich in der Größe der Zentralabschattung unterscheiden, sonst jedoch einen nahezu gleichen, sehr guten Korrektionszustand aufweisen.

Es handelt sich um die drei katadioptrischen Objektive 40/0,65 mit Z.A. = 46%, 50/0,65 mit Z.A. = 40% und 70/0,65 mit Z.A. = 35%, die untereinander und mit einem Linsenobjektiv (Planachromat 40/0,65) sowie mit einem reinen Spiegelobjektiv 40/0,65 mit Z.A. = 47,7% verglichen werden sollen.

Unsere katadioptrischen Objektive sind als Spezialobjektive für die UV-Mikroskopie gedacht, die in einem sehr großen Spektralgebiet, welches das sichtbare Spektrum umfaßt, im ursprünglichen Sinne des Wortes achromatisch sind. Es wird mitunter der Einwand erhoben, daß durch die zusätzlichen Linsen der achromatische Charakter der Spiegelobjektive verlorengehe. Dem ist entgegenzuhalten, daß auch das reine Spiegelobjektiv nicht mehr farbfehlerfrei ist, wenn ein Deckglas verwendet wird — und dies ist der Normalfall (Abb. 1). Es ist einer der Vorteile der neuen Objektive, daß die sehr beträchtlichen Farblängsfehler, die durch ein Deckglas eingeführt werden, bei der Objektivberechnung berücksichtigt und kompensiert werden können.
Der Begriff der vollkommenen Achromasie, der z.B. mit einem reinen Spiegelobjektiv verknüft ist, darf nicht kritiklos so aufgefaßt werden, daß es immer gelingen müsse, bei einer Einstellung im Sichtbaren lediglich durch Umschalten auf eine UV-Wellenlänge die optimale Bildgüte zu erhalten. Dies hat seinen Grund in der verminderten Einstelltoleranz beim Übergang von längeren zu kürzeren Wellenlängen.

Eine Einstellung bei der kürzesten in Betracht kommenden Wellenlänge, was zum Beispiel mit geeigneten bildumwandelnden Einrichtungen geschehen kann, ist im Prinzip vorzuziehen. Jedoch wird für viele Fälle der bequemere Weg des Übergangs von längeren zu kürzeren Wellenlängen zu ausreichenden Ergebnissen führen.

Die größere Stabilität des Korrektionszustandes über weite Spektralbereiche ist der eigentliche Vorteil der Spiegelobjektive aller Typen gegenüber UV-Linsenobjektiven — mögen es nun monochromatische oder achromatische Ausführungen sein.

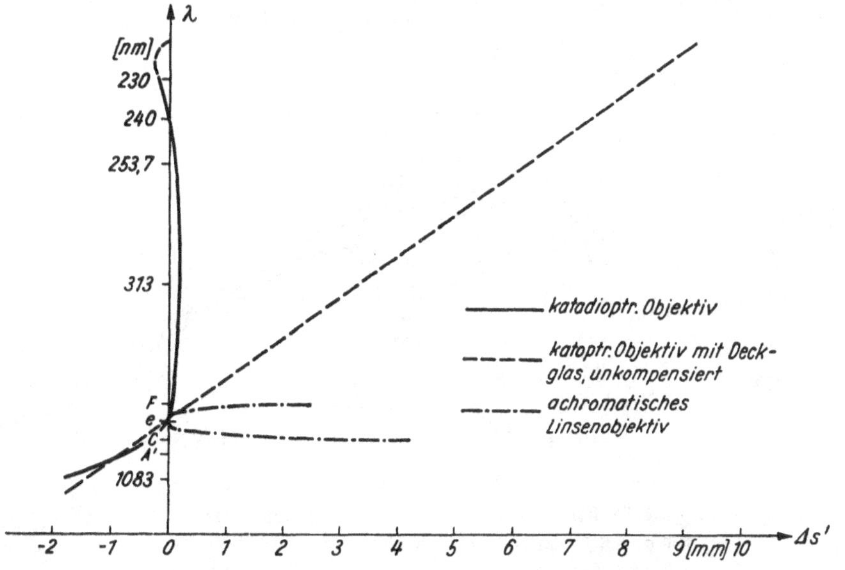

Abb. 1. Der Farblängsfehler der benutzten Objektive
mit Abbildungsmaßstab $|\beta'| = 40$ und num. Ap. $= 0{,}65$

Ein Nachteil aller Spiegelobjektive gegenüber den Linsenobjektiven ist die Zentralabschattung, die aber nur dann störend wirkt, wenn ihre Größe einen gewissen Betrag überschreitet. Im folgenden werden theoretische als auch experimentelle Untersuchungen mitgeteilt, die den Einfluß der Zentralabschattung auf die Bildwiedergabe zum Inhalt haben.

Wir gehen bei unseren Betrachtungen von dem Aussehen der Beugungsfigur als dem wesentlichen bildaufbauenden Element aus. Eine Berechnung und graphische Darstellung des Verlaufs der Beleuchtungsstärke (Intensität) in der Beugungsfigur eines Objektives mit Zentralabschattung (Ringpupille) findet man z. B. in [1]. Das Wesentliche besteht darin, daß mit zunehmender Zentralabschattung die Intensität im ersten Beugungsring ansteigt, während sich das zentrale Beugungsscheibchen verkleinert.

Die Intensitätsverteilung in der Beugungsfigur steht nun in enger Beziehung zur Übertragungsfunktion des optischen Systems. So kann die Übertragungsfunktion τ (ω_{red}) aufgefaßt werden als Fouriertransformierte dieser „Punktbild"-Intensitätsverteilung.[1]) Dieses Integral wurde für den Fall optischer Systeme mit

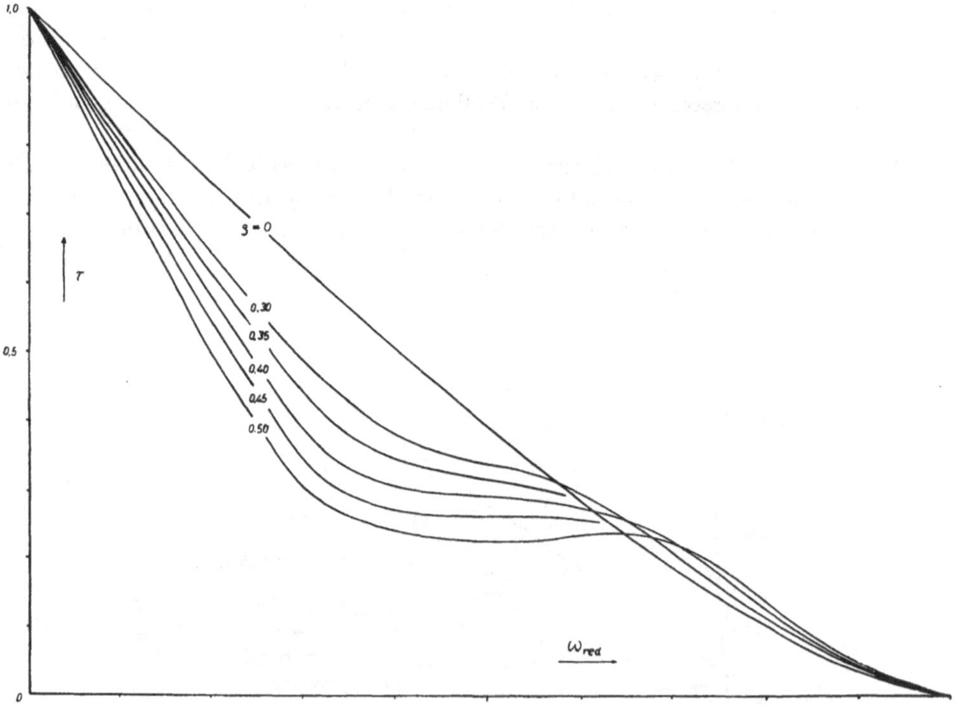

Abb. 2.
Kontrastübertragungsfunktion optischer Systeme mit Zentralabschattung (Ringpupille). Der Parameter $\varrho = \sin \sigma_{Min}/\sin \sigma_{Max}$ gibt die Größe der Zentralabschattung an

[1]) Auf eine zweite, sehr wichtige Auffassung der Übertragungsfunktion als Faltungsintegral der Pupillenfunktion sei hingewiesen.

Zentralabschattung (Ringpupille) von O'NEILL [2] berechnet. Wir haben diese Rechnungen ausgewertet für die Zentralabschattungen $\varrho = 30\,\%$, $35\,\%$, $40\,\%$, $45\,\%$ und $50\,\%$ (Abb. 2). Die Abszisse ist eine reduzierte Raumfrequenz, die mit der Raumfrequenz R – Anzahl der Linien eines sinusförmigen Gitters pro Längeneinheit – in der Beziehung steht

$$\omega_{\text{red}} = 0{,}5 \frac{\lambda}{\sin \sigma_{\text{Max}}} \cdot R.$$

Bemerkenswert ist der Durchhang der Kurven mit zunehmender Zentralabschattung bei mittleren Raumfrequenzen – dem eine Kontrastminderung gegenüber einem Objektiv ohne Zentralabschattung ($\varrho = 0$) entspricht – sowie das Überschreiten der Kurve für $\varrho = 0$ bei großen Raumfrequenzen. Die Raumfrequenzen, die in der Nähe der Auflösungsgrenze liegen, werden somit durch zentralabgeschattete Objektive mit erhöhtem Kontrast gegenüber einem Objektiv ohne Zentralabschattung übertragen. Diese Kontraststeigerung darf nicht überschätzt werden, weil die Werte der Kontrastübertragungsfunktion τ in diesem Frequenzbereich bereits klein sind. Immerhin dürfte diese Tatsache für die Wiedergabe feinster Details von Bedeutung sein. Durch Vergleich der zentralabgeschatteten Objektive mit einem idealen Objektiv ohne Zentralabschattung an Hand der relativen Kontrastübertragungsfunktion τ/τ_0, wobei τ_0 die Übertragungsfunktion des idealen Objektivs darstellt, können quantitative Kontrastveränderungen unmittelbar abgelesen werden (Abb. 3). So erkennt man z.B., daß für $\varrho = 35\%$

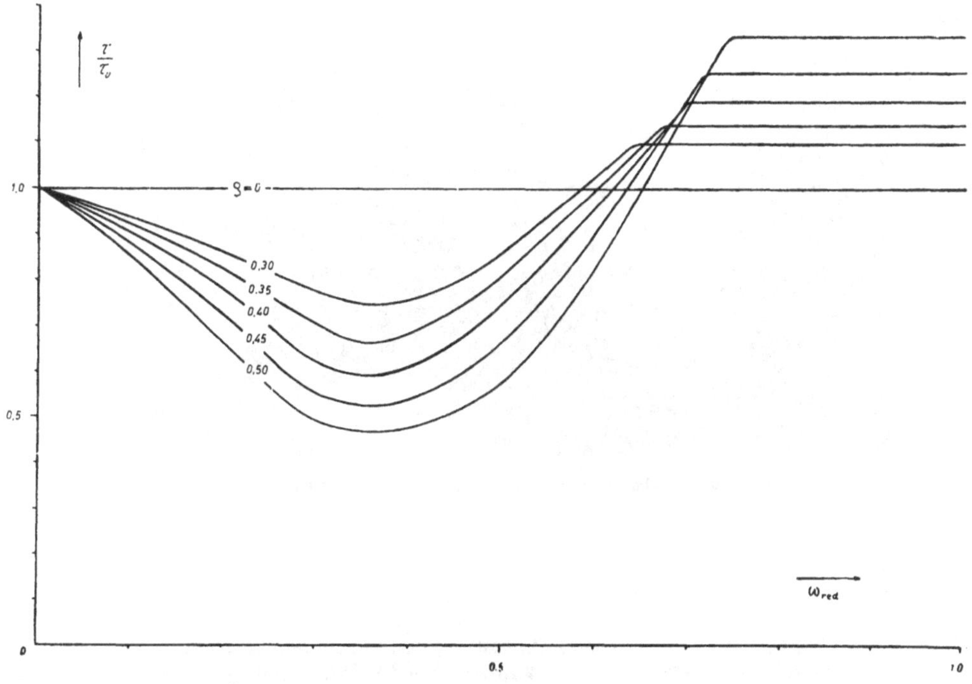

Abb. 3. Relative Übertragungsfunktion optischer Systeme mit Zentralabschattung

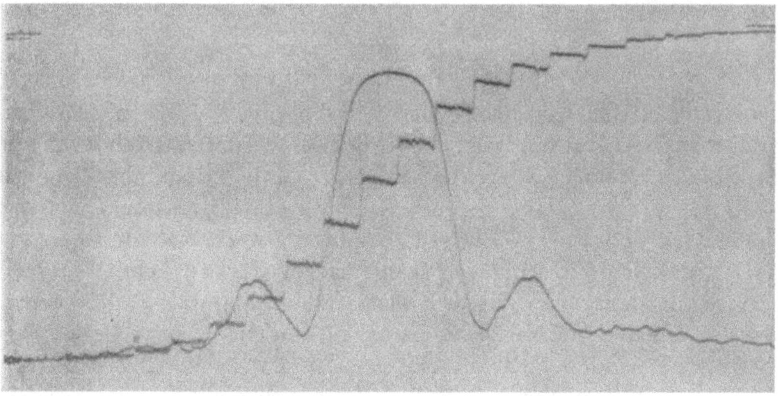

a) Reines (katoptrisches) Spiegelobjektiv 40/0,65 (mit Deckglas), Z. A. = 47,7%
Dieses Objektiv hat einen merklichen Öffnungsfehler (s. a. [1])

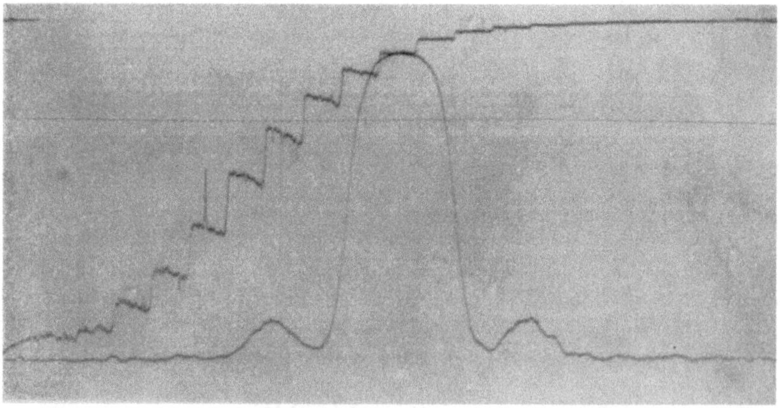

b) Katadioptrisches Objektiv 50/0,65; Z. A. = 40%

Abb. 4a—d. Lichtelektrische Abtastung von Mikrophotographien (Dunkelfeldaufnahmen mit Standardleuchte 100 Watt; Mikroplatte) längs eines Durchmessers der Beugungsfigur

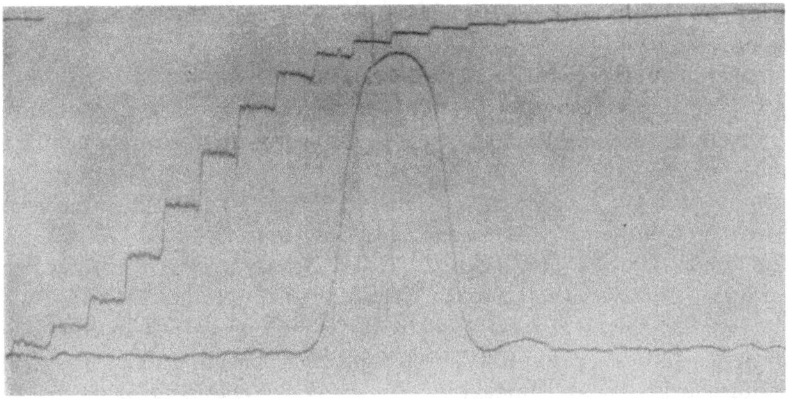

c) Katadioptrisches Objektiv 70/0,65; Z. A. = 35%

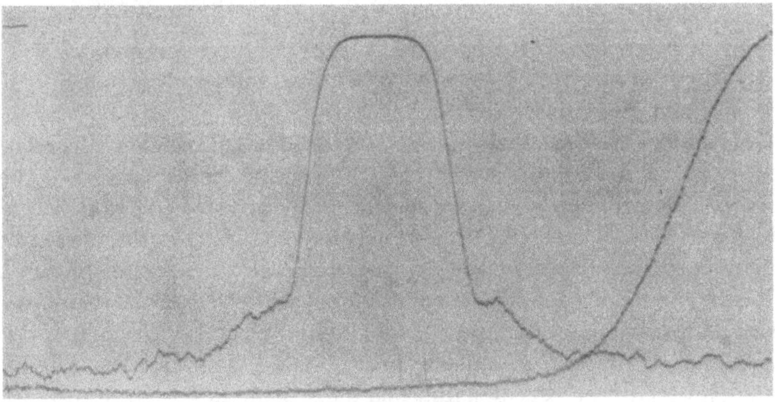

d) Planachromat 40/0,65

Bem.: Die Registrierkurven des aufkopierten Graukeiles sind hier ohne Belang

der Kontrast nur in einem sehr schmalen Frequenzbereich unter 70% des Kontrastes des idealen Objektivs herabsinkt. Zur mikroskopischen Bildentstehung trägt im allgemeinen der gesamte Frequenzbereich bei. Auf Grund dieser Tatsache behält die Strehlsche Definitionshelligkeit als Gütekriterium ihre Bedeutung [1]; denn sie kann als ein Mittelwert der Kontrastübertragungsfunktion über alle Raumfrequenzen aufgefaßt werden [3].

Die bisherigen Ergebnisse stützen sich auf die theoretische Intensitätsverteilung in der Beugungsfigur einer Punktlichtquelle. Wir wollen nunmehr feststellen, inwieweit das Experiment mit den theoretischen Untersuchungen übereinstimmt.

Wir verwenden zur Erzeugung von Beugungsfiguren die Abbildung eines Goldrubinglases im Dunkelfeld bei einem Abbildungsmaßstab von 700 : 1. Im Goldrubinglas sind feine Goldteilchen kolloidal verteilt, deren Größe unterhalb der Auflösungsgrenze eines Lichtmikroskops liegt und die bei Dunkelfeldbeleuchtung wie Sterne am Firmament aufleuchten, jedoch deutlich die Ringstruktur zeigen. Diese Beugungsfiguren sind sehr empfindliche Indikatoren für die Abbildungsgüte eines Objektivs. Bei einiger Erfahrung kann man daraus sehr viel entnehmen. Wir interessieren uns hier nur für die Beugungsfiguren in der Bildmitte.

Als Beispiel zeigen wir einige Aufnahmen, die mit dem lichtelektrischen Registrierphotometer des VEB Carl Zeiss JENA erhalten wurden (Abb. 4a—d).

Es ist bemerkenswert, daß die oben theoretisch geforderten Veränderungen mit der Zentralabschattung hinsichtlich Ringintensität und Größe des zentralen Beugungsscheibchens qualitativ durch die Registrierung bestätigt werden.

Eine quantitative Auswertung wurde ebenfalls vorgenommen, allerdings muß sie notwendigerweise mit all den Fehlern behaftet sein, die bei einer photographischen Photometrierung auftreten.

Als Beispiel einer Auswertung ist in Abb. 5a der „Helligkeits"-verlauf in der Beugungsfigur des katadioptrischen Objektivs 40/0,65 mit Z.A. = 46% dargestellt und in Abb. 5b derjenige des katoptrischen Objektivs 40/0,65 mit Z.A. = 47,7% ohne Deckglas. In dem letzten Fall kommt zu dem bereits vorhandenen Öffnungsfehler des reinen Spiegelobjektivs (s. a. [1]) noch die zusätzliche sphärische Aberration hinzu, die durch den an sich unerlaubten Fortfall des Deckglases bedingt ist. Dieser Fall wurde gewählt, um das Aussehen einer Beugungsfigur zu demonstrieren, die zu einem mikroskopisch untragbaren Bild führt. Die „Helligkeit" H ist dabei definiert durch den dekadischen Logarithmus der Intensität i nach der Beziehung $H = \log i = \text{const} - S$, wobei die Konstante mit der Schwärzung des Umfeldes gleichgesetzt wurde.

Zum Vergleich wählen wir die theoretische Lichtverteilungskurve in der Beugungsfigur ebenfalls in logarithmischer Darstellung (Abb. 6). Wir tragen anstelle der Intensität i (wie z. B. in [1]) die Größe $H^* = \log (i + i_u)$ auf, wo $i_u = 0{,}01\, i_{\text{Max}}$ willkürlich angenommen wurde, um die Schwierigkeit des Unendlichwerdens des Logarithmus für das Argument $i = 0$ zu umgehen. Physikalisch kann man dies etwa als eine geringe Aufhellung des Umfeldes interpretieren. Die Größe H^* kann

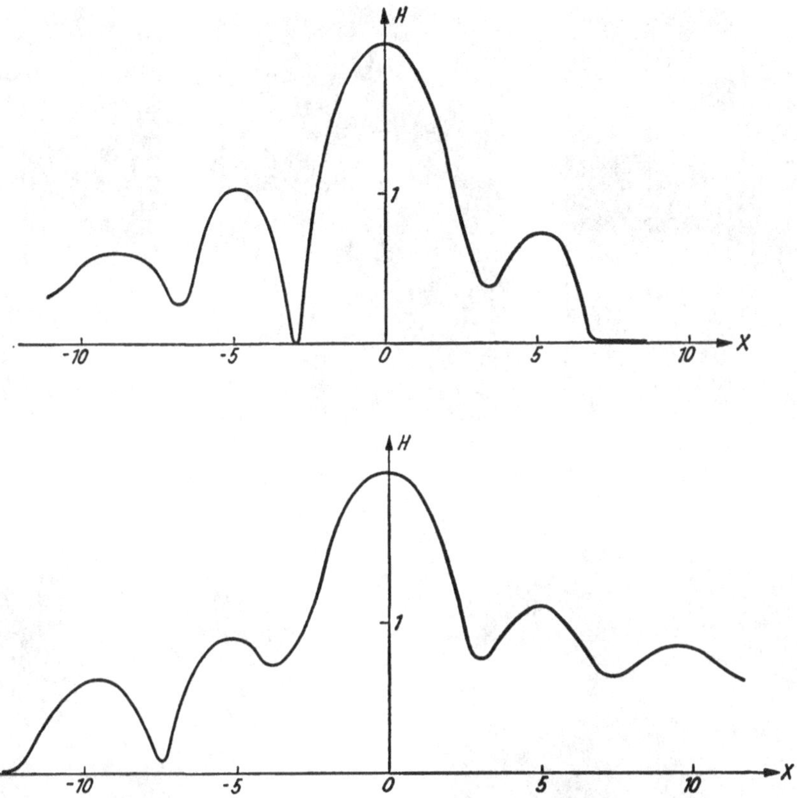

Abb. 5a, b. Zwei Beispiele eine quantitativen Auswertung des „Helligkeits“verlaufs in der Beugungsfigur von Spiegelobjektiven. Siehe Text

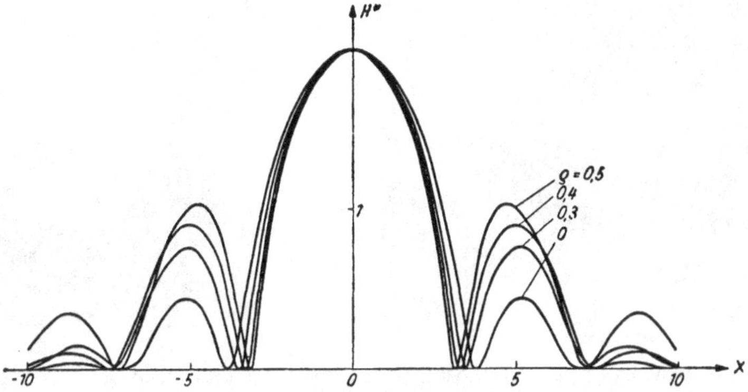

Abb. 6. Theoretischer Verlauf der „Helligkeit“ in der Beugungsfigur von Objektiven mit Zentralabschattungen verschiedener Größe. Siehe Text

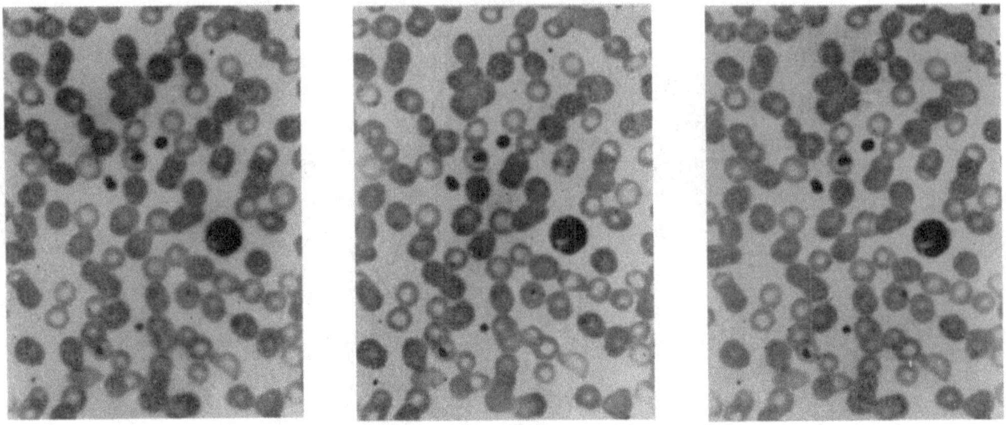

Abb. 7a, b, c. Blutausstrich, aufgenommen mit verschiedenen Objektiven gleicher Apertur. Näheres siehe Text. Maßstab etwa 480 : 1

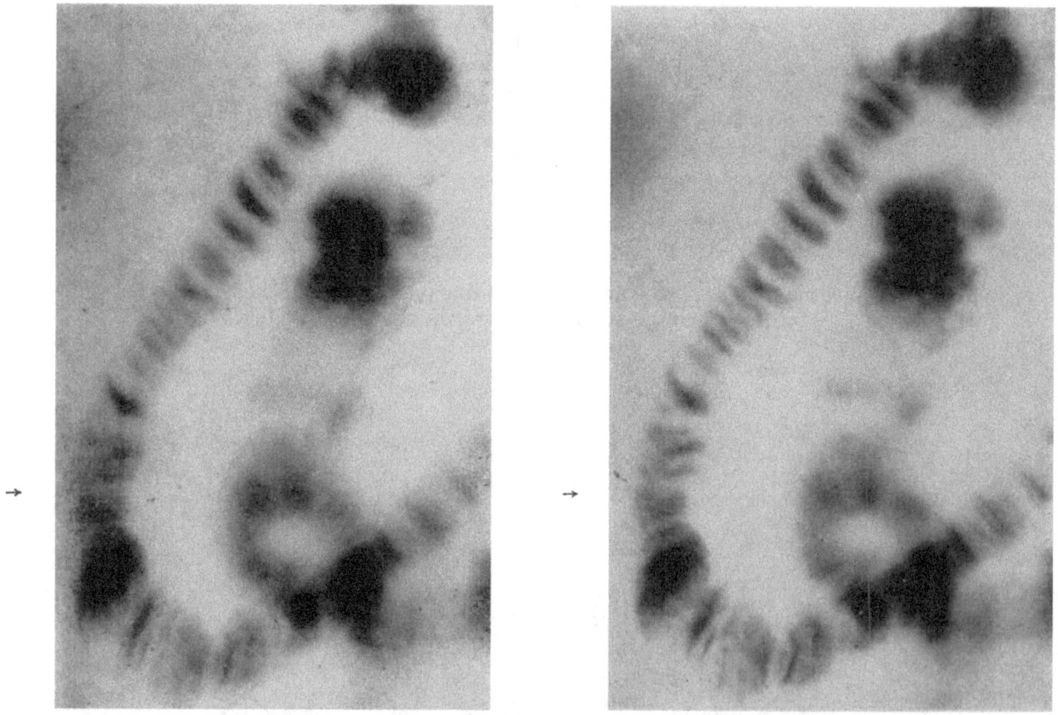

Abb. 8a, b. Speicheldrüsenchromosom von Chironomus, aufgenommen bei $\lambda = 275$ nm mit katoptrischem Objektiv 40/0,65 (Bild 8a) und katadioptrischem Objektiv 70/0,65 (Abb. 8b). Die Pfeile weisen auf Bilddetails hin, an denen man deutlich Kontrast- und/oder Auflösungsunterschiede erkennen kann. Maßstab etwa 1500:1

als „Helligkeit" angesprochen werden, weil sie der Empfindung des Auges näherkommt als die Intensität selbst.

Schließlich soll noch die Bildwiedergabe einiger der betrachteten Objektive an zwei biologischen Präparaten verglichen werden.

Bei einem Blutausstrich (Abb. 7) geben die Erythrozyten vorwiegend Aufschluß über die Kontrastwiedergabe, während der Leukozyt mit seinen feinen Granulationen einen guten Test für die Auflösung darstellt. Man erkennt deutlich eine Zunahme des Kontrastes der Spiegelobjektive bei abnehmender Zentralabschattung. Bei dem katadioptrischen Objektiv mit Z.A. = 35% (Abb. 7b) ist der Kontrast bereits stärker als der des Linsenobjektivs (Abb. 7c). Bei dem reinen Spiegelobjektiv — mit dem vorgeschriebenen Deckglas — wirken die relativ hohe Zentralabschattung von 47,7% und der Öffnungsfehler zusammen bei der Entstehung eines flauen Bildes mit merklich vermindertem Auflösungsvermögen (Abb. 7a).[1]

Bei der UV-Aufnahme eines Teils des Speicheldrüsenchromosoms der roten Mückenlarve (Chironomus) bei der Wellenlänge $\lambda = 275$ nm ist ebenfalls der bessere Kontrast und das bessere Auflösungsvermögen des katadioptrischen Objektivs mit Z.A. = 35% (Bild 8b) gegenüber dem reinen Spiegelobjektiv (Abb. 8a) zu erkennen, wenn auch der Unterschied infolge des kontraststärkeren Präparats nicht so auffällig in Erscheinung tritt.

Bei den Aufnahmen der biologischen Präparate wurde sowohl für die katadioptrischen als auch für das katoptrische Objektiv ein Spiegelkondensor der Apertur 0,6 benutzt, während das Linsenobjektiv mit einem entsprechend abgeblendeten Linsenkondensor ausgeleuchtet wurde.

In diesem Zusammenhang möge erwähnt werden, daß sowohl die theoretischen Betrachtungen als auch die Untersuchungen der Beugungsfiguren inkohärente Beleuchtung bzw. Selbstleuchter zur Grundlage haben. Die mit teilweise kohärenter Beleuchtung untersuchten biologischen Präparate verlieren aber insofern ihren Vergleichwert nicht, als der Kohärenzgrad infolge der gleichen Beleuchtungsapertur als praktisch konstant angenommen werden kann. Immerhin ist es bemerkenswert, daß die Kontrastwiedergabe durch geeignete Wahl des Verhältnisses von Beleuchtungsapertur zur Objektivapertur nicht unwesentlich verändert werden kann.

Das Blutausstrichpräparat hat mir Frl. Freundlieb und das Chromosomenpräparat mein Kollege Dr. Schönfeld freundlichst zur Verfügung gestellt.

Zusammenfassung

Es wird über eine Reihe katadioptrischer Systeme berichtet, die als Spezialobjektive für die UV-Mikroskopie besonders geeignet erscheinen. Experimentelle

[1]) Weil die Feinheiten im Druck verlorengehen, wurde auf die entsprechende Mikrophotographie des katadioptrischen Objektivs mit der mittleren Zentralabschattung von 40% verzichtet.

Untersuchungen des Einflusses verschieden großer Zentralabschattungen auf die Bildgüte werden mit theoretischen Ergebnissen verglichen.

VEB Carl Zeiss JENA

Literatur

[1] Riesenberg, H., Jenaer Jahrbuch 1956, 30—78.
[2] O'Neill, E. L., J. Opt. Soc. Amer. **46**, 285 (1956).
[3] Hopkins, H. H., Proc. Phys. Soc., Sect B **70**, 449 (1957).

E. Lau und J. Rienitz, Berlin-Adlershof

Weiterentwicklung des lichtoptischen Mikroskops

Als vor etwa 25 Jahren das elektronische Mikroskop erfunden wurde, meinten viele, das lichtoptische Mikroskop würde sehr an Bedeutung verlieren und eine Weiterentwicklung erübrige sich. Tatsache ist jedoch, daß erhebliche Fortschritte erzielt worden sind und daß die Nachfrage nach lichtoptischen Mikroskopen unerhört gestiegen ist. Man könnte nun das Thema dieses Vortrages so verstehen, daß über die vielen Neuerungen, die durch die verschiedensten Fimen eingeführt worden sind, gesprochen wird. Es würde dies ein sehr reizvolles Thema sein; aber an dieser Stelle scheint es angebracht, mehr über grundsätzliche Dinge zu sprechen, weil auch hier sich unsere Anschauungen etwas geändert haben.

Zunächst ist zu sagen, daß über die beugungstheoretischen Grundlagen des optischen Mikroskops zwar noch viele Details weiter ausgearbeitet worden sind. Daß jedoch durch die Wellenlänge des Lichtes dem Mikroskop Grenzen gesetzt sind, bleibt unwidersprochen, auch wenn man das Licht als einen Photonen-Regen betrachtet.

Ein wichtiger Punkt, in dem die Entwicklung über die Abbesche Grundkonzeption hinausgegangen ist, ist die Überschreitung der von Abbe zugelassenen Vergrößerungen. Wie bekannt ist, hat Abbe in eindringlicher Form vor einer Übervergrößerung gewarnt. Wie kam Abbe zu dieser Meinung? Erstens war er der Auffassung, daß bei einer Vergrößerung von etwa dem 800fachen der Apertur alle Einzelheiten eines Bildes grundsätzlich zu erkennen sind. Die Zentren von 2 eben noch trennbaren Strichen erscheinen dann dem Auge wie 2 Striche auf einem Lineal, deren Abstand etwa 2/10 mm ist, wenn die Entfernung des Lineals von dem Auge etwa 25 cm beträgt. Es ist zuzugeben, daß bei guter Sehschärfe diese Striche noch getrennt sind, aber die bloße Auflösung genügt, wie wir heute wissen, nicht. Es muß verlangt werden, daß das Auge die getrennten Details noch mit vollem Kontrast sieht. Mit gutem Grund hat man daher bei einem Lineal 1 mm Strichabstand gewählt. Diese Striche werden noch mit vollem Kontrast wahrgenommen. Ferner besteht das Bedürfnis, Details mit stärkerer Vergrößerung zu sehen, wenn man photometrische Daten ermitteln will. Es gibt auch psychologische Faktoren, die eine stärkere Vergrößerung empfehlen. So erscheint z.B. ein Haufen von eben wahrnehmbaren Punkten bei der von Abbe empfohlenen Vergrößerung als Haufen, während bei stärkerer Vergrößerung solche Punkte Individuen mit definierter Lage sind.

Abbe hatte noch einen wesentlich wichtigeren Gesichtspunkt. Bei stärkeren Vergrößerungen wird die Austrittpupille bei dem lichtoptischen Mikroskop so klein, daß die einzelnen Bildelemente das Auge des Beobachters in schmalen Bündeln durchlaufen, und infolgedessen die Inhomogenitäten der Optik, insbesondere der Augenlinse und der Augenflüssigkeit, Ablenkungen und Störungen verursachen. Das Bild wird also schließlich nicht recht erkennbar. Dies gilt besonders bei der klassischen Form des Mikroskops mit vertikalem monokularem Einblick. In diesem Fall sammelt sich vor der Augenlinse die Tränenflüssigkeit und gibt zusätzlich zu erheblichen Störungen Anlaß. Bei etwa horizontalem Einblick und insbesondere binokularer Betrachtung sind die Störungen erheblich geringer, und man kann in solchen Fällen stärkere Vergrößerungen anwenden. Es gibt jedoch eine ganze Reihe von Möglichkeiten, die Augenpupille vollständig auszufüllen und ein störungsfreies Bild zu erreichen. Die einfachste Möglichkeit besteht in der Betrachtung eines auf einen Schirm projizierten Bildes. Solche Projektionseinrichtungen sind an verschiedenen Stellen schon gezeigt worden. Sie sind heute besonders deswegen diskutabel, weil die Mikroskopleuchten stärker geworden sind, so daß auch projizierte Bilder, z. B. bei 5000facher Vergrößerung, durchaus noch für die Betrachtung hell genug sind. Im Deutschen Amt für Material- und Warenprüfung hat Rötsch einen solchen Aufbau mit Erfolg durchgeführt. Gegen solche Anordnung spricht jedoch, daß auf alle Fälle ein sehr starker Lichtverlust eintritt, weil der Projektionsschirm das gesamte Licht stark streut und nur wenig Licht in die Augenpupille gelangt. Ferner vertragen viele mikroskopische Präparate kein starkes Licht. Man hat auch projizierte Bilder auf Mattscheiben in Durchlicht vorgeschlagen, wobei die Mattscheiben bewegt werden [1]. Auch in diesem Fall tritt immer noch ein erheblicher Lichtverlust ein, weil von dem gestreuten Licht nur wenig in die Pupille dringt. Ähnliche Wirkungen erzielt man, wenn ein Bild auf einen Bildwandler projiziert wird. Auf der Betrachtungsseite befindet sich dann das Bild auf einer selbstleuchtenden Schicht, und entoptische Störungen treten nicht mehr auf, jedoch geht dabei die Farbigkeit verloren; man hat aber hier die Möglichkeit, das Licht zu verstärken und den durch die Lichtstreuung des Schirmes bedingten Verlust weitgehend auszugleichen. Verwendet man statt des Bildwandlers eine Fernsehanordnung mit Kurzschlußschaltung, so bieten sich weitere Vorteile. Es können z. B. mehrere Bildröhren angeschlossen werden oder mit modernen Mitteln eine Großprojektion dieses Bildes vorgenommen werden. Bei solcher Anordnung muß man grundsätzlich die Abbeschen Grenzen überschreiten, damit durch den Zeilenabstand des Fernsehbildes Details nicht gestört werden. Die Kombinationen mit elektronischen Geräten haben zweifellos eine große Zukunft, jedoch ist der Aufwand sehr groß, und es besteht immer die Gefahr, daß durch die Übertragungselemente Verlust an Informationen auftritt. Andererseits besteht auch die Möglichkeit der Kontrastanhebung für besonders wichtige Details, und auch das Hineinlegen von Äquidensiten, also Kurven gleicher Helligkeit im Bilde, wird möglich, was u. U. von großem Nutzen sein kann [17].

Es gibt aber auch andere Maßnahmen, bei der normalen Mikroskopbetrachtung die Austrittspupille zu vergrößern und eine wesentlich stärkere Vergrößerung ohne Bildverschlechterung zu erreichen. Eine derartige Anordnung ist unseres Wissens zuerst von Arnulf [2] vorgeschlagen worden. Er bringt in die Zwischenbildebene des Mikroskops eine rotierende exzentrische Feldlinse hinein. Es entsteht statt einer einfachen Austrittspupille ein Pupillenkreis, und die Augenlinse wird dann in größeren Flächenelementen von Licht durchflossen. LAU [3] hat eine andere Konstruktion vorgeschlagen, die in vieler Hinsicht einen radikaleren Erfolg hat. Es wird in die Zwischenbildebene des Mikroskops eine rotierende Mattscheibe gelegt und darüber ein zweiter mikroskopischer Ansatz aufgebaut, der eine Vergrößerung von 5 bis 50fach ermöglicht. Wesentlich hierbei ist, daß die streuenden Elemente der rotierenden Mattscheibe so gestaltet werden, daß möglichst das gesamte Licht in das darauf folgende Objektiv oder Okular hineinfällt. Bei dieser

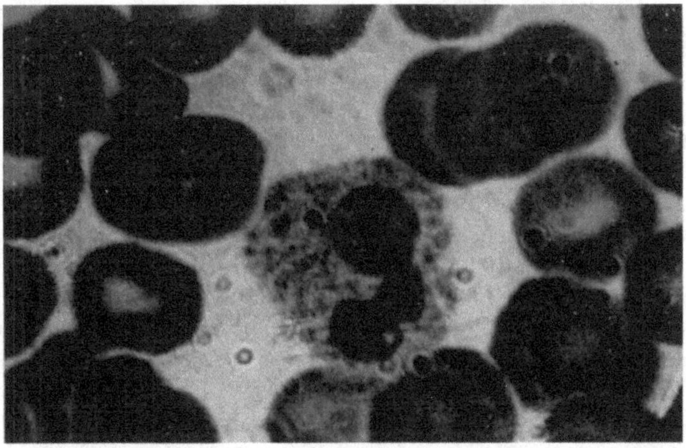

a) ohne Mattscheibe

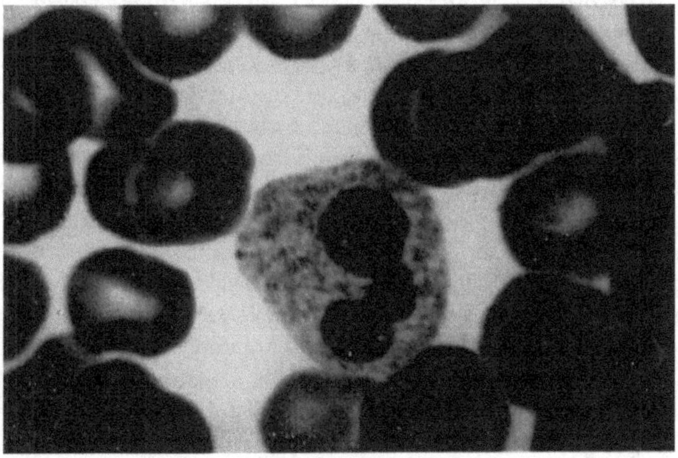

b) mit Mattscheibe im Zwischenbild

Abb. 1. Mikrophotographie eines gefärbten Blutpräparates bei gleicher Optik, etwa 2400:1 (Original 1200:1)

Anordnung werden außerdem alle Phasennachbarschaftseffekte bei der Nachvergrößerung des Bildes vermieden: es können keine Fresnelringe um Stäubchen auftreten. Man kann ein solches Bild so stark vergrößern, daß die Austrittspupille kleiner als die von ABBE zugelassene Grenze wird, ohne entoptische Störungen zu haben, die im wesentlichen durch Phasennachbarschaftseffekte so aufdringlich erscheinen.

Wir sprachen bisher nur von den Fehlern der Augenlinse. Hat man sehr schmale Lichtbündel, so treten auch bei Durchgang durch die Glasoptik kleine Unregelmäßigkeiten an den Oberflächen oder auch durch Inhomogenität des Glases störend auf, die sich ähnlich auswirken wie die Fehler der Augenlinse. Sie sind bei den verschiedenen Linsen sehr unterschiedlich, machen sich jedoch auf alle Fälle irgendwie störend bemerkbar. Abb. 1 zeigt eine Reproduktion einer mikrophotographischen Aufnahme eines gefärbten Blutpräparates. Die Originalvergrößerung war in diesem Fall 1200fach; aber auch bei dieser Vergrößerung sieht man in Abb. a, welches mit einer gewöhnlichen Anordnung *ohne* rotierende Mattscheibe gewonnen ist, eine Fülle von Störungen, die die Erkennbarkeit von feinen Details unmöglich macht oder doch beeinträchtigt. In Abb. b sieht man eine entsprechende Aufnahme mit der gleichen Optik und einer rotierenden Mattscheibe. Man erhält ein völlig ungestörtes Bild, das übrigens durchaus an elektronenmikroskopische Aufnahmen erinnert. Es sei noch hervorgehoben, daß für diese Aufnahme eine zufällig vorhandene Optik verwendet ist; bei ausgesuchter Optik kann das Bild ohne Mattscheibe zweifellos besser sein. In Abb. 2 sehen Sie eine Aufnahme des berühmten Pleurosigma-Objekts. Das Original ist mit 3200facher Vergrößerung aufgenommen worden. Bei geringerer Originalvergrößerung macht sich die Kornstruktur der photographischen Platte bereits störend bemerkbar. FRIESER [4] hat in letzter Zeit mehrfach darauf hingewiesen, daß bei starken Vergrößerungen der Detailreichtum erheblich wächst. An diesem Objekt lassen sich Aussagen über das Auflösungsvermögen und die Kontrastübertragung gewinnen. Geht man in Richtung des weißen Pfeils durch das Bild, so erkennt man zunächst eine Reihe von weißen mondsichelartigen Strukturen, die getrennt voneinander sind. Verfolgt man diese Linie bis zu dem weißen Kreis, so kommt man in eine Gegend, wo die Sichel-Enden sich berühren und schließlich über den weißen Kreis hinaus zu girlandenförmigen Strukturen verändert werden. In dem Kreise befinden sich also Sichel-Enden, die eben noch trennbar sind. Man kann dort feststellen, wie groß die Auflösung des von uns verwendeten Mikroskops mit der Apertur 1,3 noch ist. Sie beträgt etwa $1/3\,\lambda$. Das ist etwas besser, als man es nach der klassischen Formel von HELMHOLTZ erwarten konnte. Dies erklärt sich vielleicht daraus, daß es sich um ein periodisches Objekt handelt.

Daß die Auflösungsgrenze allein jedoch keine genügende Interpretation für den Informationsgehalt ergibt, kann man durch folgende fast triviale Gedankenführung aussagen. Wenn 2 Bildelemente noch getrennt sind, so bildet der Zwischenraum zwischen beiden Bildelementen eine neue Information. Man kann also unter Umständen die doppelte Zahl von Bildelementen noch wahrnehmen (wenn auch nicht mit vollem Kontrast), als der Auflösungsbegriff in der bisherigen Art

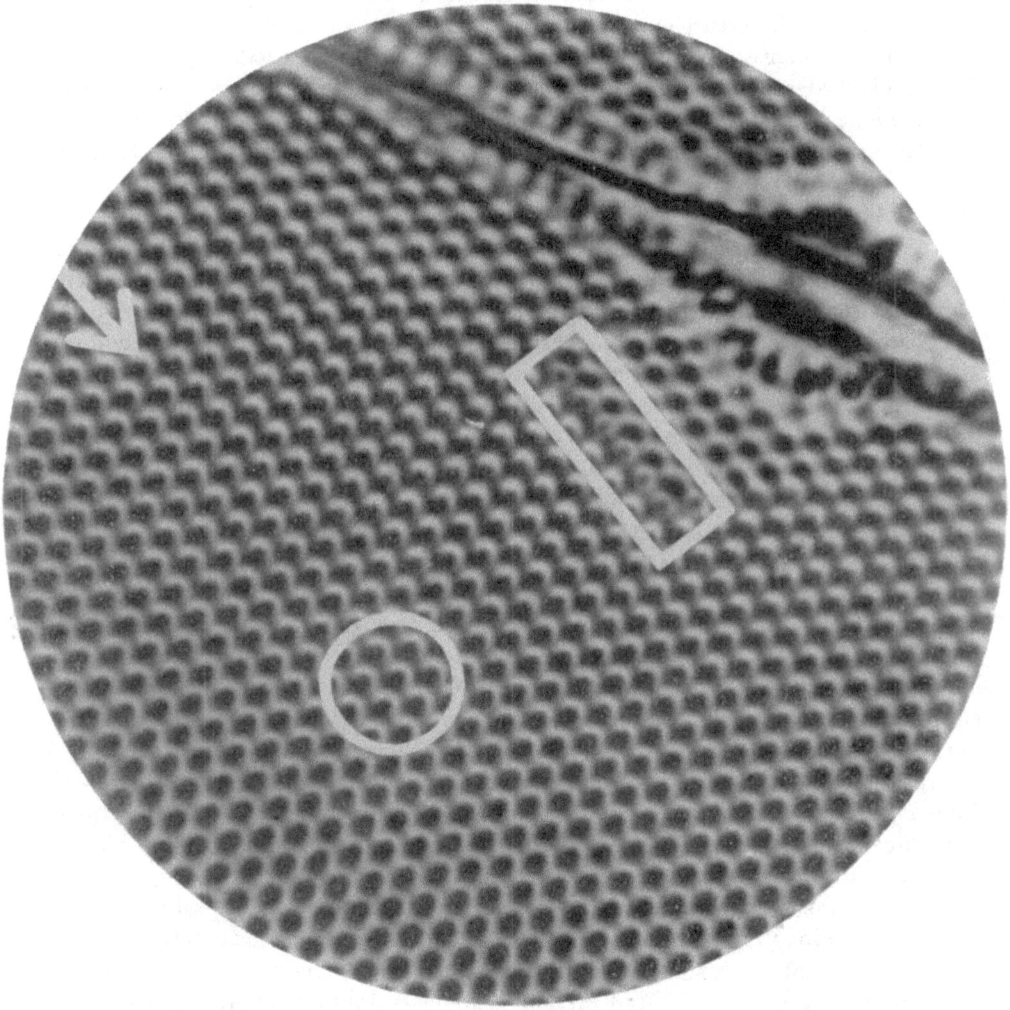

Abb. 2. Mikrophotographie der Diatomee *Pleurosigma angulatum*. Aufnahme mit rotierender Mattscheibe. etwa 8000:1 (Original 3200:1)

der Betrachtung erwarten läßt. Wenn man also z.B. ein Gitter noch auflöst, so kann man die Gitterkonstante bestimmen. Man hat aber auch zusätzlich die Information, daß zwischen den Gitterstrichen noch etwas anderes sichtbar wird. Unsere Figur gibt innerhalb des weißen Rechteckes ein schönes Beispiel dafür. Die periodische Struktur ergibt einen Abstand von etwa 1 Wellenlänge. Geht man nun von einem Strukturelement zum anderen über, so erkennt man auf dieser Linie 4 Bildelemente: ein dunkles Zentrum, eine helle Zone, wiederum eine dunkle Zone und wieder eine helle. Bei visueller Betrachtung erkennt man hierbei noch verschiedene Färbungen. Das Zentrum des Kreises ist grünlich, der auf dem Negativ weiße Kreis ist dunkel, der dann folgende Bereich ist rötlich und der dann folgende weiße Kreis ist wiederum dunkel. Die erkennbaren Bildelemente liegen hier im Abstand $\lambda/4$.

Noch etwas anderes können wir an diesem Bilde sehen. Das betrachtete Objekt ist nicht genau eben, sondern fällt von der Mitte allmählich nach der Seite ab. Senkt man das Mikroskopobjektiv ein wenig auf das Objekt zu, so wird die Struktur der Seite des Präparats verändert, und zwar kann es das Aussehen der Mitte erhalten. In diesem Fall muß man bei unserem Präparat eine Senkung um etwa 0,6 μ vornehmen. Hebt man das Objektiv ein wenig, so bekommt man in der Mitte die Struktur wie bei der hier wiedergegebenen Aufnahme am Rande, und zwar wiederum, wenn man 0,6 μ hebt. Man erkennt nun auf der Aufnahme einen Übergang der Struktur von der Mitte zum Rande und kann festellen, daß Strukturelemente, die etwa $\lambda/10$ in der Tiefe voneinander verschieden sind, sich noch unterscheiden lassen. Dies kann man auch an anderen Objekten, z.B. Rußpartikeln oder irgendwelchen biologischen Granulationen feststellen. Zur Messung dieser Tiefenlokalisation reicht die Feinverstellung der bisherigen Mikroskope nicht aus. Wir haben eine einfache Vorrichtung angewendet, um diese Feineinstellungen reproduzierbar zu ermöglichen. Wir haben an dem Bügel des Mikroskops eine horizontale Stange befestigt, auf der sich Gewichte verschieben lassen. Das Gewicht bildet ein Gegengewicht gegen die Belastung des Bügels durch das Mikroskop. Der Tragbügel des Mikroskops wird also elastisch in verschiedene Lagen gebracht. Mit einer derartigen einfachen Anordnung lassen sich bequem Messungen der Tiefenveränderungen bis zu 0,01 μ durchführen. Eine Tiefenlokalisation auf 0,1 μ ist in den meisten Fällen leicht erreichbar.

In Abb. 3a wird noch einmal ein Ausschnitt von Abb. 2 wiedergegeben, jedoch als Positiv. Ein Ausschnitt einer Aufnahme mit gleicher Vergrößerung und der gleichen Anordnung, jedoch ohne die rotierende Mattscheibe, ist zum Vergleich in Abb. 3b danebengesetzt. Man erkennt auf der Aufnahme 3a eine gleichmäßige Modulierung des Objektes, während in Abb. 3b eine Unruhe über das Objekt gebreitet ist. Offenbar arbeitet die Optik nicht ideal und die einzelnen Bildelemente sind gegeneinander etwas verschoben; da aber Phasenbeziehungen zwischen den Bildelementen bestehen, entstehen Phasenkontrastphänomene, die das Bild überlagern. Es kommen u.U. größere Kontraste zustande, die aber nicht objektbedingt sind. Aus diesen Aufnahmen ersieht man, daß auch für die Mikrophotographie unsere Anordnung von größter Bedeutung ist. Diese Feststellung muß auch

a) mit Mattscheibe, etwa 1200:1

b) dasselbe ohne Mattscheibe

Abb. 3. Vergrößerter Ausschnitt aus Abb. 2 (Positiv)

bei der Projektion von Bildern ohne photographische Aufnahme berücksichtigt werden.

In der Mikroskopie gibt es die verschiedensten Entwicklungsrichtungen, die auch dauernd weiter ausgebildet werden. Es ist in diesem Vortrag unmöglich, auf alles einzugehen.

Besonders wichtig erscheinen uns die zahlreichen Versuche, in den sogenannten Phasenobjekten mit Hilfe der Interferenz auf optischem Wege Kontrast zu erhalten. Die Phasenkonstrastmikroskopie wird hier seit langem mit großem Nutzen angewandt. In neuerer Zeit hat sich jedoch das allgemeine Interesse mehr der Interferenzmikroskopie zugewandt. Wir beschränken uns daher im folgenden auf die Interferenzmikroskopie und einige ihrer Anwendungen.

Das einfachste Interferenzmikroskop ist durch die FIZEAUsche Anordnung gegeben, bei der eine Glasplatte auf ein zu untersuchendes Objekt gedrückt wird und im reflektierten Licht Interferenzstreifen beobachtet werden. Man kann bei geeigneter optischer Anordnung leicht vergrößerte Bilder mit FIZEAUschen Streifen erzielen und hat dann ein einfaches Interferenzmikroskop. Man kann das Objekt und die darauf gedrückte Glasplatte auch verspiegeln und erhält dann Mehrfachreflexionen, die eine Verschärfung der Streifen ermöglichen, jedoch treten bei Keilwinkeln dabei u.U. Abwanderungen des Strahles über größere Objektbereiche hinweg auf, und die Information kann dadurch geringer werden (Abb. 4), [5]. Wir beschränken uns daher auf die klassische Form der Zweistrahlenanordnung nach FIZEAU. HODAM [6] hat eine solche Anordnung zur Prüfung photographischer Objektive angewendet. Er photographierte ein Testbild (Abb. 5) mit einer Kleinbildkamera, so daß die Testaufnahme nur einen Durchmesser von etwa 2 mm hat, brachte dann die photographische Platte mit einer Glasplatte in Berührung, beleuchtete in Auflicht mit Natriumlicht und erhielt dann mit einem sehr einfachen Gerät Interferenzstreifen wie in Abb. 6. Man sieht, daß die zentraleren Gebiete nur mit etwa $^1/_2$ Ordnung der Interferenzstreifen noch plastisch hervortreten, während in den äußeren Bezirken $3\,^1/_2$ Ordnungen auftreten. Man kann

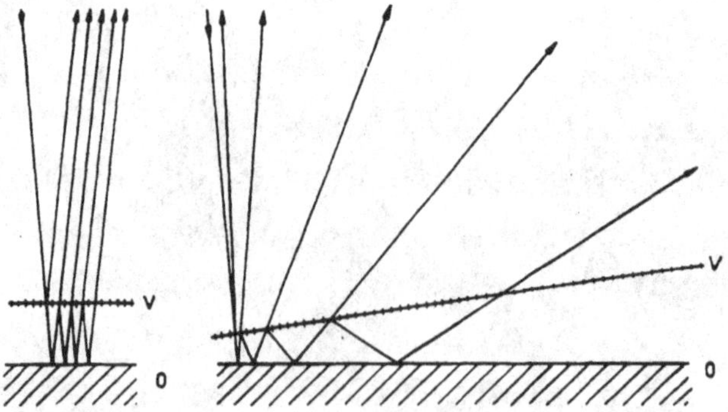

o – Objekt; *v* – Vergleichsfläche

Abb. 4. Mehrstrahlinterferenz ergibt schärfere Streifen, jedoch kommen bei größeren Keilwinkeln verschiedene Stellen des Objekts zur Wirkung

sagen, daß die engeren Ordnungen nur mit einer Schwärzungsdifferenz von 0,3 wiedergegeben werden, während am Rande die Schwärzungsdifferenz etwa 2 ist. Wir können hier auf die Einzelheiten des Schwärzungsplastikverfahrens [7] nicht eingehen. Es ist aber ersichtlich, daß man mit Hilfe einer solchen Anordnung mit Leichtigkeit eine Fülle von zweidimensionalen photometrischen Informationen erhält.

Eine weitere Konstruktionsmöglichkeit für die Interferenzmikroskopie ergibt sich aus Anordnungen nach Art des MICHELSON-Interferometers. Hier dient nicht eine auf das Objekt aufgedrückte Fläche zum Vergleich, sondern eine im abgezweigten Strahlengang liegende. Dies hat manche Vorteile. Man kann bei geeigneten mechanischen Anordnungen die Flächen gegeneinander kippen und schräge Schnitte erhalten. In Abb. 7 sehen wir ein Konstruktionsbeispiel nach KRUG-LAU [8]; in diesem Fall befindet sich ein Teilungswürfel zwischen dem Objektiv und dem Objekt. Ähnliche Interferenzmikroskope nach dem MICHELSON-Prinzip gibt es in den verschiedensten konstruktiven Ausführungen. LINNIK [9] hat als erster ein derartiges Mikroskop entwickelt. Er hat die Strahlenteilung zwischen Objektiv und Zwischenbildebene vorgenommen und braucht dann noch ein zweites

Abb. 5. Testobjekt nach F. HODAM zur Prüfung von Objektiven

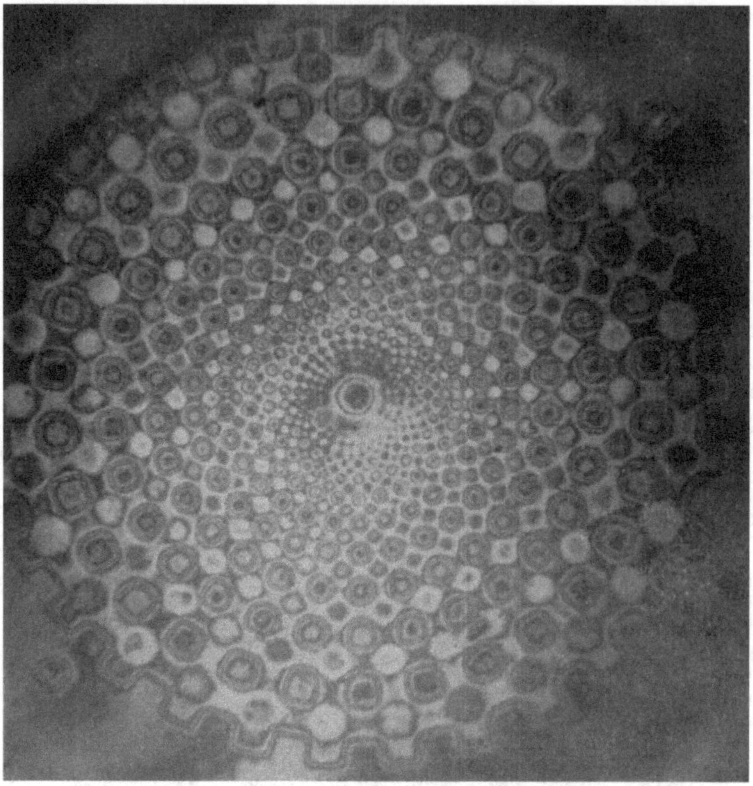

Abb. 6. FIZEAU-Interferogramm der Schwärzungsplastik einer Testaufnahme von Abb. 5, etwa 40:1

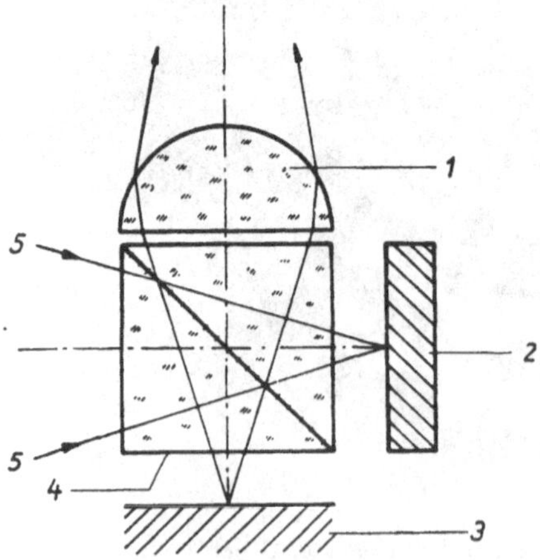

Abb. 7.
Schema eines Auflicht-Mikroskopes (KRUG-LAU) in MICHELSON-Schaltung

1 – Objektiv; 2 – Vergleichsfläche; 3 – Objektfläche; 4 – Trennwürfel; 5 – Einfallende Strahlen

Objektiv mit Vergleichsfläche. Der Vorteil dieser komplizierteren Anordnung gegenüber der zuletzt genannten ist, daß man leichter zu höheren Aperturen vordringen kann. Eine abgewandelte Konstruktion hat Räntsch [10] ausgeführt, indem er hinter dem Objektiv den Strahlengang zunächst parallel laufen ließ und in diesem parallelen Strahlengang die Strahlenteilung ähnlich vorgenommen hat wie Linnik.

Wir geben zwei Beispiele von Interferogrammen, die mit einer Michelson-Anordnung gewonnen sind. Bei Abb. 8 handelt es sich um Aufnahmen der Schwärzungsplastik des Tripletts eines Quecksilberspektrums bei 0,365 μm. Mit Hilfe des Spektrographen wurden 4 Aufnahmen dieser Gruppe gemacht. Die Belichtungszeiten verhalten sich wie 1 : 10 : 100 : 1000. Die Schwärzungsplastik der so erhaltenen Aufnahmen wurde mit Hilfe des Auflicht-Interenzmikroskops nach Krug-Lau im Schrägschnitt beobachtet und photographiert. Man sieht hieraus, daß auch bei extremen Überbelichtungen noch eine Plastik zu erhalten ist.

Als weiteres Beispiel geben wir eine Interferenzaufnahme mit dem Auflicht-Interferenzmikroskop nach Räntsch, die von Prof. Hansen freundlichst zur Verfügung gestellt worden ist. Geätzte Mattscheiben zeigen im Mikroskop ein System von ineinander geschachtelten Konkavflächen, die auffälligerweise den gleichen Krümmungsradius haben. In Abb. 9a ist diese Aufnahme wiedergegeben, außerdem ist ihr in Abb. 9b ein Positiv mit kleiner Verschiebung überlagert. Man

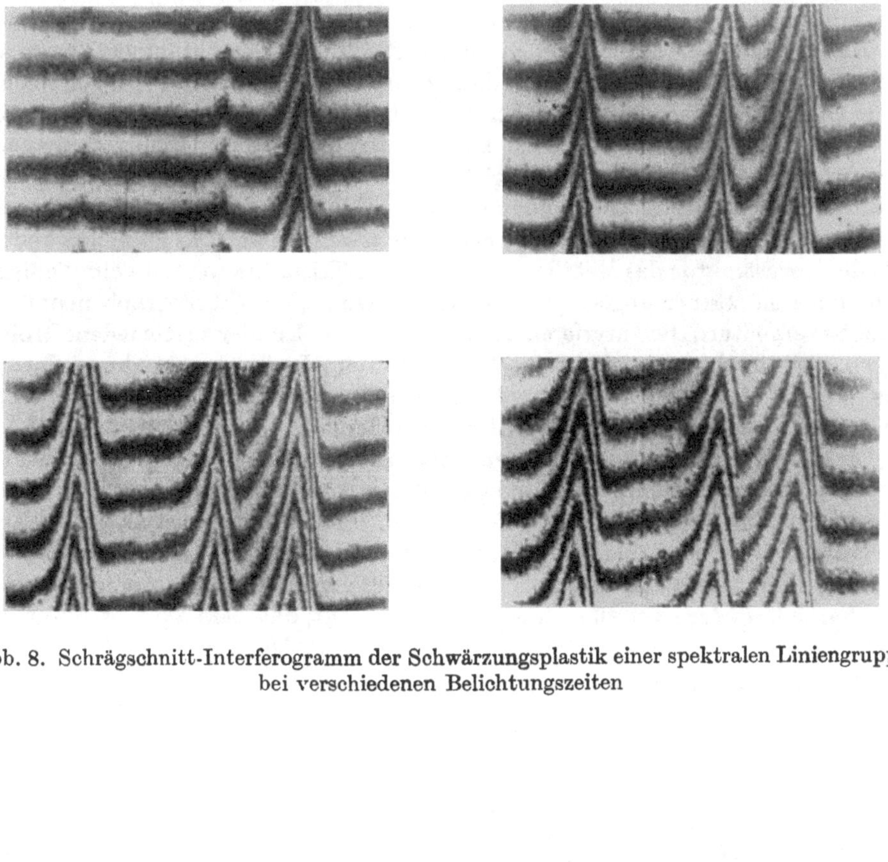

Abb. 8. Schrägschnitt-Interferogramm der Schwärzungsplastik einer spektralen Liniengruppe bei verschiedenen Belichtungszeiten

erkennt Dupligrammstreifen [11], die im wesentlichen alle den gleichen Abstand haben. Dieses ist ein einfacher Beweis dafür, daß die Radien im wesentlichen konstant sind.

Ein besonderer Reiz der Interferenzmikroskopie sind die dabei auftretenden Farberscheinungen, die zugleich eine große Fülle von Informationen vermitteln.

Abb. 10 (s. Tafel 1) zeigt eine weitere Aufnahme mit dem Auflicht-Interferenzmikroskop nach Krug-Lau. Die Interferenzen sind, wie auch bei den folgenden Farbbildern, im weißen Licht aufgenommen worden. Das Objekt ist eine geschliffene und polierte Stahloberfläche mit einer Ritzspur. Die Interferenzstreifen sind in der letzteren um etwa 2 Ordnungen ausgelenkt.[1]) Einer Auslenkung um eine Ordnung entspricht im Auflicht ein Tiefenunterschied von der halben Wellenlänge des benutzten Lichts. Obwohl das weiße Licht ein Gemisch verschiedener Wellenlängen ist, kann man für die zentralen Streifen der Weißlichtinterferenzen etwa gleichen Abstand und gleiche Auslenkung wie bei monochromatischen Interferenzstreifen im grünen Licht (visuell: im Maximum der Augenempfindlichkeit) rechnen. Die Ritzspur ist also etwa 0,5 μm tief. Zur genauen Messung wird man natürlich monochromatisches Licht benutzen, aber die Weißlichtinterferenzen sind zum Zuordnen nützlich und, weil das Auge für Farbunterschiede empfänglicher als für Intensitätsunterschiede ist, bei manchen Einstellungen auch empfindlicher.

Außerhalb der Ritzspur sind die Interferenzstreifen etwas unruhig, ein Zeichen dafür, daß die Oberfläche nicht eben ist. Die Ursache ist jedoch erst in den nächsten drei Bildern (Abb. 11, 12 und 13 s. Tafel 1) erkennbar.

Hier sind die Interferenzstreifen mittels der Justiervorrichtung [12] ganz weit auseinandergezogen. Wir nennen dies waagerechten Schnitt zum Unterschied vom schrägen Schnitt in der vorhergehenden Aufnahme. Wäre die Fläche völlig eben, so wäre nur eine Farbe zu sehen, entsprechend dem Phasenunterschied zwischen der Objekt- und der Vergleichswellenfront. Auf diesem Bild zeigt sich, daß die Unebenheiten der Oberfläche Insel- oder Tafelbergcharakter haben, was beim schrägen Schnitt nicht ohne weiteres zu erkennen ist. Das ist nichts anderes als die Kornstruktur des Metalls. Die weicheren Kristallite werden beim Schleifen und Polieren stärker abgetragen als die härteren. Der Metallograph nennt dies eine Reliefpolitur. Die Interferenzfarben bedeuten also hier verschiedene Höhenlagen. Bei einzelnen Kristalliten erkennt man am Rand einen anderen Farbton als in der Mitte. Das bedeutet, daß die Oberfläche der Kristallite nicht eben ist, und zwar ist sie, wie sich leicht feststellen läßt, konvex.

Die drei Abb. 11, 12 und 13 zeigen einige Einstellungen aus der Fülle der möglichen. Man kann nämlich bei jedem Interferenzmikroskop durch Ändern der Phasendifferenz zwischen den interferierenden Bündeln die ganze Skala der Newtonschen Interferenzfarben durchlaufen. Leider können wir Ihnen hier nicht im Film vorführen, wie das Bild sich dabei ständig wandelt, und zwar nicht nur in den Farben, sondern vor allem auch in der Hinsicht, daß bald diese Struktur her-

[1]) In der Reproduktion schwer zu erkennen.

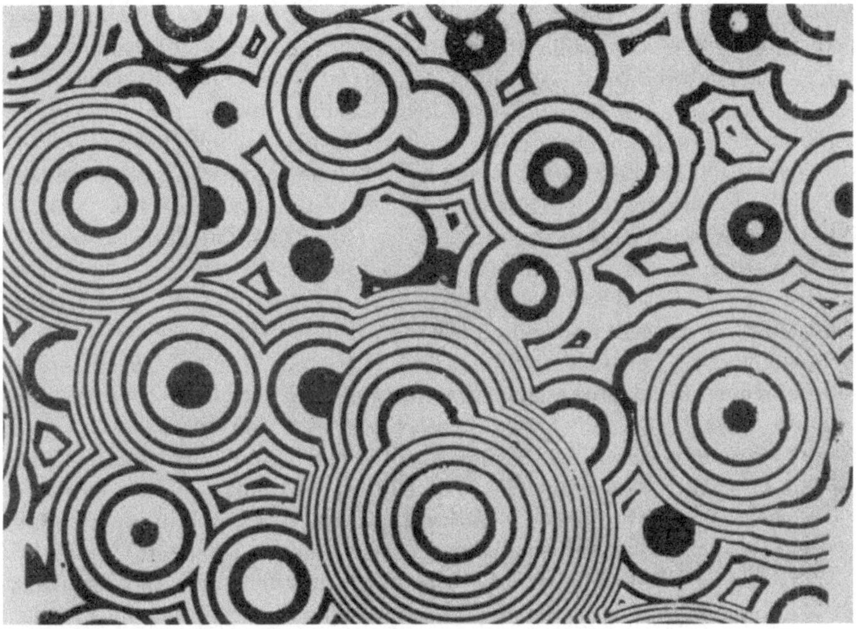

Abb. 9. a) Auflicht-Interferenzaufnahme einer geätzten Mattscheibe (G. HANSEN)

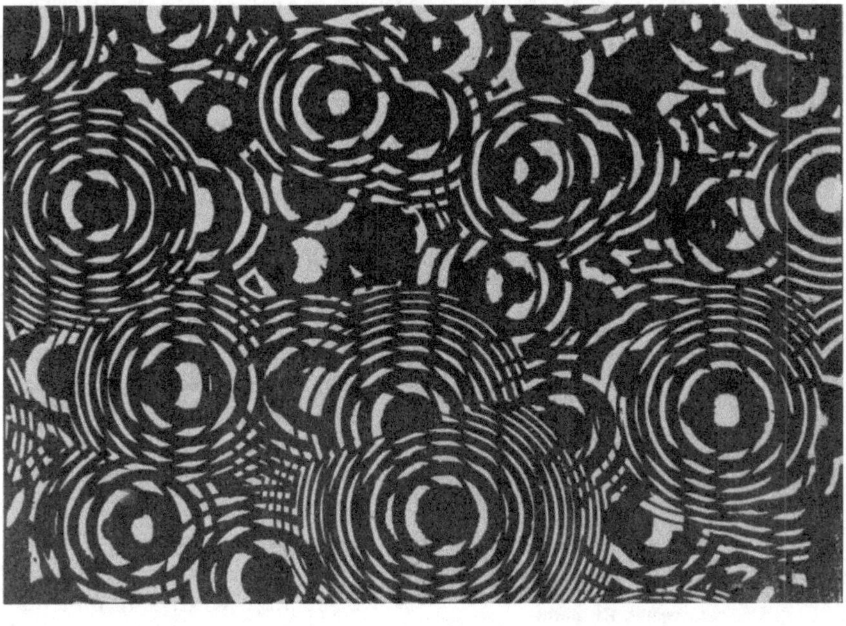

b) die gleiche Aufnahme als Dupligramm

vorgehoben oder unterdrückt wird, bald jene, daß also der Bildcharakter sich ändert. Es gibt hier eine Fülle von Möglichkeiten, bestimmte Einzelheiten sichtbar zu machen, aber darauf können wir in unserer Übersicht nicht näher eingehen.

Hiermit verlassen wir zunächst die Auflicht-Interferenzanordnungen und gehen zu Durchlicht-Interferenzanordnungen über. Die klassische Schaltung für Durchlichtinterferenzen ist die MACH-ZEHNDER-Anordnung, die von KRUG-LAU [8] für die Durchlicht-Mikroskopie angewendet worden ist (vergl. Abb. 14).

Wir bringen Ihnen auch hier ein Beispiel (Abb. 15 s. Tafel 2). Es handelt sich um eine Aufnahme des Hinterflügels der Schlupfwespe Microgaster glomeratus. Der ganze Flügel ist 2,2 mm lang, der hier sichtbare Teil etwa 0,7 mm. Man erkennt, daß die Interferenzstreifen auf dem Flügel etwas schräg zu den außerhalb desselben gelegenen verlaufen. Eine Auslenkung um eine Ordnung entspricht rund einem Dickenunterschied von 1 μm. Der Flügel ist also vorn etwa $^1/_3\,\mu m$ und hinten etwa $^1/_4\,\mu m$ dick. Wir haben das häufig bei Insektenflügeln gefunden; das bedeutet, daß der Flügel keilförmig gebaut ist, ähnlich wie die Tragflächen unserer Flugzeuge. Zu den Rippen hin sind die Interferenzstreifen etwas ausgelenkt. Man könnte ermitteln, ob die Rippen auf den Flügel aufgesetzt sind oder ob sie im Innern verlaufen und die Auslenkung lediglich auf eine Änderung des Brechungsindex, d.h. eine Änderung des Baumaterials, hinweist. Das ist ein Beispiel dafür, daß das Durchlicht-Interferenzmikroskop auch schon bei geringen Vergrößerungen eine Reihe von interessanten Problemen der Biologie und anderer Gebiete zu lösen gestattet.

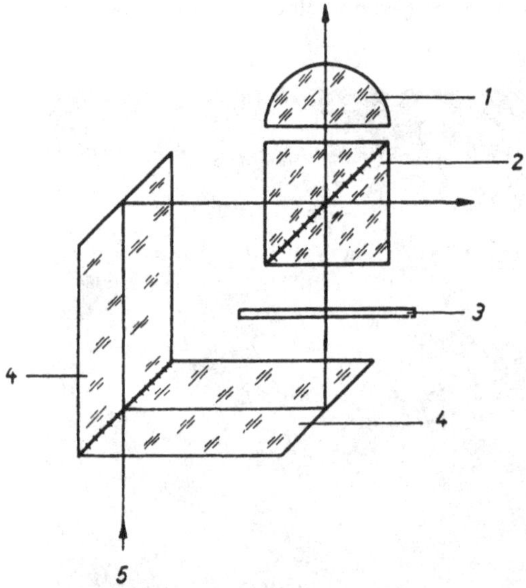

Abb. 14. MACH-ZEHNDER-Schaltung eines Durchlicht-Interferenzmikroskops nach KRUG-LAU

1 – Objektiv; *2* – Vereinigungswürfel; *3* – Objekt; *4* – Prismen mit teildurchlässig verspiegelter Kittfläche; *5* – Eintretender Strahl

Die bisher gezeigten Bilder waren mit Verfahren aufgenommen worden, bei denen die Vergleichswellenfront vom Objekt unbeeinflußt bleibt. Bei den nun folgenden Aufnahmen ist sie dagegen in irgendeiner Weise beeinflußt.

Die bisher geschilderten Interferenzmikroskope arbeiten mit der klassischen vollständigen Strahlenteilung. In der Interferenzmikroskopie sind jedoch in letzter Zeit eine ganze Reihe von Verfahren entwickelt worden, bei denen man Strahlenteilungen so vornimmt, daß die beiden miteinander interferierenden Anteile aus dem Objektfeld genommen werden, das kohärent beleuchtet wird. Das gibt den Vorteil einer verhältnismäßig einfachen

Abb. 10. Schrägschnitt-Interferogramm einer polierten Stahloberfläche mit dem Interferenzmikroskop nach KRUG-LAU. 70 : 1

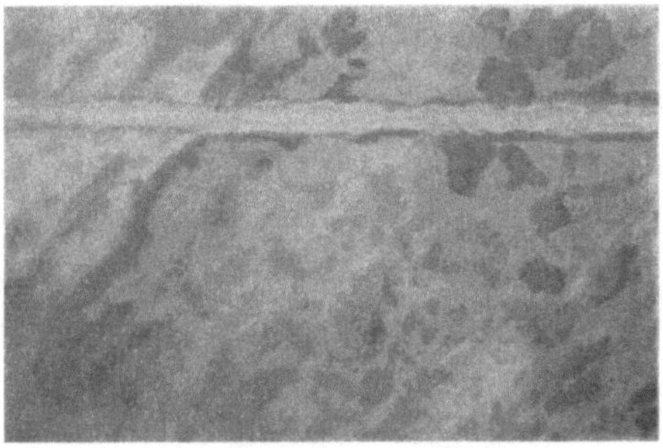

Abb. 11. Gleiches Objekt wie Abb. 10 im waagerechten Schnitt

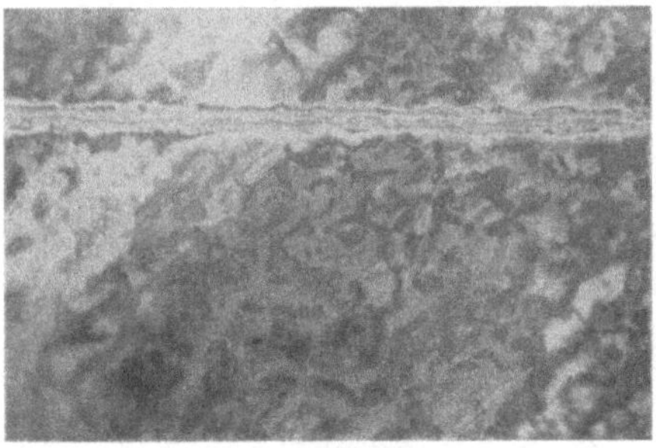

Abb. 12. Gleiches Objekt wie Abb. 10 im waagerechten Schnitt, andere Einstellung als in Abb. 11

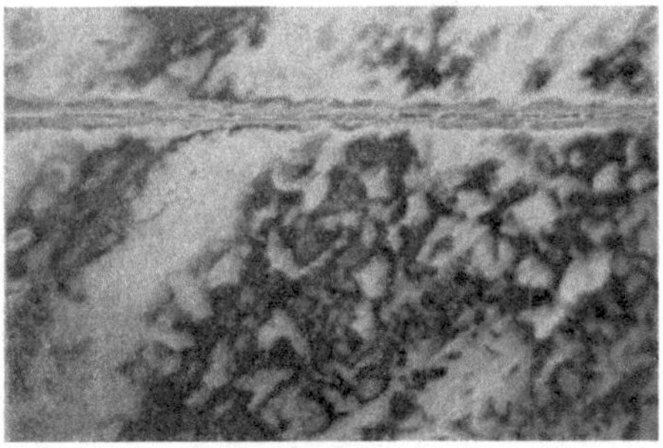

Abb. 13. Gleiches Objekt wie Abb. 10 im waagerechten Schnitt, andere Einstellung als in Abb. 11. u. 12

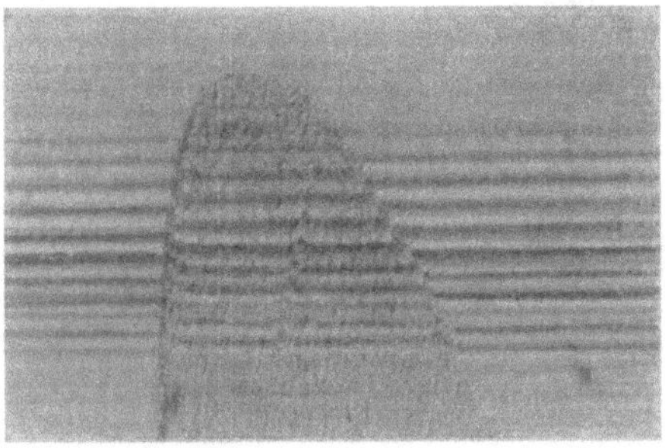

Abb. 15. Durchlicht-Interferogramm der Spitze eines Insektenflügels mit dem Interferenzmikroskop nach Abb. 14. 45 : 1

Abb. 17. Differential-Interferogramm von Ammoniumalaunkristallen, nach dem Verfahren von Abb. 16 (Aufnahme Prof. M. Françon, Institut d'Optique, Paris).

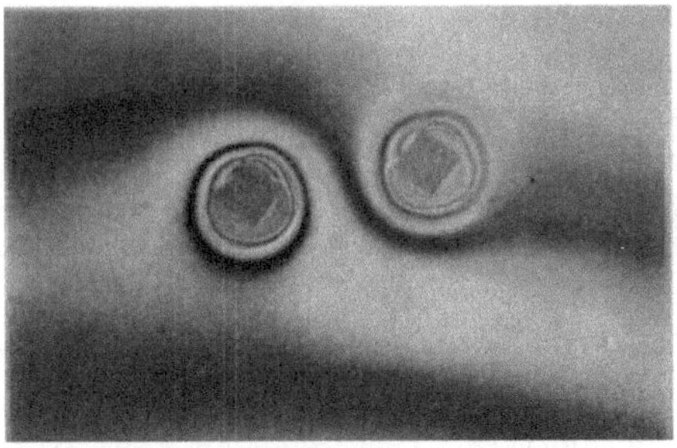

Abb. 18. Auflicht-Interferogramm mit totaler Verdoppelung (Nomarski-Anordnung). Vickers-Härteeindruck in einem Endmaß. 30 : 1

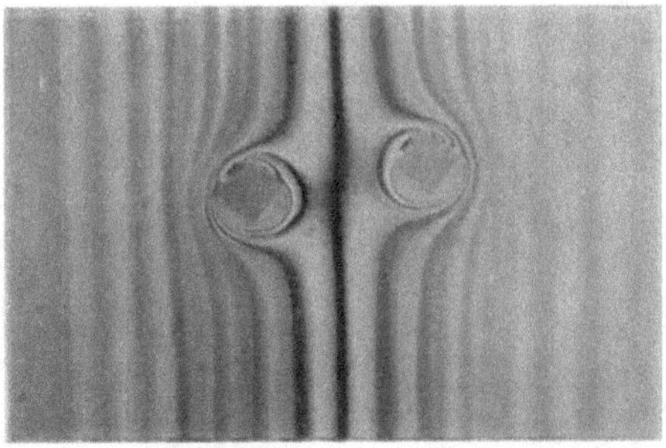

Abb. 19. Auflicht-Interferogramm mit totaler Verdoppelung (Nomarski-Anordnung). Vickers-Härteeindruck in einem Endmaß. andere Einstellung als in Abb. 18

und stabilen Konstruktion, bei der auch große Aperturen erreicht werden können, hat jedoch den Nachteil, daß das Interferenzbild u. U. schwierig zu deuten ist. Hierbei kann störend wirken, daß die einzelnen Objektteile sich gegenseitig beeinflussen.

Wir geben zunächst in Abb. 16 ein Schaltungsschema nach FRANÇON [13]. Hierbei wird die Strahlentrennung erst im Okular vorgenommen, und zwar durch die SAVARTplatte 2. Diese Abbildung zeigt bereits die beiden grundsätzlichen Möglichkeiten der Anwendung eines solchen Shearing-Verfahrens. Man kann einmal die beiden verwendeten Strahlenkomponenten so gering verschieben, daß die Verschiebung innerhalb der Auflösungsgrenze liegt und infolgedessen keine Doppelkonturen auftreten. Ist jedoch ein Gradient der optischen Dicke ($n \cdot d$) vorhanden, so bilden sich Interferenzfarben aus, die diese Änderung deutlich zeigen. Dieses Verfahren wird das differentielle Verfahren genannt. Eine weitere Möglichkeit ergibt sich, wenn die beiden Strahlen soweit gegeneinander verschoben werden, daß deutlich Doppelkonturen auftreten und kleinere oder mittlere Strukturen voneinander getrennt erscheinen. Das ist die sogenannte totale Verdoppelung.

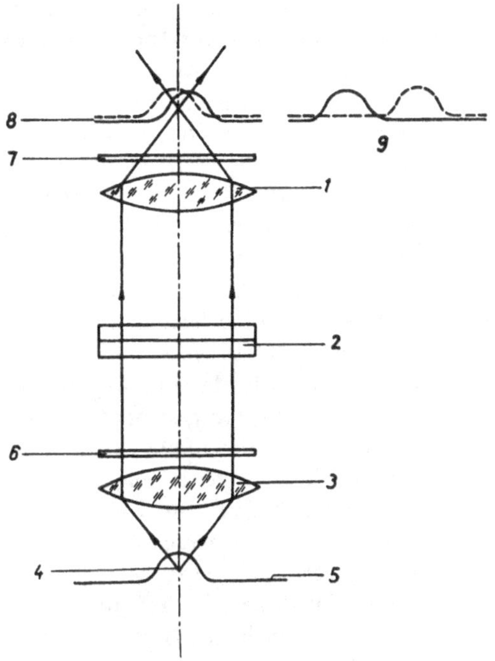

Abb. 16. Interferenz-Okular nach FRANÇON
1 und *3* – Linse; *2* – SAVARTsche Doppelplatte; *4* – Zwischenbildebene; *5* – Objektwellenfront; *6* – Polarisator; *7* – Analysator; *8* – austretende Wellenfront mit differentieller Verdoppelung; *9* – austretende Wellenfront mit totaler Verdoppelung

Als erstes sehen wir in Abb. 17 (s. Tafel 2) das differentielle Verfahren, wie es von FRANÇON [13] und NOMARSKI [14] in die Interferenzmikroskopie eingeführt worden ist. Wir zeigen Ihnen eine Aufnahme von Prof. FRANÇON aus Paris. Es handelt sich hier um Ammoniumalaunkristalle. Die Verschiebung erfolgt in Richtung der Bilddiagonale, in der die Farbänderungen erfolgen. Die Interferenzfarben sind ein Maß für die differentielle Phasenänderung in dieser Richtung.

Als Beispiel für eine totale Verdoppelung sehen Sie in den Abb. 18 und 19 (s. Tafel 2) zwei Aufnahmen von verschiedenen Einstellungen mit dem Auflicht-Interferenzmikroskop nach NOMARSKI. Das Objekt ist ein Eindruck einer VICKERS-Diamantpyramide in ein Endmaß, wie man ihn zur Härteprüfung benutzt. Die Verdoppelung des Objekts ist deutlich zu erkennen. Die Deutung des Bildes ist hier einfach, denn das Objekt ist so klein, daß ihm die ebene Umgebung vollständig untergeschoben werden kann. Wir haben hier also im Kleinen die gleichen Verhältnisse, wie wir sie bei den Auflicht-Interferenzmikroskopen nach dem MICHELSON-Prinzip im ganzen Gesichtsfeld hatten, nämlich eine ungestörte Vergleichswellenfront. Die Wände des Diamanteindrucks sind übrigens recht steil. Daher wird das Licht von ihnen weit nach außen reflektiert und gelangt nicht mehr in das Objektiv, das hier eine kleine Apertur hatte. Die Eindrücke erscheinen daher dunkel. Man kann aber die Aufwölbungen der Oberfläche außerhalb der Eindrücke erkennen. Sie sind unsymmetrisch, der Eindruck erfolgte also wahrscheinlich nicht ganz senkrecht zur Oberfläche. Beachten Sie bitte, daß beide Bilder hier gleich deutlich sind. Das kann in Speziälfällen auch dann noch gut deutbare Bilder ergeben, wenn die Strukturen sich überdecken, aber i. a. wird das Interferenzbild dadurch unübersichtlich. In diesem Fall ist es von Vorteil, wenn das eine Bild undeutlich und verschwommen wird, wie Sie es im folgenden in Abb. 20 (s. Tafel 3) sehen. Dies ist eine Aufnahme mit dem von SMITH [15] entwickelten Interferenzmikroskop, das eine bedeutende Rolle in der modernen quantitativen Zellforschung spielt. Das Objekt sind menschliche Blutkörperchen, aufgenommen von Herrn Oberarzt Dr. RIND von der Charité Berlin. Die Nebenbilder sind hier die hellen Flecken auf dem Untergrund. Das Interferometer ist nämlich aus doppelbrechenden Elementen zusammengesetzt. Das eine Bild, wir nennen es das Hauptbild, wird von den ordentlichen Strahlen gebildet und ist daher scharf. Das Nebenbild wird dagegen von den außerordentlichen Strahlen gebildet und ist astigmatisch und verschwommen. Sie sehen, daß die roten Blutkörperchen in der Mitte einen anderen Farbton haben als am Rand, die optische Dicke ist also hier anders, und zwar geringer. Einige Blutkörperchen rechts oben haben sogar einen blauen Rand[1]), sind also wahrscheinlich besonders dick. In der Mitte ist ein weißes Blutkörperchen, ein Leucozyt, zu sehen. Man erkennt deutlich die blauen Granula in seinem Innern.[2]) Die Nebenbilder stören das Bild hier nicht sehr. Man kann zwar nicht mehr messen, wenn ein Hauptbild von einem Nebenbild überlagert wird, aber man kann immer noch die Objekte farbig hervorheben ohne durch scharfe Nebenbilder gestört zu werden.

Wir zeigen Ihnen mit dem gleichen Verfahren noch ein anderes Objekt, bei dem Haupt- und Nebenbild völlig getrennt sind, nämlich die Schraubenalge Spirogyra[3]), die sich sehr häufig in unseren Teichen und Gräben findet (Abb. 21 s. Tafel 3). Sie hat ihren Namen von den Chlorophyllbändern, den Chloroplasten, die sich spiralförmig durch jede einzelne Zelle winden und die hier das rautenförmige Muster auf diesen verursachen.[4]) Die hellen Körnchen in den Chloroplasten sind Proteinkörperchen (Pyrenoide), in denen sich Stärke ansammelt. Das Interessanteste ist aber die Vermehrung dieser Algen. Sie erfolgt gewöhnlich durch Zellteilung. Werden aber

---

[1]) In der Reproduktion nicht zu erkennen.

[2]) In der Reproduktion zu zwei blauen Flecken in der oberen Hälfte des Leukozyten zusammengezogen.

[3]) Präparat der Fa. F. Kunze, Leipzig.

[4]) Nur in Abb. 21 andeutungsweise zu erkennen.

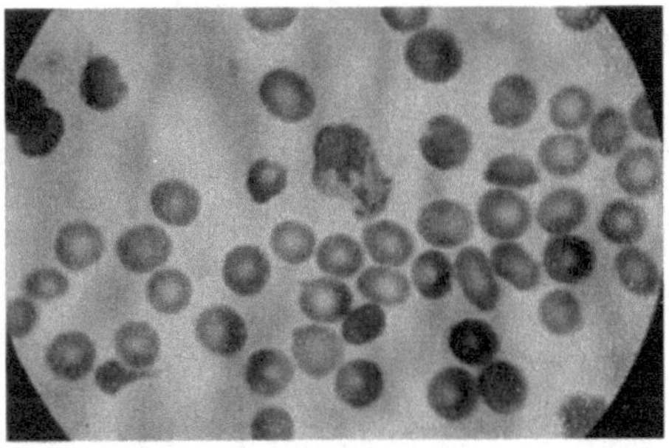

Abb. 20. Durchlicht-Interferogramm eines Blutpräparates. Anordnung von SMITH, totale Verdoppelung, aber Nebenbild verwaschen (Shearing-System nach SMITH). (Aufnahme von Dr. H. RIND, Charité, Berlin). 530 : 1

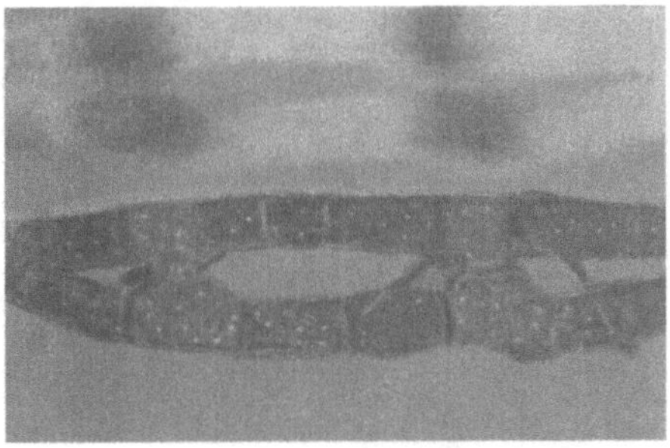

Abb. 21. Durchlicht-Interferogramm einer Schraubenalge in Kopulation (Shearing-System nach SMITH). 50 : 1.

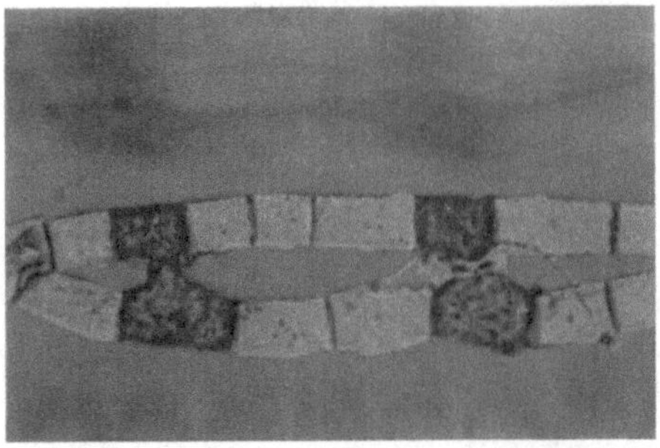

Abb. 22. Durchlicht-Interferogramm einer Schraubenalge in Kopulation (Shearing-System nach SMITH), andere Einstellung als in Abb. 21.

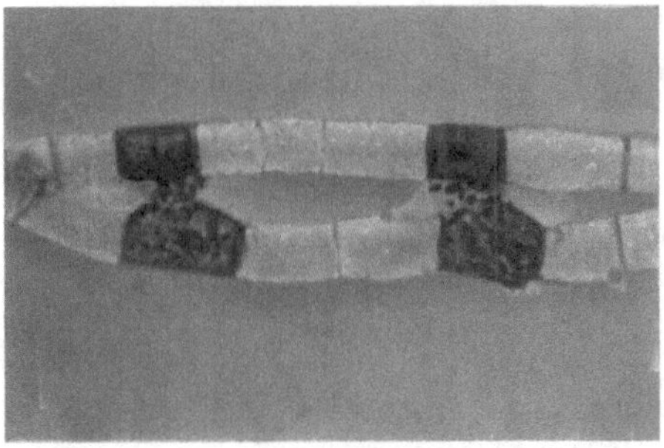

Abb. 23. Dasselbe Objekt wie in Abb. 21 und 22, mit dem Doppelfokus-System nach SMITH aufgenommen.

die Lebensbedingungen schlechter, dann findet Kopulation [16] statt. Die Algenfäden legen sich parallel, und es bilden sich Verbindungskanäle aus, in denen der Inhalt der einen Zelle in die andere fließt. Dort wird dann eine Dauerspore gebildet, die bei günstigeren Bedingungen wieder Algenfäden bildet. Sie sehen diesen Vorgang an zwei Stellen, und Sie erkennen an der anderen Färbung, daß sich hier der Brechungsindex und damit die chemischen Verhältnisse geändert haben. Im nächsten Bild (Abb. 22, s. Tafel 3) sehen Sie das gleiche Objekt in einer etwas anderen Einstellung.

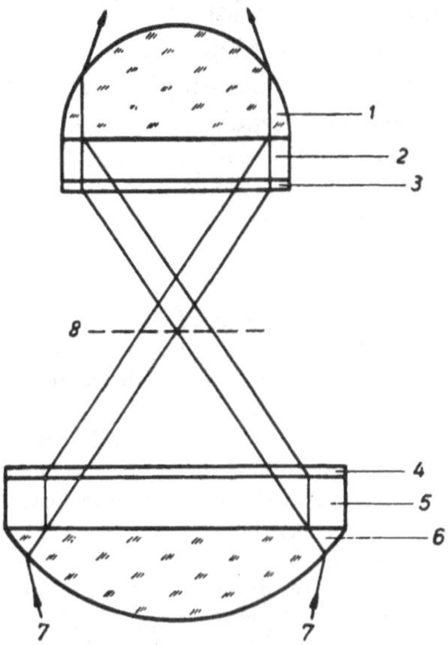

Abb. 24.
Doppelfokus-Interferenzmikroskop nach SMITH
1 – Objektiv; *2* – doppelbrechende Platte; *3* – und *4* – Schutzplatten; *5* – doppelbrechende Platte; *6* – Kondensor; *7* – einfallendes Licht; *8* – Objektebene

Als letztes sehen Sie in Abb. 23 (s. Tafel. 3) das gleiche Objekt, aufgenommen mit dem Doppelfokussystem (Abb. 24) nach SMITH [15]. Hier ist das Nebenbild defokussiert und bildet einen Hof um das Hauptbild, ähnlich wie beim Phasenkontrast, nur daß hier die Konturen nicht verfälscht werden, wie es beim Phasenkontrast gelegentlich vorkommen kann.

Wir haben Ihnen nur einen kleinen Einblick geben können in einige Richtungen der Weiterentwicklung des lichtoptischen Mikroskops. Es ist uns unmöglich, auch nur dieses Gebiet soweit zu charakterisieren, daß der volle Umfang der an den verschiedensten Stellen geleisteten Arbeit zu ersehen ist. Für die technische Verwertung ist natürlich wichtig, die Anwendungsgebiete zu erkennen. Sie müssen genau so erst erobert werden wie die neuen Verfahren selbst. Wir glauben, daß durch die Schwärzungsplastik ein sehr großes Anwendungsgebiet der Auflicht-Interferenzmikroskopie geringerer Vergrößerung erschlossen ist. Erst die enge Zusammenarbeit z. B. mit Biologen und Zoologen wird ergeben, welche Bedeutung die Durchlicht-Interferenzmikroskopie hat. Wir verweisen hier insbesondere auch auf den Insektenflügel, und es würde uns freuen, wenn sich ein Spezialist einmal dieses interessanten Themas annehmen würde. Auch die anderen Beispiele zeigen, wieviel neue Erkenntnisse mit diesen Methoden erreicht werden können.

Berlin-Adlershof, Institut für Optik und Spektroskopie der DAdW

Zusammenfassung

Es wird über einige der während der letzten Jahrzehnte bekanntgewordenen Weiterentwicklungen des Lichtmikroskops berichtet. So wurde beispielsweise ein störungsfreies Bild auch bei starken Vergrößerungen durch eine rotierende exzentrische Feldlinse oder eine rotierende Mattscheibe im Zwischenbild erreicht. Weiterhin werden verschiedene Methoden der Auflicht- und der Durchlicht-Interferenzmikroskopie beschrieben, die zu zahlreichen für die Biologie wichtigen neuen Untersuchungsmethoden führen. Auch die Schwärzungsplastik wird in diesem Zusammenhang erwähnt.

Literatur

[1] Millendorfer, H., Österr. Patent 195666.

[2] Arnulf, A., Dupuy, O., und Flamant, F., Contributions à l'étude des limites de perception. Effet des ombres entoptiques et des microfluctuations d'accomodation de l'œil. Optica Acta, Numéro spécial, 1951 Mai, S. 13.

[3] Lau, E., und Schalge, R., Realisierung von extremen lichtoptischen Vergrößerungen und ihre Bedeutung. Feingerätetechn., **7**, 121 (1958).

[4] Frieser, H., Möglichkeiten und Grenzen der photographischen Bildwiedergabe. Optik, **15**, 596 (1958).

[5] Krug, W., Bessere Wiedergabe der Oberflächenstruktur durch Zweistrahl- als durch Mehrstrahlinterferenzen. Feingerätetechn., **4**, 167 (1955).
Krug, W., Mehrstrahlinterferenzen und Äquidensiten. Optik, **13**, 25 (1956).
Krug, W., und Lau, E., Informationsgehalt von Zweistrahl- und Mehrstrahlinterferenzen. Feingerätetechnik, **7**, 99 (1958).

[6] Hodam, F., und Lau, E., Über neue Testobjekte und ihre Auswertung bei der Leistungsprüfung photographischer Objekte nach dem Schwärzungsplastikverfahren. Optik, **15**, 614 (1958).

[7] Lau, E., Kind, E.-G. und Roose, G., Die Schwärzungsplastik als Mittel zur photographischen Photometrie. Optik, **15**, 162 (1958).

[8] Krug, W., und Lau, E., Ein Interferenzmikroskop für Durch- und Auflichtbeobachtungen. Ann. d. Phys., (6) **8**, 329 (1951).
Krug, W., und Lau, E., Neue Verfahren der Interferenzmikroskopie. Technik, **6**, 122 (1951).

[9] Linnik, W., Ein Apparat für mikroskopisch-interferometrische Untersuchung reflektierender Objekte (Mikrointerferometer). C. R. Acad. Sci. URSS, Nouv. Sér., S. 21 (1933).

[10] Räntsch, K., Oberflächenprüfung mit Lichtinterferenz. Feinmech. und Präzis., **52**, H. 7/12 (1944).

[11] Lau, E., Die Dupligramm-Methode. Arbeitstagung Optik vom 26. bis 27. März 1954 in Jena. Berlin 1954, S. 8.
Lau, E., Über die Anwendung des Dupligrammverfahrens zur Prüfung und Messung sphärischer Flächen. Feingerätetechn. **3**, 431 (1954).
Lau, E., Die Dupligramm-Methode zur Auswertung von Interferogrammen. Optik **12**, 23 (1955).

[12] Rienitz, J., und Bender. A., Justiervorrichtungen für das Auflicht-Interferenzmikroskop nach Krug-Lau. Feingerätetechn., **7**, 101 (1958).

[13] Françon, M., Interférences par double réfraction en lumière blanche. Rev. d'Opt., **31**, 65 (1952).

[14] Nomarski, G., Microinterféromètre différentiel à ondes polarisées. Journ. Phys. Rad., **16**, 9 S (1955).

[15] Smith, F. H., Microscopic Interferometry. Research, **8**, 385 (1955).

[16] Jírovec, O., Bouček, B., und Fiala, J. Das Leben unter dem Mikroskop. Prag/Leipzig und Jena 1958, S. 72.

[17] Krug, W., und Schusta, J., Elektronische Äquidensitenherstellung. Optik, **15**, 145 und 550 (1958).

G. BECHERER, Rostock

Über die Methoden der Mikroskopie mit Röntgenstrahlen

Insbesondere soll die Leistungsfähigkeit der verschiedenen röntgenmikroskopischen Verfahren behandelt werden. Hierzu werden neuere Veröffentlichungen und eigene Erfahrungen durch drei in diesem Jahre in Halle (unter Mitwirkung von Herrn Dipl.-Phys. BRÜMMER) abgeschlossene Diplomarbeiten herangezogen.

Vorteilhaft für die Mikroskopie sind die kurzen Wellenlängen der Röntgenstrahlen sowie deren Durchdringungsvermögen, so daß feinere Objekteinzelheiten und innere Strukturen aufgelöst werden können. Leider verhindern der Wellencharakter dieser Strahlung und der wenig von 1 verschiedene Brechungsindex die Anwendung von abbildenden Linsen.

Lochkamera und Zonenlinse mit einer Auflösung in der Größenordnung der Öffnung erfordern zur Abbildung monochromatisches Röntgenlicht. Sie sind daher sehr lichtschwach im Vergleich zu den Feinstfokusröntgenquellen der Schattenmikroskopie gleichen Auflösungsvermögens. — Für Röntgenlinsen sind wegen

$$f \approx \frac{r}{n-1} = \frac{r}{\delta} \quad \text{und} \quad \delta \approx 10^{-5},$$

um kleine Brennweiten zu erhalten, größtmögliche δ erforderlich. Dies bewirken wegen

$$\delta = \frac{e^2 N \lambda^2}{2\pi m c^2} \quad \text{mit} \quad N = \frac{L\varrho}{A} Z$$

Materialien mit großer Ordnungszahl Z, sie sind aber starke Absorber — oder größere Wellenlängen, die wiederum stark absorbiert werden. Z. B. würden bei Verwendung von $\lambda_{Mo\,K_\alpha} = 0{,}71$ Å und $\delta_{Be} = 1{,}13 \cdot 10^{-6}$ bei $r = 1$ cm 100 Linsen in Reihe notwendig sein, um $f < 100$ m zu erhalten.

Die äußere *Totalreflexion* ($n < 1$) unter großen Einfallswinkeln bzw. Glanzwinkeln $\Theta < 1^0$ ermöglicht aber eine Spiegelmikroskopie. Wegen des streifenden Einfalls der Röntgenstrahlung auf sphärische Reflektoren werden von einem Punkt ausgehende Röntgenstrahlen – diejenigen mit Wellenlängen $\lambda > \lambda_{\text{Grenze}}$ mit fast vollständiger Intensität reflektiert – in zwei Brennlinien wieder gesammelt

$$\left(f_m = \frac{R}{2} \sin\Theta \quad \text{und} \quad f_s = \frac{R}{2 \sin\Theta}\right),$$

so daß starker Astigmatismus $\left(\frac{f_s}{f_m} \approx 10^4\right)$ auftritt und es daher ausreicht, kreisförmige zylindrische Hohlspiegel senkrecht zueinander zu verwenden. KIRKPATRICK und BAEZ [1] haben mit gut polierten zylindrischen Metallspiegeln bei 50facher Primärvergrößerung in Maschengittern und in Foraminiferenschalen 1 μm aufgelöst. LUCHT und HARKER [2] verwandten mechanisch durchgebogene, hochpolierte Wolframkarbidplatten mit justierbaren Krümmungsradien ($r = 10 - 100$ m).

Die Oberflächengüte solcher Spiegel muß besonders groß sein. Sollen Details von 1 μm aufgelöst werden, so müssen die Spiegelflächen innerhalb 0,05 μm glatt sein. Wegen der Abbildungsfehler (erhebliche Koma, sphärische Aberration, starke Bildfeldschräge) erwartet PRINCE [3] in der Praxis keine bessere Auflösung als 0,2 μm, obwohl diese beugungstheoretisch $\left(d \sim \frac{\lambda}{\Theta}\right)$ besser als 100 Å sein könnte. Wir [4] verwandten als Röntgenspiegel auf Objektgläser aufgedampfte Goldschichten von 10 m Radius (mechanisch einstellbar) und lösten 10 μm auf (35 kV Cu-Str. 5 min Belichtungszeit, Primärvergrößerung 10fach). Die kurzen Belichtungszeiten von einigen Minuten folgen aus der Ausnutzung des gesamten Röntgenspektrums der Röhre für die Abbildung.

Weniger günstig sind die Verhältnisse bei der Abbildung durch *selektive Reflexion* an Netzebenen entsprechend gekrümmter Einkristalle gemäß der BRAGGschen Beziehung $n\lambda = 2d \sin\Theta$. Die Intensität der reflektierten Strahlung beträgt nur einige Prozent, bietet aber die Möglichkeit, die Röntgenmikroskopie mit definierten Wellenlängen zu betreiben. Dazu werden die Netzebenen in die Form von Kugeloberflächen für Transmission oder Reflexion gebracht. Wir [5] verwandten Glimmer als Hohlspiegel in der von RAMACHANDRAN und THATHACHARI [6] angegebenen Anordnung (Dicke der Glimmerplatte 0,1 mm, Krümmungsradius ~ 180 mm, bei Co-Röhre von 230 Watt 7 Stunden Belichtungszeit, 8fache Vergrößerung eines Drahtnetzes). Mehrere Reflektoren in axialer Anordnung steigern die Vergrößerung und verringern die Abbildungsfehler. Langwellige Strahlung verkürzt den Aufbau, vergrößert aber die Absorption in den langen Luftwegen zwischen Objekt und Photoplatte. Theoretisch folgt für den paraxialen Fall nach Wellenlänge und Apertur ein Auflösungsvermögen von ~ 50 Å. Diesem steht aber die Mosaikstruktur des Kristallaufbaus entgegen. Damit zerfällt der Kristallreflektor in kleine Elementarspiegel. Unter Zugrundelegen einer Auflösung von $d = 40\,\mu m$ (Maschenweite eines gut aufgelösten Gitters) ergeben sich für den elastisch gekrümmten Glimmereinkristall die mittlere Blockverwackelung $\bar{\varphi} \leqq 56{,}5''$ $(d = s \cdot \bar{\varphi})$, die lineare Blockausdehnung

$$L \geqq 7{,}5 \cdot 10^{-4}\,\mathrm{mm}\left(d \geqq \frac{\lambda \cdot s}{2L\cos\theta}\right)$$

und nach $d \geqq \frac{s}{2\sqrt{\pi g}}$ der Extinktionsbeiwert (im Absorptionsfaktor $\frac{1}{\mu\varrho + gQ}$, Q Reflexionsvermögen pro ccm) $g \geqq 1030$. Letzterer weist den verwendeten Glimmer, nach dem Reflexionsvermögen beurteilt, als ziemlich ideal aufgebaut aus. Ähnliche Verhältnisse herrschen bei Verwendung von NaCl-Einkristallen [7]. Zwischen 1 und 10 μm dürfte danach das praktisch erreichbare Auflösungsvermögen dieser lichtschwachen Methode liegen.

Die andere Möglichkeit, mit den Röntgenstrahlen eine Mikroskopie zu treiben, beruht auf ihrem großen aber unterschiedlichen Durchdringungsvermögen bei heterogenen Präparaten. Sie ist im Vergleich mit den vorigen Methoden bisher am erfolgreichsten angewandt worden.

Bereits die *Kontakt-Mikroradiographie* erreicht bei Verwendung von Feinkornplatten das Auflösungsvermögen des Lichtmikroskops. Bei hinreichend dünnen Präparaten kann die geometrische Unschärfe vernachlässigt werden. Das Auflösungsvermögen ist nur durch die Körnigkeit des Filmmaterials bedingt. Es wird um so günstiger, je langwelliger die verwendete Röntgenstrahlung ist. So erreichten COMBÉE und RECOURT [8] mit Anodenspannungen unterhalb 1000 Volt (mit Aufnahmekamera und Röntgenröhre als Einheit verschmolzen) Auflösungen von 0,1 und 0,2 μm. Die dabei erforderlichen elektronenoptischen Vergrößerungen verwenden lediglich die entwickelten Silberkörner der Emulsion auf einem Formvarhäutchen. Für Aufnahmen mit 1,5 bis 5 kV bietet PHILIPS [8] ein handliches Gerät, das eine abgeschmolzene Röntgenröhre von 8 cm Länge mit $0,3 \cdot 0,3$ mm^2 Brennfleckareal und Berylliumfenster verwendet. Es ist besonders für medizinische und biologische Anwendung entwickelt worden. – Beim Arbeiten mit kürzeren Wellenlängen können Röntgenkontrastmittel verwendet werden, Stereoaufnahmen sind gebräuchlich. Die Belichtungszeiten betragen einige Minuten.

Bei der *Röntgenschattenmikroskopie* bedingt der Halbschatten (die geometrische Unschärfe) das erreichbare Auflösungsvermögen. Es liegt in der Größenordnung des verwendeten Brennfleckareals der Röntgenquelle. Zur Anwendung kommen daher Feinfokusröhren [9]. Als Röntgenquellen dienen Metallnadelspitzen [10] oder Durchstrahlmetallfolien [11] von 0,1 μm Dicke. – Wegen der Diffusion der auftreffenden Elektronen in der Folie ist der wirksame Röntgenbrennfleck größer als der Elektronenfleck an der Anodenoberfläche. – Das Präparat befindet sich im Kontakt mit der Durchstrahlanode, um zur optischen Auswertung geeignete Primärvergrößerungen zu erhalten. Günstiger ist eine 2fache Primärvergrößerung, weil dabei die geometrische Unschärfe nicht mit vergrößert wird. 100 Å werden als äußerste Auflösungsgrenze betrachtet (vgl. folgenden Vortrag[1]) und [12]).

Beim MÖLLENSTEDTschen *Röntgen-Bildwandler-Mikroskop* [13] wird das Objekt mit Röntgenstrahlen durchstrahlt, die in der darunter befindlichen Ag-Absorberfolie Elektronen auslösen. Diese (Sekundärelektronen der Photoelektronen) ergeben mittels eines elektronenoptischen Immersionsobjektives ein vergrößertes Elektronenbild vom Röntgenkontaktbilde. Da vorwiegend der weiche Anteil des Röntgenbremsspektrums die Elektronenauslösung bewirkt, sind die Bilder selbst von biologischen Objekten sehr kontrastreich. Bisher wurden 2500 Å aufgelöst. Durch optimale Gestaltung des Immersionsobjektives und Verwendung einer Aperturblende von 20 μm in dessen Brennebene sollen 300 Å aufgelöst werden.

Zusätzlich sind mit den Anordnungen zur Röntgenmikroskopie *Mikroanalysen* durchführbar. Im einfachsten Falle reichen hierzu 2 Aufnahmen mit verschiedenen Wellenlängen aus. Bei Berücksichtigung der Absorptionsgesetzmäßigkeiten können bis herab zu 10^{-14} g eines Elements ermittelt werden. Auch wird die Fluoreszenzmethode hierbei verwendet. Eine leistungsfähige Anordnung ist von LONG [14] angegeben worden. (Dort befinden sich weitere Literaturangaben).

---

[1]) von G. BECHERER, O. BRÜMMER und M. SCHARF s. S. 251

Das von PATTEE [15] vorgeschlagene *Röntgenstrahlen-Abtastmikroskop* ist bereits soweit entwickelt (IV. Internationaler Kongreß für Elektronenmikroskopie, Berlin, September 1958), daß auf dem Schirm der Bildröhre die Verteilung verschiedener Elemente in der Probe nacheinander (wählbar) sichtbar werden. Neueste zusammenfassende Berichte haben KIRKPATRICK [16] und HILDENBRAND [17] gegeben.

Rostock, Physikalisches Institut der Universität

Zusammenfassung

In aller Kürze werden verschiedene Methoden der Mikroskopie mit Röntgenstrahlen angedeutet:

Lochkamera und Zonenlinse, äußere Totalreflexion, selektive Reflexion an Kristall-Netzebenen, Kontakt-Mikroradiographie, Röntgenschattenmikroskopie und schließlich das Röntgen-Bildwandler-Mikroskop. Die mit den verschiedenen Methoden erreichbaren Auflösungen werden angegeben.

Literatur

[1] KIRKPATRICK, P., und BAEZ, A.V., J. Opt. Soc. Am., **38**, 766 (1948).
[2] LUCHT, C. M., und HARKER, D., Rev. Sci. Instr., **22**, 392 (1951).
[3] PRINCE, E., J. appl. Phys., **21**, 698 (1950).
[4] SCHÖPE, E., 1958, nicht veröffentl.
[5] MÜLLER, H., 1958, nicht veröffentl.
[6] RAMACHANDRAN, G. N., und THATHACHARI, Y. T., Curr. Sci. Ind., **20**, 314 (1951).
[7] HAUDEK, H., Z. angew. Phys., **9**, 73 (1957).
[8] COMBÉE, B., und RECOURT, A., Philips Techn. Rundsch., **19**, 189 (1957/58).
[9] EHRENBERG, W., und SPEAR, W. E., Proc. Phys. Soc. Lond., **64**, 67 (1951).
[10] ROVINSKY, B. M., LUTSAU. V. G. und AVDEYENKO, A. J., "X-Ray Microscopy and Microradiography", New York 1957, S. 269.
[11] COSSLETT, V. E., und NIXON, W. C., J. appl. Phys., **24**, 616 (1953).
[12] SCHARF, M., 1958, nicht veröffentl.
[13] LAN YU HUANG, Z. Physik, **149**, 225 (1957).
[14] LONG, J. V. P., J. Sci. Instr., **35**, 323 (1958).
[15] PATTEE jr., H. H., J. Opt. Soc. Am., **43**, 61 (1953).
[16] KIRKPATRICK, P., und PATTEE jr., H. H., X-Ray Microscopy in S. FLÜGGE, Handbuch der Physik, Bd. 30 (1957), S. 305–336.
[17] HILDENBRAND, G., Röntgenoptik und Röntgenmikroskopie, Fortschr. Physik, **4**, 1 (1956) und in S. FLÜGGE und F. TRENDELENBURG, Ergebnisse der exakten Naturwissenschaften **33**, 1 (1958).

G. BECHERER, O. BRÜMMER und M. SCHARF, Halle

Über ein Röntgenschattenmikroskop

Die Verwendung von Röntgenstrahlen für mikroskopische Zwecke bedeutet eine Ergänzung bzw. Erweiterung der Information von verschiedenen Objekten. Gleichzeitig ist eine Anwendung der entwickelten Geräte für mikroanalytische Zwecke von besonderem Interesse. Zur Zeit lassen sich drei Arbeitsrichtungen bezüglich der Untersuchungstechnik erkennen:

1. Die Anwendung der Totalreflexion (KIRKPATRICK, BAEZ [1]),
2. die Anwendung BRAGGscher Reflexion (RAMACHANDRAN G. N., THATHACHARI I. I. [2a], [2b]),
3. die Röntgenschattenmikroskopie (SIEVERT [3], v. ARDENNE [4], COSSLETT und NIXON [5].[1])

Im folgenden soll kurz auf das in Halle entwickelte Röntgenschattenmikroskop eingegangen werden. Im Gegensatz zu den inzwischen erschienenen Arbeiten, in denen ein Auflösungsvermögen von 0,1 μm angegeben wird [6], [7], [8], wurde bei der Entwicklung des vorliegenden R-S-Mikroskopes auf vielseitige Verwendbarkeit des Gerätes Wert gelegt (unter Beibehaltung einer Brennfleckgröße $\leqq 1\ \mu m$).

Die Abb. 1 zeigt eine Skizze des Schattenmikroskopes im Schnitt. Als Kondensor diente eine einfach gepanzerte (Weicheisen) magnetische Elektronenlinse (die Anwendung des Kondensors gestattet die Einhaltung eines geeigneten Kompromisses zwischen Größe und Intensität des Brennfleckes), als Objektiv eine magnetische Polschuhlinse. Zur Konstruktion der auswechselbaren Objektpolschuhe dienten die Angaben von RUSKA [9].

Bei einer Polschuhbohrung von 7 mm wurde eine Minimalbrennweite von 2.5 mm erreicht, (Linsenparameter nach GLASER $K^2 = 3$). Mehrere Justier-Einrichtungen dienen der Zentrierung des Systems: Strahler-Elektronenlinsen-Targetfolie.

Das Elektronenstrahl-Erzeugersystem ist leicht zugänglich und kann den verschiedenen Verwendungszwecken angepaßt werden. Die Hochspannung (regelbar von 5 kV bis etwa 20 kV) wurde ausreichend elektronisch stabilisiert. ($\Delta U/U \sim 10^{-4}$). Die Linsenströme wurden einer Batterie entnommen.

Mittels einer Quecksilberdiffusionspumpe wurde das Gerät auf einen Druck von $\sim 10^{-5}$ Torr evakuiert.

---

[1]) Diese drei Methoden wurden im Institut für experimentelle Physik Halle gleichzeitig aufgegriffen und deren Anwendungsmöglichkeiten für spezielle Zwecke überprüft. Über die Ergebnisse entsprechend der angeführten Methoden unter 1. und 2. wurde bereits zur Physikertagung in Leipzig (Frühj. 1958) berichtet. Siehe auch Phys. Verhdlg., Bd. 9, S. 58, 1958. Eine ausführliche Veröffentlichung ist in der exper. Technik der Physik beabsichtigt.

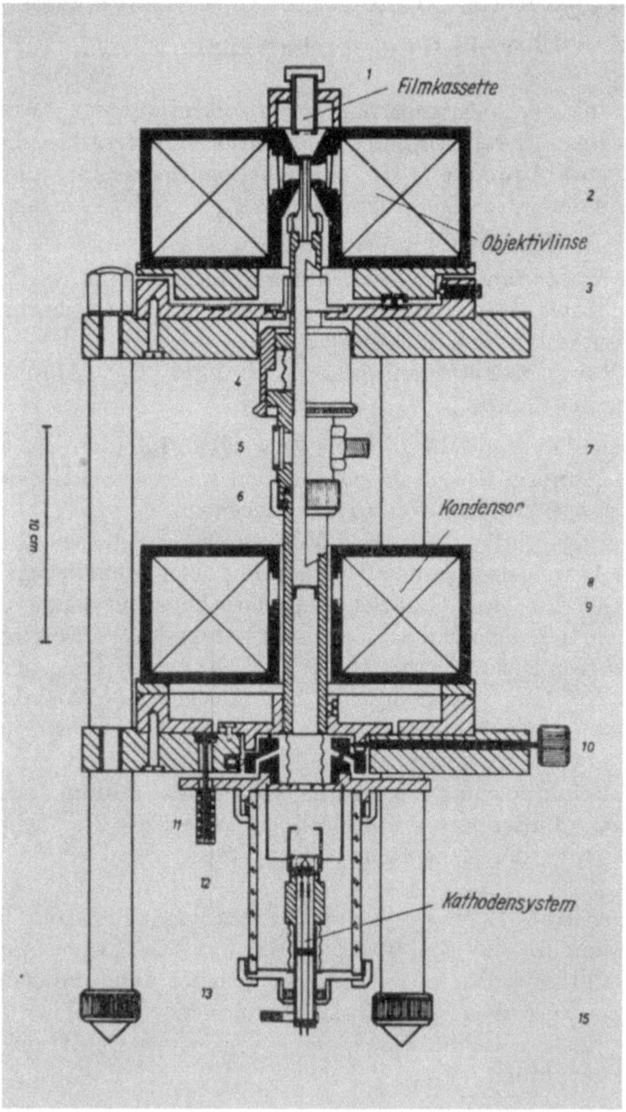

Abb. 1. Skizze des Röntgenschattenmikroskops

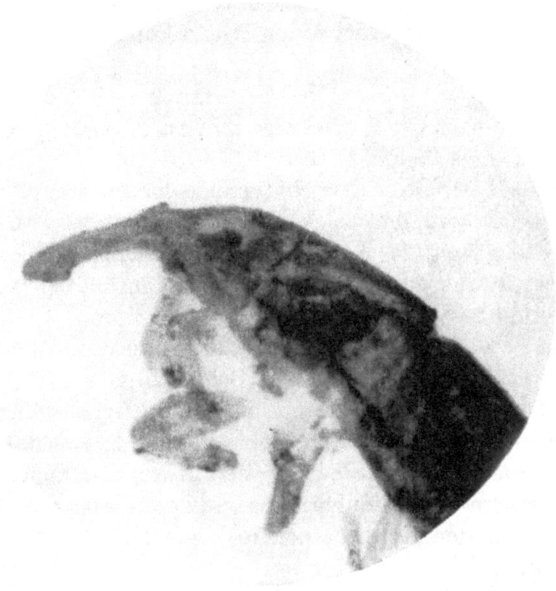

Abb. 2. Kornkäfer (*Calandra granaria*) Bleiazetatkontrast 12 kV 1,5 min, Prim. Vergr.: 8,7fach

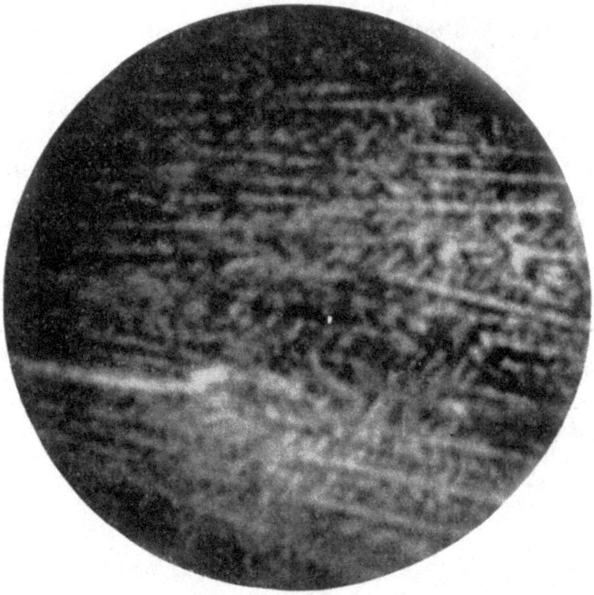

Abb. 3. Al + 38% Ag (Schliffdicke 45 μm) 12 kV 15 min, Prim. Vergr.: 7×

Bei einer Strahlspannung von 12 kV und einer Targetfolienbelastung von etwa 40 Acm^{-2} wurde mit dem vorliegenden Mikroskop eine Auflösung von 1 μm erreicht.

Die Belichtungszeiten variieren bei Benutzung von Agfa-Laue-Film zwischen einigen Sekunden je nach Objekt bei organischem Material und 60 min. bei Metalldünnschliffen von etwa 50 μm Dicke.

Abb. 2 zeigt als Testobjekt eine röntgenschattenmikroskopische Vergrößerung des Kornkäfers (*Calandra granaria*). Das stark pigmentierte 3-mm-große Insekt wurde zwecks Steigerung des Kontrastes mit Bleiazetat angereichert.

Weiterhin wurde das gebaute Röntgenschattenmikroskop für metallurgische Untersuchungen eingesetzt.

Abb. 3 zeigt die Aufnahme eines Legierungsdünnschliffes: Al + 38% Ag (Dicke: 45 μm). Das Material ist aus der Schmelze gewonnen. Die Dendriten entstehen durch Seigerung oder Entmischungsvorgänge während des Erstarrens (Tannenbaumstrukur). Eine weitere Verwendung findet das gebaute Röntgenmikroskop als Feinstfokusröhre bei Feinstrukturuntersuchungen.

Die gegenwärtigen Bemühungen konzentrieren sich auf die Anwendung des Gerätes im Bereich der Röntgenspektroskopie für Mikroanalysen zu Studien- und Laborzwecken.

Zusammenfassung

In der Arbeit wird die Konstruktion und Ausführung eines Röntgenschattenmikroskops mit elektromagnetischen Elektronenlinsen beschrieben, es wird das Auflösungsvermögen und der Anwendungsbereich des Gerätes angegeben.

Halle, Institut für experimentelle Physik der Martin-Luther-Universität

Literatur

[1] Kirkpatrick, P., und Baez, A. V., J. Opt. Soc. Amer., **38**, 766 (1948).
[2a] Ramachandran, G. N., Phys. Rev. (2) **85**, 378 (1951).
[2b] Thathachari, Y. I., und Ramachandran, G. N., Journ. Ind. Sei, **34**, 67 (1952).
[3] Sievert, R., Acta Rad., **17**, 299 (1936).
[4] Ardenne, M. v., Tab. d. Elektronenphysik, Ionenphysik und Übermikroskopie I, 441 (Anm.) Berlin (1956).
[5] Cosslett, V. E., und Nixon, W. C., The X-Ray Shadow Microscope; J. Appl. Phys., **24**, 116 (1953).
[6] Nixon, W. C., Proc. Roy. Soc., A **232**, 475 (1955).
[7] Newberry, S. P., und Sommers, Proc. Int. Confon. Elektron Microscopy, London (1954).
[8] Rovinsky, B. M., Lutsau, V. G., und Avdeyenko, A. I., x-Ray Microscopy and Microradiography 1957, Academie Press Inc. New York, S. 269—277.
[9] Ruska, E., Arch. f. El.-technik, **38**, 102 (1944).

G. EXNER, Jena

Über einige methodische Fortschritte bei der Photometrie strukturierter mikroskopischer Präparate

Die abtastende Mikrophotometrie im nahen UV hat für die Biologie und Medizin eine praktische Bedeutung, da es in günstigen Fällen mit ihrer Hilfe gelingt, Mengenbestimmungen an Einzelzellen und sogar an Zellbestandteilen auszuführen, was chemischen Methoden wohl auch in Zukunft versagt sein wird. Die eigentliche Meßgröße ist dabei das Integral der ortsabhängigen Extinktion $E(x, y)$, erstreckt über ein Gebiet G in der Einstellebene des Mikroskopes, das nur die interessierte Objekteinzelheit enthält:

$$\iint_G E(x, y)\, df$$

(Ableitung vergl. z.B. [1] auf S. 1/43).

Mittels einer der Form von G angepaßten Blende, etwa in der Bildebene angebracht, ließe sich wohl mit einer einfachen Messung der mittlere Transmissionsgrad $\bar{\vartheta}$ des Gebietes G messen, jedoch kann wegen des logarithmischen Zusammenhanges zwischen Transmissionsgrad und Extinktion daraus nicht exakt auf den Mittelwert der Extinktion $\bar{E}$ geschlossen und mit diesem über $F \cdot \bar{E}$ der Integralwert berechnet werden (F: Flächeninhalt von G). Und zwar ergeben sich dabei (außer im Falle ortsunabhängigen Transmissionsgrades) zu kleine Werte. Wird G in möglichst kleine Teilgebiete der Größe ΔF aufgeteilt, dann werden die Schwankungen des Transmissionsgrades innerhalb eines Meßgebietes — von künstlichen Sonderfällen abgesehen — geringer und mit ihnen verkleinert sich der Fehler, den man macht, indem man als Näherung $\Delta F \cdot \sum_i \bar{E}_i$ ansetzt, wobei $\bar{E}_i$ aus $\bar{\vartheta}_i$, das nur meßbar ist, bestimmt wurde. Das läßt sich nun durch zeilenförmiges Abtasten des Gebietes G mit einer Blende der Größe ΔF (auf die Einstellebene umgerechnet) und Summation der Werte E_i realisieren, wobei dies über Photoplatte und Mikrodensitometer oder direkt photoelektrisch mit SEV und Registrierung geschehen kann. Eine der Hauptschwierigkeiten dieser Methoden, die auf CASPERSSON zürückgehen [2], besteht darin, bei der Abtastung das Gebiet G nicht zu überschreiten, bzw. das Nichtgewünschte nach der Registrierung zu erkennen und bei der Auswertung auszuklammern. Das ist zwar bei isoliert liegenden Zellen nicht erforderlich, da dann das Umfeld mit $E = 0$ keinen Beitrag liefert, es ist aber unbestritten, daß die Zelle im Gewebe der allgemeinere Fall ist, der bisher die Methode behinderte, wie in [3] klar ausgesprochen wird.

Eine Verbesserung der Arbeitsmethodik erzielt man durch die Weiterentwicklung einer Anordnung, die bei einem Mikroplanimeter benutzt wurde [4], [2], nämlich einer horizontal verschiebbaren Linse langer Brennweite (s. Abb. 1) dicht unterhalb des Zwischenbildes. Wird die Linse über einen Storchschnabel (s. Abb. 1 u. 2) bewegt und ein Okular mit Fadenkreuz benutzt, so kann man damit zeichnen. Nach Ausführung der Zeichnung ist es umgekehrt möglich, gewünschte Einzelhei-

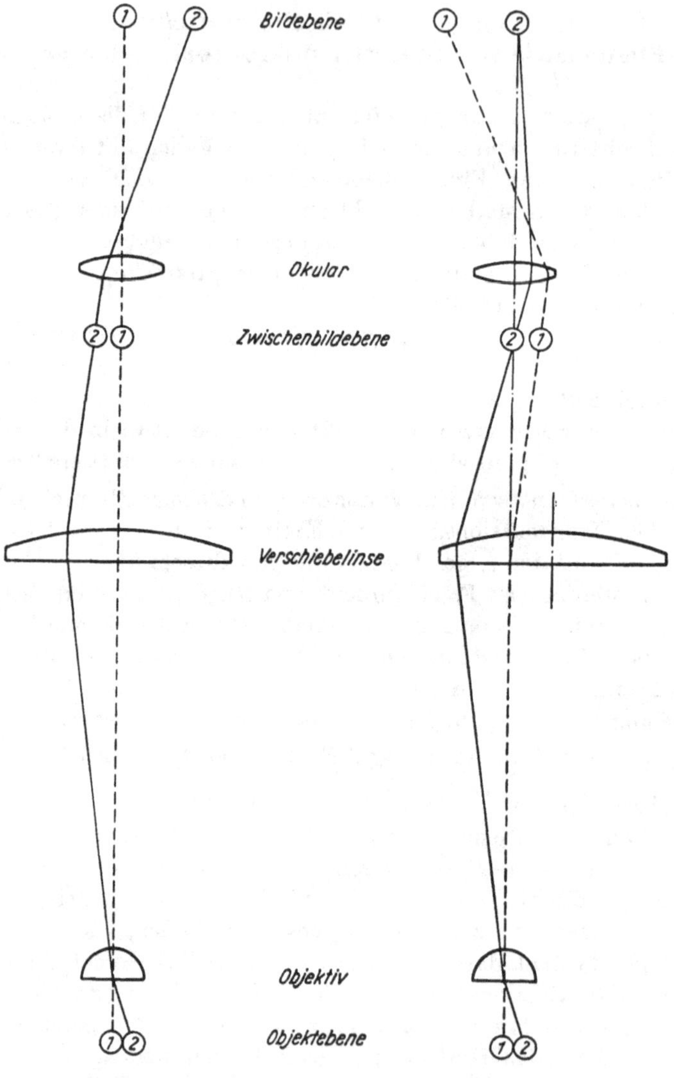

Abb. 1. Schema der Wirkungsweise der verschiebbaren Hilfslinse

ten einzustellen oder auch das ganze Präparat abzutasten, wenn man es auf einen SEV mit einer ΔF entsprechenden Blende abbildet, die sich an der zur Fadenkreuzmitte konjugierten Stelle befindet. Die Größenordnung des Durchmessers

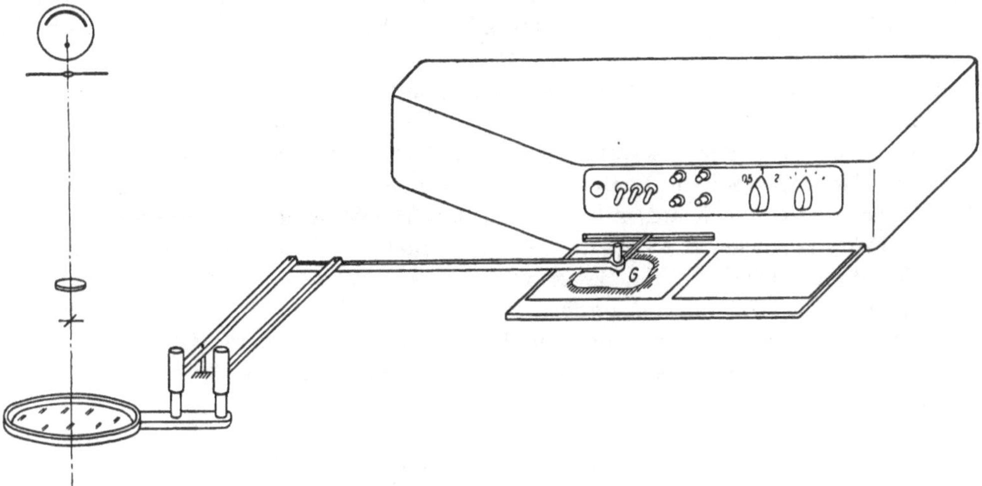

Abb. 2. Schematische Skizze der Abtastvorrichtung

von G ist einige μm, der rückprojizierte Durchmesser der Meßblende beträgt Bruchteile von μm, das Bild, das mit dem Storchschnabel gezeichnet wurde, ist jedoch einige Zentimeter groß. Es war daher naheliegend, für das Führen des Storchschnabelstiftes bei dem Abtastvorgang, der sich auf einen Zeitraum von Minuten erstreckt, ein automatisches Zusatzgerät zu bauen.[1]) Es ist so eingerichtet, daß als Zeichenfläche Metall benutzt wird und das Gebiet G mit isolierendem Material umrandet wird. Hat der Schreibstift keinen Kontakt mit dem Metall, schaltet sich die nächste Zeile ein und die Fahrrichtung wechselt. Vorsorge wurde getroffen, daß G eine beliebige Form haben darf und auch uninteressante Einschlüsse aus der Messung automatisch herausgenommen werden können. — Durch diese Anordnung ist es jetzt möglich, nach Festlegen des Programmes durch Zeichnen und Isolieren, unter Einsparung der Registrierung die gemessenen Extinktionswerte mit einem Reibradintegrator sofort zu integrieren und nur den Endwert anzuzeigen.

Man muß bedenken, daß das Integral bei Mehrstoffsystemen in der Regel bei mehreren verschiedenen Wellenlängen bestimmt werden muß. Das Abtastprogramm bleibt dabei erhalten. Weiter befindet sich die Mikrophotometrie noch in

[1]) Für wertvolle Hilfe bei Konstruktion, Bau und Erprobung habe ich den Herren Sommer, Sohr und Tappert vom VEB Carl Zeiss JENA zu danken.

den Anfängen. Es ist daher nützlich und erforderlich, durch mehrfaches Messen des gleichen Objektes unter leicht veränderten Bedingungen wie Kondensorapertur, Fokussierung, Größe der Leuchtfeldblende, Abtastgeschwindigkeit usw. sich von der Güte der Messungen zu überzeugen und Erfahrungen zu sammeln.

Kürzlich gab Schubert für spektrographische Messungen eine allgemeine Beziehung zwischen Abtastgeschwindigkeit, Spaltbreite und Zeitkonstante an, die bei fester Meßzeit einen minimalen Fehler gewährleistet [5]. Derartige allgemeine Regeln lassen sich auch auf mikrophotometrische Messungen übertragen.

Ihre Prüfung sowie der Vergleich der Abtastmethoden mit technisch einfacheren Verfahren (wie z. B. der Zweiwellenlängenmethode nach Ornstein und Pateau [1] S. 1/45ff.) sind Aufgaben für die Zukunft.

Auch in der Mikroradiographie und der Interferenzmikroskopie [6] treten Abtastprobleme ähnlicher Art auf, wo die besprochene Methode Anwendung finden kann.

Zusammenfassung

Nachdem einleitend die Notwendigkeit gezeigt wird, bei Mengenbestimmungen an biologischen Einzelzellen mittels der Mikrophotometrie Abtastmessungen auszuführen, wird eine neue Methode und deren apparativer Realisierung beschieben und auf weitere Anwendungsmöglichkeiten hingewiesen.

VEB Carl Zeiss JENA

Literatur

[1] Pollister, A., und Ornstein, L., in Analytical Cytology edited by R. Mellors, McGraw-Hill Book Company, Inc. 1955.
[2] Caspersson, T., Experientia, Vol. **11**, 45 (1955).
[3] Caspersson, T., Exp. Cell. Res. Suppl., **4**, 3 (1957).
[4] Caspersson, T., Frederiksson, Thorsson, G. K., Hereditas, **39**, 201 (1953).
[5] Schubert, M., Exp. Technik der Physik, **6**, 203 (1958).
[6] Caspersson, T., Carlson, L., und Svensson, G., Exp. Cell. Res., **7**, 601 (1954).

H. H. HOPKINS, London

Aberration Tolerances

Zusammenfassung

Das Beugungsbild einer punktförmigen Lichtquelle ist viel zu kompliziert, um es in die Theorie der verschiedenen Aberrationen eines optischen Systems allgemein einzubeziehen. Die verschiedensten Untersuchungen haben zu sehr begrenztem Erfolg geführt. Daher wurde eine einfachere Theorie, die Übertragungstheorie, entwickelt und zur Festlegung von zulässigen Aberrationstoleranzen optischer Systeme ausgewertet.

Die Fourieranalyse ist für optische Probleme von DUFFIEUX [1] benutzt worden. Hierauf baut HOPKINS [2] seine Übertragungstheorie (frequency response) auf.

Die Aberrationstoleranz wird subjektiv nach dem Kriterium festgelegt, daß die „Übertragung" des optischen Systems für eine vorgegebene Linienfrequenz (spatial frequency) nicht kleiner als 0,8 der Übertragung des gleichen Systems bei Aberrationsfreiheit sein soll. In dieser Weise wird die Aberrationstoleranz auf die Anzahl der Linien pro Millimeter angegeben, welche noch mit gutem Kontrast aufgelöst werden. Diese Methode ist auf Fokusfehler, sphärische Aberration, Koma und Astigmatismus anwendbar [3]. Die beste Korrektion und Lage der Brennebene wird durch die gleiche Methode mittels dieses Kriteriums bestimmt. Die Ergebnisse sind durch approximierte Formeln für niedrige Linienfrequenzen abgeleitet, welche für nicht sehr hochkorrigierte Systeme von Bedeutung sind.

Referiert W. Reichel, VEB Carl Zeiss JENA

Literatur

[1] DUFFIEUX, P. M., L'integral de Fourier et ses applications à l'optique (1946) Besançon, Privatdruck.

[2] HOPKINS, H. H., The frequency response of optical systems, Proc. Phys. Soc., B **69**, 562 (1956).
HOPKINS, H. H., Geometrical-optical treatment of frequency response, Proc. Phys. Soc., B **70**, 1162 (1957).

[3] HOPKINS, H. H., The aberration permissible in optical systems, Proc. Phys. Soc., B **70**, 449 (1957).

K. ROSENHAUER, Braunschweig

Die Prüfung optischer Systeme mit Hilfe der Kontrastübertragungsfunktion

Die Prüfung optischer Systeme kann auf zweierlei Weise erfolgen: 1. indem man die einzelnen Bildfehler wie z.B. sphärische Aberration, Koma, Bildfeldwölbung sowie die chromatischen Fehler bestimmt und 2. indem man das sich ergebende Bild im ganzen beurteilt. Die 1. Methode kann analysierende oder differenzierende Methode genannt werden, während die 2. Methode die Gesamtwirkung der Bildfehler ermittelt und als integrierende Methode zu bezeichnen wäre. Verfahren, die die einzelnen Bildfehler bestimmen, sind z.B. die bekannten Methoden von Wetthauer oder Hartmann, im Gegensatz dazu ergeben die üblichen Beobachtungen des Bildes, z.B. eines Radialgitters (Siemensstern) oder eines anderen geeigneten Objektes ein Urteil über die Gesamtqualität der Bildwiedergabe. Man wird die erste Art der Prüfung immer dann vorziehen, wenn man eine Typenprüfung vornehmen will, während man die zweite Art der Prüfung auch bei der Typenprüfung durchführen kann, vorwiegend aber nach diesem Verfahren die Serienprüfung vornimmt. Die Interferenzmethoden sind sowohl für die eine wie auch für die andere Methode geeignet, genau so, wie man mit Hilfe der Testfiguren auch die einzelnen Bildfehler ermitteln kann. Aber sie sind wenig übersichtlich und anschaulich.

Die Qualitätsprüfung der Bildwiedergabe durch Ermittlung der Kontrastübertragungsfunktion bewertet den Gesamteinfluß von Beugung und geometrisch-optischen Bildfehlern. Hierbei sind subjektive Beobachtungsfehler wie bei den visuellen Verfahren ausgeschlossen und außerdem ist der Zusammenhang zwischen Kontrastübertragungsfunktion und den errechneten Bildfehlern theoretisch schon weitgehend ermittelt. Weiterhin steht sie in einwandfreiem theoretischen Zusammenhang mit anderen geometrisch-optischen und wellenoptischen Eigenschaften der benutzten Optik und der Abbildungsverfahren. Für die einwandfreie theoretische Beurteilung der Kontrastübertragungsfunktion in Hinblick auf die visuelle Beobachtung liegen wohl Ansätze vor, aber die physiologisch-optischen Untersuchungen in bezug auf den Einfluß des Auges sind noch nicht abgeschlossen. Bei der Erörterung der Methode der Kontrastübertragungsfunktion brauchen hier nur wenige theoretische Grundlagen erwähnt zu werden, denn bei dieser Tagung hat Prof. HOPKINS bereits weitgehend die theoretische Basis erörtert. Zusammenfassend kann man etwa sagen, daß man nach DUFFIEUX [1] jedes beliebige Bild als eine räumliche Überlagerung von Gittern mit sinusförmiger Helligkeitsverteilung auffassen kann und daß man sich dementsprechend auf die Untersuchung der Wiedergabe von sinusförmigen Helligkeitsverteilungen durch ein Objektiv beschränken kann. Mit Hilfe der Fourier-Synthese kann dann jede beliebige Lichtverteilung errechnet werden. Man spricht deshalb von Linien-, Orts- oder Raumfrequenzen und meint damit die Anzahl der Linien/mm des jeweils verwandten Gitters. Bei der optischen Abbildung wird also das optische System als Übertrager dieser Ortfrequenzen wirken und man kann die aus der elektrischen Nachrichtentechnik bekannte Vierpoltheorie auf die optische Bildwiedergabe anwenden.

Bezeichnet man als $K_O = \frac{B_{max} - B_{min}}{B_{max} + B_{min}}$ den Objektkontrast, und mit $K_B = \frac{B_{min} - B_{max}}{B_{min} + B_{max}}$ den Bildkontrast, wobei B_{max} und B_{min} die Intensitäten an den hellsten bzw. dunkelsten Stellen der Bild- bzw. Objektebene sind, so ist das Verhältnis von $\frac{K_B}{K_O}$ als Kontrastübertragungsfaktor und die Abhängigkeit des Kontrastübertragungsfaktors von der Ortsfrequenz als Kontrastübertragungsfunktion (C.T.-Funktion) zu bezeichnen.

Im folgenden wird nun eine Methode zur Bestimmung der Kontrastübertragungsfunktion beschrieben, wobei diese hier wegen ausführlicher Beschreibung an anderer Stelle kurz gefaßt werden kann [2]. Abb. 1 zeigt die schematische Anordnung. Die Apparatur besteht aus einer optischen Bank, auf der eine Trommel entsprechend den seitlichen Bildwinkeln verschiebbar ist. Auf dieser Trommel befindet sich ein Film mit einer geeigneten Schwärzungsverteilung, z.B. ein Film mit sinusförmiger Schwärzungsverteilung, wobei die Gitterkonstante entsprechend

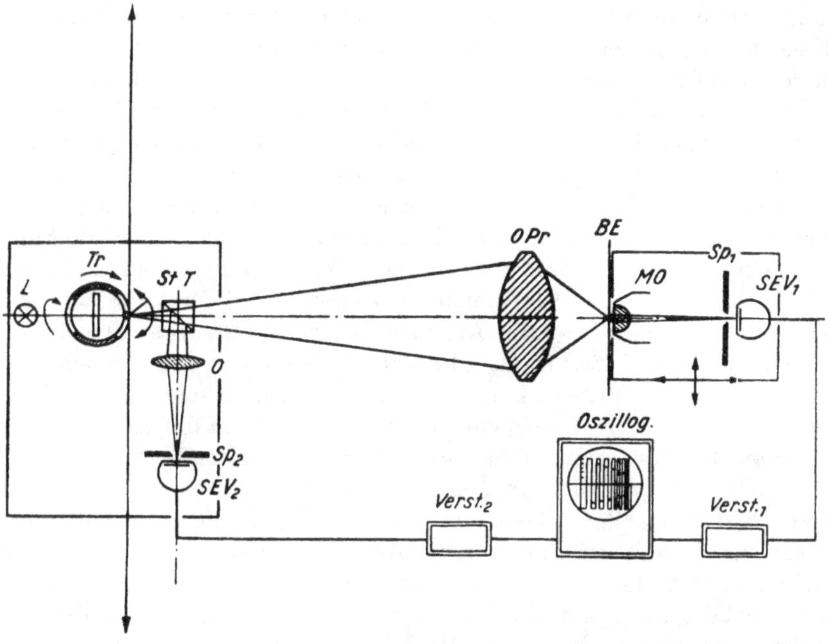

Abb. 1. Anordnung zur Messung der Kontrastübertragungsfunktion photographischer Objektive mittels rotierender Trommel

den Abständen zwischen Prüfling und Testtrommel in bezug auf die Prüflingsbrennweite zu wählen ist. Die Trommel wird von hinten durchleuchtet, und zwar über eine Matt- oder Milchglasscheibe, damit die Beleuchtung inkohärent erfolgt. Der Prüfling erzeugt von diesem Gitter in der Bildebene ein Luftbild und durch ein Mikroobjektiv ausreichender Apertur wird dieses verkleinerte Gitterbild auf einen Spalt vor einem Sekundärelektronenvervielfacher nochmals abgebildet. Beim Rotieren der Trommel läuft also das Bild über den Spalt hinweg, und in dem angeschlossenen Sekundärelektronenvervielfacher werden die Lichtschwankungen in Stromschwankungen umgesetzt. Diese elektrischen Schwankungen werden in einem Breitbandverstärker verstärkt, so daß auf dem Oszillographenschirm die Lichtverteilung eines Gitters, das durch den Prüfling abgebildet wird, erscheint. Weil das Gitter aus einer Reihe von Gruppen verschiedener Gitterabstände besteht, die so gewählt sind, daß die Gruppenlängen linear mit der Ortsfrequenz sind, wobei alle Linienfrequenzen gleiche Amplitude haben, also der Objektkontrast = 1 gesetzt werden kann, so gibt die Umhüllende des Oszillographenbildes unmittelbar die Kontrastübertragungsfunktion wieder. Für die niedrigste Raumfrequenz wird dabei der Kontrastübertragungsfaktor gleich 1 gesetzt (Normierung). Hierbei wird vorausgesetzt, daß durch das Mikroobjektiv die Abbildung nicht merklich verschlechtert wird bzw. der Kontrast nicht vermindert wird, eine Veraussetzung, die aber gemacht werden kann, da die Korrekturen der Mikroobjektive weitaus besser als die der Photoobjektive sind und, wie später gezeigt wird, die direkte Prüfung nicht beeinflussen. Natürlich müssen sowohl Sekundärelektronenvervielfacher wie Breitbandverstärker für die in Frage kommenden Frequenzen eine konstante Verstärkung ergeben.

Für seitliche Bildfeldteile wird das Mikroobjektiv seitlich verschoben, außerdem läßt sich das Mikroobjektiv und der Sekundärelektronenvervielfacher, die eine gemeinsame Einheit bilden, axial verschieben. Diese Verschiebung kann an einer Meßuhr abgelesen werden und so die Lichtverteilung in verschiedenen Bildebenen ermittelt werden. Die Ebene, in der die Trommelverschiebung erfolgt, ist dabei sorgfältig zu diesen Bildebenen justiert worden. Abb. 2 zeigt die Standarte mit dem Prüfobjektiv, hinter der sich das Mikroobjektiv befindet, den um die optische Achse drehbaren Abtastspalt, was erlaubt, bei Drehung der Trommel um den Hauptstrahl auch andere Azimute zu messen. Dahinter ist noch der Sekundärelektronenvervielfacher zu erkennen. Außerdem ist die Meßuhr zur Bestimmung der axialen Verschiebung und die Trommel, die eine seitliche Verschiebung des Mikroobjektives ermöglicht, sichtbar. Abb. 3 zeigt die als Sender bezeichnete Trommel mit dem Film und dem Antriebsmotor. Hinter der Trommel befindet sich eine Beleuchtungseinrichtung, die wahlweise eine Glühlampe oder eine monochromatische Lichtquelle zu benutzen gestattet. Vor der Trommel, die den Film dreht, ist eine Strahlenteileranordnung (Abb. 1 *St T*) sichtbar, sowie ein zweites Photoobjektiv (Abb. 1 *O*), das ausgesucht ist und das mit Hilfe einer 1 : 1-Abbildung ein Bild des Filmes auf einen zweiten Spalt (Abb. 1 Sp_2) entwirft, hinter dem sich ein zweiter Sekundärelektronenvervielfacher (Abb. 1 SEV_2) befindet und der so eine Messung des direkten Bildes ermöglicht. So können die Qualität und der Kontrast

Abb. 2. Objektivhalterung und Empfänger zur Untersuchung der Kontrastübertragungsfunktion photographischer Objektive

Abb. 3. Rotierende Trommel (Sender) zur Untersuchung der Kontrastübertragungsfunktion photographischer Objektive

Abb. 4. Sender (rotierende Trommel mit Vergleichsabtastung) auf der optischen Bank

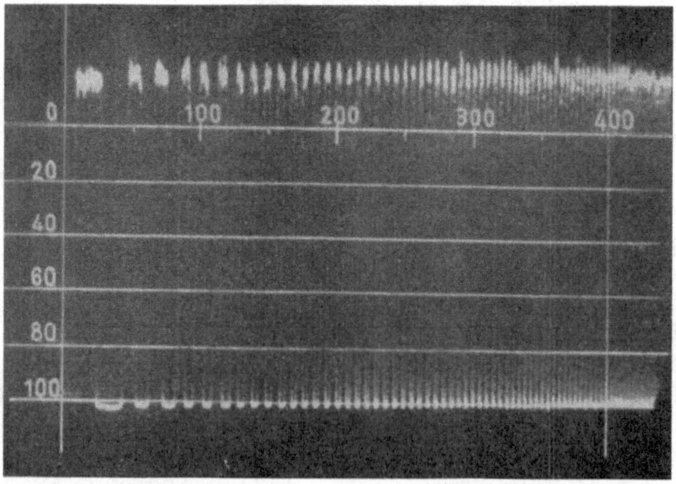

Abb. 5. Oszillogramm des Rechtecktestes (grobe Strukturen)

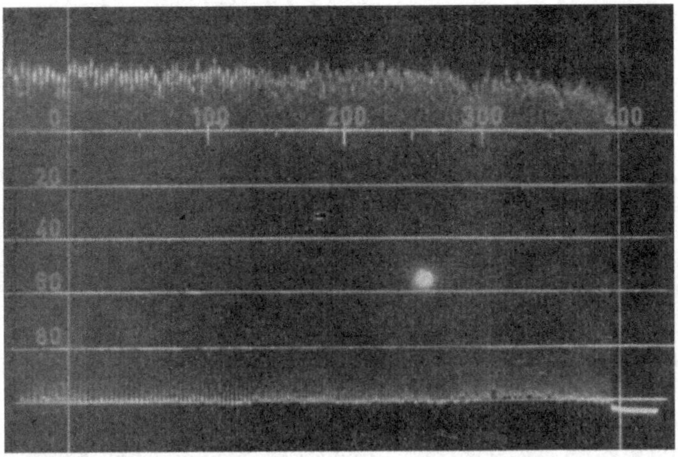

Abb. 6. Oszillogramm des Rechtecktestes (feine Strukuren)

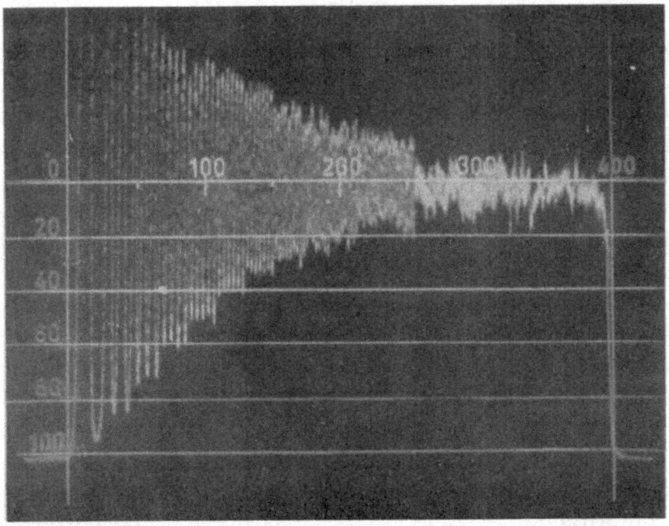

Abb. 7. Oszillogramm des Rechtecktestes bei einem Kleinbildobjektiv

des Objektivs gemessen werden. Abb. 4 zeigt den Sender auf der optischen Bank. Mit Hilfe der Direktabtastung des Objektivs sind die Abb. 5 und 6 gewonnen; sie zeigen, daß die Amplitude von groben Gitterstrukturen (Abb. 5) bis nahezu zu den feinsten Gitterstrukturen (Abb. 6) gleich geblieben ist. In diesem Fall sind Rechteckteste benutzt worden, die durch eine einfache Umrechnung die Kontrastübertragungsfunktion für Sinusteste ergeben. Das sich mit Hilfe des Prüfobjektives darbietende Bild zeigt die Abb. 7. Man sieht deutlich, daß die groben Strukturen nahezu mit dem Kontrast des Objektes übereinstimmen, während die immer feineren Strukturen mit geringerem Kontrast wiedergegeben werden und schließlich im Rauschen des Verstärkers untergehen. Die Umhüllende der Aufzeichnungen (Abb.7) stellt den Kontrastabfall bei einem Objektiv dar. Abb. 8 zeigt die ermittelten Kontrastübertragungsfunktionen eines Kleinbildobjektivs von 50 mm Brennweite bei der Blende 2 und bei der Blende 8. Es ist deutlich zu sehen, daß bei der Blende 2 infolge der geometrisch optischen Bildfehler der Kontrast schnell kleiner wird, während bei Blende 8 im wesentlichen infolge der Beugung der Kontrastabfall auftritt. Dieses Bild zeigt auch, daß der Einfluß des Mikroobjektivs vernachlässigbar klein ist, denn bei der hier gezeigten Aufnahme wurde einmal die Kontrastübertragungsfunktion mit Hilfe des Mikroobjektives erzeugt, und zum anderen ist der Spalt direkt in die Bildebene des zu prüfenden Objektivs gebracht worden.

Abb. 9 gibt das Oszillographenbild eines Kleinbildobjektivs bei defokussierter Einstellung wieder. Man sieht deutlich, wie bei etwa 50 Linien/mm keine Auflösung mehr vorhanden ist, aber bei etwa 100 Linien/mm wieder Auflösung erfolgt und wie bei etwa 170 Linien/mm die Auflösung wieder verschwindet, während sie bei 220 Linien/mm wieder vorhanden ist. Die Stellen, wo die Auflösung verschwindet, zeigen an, daß dort die Kontrastübertragungsfunktion Null wird und die dahinterliegenden Auflösungen bezeichnet man als Pseudoauflösung, eine Erscheinung, die dem Praktiker beim Betrachten von Radialgittern (Siemenssternen) oder anderen Gittertesten durchaus geläufig ist. Die bei Defokussierung sich ergebenden Kontrastübertragungsfunktionen für ein Kleinbildobjektiv mit dem Öffnungsverhältnis 1 : 2 für die Abbildung senkrechter Gitterlinien und für die optische Achse sind in Abb. 10 dargestellt. Es ist ersichtlich, daß bei intra- und extrafokaler Einstellung sich verschiedene Kontrastübertragungsfunktionen ergeben, eine Erscheinung, die auf die sphärische Aberration zurückzuführen ist. Abbildung 11 zeigt für ein weiteres Kleinbildobjektiv von 50 mm Brennweite bei der Öffnung 1 : 2 und für die Abbildung senkrechter Gitterlinien für verschiedene Bildwinkel die Kontrastübetragungsfunktionen. Hierbei ist deutlich sichtbar, daß für 8° Bildwinkel der Abfall besonders stark ist, während die Kontrastübertragungsfunktion für 24° Bildwinkel etwa gleich der bei 16° Bildwinkel ist. Dieser verschiedene Abfall deutet auf Bildfeldwölbung hin. Es wurde immer so eingestellt, daß die beste Fokussierung bei etwa 50 Linien/mm in der Achse erzielt wurde und für die seitlichen Bildwinkel wurde nicht nachgestellt. Abb. 12 stellt die Kontrastübertragungsfunktion eines Kleinbildobjektivs von 50 mm Brennweite für Abbildungen senkrechter und horizontaler Gitterlinien bei verschiedenen Blenden dar, woraus der Einfluß des Astigmatismus und der Bildfeld-

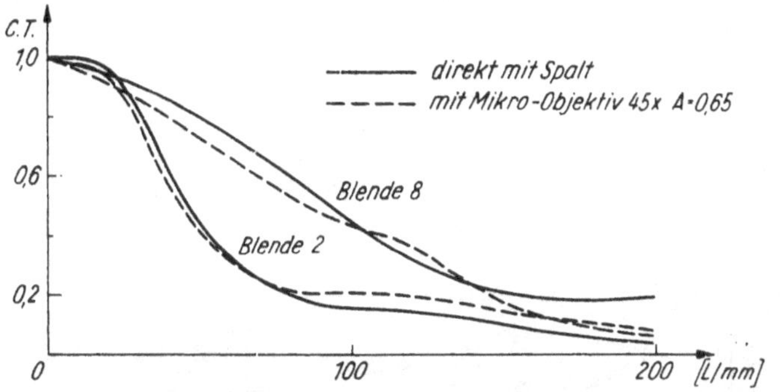

Abb. 8. C.T.-Kurve (KÜF) eines Kleinbildobjektivs bei Direktabtastung mit Spalt und bei Abtastung über Zwischenabbildung mit Mikroobjektiv

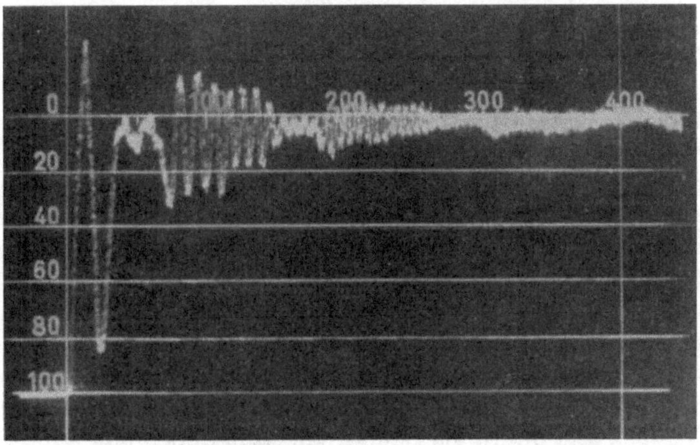

Abb. 9. Oszillogramm eines Kleinbildobjektives bei defokussierter Einstellung

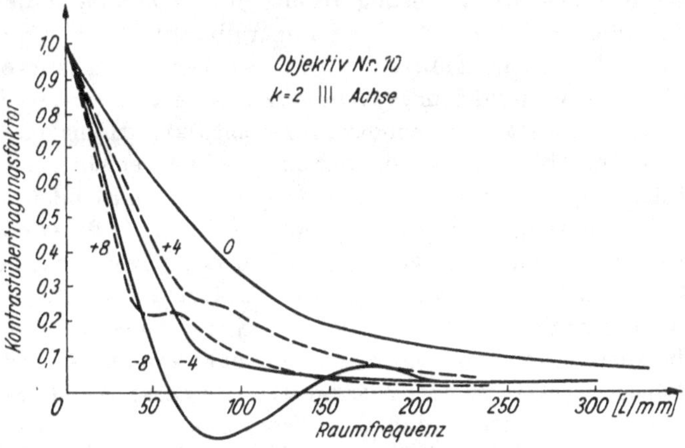

Abb. 10. C.T.-Kurve eines Kleinbildobjektives bei Blende 2 und Abbildung senkrechter Gitterlinien. (Defokussierungen in hundertstel Millimetern; + Verlängerung der Schnittweite)

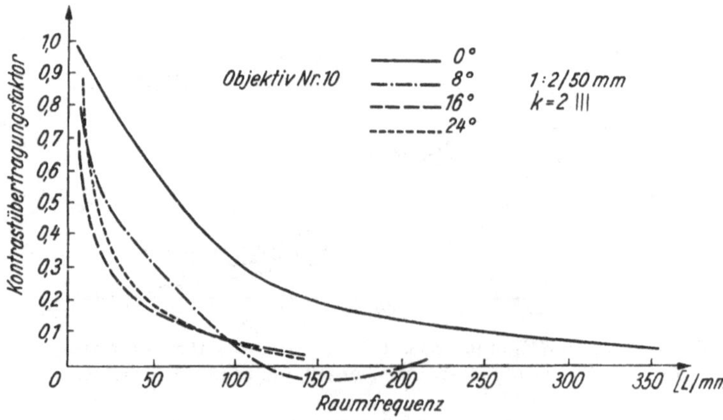

Abb. 11. C.T.-Kurven eines Kleinbildobjektives bei verschiedenen Bildwinkeln

wölbung sowie der Einfluß der Blendendifferenz ersichtlich wird. Auch hier wurde die Einstellung so vorgenommen, daß für etwa 50 Linien/mm in der Achse bei voller Öffnung eingestellt wurde und daß dann die Aufnahmen der weiteren Kontrastübertragungsfunktionen bei verschiedenen Blenden und Bildwinkeln in dieser Stellung vorgenommen wurden. Abb. 13 zeigt die Kontrastübertragungsfunktion verschiedener Kleinbildobjektive bei voller Öffnung und bei verschiedenen Bildwinkeln bei der Abbildung senkrechter Gitterlinien. Es ist hier deutlich zu sehen, wie sich z.B. das Objektiv Nr. 7 in der Achse von dem Objektiv Nr. 2 in der Achse unterscheidet und es ist auch zu sehen, daß für größere Bildwinkel die verschiedenen Objektive durchaus verschiedenen Charakter besitzen. Normiert man nach dem Vorschlag von H. H. Hopkins [3] die Abszisse, nach der Formel $S = 2\,R \cdot \lambda \cdot k$, wobei R die Raumfrequenz in Linien/mm, λ die Wellenlänge des Lichtes und k die Blendenzahl bedeutet, so ist der maximale Wert von 2 das größte überhaupt erzielbare Auflösungsvermögen und man kann die theoretische Kurve, die sich allein auf Grund der Beugung ergibt, eintragen und die mit Hilfe der vorgenannten Apparatur ermittelten Kontrastübertragungskurven damit vergleichen. Daß die theoretische Kurve nicht gerade ist, ergibt sich aus der Tatsache, daß diese nicht für sinusförmige, sondern für rechteckige Helligkeitsverteilungen errechnet wurde. Die Abb. 14 lehrt, wie weit dann bei den verschiedenen Objektiven die Kontrastübertragungsfunktionen bei den verschiedenen Blendenzahlen von der theoretischen Kurve abweichen. Es ist ganz ohne Frage, daß dasjenige Objektiv am besten ist, dessen Kurve möglichst nahe an der theoretischen Kurve liegt. Die Abb. 14 zeigt aber auch, wie weit die Kontrastübertragungsfunktion bei der vollen Öffnung noch von der theoretischen Kurve abweicht, daß aber im allgemeinen eine Blende von etwa 5,6 schon sehr nahe an den theoretischen Wert herankommt. Bei Objektiv Nr. 5 hingegen ist auch diese Blende noch merklich entfernt. Es sei noch bemerkt, daß der Flächeninhalt zwischen der Kontrastübertragungsfunktion und der Abszisse ein Maß für die Definitionshelligkeit nach Strehl darstellt.

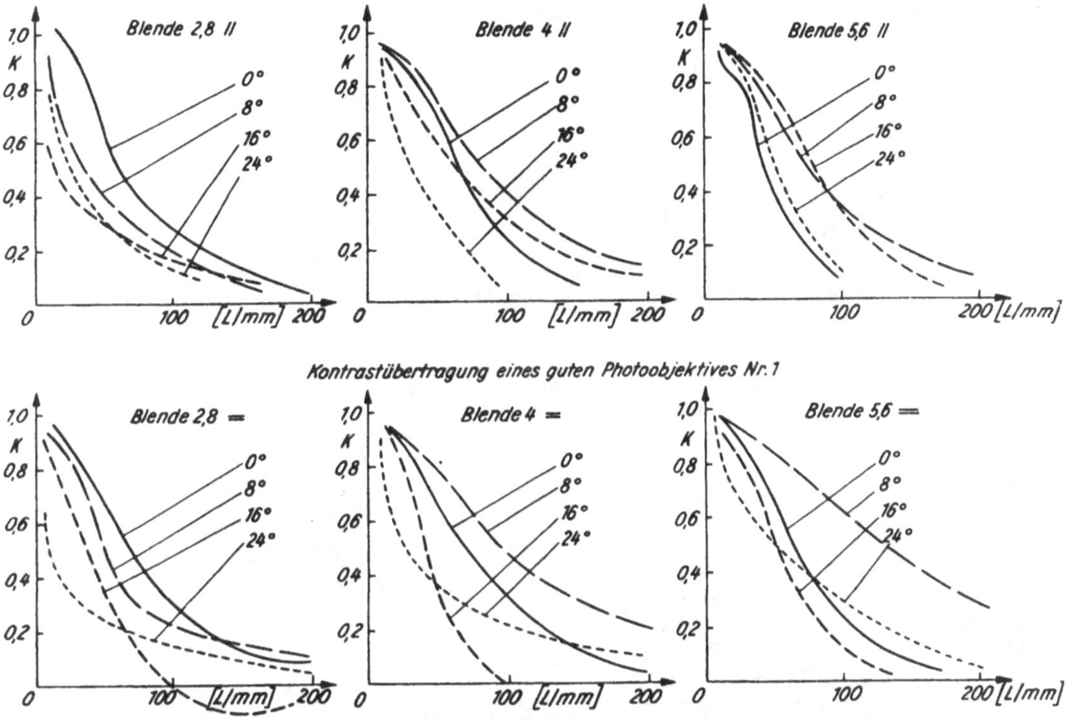

Abb. 12. C.T.-Kurven eines Kleinbildobjektives bei verschiedenen Blenden und Abbildung horizontaler und senkrechter Gitterlinien bei verschiedenen Bildwinkeln

Die Kontrastübertragungsfunktionen ermöglichen es, zahlenmäßige Angaben für das Auflösungsvermögen eines photographischen Objektives zu machen [4]. Wählt man ein Bildkontrast von 0,4, was an sich willkürlich ist, so lassen sich aus den Kontrastübertragungsfunktionen die Werte der Linien/mm bei diesem Bildkontrast für die verschiedenen Bildwinkel, Blenden und Objektive angeben. Die Abbildung 15 stellt eine solche Kenntafel dar, wobei die Länge der horizontalen bzw. vertikalen Striche die Gitterkonstante sein würde. Sofern sich zwischen der rechten und linken Balkenlänge Abweichungen ergeben, deuten diese auf Justierfehler hin und, sofern die Kreuze nicht symmetrisch sind, zeigen sie Astigmatismus an. Man kann sich auf diese Weise leicht einen Überblick über die Qualität verschiedener Objektive verschaffen. Die Wahl eines Bildkontrastes von $K = 0{,}4$ kommt aber den praktischen Ergebnissen ziemlich nahe, wenn man voraussetzt, daß durch die Verwendung der photographischen Emulsion, die ihrerseits auch eine Kontrastübertragungsfunktion besitzt, dieser Bildkontrast weiter vermindert wird, und daß das Auge nicht mehr in der Lage ist, beliebig feine Gitter bei schwachen Kontrasten aufzulösen. Natürlich kann man statt der Ortsfrequenz bei $K = 0{,}4$ auch bei einer festen Ortsfrequenz von z. B. 30 Linien/mm den Kontrast angeben, um diese Angabe dann als Gütekriterium zu benutzen.

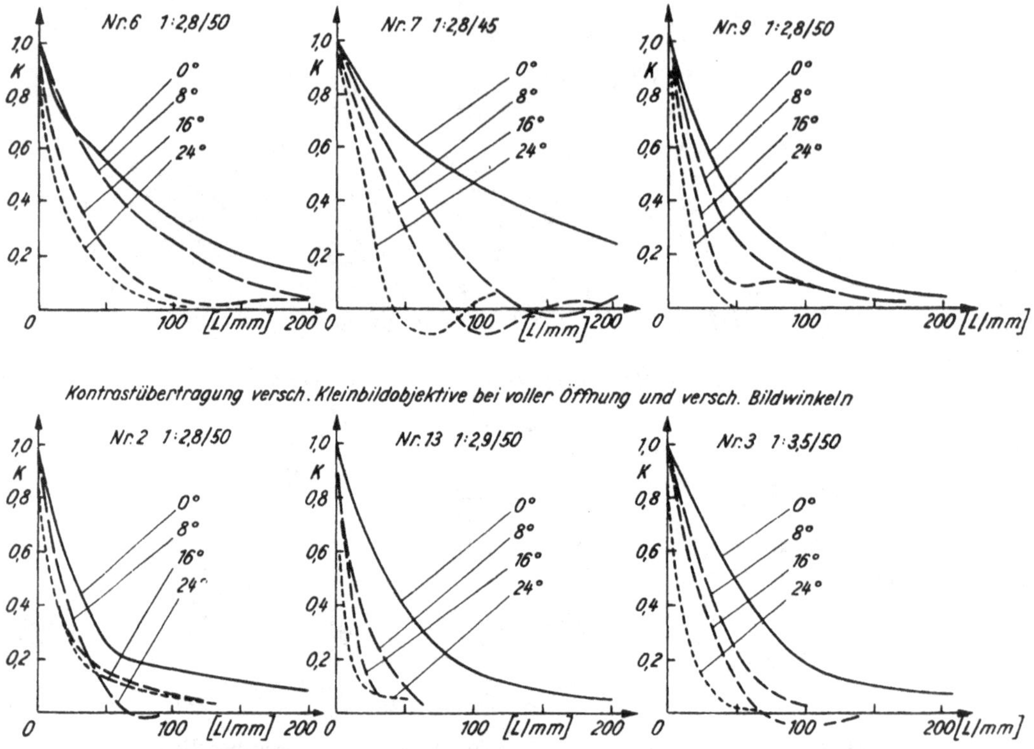

Abb. 13. C.T.-Kurven verschiedener Kleinbildobjektive bei voller Öffnung und verschiedenen Bildwinkeln bei Abbildung senkrechter Gitterlinien

Aus den Kontrastübertragungsfunktionen ist es ferner möglich, sich einen Überblick über die Kontrastverteilung im Bildraum zu verschaffen. Abb. 16 stellt beispielsweise ein solches Kontrastgebirge eines Kleinbildobjektivs dar. Man sieht deutlich, wie sowohl für die verschiedenen Farben, wie auch für die verschiedenen Ortsfrequenzen sich verschiedene Kontrastgebirge ergeben. Dabei ist besonders interessant, daß bei 30 Linien/mm z. B. für die Abbildung senkrechter Gitterlinien unter Umständen 2 getrennte Maxima auftreten, eine Erscheinung, die bereits von Kämmerer [5] erörtert und beschrieben wurde. Es ist auch deutlich zu sehen, daß die Objektive gewisse Zentrierfehler zeigen und es ist weiterhin sichtbar, wie der Einfluß der verschiedenen Wellenlängen auf das Bildfeld ist. Es geht aus diesen Bildern deutlich hervor, daß es recht schwierig ist, von einer Bildebene im klassischen Sinne zu sprechen; wo man die beste Bildebene hinlegt, ist eine Frage der Konvention und der Zweckmäßigkeit und bei der Angabe von Auflösungsvermögen muß also genau gesagt werden, auf welche Stelle und auf welche Bildebene diese Werte bezogen werden. Ein Gleiches gilt ganz allgemein, wenn man die Qualität von Objektiven auf Grund von Probeaufnahmen errötern will.

Die Meßmethode gestattet es, leicht Blendendifferenzen zu messen und dabei auch den Einfluß der Ortsfrequenz auf diese Blendendifferenz zu ermitteln. Durch Vorsetzen geeigneter Ringblenden ist es weiterhin möglich, schnell die sphärische Aberration eines Objektives zu bestimmen. Abbildung 17 zeigt z.B. für 3 Kleinbildobjektive den Verlauf den Blendendifferenzen, wenn man von der vollen Öffnung 1 : 1,5 zu kleineren Öffnungsverhältnissen abblendet. Es ist übrigens dabei überraschend, daß relativ große Blendendifferenzen auftreten. Eine Erscheinung, die bei der Ermittlung bzw. Berechnung der Schärfentiefe nicht vernachlässigt werden kann.

Abbildung 18 gibt die Bildschalen für vertikale und horizontale Gitterlinien eines Kleinbildobjektives bei verschiedenen Blenden und bei verschiedenen Ortsfrequenzen wieder. Man bemerkt, daß beim Abblenden auch die Bildfeldwölbung Änderungen erfährt. Genau wie eine Blendendifferenz in der Achse auftritt, so wird auch für seitliche Strahlen beim Abblenden eine Verlagerung der besten Einstellung stattfinden, die für die verschiedenen Gitterlinien verschieden ist. Interessant ist hierbei, daß bei sehr feinen Gitterlinien (150 Linien/mm) eine solche Verlagerung nicht stattfindet, während sie bei Einstellung auf Kontrast bzw. auf 30 Linien/mm sehr stark in Erscheinung tritt. Abb. 19 zeigt den Einfluß

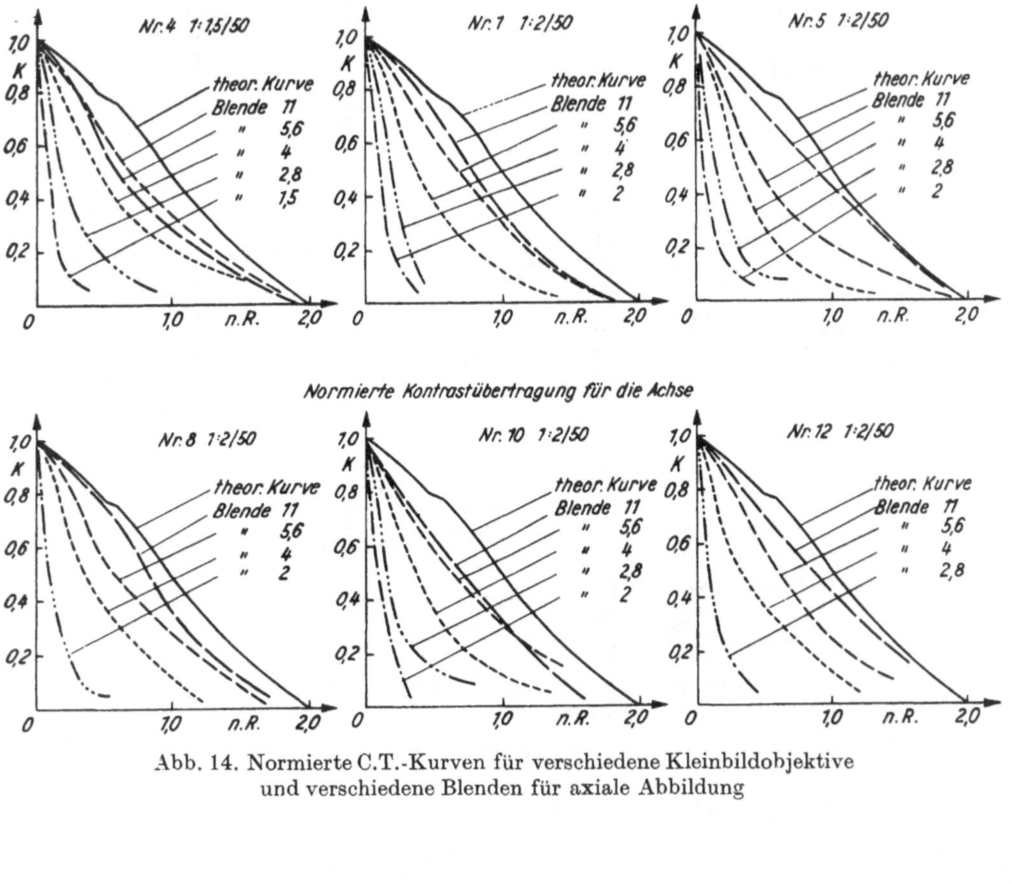

Abb. 14. Normierte C.T.-Kurven für verschiedene Kleinbildobjektive und verschiedene Blenden für axiale Abbildung

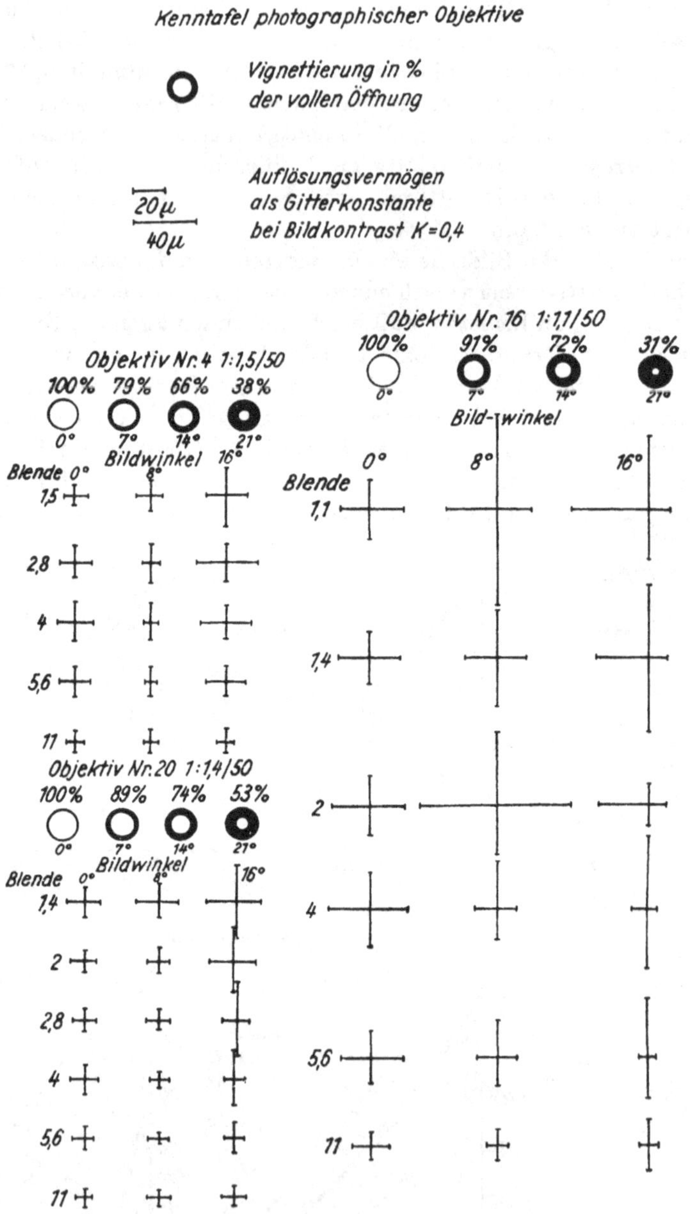

Abb. 15. Auflösungsvermögen verschiedener Kleinbildobjektive bei $K = 0{,}4$ bei verschiedenen Blenden und Bildwinkeln

Statt μ ist μm zu lesen

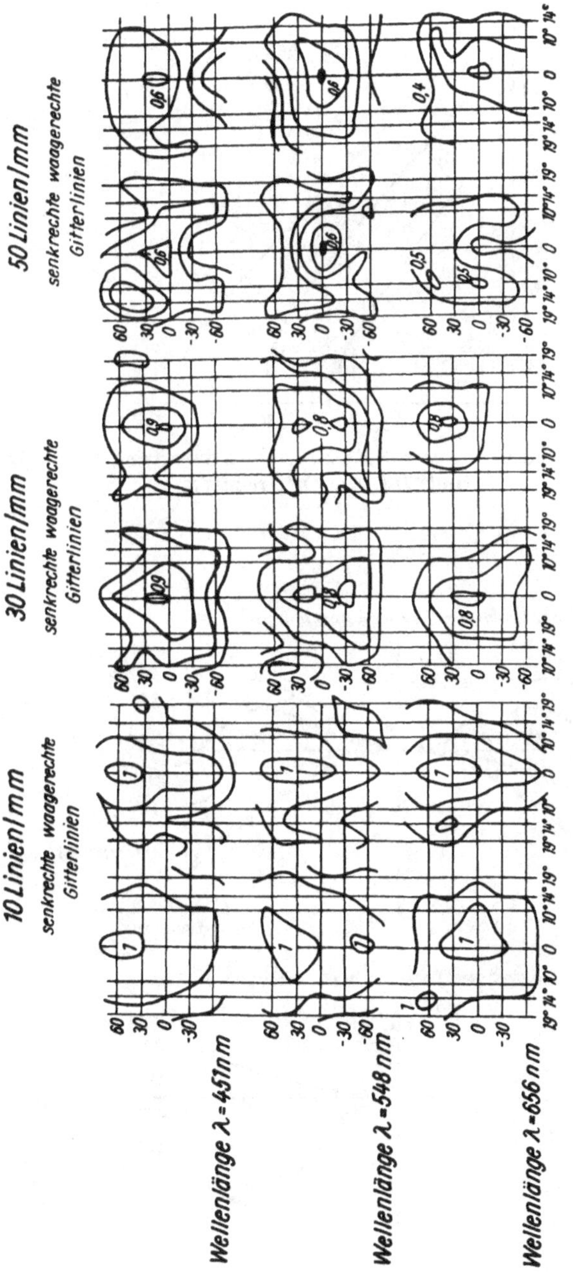

Abb. 16. Linien gleichen Kontrastes für ein Kleinbildobjektiv bei 3 Ortsfrequenzen, 3 Wellenlängen und Abbildung senkrechter und horizontaler Gitterlinien

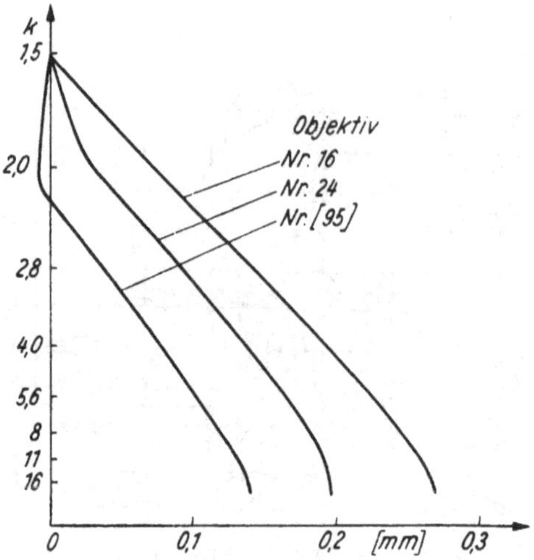

Abb. 17. Blendendifferenz von 3 Kleinbildobjektiven bei grünem Hg-Licht und 20 L/mm Ortsfrequenz

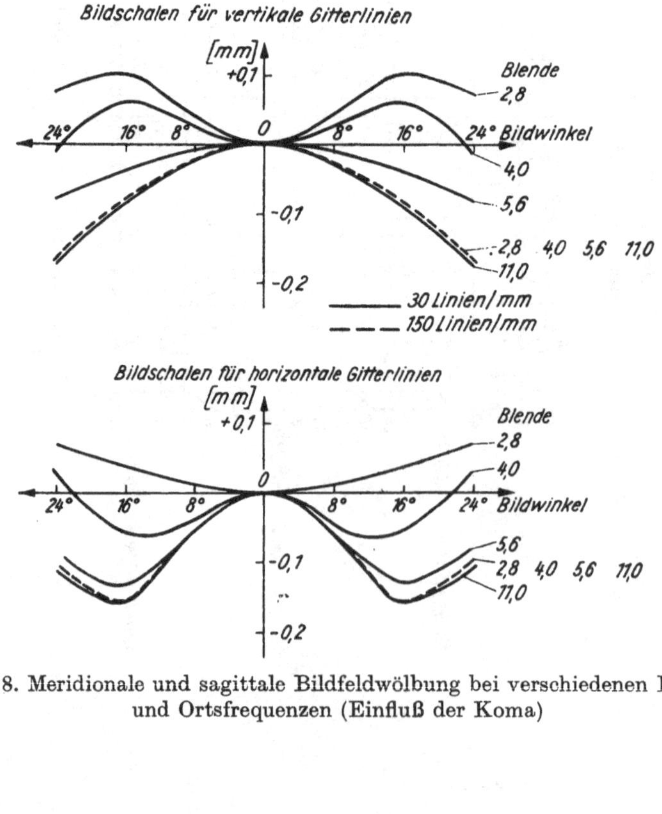

Abb. 18. Meridionale und sagittale Bildfeldwölbung bei verschiedenen Blenden und Ortsfrequenzen (Einfluß der Koma)

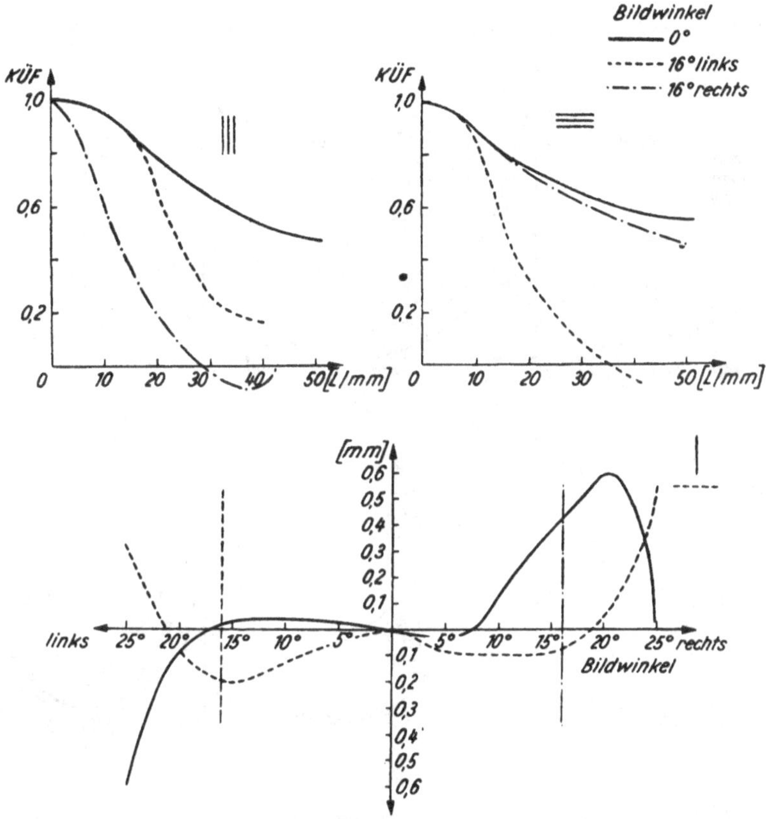

Abb. 19. C.T.-Kurven für Abbildung horizontaler und vertikaler Gitterlinien und Bildfeldwölbung bei Dezentrierung

von Zentrierfehlern auf die Kontrastübertragungsfunktion von Kleinbildobjektiven. Man erkennt aus dem oberen Teil der Abbildung, wie für die verschiedenen Bildwinkel bei der Abbildung senkrechter bzw. waagerechter Gitterlinien sehr unterschiedliche Kontrastübertragungsfunktionen entstehen und wie sich dieses auf die Bildwölbung des Objektivs bemerkbar macht. Es sei hier erwähnt, daß es sich bei diesem Objektiv um bewußt hervorgerufene Zentrierfehler handelt.

Die Veränderung der Kontrastübertragungsfunktion mit der Wellenlänge verdeutlicht Abbildung 20. Hier sind die Kontrastübertragungsfunktionen für 5 Kleinbildobjektive von 50 mm Brennweite bei voller Öffnung und Benutzung in der Achse dargestellt. Man sieht, daß es bei manchen Objektiven ohne weiteres möglich ist, für die verschiedenen Wellenlängen immer die gleiche Kontrastübertragungsfunktion zu erhalten, während es bei anderen nicht möglich ist. Insbesondere sieht man, daß die Wellenlängen des roten und des violetten Lichtes merklich schlechtere Kontrastübertragungsfunktionen ergeben. Hierbei ist immer für die jeweilige Wellenlänge auf besten Kontrast bei 50 Linien/mm nachgestellt

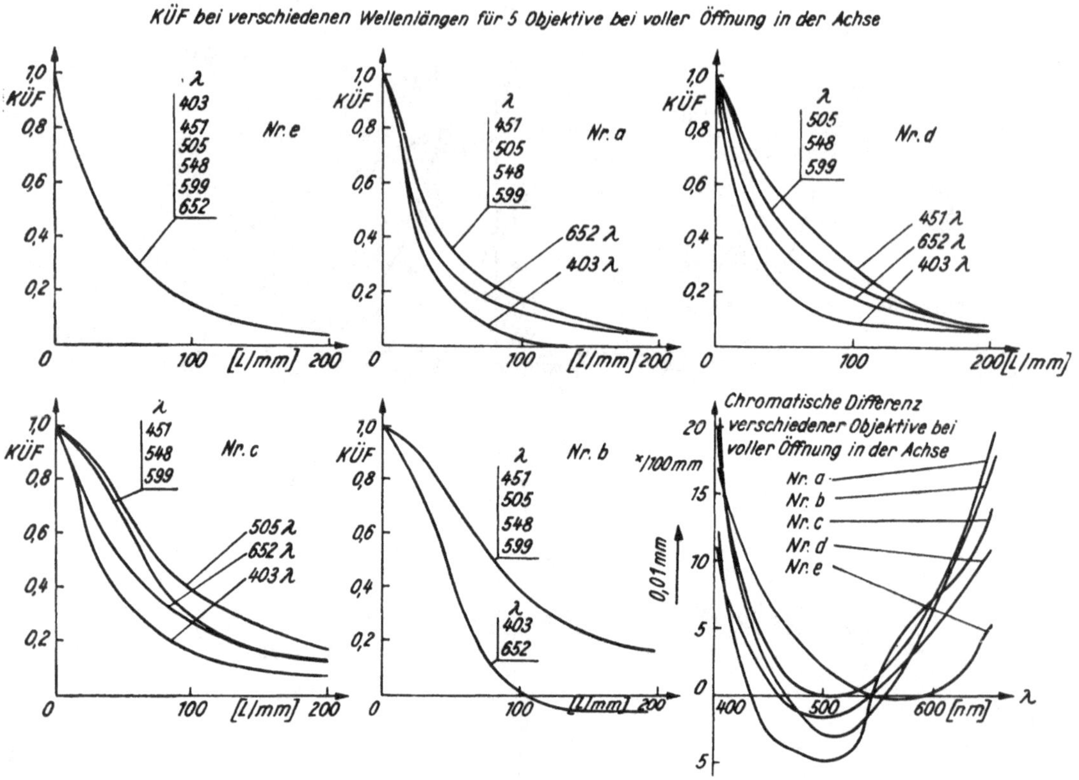

Abb. 20. C.T.-Kurven verschiedener Kleinbildobjektive bei voller Öffnung und axialer Abbildung bei verschiedenen Wellenlängen und Betrag der axialen Nachstellung

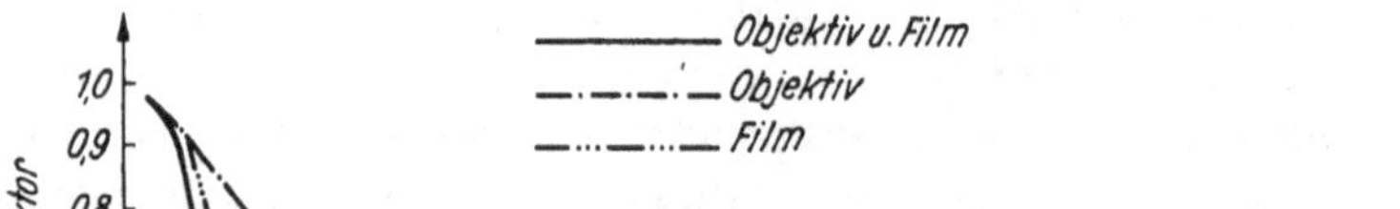

Abb. 21. C.T.-Kurven von Objektiv, Film und Kombination beider

worden. Der Betrag der Nachstellung ist in der letzten Teilabbildung der Figur 20 dargestellt. Man kann daraus leicht ersehen, wie groß die Verschiebungen sind und für welche Wellenlängen etwa das Objektiv korrigiert worden ist.

Frieser [6] hat gezeigt, daß im wesentlichen infolge des Diffusionslichthofes auch dem Film in bezug auf das eingestrahlte Licht eine Kontrastübertragungsfunktion zukommt. Abb. 21 zeigt eine solche Kurve für einen Film von etwa 18° DIN Empfindlichkeit. Da auch das Objektiv eine Kontrastübertragungsfunktion besitzt, so ist nach der Definition der Kontrastübertragungsfunktion hieraus die gesamte Übertragungsfunktion durch einfache Multiplikation erhältlich. Es ist zu sehen, daß bei einem Kontrastübertragungsfaktor der Kombination Objektiv und Film von 0,4 nur noch etwa 40 bis 60 Linien/mm aufgelöst werden können und daß man selbst bei einem Kontrastübertragungsfaktor von 0,1 noch nicht 100 Linien/mm erhält, während im Luftbild viel höhere Raumfrequenzen visuell aufgelöst werden können. Aber diese hohen Raumfrequenzen werden dann nur noch mit einem so schwachen Kontrast wiedergegeben, daß sie nicht mehr in Erscheinung treten. Es ist klar, daß es also nicht so sehr auf ein hohes Auflösungsvermögen ankommt, als vielmehr auf einen möglichst hohen

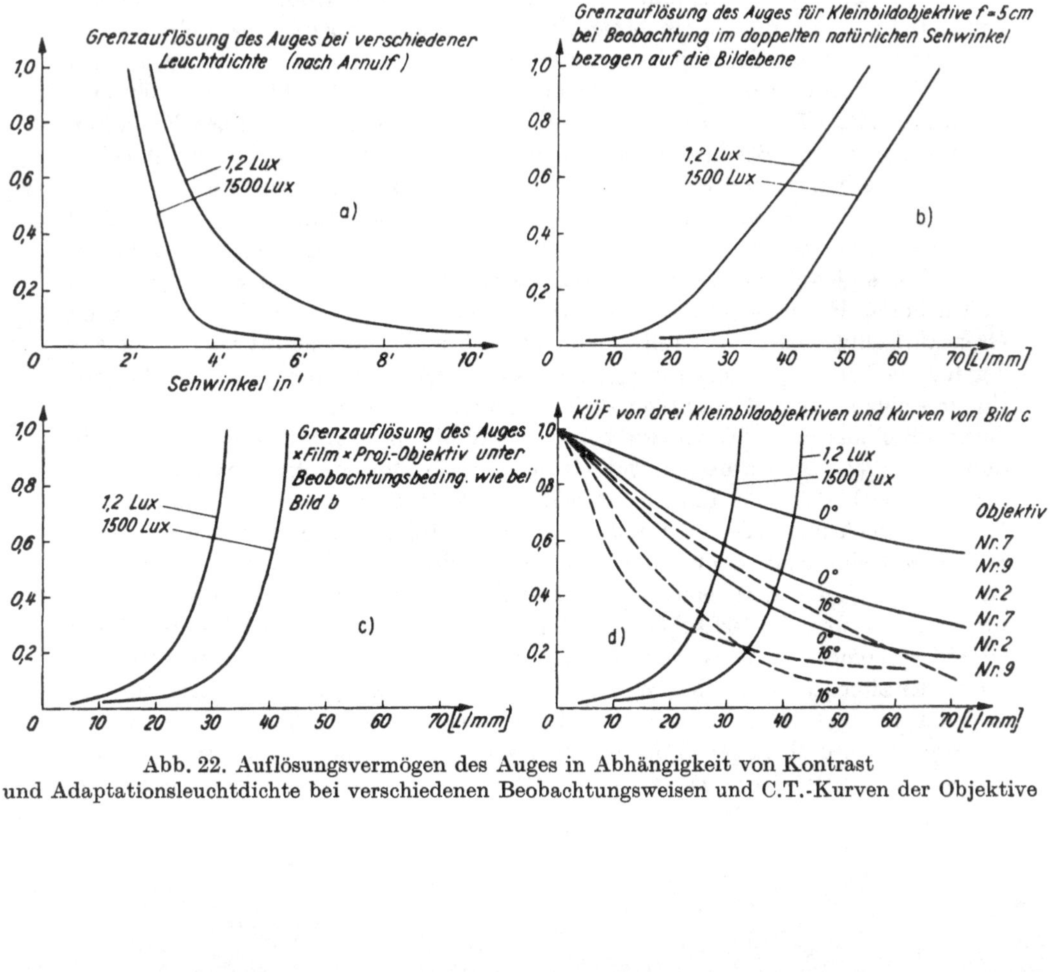

Abb. 22. Auflösungsvermögen des Auges in Abhängigkeit von Kontrast und Adaptationsleuchtdichte bei verschiedenen Beobachtungsweisen und C.T.-Kurven der Objektive

Kontrastübertragungsfaktor für Raumfrequenzen bis zu etwa 100 Linien/mm. Die Schwärzung des Films erfolgt nun entsprechend der Gradationskurve und die so erhaltene Kontrastübertragungsfunktion ist mit der insgesamt aus Objektiv und Film erhaltenen identisch, wenn man sich auf dem geraden Teil der Schwärzungskurve befindet und $\gamma = 1$ ist. Andernfalls finden analog dem Auftreten des Klirrfaktors bei elektrischen Übertragungen Verzerrungen statt. Aber die Abbildung eines geraden Teiles der Schwärzungskurve stellt zweifelsohne den wichtigsten Fall dar. Da letztlich bei diesen optischen Geräten immer das Auge des Beobachters steht, so ist die Frage nach dem Auflösungsvermögen nur in Verbindung mit dem Auge zu beantworten. Abbildung 22a zeigt nach Messungen von Arnulf die Grenzauflösung des Auges bei verschiedenen Adaptationsbeleuchtungsstärken für gitterförmige Teste verschiedenen Kontrastes. Es ist auch hieraus zu ersehen, daß man eine Winkelminute nur unter günstigsten Laboratoriumsbedingungen erreicht, daß aber üblicherweise mit einem Betrag von mindestens 2 Winkelminuten zu rechnen ist. Wenn man ein photographisches Bild perspektivisch richtig betrachten will, so muß man es aus einer Entfernung ansehen, die gleich der Brennweite ist. Im Falle, daß eine vergrößernde Zwischenabbildung stattfand, die in diesem Fall als ideal anzunehmen ist, ist dann die Äquivalentbrennweite zu setzen. Um nun selbst ungünstige Verhältnisse mit zu erfassen, wurde für das folgende angenommen, daß das Bild gegebenenfalls nicht aus der perspektivisch richtigen, sondern aus einer Entfernung betrachtet wird, die der halben Äquivalentbrennweite entspricht. Man kann dann leicht aus den Winkeln auf die Grenzauflösung des Auges in Linien/mm in der Ebene eines Kleinbildobjektivs von 5 cm Brennweite schließen (Abb. 22b). Selbst bei der recht hellen Beleuchtung von 1500 Lux sind bei einem Objekt-Kontrast von $K = 1$ ca. 65 Linien/mm notwendig, um eine Auflösung mit dem Auge zu erzielen. Sieht man aus der perspektiven richtigen Entfernung die Bilder an, so könnte man bei einem Objekt-Kontrast von $K = 1$ überhaupt nur 33 Linien/mm visuell getrennt wahrnehmen. Rechnet man für den Fall der Dia-Projektion von Kleinbildern die Grenzauflösung analog wie unter Abb. 22b, d. h. betrachtet man das Bild aus der halben Projektionsentfernung, wobei man annehmen kann, daß die Projektion mit einem guten Kleinbildobjektiv von 5 cm Brennweite erfolgt und hat man einen Film mit einer Kontrastübertragungsfunktion benutzt, wie er in Abbildung 21 angegeben wurde, so ergeben sich die in Bild 22c gezeigten Grenzauflösungen, wobei sich die Linien/mm wieder auf die Bildebene des aufnehmenden Kleinbildobjektivs beziehen. Der Schnittpunkt dieser Kurven mit der Kontrastübertragungsfunktion ergibt dann die in der Projektion sichtbare Grenzauflösung. Diese Verhältnisse sind in Bild 22d für 3 verschiedene Kleinbildobjektive für die Achse und für 16° Bildwinkel dargestellt. Man sieht, daß selbst bei einem Objekt mit einem Kontrast von $K = 1$ günstigstenfalls nur Strukturen von etwa 30 bis 40 Linien/mm sichtbar sind und daß sich in der optischen Achse die verschiedenen Objektive nur durch sehr kleine Unterschiede im Auflösungsvermögen unterscheiden, daß hingegen die Kontrastwiedergabe gleicher Strukturen durchaus merklich verschieden ist. Ein gutes Objektiv wird sich von einem schlechten

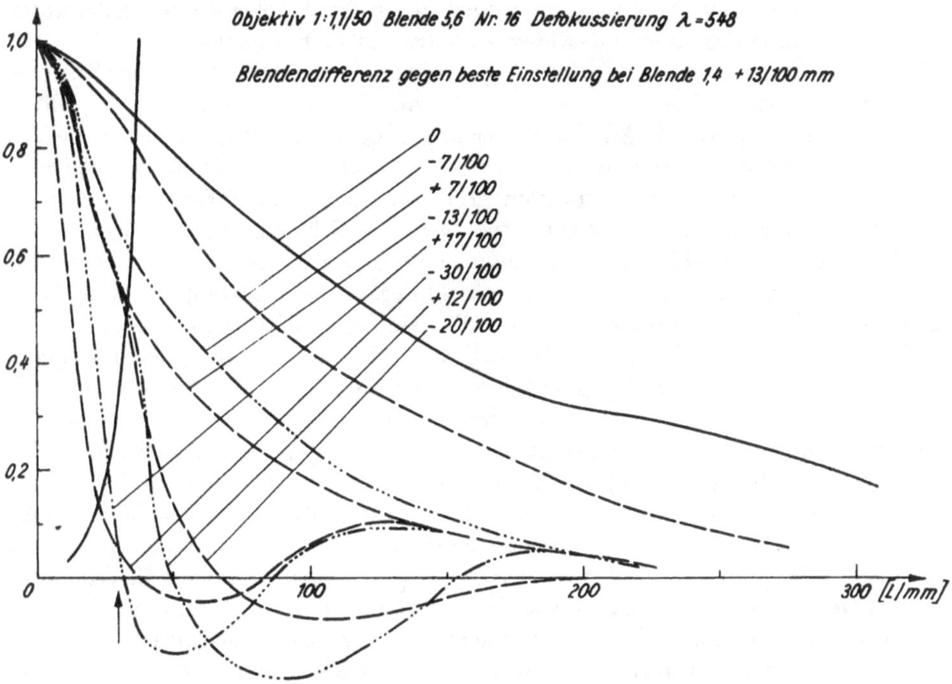

Abb. 23. C.T.-Kurven eines Kleinbildobjektives bei Blende 5,6; bei grünem Hg-Licht und verschiedener Defokussierung und Schärfentiefe. (Grenzortsfrequenz 30 L/mm und Grenzkontrast durch Augenauflösungskurve festgelegt)

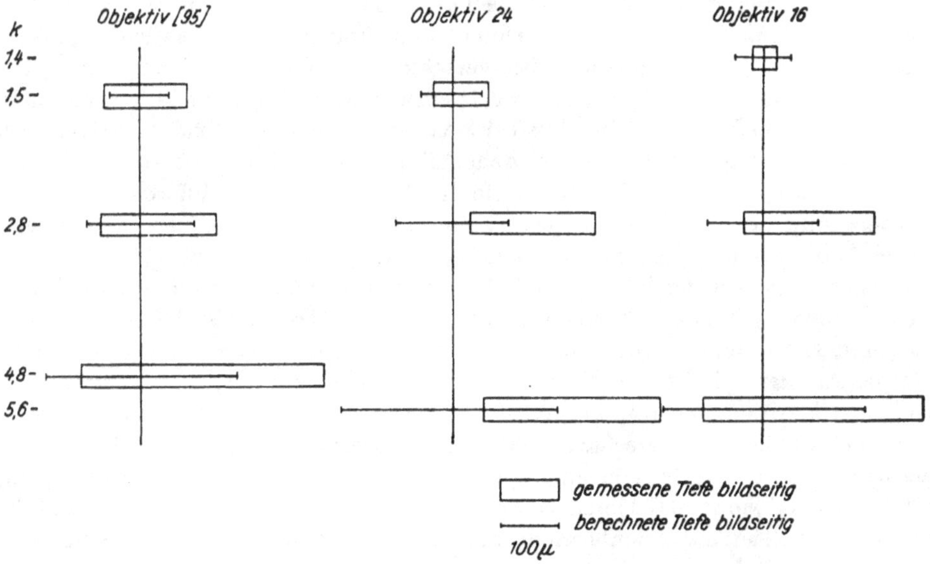

Abb. 24. Bildseitige Schärfentiefe von Kleinbildobjektiven

also nicht so sehr im Auflösungsvermögen als in der Kontrastwiedergabe unterscheiden. Man ersieht auch aus diesen Bildern, daß es bei solchen Objektiven und Forderungen mehr auf gute Kontrastübertragungsfunktion bei Ortsfrequenzen bis etwa 40 oder 50 Linien/mm als auf höchstes Auflösungsvermögen der Objektive ankommt, da dieses Auflösungsvermögen in der Projektion durch die Verschlechterung durch Film und Projektionsobjektiv gar nicht wahrgenommen wird.

Die Kontrastübertragungsfunktion gestattet auch, einige Betrachtungen zur Schärfentiefe zu machen. Üblicherweise wird die Schärfentiefe geometrisch optisch unter Annahme eines bestimmten maximalen Zerstreuungskreises berechnet. Dabei wird angenommen, daß eine Blendendifferenz nicht besteht und daß Unterschiede in der intra- und extrafokalen Einstellung nicht vorhanden sind. Die Abbildung 23 zeigt die Kontrastübertragungsfunktion bei verschiedener Defokussierung, wobei die Einstellung auf besten Kontrast bei ca. 50 Linien/mm und größter Blende in der Achse vorgenommen wurde. Bei Defokussierung um die angegebenen Werte (+ entspricht einer Verlängerung der Bild-Schnittweite) ergeben sich die gezeichneten Kurven, wobei in der optischen Achse infolge der sphärischen Aberration eine Verschlechterung der Kontrastübertragungsfunktion zu beobachten ist. Man sieht deutlich, daß eine Defokussierung um die gleichen Beträge intra- oder extrafokal keineswegs gleiche Kontrastübertragungsfunktionen liefern. Legt man noch ein Detail von ca. 30 Linien/mm zugrunde, das man auch bei der Defokussierung noch auflösen will, so ist durch dieses Auflösungsvermögen und durch die eingetragene Schwellenkurve ein ganz bestimmter Betrag für die zulässige Defokussierung festgelegt. Aus der Abbildung sieht man übrigens auch, daß es gar nicht so sehr auf höchstes Auflösungsvermögen als auf gute Kontrastübertragung bei etwa 40 oder 50 Linien/mm auch bei Defokussierung ankommt. Die angegebenen Defokussierungen im Bildraum entsprechen bestimmten Strecken im Objektraum und man kann so leicht auf die tatsächlich erzielte Tiefenschärfe bei verschiedenen Einstellentfernungen schließen. Abbildung 24 zeigt die erzielte Schärfentiefe im Bildraum und die berechnete dazu im Vergleich. Man sieht, daß bei 3 verschiedenen Kleinbildobjektiven von 50 mm Brennweite sich bei verschiedenen Blendeneinstellungen erstens eine einseitige Verschiebung der Tiefenschärfe infolge der Blendendifferenz und eine Veränderung der Ausdehnung des Tiefenschärfenbereiches infolge der sphärischen Abberration ergibt. Üblicherweise sind die Objektive sphärisch in der Zone unterkorrigiert und der bildseitige Tiefenschärfenbereich nach kürzeren Schnittweiten hin verschoben. Objektseitig wird also ein Bereich abgebildet, der nach größeren Entfernungen hin liegt, als sich bei einem idealen Strahlengang ergibt. Da die Art der sphärischen Korrektion für verschiedene Objektive verschieden ist, so ist klar, daß schon in der Achse der Tiefenschärfenbereich von der Korrektion abhängt, also für verschiedene Objektive verschieden sein kann. Für außerachsiale Bildteile ergibt sich analog eine Abhängigkeit der Bildfeldwölbung infolge Astigmatismus und Koma von der Korrektion und Abblendung, so daß die angegebenen Tiefenschärfenbereiche nur Anhaltspunkte ergeben und eine erste Näherung darstellen.

Abbildung 25 zeigt die Anwendung der vorgenannten Methode zur Messung der Kontrastübertragungsfunktion auf die Untersuchung von Fernrohren. Lichtquelle L und Trommel Tr, die das Objekt (Film mit Gittern verschiedener Ortsfrequenz) trägt, befinden sich vor einem Kollimator, hinter dem das zu prüfende

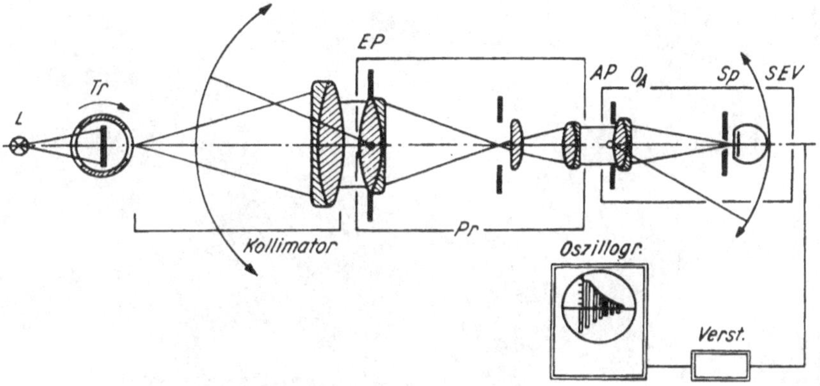

Abb. 25. Schematische Anordnung zur Messung der C.T.-Kurven von Fernrohren mittels rotierender Trommel

Abb. 26. Rotierende Trommel vor dem Kollimator der C.T.-Meßanordnung für Fernrohre (Sender)

Abb. 27. Kollimator, Fernrohr und Empfänger der C.T.-Meßanordnung für Fernrohre

auf unendlich eingestellte Fernrohr *Pr* steht. Die parallel aus dem Okular des Fernrohrs austretenden Lichtstrahlen werden durch ein passend ausgesuchtes Objektiv O_A auf dem Spalt *Sp* gesammelt. An diesem Spalt läuft also das Testbild vorbei und der dahinter befindliche Photozellenvervielfacher *SEV* setzt die auftreffenden Lichtschwankungen in elektrische Ströme um. Bei Synchronisation mit dem Trommelumlauf und Verstärkung in einem Breitbandverstärker ist also das Oszillogramm der Lichtverteilungskurve auf dem Schirm als stehendes Bild sichtbar. Nach Normierung der niedrigsten Raumfrequenz auf einem Kontrastübertragungsfaktor von 100 % kann bei bekanntem Test und bekannter Vergrößerung die C.T.-Funktion bestimmt oder bei geeignet gewählten Längen der Raumfrequenzgruppen des Testes unmittelbar als Umhüllende sichtbar gemacht werden. Die Abbildung 26 stellt den Sender dar, der aus einer drehbaren Trommel besteht, auf der der Film oder die benutzten Teste, die den entsprechenden Ortsfrequenzen entsprechen, untergebracht sind. Dieser Film steht im Brennpunkt eines Kollimatorobjektivs und wird von hinten durchleuchtet. Um eine inkohärente Beleuchtung sicherzustellen, befindet sich im Innern der Trommel fest eingebaut eine Mattglasscheibe, die mit weißem Licht oder wahlweise auch mit monochromatischem Licht durchleuchtet werden kann. Abbildung 27 zeigt einen Blick auf die gesamte Meßapparatur, wobei das Fernrohr stehenbleibt und der Kollimator um die Eintrittspupille, Sekundärelektronenvervielfacher, Spalt und Abbildungsobjektiv um die Austrittspupille schwenkbar sind. Links im Bild ist der benutzte Oszillograph sichtbar. Abbildung 28 zeigt für ein Doppelfernrohr 8×40 zwei Oszillogramme, und zwar stellt das obere das Oszillogramm für die Achse und das untere für einen Bildwinkel von 18° subjektiv dar. Abbildung 29 gibt die hieraus errechnete Kontrastübertragungsfunktion der Fernrohres wieder (wobei evtl. die Kontrastübertragungsfunktion des Kollimators oder des Abbildungsobjektivs berücksichtigt werden muß) und man sieht daraus, daß trotz

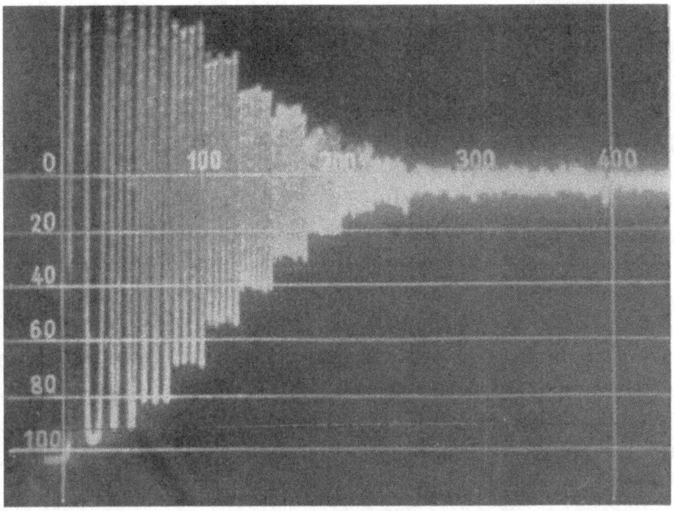

oben: in der optischen Achse

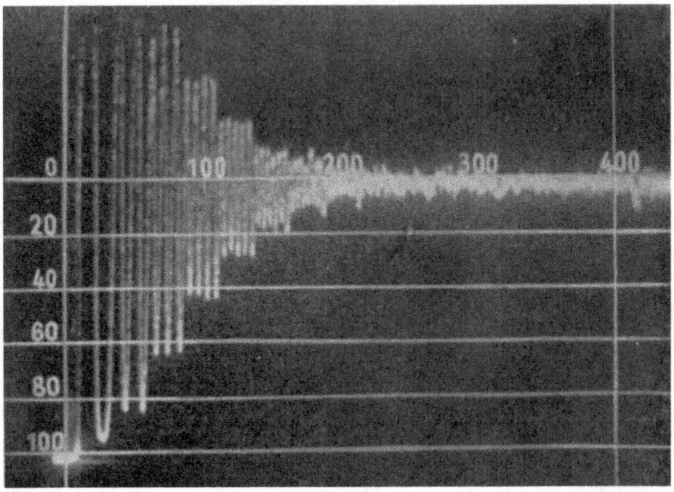

unten: unter einem subjektiven Bildwinkel von 18°

Abb. 28. Oszillogramme der C.T.-Funktion eines Fernrohres 8×40

bester Fokussierung auch in der Achse ein Auflösungsvermögen von 1 Minute nicht erzielt wird, sondern daß man selbst bei einem Kontrastübertragungsfaktor von 0,1 bestenfalls eine Raumfrequenz benötigt, die 4,4 Minuten entspricht. Trägt man in diese Kurve die Grenzauflösungskurve des Auges ein, wobei man voraussetzt, daß auch diese für Benutzung mit einem Fernrohr gültig ist, so kann man daraus das maximal erzielbare Auflösungsvermögen errechnen. Bei einer Adaptationsleuchtdichte von 1500 lx kann man also in der Achse gerade noch Objekte des Objektkontrastes 1 sehen, die okularseitig mindestens 3,8 Minuten groß erscheinen (Periodenlänge) bzw. die objektseitig eine Winkelabmessung von etwa 29″ haben. Hierbei wird allerdings vorausgesetzt, daß das Beobachterauge die gesamte Austrittspupille des Fernrohrs ausnutzt. Man sieht aus der Kontrastübertragungsfunktion deutlich, daß für einen okularseitigen Bildwinkel von 18° die Kontrastübertragungsfunktion merklich schlechter ist. Hier würden objektseitig unter den gleichen Bedingungen mindestens 38″ benötigt werden. Bei geringen Adaptationsleuchtdichten (Mondlicht) steigen diese Werte auf 40′ bzw. etwa 50′ an.

Aus vorstehendem dürfte eindeutig klar sein, daß die Kontrastübertragungsfunktion ein sehr universell anwendbares Mittel zur Beurteilung der Bildwiedergabe optischer Geräte darstellt. Es sei noch bemerkt, daß Vergleichsmessungen an photographischen Objektiven, die nach der Methode von INGELSTAM in der optischen Achse gemacht werden, innerhalb der Fehlergrenzen übereinstimmen und daß auch die Methode der elektrischen Analyse eines Kantenbildes, über die an anderer Stelle berichtet wird, innerhalb der Fehlergrenzen übereinstimmt. Auch die theoretische Errechnung der Kontrastübertragungsfunktion aus den geometrisch-optischen Fehlern nach LUKOSZ [7] zeigt im Rahmen ihrer Gültig-

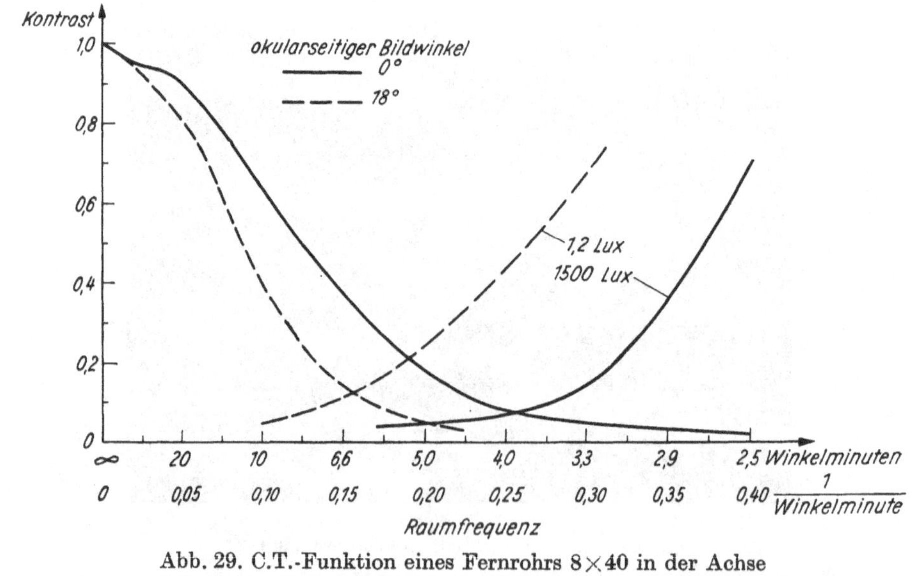

Abb. 29. C.T.-Funktion eines Fernrohrs 8×40 in der Achse und unter 18° okularseitigem Bildwinkel und Kontrastempfindlichkeit des Auges

keit Übereinstimmung. Es dürfte nachgewiesen sein, daß das Verfahren der Messung der Kontrastübertragungsfunktion gegenüber der qualitativen oder halbqualitativen Beurteilung eines Testbildes einen wesentlichen Fortschritt zur Beurteilung der Güte optischer Geräte darstellt und daß insbesondere die Angabe des Auflösungsvermögens als Qualitätsmaß schlechthin ungenügend ist.

Zusammenfassung

Für die Messung der Kontrastübertragungsfunktion wurde für Kleinbildobjektive eine Apparatur entwickelt. Ein rotierendes Gitter mit abnehmender Gitterkonstante und einem Kontrast $K=1$ wird durch das zu prüfende Objektiv auf einen engen Spalt abgebildet. Das durchgelassene Licht wird von einem Photo-Multiplier in intensitätsproportionale Spannungen verwandelt, die auf einem mit dem rotierenden Test synchronisierten Kathodenstrahl-Oszillographen ein stehendes Bild der Intensitätsverteilung des Testbildes erzeugen. Es werden die mit dieser Apparatur für Kleinbildobjektive erhaltenen Kontrastübertragungskurven für horizontale und vertikale Gitterlinien bei verschiedenen Bildwinkeln und Abblendungen sowie für Defokussierung in der Achse diskutiert [2]. Außerdem wird auf den Zusammenhang zwischen Schärfentiefe und Kontrastübertragungsfunktion photographischer Objektive hingewiesen und Messungen zur visuellen Bewertung der Kontrastübertragungsfunktion bei verschiedenen Beleuchtungsstärken mitgeteilt. Fernerhin wurde eine Methode zur Messung der Kontrastübertragungsfunktion von Fernrohren sowie einige damit erzielte Ergebnisse angegeben.

Als objektives Maß für die Abbildungsgüte eines optischen Systems wird daher die Kontrastübertragungsfunktion vorgeschlagen. Ihr Vorteil besteht darin, daß sie bei Zusammenwirken mehrerer Systeme leicht kombinierbar ist, daß sie theoretisch für praktische und ideale Fälle optischer Abbildungs-Systeme errechenbar ist, obgleich sie selbst zunächst lediglich etwas über die Helligkeitsverteilung sinusförmiger Objekte aussagt. Sie gestattet aber, die Helligkeitsverteilung für beliebige Objekte zu errechnen. Die mitgeteilten Messungen an den Kleinbildobjektiven wurden auf Veranlassung des Deutschen Normenausschusses durchgeführt.

Die Unterschiede der Kontrastübertragungsfunktion und daraus abgeleitete Kenntafeln für eine Reihe moderner Kleinbildobjektive wurden mitgeteilt [4].

Zusammenfassung von W. Reichel, VEB Carl Zeiss JENA

Literatur

[1] Duffieux, P. M., L'integral de Fourier et ses applications à l'Optique. Besançon 1946.
[2] Rosenhauer, K. und Rosenbruch, K.-J., Optica Acta **4**, 21 (1957).
[3] Hopkins, H. H., Proc. Roy. Soc. A 231, 91 (1955).
[4] Rosenhauer, K. und Rosenbruch, K.-J., Zs. Instrkde. **65**, 83 (1957).
[5] Kämmerer, J., Optik **14** (1957), S. 399.
[6] Frieser, H., Phot. Korrespondenz **91**, 69 (1955); **92**, 51 u. 183 (1956).
[7] Lukosz, W., Optik 14, (1957), 490 Dissertation an der TH Braunschweig (1958).
[8] Rosenhauer, K., und Rosenbruch, K.-T., 25 Instrkde. **67**, 179 (1959).

E. INGELSTAM, Stockholm

Kontrastübertragungsfunktionen vom experimentellen und praktischen Gesichtspunkt

Die seit dem Jahre 1950 in unserem Stockholmer Institut für optische Forschung entwickelten Methoden zur FOURIERtransformation des Punktbildes [1], [2], [3], [4] werden hier in dem jetzigen Stadium beschrieben, ferner werden einige Ergebnisse, die von Interesse sein können, angegeben. Die erste Hälfte des Vortrages bezieht sich auf die Abbildung, die photographische Objektive liefern, die zweite berichtet von einigen neuen Ergebnissen der entsprechenden Methode mit photographischen Schichten. Die Verzerrung durch Aberrationen im ersten Falle entspricht dem Diffusionslichthof im zweiten.

A. Für das photographische Objektiv

Unsere Testanordnung, vielmals umgebaut und besonders dank dem Einsatz von Herrn A. BÄCK verbessert, befindet sich jetzt in einem recht brauchbaren und vielseitig verwendbaren Zustand, sie wurde von mehreren Mitarbeitern für Forschungszwecke benutzt. Das Hauptschema des optischen Strahlenganges enthält Abb. 1. Die ersten Teile (W—S) sind in einer Beleuchtungseinheit zusammengefaßt. S ist die Leuchtfeldblende, die sich stets in einer Brennebene des Prüflings L befindet, was weiter unten erläutert wird. Im Raum hinter dem Objektiv, der bei der normalen Benutzung der Objektraum ist, verläuft also der Strahlengang nahezu parallel, das Bild der sehr kleinen Leuchtfeldblende entsteht mit Hilfe gut korrigierter Triplets (drei solche von verschiedenen Brennweiten sind auswechselbar angebracht) in der Ebene des Sektorensterns St.

Dieser Sektorenstern von 30 mm Durchmesser, mit 70 Speichen und 70 gleichbreiten hellen Zwischenräumen, bildet eine mechanische FOURIERabtastung. Das Bild fällt auf diesen rotierenden Teststern, während dieser langsam verschoben wird, von der Peripherie zum Zentrum und noch weiter auf demselben Durchmesser. Die Verschiebung wird mit einem von zwei Motoren besorgt, beide auf Abb. 4 ersichtlich, mit x und y bezeichnet, so daß man das Punktbild in zwei senkrechten Richtungen analysieren kann, was ja in allen Fällen unsymmetrischer Aberration wichtig ist.

Der Wechselstrom vom Photomultiplier Ph geht durch einen Selektivverstärker (von wohldimensionierter Bandbreite), der nur die Grundfrequenz durchläßt, wodurch man das Signal automatisch sinusförmig erhält. Die Aufzeichnung des nach Gleichrichtung erhaltenen Signals folgt an einem Schreiber (Abb. 5 Mitte) am Steuerpult. Zur Normierung auf 1 für die Raumfrequenz Null dient der Hilfsstern St_2 (Abb. 1 und 2), der vor dem Hauptversuch allein rotiert, so daß er eine

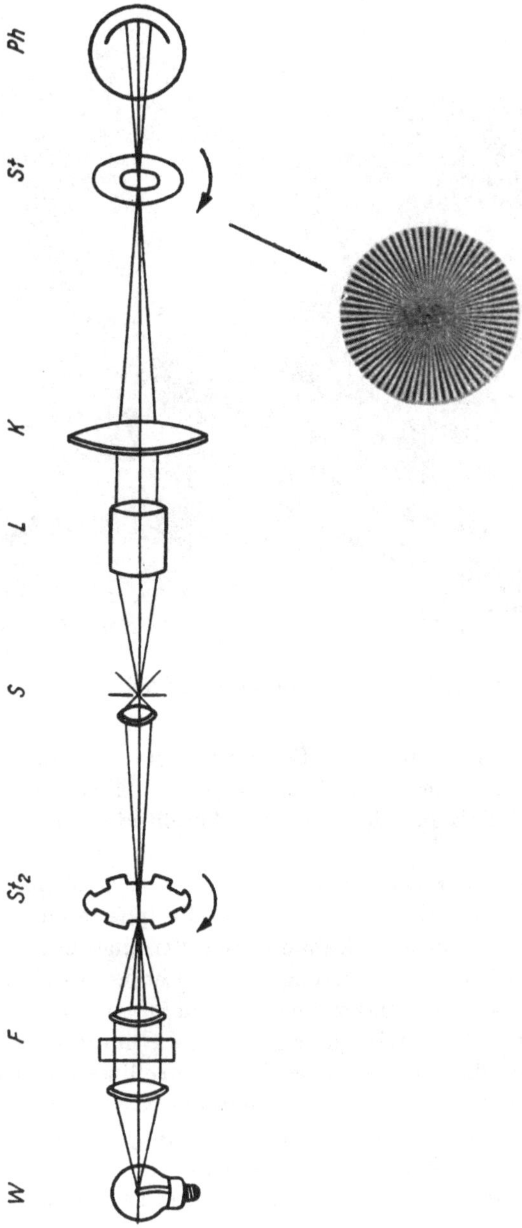

Abb. 1. Schema des Objektivprüfgeräts. Betreffs der Einzelteile siehe Unterschrift der Abb. 2 und 3

Abb. 2. Beleuchtungseinheit und Objektivwagen

Raumfrequenz sehr nahe Null gibt. Bei dieser Verwirklichung mit Sternen und nachherigem Aussuchen des Sinussignals wird die Tatsache, daß ein Rechteckgitter dieses Sinussignals mit der relativen Amplitude $4/\pi$ enthält, automatisch berücksichtigt.

Was das Prinzip der Phasenmessung betrifft, so schließt sich dieses an die Sektoreinteilung an, und zwar so, daß an der Peripherie ein stählernes Zahnrad befestigt ist (Abb. 4), so daß die Zähne in der Verlängerung der hellen Speichen liegen. Ein magnetischer Pick-up erzeugt ein Phasenbezugssignal, das auch durch einen Selektivverstärker geht und sinusförmig wird; dann wird die Phasendifferenz zwischen dem Licht- und dem Magnetsignal, die die in die Kontrastübertragungsfunktion eingehende Phase ist, an einer LISSAJOUSellipse am Oszillograph (Abb. 5 links) sichtbar gemacht und mit einer Robotkamera registriert. Daß es in gewissen Fällen notwendig ist, die Phase, oder besser die physikalisch bedeutungsvolle relative Phase $\varphi/2\pi N$ in Betracht zu ziehen, ist von uns [3] schon früher betont worden und auch von HOPKINS[1]) während dieser Tagung ausdrücklich erwähnt worden.

---

[1]) s. S. 259

Abb. 3. Objektivwagen mit Einzelheiten

A – Befestigung zwischen Linsenhalter C und Achsen V zur Einstellung des Hauptpunktes des Objektivs in die mechanische Drehachse
B – Mikrometerverschiebung zur Fokussierung, auch mit Motorantrieb angeordnet
C – Objektivhalterung, mit Justierungen D_1 und D_2
E – Festhaltung (federnde Kugel in Löchern) der Bildwinkeleinstellung *F* – Farbfilterhaus
H – Grobeinstellung der Objektivhalterung für Einstellung verschiedener Brennweiten, wonach Feinjustierung nach B folgt
L – Objektiv *M* – Magnetischer Pick-up
N – Schwenkmotor zur Einstellung des Hauptpunktes
S – Blende von einigen μm^2 Größe, durch ein Mikroskopobjektiv beleuchtet
St – Sektorenstern, von Motoren in Seiten- (x) und Höhen- (y) richtung bewegt
St_2 – Hilfssektorenstern zur Kalibrierung
T – T-Lineal *U* – Zylinder mit Halbkugel genau unter Punkt *S* gelegen; *T* und *U* bewirken, daß *S* immer in derselben zur Objektivachse senkrechten Ebene bleibt, wenn sich das Objektiv um seinen Hauptpunkt dreht
V – Die beiden Achsen, worauf der Objektivwagen rollt und an denen er befestigt wird
W – Wolframbandlampe

Abb. 4. Ende des Kollimators und Rückseite des Empfängergehäuses (Rückdeckel mit Photozelle, Mikroskop abgenommen)

St – Sektorstern; *x* – Motorantrieb längs eines waagerechten Durchmessers; *y* – Motorantrieb längs eines lotrechten Durchmessers; *M* – Magnetischer pick-up

Aus den Abbildungen 2 und 3 dürfte ersichtlich sein, wie die Baugruppen des Gerätes angeordnet sind, wobei es am schwierigsten ist, die für außeraxiale Messungen sehr wünschenswerte Führung in einer Ebene senkrecht zu der optischen Achse des Objektivs zustandezubringen. Die Objektivhalterung C ist drehbar, und zwar durch eine vertikale Achse, auf welche der betreffende Hauptpunkt des Objektivs sich justieren läßt. Dazu dient auch ein besonderer Schwenkmotor N, nach dem Prinzip von Ullrich [5] arbeitend. Das Präzisions-T-Lineal T ist senkrecht zu der optischen Achse des Objektivs montiert, die Blende S, als Dingpunkt des Objektivs dienend, liegt genau über dem Zentrum der Halbkugel am Ende des Zylinders U. Diese Halbkugel drückt immer auf das Lineal, so daß sich während der Drehung des Objektivhalterteils (Abb. 3) die Lagen des Zentrums der Halbkugel an U und des Punktes S in der T-Linealebene bewegen. Es ist hier nicht der Platz, auf alle Einzelheiten in der technischen Ausführung einzugehen, insbesondere können die Steuerorgane (siehe auch Abb. 5) für die Rationalisierung der Arbeit nicht im einzelnen beschrieben werden. Es sei jedoch auf einige nützliche Standardverfahren hingewiesen, die bei Verwendung der Apparatur für Spezialuntersuchungen gar nicht ausgeschöpft werden:

1. Eine Schar von Kurven für verschiedene Strahlrichtungen gegen die optische Achse erhält man beim Fahren der Motoren x und y bei verschiedenen Einstellungen am Rad E (Abb. 3). Es ist in der Tat sehr wichtig, wenigstens bei Präzisionsuntersuchungen, daß man außeraxial so mißt, denn es zeigt sich auch bei guten Objektiven, daß die Übertragungsamplituden recht schnell abfallen. (Vgl. Abb. 6.)
2. Um die beste Fokussierung für eine gewisse Raumfrequenz, z. B. 40 Linien/mm, wie man sie z. B. in der Photographie oft wählt, zu erhalten, läßt man den Motor bei dieser Frequenz stillstehen und nur wie gewöhnlich den Umdrehungsmotor rotieren. Mit einem an die Fokussierungsschraube (an B) gekuppelten Motor läßt man S längs der optischen Achse (oder längs einem schiefen Strahl) wandern, so daß man eine Kurve Amplitude gegen Punktlage erhält, woraus man ein Tiefenschärfediagramm erhält.
3. Mit einer Schar von engen Spektralfiltern in F eingesetzt, erhält man die Farbfehler des Objektivs, besonders in Kombination mit Verfahren 2. (Von Anfang an ist es nötig, den spektralen Charakter der Photozelle und der Lampe zu berücksichtigen und mit Tageslicht- und anderen Filtern den mit dem Verwendungszweck des Objektivs am besten übereinstimmenden Spektralcharakter zu verwirklichen.)

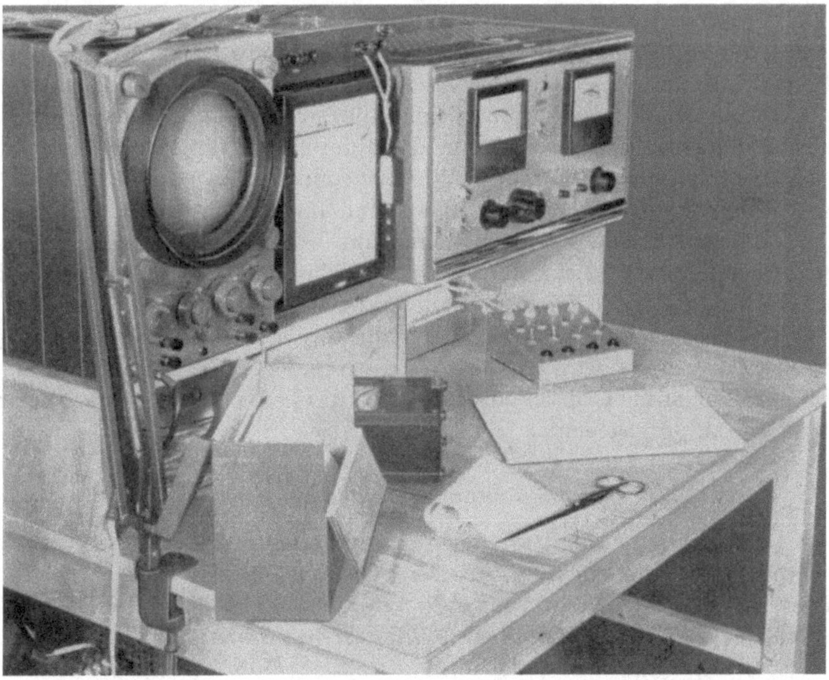

Abb. 5. Schaltpult u. a. mit Oszillograph zur Phasenmessung, Schreiber für Aufzeichnung der Amplitudenfunktion, und Spannungsquelle-Verstärker-Gleichrichter

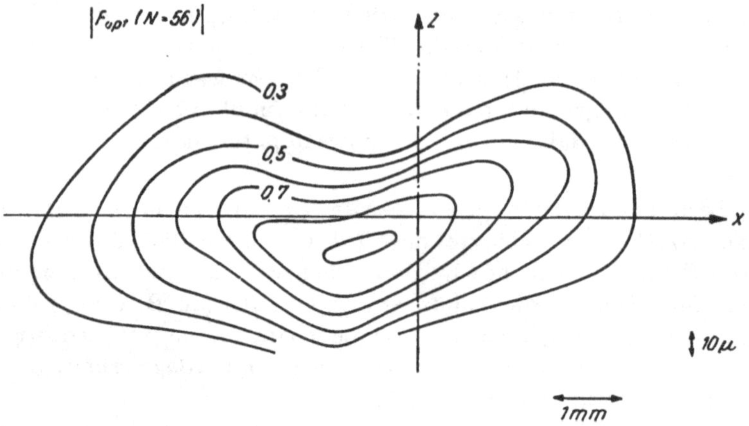

Abb. 6. Verteilung der Kontrastamplituden für ein gutes Photoobjektiv
(f: 1,5/25 mm bei Blende 2) für eine feste Frequenz $N = 56$
Die z-Achse liegt parallel zur Objektivachse, x bedeutet die Koordinate in einer Fokalebene

Statt μ ist μm zu lesen

Zusammenfassend kann man von unserem Apparate feststellen, daß er die Amplituden innerhalb einiger Prozent, jedenfalls unter 5 Prozent genau wiedergibt. Die Grenzen der zugänglichen Raumfrequenzen sind für ein gewisses Objektiv mit der Ausdehnung des Sternes gegeben, wenn man die Vergrößerung (Quotient der Brennweite des Fernrohres und des Objektivs) mit berechnet. Als Beispiel sei angeführt, daß sich an einem Objektiv von $f = 25$ mm mit unserem kleinsten Kollimator von $f = 600$ mm die Raumfrequenzen von 18 Linien/mm bis 480 Linien/mm auswerten lassen. Wenn wir mit der Apparatur an der Physikalisch-Technischen Bundesanstalt [6] und mit unserem Apparat dieselben Objektive messen, so ist die Übereinstimmung ganz befriedigend, mit einer allerhöchsten Abweichung von 10% an einigen Stellen. Und dies ist alles trotz der vielen Verschiedenheiten der Prinzipien; man muß natürlich vor dem Vergleich der PTB-Werte, die sich auf rechteckige Testmuster beziehen, umrechnen, was ja Routine ist. Es sei davor gewarnt, die Ergebnisse der Rechtecktestmuster ohne eine solche Korrektion mit den Sinusfunktionen, auf die die Übertragungstheorie direkt aufgebaut ist, zu vergleichen.

B. Für die photographischen Emulsionen

Es ist ja kein Mangel an Untersuchungsmethoden des Auflösungsvermögens von photographischen Schichten, aber sie sind im allgemeinen nicht genügend genau definiert und auch nicht vollständig, da sie sich auf Angabe von einer Zahl noch so oder so auflösbarer Linien pro Millimeter beschränken. Auch die Angaben von Übertragungsfunktionen der Emulsionen, die von den Arbeiten von FRIESER [7] ausgehen (oft Kurven der „Modulation", sine wave response, Frequenzgang usw. genannt), sind nicht unter denselben Lichteinfallsverhältnissen gewonnen, wie sie in der photographischen Kamera herrschen. Weil die Lichthöfe in der photographischen Schicht, auf deren optischen Geometrie diese Übertragung beruht, sicherlich von der Form des auf die Schicht fallenden Bündels abhängig sind, so ist es zweckmäßig, bei der Untersuchung der Emulsionen soweit möglich mit natürlichen Verhältnissen zu arbeiten, und nicht mit Direktkopieren von Rastern u. dgl. Auch die ansprechende Methode von RONCHI u. a. [8], Interferenzstreifen als Sinusmuster zu verwenden, unterliegt derselben Kritik, daß der Einfall des Lichtes parallel, also unter Nullapertur, sein muß, wenn man nicht komplizierte Mikrointerferenzen anwenden will.

Unsere Methode gründet sich auf der einfachen Division der Übertragungsfunktion der Kombination Objektiv-Emulsion und der des Objektivs selbst, weil das FOURIERsche Multiplikationstheorem unter gewissen Voraussetzungen gültig bleibt, d. h.

$$F_{\text{obj}}(N) \cdot F_{\text{em}}(N) = F_{\text{tot}}(N)$$

Daß diese Division des letzten und des ersten Gliedes richtige und sinnvolle Ergebnisse gibt, ist nicht ohne weiteres klar. Vor allem wird vorausgesetzt, daß alle Beziehungen linear sind, worauf wir in bezug auf die Emulsionsgrößen noch zurückkommen.

Die Apparatur für die $F_{\text{tot}}(N)$-Messung ist in Abb. 7 schematisch dargestellt. In der Brennebene des Kollimators K befindet sich ein Spalt. Das austretende parallele Strahlenbündel wird an einem ebenen Aluminiumspiegel reflektiert und durch das Kameraobjektiv in einem Linienelement auf der Emulsion gesammelt. Die Kamera ist präzise gebaut. Sie definiert die Lage des Filmes auf wenige Mikron. Die Fokussierung geschieht durch reine Translation des Objektivs, womit Asymmetrien wie in Abb. 6 reproduzierbar erfaßt werden. Das Bild des Spaltes wandert langsam über die Emulsion bei der Rotation des Spiegels M durch den Motor SM_2. Gleichzeitig wird die Spaltintensität sinusförmig variiert, und zwar mittels des Lichtmodulators vor dem Spalt, der aus den Teilen zwischen den kollimierenden

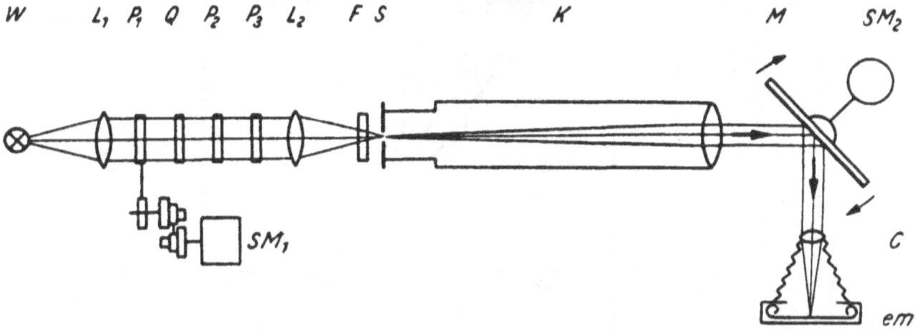

Abb. 7. Anordnung zur Messung der Übertragungsfunktion $F_{\text{tot}}(N)$ für die Kombination Objektiv + Emulsion

L_1 und L_2 - Linsen; P_1 – rotierender Polarisator, vom Synchronmotor SM_1 getrieben; mit einem Wechselgetriebe; Q – Viertellängenwellenblättchen; P_2 – feststehender Polarisator; P_3 – drehbarer Polarisator zur Verminderung der Intensität; F – Halterung für Farb-, Interferenz- und Graufilter; S – Eintrittspalt, 18 mm lang, 10 μm breit; K – Kollimator, f = 938,5 mm; M – Spiegel, der um eine Achse durch das Zentrum des Spiegels und senkrecht zur Zeichenebene vom Synchronmotor SM_2 langsam gedreht wird; C – Kameraobjektiv f = 25 mm em – Emulsion

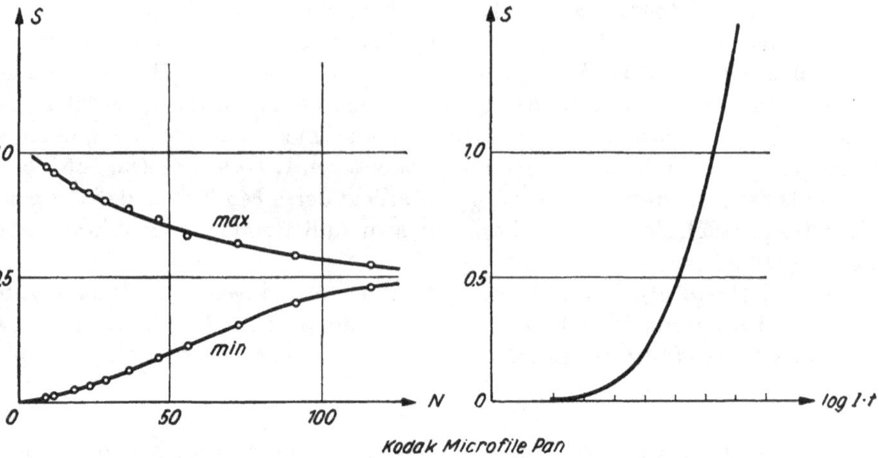

Abb. 8. Links die Schwärzungsmaxima bzw. -minima im Negativbild des Sinusmusters als Funktion der Raumfrequenz. Der Arbeitspunkt, d.h. die Schwärzung der mittleren Intensität, ist $S = 0{,}5$. Rechts die dazu gehörende Schwärzungskurve

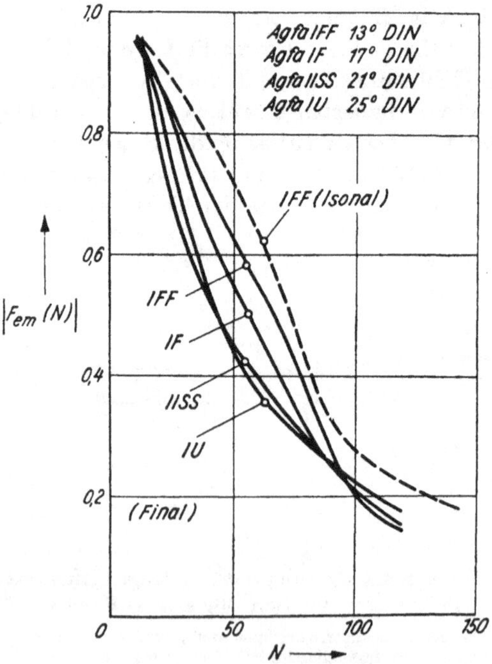

Abb. 9. Übertragungsamplituden F_{em} (N) für 4 Filmsorten, die mit Final entwickelt wurden, IFF auch mit Isonal (gestrichelte Kurve)

Linsen L_1 und L_2 besteht. Dadurch entsteht in der Emulsion ein in Bezug auf die Lichtintensität sinusförmiges Streifensystem. Betreffs der Teile des Lichtmodulators ist auf die Legende der Abb. 7 hinzuweisen; erwähnt sei nur, daß die Rotationsgeschwindigkeit des Modulationspolarisators P_1 dank dem Getriebe des Motors SM_1 in 9 Stufen eingestellt werden kann, wodurch mit einem Wechselgetriebe auch an SM_2 27 verschiedene Linienfrequenzen N in der Emulsion erzeugt werden können. Wichtig ist auch, daß man durch den dritten Polarisator P_3 die absolute Intensität und durch das Azimut der $\lambda/4$-Platte Q den Modulationsgrad des Lichtes regulieren kann. Dies ermöglicht Veränderungen in dem Arbeitspunkt und in dem um diesen Arbeitspunkt ausgenutzten Bereich der Schwärzungskurve, Abb. 8.

Die experimentelle Arbeit besteht aus Belichten und Entwickeln, aus Photometrieren und Auswerten der Photometerkurven. Einzelheiten sind an anderer Stelle veröffentlicht [9], [10]. Selbstverständlich ist die Transparenzverteilung in der entwickelten Emulsion wegen der nichtlinearen Schwärzungskurve nicht sinusförmig. Man muß also diese Kurven in solche im Intensitätsmaß überführen, dies geschieht mit Hilfe von Graustufen, die neben den Sinusmustern einkopiert wurden. Unter der Voraussetzung, daß keine Nachbareffekte (siehe unten) mitwirken, sind lineare Verhältnisse vorhanden, was dadurch bewiesen wird, daß trotz beträchtlicher Variation von $F_{tot}(N)$ und $F_{obj}(N)$ nach der Lage des Bildpunktes in der Ebene des Arbeitspunkes und des Eingangskonstrastes der Quotient der Amplituden, das gesuchte $F_{em}(N)$ sich als konstant ergibt.

Die Ergebnisse sollen auch hier etwas angedeutet werden. In Abb. 9 ist eine Schar von Amplitudenkurven eingezeichnet, deren Glieder verschieden körnigen Emulsionen desselben Grundtypus entsprechen. Auffällig ist, daß die feinkörnigeren Emulsionen, wie IFF, bessere Übertragung ergeben (kleinere Lichtdiffussion haben) als die grobkörnigeren, wie IU. Dies entspricht dem, was man physikalisch und erfahrungsgemäß weiß.

Was aber nicht immer klar gewesen ist, ist der Einfluß des Entwicklers und der Entwicklungstechnik. Alle in Abb. 9 gezeigten Kurven gelten für Entwicklung mit Final, nur die gestrichelte für den IFF-Film wurde nach dem Entwickeln in Isonal erhalten. Die gesteigerte Leistung des letztgenannten Entwicklers mag teilweise auf dem kleineren Korn beruhen, dürfte aber größtenteils auf einen anderen Effekt zurückzuführen sein, nämlich auf Nachbareffekte.

Diese Klasse von Erscheinungen, die Nachbareffekte genannt werden, umfaßt u. a. den EBERHARD-Effekt, der auf die chemischen Umsetzungen in der Schicht zurückzuführen ist; er äußert sich bekanntlich darin, daß steile Gradienten der Schwärzung, scharfe Kanten, hervorgehoben werden, wobei an der weniger geschwärzten Stelle eine noch hellere Linie, ein Minimum auftritt, und an der stärker geschwärzten Kante ein Maximum auftritt. In Abb. 10 ist ein extremes Beispiel dafür gegeben, wie sich dieser Effekt bei Übertragungsfunktionen auswirken kann. Man erhält in dem ganzen photographisch interessanten Gebiet eine anormale Steigerung der Übertragungsamplitude von mehr als 60%; es unterliegt keinem Zweifel, daß die Entwicklung für die Funktion dieser Emulsion wesentlich bestimmend ist.

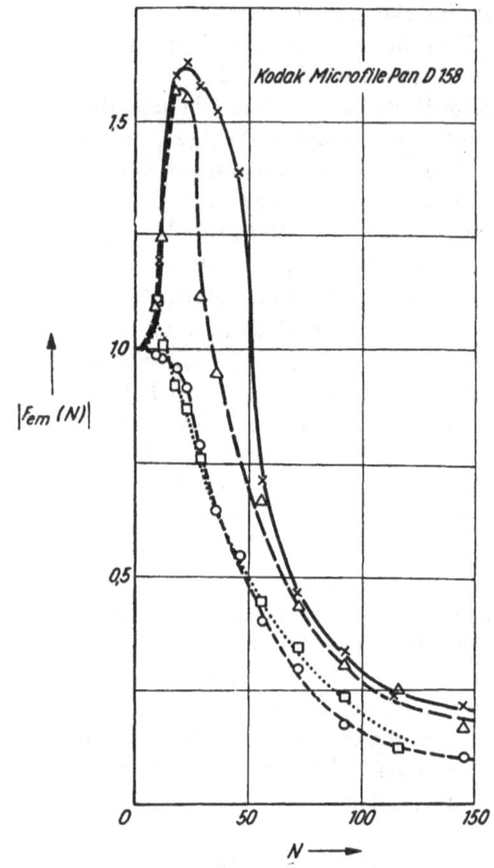

Abb. 10. Der Nachbareffekt bei verschiedenen Entwicklungsarten
× Konstante Winkelgeschwindigkeit bei einer gewöhnlichen im Handel erhältlichen Entwicklungsdose, Drehung nur in einer Richtung
△ Unregelmäßige Bewegung derselben Dose
○ Pinselentwicklung in einer Spezialdose, siehe Text, dabei konstante Winkelgeschwindigkeit, Drehung nur in einer Richtung
□ Pinselentwicklung wie vorher mit konstanter Winkelgeschwindigkeit, aber alle 30 Sekunden Richtungswechsel

Dieser Nachbareffekt kann unterdrückt oder beinahe vermieden werden durch andere Technik für die Entwicklung, was auch in Abb. 10 dargestellt ist (siehe Bildunterschrift). Wenn man allein den Einfluß des Diffussionslichthofes untersuchen will, möchte man den Nachbareffekt ganz ausschalten. Dies gelingt mit einer geeigneten Pinselentwicklung, wobei der Film in einer speziell konstruierten Dose auf einer Kreisbahn rotiert, während er von 4 langen weichen Marderhaarpinseln alle 1,25 Sekunden gebürstet wird.

Man muß hier bemerken, daß dieser Nachbareffekt zwar in dieser Weise als Steigerung der Amplitude der Übertragungsfunktion richtig dargestellt wird, daß es aber nicht sicher ist, ob er im übrigen mit der Fourierdarstellung vereinbar ist. Er ist nämlich nicht nur von einem Frequenzspektrum abhängig, so daß für gewisse Frequenzen Verstärkung eintritt, sondern auch ortsabhängig. Wenn man in bekannter Weise mit Frequenzsynthese das Bild aufbaut, so kommt diese Ortsabhängigkeit nicht zum Ausdruck. Daher kann man erwarten, daß eine Kante anders abgebildet wird, als man aus der Synthese errechnen könnte, und zwar steiler und auch seitlich verschoben und überhaupt mit veränderter Form. Man muß sich daher hüten, die einfache Fourierdarstellung unkritisch anzuwenden, wenn man wie hier nicht klar ist über die Anwendbarkeit der mathematischen Veraussetzungen.

Wir haben daher versucht, den Effekt für die wirkliche Untersuchung des Diffusionslichthofes ganz auszuschalten. Von großem Interesse ist es zu untersuchen, welche Fouriertransformierten man für die $F_{em}(N)$ hat, d. h. die Diffusionsfunktion des unendlich engen Spaltes. Jetzt sind solche Berechnungen im Gange; es ist sehr zweckmäßig, die elektronische Rechenmaschine BESK dafür zu verwenden. Selbstverständlich wird die Genauigkeit für die Teile der Transformierten gering, die vorwiegend auf den höheren Frequenzen der $F_{em}(N)$-Kurven beruhen, die außerhalb einer Grenze von vielleicht 150 Linien/mm wegen des Körnigkeitsrauschens nicht mit Sicherheit registrierbar sind [10]. Diese unsicheren Teile der Diffusionsfunktion ergeben ja die großen Werte nahe dem Zentrum des Spaltbildes. Es kann auch hier gesagt werden, daß weder die FRIESERschen Ansätze der einfachen oder kombinierten Exponentialfunktionen noch die GAUSSkurve direkt verwendbar sind; die Verhältnisse sind kompliziert, was die physikalischen Ursachen der Diffusion betrifft. Eine gewisse, wenn auch nicht starke Abhängigkeit von der Spektralfarbe besteht ebenfalls. Es wird jetzt auch untersucht, welche Einwirkung auf die Form des Diffusionslichthofes das Öffnungsverhältnis hat; alle bisher gemachten Untersuchungen sind mit einem Objektiv von $f = 25$ mm und $f : 1{,}5$ mit dem konstanten Öffnungsverhältnis 1 : 2 gemacht worden.

C. Schnellprüfung für Objektiv und Film

Es ist so gut wie sicher, daß diese physikalisch sinnvollen Funktionen in den nächsten Jahren mehr und mehr das so oft irreführende Auflösungsvermögen ersetzen werden. Damit vermehrt sich der Bedarf an bequemen und schnellen Prüfmethoden.

Für die Photographie sollte eine Testanordnung direkt für die Kombination $F_{\text{tot}}(N)$ am wertvollsten für die Praxis der Kleinbildphotographie sein, weil man ja diese wünscht. Wenigstens eine solche ist veröffentlicht worden [13]. Eine einfache Methode wäre die Abtastung mit einem Sinusmuster und eine oszillographische Darstellung der ganzen Kurve [6]. Die Sinusmuster, die sinusförmige Transparenz haben müssen und die recht kompliziert herzustellen sind [14], sollen, um der Filmkombination zu entsprechen, mit der Frequenz fallenden Kontrast haben, in dem Maße wie von der $F_{\text{em}}(N)$ gefordert. Man müßte also entweder verschiedene Muster für die verschiedenen Emulsionen haben oder besser das Vollkontrastmuster durch variabel im richtigen Verhältnis beigemischtes Licht im Schnelltester in seinem Ausgangskontrast mindern.

Stockholm, Institut für Optik-Forschung der Königlichen Technischen Hochschule.

Zusammenfassung

Im Optischen Institut der Technischen Hochschule Stockholm wird die Kontrastübertragungsfunktion von Photoobjektiven im umgekehrten Strahlengang für Gitter mit sinusförmiger Intensitätsverteilung mit einer Apparatur untersucht, deren Einzelheiten erläutert werden. Die Sinusform wird aus der ursprünglichen Rechteckform elektronisch erhalten. Weiterhin wird mit einer anderen Apparatur, deren Prinzip erläutert wird und die ebenfalls mit Gittern mit sinusförmiger Intensitätsverteilung arbeitet, die Kontrastübertragungsfunktion der Kombination Objektiv + Emulsion bestimmt. Auf Grund des für solche Raumgitter geltenden multiplikativen Gesetzes kann dann die Kontrastübertragungsfunktion der Emulsion als Quotient des Wertes der Kombination und des Wertes des Objektives für jede Frequenz bestimmt werden. Weiterhin werden Spezialentwicklungsverfahren angegeben, durch die der Nachbareffekt ausgeschaltet werden kann.

Literatur

[1] INGELSTAM, E., und LINDBERG, P. J., Optical Image Evaluation. Natl. Bureau of Standards Circular No. 526 (1954).
[2] LINDBERG, P. J., Optica Acta, **1**, 80 (1954).
[3] INGELSTAM, E., DJURLE, E., und SJÖGREN, B., J. Opt. Soc. Amer., **46**, 707 (1956).
[4] INGELSTAM, E., Photographische Korrespondenz (im Druck).
[5] ULLRICH, C., Vortrag an der Mainz-Tagung der Deutschen Gesellschaft für angewandte Optik 1957.
[6] ROSENHAUER, K., und ROSENBRUCH, K. J., Optica Acta, **4**, 21 (1957).
[7] FRIESER, H., und LINKE, H., Z. wiss. Photographie, **37**, 19 (1938).
[8] RONCHI, V., Z. wiss. Photographie, **39**, 2 (1940).
[9] HENDEBERG, L. O., und INGELSTAM, E., Photographische Korrespondenz (im Druck).
[10] HENDEBERG, L. O., Arkiv för fysik (wird erscheinen).
[11] SAYANAGI, K., J. Opt. Soc. Amer., **47**, 566 (1957).
[12] INGELSTAM, E., und DJURLE, E., J. Opt. Soc. Amer., **47**, 566 (1957).
[13] Von dem Laboratorium der Canon-Kamerawerke, Tokyo, Japan.
[14] KELLY, D. H., LYNCH, M. E., und ROSS, D. S., J. Opt. Soc. Amer., **48**, 858 (1958).

J. SCHILLING und H. ZÖLLNER, Jena

Messung der Kontrastübertragungsfunktion und Vergleich mit der geometrisch-optischen Korrektion

Nach wie vor sucht die optische Industrie nach einem Prüfverfahren zur Bewertung ihrer Objektive, das umfassende und vergleichbare Werte gibt. Als Prüfverfahren stehen bisher die bekannten visuellen und photographischen Methoden zur Verfügung. In neuer Zeit kommen hierzu auch photoelektrische Verfahren. Die beiden erstgenannten führen nicht zu umfassenden und vergleichbaren Werten, da das Ergebnis schon durch geringe Variation der Prüfbedingungen verändert wird und in der Auswertung subjektiven Einflüssen unterliegt. Von dem photoelektrischen Prüfverfahren erwartet man jedoch objektive Meßergebnisse. Ein Verfahren dieser Art ist die Messung der Kontrastübertragungsfunktion. Ihre Eignung für die Bewertung der Bildqualität von Photoobjektiven wurde von uns untersucht. Zunächst sei die Meßanordnung beschrieben. Den Aufbau zeigt Abb. 1.

In einem Kollimator mit der Brennweite 1000 mm befindet sich als Testobjekt ein Rechteckgitter, bestehend aus 11 Gruppen zu je 3 Linien mit Gitterkonstanten von 0,2 bis 2,0 mm, mit einem Faktor 1,25 abgestuft. Das Test wird motorisch in der Brennebene des Kollimators bewegt. Die Beleuchtung des Testes erfolgt durch eine Lichtwurflampe 75 V 375 W über einen Kondensor mit Streu-

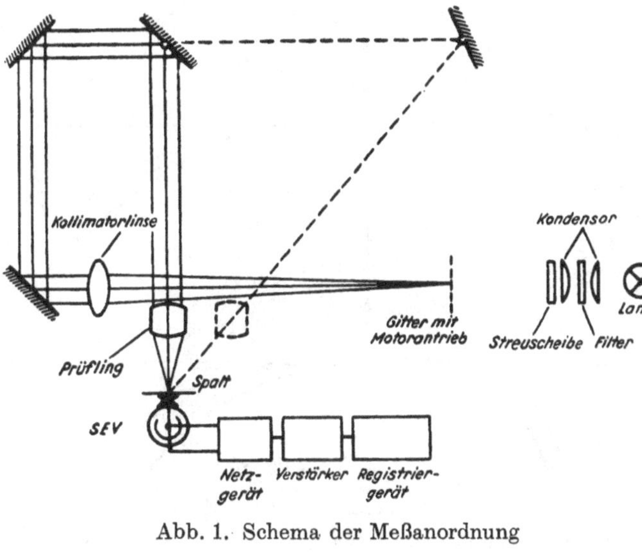

Abb. 1. Schema der Meßanordnung

scheibe und Interferenzfilter für monochromatische Untersuchungen. Die Kollimatorachse liegt waagerecht und wird über 2 feste und 1 beweglichen Spiegel in die senkrechte Achse des Objektivs abgelenkt. Der Abtastspalt mit einer Breite von 2 μm und einer Gesamtlänge von 2 mm liegt fest und markiert die Bildebene. Das Objektiv ist in Höhe und Seite verstellbar. Die Höhenverstellung dient der Fokussierung, die Seitenverschiebung zur Messung außeraxialer Bildpunkte. Für diese wird der bewegliche Spiegel seitlich verschoben und durch eine Kurvensteuerung gedreht, so daß die Eintrittspupille des Photoobjektivs jeweils voll ausgeleuchtet wird. Zwischen Spalt und SEV befindet sich ein optisches System hoher Apertur, um das Licht vom Spalt vollständig dem SEV zuzuführen. Nach entsprechender Verstärkung erfolgt die Registrierung mit einem Schleifenoszillographen. Der Kontrast

$$K = \frac{J_{\max} - J_{\min}}{J_{\max} + J_{\min}}$$

wird aus den Meßkurven berechnet.

Zur vergleichenden Beurteilung dieser Meßmethode berichten wir über die Ergebnisse an 3 Objektiven gleicher relativer Öffnung und gleicher Brennweite

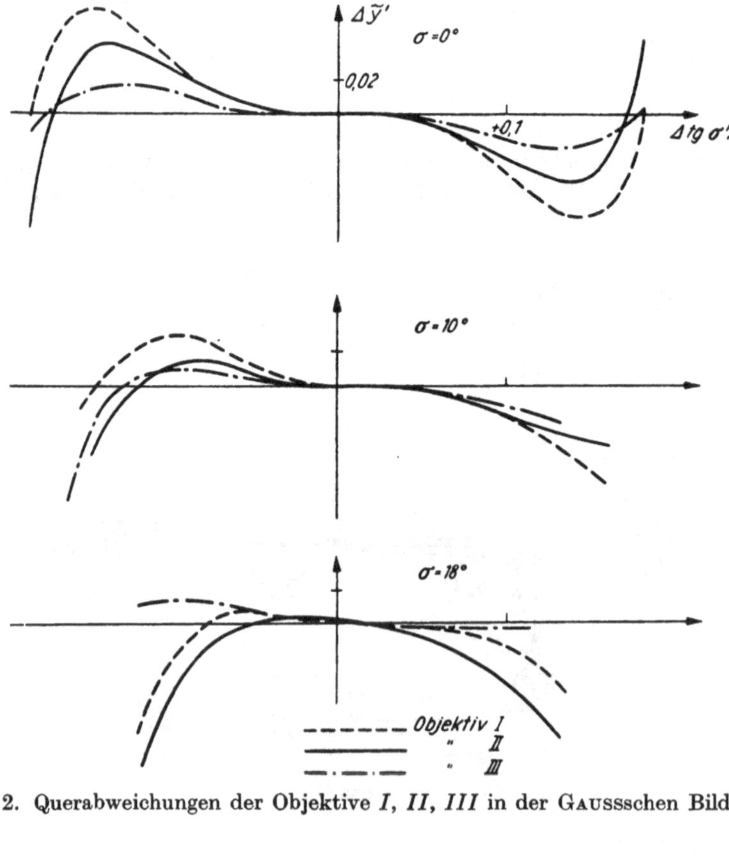

Abb. 2. Querabweichungen der Objektive *I*, *II*, *III* in der Gaussschen Bildebene

mit unterschiedlicher geometrisch-optischer Korrektion. Die Betrachtung beschränkt sich dabei auf die Bildwinkel 0°, 10° und 18° im Meridionalschnitt für die Wellenlänge $\lambda = 584$ μm. Die Korrektion der Objektive für die 3 Bildpunkte zeigt Abb. 2 als Querabweichung in der Gaussschen Bildebene. Das System I hat

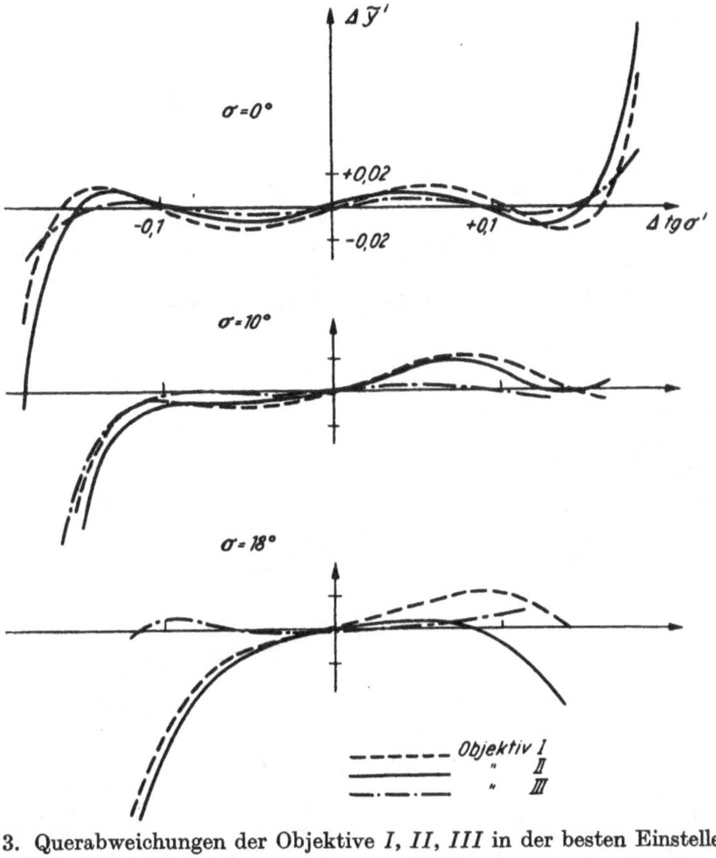

Abb. 3. Querabweichungen der Objektive *I*, *II*, *III* in der besten Einstellebene

die größten Abweichungen sowohl in der Achse als auch am Bildrande, während das System III als praktisch aberrationsfrei angesehen werden kann. Da die Messungen der Kontrastübertragungsfunktion in der besten Einstellebene der Bildmitte durchgeführt wurden, müssen wir auch die Abbildungsfehler dieser Einstellebene betrachten (Abb. 3). Dabei zeigt sich die gleiche Abstufung der Korrektion und man sieht deutlich, daß das Objektiv III die kleinsten und das Objektiv I die größten Zerstreuungskreise hat. Nach einem bisher üblichen Verfahren der photographischen Testung ergeben sich die in Abb. 4 wiedergegebenen Kurven der Auflösung. Dabei ist die meridionale Auflösung von Kreistesten bei Aufnahmen auf „Autholithplatte pan" wiedergegeben. Der Unterschied der Auflösung ist im gleichen Sinne wie der der geometrisch-optischen Korrektion

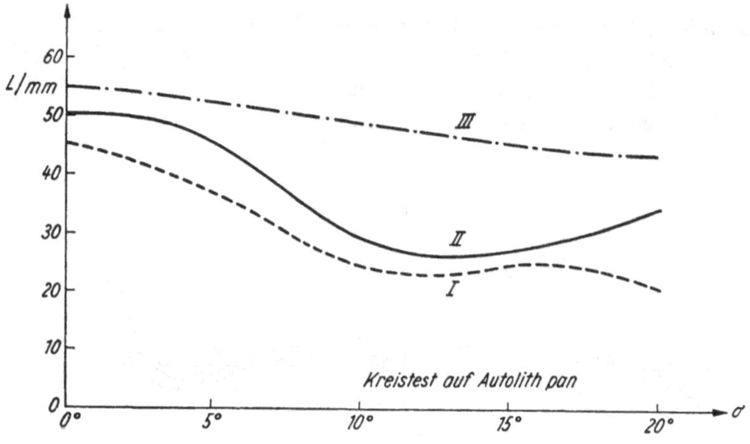

Abb. 4. Photographisches Auflösungsvermögen

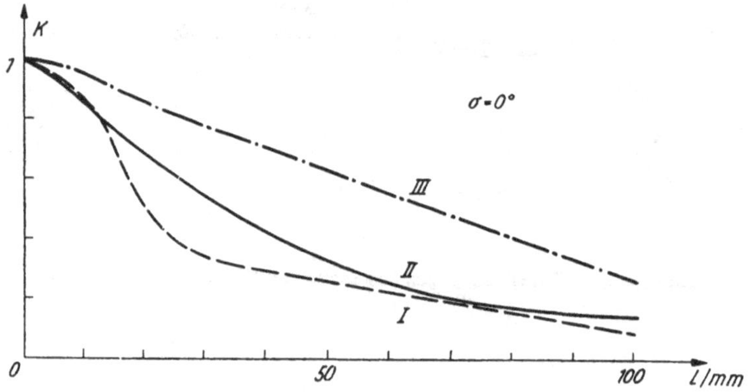

Abb. 5. Kontrastübertragungsfunktion für Bildmitte

deutlich erkennbar. Die Messung der Kontrastübertragungsfunktion zeigt die gleichen Abstufungen – Abb. 5 für die Mitte, Abb. 6 für 10° und Abb. 7 für 18°.

Vergleichen wir nun den Aufwand mit dem Informationsgehalt!

Eine photographische Aufnahme (Abb. 8) liefert das Auflösungsvermögen in 9 Bildebenen, 10 Bildpunkten, 4 Azimuten und bei Verwendung eines Kreistestes in allen Testrichtungen. Diese Ergebnisse sind jedoch nur dann reproduzierbar, wenn alle Meßbedingungen genauestens eingehalten werden. Nicht möglich ist eine zahlenmäßige Angabe des Kontrastes. Diese bringt die Messung der Kontrastübertragungsfunktion. Zur Erreichung eines umfassenden Überblicks sind jedoch mehrere hundert Kurven aufzunehmen:

Bildebene	×	Bildwinkel	×	Azimute	×	Testrichtung		
(9) 5	×	10	×	4	×	4	=	800
für 3 Farben							=	2400

Zur sinnvollen industriellen Auswertung der Kontrastübertragungsfunktion müssen also auch hier Einschränkungen gemacht werden. Man kann beispielsweise nach dem Kontrastfaktor bei einer bestimmten Bildfrequenz fragen. Die Auswahl einer solchen Frequenz hängt natürlich vom Verwendungszweck des Objektivs ab und unterliegt einer gewissen Willkür. Es besteht jedoch die berechtigte Hoffnung, daß ein solcher Weg für die Fabrikationskontrolle zu objektiven Befunden führt. Für die Typenuntersuchung ist die volle Zahl der Meßkurven notwendig und der Aufwand auch gerechtfertigt.

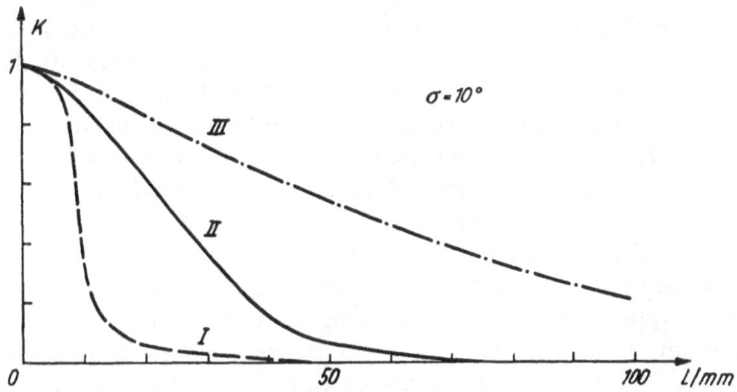

Abb. 6. Kontrastübertragungsfunktion für Bildwinkel $\sigma = 10°$

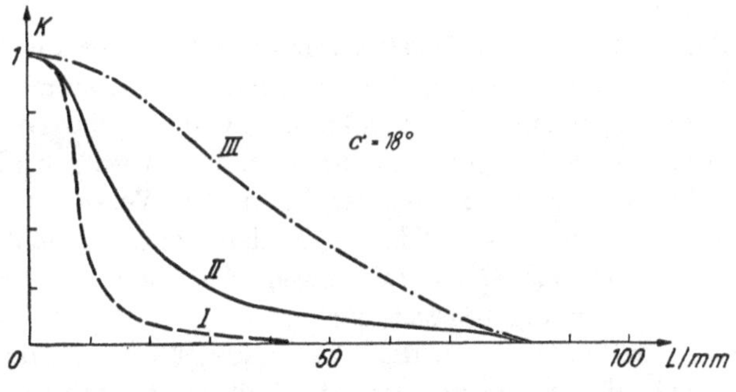

Abb. 7. Kontrastübertragungsfunktion für Bildwinkel $\sigma = 18°$

Zusammenfassung

Nach der Beschreibung der benutzten Meßmethode zur Bestimmung der Kontrastübertragungsfunktion werden die Meßergebnisse für einige Objektive mitgeteilt. Es handelt sich um Objektive gleicher optischer Abmessung mit verschiedener Korrektion. Die gemessene Kontrastübertragungsfunktion wird mit der geometrisch-optischen Korrektion dieser Systeme verglichen.

K. KÜHNE, Jena

Überblick über die Bedeutung verschiedener Objektivprüfmethoden für den Betrieb

Es ist das Bestreben der optischen Werkstätten, den Zusammenbau der optischen Einzelteile eines Gerätes Schritt für Schritt zu kontrollieren. Im Fall der photographischen Objektive ist dies praktisch niemals der Fall; allein durch eine Abschlußprüfung am fertigen Objektiv, die aber nur die Auswirkung der Summe aller entstandenen Fehler zeigt, wird die Qualität der Objektive festgestellt. Der Grund liegt darin, daß es bisher keine Methode gibt, die einerseits die genügend hohe Genauigkeit, andererseits die notwendige Leichtigkeit der Erkennung der Fehler und eine genügend bequeme Handhabung gewährleistet.

Die von Dr. WANDERSLEB gemachten Vorschläge der Ausnutzung des Kaustikbildes einer Linsenkombination, deren Einzellinsen in einer Wechselfassung gegeneinander ausgetauscht werden können zwecks Zusammenstellung einer brauchbaren Linsengruppe, haben trotz aller Bemühungen nur in sehr beschränktem Maße Anwendung gefunden. So ist z. B. die Auswertung bildschädigender Schlieren möglich, weil hierbei die Festlegung der Charakteristika eines „guten" Bildes in der Achse relativ leicht ist, besonders wenn die Beobachtung der Interferenzringe durch die Zwischenschaltung einer rotierenden Mattscheibe in das Gesichtsfeld erleichtert wird.

Der Einsatz der TWYMANschen Interferometer in der Fabrikation scheitert vor allem an der Empfindlichkeit solcher Geräte gegen die nun einmal nicht zu beseitigenden Erschütterungen einer Werkstatt. Das von der jeweiligen Einstellung bekanntermaßen so sehr abhängige Interferenzbild – trotzdem alle diese Interferenzbilder dasselbe aussagen – ist für den Mann der Werkstatt ein Buch voller Rätsel, zumal er auch nicht gewohnt ist, in Wellenflächen zu denken. So werden diese Interferometer stets ein Gerät der wissenschaftlichen Labors bleiben; für diese allerdings sind sie völlig unersetzbar.

Eine besondere Stellung nehmen die „Versetzungs"interferometer ein, die in letzter Zeit in verschiedenen Formen zur Anwendung gekommen sind. Sie haben den Vorzug, daß sie sich außerordentlich klein bauen lassen und praktisch gegen jeden Stoß völlig immun sind. Ihre Anzeigegenauigkeit läßt sich in weiten Grenzen ändern, besonders wenn man sie mit optischen Hilfssystemen verbindet. Sie lassen sich so der jeweiligen Justieraufgabe bequem anpassen. Außerdem kann man aus dem Interferenzbild die Aberrationen des Prüflings unmittelbar ablesen, ein außerordentlicher Vorteil für die Bequemlichkeit der Umdeutung der beobachteten Streifen in die bekannten Bildfehler. Die in Zusammenarbeit mit dem VEB Carl Zeiss JENA laufenden Versuche sind sehr vielversprechend.

Jena, Institut für angewandte Optik der Friedrich-Schiller-Universität

G. SCHMIDT und W. REICHEL, Jena

Untersuchungen über die Intensitätsverteilung im Bild von Objektpunkten und Gittern verschiedener Gitterkonstanten

Die exakte Berechnung der Helligkeitsverteilung im Bild ist auf der Grundlage der Wellenoptik möglich. Es muß geprüft werden, inwieweit die geometrisch-optischen Methoden für derartige Probleme als ausreichende Näherungsverfahren betrachtet werden können. Einen Beitrag dazu sollen die hier berichteten Ergebnisse leisten. Am Beispiel eines Versuchsobjektivs mit dem Öffnungsverhältnis 1 : 2,8 und der Brennweite 80 mm wurden beide Rechenverfahren praktisch erprobt und mit Meßergebnissen verglichen. Die Rechnungen wurden für den bildseitigen Achsenraum durchgeführt; es liegt ihnen sowie auch den Messungen die Wellenlänge $\lambda = 546$ nm zugrunde.

Die wellenoptische Rechnung erfolgte nach einer 1949 von H. SLEVOGT [1] veröffentlichten Theorie. Diese Darstellungsweise hat gegenüber anderen wellenoptischen Arbeiten den praktischen Vorteil, daß die Wellenaberration so in die Rechnung eingeht, wie sie aus der trigonometrischen Durchrechnung der Strahlen folgt und nicht durch Glieder 4. oder auch 6. Ordnung angenähert wird. Nach SLEVOGT erhält man für die Amplitude im Bild

$$\mathfrak{A}(k) \sim \frac{\pi D^2}{f^2 k} \sum_n (-1)^n (c_n + i s_n) I_{2n+1}(k) .$$

Hierbei sind D die Öffnung, f die Brennweite, $I_{2n+1}(k)$ die Besselfunktion $(2n + 1)$ter Ordnung mit dem Argument k; k ist proportional dem Abstand des Aufpunktes vom geometrisch-optischen Bildpunkt, c_n und s_n schließlich folgen aus der Entwicklung von trigonometrischen Funktionen, die als Argument im wesentlichen die Wellenaberration enthalten, nach Kugelfunktionen. Die Intensität J folgt aus

$$J \sim \mathfrak{A}(k) \cdot \mathfrak{A}^*(k) ,$$

wobei $\mathfrak{A}^*(k)$ die zu $\mathfrak{A}(k)$ konjugiert komplexe Größe ist.

Geometrisch-optisch hat E. WANDERSLEB eine Methode zur Berechnung der Helligkeitsverteilung angegeben, die auch hier angewandt wurde. Es sei zur näheren Erläuterung des Gedankenganges auf das bekannte Buch von E. WANDERSLEB [2] verwiesen.

Nun ist bekanntlich die Kenntnis der Helligkeitsverteilung im Punktbild allein nicht ausreichend. Entsprechend dem Verwendungszweck photographischer Objektive interessiert besonders die Abbildungsgüte für ausgedehnte Objekte. Einfache ausgedehnte Objekte sind Gitter, die man auch durch Variation der Abmessungen annähernd den natürlichen Objekten anpassen kann. Der Übergang

vom Punktbild zum Gitter ist theoretisch durch wiederholte Integration möglich. Experimentell ergeben sich weniger Schwierigkeiten, da man als Objekt gleich ein Gitter verwenden kann. Die Ausmessung des Bildes erfolgte bei uns mit Hilfe eines Abtastspaltes und eines SEV, die beide zusammen senkrecht zu den Gitterstrichen verschoben werden konnten. Es wurde weiterhin eine Zwischenabbildung vorgenommen, da die direkte Ausmessung im fokalen Raum wegen der Kleinheit der Gitterkonstanten experimentell zu schwierig wird. Das Zwischenabbildungssystem wurde vorher durch quantitative Untersuchung der Abbildung einer Halbebene geprüft. Es ergab sich hierbei, daß die Abbildungsfehler gegenüber denen des Prüflings vernachlässigt werden können.
Für die Auswertung der Meßergebnisse und den nachfolgenden Vergleich mit den theoretischen Kurven war es erforderlich, den Begriff der Sichtbarkeit

$$V = \frac{J_{max} - J_{min}}{J_{max} + J_{min}}$$

zu verwenden, da damit eine übersichtliche Darstellung und vor allem bei nicht zu groben Gittern die Charakterisierung der Abbildung durch eine einzige Zahl möglich wird.

In Abb. 1 ist die berechnete Kurve der sphärischen Längsaberration als Charakteristikum des verwendeten Objektivs dargestellt. Es sind die Ebenen eingezeichnet, für die bei verschiedenen Öffnungen die Intensitätsverteilung berechnet wurde.

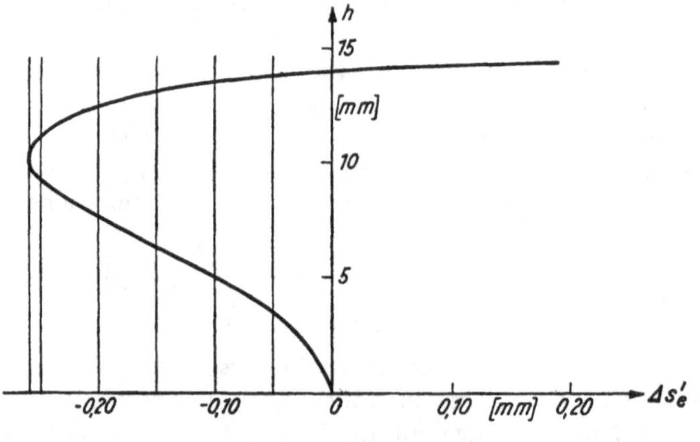

Abb. 1. Sphärische Längsaberration des verwendeten Objektivs

Abb. 2 zeigt die Ergebnisse der wellenoptischen Rechnung für drei Öffnungen und fünf Einstellebenen. $D = 29$ mm entspricht der vollen Öffnung des Objektivs. Man erkennt Maxima der Definitionshelligkeit, die bei den drei Öffnungen an verschiedenen Stellen im intrafokalen Raum liegen. Auffallend ist bei $D = 29$ mm in der Brennebene das Minimum in der Mitte des Bildes.

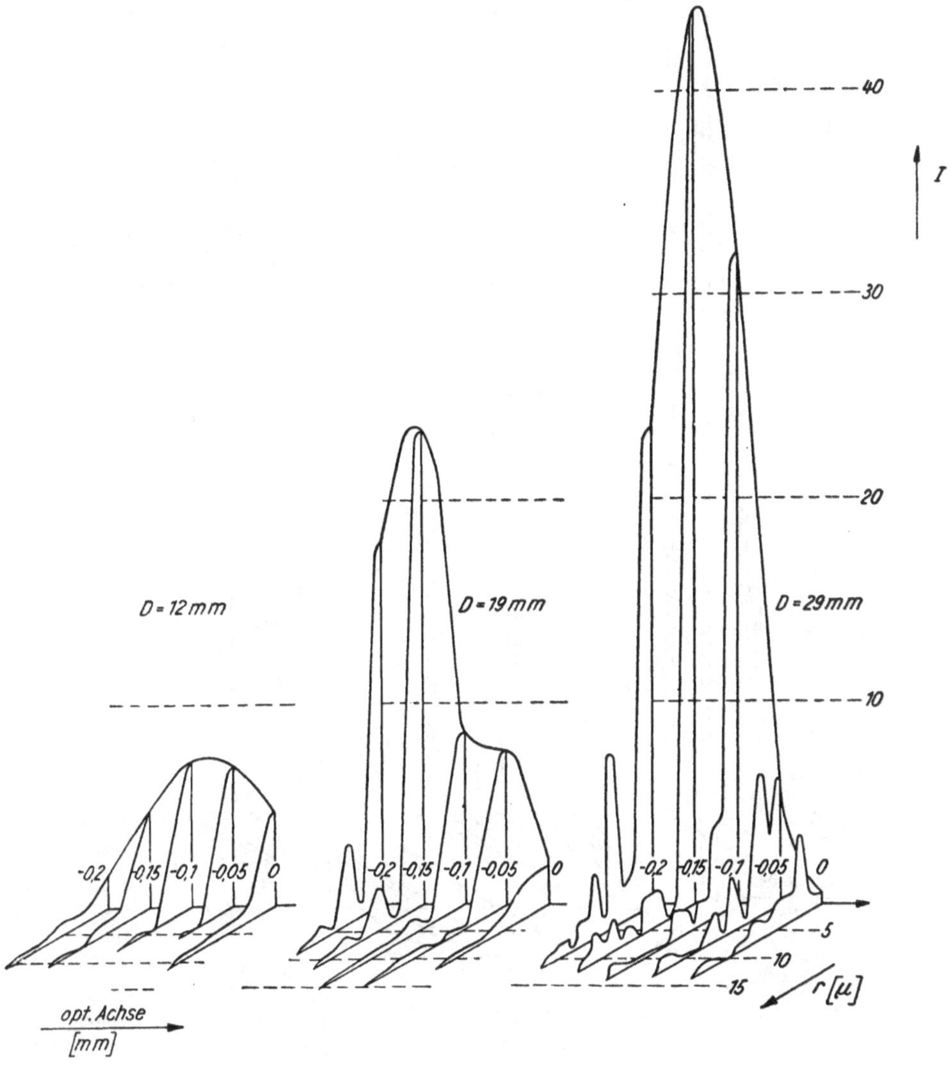

Abb. 2. Wellenoptisch für drei Öffnungen und fünf intrafokale Ebenen berechnete Intensitätsverteilung im Punktbild

Die Ergebnisse der geometrisch-optischen Rechnung für die gleichen Öffnungen und Einstellebenen sind in Abb. 3 dargestellt. Man erkennt, daß der Charakter der Intensitätsverteilung hier grundsätzlich anders ist. Im Gegensatz zur Wellenoptik liefert die geometrische Optik unabhängig von der Öffnung bei $-0{,}05$ mm ein steiles Maximum der Intensität längs der optischen Achse. Ein zweites Maximum mit noch größerer Intensität liegt für $D = 29$ mm und für $D = 19$ mm bei $-0{,}25$ mm

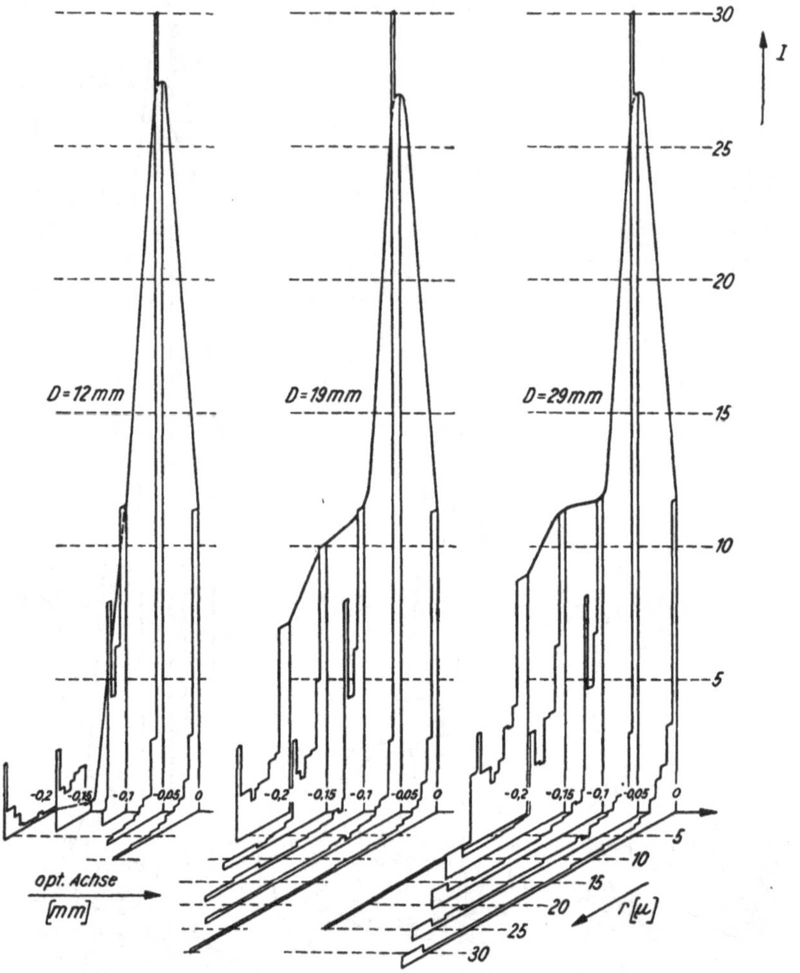

Abb. 3. Geometrisch-optisch für drei Öffnungen und fünf intrafokale Ebenen berechnete Intensitätsverteilung im Punktbild

intrafokal in unmittelbarer Nähe des Umkehrpunktes der sphärischen Längsaberration[1]). Die für diese Öffnungen wellenoptisch bis dorthin berechneten Kurven der Definitionshelligkeit zeigen nur bei $D = 29$ mm ein weiteres Maximum. Es liegt am Umkehrpunkt und ist um den Faktor 1,4 höher als die Definitionshelligkeit bei $-0{,}15$ mm[1]). Abb. 3 zeigt weiterhin, daß für $D = 29$ mm in der Brennebene nicht wie im entsprechenden wellenoptischen Fall ein Minimum

---

[1]) In Abb. 3 sowie in Abb. 2 sind die Helligkeitskurven nur für Einstellebenen zwischen dem Fokus und -0,2 mm gezeichnet.

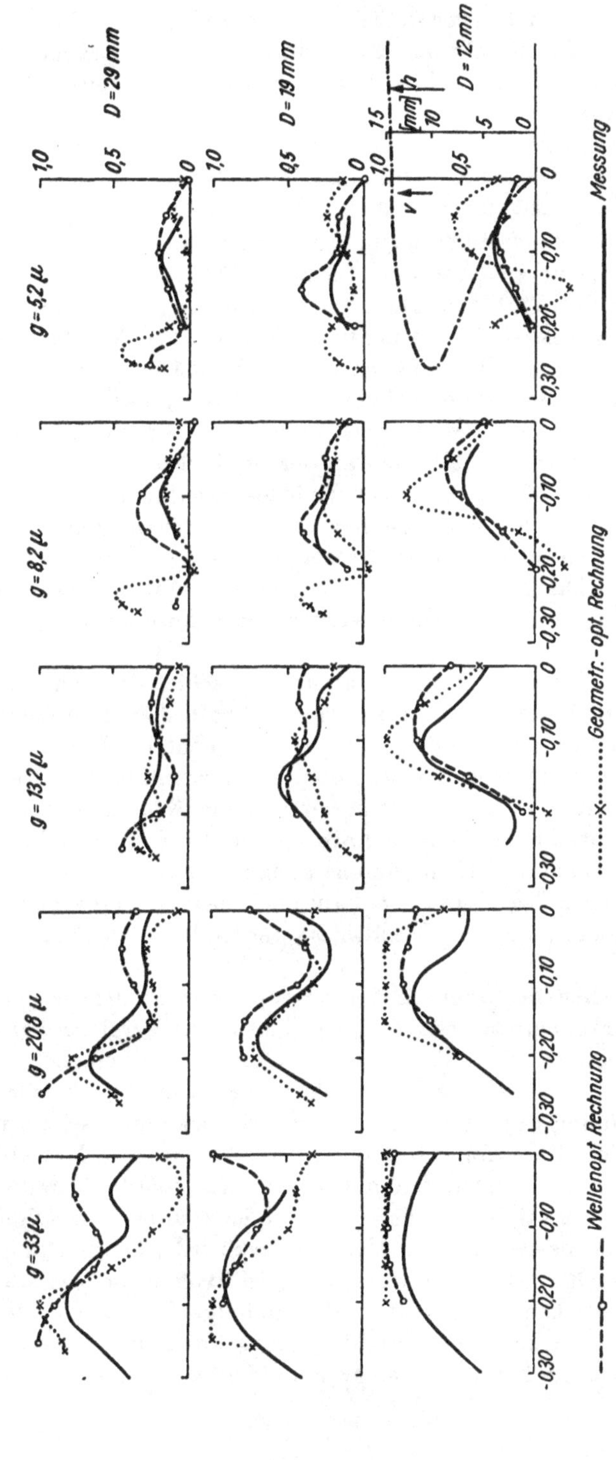

Abb. 4. Intrafokale Sichtbarkeitskurven für drei Öffnungen und fünf verschiedene Objektgitter

Statt μ ist μm zu lesen

in der Bildmitte auftritt. — Etwa bei −0,20 mm liegt der WANDERSLEBsche „kleinste Bildkern“. Er ist gekennzeichnet durch eine starke Konzentration der Helligkeit auf kleinem Raum und liegt dort, wo die innere Schale des Bildkerns mit der äußeren zusammenfällt.

Bezüglich des Ordinatenmaßstabes muß erwähnt werden, daß dieser in Abb. 2 wie auch in Abb. 3 willkürlich gewählt wurde und ein direkter Vergleich der absoluten Intensitäten in Abb. 3 mit denen in Abb. 2 hier nicht möglich ist.

In Abb. 4 sind für die drei Öffnungen und fünf verschiedene Gitter die intrafokalen Sichtbarkeitskurven dargestellt. Die Zahlen 5,2 μm bis 33 μm beziehen sich auf die Bildebene des Prüflings. Die rechts unten eingezeichnete Aberrationskurve erlaubt eine gewisse Orientierung im Bildraum. Beim Vergleich der wellenoptischen mit den geometrisch-optischen Sichtbarkeitskurven sind deutliche Unterschiede zu erkennen. Es kommt vor, daß die wellenoptische Kurve dort ein Maximum hat, wo die geometrisch-optische gerade ein Minimum aufweist und umgekehrt. Man sieht weiter, daß man an der Stelle des „kleinsten Bildkernes“ auch geometrisch-optisch durchaus nicht für jedes Objekt das beste Bild erwarten darf. Betrachtet man jetzt die gemessenen Kurven, so stellt man fest, daß diese im großen und ganzen die charakteristischen Eigenschaften der wellenoptischen Kurven bestätigen. Die Abweichungen, die über das Maß der Genauigkeit von Rechnung und Messung hinausgehen, werden durch Fabrikationsschwankungen hervorgerufen.

Die theoretische Behandlung der Abbildung bei schief zur Achse einfallenden Bündeln ist wesentlich komplizierter und ist von uns bisher noch nicht an einem praktischen Beispiel erprobt worden. Einige experimentelle Ergebnisse zeigt die Abb. 5. Die mit *s* bezeichneten Kurven entsprechen einem Gitter, dessen Striche senkrecht zum Sagittalschnitt, die mit *m* bezeichneten Kurven einem Gitter, dessen Striche senkrecht zum Meridionalschnitt stehen. Wie man sieht, kann man von zwei Sichtbarkeitsschalen sprechen. Man ist auch in der Lage, anzugeben, wo etwa die beste Einstellebene liegt, allerdings haben wir hier im Vergleich zum axialen Raum mehr Parameter, und die Verhältnisse werden dadurch weniger übersichtlich.

Der experimentellen Bestimmung des Brennpunktes kommt bei allen Untersuchungen im Bildraum große Bedeutung zu. Ein exakter Vergleich zwischen theoretischen und experimentellen Kurven ist überhaupt erst möglich, wenn man diesen Punkt als Koordinatenanfangspunkt experimentell gewonnen hat. Die genaueste Bestimmung des Brennpunktes ist, wie bekannt, auf interferometrischem Wege möglich. Es ergibt sich also die Aufgabe, mit dem Kaustikprüfstand ein Interferometer so zu koppeln, daß mit diesem kombinierten Gerät ohne Lageänderungen der grundsätzlichen Teile sowohl eine interferometrische Fokusbestimmung als auch die nachfolgende Messung des Sichtbarkeitsverlaufes durchgeführt werden kann. Eine derartige Anordnung ist 1955 schon von MURCOTT und GOTTFRIED [3] beschrieben worden. Die Strahlenteilung erfolgt dort im konvergenten Licht, das verwendete Interferometer ist im Prinzip das gleiche wie das von KRUG und LAU angegebene. Im Institut für angewandte Optik benutzen wir das in Abb. 6

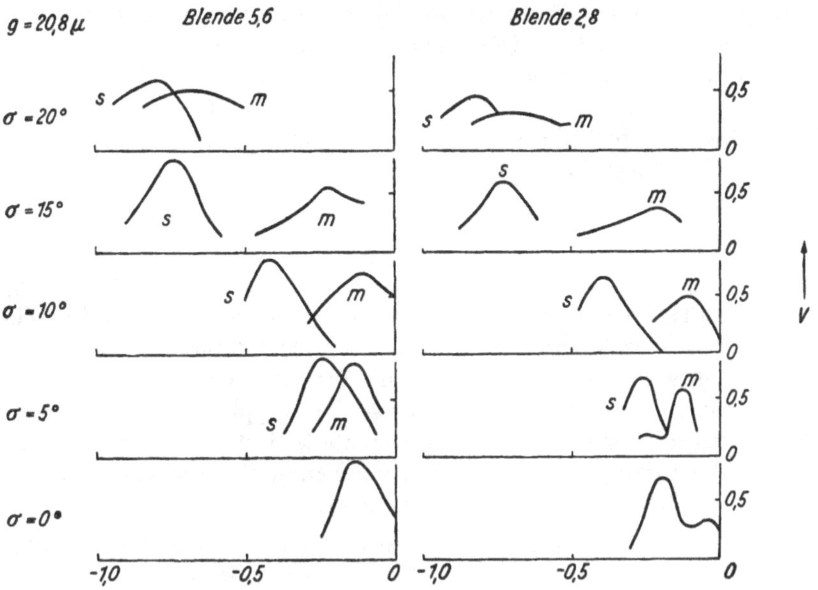

Abb. 5. Sichtbarkeitsverlauf bei schief zur Achse einfallenden Bündeln längs der Hauptstrahlen gemessen

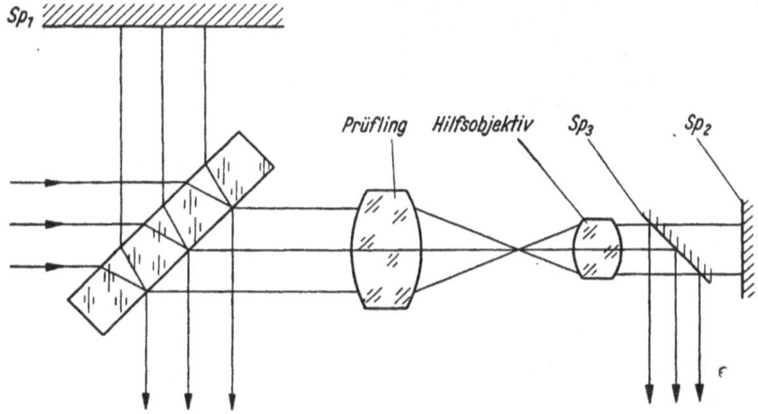

Abb. 6. Mit dem Kaustikprüfstand gekoppeltes Interferometer zur Messung des Brennpunktes

skizzierte Gerät. Aus dem Kollimator kommend tritt paralleles Licht in das Interferometer ein. Die Fokusbestimmung erfolgt ohne den Spiegel Sp_3. Ist diese Einstellung durchgeführt, so wird der Spiegel wieder unter 45° in den Strahlengang gebracht und die Lochblende im Brennpunkt des Kollimators durch ein Gitter ersetzt. Bei Verwendung eines weiteren Objektivs, welches mit dem Hilfsobjektiv zusammen das Vergrößerungssystem bildet, und eines Abtastsystems können dann die gewünschten Messungen der Sichtbarkeit vorgenommen werden. Das Hilfsobjektiv, ein auf ∞ korrigiertes Mikroobjektiv, kann bei der Fokusmessung als ideal vorausgesetzt werden. Bei Messungen von Wellenaberrationen photographischer Objektive mit diesem Gerät muß man unter Umständen allerdings die Fehler des Hilfsobjektivs, die eine Größenordnung kleiner sind als die des hier verwendeten Prüflings, in Rechnung setzen.

Zusammenfassung

Ergebnisse der für ein photographisches Objektiv durchgeführten wellenoptischen und geometrisch-optischen Berechnung der Intensitätsverteilung im Bild eines unendlich weit entfernten Achsenpunktes sowie von verschiedenen Gittern werden einander gegenübergestellt. Durch die Kopplung eines Interferometers mit dem Kaustikprüfstand ist eine experimentelle Bestimmung des Brennpunktes als Koordinatenanfangspunkt möglich, so daß man die rechnerischen Ergebnisse auch direkt mit Meßergebnissen vergleichen kann.

Jena, Institut für angewandte Optik der Friedrich-Schiller-Universität
und VEB Carl Zeiss JENA

Literatur

[1] Slevogt, H., Zur Beugungstheorie rotationssymmetrischer Wellen, Optik, 4, 349 (1949).
[2] Wandersleb, E., Die Lichtverteilung in der axialen Kaustik eines mit sphärischer Aberration behafteten Objektivs, Berlin 1952.
[3] Murcott, N., und Gottfried, H. T., Photographic Resolving Power and Aberrations of Lenses, JOSA, Vol. 45, 434 (1955).

J. REICHARDT und H. WETZSTEIN, Jena

Quantitative Bestimmung der Abbildungsfehler photographischer Objektive mit Hilfe von TWYMAN-Interferometern

Das Gerät, mit dem die experimentellen Untersuchungen, über die hier berichtet werden soll, durchgeführt wurden, entspricht einer Anordnung von TWYMAN und GREEN in der Weiterentwicklung von KRUG und LAU (s. Abb. 1 b). Die in den TWYMANschen Interferometern entstehenden Interferenzstreifen sind als Kurven gleichen Phasenunterschieds zwischen der Wellenfront, die den Prüfling zweimal durchquert hat, und der idealen Kugelwelle vergleichbar mit Höhenlinien. Von einem Streifen bis zum benachbarten liegt bei stetigem Anstieg ein Höhenunterschied, d. h. eine Zunahme der Wellenaberration Δ von einer Lichtwellenlänge vor. Über das Vorzeichen der Wellenaberration erhält man Auskunft, wenn man durch leichten Druck auf eine geeignete Stelle des Interferometers den optischen Weg im Teilstrahlengang des Prüflings um Bruchteile einer Wellenlänge vergrößert. Alle Interferenzstreifen wandern dann in Richtung positiver Wellenaberration, die Täler der Prüfwellenfläche werden Quellen, die Berge Senken von Interferenzstreifen.

Zur visuellen Messung der Wellenaberration bringt man in die Beobachtungsebene ein justierbares Meßmarkensystem, das aus konzentrischen Kreisen und einem 90°-Fadenkreuz besteht. Letzteres markiert das Azimut der Objektivöffnung, in dem gemessen wird, und kann entsprechend gedreht werden. Eine

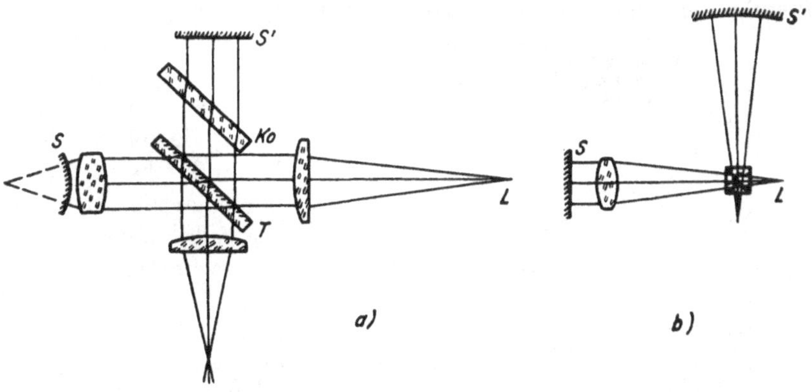

Abb. 1. a) Kompensiertes HILGER-Interferometer nach TWYMAN
b) Interferometer nach TWYMAN-GREEN, KRUG-LAU

exakte Wellenaberrationsbestimmung kann allerdings nur durch Ausphotometrieren eines Interferogramms erfolgen (Abb. 2a), da sich die Streifen infolge von temperaturbedingten Phasenverschiebungen langsam bewegen. Zweckmäßig wird man gleichzeitig zur Fixierung des Gradienten der Prüfwellenfläche ein Interferogramm aufnehmen, das entsteht, wenn man den Planspiegel parallel zum Meßazimut um einen kleinen Winkel neigt (Abb. 2b). Diejenige Interferenzlinie, die jetzt in unmittelbarer Umgebung des auszuwertenden Schnittes liegt, stellt in guter Näherung einen Längsschnitt durch die Prüfwellenfläche in dieser Richtung dar. Eine ideale Welle würde eine Gerade ergeben.

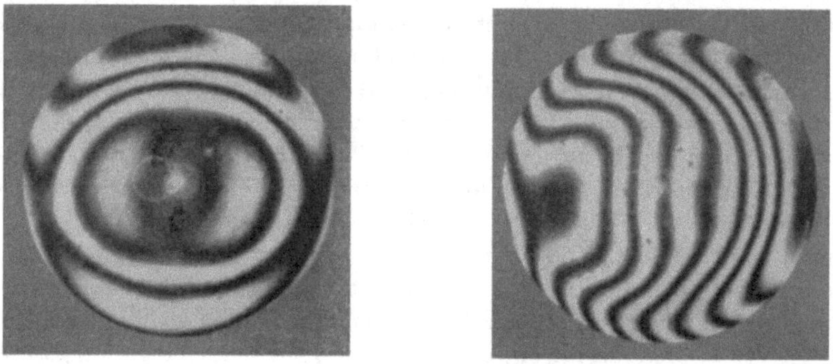

Abb. 2. a) Interferogramm: Planspiegelnormale parallel zum Hauptstrahl
b) Interferogramm: Planspiegelnormale gegen den Hauptstrahl geneigt

Die Fehler der geometrisch-optischen Strahlenvereinigung werden am Interferometer als Funktion des Strahldurchstoßpunktes durch die im bildseitigen Hauptpunkt senkrecht auf dem Hauptstrahl stehende yz-Ebene bestimmt (s. Abb. 3). Diese Aberrationen sind vollständig bekannt, wenn für jeden Strahl, der die yz-Ebene in einem bekannten Punkt durchstößt, die Schnittpunktskoordinaten mit einer ebenfalls auf dem Hauptstrahl senkrecht stehenden Ebene gemessen werden. Letztere Ebene kann z. B. im Schnittpunkt der hauptstrahlnahen Strahlen des Meßazimutschnittes liegen. Die y-Achse wird jeweils in den auszuwertenden Wellen-

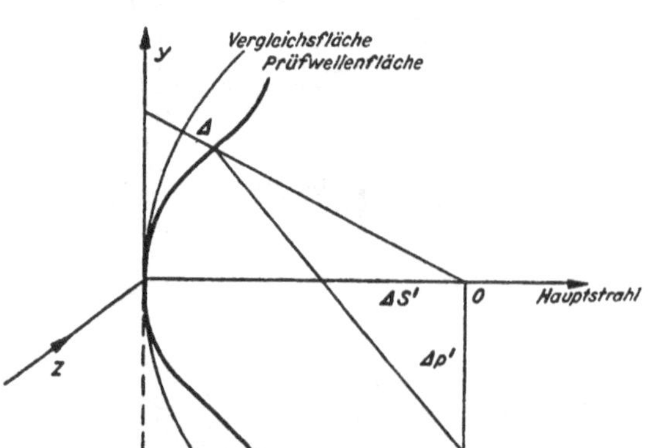

Abb. 3. Schnitt durch Vergleichs- und Prüfwellenfläche

frontenschnitt gelegt. Diejenige Komponente der Abweichung des Strahldurchstoßpunktes, die in der Ebene des zugehörigen Wellenflächenschnittes liegt, wird im Folgenden mit Queraberration $\Delta p'$ bezeichnet, die dazu senkrechte Komponente mit $\Delta q'$. Anstelle von $\Delta p'$ kann auch die Schnittweitenaberration $\Delta s'$ treten. Aus der Tatsache, daß die geometrisch-optischen Strahlen die Normalen der Wellenfläche sind, lassen sich für $\Delta s'$, $\Delta p'$ und $\Delta q'$ folgende Beziehungen herleiten:

$$\Delta s' = -\frac{d\Delta}{dy}\frac{(f-c)^2}{y}\left[1+\frac{3}{2}\frac{y^2}{(f-c)^2}-\frac{d\Delta}{dy}\frac{f-c}{y}\left(1+\frac{5}{2}\frac{y^2}{(f-c)^2}\right)\right]\frac{1}{2\left(1+\frac{2c}{f}\right)} - c\,\frac{f+c-\frac{cy^2}{2f^2}}{f+2c}$$

$$\Delta p' = -\frac{d\Delta}{dy}(f-c)\left(1+\frac{3}{2}\frac{y^2}{(f-c)^2}+\frac{d\Delta}{dy}\frac{y}{f-c}\right)\frac{1}{2\left(1-2c\frac{y^2}{f^3}\right)} - c\,\frac{y}{f}\cdot\frac{1-c\frac{y^2}{f^3}}{1-2c\frac{y^2}{f^3}}$$

$$\Delta q' = -\frac{d\Delta}{dz}\cdot\frac{f}{2}\left(1+\frac{y^2}{2(f-c)^2}\right) = \tan\alpha\cdot\frac{f}{2}\left(1+\frac{y^2}{2(f-c)^2}\right)$$

Die Wellenaberration Δ wird aus einem Interferogramm als Funktion der Strahlenhöhe y ermittelt. f bezeichnet die Brennweite des Prüflings, c den Abstand zwischen dem Schnittpunkt der hauptstrahlnahen Strahlen und dem Vergleichswellenzentrum. $\tan\alpha$ ist der Tangens des Winkels, den die im Interferogramm im Meßpunkt $P(y, z=0)$ an die Interferenzkurve gelegte Tangente mit der z-Achse bildet (Abb. 4). Durch geringe Neigung des Planspiegels um die z-Achse kann die Streifendichte am Meßpunktort variiert werden. Die Gegenkathete hat den Betrag

$$K = \left(\frac{d\Delta}{dy}\right)_{y,z=0}\cdot y + \tilde{\Delta}_{y,z=0} - \Delta_{y,z=0},$$

wobei λ die Lichtwellenlänge bedeutet und $\tilde{\Delta}$ die Wellenaberation bei geneigtem Spiegel.

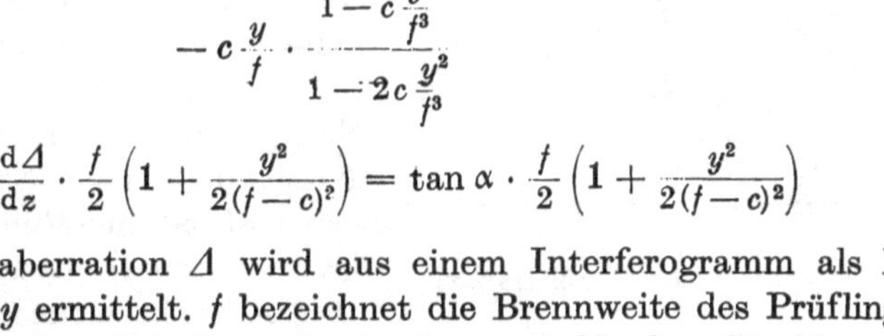

Abb. 4. Zur Messung der meridionalen Komponente der sagittalen Aberration

Bei endlichen Bildwinkeln ist die Größe f durch den Ausdruck $f/\cos\sigma'$ zu ersetzen, wobei σ' der bildseitige Hauptstrahlwinkel ist. Die Größe c ist dann zweckmäßig vom Durchstoßpunkt des Hauptstrahls durch die Gausssche Brennebene zu messen.

Aus den Gleichungen für $\Delta s'$, $\Delta p'$ und $\Delta q'$ lassen sich die Beziehungen für die geläufigen Fehlergattungen Astigmatismus, Koma, Rinnenfehler usw. definitionsgemäß entnehmen. Dasselbe gilt für den Verlauf der meridionalen und sagittalen Bildschalen und für die Bildfeldwölbung.

Eine wesentliche Vereinfachung für die Auswertung von Interferogrammen brachte die von Lau angegebene Dupligramm-Methode, die das Ausmessen und vor allem die graphische Differentiation der Wellenaberrationskurve umgeht. Dieses Verfahren beruht im wesentlichen darauf, daß die Moiréstreifen, die man erhält, wenn man das Interferogramm mit seinem Positiv oder Negativ überlagert, wobei das zweite Streifensystem gegen das erste eine Versetzung aufweist, ein Maß für den reziproken Wert der Schnittweitenaberration enthalten. Bezeichnet man (Abb. 5) mit η_n den Abstand eines Punktes der Dupligrammkurve n. Ordnung von der als ξ-Achse bezeichneten Mittelsenkrechten auf der Verschiebungsstrecke, mit $2p$ die Größe der Verschiebung der Zentren gegeneinander, so gilt die Beziehung

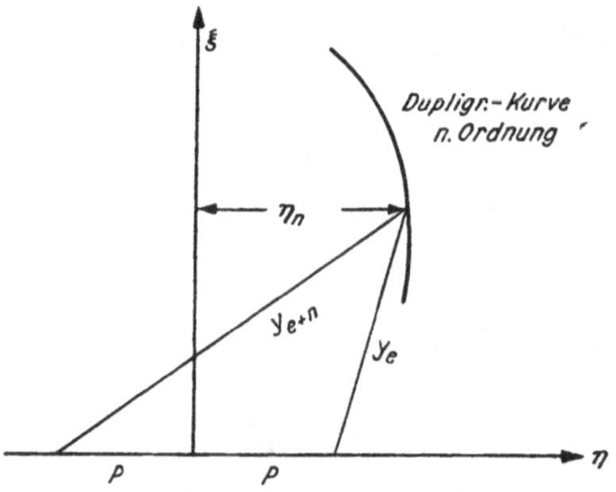

Abb. 5. Zur Auswertung eines Dupligramms

$$2p\eta_n = \underset{(-)}{+}\frac{\mathrm{d}r}{\mathrm{d}\Delta}\left(n-\frac{1}{2}\right)\cdot r\cdot\lambda\,,$$

worin r die Einfallshöhe ist. Eingesetzt in die obigen Gleichungen für $\Delta s'$ und $\Delta p'$, folgt

$$\Delta s' = \underset{(+)}{-}\frac{\left(n-\frac{1}{2}\right)\lambda(f-c)^2}{4p\eta_n\left(1+\frac{2c}{f}\right)}\left[1+\frac{3}{2}\,\frac{y^2}{(f-c)^2}\underset{(+)}{-}\frac{\left(n-\frac{1}{2}\right)\lambda(f-c)}{2p\eta_n}\left(1+\frac{5}{2}\,\frac{y^2}{(f-c)^2}\right)\right]$$

$$-\,c\,\frac{f+c-c\,\frac{y^2}{2f^2}}{f+2c}$$

$$\Delta p' = \underset{(+)}{-}\frac{\left(n-\frac{1}{2}\right)\lambda\cdot y(f-c)}{4p\eta_n\left(1-2c\,\frac{y^2}{f^3}\right)}\left[1+\frac{3}{2}\,\frac{y^2}{(f-c)^2}\underset{(-)}{+}\frac{\left(n-\frac{1}{2}\right)\cdot\lambda\cdot y^2}{2p\eta_n(f-c)}\right]-c\,\frac{y}{f}\,\frac{1-c\,\frac{y^2}{f^3}}{1-2c\,\frac{y^2}{f^3}}$$

oder in gröberer Näherung

$$\Delta s' = \underset{(+)}{-} \frac{\left(n - \frac{1}{2}\right) \lambda f^2}{4 p \eta_n} - c$$

$$\Delta p' = \underset{(+)}{-} \frac{\left(n - \frac{1}{2}\right) \lambda y f}{4 p \eta_n} - c \frac{y}{f}$$

Das jeweils eingeklammerte Vorzeichen gilt für den Fall $\Delta s' + c > 0$.

Überlagert man ein Interferogramm mit seinem Negativ, so ist anstelle des Faktors $n - \frac{1}{2}$ der Faktor n zu setzen. Die Abb. 6a und 6b zeigen ein Positiv-Positiv- und ein Positiv-Negativ-Dupligramm desselben Interferogramms.

Während man bei radialsymmetrischen Interferogrammen am zweckmäßigsten die Dupligrammstreifen der Ordnung $+1$ oder -1 zur Messung heranzieht – man überbrückt hier den größten Einfallshöhenbereich –, ist dieses Vorgehen bei Unsymmetrien im Interferenzbild nicht angebracht. In diesem Fall dürfen die Moiré-Streifen nur in unmittelbarer Umgebung der durch die Strecke $2p$ gegebenen Achse zur Messung herangezogen werden. Die Verschiebung der Interferogramme gegeneinander muß so groß gewählt werden, daß genügend viele Meßpunkte entstehen.

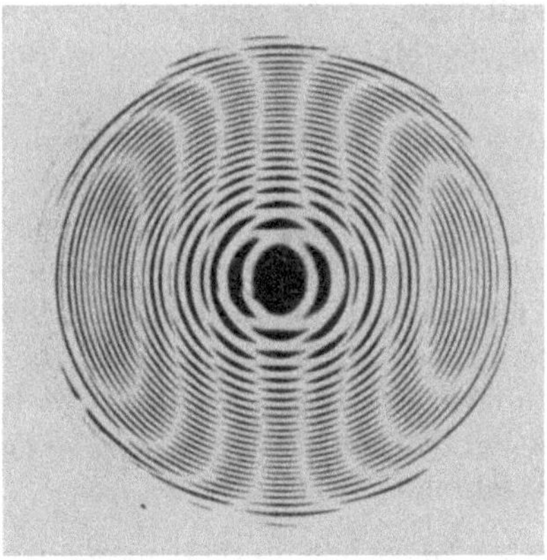

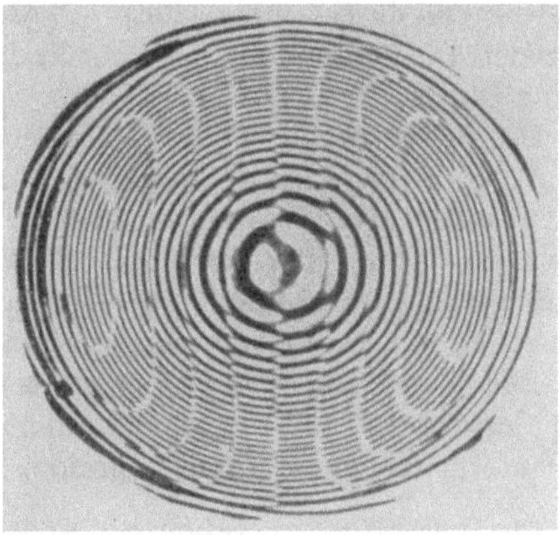

Abb. 6. a) Positiv-Positiv-Dupligramm b) Positiv-Negativ-Dupligramm

Wesentlich einfacher, mit geringerem Zeitaufwand verknüpft und auch genauer ist die direkte Messung der Aberrationen durch Kompensation. Die Kompensation der geometrisch-optischen Fehler kann grundsätzlich auf zwei Arten erfolgen:

Einmal, indem man den Prüfling längs des Hauptstrahls und in der Ebene senkrecht zu diesem so gegen das Vergleichswellenzentrum verschiebt, daß der dem Meßpunkt zugeordnete Strahl auf dieses zielend den Prüfling nach dem zweiten Durchgang verläßt. Zwischen dem Prüfobjektiv und dem Planspiegel

verläuft der Prüfstrahl dann parallel zum Hauptstrahl. Die vorgenommenen Verschiebungen sind die zu messenden Aberrationen: Verschiebung längs des Hauptstrahls $-\Delta s'$, $\Delta q'$ ist die notwendige Verschiebung senkrecht zum Hauptstrahl, senkrecht zum Meßazimut.
Die zweite Möglichkeit besteht darin, bei unveränderter Objektivjustierung objektseitig den Prüfstrahl so zu leiten, daß er beim Rückgang auf das Vergleichswellenzentrum zielt. Das ist erreicht, wenn man durch Neigen des Planspiegels den Prüfstrahl in sich reflektiert. Aus diesen zusätzlichen Neigungswinkeln müssen die Aberrationen berechnet werden.

Die erste Art der Kompensationsmessung ist für die Bestimmung der Fehler der Strahlenvereinigung aus verschiedenen Gründen vorzuziehen.

Der Durchstoßpunkt des Prüfstrahls durch die yz-Ebene zeichnet sich im Interferenzbild dadurch aus, daß dort infolge der Kompensation der Fehler der Anstieg der Wellenfläche gegen die Vergleichsfläche sowohl in y- als auch in z-Richtung den Wert Null hat. Die Kompensation der Schnittweitenaberration bzw. der korrespondierenden Queraberration $\Delta p'$ bewirkt, daß dieser Ort in y-Richtung Quelle oder Senke von Interferenzstreifen ist, wenn man eine Phasenverschiebung zwischen Vergleichs- und Prüfwellenfront erzeugt. Im Schnittlinieninterferenzbild liest man den Meßwert direkt als Stelle des relativen Extremums des Streifens ab, indem man durch entsprechende Phasenbeeinflussung einen dunklen Interferenzstreifen an dieser Stelle mit dem Fadenkreuz des Meßmarkensystems in Berührung bringt.

Der Schnittpunkt der hauptstrahlnahen Strahlen zeichnet sich dadurch aus, daß bei Annäherung aus einer Einstellung innerhalb der Kaustik heraus die Interferenzliniensenke, die sich in Richtung auf $y = 0$ verschiebt, mit der Quelle im Zentrum verschmilzt bzw. daß im Schnittlinieninterferenzbild die Interferenzkurve in der Umgebung von $y = 0$ parallel zur idealen Schnittgeraden verläuft.

Die Kompensationsmessung der Queraberrationen $\Delta p'$ und $\Delta q'$ ist infolge der kleinen Beträge der notwendigen Verschiebungen relativ ungenau. Es empfiehlt sich daher, $\Delta p'$ aus der Schnittweitenaberration zu errechnen und $\Delta q'$, wie oben erläutert, aus einem Interferogramm zu entnehmen.

Den Verlauf der meridionalen und sagittalen Bildschalen erhält man aus dem Abstand beider astigmatischer Bildpunkte vom Durchstoßpunkt des Hauptstrahls durch die paraxiale Bildebene, die Bildfeldwölbung aus dem Abstand der wellenoptisch besten Einstellung für jeden Bildwinkel von der paraxialen Bildebene. Die wellenoptisch beste Bildebene, wie man sie am Interferometer bestimmen kann, ist gekennzeichnet durch ein Minimum der mittleren Wellenaberration.

Der zweite Fehler des Bildortes, die Verzeichnung des Hauptstrahls, hat zur Folge, daß nach der Drehung des Prüflings um den bildseitigen Winkel σ' die Planspiegelnormale wohl in Richtung des bildseitigen, nicht aber in Richtung des objektseitigen Hauptstrahls zeigt. Demzufolge weist das Zentrum des Interferenzbildes im meridionalen Schnitt einen endlichen Anstieg der Wellenaberration auf. Ist zur Kompensation dieses Fehlers eine Neigung des Planspiegels um den Winkel $\Delta\sigma$ notwendig, so ergibt sich die Verzeichnung nach der üblichen Definition zu

$$\frac{\Delta H}{H} = \frac{2\Delta\sigma}{\sin 2\sigma'}$$

H ist die Durchstoßhöhe durch die Bildebene.

Die folgende Tabelle zeigt einen Überblick über die Unsicherheiten und den notwendigen Zeitaufwand für eine Messung der Schnittweitenaberration in den zwei Hauptschnitten eines Bildwinkels nach den verschiedenen Methoden. Die Angaben sind Erfahrungswerte für Objektive 1:2,8, $f = 80$ mm. Das Wiederansteigen des relativen Fehlers gegen den Rand hin liegt daran, daß im betreffenden Fall Randkorrektion vorlag, d. h. der Absolutbetrag der Aberration dort sehr klein war.

	y-Bereich	Direkte Messung	Berechnung aus der Δ-Messung		Dupligramm-Methode
			fokal	afokal	
Maximal-	1 mm < y < 4 mm	11%	Messung zu ungenau		
fehler	4 mm < y < 7 mm	6%	9%	10%	13%
von Δ s'	7 mm < y < 11 mm	3%	5%	4%	7%
	11 mm < y < 14 mm	8%	10%	9%	12%
Maximale Unsicherheit der Bestimmung der Lage der paraxialen Brennebene in mm		$1 \cdot 10^{-2}$	$3 \cdot 10^{-2}$		$3 \cdot 10^{-2}$
Erforderliche Arbeitszeit		3 Std.	7 Std.	10 Std.	5 Std.

Man erkennt sofort die Überlegenheit der direkten Meßmethode, da sowohl die Unsicherheit der Ergebnisse als auch die erforderliche Arbeitszeit nur knapp halb so groß ist wie bei den anderen Verfahren. Ist man gezwungen, die Auswertung von Interferenzfiguren anhand von Interferogrammen vorzunehmen, so wird man die etwas größeren Fehler der Dupligramm-Methode im Hinblick auf den wesentlich geringeren Arbeitsaufwand gegenüber der photometrischen Auswertung in Kauf nehmen.

Die Bestimmung der meridionalen Komponente der sagittalen Aberration erfolgte mit einer Unsicherheit von durchschnittlich 6%. Die Messung dauerte für einen Bildwinkel rd. $1^1/_2$ Std.

Der absolute Fehler der Verzeichnungsmessung beträgt bei der vorliegenden Konstruktion des Interferometers $1 \cdot 10^{-4}$.

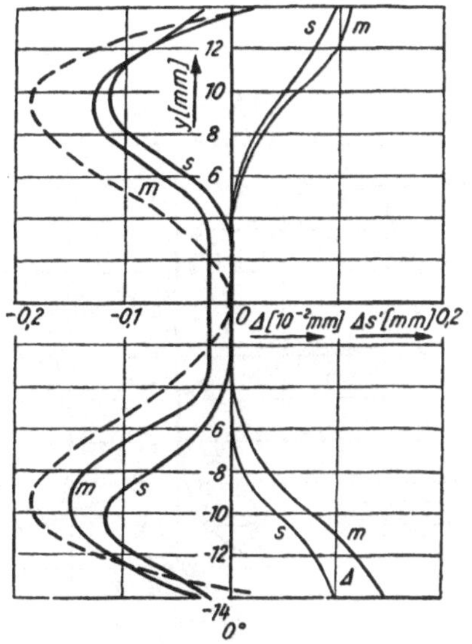

Abb. 7.
Schnittweitenaberration $\Delta s'$ und Wellenaberration Δ bei dem Bildwinkel 0°

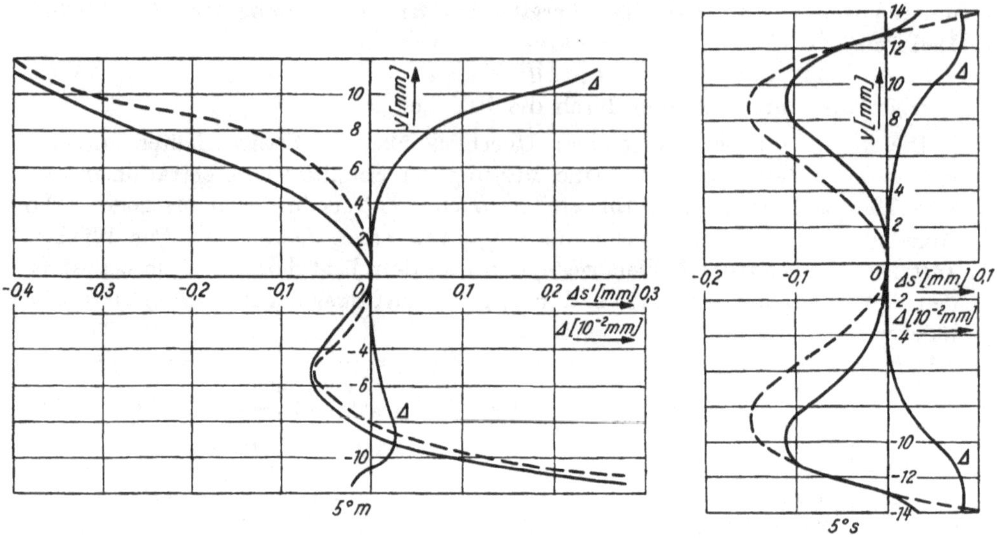

a) Meridionalschnitt

b) Sagittalschnitt

Abb. 8. Schnittweitenaberration und Wellenaberration bei dem Bildwinkel 5°

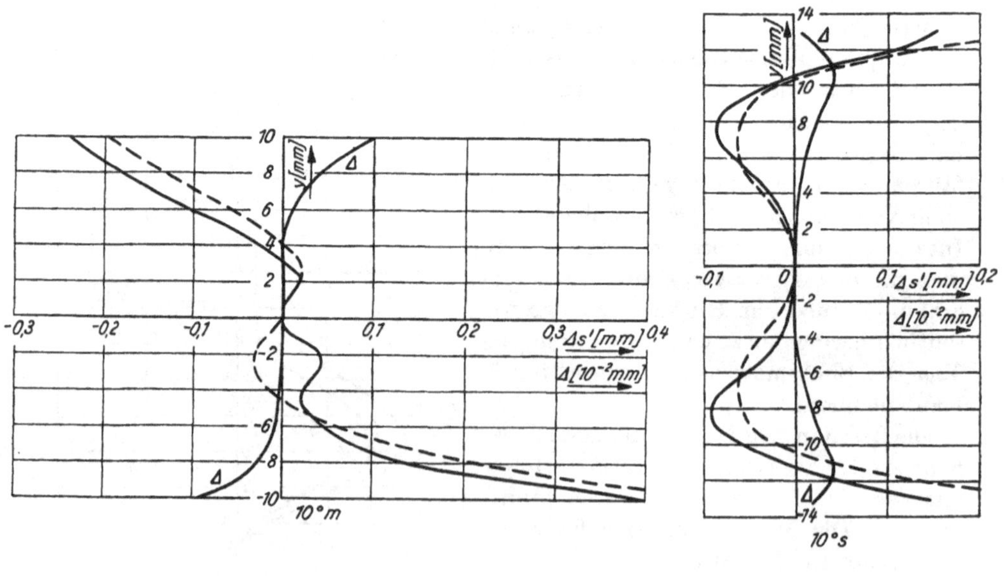

a) Meridionalschnitt

b) Sagittalschnitt

Abb. 9. Schnittweitenaberration und Wellenaberration bei dem Bildwinkel 10°

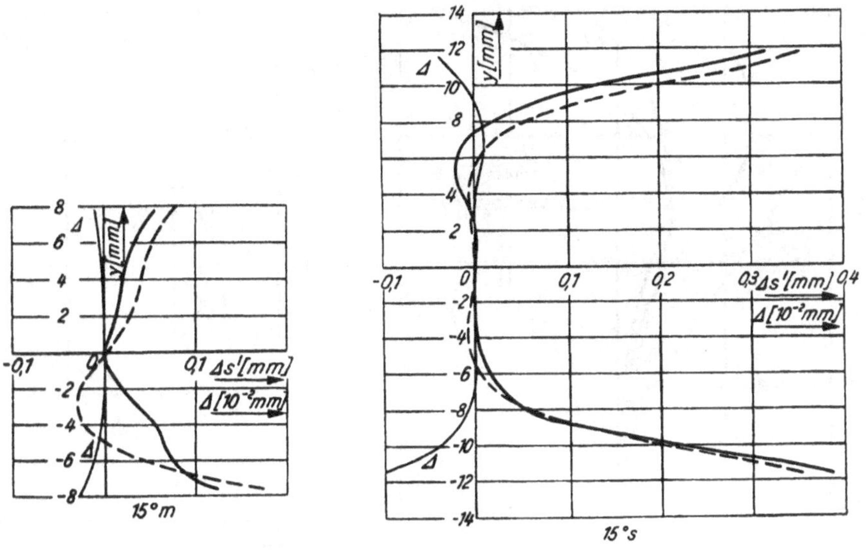

a) Meridionalschnitt

b) Sagittalschnitt

Abb. 10. Schnittweitenaberration und Wellenaberration bei dem Bildwinkel 15°

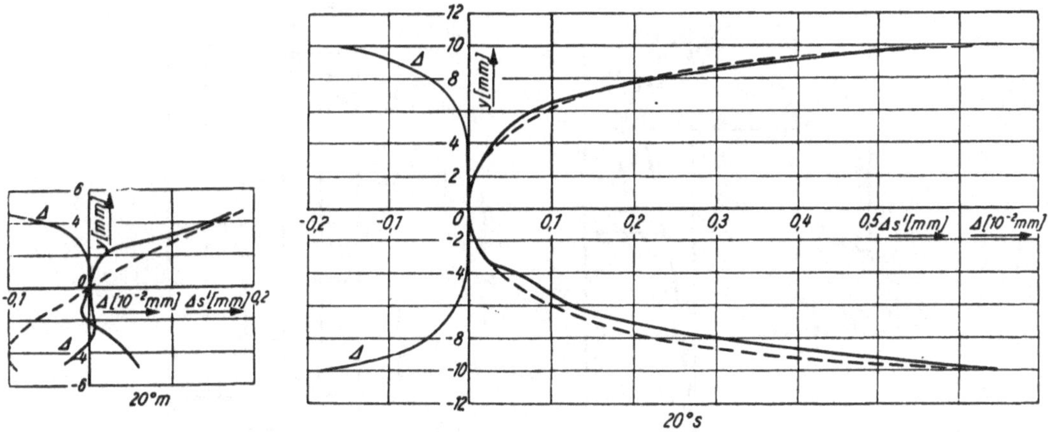

a) Meridionalschnitt

b) Sagittalschnitt

Abb. 11. Schnittweitenaberration und Wellenaberration bei dem Bildwinkel 20°

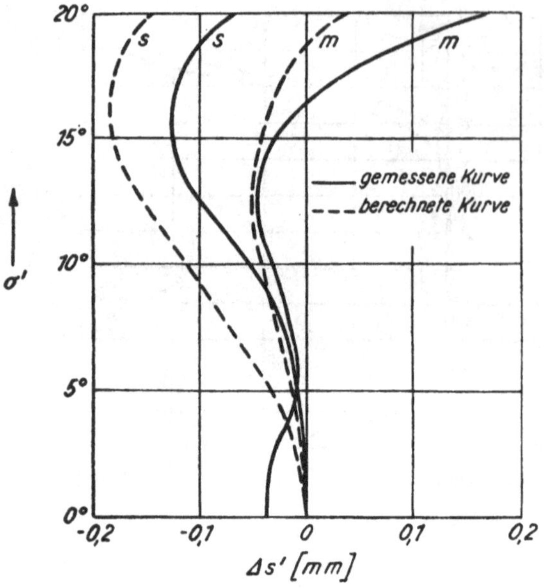

Abb. 12.
Verlauf der meridionalen und sagittalen Bildschale

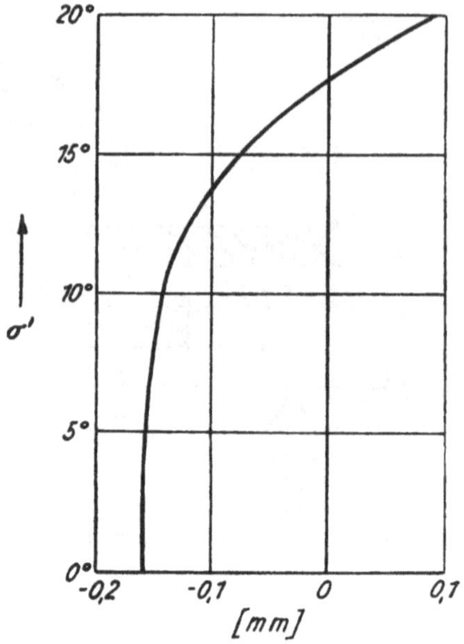

Abb. 13.
Abweichung der wellenoptisch besten Bildebene von der paraxialen Bildebene

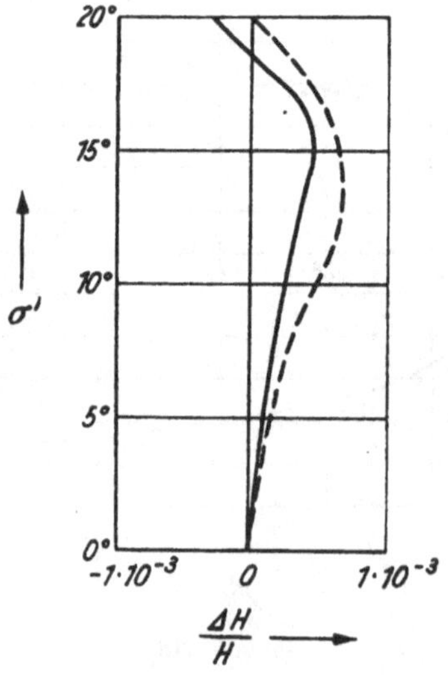

Abb. 14. Verzeichnung

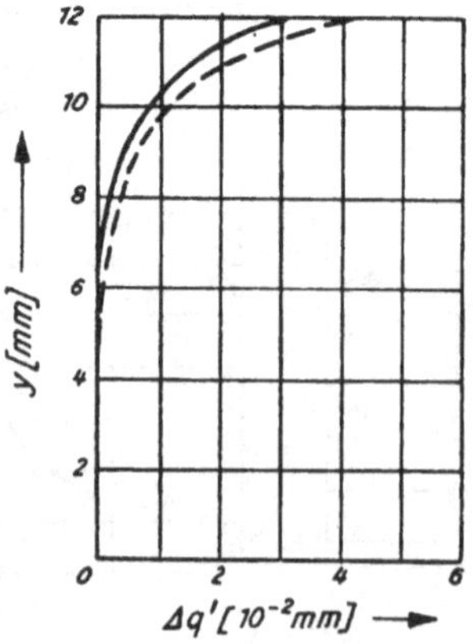

Abb. 15.
Meridionale Komponente der sagittalen Aberration für den Bildwinkel 15°

Die in den folgenden Abbildungen zusammengestellten Meßergebnisse zeigen die geometrisch-optischen Abbildungsfehler eines Biometars 1:2,8, $f = 80$ mm, einer Versuchsrechnung des VEB Carl Zeiss JENA aus dem Jahre 1948. Die Ergebnisse der trigonometrischen Durchrechnung sind als gestrichelte Kurven eingezeichnet, die Wellenaberration wird durch die schwach ausgezogenen Linien wiedergegeben.

Der Prüfling zeigt infolge eines Zentrierfehlers bereits auf der Achse Astigmatismus; die so ausgezeichneten Azimute der Öffnung wurden für die endlichen Bildwinkel als Sagittal-(s)- bzw. Meridionalschnitt (m) gewählt.

In den Darstellungen 7···11 wurden, um einen besseren Vergleich zu ermöglichen, die Schnittpunkte der hauptstrahlnahen Strahlen von Rechnung und Messung zusammengelegt, die in Wirklichkeit vorhandene Differenz der Lage dieser Schnittpunkte ist aus der Darstellung des Verlaufs der astigmatischen Bildschalen (Abb. 11a) zu entnehmen.

Diese Meßergebnisse sind ein Beispiel dafür, daß durch Fertigungsfehler verursachte Abweichungen zwischen der Rechnung und den Aberrationen des realen Objektivs auch bei einigermaßen guter Übereinstimmung auf der Achse bei größeren Bildwinkeln recht erheblich werden können.

Zusammenfassung

Es wird ein Überblick über verschiedene Methoden zur Bestimmung der geometrisch-optischen Abbildungsfehler von Photo-Objektiven aus den Indikationen der Twyman-Interferometer gegeben. Diese Verfahren werden untereinander im Hinblick auf die Meßunsicherheit und die erforderliche Arbeitszeit verglichen. Für ein Photo-Objektiv 1:2,8, $f = 80$ mm werden für die Achse und verschiedene Bildwinkel Meßwerte für die Wellenaberration und die geometrisch-optischen Aberrationen angegeben und den Ergebnissen der trigonometrischen Durchrechnung gegenübergestellt.

VEB Carl Zeiss JENA

Literatur

[1] Twyman, ,,Interferometers for the Experimental Study of Optical Systems from the point of view of the Wave Theory'', Phil. Mag., **35**, Nr. 205, 49 (1918).

[2] Twyman, ,,Interferometer zur Prüfung photographischer Objektive'', Übersetzung von K. Fricke aus Trans. Opt. Soc. Lond., **22**, Nr. 4, 174 (1920/21).

[3] Perry, ,,The Determination of Aberrations, as expressed in Geometrical Optics, from the Indications of the Hilger-Interferometer'', Trans. Opt. Soc. Lond., **25**, Nr. 3, 97 (1923/24).

[4] Butkow, ,,Über die Berechnung der Aberrationen dritter Ordnung auf Grund der im Twymanschen Interferometer beobachteten Interferenzbilder'', Z. Physik, **22**, 6, 384 (1924).

[5] Butkow, ,,Über die experimentelle Bestimmung der Aberrationen mit Hilfe des Twymanschen Interferometers'', Z. Physik, **30**, 268 (1924).

[6] Kingslake, „The Interferometer Patterns due to the Primary Aberrations", Trans. Opt. Soc. Lond., **27**, 94 (1926).
[7] Kingslake, „The Analysis of an Interferogramm", Trans. Opt. Soc. Lond., **28**, 1, 1 (1927).
[8] Maréchal-Dejonc, „Quelques aspects des franges de Twyman", Revue d'Optique, **29**, 430 (1950).
[9] Bauer-Lau, „Bestimmung der Fehler photographischer Objektive nach der Interferenzmethode", Feingerätetechnik, **1**, 2, 64 (1952).
[10] Murcott-Gottfried, „Photographic Resolving Power and Aberrations of Lenses", JOSA, **45**, Nr. 6, 434 (1955).
[11] Lau, „Die Dupligramm-Methode", Bericht über die Optik-Tagung 1954 in Jena, S. 8.
[12] Bauer, „Anwendung der Dupligramm-Methode bei der interferentiellen Prüfung von Objektiven", Bericht über die Optik-Tagung 1954 in Jena, S. 12.
[13] Lau, „Über die Anwendung des Dupligramm-Verfahrens zur Prüfung und Messung sphärischer Flächen", Feingerätetechnik, **3**, 10, 431 (1954).
[14] Lau, „Die Dupligramm-Methode zur Auswertung von Interferogrammen", Optik, **12**, 1, 23 (1955).

R. SCHALGE, Berlin

Verwendung von Rastern zur Objektivprüfung

Die grundsätzliche Anordnung zum Nachweis von Abbildungsfehlern optischer Systeme mit Hilfe von Rastern ist folgende: Ein Objektraster wird beleuchtet und vom Prüfling auf einen zweiten, den Analysenraster, abgebildet. Die Entfernungen bzw. die Gitterkonstanten der Raster sind so zu wählen, daß die Gitterkonstante des Bildes des Objektrasters mit dem zweiten ungefähr übereinstimmt. Die beiden Raster sind gegeneinander um einen kleinen Winkel verdreht, so daß auf dem Analysenraster Überlagerungsstreifen, auch Moiré-Linien genannt, auftreten, aus deren Verlauf auf Abbildungsfehler geschlossen werden kann.

Diese Anordnung erlaubt es, gewisse Eigenschaften von Doppelrastern mit Vorteil auszunutzen. Dabei handelt es sich im wesentlichen um Vergrößerungseffekte. Infolge der endlichen Breite der Spalte der Raster besitzen die Überlagerungsstreifen bei gegebenem Winkel der Verdrehung ebenfalls eine gewisse Breite. Werden jetzt die Spalte des einen Rasters irgendwie verbreitert, so macht sich dies als Verbreiterung der Überlagerungsstreifen bemerkbar, und zwar ist die Verbreiterung der Streifen der der Spalte proportional.

Dieser eben beschriebene Fall liegt auch vor, wenn ein Raster auf einen anderen abgebildet wird (entspr. Abb. 1); denn die Spaltbilder des einen Rasters erleiden ja infolge der Restfehler des Prüflings eine Verbreiterung. Die Abb. 2 ist ein Beispiel hierzu. Die verwendeten Raster hatten eine Gitterkonstante von je 0,4 mm. Die Abbildung des Objektrasters erfolgte im Maßstab 1 : 1. Der Prüfling, ein Photoobjektiv, wurde bei voller Öffnung (1 : 3,5) verwendet. Die Einschnürung in den Überlagerungsstreifen entspricht der Abbildung in der Achse. Zum Rande

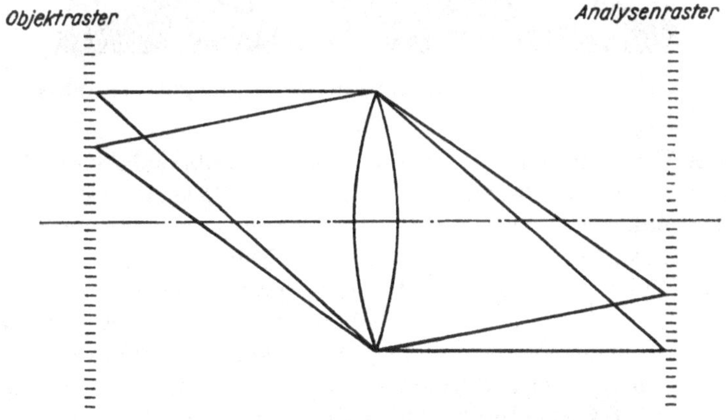

Abb. 1. Schematische Darstellung der Anordnung

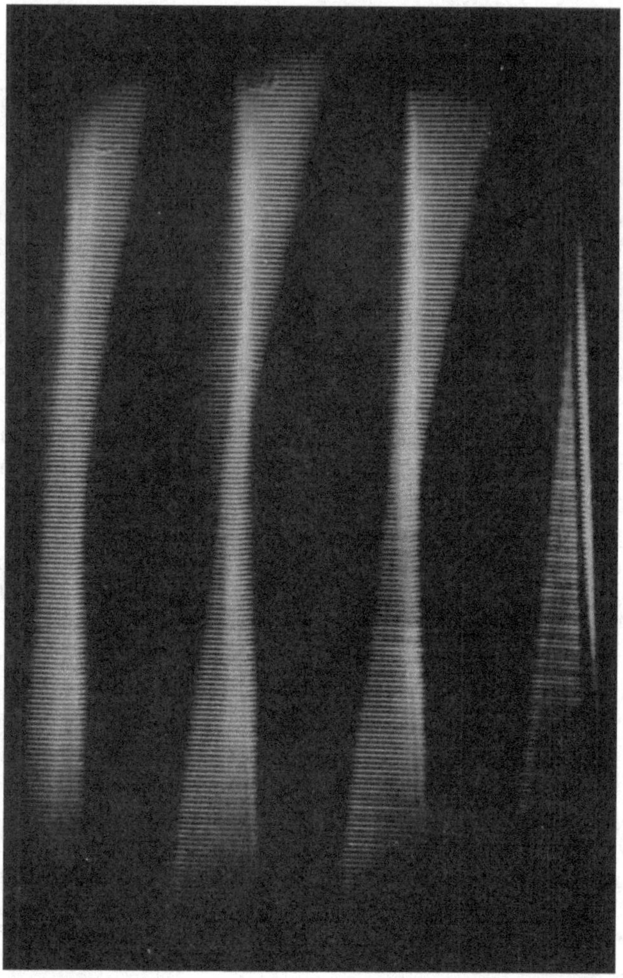

Abb. 2. Überlagerungsstreifen bei voller Öffnung des Prüflings

hin tritt eine Verbreiterung auf; d.h. es kommen außeraxiale Abbildungsfehler hinzu, die noch mit dem Bildwinkel zunehmen, der hier maximal 7° betrug. Die Verbreiterung entspricht einer Kontrastminderung im Bild. Man kann der Abbildung entnehmen, daß bei 7° noch eine Auflösung von Strichen im Abstand von 0,4 mm möglich ist, wobei zwischen den Spaltbildern ein deutliches Intensitäts-Minimum läge. Bei einem Gitter mit 0,2 mm Spaltabstand hingegen wäre dieses Minimum nicht mehr ausgeprägt. Denn bei diesem Bildwinkel beträgt die Verbreiterung einen halben Streifenabstand; auf Grund der Proportionalität entspricht dies einer Verbreiterung der Spaltbilder um eine halbe Gitterkonstante, nämlich 0,2 mm. Es muß noch erwähnt werden, daß die chromatischen Fehler

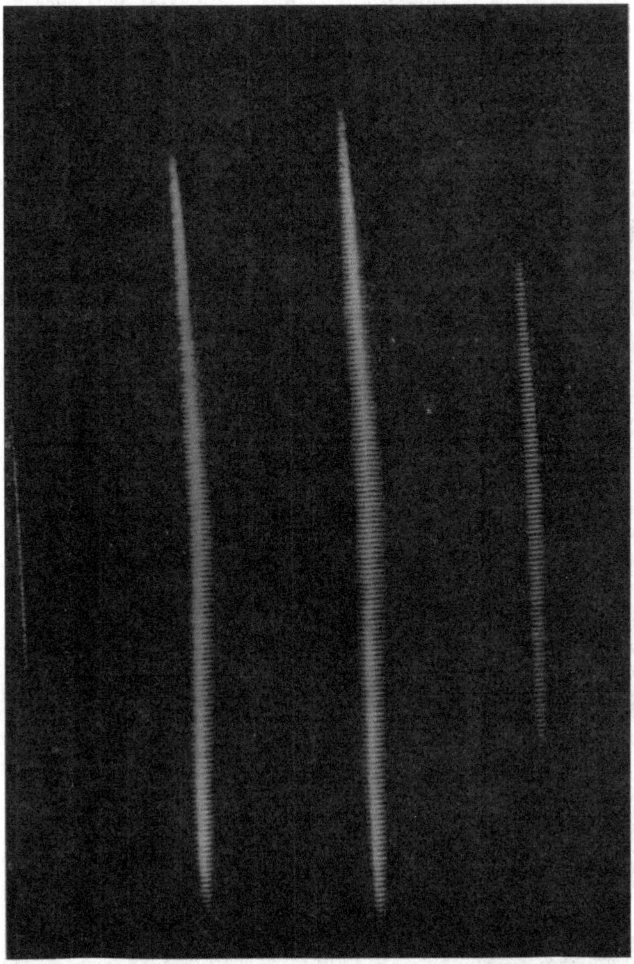

Abb. 3. Überlagerungsstreifen bei optimaler Abblendung des Prüflings

sich durch die Farbigkeit der Überlagerungsstreifen zu erkennen geben. Bei Abblendung des Prüflings wird die Überlagerungsfigur schmaler. Man erreicht schließlich eine optimale Blende, bei der die Streifen am schmalsten sind (Abb. 3). Weitere Abblendung bewirkt wieder eine Verbreiterung als Folge der Beugung an der Blende. Abb. 4 zeigt Überlagerungsstreifen, wie sie bei kleinster Blende des Prüflings auftreten. Unter Berücksichtigung der Bildweite war die Blendenzahl 64.

Die beschriebenen Erscheinungen entstehen durch das Zusammenwirken aller Abbildungsfehler. Will man die sphärische Aberration z. B. allein darstellen, so braucht man nur in den Bild-Brennpunkt eine enge Blende zu stellen; (Abb. 5) im übrigen kann die Anordnung entsprechend Absatz 1 bestehen bleiben. Das Bild des ersten Rasters entsteht jetzt durch sehr enge Bündel, deren Querschnitt durch den Durchmesser der Blende bestimmt ist. Wäre der Prüfling ein ideal abbildendes System, so könnten objektseitig nur achsenparallele Bündel an der Abbildung teilhaben, und man sollte bildseitig geradlinige, äquidistante Überlagerungsstreifen erwarten. Abbildungsfehler hingegen, hier die sphärische Aberration,

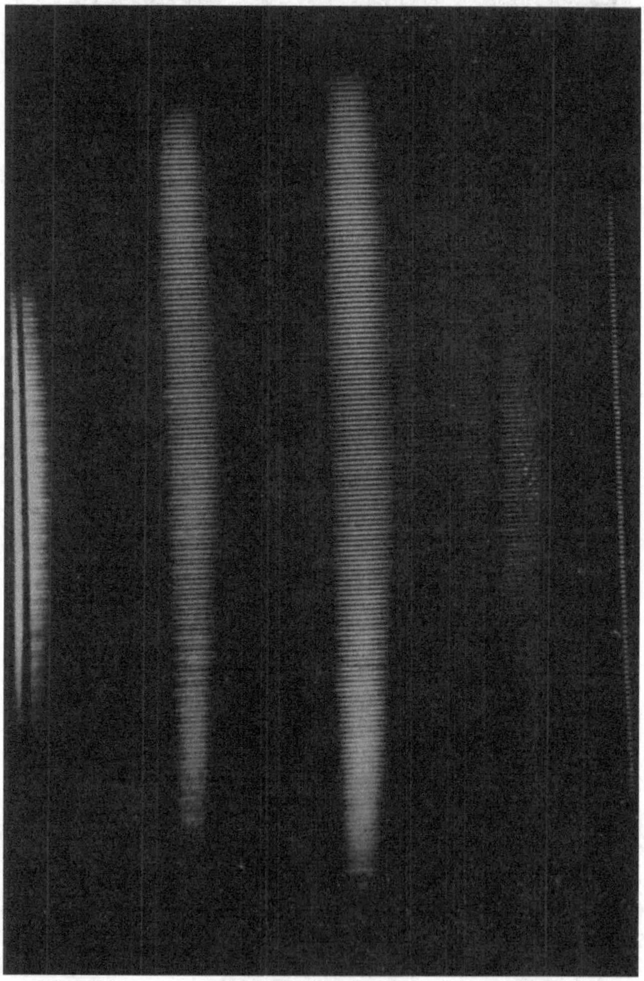

Abb. 4. Überlagerungsstreifen bei kleinster Blende des Prüflings

werden als Krümmungen der Streifen angezeigt (Abb. 6). Allerdings bewirkt bei dieser einfachen Versuchsanordnung auch die Sinus-Bedingung eine Krümmung der Streifen, so daß im realen Falle beide, Sinus-Bedingung und sphärische Aberration, zusammen eine resultierende Krümmung hervorrufen.

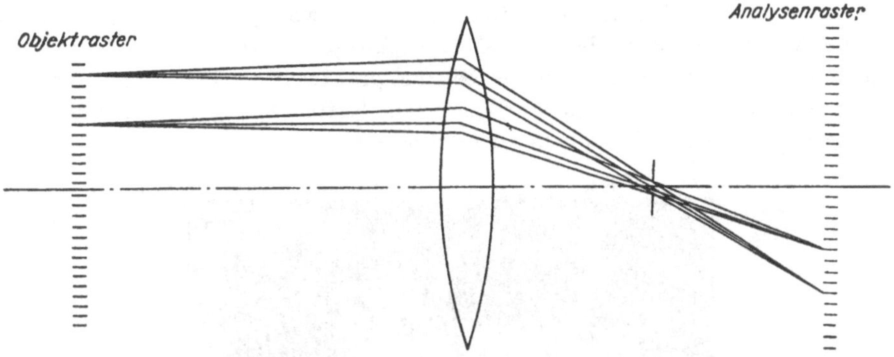

Abb. 5. Überlagerungsstreifen bei vorhandener sphärischer Aberration (Anordnung entsprechend Abb. 7)

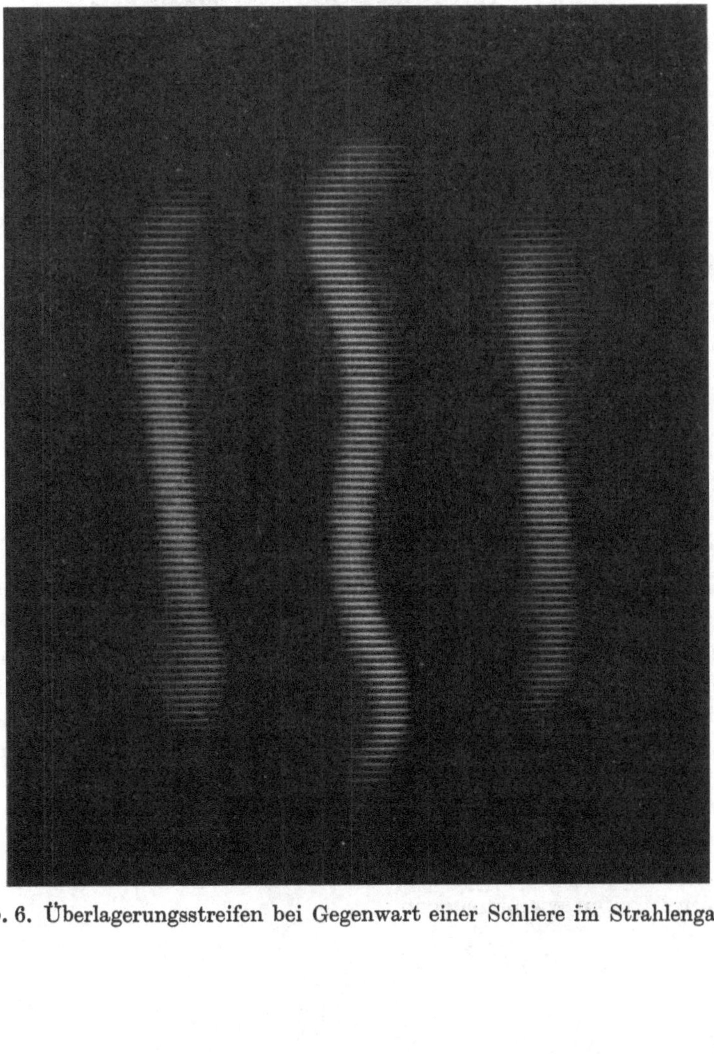

Abb. 6. Überlagerungsstreifen bei Gegenwart einer Schliere im Strahlengang

Die angeführten Beispiele betreffen zwar nur zwei spezielle Fälle, doch läßt sich die Anordnung so variieren, daß eine Prüfung unter solchen Bedingungen vorgenommen werden kann, wie sie bei der praktischen Verwendung des Prüflings vorliegen. Es ist vielleicht auch möglich, Raster in dieser Weise zur Serienprüfung von optischen Systemen zu verwenden

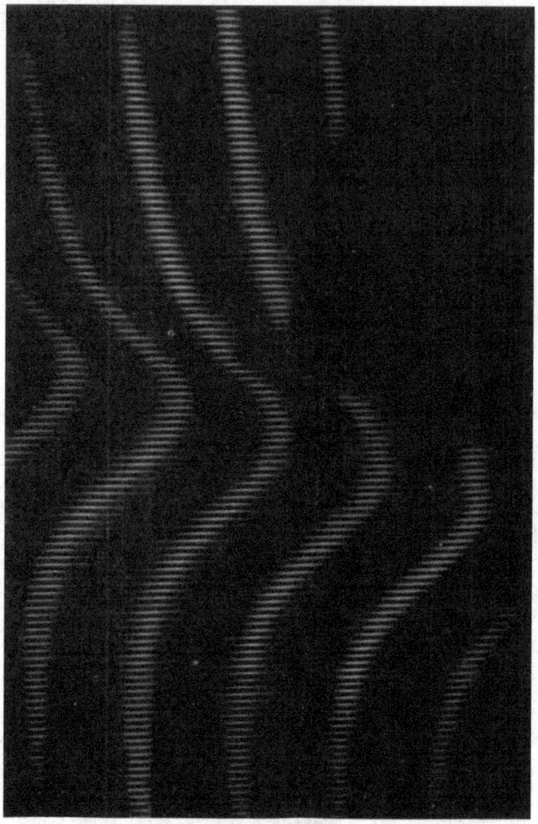

Abb. 7. Schematische Darstellung der Anordnung, Blende im Brennpunkt

Die Anordnung (entspr. Abb. 1) ist außerdem als Schlierengerät anwendbar. Abb. 7 zeigt hierzu ein Beispiel. Als abbildendes System diente ein Photoobjektiv, das hier aber bei optimaler Abblendung benutzt wurde. Die Abbildung des ersten Rasters geschah hier durch eine Küvette hindurch, in der zwei mischbare Flüssigkeiten verschiedener Dichte übereinander geschichtet waren. Der sich einstellende Gradient des Brechungsindex verursacht unterschiedliche Ablenkungen der Strahlen, wodurch ein verzerrtes Bild des Rasters entsteht. Diese Verzerrungen werden in stark vergrößertem Maße als Auslenkungen der sonst geradlinigen Überlagerungsstreifen wiedergegeben.

Zusammenfassung

Es wird eine Raster-Methode für die Objektivprüfung skizziert, bei der Eigenschaften von Überlagerungsstreifen, wie sie bei Doppelrastern auftreten, zum Nachweis der Abbildungsfehler ausgenutzt werden. Die Anordnung läßt sich so gestalten, daß sie einer Leistungsprüfung für das ganze Bildfeld entspricht, aber auch einzelne Bildfehler anzuzeigen gestattet. Für beide Fälle werden Beispiele angegeben[1]). Ein weiteres Beispiel betrifft den Nachweis von Schlieren.

Berlin-Adlershof, Institut für Optik und Spektroskopie der DAdW

[1]) Raster zum Nachweis von Abbildungsfehlern wurden schon früher verwendet, s. inbes. V. Ronchi: N. C. 1924. Allerdings dienten zum Nachweis andere Erscheinungen.

CHR. HILLER, Berlin-Adlershof

Vergleichende Untersuchungen über verschiedene Verfahren der Äquidensitometrie

Über die Methode der Äquidensitometrie ist schon mehrfach berichtet worden [1], [4], [5], [6], [7], [10], so daß hier nur kurz auf die Herstellung der Äquidensiten und dann auf einige Besonderheiten eingegangen werden soll. An Hand verschiedener Beispiele werden im wesentlichen zwei Verfahren miteinander verglichen.

Zur Nomenklatur ist zu sagen, daß als Äquidensiten Kurven gleicher Schwärzung auf der photographischen Platte, als Isophoten dagegen die Linien gleicher Helligkeit am Objekt bezeichnet werden.

Abb. 1 zeigt eine Zusammenstellung der Äquidensitenverfahren.

Verfahren der Äquidensitometrie

A. *Photographische Verfahren*
1. *Zweiplatten-Verfahren*
2. *Sabattier-Verfahren*
3. *Streulicht-Verfahren*
4. *Schwärzungsplastik-Verfahren*
5. *Photochemische Verfahren*
6. *Kombinierte Verfahren*

B. *Elektronische Verfahren*
1. *Komparativ-Verfahren*
2. *Differenzier-Verfahren*
3. *Multiplikativ-Verfahren*
4. *Selektions-Verfahren*

Abb. 1. Verfahren der Äquidensitometrie

Als hauptsächliche photographische Verfahren sind zu nennen das *Positiv-Negativ-* oder Zwei-Platten-Verfahren, die Herstellung der Äquidensiten nach den SABATTIER-*Effekt* und das Schwärzungsplastik-Verfahren.

Beim *Zwei-Platten-Verfahren* werden ein Positiv und ein Negativ übereinandergelegt, auf der Kopie erscheint als Kombination beider Schwärzungswerte eine Äquidensite. Beim SABATTIER-Verfahren wird die Platte belichtet und anentwickelt und durch Nachbelichtung die entstandene Schwärzung auf die noch unbelichteten Teile der Platte kopiert. Durch Zusammenwirken der ursprünglichen und der SABATTIER-Schwärzung entsteht eine Äquidensite. Die Methode der Schwärzungsplastik [10] beruht darauf, daß die Schwärzung einer photographischen Platte ein Silbergebirge mit mechanischen Niveauunterschieden darstellt. Legt man die Platte unter ein Interferenzmikroskop, so beobachtet man Interferenzlinien, die im Falle des parallelen Schnittes Äquidensiten darstellen, vergleichbar mit den Niveaulinien eines Gebirges.

Das Schwärzungsplastik-Verfahren hat den Vorteil, daß noch Schwärzungen, die dioptrisch nicht mehr erfaßbar sind, analysiert werden können. Allerdings ist der auswertbare Bereich sehr klein. Das Gesichtsfeld beträgt z. B. im Interferenzmikroskop nach KRUG und LAU [11] einige Millimeter, so daß diese Methode praktisch nur zur Analyse kleiner Details herangezogen werden kann.

Neben den photographischen stehen die elektromechanischen bzw. elektronischen Verfahren der Äquidensitenaufzeichnung. In verschiedenen Ländern beschäftigt man sich mit der Entwicklung elektronischer Methoden [2], [8] und der Konstruktion von sog. Isophotometern bzw. Äquidensographen, die besonders aus dem Aufgabengebiet der Astrophysik hervorgegangen sind [12], [13], [14], [15].

Es soll hier nur auf ein in unserem Institut entwickeltes Verfahren eingegangen werden; es entspricht dem Selektionsverfahren.

Zunächst noch einige Bemerkungen zu den photographischen Äquidensiten.

Gradation und Form der Schwärzungskurve der verwendeten Plattensorte sind von entscheidendem Einfluß auf die Gestalt der Äquidensite. Sie sind maßgebend für Breite, Tiefe und Symmetrie. Denken wir zunächst zur besseren Verdeutlichung an das Zwei-Platten-Verfahren (Abb. 2). Es sei γ_1 die Gradation der ersten Platte, γ_2 die Gradation der zweiten Platte. Die Kopie von (1) auf (2) ergibt $-\gamma_1\gamma_2$, die resultierende Äquidensite hat dann die Flankensteilheiten γ_1 und $\gamma^* = -(\gamma_1\gamma_2 - \gamma_1)$.

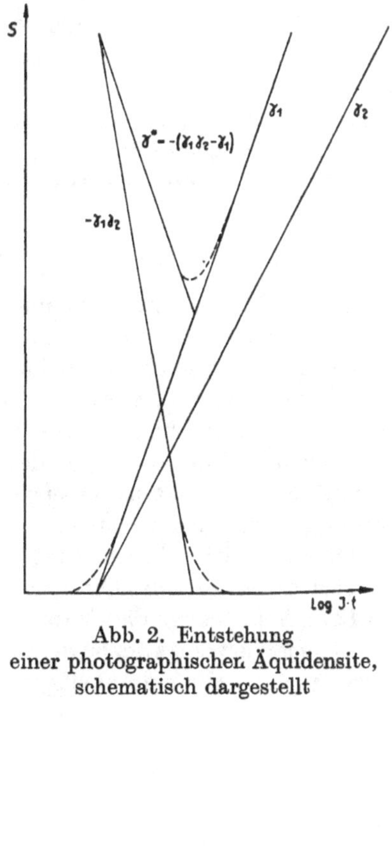

Abb. 2. Entstehung einer photographischen Äquidensite, schematisch dargestellt

Die ausgezogenen Kurven sind idealisierte, die gestrichelten Kurven gemessene Schwärzungskurven und die jeweils daraus konstruierten Äquidensiten. Auf die gestrichelte Äquidensite wird weiter unten noch näher eingegangen.

Aus den jeweiligen Gradationen ergibt sich eine Vielfalt der möglichen Äquidensiten [16]. In Abb. 3 ist das Schema einer ganzen Äquidensitenschar in Form von idealisierten Schwärzungskurven gezeichnet. Vom Nullpunkt aus sind entgegen dem Uhrzeigersinne die γ_1-Werte, von einem maximalen Schwärzungswert im Uhrzeigersinn die γ^*-Werte aufgetragen. Die γ_2-Werte erscheinen als Parallelen

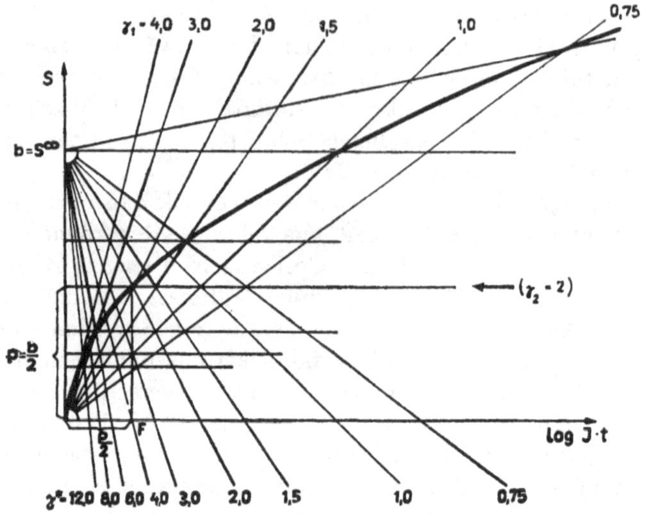

Abb. 3. Schematische Darstellung der Äquidensitenscharen

zur x-Achse. Es zeigt sich, daß alle Äquidensiten mit gleichem γ_2-Wert dieselbe Tiefe besitzen, wobei gilt: Größerer γ_2-Wert ergibt größere Tiefe, größerer γ_1-Wert ergibt geringere Breite. Die stark ausgezogene Kurve (eine Parabel) verbindet die Scheitelpunkte aller Äquidensiten mit den Werten $\gamma_1 = \gamma_2$. Dazu gehören z.B. alle Äquidensiten, die nach dem normalen SABATTIERverfahren entstehen.

Es gibt nun einen ausgezeichneten Wert, für den symmetrische Äquidensiten entstehen, und zwar für $\gamma_2 = 2$, unabhängig von γ_1. Für symmetrische Äquidensiten, wie sie für manche Auswertverfahren wünschenswert sind, gilt die Bedingung

$$|\gamma_1| = |\gamma_1\gamma_2 - \gamma_1|$$

also die Steilheit der ersten Flanke der Äquidensite = Steilheit der zweiten Flanke. Dies ist nur möglich für $\gamma_2 = 2$.

Die in Abb. 2 schematisch konstruierte Äquidensite (ausgezogene Kurve) ist symmetrisch ($\gamma_1 = 3$, $\gamma_2 = 2$). Betrachtet man dagegen die gestrichelte Kurve (gemessene Schwärzungskurve), so zeigt sich, daß der Durchhang die Symmetrie verschlechtert und die Lage des Scheitelpunktes verschiebt. Zur Herstellung symmetrischer Äquidensiten ergibt sich daraus die Forderung, bei geringer Gradation geradlinige Kurven mit möglichst kleinem Durchhang zu erzeugen. Ein brauchbares Mittel dazu ist das Einfärben der photographischen Schicht [9]. Es eignet sich dazu eine Mischung von Echtlicht-Orange und Anthralangelb im Verhältnis 4 : 5. Abb. 4 zeigt die Schwärzungskurven von PRINTON-Platten, die mit verschiedenen Konzentrationen der oben erwähnten Farbstoffe eingefärbt wurden. Die Kurve $\gamma = 8$ stellt eine uneingefärbte Platte dar, die Kurven $\gamma = 3$ bis $\gamma = 0{,}8$

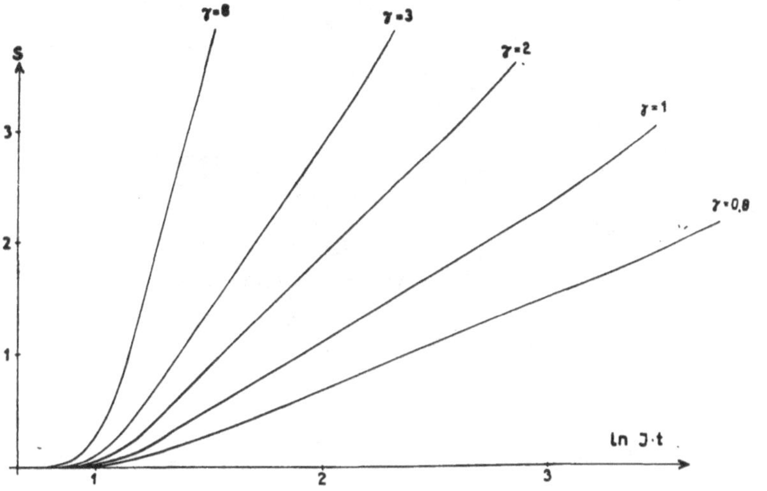

Abb. 4.
Schwärzungskurven von PRINTON-Platten
$\gamma = 8$ uneingefärbte Platte, $\gamma = 3$ bis $\gamma = 0{,}8$ eingefärbte Platten

sind eingefärbte Platten. Die Schwellenempfindlichkeit der eingefärbten Schicht ist gegenüber der uneingefärbten nur wenig verändert, der Belichtungsumfang erheblich vergrößert. Die Schwärzungskurven zeigen bei flachem Verlauf geringen Durchhang und gute Linearität, also Eigenschaften, wie sie zur Äquidensitenherstellung verlangt werden. Praktisch lassen sich allerdings genau symmetrische Äquidensiten trotz geringen Durchhanges nur schwer erzeugen. Nach bisherigen Versuchen hat sich ein etwas höherer γ-Wert (zum Ausgleich zwischen Steilheit und Durchhang) als geeignet erwiesen. Ferner sind die eingefärbten Platten sehr empfindlich gegen äußere Einflüsse (Staub usw.)

Neben den photographischen stehen die elektronischen Verfahren der Äquidensitenherstellung. In Abb. 5 ist schematisch der Äquidensograph dargestellt, der Äquidensiten nach dem Selektionsverfahren erzeugt. Die zu untersuchende Platte P_1 und die Aufnahmeplatte P_2 befinden sich auf einem Schlitten, der sich mit einem Vorschub von 0,05 mm unter einem Mikroskop ($0_1/0_2$) bzw. Mikroprojektor 0_4 hin und her bewegt. Ein kleines Bildelement von P_1 wird auf die Schicht des SEV abgebildet. Einer bestimmten Durchlässigkeit entspricht eine bestimmte Spannung. Am Intensitätsfilter J kann die Spannung entsprechend der gewünschten Schwärzung eingestellt werden, und nur für diesen Wert wird die Kerrzelle Z geöffnet und auf P_2 ein Punkt geschrieben. Im Gegensatz zu den photographischen Äquidensiten, die von vornherein eine zweidimensionale Photometrie ermöglichen, muß dies beim elektronischen Verfahren, das mit zeilenförmiger Abtastung arbeitet, durch Zusammensetzung der Zeilen zu einem zweidimensionalen Bild erreicht werden.

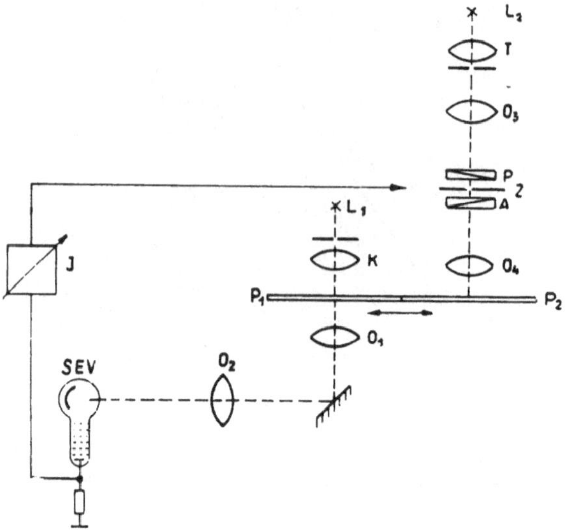

Abb. 5. Äquidensograph, schematisch dargestellt

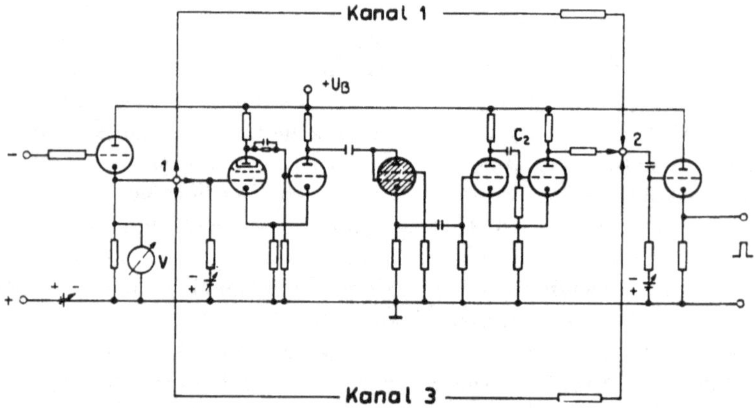

Abb. 6. Schaltskizze des Intensitätsfilters

Eine Schaltskizze des Intensitätsfilters zeigt Abb. 6. Es werden 3 Äquidensiten auf einmal geschrieben. Nach einer Impedanzstufe zur Anpassung des Multipliers an den Eingang erfolgt bei Punkt 1 eine Aufteilung in 3 Kanäle (in der Zeichnung ist nur ein Kanal dargestellt). Ein Multivibrator mit zwei stabilen Lagen erzeugt einen rechteckigen Spannungsanstieg – durch die Wahl des Arbeitspunktes der Röhre kann die Äquidensite eingestellt werden –, das Thyratron liefert einen nadelförmigen Impuls, der beim zweiten Multivibrator einen Rechteckimpuls auslöst. In jedem Kanal hat der Multivibrator eine andere Zeitkonstante, so daß auf der Aufnahmeplatte unterschiedliche Strichlängen geschrieben werden. In Punkt 2

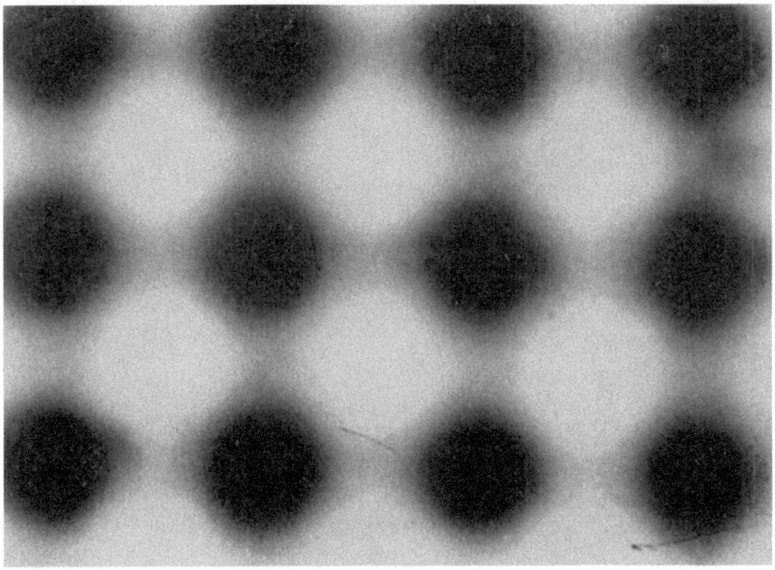

a) Objekt

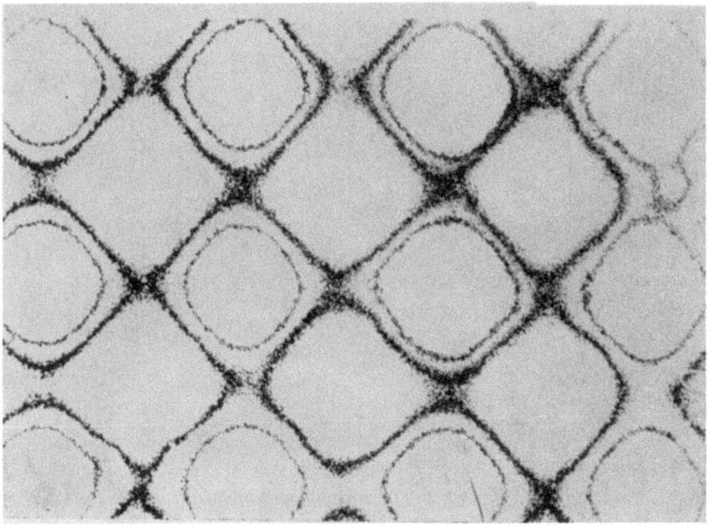

b) photogr. Äquidensiten 2. Stufe

Abb. 7. gekreuzte Interferenzstreifen

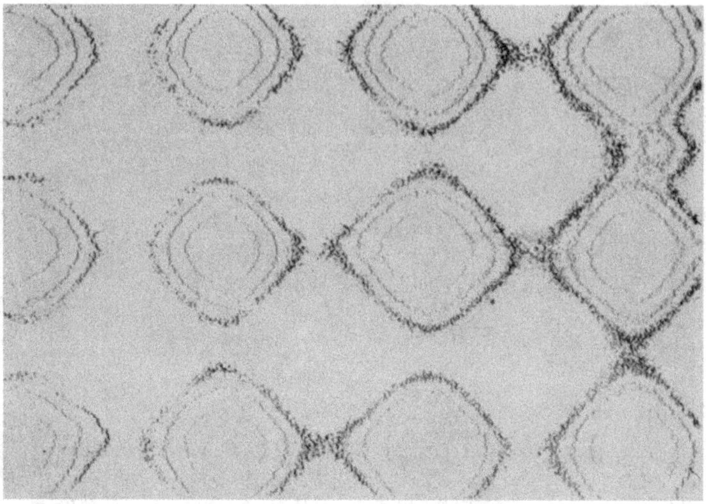

c) elektronische Äquidensiten 3fach

d) elektronische Äquidensiten 2fach

Abb. 7. gekreuzte Interferenzstreifen

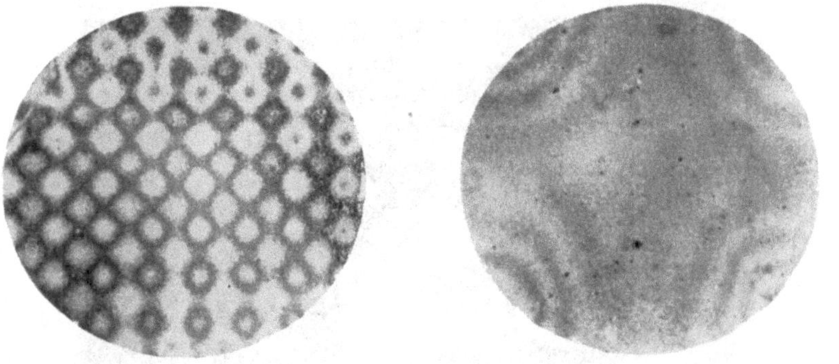

a) Gesamtbild b) Ausschnitt mit größerer Plastik

Abb. 8. Gekreuzte Interferenzstreifen mit Schwärzungsplastik

werden die 3 Kanäle wieder vereinigt und die Impulse gehen dann über die Ausgangsstufe, die eine Schaltröhre auslöst, zur Kerrzelle.

Die folgenden Abbildungen geben einige Beispiele der photographischen und elektronischen Äquidensiten jeweils vom gleichen Objekt. Die photographischen Äquidensiten wurden nach dem SABATTIER-Verfahren hergestellt.

Gekreuzte Interferenzstreifen (Abb. 7) sind schon mehrmals als Objekt für photographische Äquidensiten verwendet worden. Wegen ihrer Anschaulichkeit wurden sie zunächst auch für elektronische Äquidensiten herangezogen. Abb. b) photographische Äquidensiten 2. Stufe, Abb. c) und d) elektronische Äquidensiten in 3 bzw. 2 verschiedenen Schwärzungsbereichen. Besonders bei den dreifachen Äquidensiten ist die unterschiedliche Strichlänge der einzelnen Äquidensiten gut zu erkennen. Die Lage der elektronischen Äquidensiten wurde am Äquidensographen eingestellt, die photographischen im entsprechenden Schwärzungsbereich durch Wahl der Nachbelichtung dazu hergestellt. Es ist eine gute Übereinstimmung beider Verfahren festzustellen. Die Genauigkeit der elektronischen Äquidensiteneinstellung beträgt etwa 1% der gewählten Durchlässigkeit bei dem bisherigen Laborgerät. Bei erhöhtem technischem Aufwand läßt sich sowohl die Zahl der in einem Arbeitsgang geschriebenen Äquidensiten als auch die Einstellgenauigkeit steigern.

Zum Vergleich sei hier eine Aufnahme gekreuzter Interferenzstreifen mit Schwärzungsplastik gegeben (Abb. 8). Die Interferenzen der Abbildung a), die aus einem engeren Streifensystem als die in Abb. 7 hervorgegangen sind, weisen eine geringe Plastik von einer Ordnung auf. Die Abbildung b) zeigt einen Ausschnitt daraus mit größerer Plastik von 3—4 Ordnungen.

Abb. 9 zeigt a) eine Aufnahme der Sonnenkorona und b) die photometrisch gemessenen Isophoten, darunter c) die elektronischen, d) die photographischen Äquidensiten 2. Stufe. Leider war von der Aufnahme keine Kopie zu erhalten, so daß die Äquidensiten von einer Reproduktion hergestellt werden mußten [3]. Von den elektronischen Äquidensiten wurde nur eine Stufe benutzt, da bei dem steilen Gradienten die Äquidensiten zu dicht beieinander liegen. Vom

a) Objekt

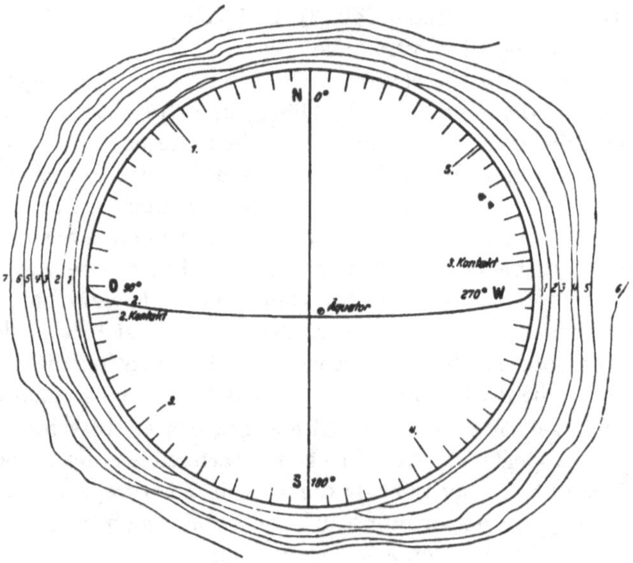

b) gemessene Isophoten

Abb. 9. Aufnahme einer Sonnenkorona

Original wäre es möglich, dreifache oder bei entsprechendem Aufwand mehrfache Äquidensiten zu beschreiben, so daß ein Bild wie Abb. 9 b) mit einer Aufzeichnung gewonnen werden könnte. Die gewünschten Schwärzungen können, wie schon erwähnt, vorher bestimmt und eingestellt werden. Auf einige Eigenheiten sei hingewiesen. Die elektronische Äquidensite ist unten infolge der zeilenförmigen Abtastung nicht geschlossen, d.h. die Tangente wird nicht aufgelöst. Dieser Nachteil der elektronischen Äquidensitenaufzeichnung kann aber durch geeignete Zusatz-Anordnung beseitigt werden. Bei den photographischen Äquidensiten dagegen ist die Gradientenabhängigkeit zu erkennen: Bei großer Steilheit

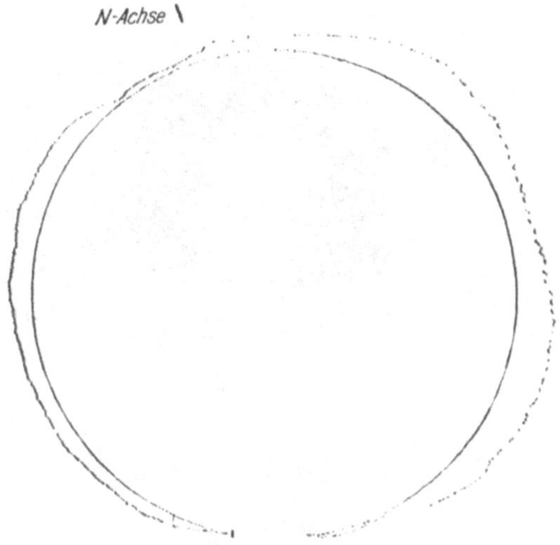

c) elektronische Äquidensiten einfach

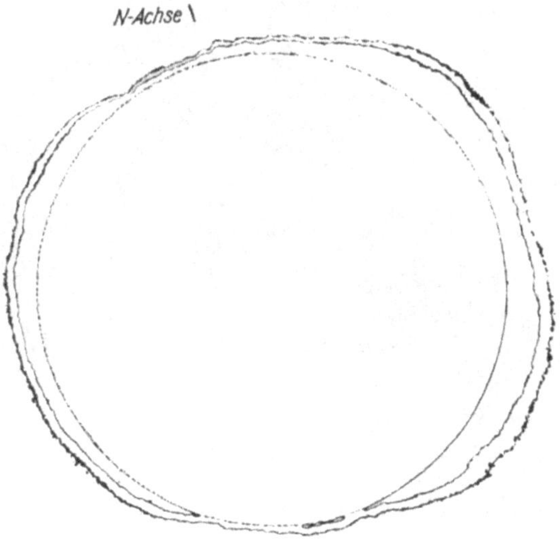

d) photographische Äquidensiten 2. Stufe

Abb. 9. Aufnahme einer Sonnenkorona

am Sonnenrand liegen die beiden Äquidensiten dicht zusammen, fast aufeinander, weiter außen in der Korona bei flachem Gradienten ist der Abstand wesentlich größer; d. h. an diesen Stellen war die Äquidensite 1. Stufe der Schwärzungsabnahme entsprechend schmal bzw. breiter.

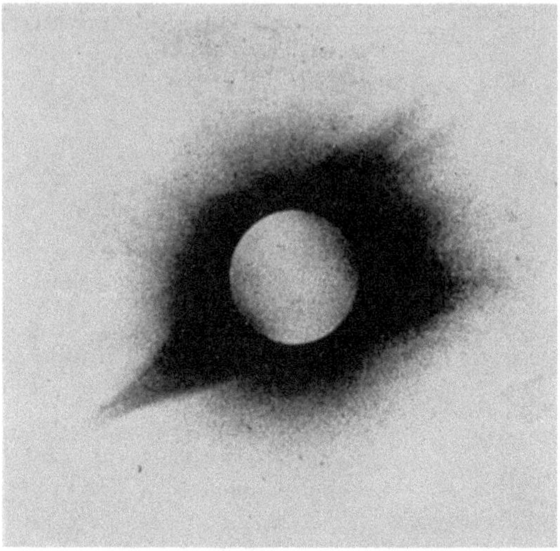

a) Objekt

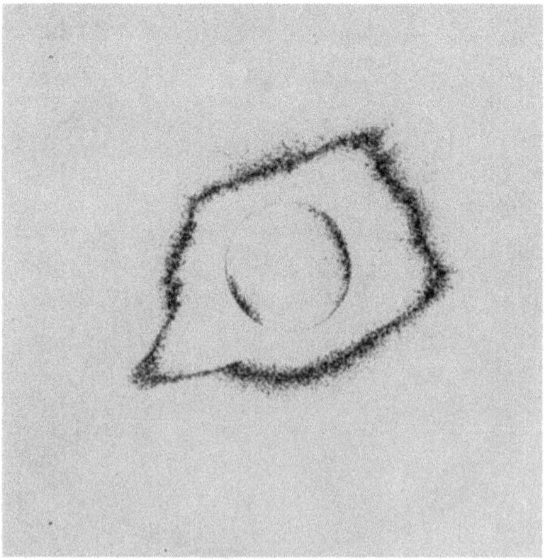

b) photographische Äquidensite

Abb. 10. Aufnahme einer Sonnenkorona

Abb. 10 zeigt ebenfalls Äquidensiten einer Sonnenkorona-Aufnahme, die allerdings sehr körnig war. Durch diese Körnigkeit werden die elektronischen Äquidensiten ebenso ungünstig beeinflußt wie die photographische, von der nur die erste Stufe hergestellt werden konnte.

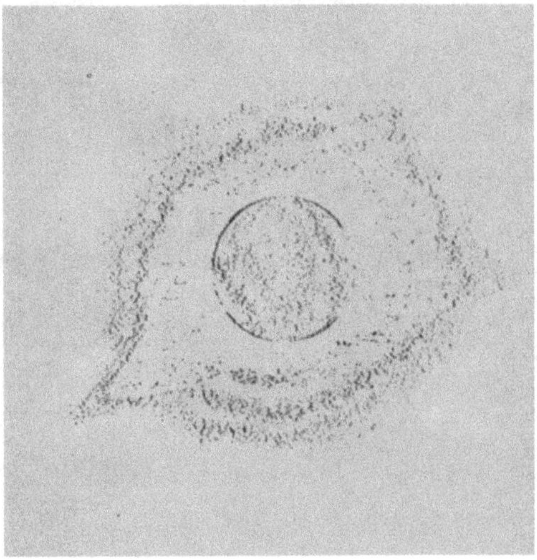

c)

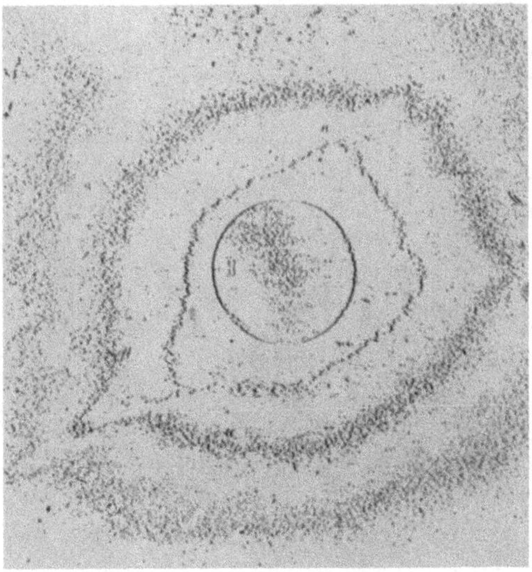

c) und d) 3fache elektronische Äquidensiten in verschiedenen Schwärzungsbereichen

Abb. 10. Aufnahme einer Sonnenkorona

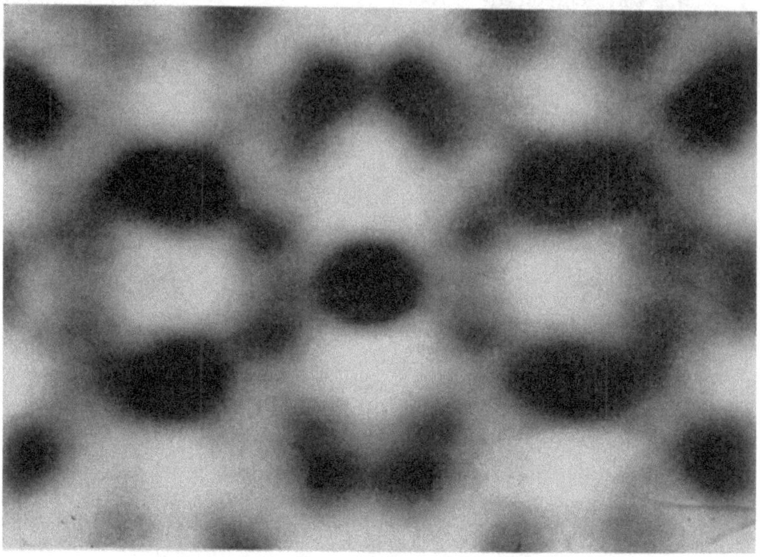

a) Objekt

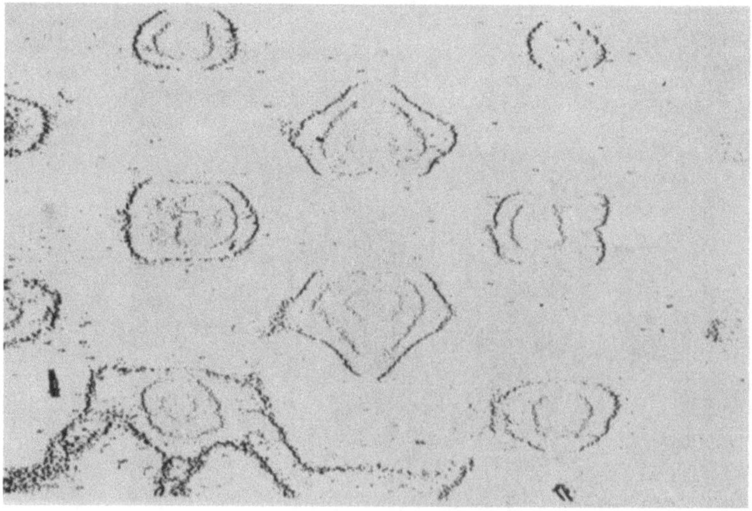

b) elektronische Äquidensiten 3fach

Abb. 11. Pattersonprojektion eines Kristalls

Von zwei weiteren Objekten (Abb. 11 PATTERSON-Projektion, Abb. 12 Elektronenbeugungsaufnahme[1]) wurden photographische und elektronische Äquidensiten hergestellt.

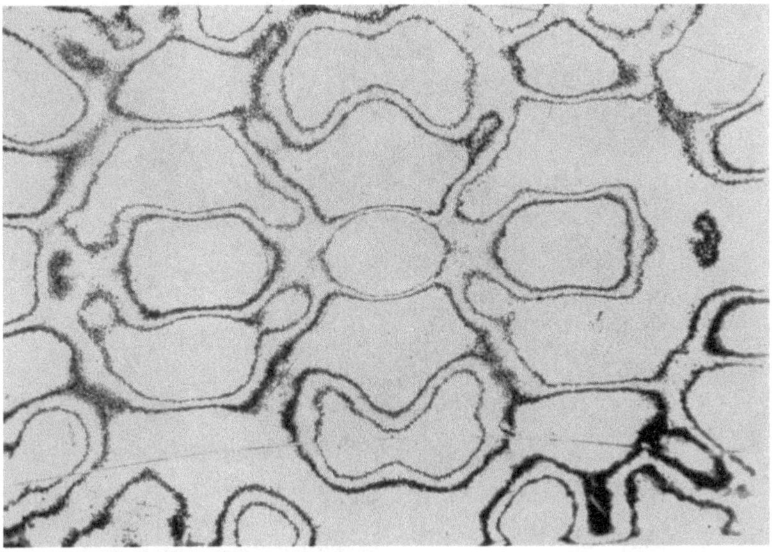

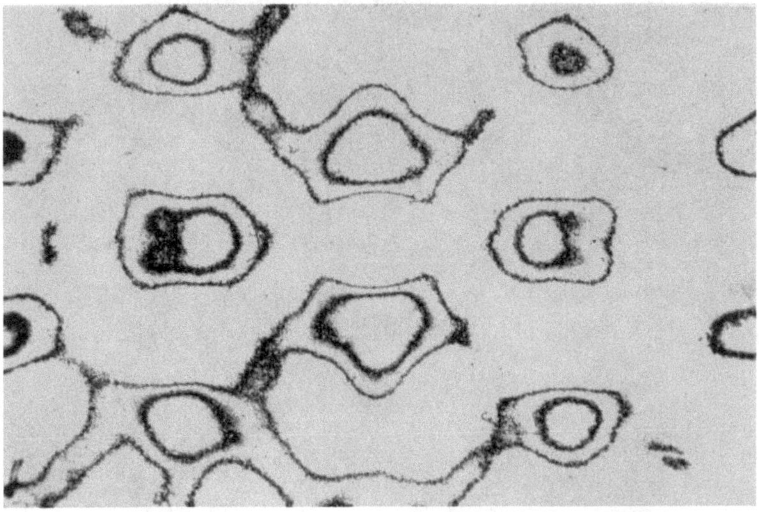

c) und d) photographische Äquidensiten 2. Stufe in verschiedenen Schwärzungsbereichen

Abb. 11. Pattersonprojektion eines Kristalls

[1]) Die Elektronenbeugungsaufnahme entstammt einer Arbeit von E. Brüche und K. J. Schulze Z. Phys. **153**, 571 (1959) Bildung, Struktur und Zerfall von Blattgold

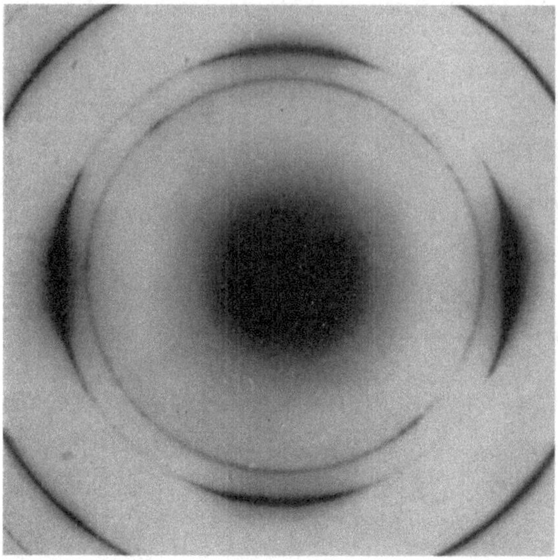

a) Objekt

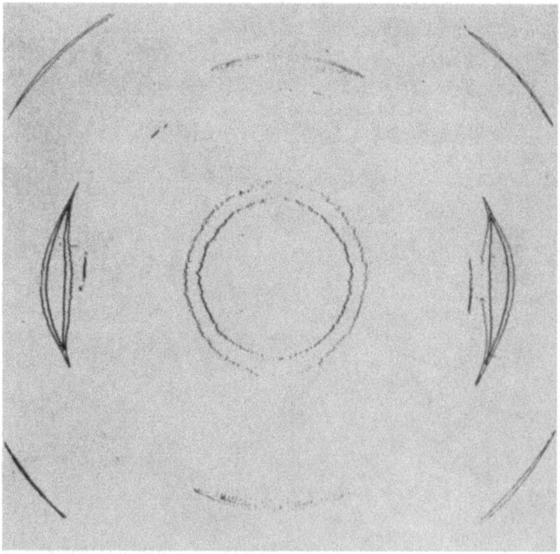

b) elektronische Äquidensiten 2fach

Abb. 12. Elektronenbeugungsaufnahme

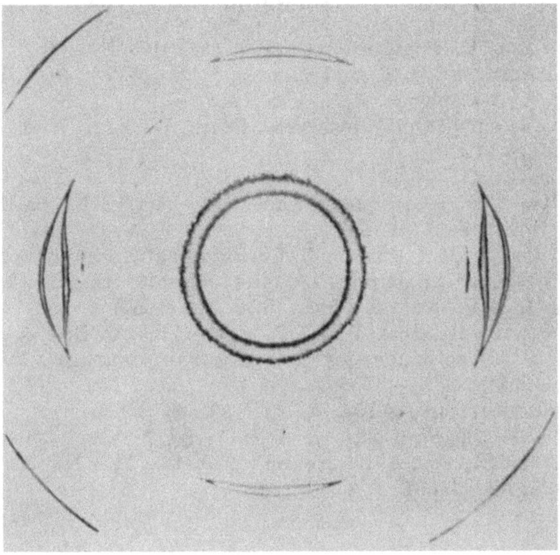

c) photographische Äquidensiten 2. Stufe

Abb. 12. Elektronenbeugungsaufnahme

Zusammenfassung

Die photographischen Äquidensiten liefern eine zweidimensionale Photometrie, die bei den elektronischen Äquidensiten durch zeilenweise Zusammensetzung des Bildes erreicht wird. Das elektronische Verfahren erfordert einen erheblich größeren instrumentellen Aufwand, gestattet aber, in einem Arbeitsgang mehrere Äquidensiten zu schreiben (die Zahl läßt sich bei entsprechend höherem Aufwand steigern, ebenso die Genauigkeit). Die Anwendung der elektronischen Äquidensiten empfiehlt sich besonders in den Fällen, wo bestimmte Schwärzungswerte registriert und ausgemessen werden sollen, da hierbei eine Eichung und vorherige Einstellung möglich ist. Ferner ist das Verfahren gradientenunabhängig und gestattet auch eine gute Auswertung bei geringen Kontrasten über einen großen Schwärzungsbereich.

Das photographische Verfahren liefert ohne großen Aufwand brauchbare, gradientenabhängige Äquidensiten, die durch Wahl der 2. Belichtung auf Grund von Vorversuchen in den gewünschten Schwärzungsbereich gelegt werden können. Zur Hervorhebung und Untersuchung von Konturen, zur Aufdeckung von Verzeichnungen, Asymmetrien usw. und vor allem zur ersten qualitativen Übersicht über die Struktur eines Schwärzungsgebirges leisten sie hervorragende Dienste.

Die angegebenen Beispiele können nur ein Hinweis sein, evtl. weitere Anwendungsgebiete zu erschließen.

Berlin-Adlershof, Institut für Optik und Spektroskopie
der DAdW.

Literatur

[1] KRUG, W., und LAU, E., Feingerätetechnik **1**, 391 (1952).
[2] FOWLER, F. E., JOHNSON, D. S., und BILLIGS, D. E., JOSA, **43**, I, 63 (1953).
[3] KLÜBER, H. v., Z. Astrophysik **25/26**, 280 (1948/49).
[4] KRUG, W., Arbeitstagung Optik Jena 1954. Dtsch. Verlag d. Wiss., Berlin 1954, S. 112.
[5] KIND, E.-G., ds. S. 117.
[6] SCHUSTA, J., ds. S. 123.
[7] LAU, E., und KRUG, W., Die Äquidensitometrie, Akad.-Verlag Berlin 1957.
[8] LOHMANN, A., Optik, **14**, 178 (1957).
[9] KIND, E. G., erscheint demnächst in Z. f. wissenschaftl. Photographie.
[10] KRUG, W., und SCHUSTA, J., Optik, **15**, 145 (1958); **15**, 550 (1958).
[11] KRUG, W., und LAU, E., Ann. d. Phys., (6) **8**, 329 (1951).
[12] WILLIAMS, R. C., und HILTNER, W. A., Publ. U. Michigan Obs. **8**, S. 45/S. 103, (1943).
[13] MICHELSON, N. N., Nachrichten des Astrophysikal. Hauptobs. in Pulkowo XIX, 4 Nr. 151, S. 69 (1953).
[14] CIMINO, M., und ARMELLINI, G., **15**, NI-2, S. 39—44 (1953).
Rendiconte **17** (1954), N II, S. 21. Atti della Accad. Naz. dei Lincei.
[15] MOHLER, O. C., und PIERCE, A. K., Astrophys. J. **125**, 285 NI (1957).
[16] KRUG, H., Optik, 616 (1958)

M. MALY, Prag

Isogradientverfahren zur Auswertung des photographischen Bildes[1])

Die Auswertung von Schwärzungsgradienten ist eine der Formen, wie man Informationen aus einer fotographischen Aufnahme gewinnt, ähnlich wie es sich bei der Äquidensitometrie oder bei der Diffraktionsmethode verhält.

Zum Unterschied von der Äquidensitometrie, wo wir mit Skalargrößen arbeiten, haben wir es bei der Auswertung von Gradienten mit Vektoren zu tun. Der

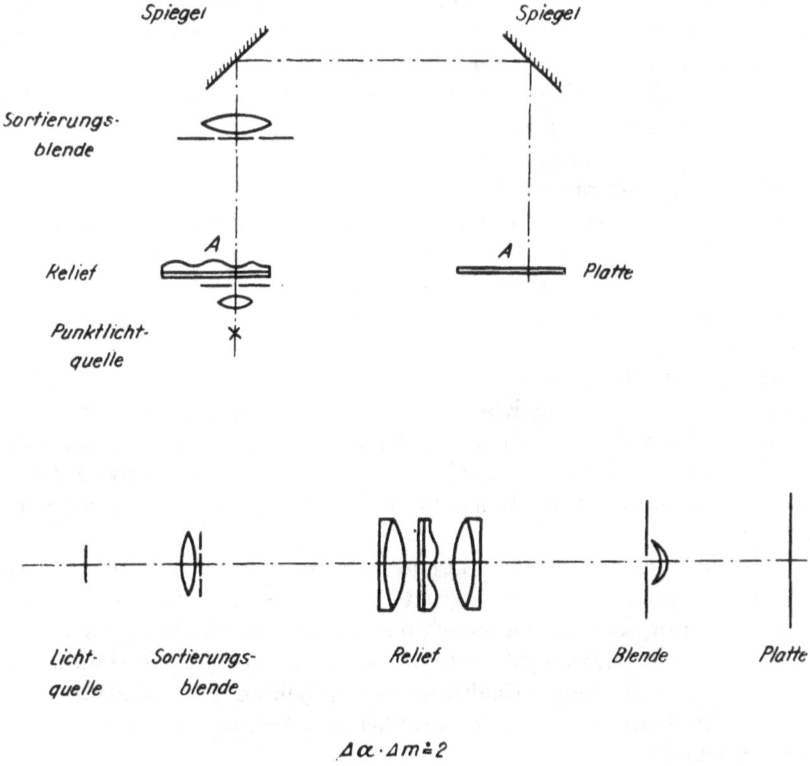

Abb. 1. Schemata für zwei verschiedene Anordnungen zum Isogradientverfahren

---

[1]) Dieser für die Arbeitstagung in Jena vorgesehenen Vortrag konnte aus technischen Gründen nicht gehalten werden und auch aus Zeitgründen nicht im Programm aufgenommen werden

Schwärzungsgradient ist in jedem Punkte des Bildes gleichzeitig durch Größe und Richtung bestimmt. Diese Tatsache bewirkt, daß hier keine einfache elektronische Lösung für die direkte Gewinnung von Isogradienten aus der fotographischen Aufnahme existiert, wie es bei der Äquidensitometrie der Fall ist.

Wenn wir das fotographische Bild in ein durchsichtiges Gelatinerelief überführen, wo verschiedenen Schwärzungsgradienten verschieden große Neigungswinkel entsprechen, bekommen wir die Möglichkeit, die Gradienten mit einfachen optischen Mitteln zu gewinnen.

Prinzipiell gibt es hier zwei Möglichkeiten:

a) Durch Sortierung der Gradienten in einzelnen Punkten des Bildes. Das ganze Bild erhalten wir mittels eines zeilenschreibenden Gerätes.

b) Durch Einlegen des Reliefs in ein optisches System, welches ähnlich angeordnet ist, wie bei der Toepler-Schlierenmethode.

Beide Zusammenstellungen sind aus dem Bild ersichtlich (Abb. 1). In der ersten Zusammenstellung bewegt sich das Relief gleichzeitig mit der fotographischen Platte auf einem Kreuztisch. In dem Augenblick, wo die Ablenkung des Strahles den durch die Sortierungsblende gewählten Wert hat, zeigt sich der Punkt A' auf der photographischen Platte.

Die zweite Zusammensetzung braucht keine nähere Erklärung, denn hier handelt es sich um die normale Schlierenanordnung.

Die unten angeführte Beziehung drückt den gegenseitigen Zusammenhang der Gradientenempfindlichkeit $\Delta\,\alpha$ und der Auflösungsgrenze $\Delta\,m$ aus. Die Konstante 2 gilt dann, wenn wir die Werte in Minuten und Millimetern ausdrücken.

Für gewöhnliche Anwendung ist die zweite Zusammenstellung besser geeignet und einfacher.

Bei der Zeilenmethode, wo die Lage des Punktes mechanisch und nicht optisch übertragen wird, wäre es möglich, infolge des restlichen freien Parameters gleichzeitig sowohl die Größe als auch die Richtung des Gradienten zu markieren. Gleichzeitig besteht hier die Möglichkeit, das elektronische Derivationszwischenglied einzureihen und so nur Stellen zu markieren, wo die Änderung des Gradienten eintritt.

In beiden Zusammenstellungen können wir durch die Wahl von verschiedenen Sortierungsblenden die Gradienten entweder nach ihrer Größe oder nach der Richtung sortieren, ähnlich wie es bei der Schlierenmethode gemacht wird.

Viel interessanter ist, wenigstens nach meiner Ansicht, die Gewinnung von Gradientenspektren von den Aufnahmen mit Objekten statistischen Charakters. Die größten Gradienten in einer fotographischen Aufnahme gibt es immer an der Grenze von Objekten.

Wenn wir vor ein Objektiv, das eine Punktlichtquelle abbildet, ein Relief von einer Aufnahme mit einer großen Anzahl von Teilchen einsetzen, bekommen wir in der Bildebene des Objektivs ein Bild, aus dessen Form wir auf den Grad der Anordnung der Teilchen und auf die Hauptrichtung ihrer Anordnung schließen können. Alle Strahlen, die durch Stellen durchgehen, wo sich Gradienten von gleicher Größe und Richtung befinden, durchtreten die Bildebene in einem Punkt.

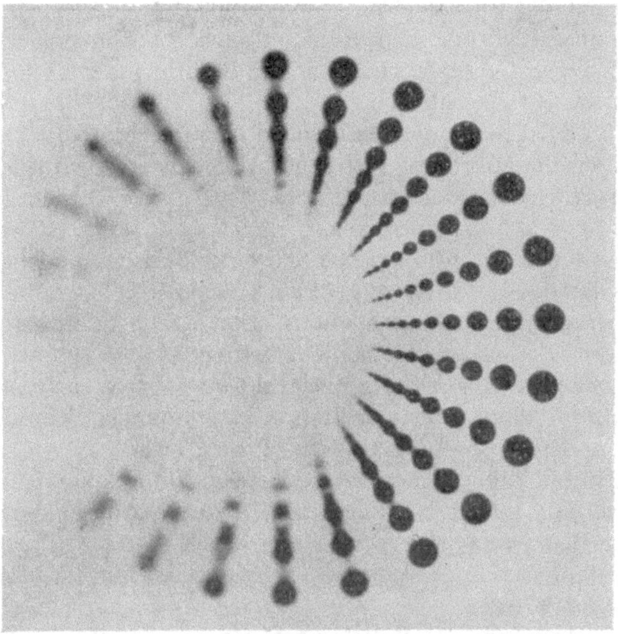

Abb. 2. Aufnahme von einem Tiefentest

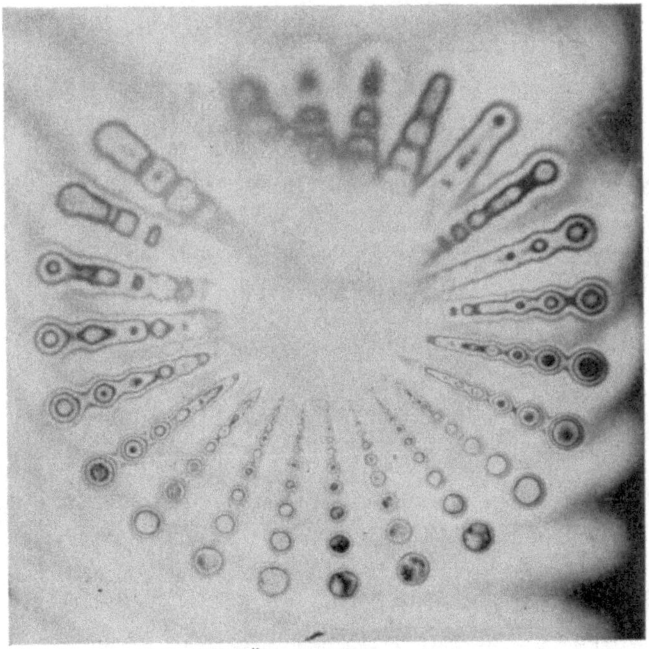

Abb. 3. Äquidensiten zu Abb. 2

Für Teilchen ohne irgendwelche Orientierung bekommen wir ein Kreisbild. Für ideal in einer Richtung angeordnete Teilchen bekommen wir eine Gerade. Die Richtung dieser Geraden wird mit der Richtung der Teilchenorientierung einen Winkel von 90^0 einschließen.

Zum Schluß zwei Proben der praktischen Anwendung (Abb. 2). In dieser Abbildung sehen wir die Mikrofotographie eines Tiefentestes, wo jedes Segment mit einer anderen Bildschnittweite fotographiert ist. Die Veränderungen betrugen hier 0,05 mm.

Auf dem zweiten Bilde (Abb.3) sehen wir dasselbe mit Äquidensiten bearbeitet (Schwärzungsplastik). Das dritte Bild (Abb. 4) ist mittels Isogradientverfahrens in mikroskopischer Anordnung durchgeführt. Die Stellen mit größten Gradienten sind hier gelb, die Stellen mit kleinen Gradienten rot. In dem am schärfsten abgebildeten Segment zeigt sich der große Gradient bis fast zur Seite. Der Hauptvorteil liegt darin, daß wir mit dem Film arbeiten können, während die Schwärzungsplastik unbedingt die fotographische Platte fordert.

Auf dem weiteren Bild (Abb. 5) sehen wir eine Fotographie eines petrographischen Schliffes, daneben ein Gradientenspektrum. Darunter befindet sich in *c* wegen besserer Beurteilung die Auswertung durch elektronisch markierte Äquidensiten. Die elliptische Form des Bildes zeigt auf die Hauptrichtung der Mineralienteilchen in dem Gestein.

In beiden Fällen wurde das Relief durch Ätzung verfertigt.

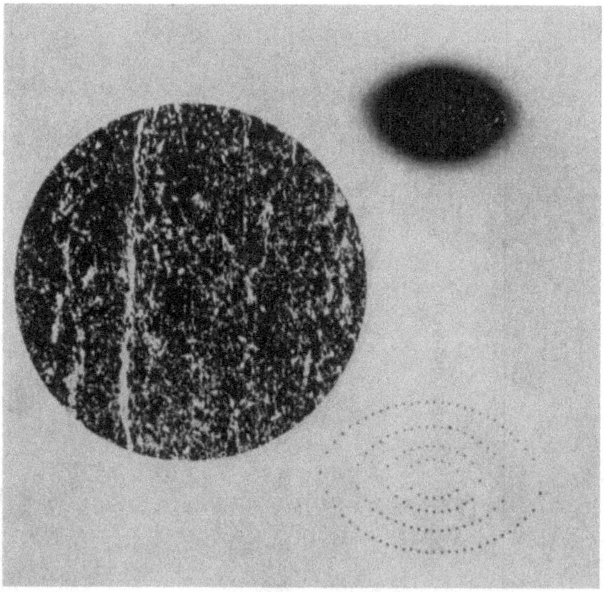

Abb. 5.
Anwendung der Verfahren auf eine Aufnahme eines petrographischen Schliffes

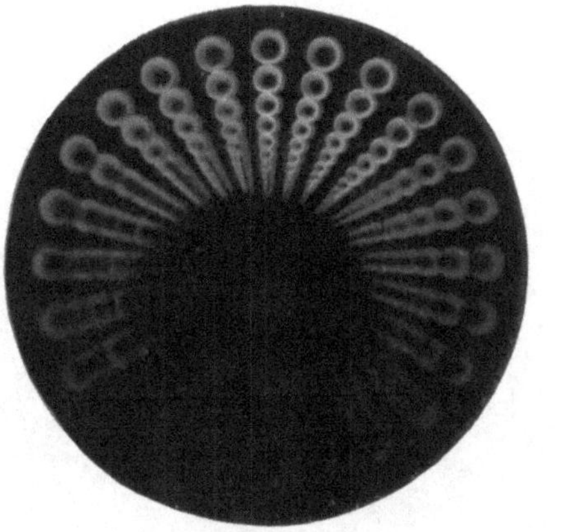

Abb. 4. Isogradientaufnahme von Abb. 2.

Dadurch sind natürlich nicht alle Möglichkeiten erschöpft, die man mit Hilfe von Gradienten lösen kann. Die hier angeführten Proben dienen nur zur Illustration der Methode. Die Methode ist in weiterer Entwicklung.

Prag, Tschechoslowakische Akademie der Wissenschaften, Optisches Institut

Zusammenfassung

Zur Untersuchung von Schwärzungsgradienten wird das Silberbild in ein Gelatinerelief übergeführt, das nach Art des TOEPLERschen Schlierenverfahrens eine Darstellung der Gradienten liefert. Außer diesem bekannten Verfahren wird als Abwandlung eine Methode zur automatischen Aufzeichnung mit Hilfe zeilenweiser Zerlegung angegeben. An Hand mehrerer Beispiele werden die Verfahren näher erläutert und mit dem Verfahren der Äquidensiten verglichen.

E. LAU und E. GEHRMANN, Berlin

Photomechanische Effekte

Während die meisten physikalischen Arbeiten bekannte Theorien voraussetzen und neue Kombinationen zwischen bekannten Dingen darstellen, ist der vorliegende Vortrag durch eine Zufallsbeobachtung angeregt worden. Im Institut für Optik und Spektroskopie ist das Schwärzungsplastikverfahren zur photographischen Photometrie entwickelt worden. Dieses Verfahren verwendet das Interferenzmikroskop, um Niveauunterschiede zwischen verschieden geschwärzten Stellen auf einer Photoplatte auszuwerten. Voraussetzung dafür ist ein im wesentlichen ebenes Stück einer photographischen Platte. Bei einem Versuch, das Verfahren auch auf Filme anzuwenden, wurde folgende überraschende Beobachtung gemacht: Wurde in dem Interferenzmikroskop, das in Auflicht arbeitet, der photographische Film gleichzeitig durchleuchtet, so erfolgte bei Auftreffen des Durchlichtes sofort eine Verlagerung des ganzen Filmes. Langsam danach folgte dann eine durch die Erwärmung eingeleitete weitere Deformation des Filmes. Bei Zerhackung des Durchlichtstromes war ein sehr schnelles Folgen des ersten Effektes zu beobachten. Hierdurch angeregt, wurden zwei Versuchsanordnungen zur genaueren Untersuchung geschaffen. Es wurde ein Streifen eines geschwärzten Filmes auf einer Seite eingeklemmt, und dicht über dieser Befestigungsstelle wurde eine Glühlampe abgebildet. An dem äußersten freien Ende wurden dann mit Hilfe eines Mikroskops Ausschläge beobachtet. Es ergab sich auch hier eine Sofortreaktion, sobald das Licht auffiel. Der Streifen wurde etwas von dem Licht weggekrümmt und erst danach fand eine weitere Deformation statt, die langsam erfolgte, wobei sich das Streifenende der Lichtquelle näherte. Dieser erste Versuch wurde variiert dadurch, daß zerhacktes Licht auf den Streifen geworfen wurde. War diese Zerhackfrequenz gleich der Eigenschwingung des Filmstreifens, so konnten beträchtliche Amplituden des Schwingers erreicht werden. Es handelt sich hierbei um Frequenzen von etwa 20 Hz. Zur weiteren Klärung der Sachlage wurde ein elektrisches Verfahren angewendet, um Bewegungen des Filmstreifens nachzuweisen. Der Filmstreifen wurde zu diesem Zweck rückseitig mit einem Metallüberzug versehen und der Streifen gegen einen Metallklotz gespannt, wobei zwischen dem Metallklotz und dem Film noch ein Isolator eingefügt wurde. Zwischen dem Metallklotz und der metallischen Belegung des Filmstreifens entsteht auf diese Weise eine Kapazität, und man kann die beiden Pole an den Eingang einer Verstärkeranordnung anschließen in Schaltungen, die den Kondensatormikrophonen verwandt sind. Zunächst wurde eine Schaltung gewählt, bei der sich eine Kapazitätsänderung durch den Verstärker anzeigte. Der Verstärker wirkte mit hoher Verstärkung auf einen Oszillographen. Auf den photomechanischen Empfänger wurde wiederum zerhacktes Licht gebracht. Zum Vergleich wurde der gleiche Strahlengang auf einen Multiplier geleitet. Es handelt sich dabei im Oszillogramm um die Kurven 1, 2, 3 (Abb. 1) mit den im Bilde zu ersehenden Frequenzen. Auf dem Bild oben ist jedesmal der photomechanische Empfänger in seiner Wirkung im Ozsillogramm wiedergegeben, darunter die Kurve durch einen Multiplier. Da unsere elektrische Anordnung im wesentlichen auf Kapazitätsänderungen anspricht, sind insbesondere bei 50 Hz die horizontalen Teile der Kurve dadurch beeinflußt, daß durch Ableitung in einen Parallelwiderstand die Spannung sich wieder ausglich. Man erkennt jedenfalls, daß die Auflösung des photomechanischen Empfängers die des Multipliers beinahe erreicht. Bei dem photomechanischen Empfänger ist jedoch ein Rauschen überlagert, das die Kurvenform etwas beeinträchtigt. Dieses Rauschen kann durch eine akustische Empfindlichkeit des Eingangs oder aber auch durch Verstärkereigenschaften bedingt sein. Eine gewisse Trägheit des Systems muß jedoch vorhanden sein, weil Massen bewegt werden müssen. Aus den abgebildeten Kurven scheint mit Sicherheit zu folgen, daß noch Frequenzen von 10000 Hz wiedergegeben werden. Das heißt also, daß das System außerordentlich trägheitsfrei arbeitet.

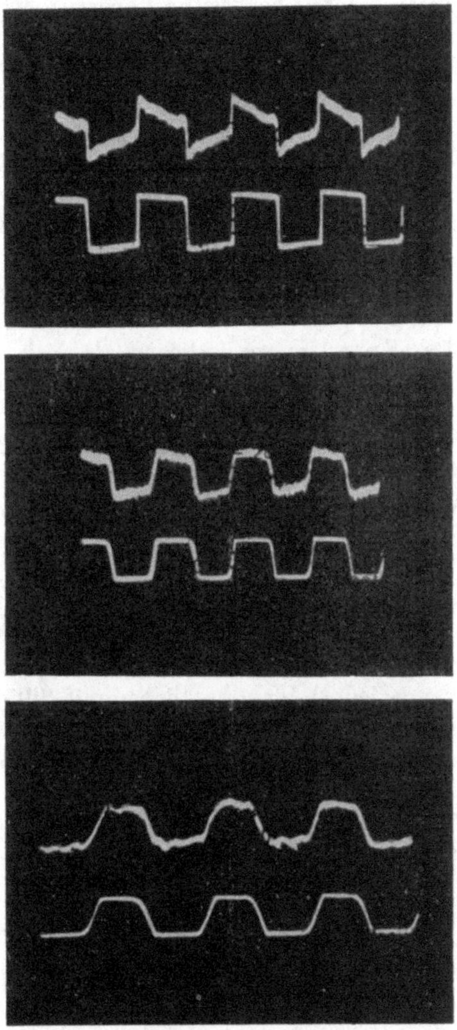

a)
b)
c)

Abb. 1. Oszillogramme von zerhacktem Licht bei verschiedenen Grundfrequenzen. Auf jedem der Bilder ist oben eine Kurve mit photomechanischem Empfänger gezeigt, darunter die Aufnahme mit einem Multiplier
a) Zerhackerfrequenz 50 Hz
b) Zerhackerfrequenz 225 Hz
c) Zerhackerfrequenz 450 Hz

Bei einer Prüfung der Empfindlichkeit wurde am Ausgang des Verstärkers der Wechselstrom gemessen. Hierbei konnten bei 10^{-4} W/cm² noch deutliche Ausschläge erzielt werden. Wenn der Rauschpegel herabgesetzt werden kann, wird man niedrigere Schwellenwerte finden. Die Empfindlichkeit von Thermoelementen und Bolometern ist wesentlich größer, jedoch integrieren diese

Instrumente über Zeiten von etwa $^1/_{10}$ sek. Da der neue Empfänger auf Zeiten von 10^{-4} sek noch reagiert, kann man sagen, daß die Empfindlichkeit bereits beträchtlich ist. Die von uns bisher gewählte Schaltung dürfte im übrigen nicht die beste sein. Eine Frequenzverstimmung durch den Empfangskondensator dürfte wesentlich bessere Ergebnisse ermöglichen.

Es wurde auch die spektrale Empfindlichkeit des neuen Empfängers untersucht. In den Kurven Abb. 2 wird die spektrale Empfindlichkeit im Vergleich mit einem Thermoelement und einer Thermosäule wiedergegeben. Am Fuß der Kurven ergeben sich möglicherweise Differenzen gegenüber dem Thermoelement. Der Fuß der Kurven konnte bisher nicht genau ermittelt werden; es ist möglich, daß hier geringe Abweichungen vorliegen. Man kann jedoch sagen, daß der neue Empfänger im wesentlichen als ,,schwarzer'' Empfänger anzusprechen ist. Zur Theorie des Phänomens ist folgendes zu sagen: Da der photomechanische Effekt noch sehr hohen Frequenzen folgt, ist mit Sicherheit anzunehmen, daß es sich um keinen Thermoeffekt handelt. Diese sind bekanntlich erheblich träger, und bei den von uns verwendeten Filmen wird das thermische Gleichgewicht nur sehr langsam erreicht. Es liegt nahe, anzunehmen, daß die Deformationen unmittelbar mit dem Absorptionsprozeß gekoppelt sind. Durch Herrn BÖER wurde auch in diesem Kongreß gezeigt[1]), daß bei Cadmium-Sulfid bei dem Absorptionsprozeß Gittererweiterungen und Raumladungen zu erwarten sind. Solche Prozesse könnten ohne weiteres zu Verbiegungen des Cadmiumsulfid-Streifchens Veranlassung geben. Das würde unmittelbar einen photomechanischen Effekt ergeben. Wir haben es jedoch im wesentlichen mit Silberkörnern in einer Emulsion zu tun. Dabei könnten an der Oberfläche der Silberkörner absorbierte Gase eine Rolle spielen, die bei Bestrahlung abgestoßen werden. Da die Absorption sehr lose Bindungen hat, wäre ein solcher Prozeß durchaus in Erwägung zu ziehen. So überraschend

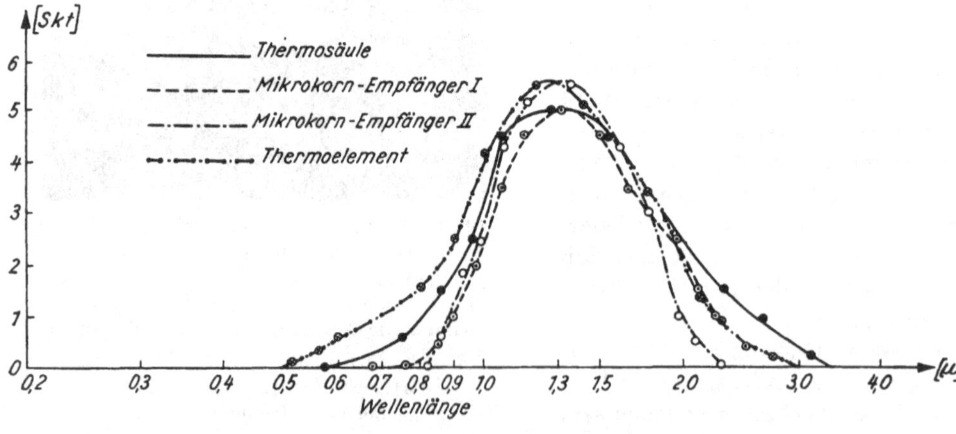

Abb. 2. Spektrale Empfindlichkeit der photomechanischen Mikrokornempfänger im Vergleich mit Thermosäule und Thermoelement

Anstatt [μ] ist [μm] zu lesen.

[1]) s. S. 32 ff.

also der Effekt zunächst ist, so ist es doch als durchaus aussichtsreich zu bezeichnen, ihn durch bereits bekannte Prozesse zu erklären. Im übrigen hat sich herausgestellt, daß diese hier beobachtete Deformation keineswegs an eine photographische Schicht gebunden ist. Filme aus irgendwelchen Kunststoffen oder auch aus Metallstreifen, auf denen ein Tintenklecks angebracht wurde, verhielten sich ähnlich, jedoch in der Empfindlichkeit zeigen sich Unterschiede.

Zusammenfassend ist zu sagen, daß durch den von uns beschriebenen photomechanischen Effekt ein neuer Photoempfänger entwickelt werden kann, der ähnlich schnell reagiert wie ein Multiplier, der jedoch als schwarzer Empfänger bezeichnet werden kann.

Zusammenfassung

Es hat sich gezeigt, daß Silberkörner in einer photographischen Filmschicht, die bestrahlt werden, eine Bewegung des Filmstreifens hervorrufen, die einer modulierten Strahlung außerordentlich schnell folgt, so daß noch Frequenzen von 10^4 damit aufgelöst werden können. Es werden Versuche beschrieben, diesen Effekt als Strahlungsempfänger auszunutzen. Einige Möglichkeiten einer theoretischen Deutung dieser Effekte werden diskutiert.

Berlin-Adlershof, Institut für Optik und Spektroskopie der DAdW

K. KÜHNE, Jena

Quantitative Messungen von Schlieren in Gläsern

Ausschlaggebend für die Qualität einer optischen Abbildung ist neben anderem auch die Homogenität des benutzten Glases. Trotz aller Bemühungen der Glashütten ist die Herstellung eines vollständig homogenen Glases unmöglich. In der Praxis genügt aber ein Glas, dessen Inhomogenitäten klein genug sind, um nicht bildschädigend zu wirken. Derartige Inhomogenitäten treten entweder in Form einer flächenhaften sehr allmählichen Änderung des Brechungsindex oder in Form der eigentlichen Schliere mit starken Schwankungen des Indexes auf sehr engem Gebiet auf. In allen Fällen werden die betroffenen Teile des durchgehenden Lichtbündels aus ihrer vorgeschriebenen Richtung abgelenkt. Die Stärke der Ablenkung und die Ausdehnung der ablenkenden Fläche sind ein Maß für die Schädlichkeit der Schlieren. Die exakte Messung der Stärke stößt in der werkstattlichen Praxis auf erhebliche Schwierigkeiten, so daß fast überall in den Fabriken anstelle umständlicher Apparaturen primitive Schätzungen vorgenommen werden, die sich günstigstenfalls an vorgegebene Schlierenmuster anlehnen.

Wir haben nun versucht, die Handhabung der klassischen Töplerschen Schlierenmethode, die einzige hinreichend genaue, durch Verbindung mit einer Savartschen Doppelplatte und einer Farbdifferenzmessung so zu vereinfachen, daß sie

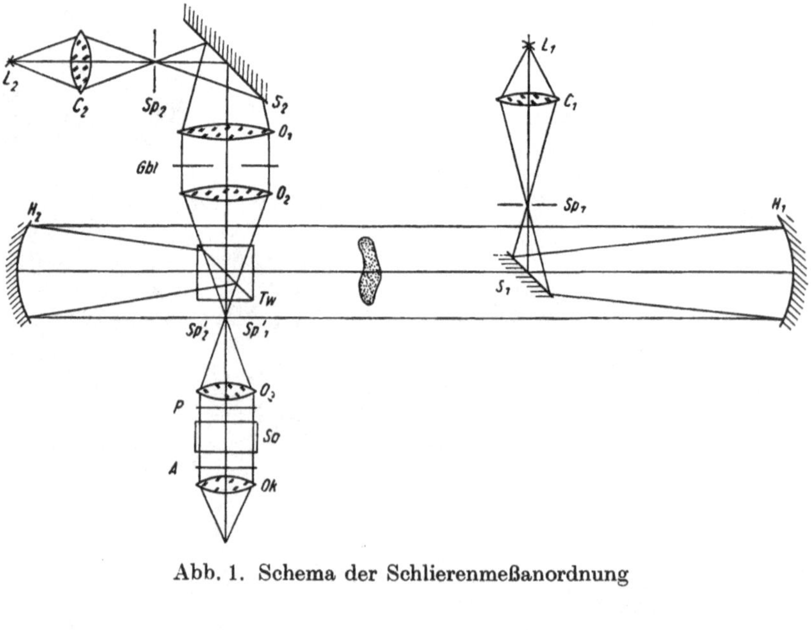

Abb. 1. Schema der Schlierenmeßanordnung

auch von einem Nichtfachmann mit großer Genauigkeit und Schnelligkeit ausgeführt werden kann.

Das Licht geht (s. Abb. 1) von L_1 über den Spalt Sp_1, die Hohlspiegel H_1 und H_2 zum Spaltbild Sp_1'. Dieses Spaltbild wird dann durch das Objektiv O_3 ins Unendliche abgebildet. In diesem parallelen Strahlengang steht der SAVARTsche Plattensatz, bestehend aus zwei in bekannter Weise zusammengesetzten planparallelen Platten eines doppelbrechenden Kristalls zwischen einem Polarisator und einem Analysator. Diese vier Bauelemente sind zu einem Block zusammengekittet und im Strahlengang nach ihren Kristallachsen in bestimmter Weise ausgerichtet. Durch geeignete Wahl der Brennweiten und der Abstände wird erreicht, daß die schlierige Glasprobe, die sich in der Mitte zwischen den Hohlspiegeln H_1 und H_2 befindet, in der Nähe der SAVARTschen Platte abgebildet wird. Betrachtet jetzt der Beobachter durch ein Okular Ok diese Bildebene, so erblickt er den zu prüfenden Glaskörper und seine Schlieren in lebhaften Farben.

Diese Farben (s. Abb. 2 nach S. 360) entstehen dadurch, daß die zu den einzelnen Teilen des Prüflings gehörigen Strahlenbündel infolge ihrer Ablenkung in verschiedenen Richtungen durch die Savartsche Platte treten. Die Platte kann als ein in das Unendliche abgebildetes Interferenzgitter angesehen werden.

Zu jeder Einfallsrichtung senkrecht auf den in Abb. 3 (nach S. 360) sichtbaren Interferenzlinien gehört bei weißem Licht jeweils eine Farbe, ganz analog den Farben des aus der Mineralogie bekannten Gipskeiles. Geometrisch können wir dies so ausdrücken, daß das Spaltbild Sp_1' in einem dieser Farbstreifen liegt und daß das Bild des schlierenfreien Prüflings die Farbe annimmt, die zu der Lage des Spaltbildes gehört. Die Schliere besitzt aber eine andere Ablenkung als ihre Umgebung. Daher geht ihr Licht in einer anderen Richtung durch die SAVARTsche Platte: Das zur Schliere gehörige Spaltbild liegt also in einem anderen Teil des Interferenzgitters und liefert daher eine andere Farbe. In Wirklichkeit verursacht die Schliere eine stetige Änderung des Brechungindex und liefert damit auch einen stetigen Übergang der Farben, denn auch das Interferenzbild ändert seine Farbe kontinuierlich, wenn weißes Licht genommen würde.

Die Differenz zwischen den Farben der Schliere und der Umgebung ist infolgedessen das Maß für die Stärke der Schliere. Es bleibt nur noch die Aufgabe, diese Differenz zu messen.

Zunächst sei aber noch auf folgende Erscheinung hingewiesen: Kippt man nämlich die SAVARTsche Platte um eine zu dem Spaltbild parallele Achse, so ändert sich gleichzeitig die Farbe des Körpers und der Schliere des Prüflings, denn beide durchlaufen die Skala der Interferenzstreifen. Hier liegt ohne Zweifel eine Schwierigkeit für die Messung der Farbdifferenz, aber geichzeitig bedeutet dies einen Vorteil der Methode, da man sich auf diese Weise die für die Messung günstigsten Farben aussuchen kann.

Die Messung der Differenz erfolgt nun so (s. Abb. 1), daß mit einem zweiten Strahlengang von L_2 über O_1 und O_2 ein Spaltbild Sp_2' in der gleichen Bildebene wie Sp_1' abgebildet wird. Das durch dieses Spaltbild gehende Licht erscheint ebenfalls im Gesichtsfeld des Bildes des Prüflings, aber nur in einem kleinen fensterähnlichen Teil dieses Feldes. Durch Drehung des Spiegels S_2 kann man nun dem Spaltbild Sp_2' dieselben Lagen geben, wie sie Sp_1' infolge der Ablenkung des Prüflings bereits hat. In dem Fenster lassen sich demnach dieselben Farben einstellen, wie sie der Prüflingskörper und seine Schlieren besitzen. Die Bewegung des Spiegels ist dann die Meßbewegung; sie ist völlig unabhängig von der jeweiligen Einstellung der Savartschen Platte, d.h. der Grundfarbe, und ist stets den Ablenkungswinkeln der Schliere proportional.

Abb. 4 zeigt die benutzte Apparatur mit zwei verschiedenen Lichtquellen. Ein neues Gerät, bei dem alles vermieden wurde, was durch Absorption und Farbtemperatur zu ungewollten Farbdifferenzen führt, ist im Bau: es besitzt nur eine einzige Lichtquelle und völlige Gleichartigkeit beider Strahlengänge.

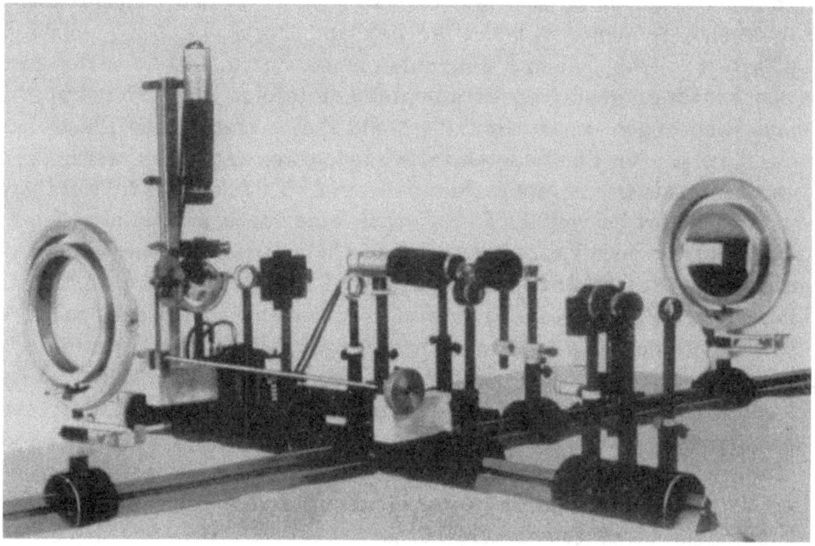

Abb. 4. Die Meßanordnung

Abb. 5 (nach S. 360) zeigt zwei Küvetten mit und ohne Ablenkung. Das Fenster in der Mitte oben ist auf die Ablenkungsfarbe eingestellt.

Abb. 6 und 7 (vor S. 361) zeigen den Prüfling und das Fenster in verschiedenen Grundeinstellungen. Die Farbe des Fensters ist auf die Schliere eingestellt. Man erkennt, daß in beiden Fällen die Farben zwischen Schliere und Fenster übereinstimmen.

Durch die Wahl der Stärke der Savartschen Platte und das Verhältnis der Brennweiten des Hohlspiegels H_2 zum Objektiv O_3 kann die Empfindlichkeit der Apparatur in weiten Grenzen verändert werden. Abb. 8 (vor S. 361) zeigt eine Schliere mit einem Knoten bei relativ schwacher Empfindlichkeit. Interessant ist hier, daß die Wirkung der Schliere über ihre sichtbaren Ränder hinaus geht. Es handelt

Abb. 2. Prüfling mit Schlieren
und Vergleichsküvette

Abb. 3. Interferenzgitter
der SAVARTschen Platte

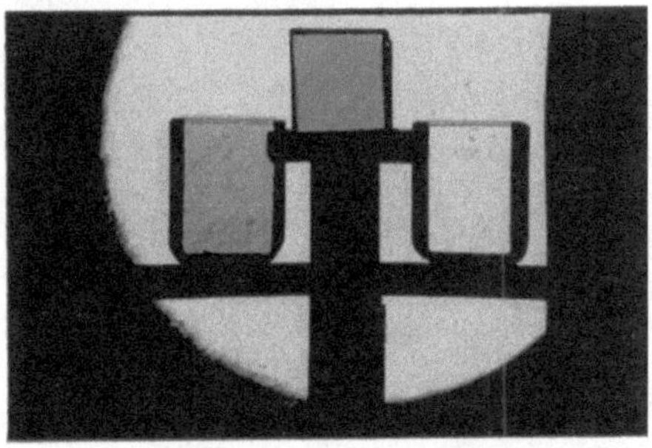

Abb. 5. Zwei Küvetten
mit verschiedenen Keilwinkeln

Abb. 6. Prüfling und Fenster

Abb. 7. Prüfling und Fenster

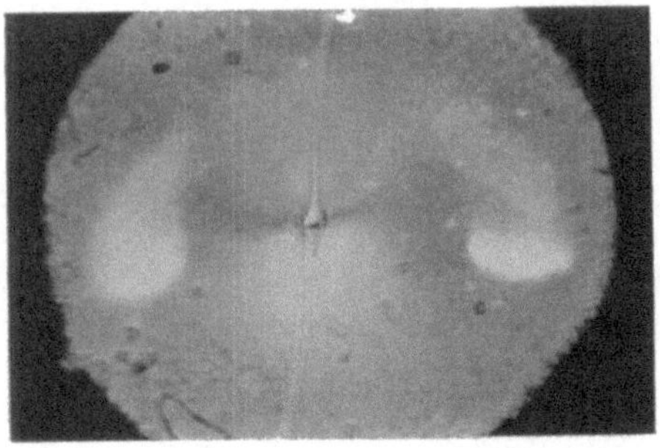

Abb. 8. Schlierenbild
bei geringer Empfindlichkeit

Abb. 9. Schlierenbild
bei großer Empfindlichkeit

sich hier nicht um Doppelbrechung infolge Spannung, sondern um eine reelle Änderung des Brechungsindexes. In Abb. 9 (vor S. 361) ist die gleiche Schliere aufgenommen, jedoch bei einer ca. 6fachen Steigerung der Genauigkeit.

In Abb. 10 ist ein Glasblock von ca. 18 cm Länge ausgewertet worden. Die Ablenkungen der Schlieren schwanken zwischen + 1,2′ und — 1,9′. Die Genauigkeit

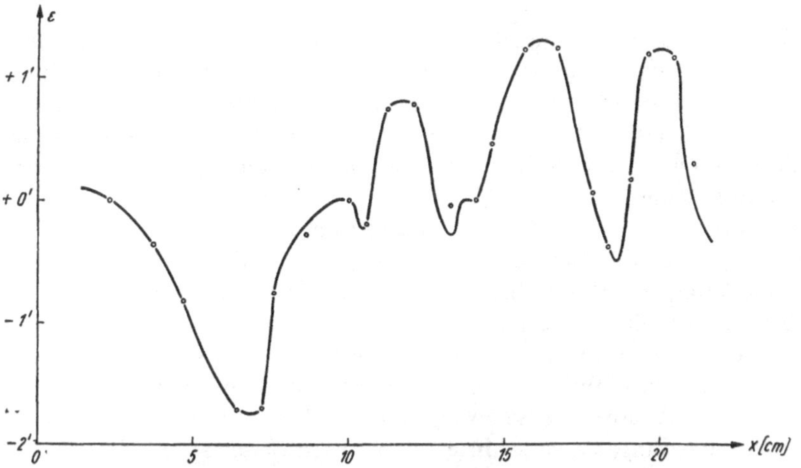

Abb. 10. Ablenkung einer Glasplatte

liegt in dieser Anordnung etwa bei 5″. Dies stellt aber einen Wert dar, der für die häufigsten Fälle der Optik, insbesondere für photographische Objektive normaler Brennweite, vollkommen ausreicht. Notwendigenfalls läßt sich die Genauigkeit mit den oben angedeuteten Mitteln ohne Schwierigkeiten steigern.

Zusammenfassung

Die Anwendung der Savartschen Doppelplatte auf die Messung von Schlieren wird durch einen Farbvergleich ermöglicht, der auf der gleichen Doppelplatte hergeleitet wird, die zur Sichtbarmachung der Schlieren dient. Meßergebnisse dieser Methode werden vorgelegt.

VEB Carl Zeiss JENA

K. KÜHNE, Jena

Interferenzielle Prüfung der Ebenheit von langen Führungsbahnen

Die Prüfung von meterlangen Führungsbahnen an Feinmeßgeräten und Werkzeugmaschinen, auf denen Schlitten mit hoher, fast optischer Präzision laufen sollen, erfolgt meist nach zwei Verfahren: Durch Abtasten mit einer hochempfindlichen Libelle (Wasserwaage) oder durch optischen Vergleich mit einem stark gespannten dünnen Stahldraht. Beide Methoden haben ihre erheblichen Nachteile, so daß seit langem nach rein optischen Verfahren gesucht wird, welche hinreichende Genauigkeit mit Zuverlässigkeit und Bequemlichkeit vereinigen. Erwünscht ist, daß das Verfahren auch sofort auf den Fabrikationsprozeß angewendet werden kann, so daß der Bearbeiter des Werkstückes jederzeit den Fortgang seiner Tätigkeit verfolgen kann.

Das erste brauchbare Gerät, welches diese Forderungen erfüllt, ist von LINNIK angegeben und ausgeführt worden. Es beruht auf dem Prinzip der BILLETschen Halblinsen: Die Anoidnung ist so getroffen, daß das Bild der Führungsbahn in dem Überschneidungsbereich hinter dem Brennpunktspaar der BILLETschen Linse liegt. Dieses Prinzip bringt die gewünschte Genauigkeit, aber — vor allem bedingt durch die Lage der Interferenzen am Ort der Führungsflächen — gleich-

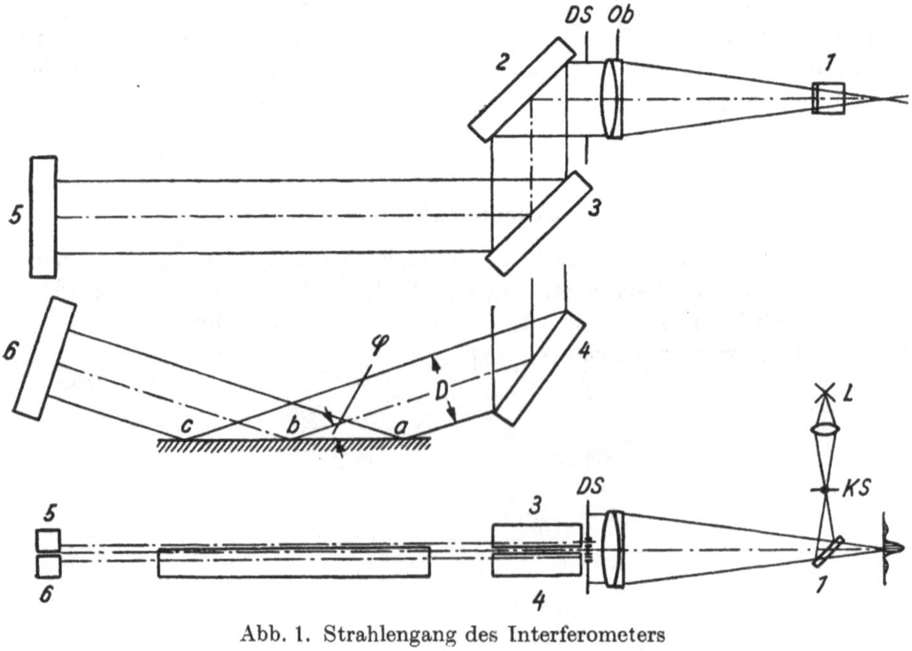

Abb. 1. Strahlengang des Interferometers

zeitig eine hohe Empfindlichkeit gegen Erschütterungen und eine schwierige Justierung des Interferometers in Verbindung mit dem Prüfling.

Das Interferometer, welches ich hier vorführen will, vermeidet diese Nachteile durch Anwendung der im Unendlichen liegenden FIZEAUschen Streifen eines Doppelspaltes, durch Anwendung der Autokollimation und die Unterdrückung jedes Glaskeiles.

Das von der Lichtquelle L (s. Abb. 1) durch den Kollimatorspalt KS gehende Licht wird vom Doppelspalt DS in zwei Strahlenbündel geteilt. Das eine Bündel geht über die Spiegel 2, 3, 5, 3, 2 und anschließend durch den Teilungsspiegel 1 in das Okular. Das andere läuft über die Spiegel 2 und 4, den Prüfling, den Spiegel 6, dann wieder über den Prüfling, die Spiegel 4 und 2 durch die Trennungsplatte 1 ebenfalls ins Okular. Man erkennt, daß die Zahl der Reflexe auf beiden Seiten ungerade ist, weil der Prüfling zweimal getroffen wird. Dadurch wird erreicht, daß mechanische Schwingungen des rechten Teiles des Interferometers keine Winkeldifferenzen zwischen den beiden Strahlen verursachen, so daß Erschütterungen dieses Teiles des Interferometers keine Störungen der Interferenzerscheinung verursachen. Es bleiben lediglich die mechanischen Schwingungen der Gegenspiegel. Aber diese sind gering, da diese Gruppe klein und leicht gebaut ist und meist mit dem Werkstück selbst verbunden werden kann. Parallelverschiebungen der Teile des Gerätes gegen den Prüfling wirken sich nur proportional dem Kosinus des Einfallwinkels des Prüflingsstrahles aus. Dieser Winkel liegt aber zwischen 85^0 und 89^0!

Hinter dem Okular Ok erscheint der Raum vor dem Fernrohr um das Quadrat der Vergrößerung verkürzt. Sein Bild erscheint in der Nähe des hinteren Brennpunkts des Okulars. Die Interferenzen dagegen liegen im vorderen Brennpunkt des Okulars bzw. im Unendlichen hinter dem Okular. Die Bilder des Raumes und der Interferenzen werden durch eine Abbildung mit Hilfe eines zweiten Fernrohrs und einer Zylinderlinse Z (s. Abb. 2) in der Bildebene dieses Fernrohrs vereinigt.

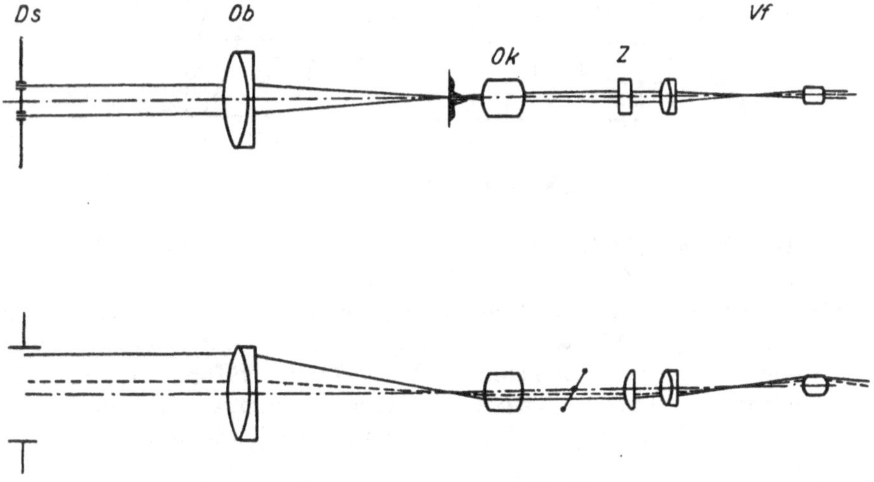

Abb. 2. Okularseitiges Ende des Strahlenganges

Die Achse der Zylinderlinse steht senkrecht zu den Doppelspalten. Da jeder Punkt des Prüflings zweimal hinter dem Okular erscheint, muß zur Vermeidung größerer Fehler die Apertur in Spaltrichtung klein gehalten werden, wodurch die Schärfentiefe sehr groß und eine besondere Fokussierung meist unnötig wird.

In diesem Zusammenhang entsteht die Frage, ob die Helligkeit des Instruments für den Gebrauch in der Werkstatt noch ausreicht, da ja auch der Kollimatorspalt mit Rücksicht auf die Sichtbarkeit der Interferenzen sehr eng gehalten werden muß. Das Probegerät, das mit einer HBO 200 als Lichtquelle arbeitet, zeigt aber, daß dies der Fall ist: die wiedergegebenen Photos sind mit einer Belichtungszeit von nur einigen Sekunden aufgenommen.

Das Interferenzbild ist also aus den fehlerhaften Stellen des Prüflings zusammengesetzt, die von dem Lichtblatt getroffen werden, welches von dem zugeordneten Spalt des Doppelspalts geformt wird. Da die Doppelspalte ca. 1 mm breit sind, verschwinden infolge der Integration alle Einzelheiten, die in dieser Breite auf den Prüfling auftreten. Aber das Interferometer dient ja nicht zur Untersuchung von Feinstrukturen der Oberfläche. Die Praxis beweist, daß das Interferometer sogar die Löcher deutlich anzeigt, die selbst bei feinstem Schaben entstehen. Natürlich muß auch der hin- und rückgehende Strahl denselben Punkt des Prüflings treffen, was aber durch geeigneten Justiergang leicht erreicht wird.

Abb. 3 zeigt die schematische Zusammenstellung des Interferenzbildes. Da es sich um eine Fraunhofersche Beugungserscheinung handelt, entsteht eine große Zahl von Interferenzstreifen, die aber alle parallel zueinander verlaufen.

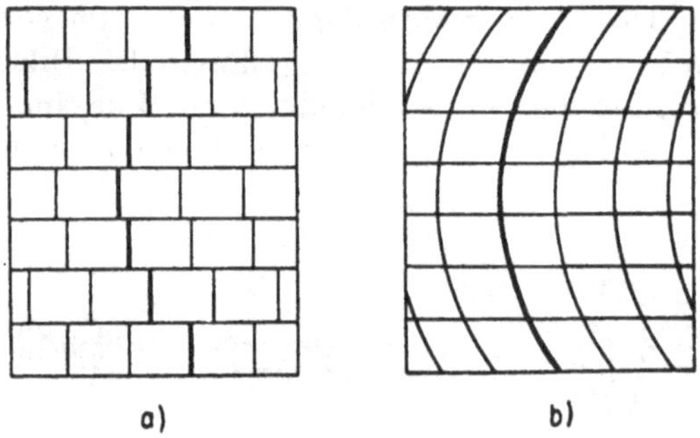

Abb. 3. Bildung der Interferenzen

Beide Abbildungen 4 stellen das erste Versuchsmodell dar. Eine weitere durchkonstruierte Form des Gerätes ist im Bau.

Die Kurve (Abb. 5) bringt die Genauigkeit des Gerätes in µm¹) bezogen auf den Komplementwinkel des Einfallswinkels und für den Streifenabstand 1 λ (546 nm). Da die Doppelspalte 60 mm lang sind, wird bei 5,7° der Prüfling 0,6 m, bei 0,6° ungefähr 6 m lang sein. Die Genauigkeiten sind dann 1,3 µm bzw. 13 µm. Es kann aber ohne weiteres auf $^1/_5$ bis $^1/_{10}$ des Streifenabstands geschätzt werden. (Abb. 6).

¹) In Abb. 5 ist noch die frühere Bezeichnung μ benutzt

Abb. 4a. Gesamtansicht des Interferometers

Abb. 4b. Beobachtungsteil des Interferometers

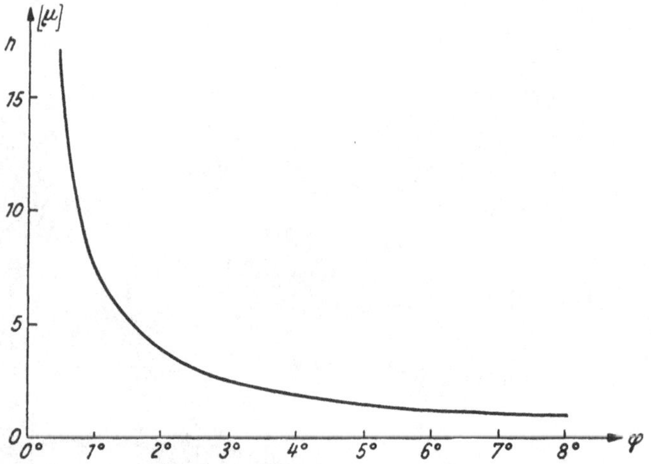

Abb. 5. Genauigkeitskurve in μm

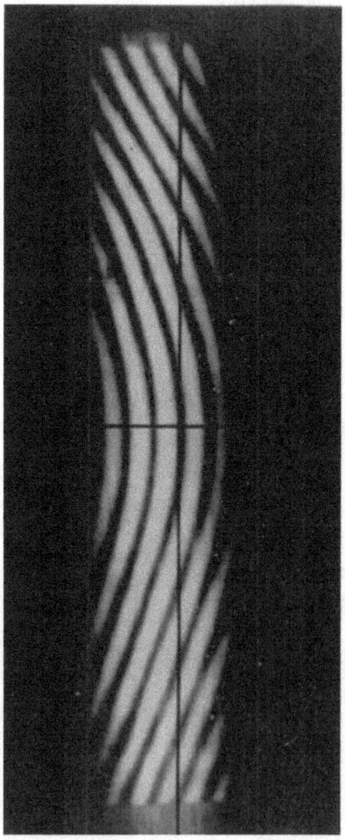

Abb. 6. Polierter Glasmaßstab

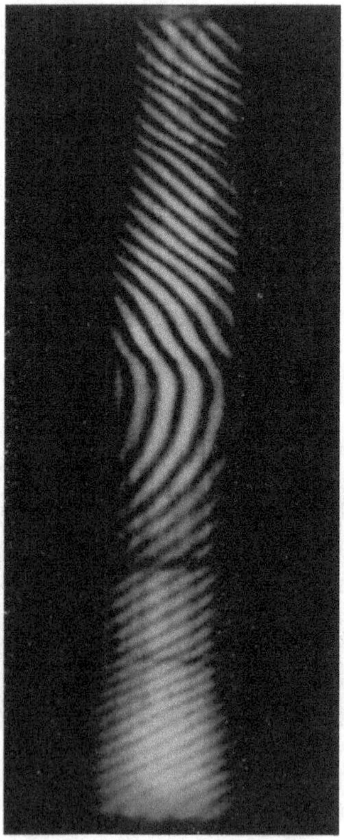

Abb. 7. Stahlstab, 1 m lang

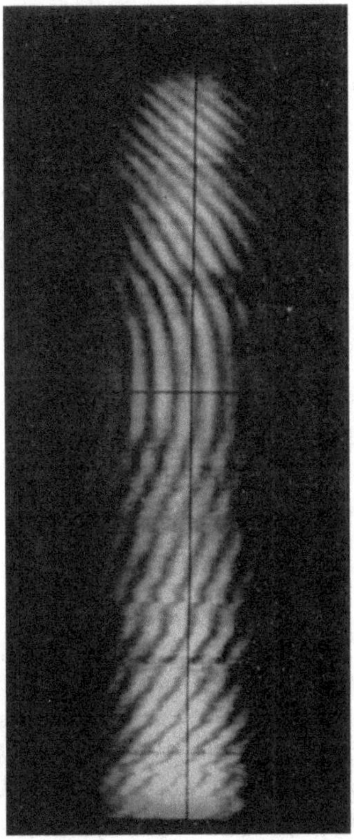

Abb. 8. Gleicher Stab während der Bearbeitung

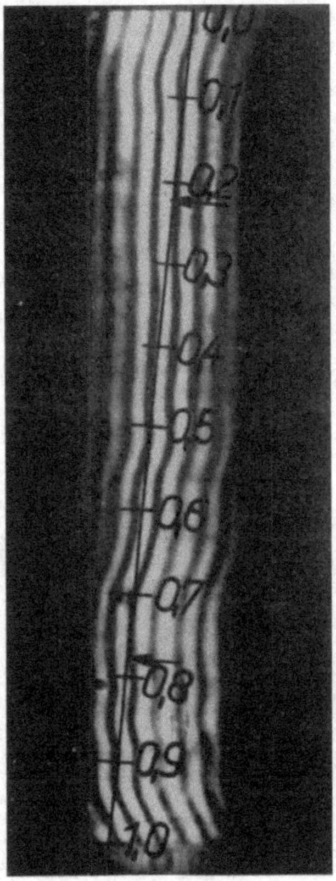

Abb. 9. Gleicher Stab, vor der Fertigstellung

Abb. 7 ist ein durchgebogener 1 m langer Stahlstab, wie er von der Schleifmaschine kommt.

Abb. 8 zeigt diesen Stab während der Bearbeitung durch Schaben.

Abb. 9 zeigt ihn fast fertig. Gewisse Teile werden bereits geläppt.

Abb. 10 gibt das Interferogramm eines 4 m langen Bettes einer Längenmeßmaschine vom VEB Carl Zeiss JENA, aufgestellt in einer großen Maschinenhalle.

Hier ist ein zusätzliches Interferenzsystem eingeschaltet worden: Ein dritter Spalt wird gleichzeitig mit dem zweiten der Doppelspalte vom Luftspiegel (s. Abb. 1) reflektiert. Da er ebenso wie dieser keine Störungen durch den Prüfling erfährt, muß das aus dem zweiten und dritten Spalt gebildete Streifensystem vollständig gerade sein. Da beide vom selben Spiegel herrühren, ist außerdem die geometrische Bewegung dieser beiden interferierenden Strahlen gleich, d.h, also, daß die Messung von der zufälligen Stellung der Gerätegruppen völlig unabhängig ist.

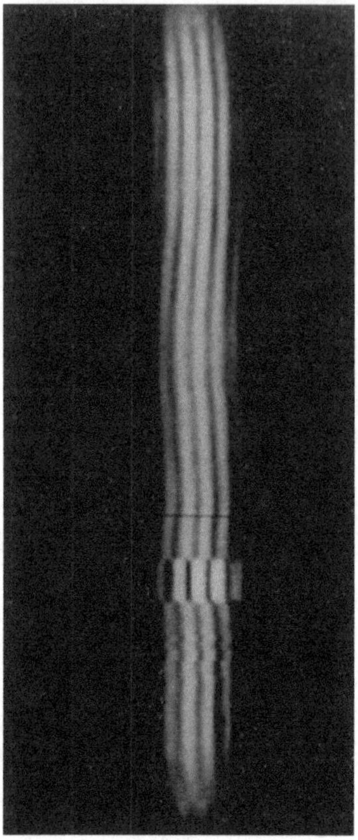

Abb. 10.
Bett einer Längenmeßmaschine, 4 m lang

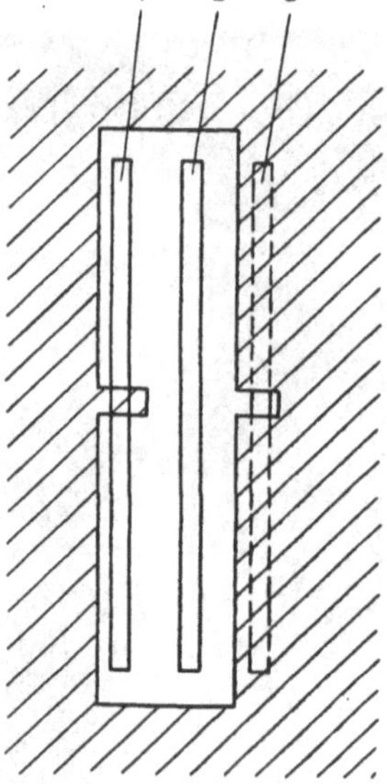

Abb. 11. Dreifachspalt

Dort, wo der Spalt 1 abgebildet wird, gibt eine besondere, bewegliche Blende den Spalt 3 frei (s. Abb. 11); an den anderen Stellen des Interferenzbildes ist es umgekehrt. Durch Auf- und Abschieben der Blende kann man die dadurch entstehende Trennungskante zwischen den Prüflingsinterferenzen und dem unabhängigen System an einen beliebigen Punkt des Prüflings hinbringen und dort messen. (s. Abb. 10). Da wir es aber jetzt mit einer Koinzidenzmessung zu tun haben, können wir wesentlich höhere Meßgenauigkeiten erreichen, wenn wir einen kleinen Kompensator einbauen.

Da sich für die Aufstellung des Interferometers ein konsequent durchgeführtes Schema voneinander unabhängiger Bewegungen angeben läßt — ein Optikrevolver zum Fokussieren auf bestimmte Justierebenen ist vorhanden —, kann das Gerät auch in der Werkstatt schnell aufgestellt und leicht benutzt werden.

Die Erprobungen in der Fabrik haben gezeigt, daß es alle Erwartungen an Genauigkeit und Unempfindlichkeit gegen Temperatur, Luftbewegung und Erschütterungen erfüllt.

Zusammenfassung

Die bekannten optischen Methoden zur Prüfung der Ebenheit von langen Führungsbahnen lassen sich nur in sehr beschränktem Umfang praktisch anwenden. Es wird ein neues Verfahren beschrieben, welches den Verlauf der ganzen Führungslänge in einem Interferenzbild bietet.

VEB Carl Zeiss JENA

H. POHLACK, Jena

Über einige neuere Probleme der Grenzflächenoptik absorbierender Medien[1])

Die Beschäftigung mit einem alten Gedankenexperiment (Abb. 1) von LORD RAYLEIGH [1], [2] war im Arbeitsbereich des Verfassers vor einigen Jahren Anlaß zu der Fragestellung, ob noch andere (einfachere) optische Anordnungen gefunden werden können, die, ebenso wie die RAYLEIGHsche Lichtfalle, *nichtumkehrbar* in bezug auf die Lichtdurchlässigkeit sind.

Es lag nahe, unter diesen Gesichtspunkten die Eigenschaften von Systemen dünner absorbierender Schichten zu untersuchen, da bereits an der *einfachen*

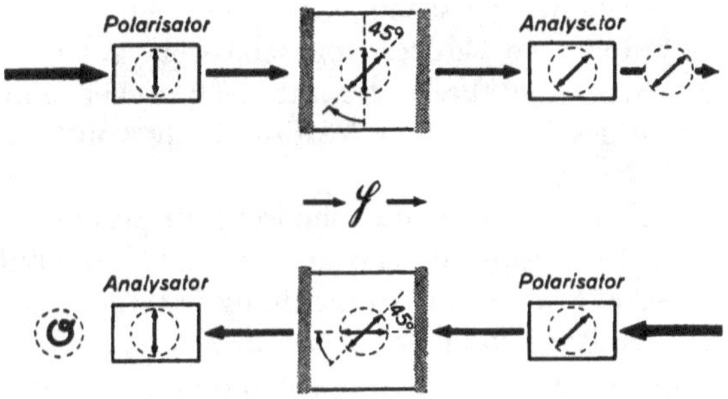

Abb. 1. „Lichtfalle" von Lord RAYLEIGH: in einer Richtung (oben) lichtdurchlässig, in der anderen (unten) lichtundurchlässig; die Wirkung wird im wesentlichen hervorgerufen durch eine (absolute) 45°-Drehung der Polarisationsebene im longitudinalen Magnetfeld (FARADAY-Drehung).

Grenzfläche zwischen zwei Medien mit unterschiedlicher Absorption gewisse „Störungen" der erwarteten Durchlässigkeitsinvarianz bei Seitenvertauschung auftreten (v. FRAGSTEIN [3] [4]); außerdem ist ein mit geeigneten Anordnungen aus *durchsichtigen Metallschichten* erzielter „Lichtventileffekt" bereits bekannt (Abb. 2), der sich allerdings bei genauerer Untersuchung im Sinne des „objektiven" Lichtventils nur als ein Scheinerfolg erweist, aber immerhin die Erwartung unterstützt, daß eine Reziprozitätsuntersuchung bei dünnen Schichtsystemen nicht trivial ist.

[1]) stark gekürzte Fassung

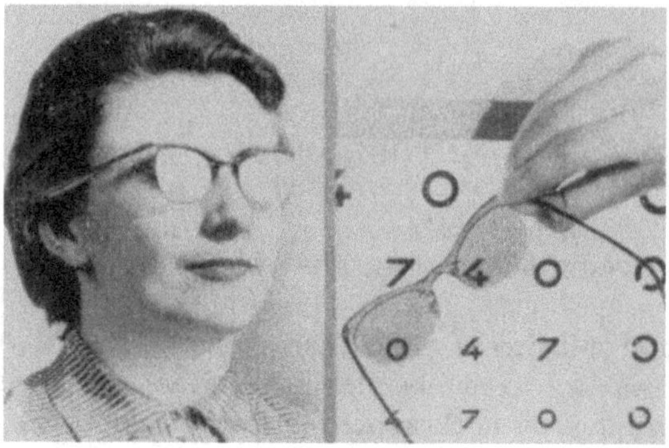

Abb. 2. „Spiegelbrille“ mit *scheinbar* richtungsunterschiedlichem Durchlaßgrad

Die ausführliche Diskussion des allgemeinen Problems der Umkehrbarkeit für beliebig komplizierte *Schichtkombinationen* [5] [6] erbrachte dann eine zu dem Fall der einfachen Grenzfläche analoge Lösung; insbesondere wurde aber bewiesen, daß Schichtanordnungen, die zwischen optischem Sender und Empfänger unmittelbar eingebettet und „als Ganzes abgeschlossen“ sind, also Anordnungen, um die es sich im experimentellen oder meßtechnischen Fall *immer* handelt, grundsätzlich *invariant* gegenüber einer Vertauschung von Strahlungsquelle und -empfänger sind (Pohlack [6]).

Diese Überlegungen zum Reziprozitätstheorem für geschichtete Medien haben im Arbeitsbereich des Verfassers die Aufmerksamkeit schließlich auf eine Kette ähnlicher Probleme gelenkt, deren Zusammenhang untereinander dadurch gekennzeichnet ist, daß überall der Effekt der Transmissions-, Reflexions- und Absorptionsabhängigkeit absorbierender Schichten von den optischen Eigenschaften der angrenzenden Außenmedien im Spiel ist. Wie gezeigt werden soll, sind die Lösungen aller hier zur Diskussion stehenden Probleme tatsächlich in überraschend einfacher Weise aus dieser Abhängigkeit heraus zu verstehen.

Wenn man die geeignet umgestellten Intensitätsformeln für Reflexionsgrad ϱ und Durchlaßgrad τ eines absorbierenden Schichtsystems in der Weise, wie in Abb. 3 und 4 dargestellt, kombiniert, so gewinnt man einige aufschlußreiche und allgemeine analytische Beziehungen [7]:

Mit Änderung der Brechzahl n_a des dem Schichtsystem vorgelagerten Außenmediums ändern sich τ und ϱ gegensinnig, τ und Absorptionsgrad α jedoch gleichsinnig. Etwaige Extremwerte von τ, ϱ und α müssen also für gleiches n_a auftreten. Abb. 5 zeigt diese allgemeinen Zusammenhänge an einem errechneten Beispiel. Dabei muß beachtet werden, daß der für praktische Aufgaben scheinbar unsinnig große Brechzahlbereich (Abszisse n_a) „effektiv“ realisierbar ist durch Hinzufügen von nichtabsorbierenden Zusatz-Interferenzzwischenschichten. Beispiel: Schaltet man zwischen das ursprüngliche absorbierende Schichtsystem und das Außenmedium eine $\lambda/4$-Zusatzschicht der Brechzahl n_s ein, so ist diese Maßnahme ormal gleichbedeutend mit einer Umwandlung der ursprünglichen Außenbrech-

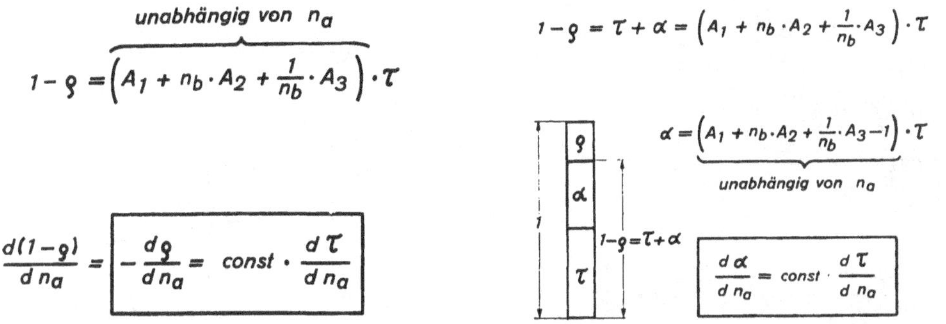

Abb. 3 und 4. Beziehungen zwischen Reflexionsgrad ϱ, Durchlaßgrad τ und Absorptionsgrad α eines absorbierenden Schichtsytems (n_a, n_b = Brechzahlen von vorderem und rückwärtigem Außenmedium; A_1, A_2, A_3 setzen sich nur aus Kombinationen der optischen Schichtkonstanten zusammen.)

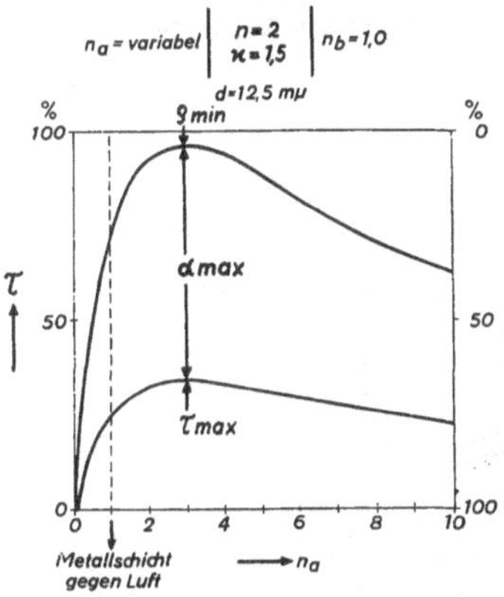

Abb. 5. Reflexionsgrad ϱ, Durchlaßgrad τ und Absorptionsgrad α einer dünnen absorbierenden Schicht in Abhängigkeit von derBrechzahl n_a des vorgelagerten Außenmediums

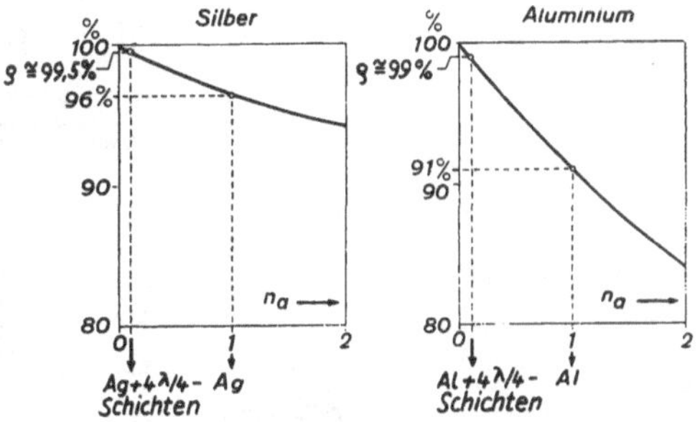

Abb. 6. Zur Reflexionserhöhung von Metalloberflächen (Oberflächenspiegel)

zahl n_a in $n_{a,\,\text{eff}} = n_s^2/n_a$. (Betreffs der Wahl von $\lambda/4$-Schichten bzw. von Schichten, die von der $\lambda/4$-Bedingung abweichen, vergleiche man [8].) Auf diese Weise ist es möglich, „effektive" Außenbrechzahlen von nahe 0 bis weit über 10 zu realisieren.

Die Kurvencharakteristik von Abb. 5, insbesondere ihre Abhängigkeit von n_a, stellt Beziehungen her zu einer Reihe bekannter praktischer Maßnahmen, zu denen die „*Tarnung*" von Metalloberflächen, also die *Metall-Reflexminderung* durch Vorschalten geeigneter Dielektrika, die *Absorptionserhöhung* dünner Metallschichten zur Erhöhung der Strahlungsaufnahme (*Resonanzabsorber*), sowie die *Reflexionserhöhung* von Metallflächen (Abb. 6) gehören. Die Variationsmög-

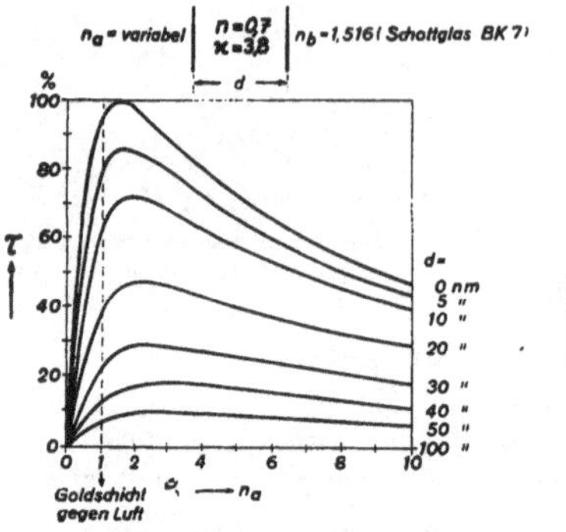

Abb. 7. Durchlaßgrad τ von Goldschichten in Abhängigkeit von der Brechzahl n_a des vorgelagerten Außenmediums. Parameter ist die Schichtdicke d.

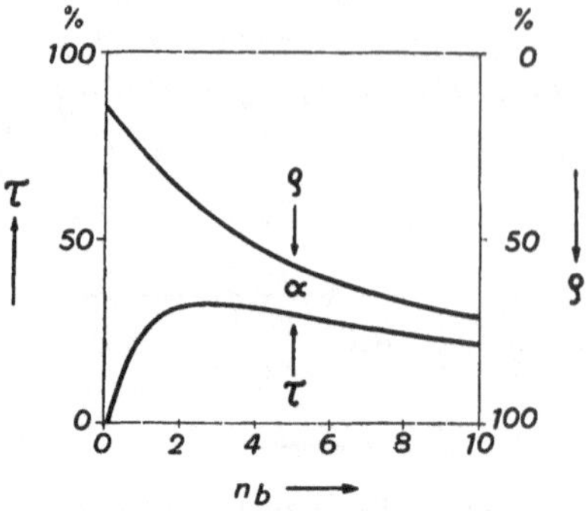

Abb. 8. Reflexionsgrad ϱ, Durchlaßgrad τ und Absorptionsgrad α einer dünnen absorbierenden Schicht in Abhängigkeit von der Brechzahl n_b des rückwärtigen Außenmediums

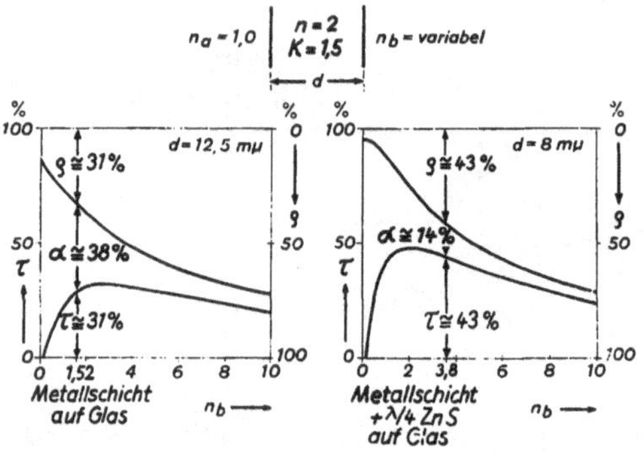

Abb.9 . Zur Absorptionsverminderung dünner Chromschichten (Lichtteilungsspiegel)

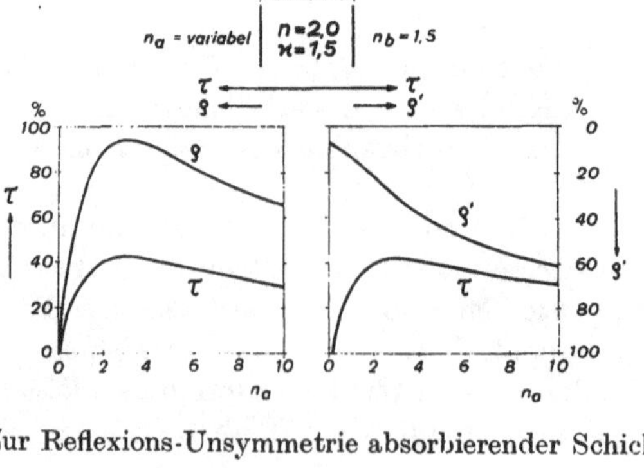

Abb. 10. Zur Reflexions-Unsymmetrie absorbierender Schichtsysteme

lichkeit des *Transmissionsgrades* besitzt praktische Konsequenzen z.B. für elektrisch leitende Schichten, die etwa als durchsichtige Elektroden einen möglichst hohen Transmissionsgrad besitzen sollen (Abb. 7).

Aber auch Veränderungen des *rückwärtigen* Außenmediums können praktisch ausnutzbare Effekte verursachen. Das Charakteristische der Erscheinungen zeigt Abb. 8: Mit *Brechzahlerhöhung* des rückwärtigen Außenmediums wird eine *Absorptionsverminderung* des Schichtsystems bewirkt. Dieser Effekt läßt sich z.B. erfolgreich ausnutzen für lichtverlustarme *Strahlenteilungsspiegel* [8], bei denen man an einer hohen Lichtausbeute, d.h. an möglichst hoher Reflexion bei möglichst hoher Durchlässigkeit interessiert ist (Abb. 9).

Ein *unsymmetrischer* Aufbau des absorbierenden Gesamtsystems (im einfachsten Fall: absorbierende Einfachschicht mit ungleichen angrenzenden Außenmedien) bewirkt *ungleiche Reflexionsgrade* an beiden Seiten, während die Durchlässigkeit invariant gegenüber der Strahlungsumkehr bleibt [5], [6] (Abb. 10). Diese Reflexionsunterschiede können sehr weit getrieben werden und lassen sich wieder für praktische Anwendungen ausnutzen. (Vgl. Abb. 2: Unterstützt wird der Effekt durch geeignete „unsymmetrische“ Beleuchtung.)

Zusammenfassung und abschliessende Bemerkungen

Es wurden eine Reihe verschiedenartiger optischer Anordnungen erläutert, deren wesentliches Element ein geschichtetes absorbierendes Medium ist. Das Gemeinsame der einzelnen Probleme zeigte sich in dem optischen Verhalten des absorbierenden Mediums in Abhängigkeit von seiner „Umgebung“, die quantitativ durch die Brechzahlen der Außenmedien gekennzeichnet wurde. Allerdings repräsentieren die Außenbrechzahlen nicht die einzig mögliche quantitative Kennzeichnung der einzelnen Effekte: Bei tieferem Eindringen in den gesamten Problemkreis erweisen sich vielmehr solche Größen als universeller und weittragender, mit denen die „optische Anpassung“ des absorbierenden Schichtelementes an die Umgebung im Sinne der elektromagnetischen Lichttheorie beschrieben wird. Wie gezeigt wurde, gelangt man jedoch bereits mit dem geläufigen Brechzahlbegriff zu außerordentlich einfachen und übersichtlichen Gesetzmäßigkeiten von hohem heuristischem und praktisch-konstruktivem Wert.

VEB Carl Zeiss JENA

Literatur

[1] Lord Rayleigh, Phil. Trans. S. 343 (1885).
[2] Lord Rayleigh, Nature **64**, 577 (1901).
[3] Fragstein, C. v., Ann. Physik (6) **7**, 63 (1950).
[4] Fragstein, C. v., Phys. Bl. **6**, 153 (1950).
[5] Fragstein, C. v., Optik **9**, 337 (1952).
[6] Pohlack, H., Ann. Physik (6) **11**, 145 (1952).
[7] Pohlack, H., Jenaer Jahrbuch 1954, I. Teil, S. 76.
[8] Pohlack, H., Wiss. Z. Hochsch. Elektrotechnik Ilmenau **3**, 277 (1957); Feingerätetechnik **7**, 171 (1958).

K. H. BRAUER und F. FRÖHLICH, Halle

Zwei Geräte zur Mikrospektrometrie mit Spektralphotometern

Es wurde über ein Zusatzgerät für Spektralphotometer berichtet, mit dem Absorptionsmessungen an beliebigen Mikroobjekten vorgenommen werden können und an dem insbesondere in Mikrobereichen ausgedehnter ebener Objekte entsprechende Messungen punktweise als Funktion einer Koordinate in der Objektebene möglich sind. Die Leistungsfähigkeit des Gerätes in Verbindung mit dem Jenaer Universal-Spektrophotometer wurde im Wellenlängenbereich von 250 bis 1100 nm untersucht und einige Anwendungsbeispiele angegeben. Eine ausführliche Mitteilung über dieses Gerät ist bereits im Druck [1].

Da sich das Zusatzgerät wegen der großen Apertur des Spiegelobjektivs, das den Austrittsspalt des Monochromators verkleinert in die Objektebene abbildet, nur für Untersuchungen an Mikroobjekten bzw. an ausgedehnten dünnen Objekten eignet, wurde, um auch Absorptionsmessungen in Abhängigkeit von einer Koordinate an dicken Objekten vornehmen zu können, ein zweites Zusatzgerät zum Jenaer Universalspektrophotometer gebaut, bei dem das Objekt unmittelbar hinter dem Austrittsspalt des Monochromators, d. h. ohne Zwischenschaltung abbildender Elemente vom Meßlichtbündel durchstrahlt wird. Wegen der geringen Austrittsapertur des Monochromators ist die Breite des Meßlichtbündels selbst bei Objekten bis zu mehreren mm Dicke nur wenig größer als die des Austrittsspaltes. Als Empfänger dient wieder die Photozelle der Meßeinrichtung A.

Abb. 1. Monochromator mit Zusatzgerät II

Bei der Meßeinrichtung A handelt es sich um eine Einstrahlanordnung, bei der Leerwert und Meßwert abwechselnd zu messen sind. Die dazu notwendige Hin- und Herbewegung des Objektes erfolgt wie beim ersten Zusatzgerät auf einem Wagen, der von einem motorgetriebenen Federsatz bis zum Anschlag an die Mikrometerschrauben bewegt wird (vgl. Abb. 2). Es ist beabsichtigt, bei beiden Geräten den Umschalter für den Objekttransport (Leerwert-Meßwert) mit dem „Meßschalter" am Kompensator zu koppeln, damit die gesonderte Bedienung beim Wechsel von Leerwert- und Meßstellung entfällt.

Die Objekthalter sind für beide Zusatzgeräte gleich und austauschbar. Für die Verwendung im Zusatzgerät II werden je nach Dicke des Objektes entsprechende Unterlagen auf den Objekthalter aufgeschraubt, so daß sich das Objekt unmittelbar hinter dem Austrittsspalt befindet (vgl. Abb. 3).

Nach hinten ist das Zusatzgerät durch eine leicht auswechselbare Quarzlinse abgeschlossen, die die Divergenz des austretenden Meßlichtbündels herabsetzt

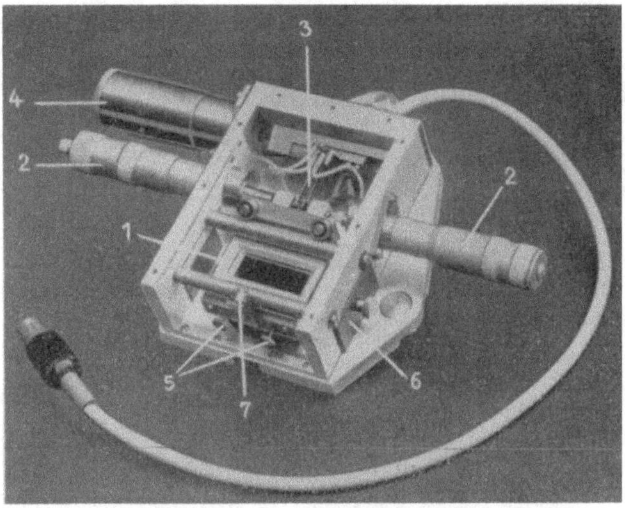

Abb. 2. Zusatzgerät II, Rückwand abgenommen

1 – Wagen; *2* – Mikrometerschrauben; *3* – Federsatz; *4* – Motor; *5* – Justierschrauben; *6* – Lichtdichter Verschluß für die Öffnung im Gehäuse, durch die die Objekthalterung mit Objekt eingeführt wird; *7* – Mit einer Blattfeder vorgespanntes Kugellager, das den spielfreien Lauf des Wagens gewährleistet

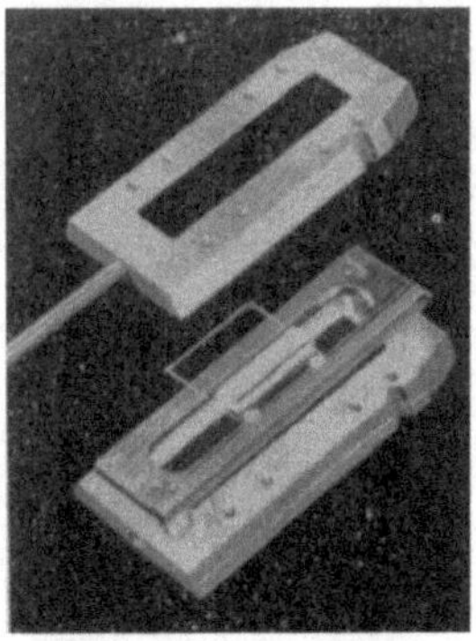

Abb. 3. Objekthalter

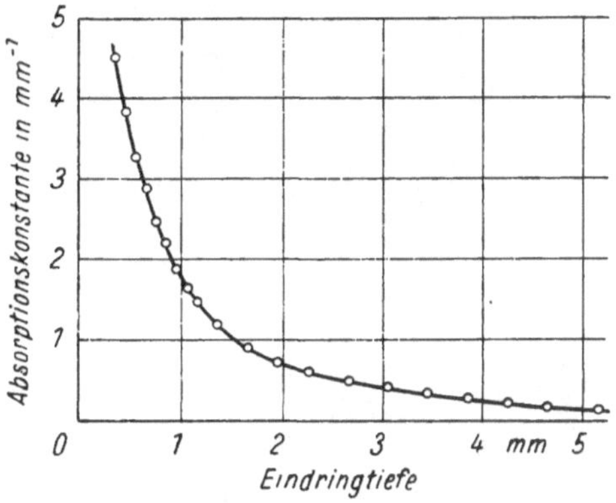

Abb. 4. Absorptionskonstante eines verfärbten LiF-Einkristalles als Funktion der Eindringtiefe der Röntgenstrahlung

und für eine gute Ausleuchtung der Empfängerzelle sorgt. Wegen ihrer Lupenwirkung kann sie gleichzeitig als Justierhilfe benutzt werden.

Als Beispiel für Absorptionsmessungen an dicken Objekten in Abhängigkeit von einer Koordinate wird die Absorption eines röntgenverfärbten LiF-Einkristalles als Funktion der Eindringtiefe der Röntgenstrahlung mitgeteilt (vgl. Abb. 4). Der in [100]-Richtung mit Cu-Bremsstrahlung 30 kV bestrahlte Kristall wurde in Strahlrichtung gespalten, ein dünnes Spaltstück auf ein Quarzdeckglas präpariert (vgl. Abb. 3) und die Absorption senkrecht zur Röntgenstrahlrichtung im Maximum der Farbzentrenbande bei $\lambda = 250$ nm bestimmt.

Halle, Institut für experimentelle Physik
der Martin-Luther-Universität

Literatur

[1] Brauer, K. H., u. Fröhlich, F., Ein Gerät zur Mikrospektrometrie mit Spektralphotometern. Experimentelle Technik der Physik, **6**, H. 5, 216 (1958).

R. TIEDEKEN, Jena

Einige Bemerkungen über die Konstruktion von Beleuchtungssystemen und die Beurteilung ihres Wirkungsgrades auf Grund der Konstruktion

1. Einleitung

Die Bestimmung optimaler Beleuchtungsoptiken für Projektionssysteme ist eine vom Standpunkt der Optik-Rechnung beurteilt primitive Aufgabe. Es handelt sich ja hierbei im allgemeinen nicht darum, eine punktförmige Strahlenvereinigung eines von einem Punkt der Lichtquelle ausgehenden Bündels zu erzielen; vielmehr genügt es, die engste Einschnürung der gesamten von einer endlichen Leuchtfläche ausgehenden Lichtröhre zu untersuchen.

Während die auf Grund nicht punktförmiger Strahlenvereinigung entstehenden Zerstreuungsfiguren bei korrigierten Objektiven in der Größenordnung von etwa $1^0/_{00}$ der Brennweite und weniger liegen, ist die engste Einschnürung des Bildes der Leuchtfläche in der Größenordnung der Brennweite des Beleuchtungssystems.[1]) Daraus dürfte schon mit genügender Deutlichkeit folgen, daß Strahlendurchrechnungen mit fünf oder gar noch mehr Stellen einen unnötigen Aufwand darstellen.

Zur Ermittlung der Ausdehnung der engsten Einschnürung einer Lichtröhre ist die zeichnerische Verfolgung des Strahlenverlaufes ein sehr viel geeigneteres Mittel. Man kann sich dabei in der Hauptsache auf die Untersuchung von Meridionalstrahlen beschränken. Der Verfasser möchte an dieser Stelle bemerken, daß er die grundlegenden der folgenden Erkenntnisse vor etwa 25 Jahren bei seiner Tätigkeit im Zentrallaboratorium der Siemens & Halske AG von Herrn Dr. Räntsch übermittelt bekam. Inzwischen sind diese Methoden durch Fluktuation von Mitarbeitern innerhalb Deutschlands an verschiedenen Stellen bekannt geworden, so daß eine zusammenfassende Darstellung angebracht erscheint.

2. Die Untersuchung des Strahlenganges mit Hilfe der Strahldurchzeichnung

Die Brechung eines Strahles an der Trennfläche zweier Medien der Brechzahlen n und n' läßt sich bekanntlich nach verschiedenen Zeichenverfahren verfolgen. Wir beschränken uns wie schon angedeutet auf Meridionalstrahlen in rotationssymmetrischen Systemen.[2]) Steht eine Zeichenmaschine mit genauer Parallelführung zur Verfügung, so empfiehlt sich folgendes, auf Reusch (1854,

---

[1]) Soweit es sich um einen Kondensor ohne reele Zwischenabbildung handelt.

[2]) Oder auch auf Strahlen in den Hauptschnitten eines zweifach symmetrischen Systems.

1862) zurückgehende Verfahren (s. Abb. 1): Man benutzt ein Paar konzentrischer Kreise mit den Radien $n \cdot e$ und $n' \cdot e$ (e beispielsweise $= 300$ mm gesetzt) als Hilfskreise anabhängig von den die Meridianschnitte der brechenden sphärischen Flächen darstellenden Kreisbögen.

Der Winkel σ, den der im Medium mit der Brechzahl n einfallende Strahl $\tilde{O}A$ mit der (waagerechten) Achse bildet, wird mittels der Parallelführung vom Mittelpunkt M des Hilfskreissystems aus nach B auf dem Kreis mit dem Radius ne eingetragen und der Winkel φ, den die Normale CA mit der waagerechten Achse bildet, von B aus zum Punkt B' auf dem Kreis mit dem Radius $n'e$ eingezeichnet, dann bildet MB' mit der Waagerechten den den Brechungsformeln entsprechenden Winkel σ'. Der Beweis hierfür ist leicht zu führen, er soll hier nur kurz angedeutet werden.

Im $\triangle MBB'$ gilt

$$\frac{\sin \varepsilon'}{\sin \varepsilon} = \frac{n e}{n' e},$$

in $\triangle MBD$ und $\triangle MB'D$ außerdem

$$\varepsilon = -\sigma' + \varphi$$
$$\varepsilon' = -\sigma' + \varphi$$

d. h. ε und ε' im Hilfskreissystem stellen Einfalls- und Brechungswinkel für den Strahl $\tilde{O}A$; dar, und für diese gilt das Brechungs gesetz.

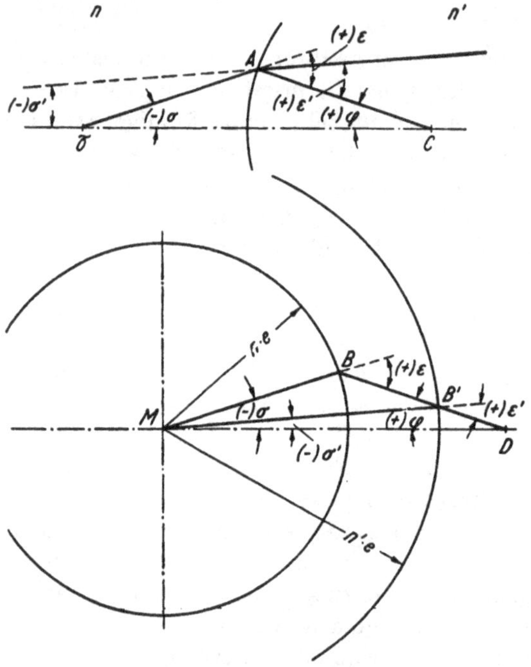

Abb. 1. Zeichenverfahren mit Hilfskreisen

Der Winkel σ' wird dann in die Hauptzeichnung übertragen, wo der Meridionalstrahl im Medium n' bis zur nächsten Fläche eingezeichnet wird.

Bemerkung für die Praxis:

Das Verfahren ist in gleicher Weise anwendbar für Durchzeichnungen in Lichtrichtung und entgegen dieser.

3. Grundprinzip zur Erreichung von Optimallösungen

Nach den Gesetzen der Physik und der Lichttechnik ist bei einem Projektionssystem ein maximaler Nutzlichtstrom nur dadurch möglich, daß jede Elementarlichtröhre durch ein Flächenelement ΔF_{Film} der Filmnutzfläche[1]) und ΔF_B der film-

[1]) Der Verfasser möchte diesen Ausdruck in diesem Zusammenhang für denjenigen Teil der Filmfläche vorschlagen, der von Projektionsobjektiven auf den Schirm abgebildet wird. Die im DIN Entwurf 15545 benutzte Bezeichnung „Bildgröße für Wiedergabe" ist im Zusam-

seitigen Pupille mit Licht möglichst hoher Leuchtdichte ausgefüllt wird. Diese Elementarlichtröhren werden dargestellt durch die Lichtstrahlen, die die Schwerpunkte von ΔF_{Film} und ΔF_B verbinden. Dementsprechend stellen die Größe des Filmbildes und die Ausdehnung der (abgeschatteten) Pupille, die zu dem jeweils betrachteten Filmpunkt gehört, die Ausgangsgrößen dar.

Die Untersuchung eines Kondensorsystems geht nun so vor sich, daß Meridionalstrahlen durch einen Punkt des Films und verschiedene Punkte der Pupille auf dem oben geschilderten Wege rückwärts bis zum Leuchtfeld verfolgt werden. Die Lösung kann als optimal angesehen werden, wenn alle so gezeichneten Strahlen als Repräsentanten von Elementarlichtröhren vom Leuchtfeld mit Licht ausgefüllt werden, d. h. die Leuchtfläche durchstoßen. In Abb. 2 ist das Ergebnis einer solchen Durchzeichnung wiedergegeben.

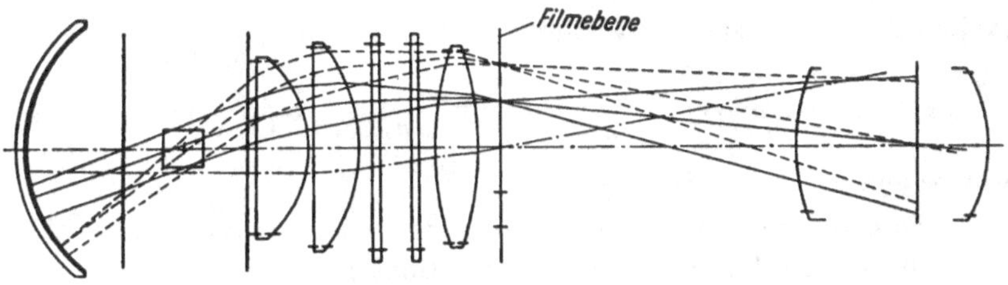

Abb. 2.
Strahlenverlauf in einem Projektionssystem

Bemerkungen.

1. Es sei nochmals ausdrücklich darauf hingewiesen, daß die Durchzeichnung der Strahlen entgegengesetzt zur effektiven Lichtrichtung vom Objektiv über das Filmfenster zur Lichtquelle erfolgt.

2. Soweit die Struktur des Leuchtfeldes ungleichmäßig ist, muß die Leuchtfläche bekanntlich in die Pupille des Objektivs hinein abgebildet werden. Dann muß aber dafür gesorgt werden, daß die Dingfläche im optischen Raum des Leuchtfeldes, die der Filmebene durch den Kondensor zugeordnet wird, nicht mit dem Leuchtfeld zusammenfällt. Um dies zu kontrollieren, werden durch jeden der untersuchten Filmpunkte wenigstens drei Meridionalstrahlen (oberer und unterer Randstrahl sowie Schwerstrahl) untersucht. Diese vereinigen sich im Raum des Leuchtfeldes im allgemeinen nicht punktförmig, es entsteht vielmehr eine meridionale Komafigur, die an Hand dieser drei Strahlen als Dreieck erkennbar ist. Es soll dann dieses Dreieck möglichst nicht in das Leuchtfeld hineinragen.

menhang mit Fragen der Optik für Beleuchtungssysteme wenig geeignet. Daß das „Filmfenster" und die „Bildgröße für Wiedergabe" bzw. die „Filmnutzfläche" unterschiedliche Begriffe bezeichnen, dürfte inzwischen allgemein von den Fachleuten erkannt worden sein.

4. Bestimmung des Wirkungsgrades einer Beleuchtungsoptik auf Grund der Konstruktion

Es wird in vielen Fällen nicht ohne weiteres möglich sein, das Beleuchtungssystem optimal anzusetzen, d. h. zu erreichen, daß alle Strahlen durch die „Filmnutzfläche" und die deren einzelnen Punkten zugeordneten Pupillen von der Leuchtfläche mit Licht normaler Leuchtdichte ausgefüllt werden.

Der Verfasser hat in Wien[1]) 1958 bereits kurz angedeutet, daß als Wirkungsgrad η eines Beleuchtungssystems das Verhältnis des effektiven geometrischen Flusses zum – bei dem betreffenden Objektiv möglichen – maximalen geometrischen Fluß verstanden werden soll. Dabei ist der effektive geometrische Fluß G_{eff} gegeben durch

$$G_{eff} = \sum_{\varkappa=-k}^{+k} \sum_{\lambda=-l}^{+l} \frac{k^2}{[(x_\varkappa - x_{B\varkappa\lambda})^2 + (y_\lambda - y_{B\varkappa\lambda})^2 + k^2]^2} F_{B\,eff\,\varkappa\lambda}\, \Delta F_{Film}, \tag{1}$$

der maximale geometrische Fluß durch

$$G_{max} = \sum_{\varkappa=-k}^{+k} \sum_{\lambda=-l}^{+l} \frac{k^2}{[(x_\varkappa - x_{B\varkappa\lambda})^2 + (y_\lambda - y_{B\varkappa\lambda})^2 + k^2]^2} F_{B\varkappa\lambda}\, \Delta F_{Film}. \tag{2}$$

Hierin bedeuten:

$\varkappa, \lambda$	Doppelnummern für jeden der üblichen Meßpunkte $P_{\varkappa\lambda}$ der Filmnutzfläche, die durch die beiden Koordinaten
$x_\varkappa, y_\lambda$	festgelegt sind.
$F_{B\varkappa\lambda}$	Fläche der zu $P_{\varkappa\lambda}$ gehörenden (abgeschatteten) filmseitigen Pupille.
$F_{Beff\varkappa\lambda}$	Fläche des Teiles der zu $P_{\varkappa\lambda}$ gehörenden filmseitigen Pupille, der durch das Bild der Leuchtfläche ausgefüllt wird.
ΔF_{Film}	Flächenelement der Filmnutzfläche, die in $(2k+1)\,(2l+1)$ flächengleiche Teile aufgeteilt ist.
k	Strahlungsweite von der paraxialen filmseitigen Pupille zum Film
$x_{B\varkappa\lambda}, y_{B\varkappa\lambda}$	Koordinaten des Durchstoßungspunktes des Schwerstrahles, der zum Punkt $P_{\varkappa\lambda}$ der Filmebene gehört, durch die paraxiale Pupille.

Da ΔF_{Film} eine Konstante ist, ergibt sich für η

$$\eta = \frac{\displaystyle\sum_{\varkappa=-k}^{+k} \sum_{\lambda=+l}^{+l} \frac{k^2}{[(x_\varkappa - x_{B\varkappa\lambda})^2 + (y_\lambda - y_{B\varkappa\lambda})^2 + k^2]^2} F_{Beff\varkappa\lambda}}{\displaystyle\sum_{\varkappa=-k}^{+k} \sum_{\lambda=-l}^{+l} \frac{k^2}{[(x_\varkappa - x_{B\varkappa\lambda})^2 + (y_\varkappa - y_{B\varkappa\lambda})^2 + k^2]^2} F_{B\varkappa\lambda}}$$

Zur Bestimmung von η kommt es also vor allem darauf an, die Flächen $F_{B\varkappa\lambda}$ und $F_{Beff\varkappa\lambda}$ der Pupillen und der von diesen durch das Leuchtfeldbild ausgefüllten Flächen zu bestimmen.

Über die Bestimmung der Flächen der (abgeschatteten) Pupillen, die zu den einzelnen Punkten der Filmebene gehören, wird im nächsten Abschnitt Näheres be-

[1]) Auf der 59. Tagung der Deutschen Gesellschaft für angewandte Optik. (Diese Arbeit ist im Jenaer Jahrbuch 1959 I auf S. 44 ··· 51 erschienen.)

richtet. Hier wollen wir davon ausgehen, daß die Neigungen tan σ_o und tan σ_u für den oberen und unteren Randstrahl im Meridionalschnitt (gerechnet gegen die Achse) und tan τ für den äußersten windschiefen Strahl (gerechnet gegen den Schwerstrahl) im Sagittalschnitt bekannt sind.

Wir wollen die Annahme machen, daß das Verhältnis

$$\nu_{\varkappa\lambda} = \frac{F_{B\,eff\,\varkappa\lambda}}{F_{B\,\varkappa\lambda}}$$

im Raume des Filmes hinter dem Kondensor übereinstimmt mit dem Verhältnis der entsprechenden Flächen im Raum des Leuchtfeldes vor dem Kondensor. – Die Konstanz des Flächenverhältnisses ist nicht unbedingt das gleiche wie eine Ähnlichkeitsabbildung. –

Wir wollen nun unter dieser Annahme das Verhältnis im Raum des Leuchtfeldes untersuchen. Soweit die rückwärtige Abbildung des Filmpunktes $P_{\varkappa\lambda}$ im optischen Raum des Leuchtfeldes eine punktförmige wäre, wäre die Bestimmung dieser einzelnen Flächenverhältnisse

$$\nu_{\varkappa\lambda} = \frac{F_{B\,eff\,\varkappa\lambda}}{F_{B\,\varkappa\lambda}}$$

einfach. Tatsächlich wird aber der Filmpunkt $P_{\varkappa\lambda}$ in den Raum vor dem Kondensor astigmatisch und zum mindesten im Meridionalschnitt mit Koma abgebildet.

Die Wirkung der letztgenannten ist auf Grund der Durchzeichnung der Meridionalstrahlen leicht zu übersehen. Dabei ist zu beachten, daß der gegen die Koordinatenachsen gedrehte Meridionalschnitt, der durch Filmpunkte mit $x \neq 0$ und $y \neq 0$ geht, mit dem entsprechenden Azimut durch das meist rechteckige Leuchtfeld stößt.

Es läßt sich also sofort auf Grund der Durchzeichnung angeben, wieviel Prozent der meridionalen Ausdehnung des Bildes der Pupille zum Punkt $P_{\varkappa\lambda}$ vom Leuchtfeld ausgefüllt wird. Um den Sagittalschnitt zu übersehen, müßten strenggenommen windschiefe Strahlen vom Filmraum zum Leuchtfeldraum durch den Kondensor verfolgt werden. Die zeichnerische Verfolgung des Verlaufes solcher windschiefer Strahlen ist recht umständlich, wir wollen darauf nicht näher eingehen. Die Durchrechnung stellt ebenfalls einen übermäßig großen Arbeitsaufwand dar.

Dagegen kann die Durchzeichnung des rückwärts verfolgten sagittalen Bildpunktes zum Filmpunkt $x_\varkappa y_\lambda$ auf dem Schwerstrahl in bekannter Weise durchgeführt werden. Auf Grund dieser Durchzeichnung läßt sich der sagittale Abbildungsmaßstab β'_{Bs} zwischen Filmraum und Leuchtfeldraum für die Abbildung auf dem Schwerstrahl rechnerisch bestimmen und somit angenähert auch die sagittale prozentuale Ausleuchtung des Pupillenbildes im Leuchtfeldraum durch das Leuchtfeld. So gewinnen wir Abb. 3.

Durch maßstäbliches Aufzeichnen und Planimetrieren läßt sich dann im Leuchtfeldraum das Verhältnis

$$\nu_{\varkappa\lambda} = \frac{F_{B\,eff\,\varkappa\lambda}}{F_{B\,\varkappa\lambda}}$$

bestimmen.

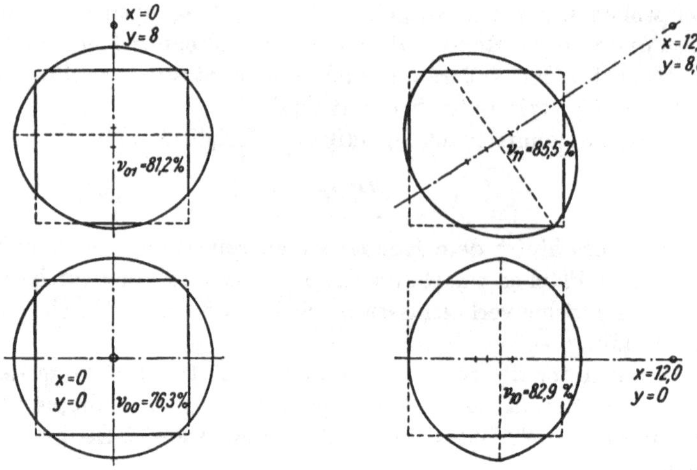

Abb. 3. Pupillenbilder mit Leuchtfeldraum

Bemerkung:

In manchen Fällen, wenn sehr große Schnittweiten auftreten, wird es sich empfehlen, diese durch Durchrechnung zu bestimmen, um β'_{Bs} mit einiger Sicherheit zu bekommen.

Für die praktische Ermittlung des Wirkungsgrades η des Beleuchtungssystems kann folgende Vereinfachung der obigen Formel vorgenommen werden:

Es sei $\mu_{\varkappa\lambda} = \frac{F_{B\varkappa\lambda}}{F_{BOO}}$ ein Maß für das Verhältnis der (abgeschatteten) Pupille zum Punkt $P_{\varkappa\lambda}$ zur Pupille zum Mittelpunkt. Weiterhin sei, wie schon eben angegeben $\nu_{\varkappa\lambda} = \frac{F_{Beff\varkappa\lambda}}{F_{B\varkappa\lambda}}$ ein Maß für die Ausleuchtung der filmseitigen Pupille zum Punkt $P_{\varkappa\lambda}$ durch das Wendelbild. Dann ist nach Kürzung durch F_{BOO}

$$\eta = \frac{\sum\limits_{\varkappa=-k}^{+k} \sum\limits_{\lambda=-l}^{+l} \frac{k^2}{[(x_{\varkappa\lambda} - x_{B\varkappa\lambda})^2 + (y_{\varkappa\lambda} - y_{B\varkappa\lambda})^2 + k^2]^2} \mu_{\varkappa\lambda} \cdot \nu_{\varkappa\lambda}}{\sum\limits_{\varkappa=-k}^{+k} \sum\limits_{\lambda=-l}^{+l} \frac{k^2}{[(x_{\varkappa\lambda} - x_{B\varkappa\lambda})^2 + (y_{\varkappa\lambda} - y_{B\varkappa\lambda})^2 + k^2]^2} \mu_{\varkappa\lambda}}$$

Dabei kann also angenommen werden, daß $\nu_{\varkappa\lambda}$ im Raum des Leuchtfeldes den gleichen Wert hat wie im Raum des Filmes.

5. Bestimmung der den einzelnen Punkten $P_{\varkappa\lambda}$ der Filmebene zugeordneten (abgeschatteten) Pupillen

Die Bestimmung der meridionalen Ausdehnung der Pupillen des Projektionsobjektives ist an Hand geeigneter graphischer Darstellungen der Verhältnisse im Meridionalschnitt leicht durchführbar. Der Verfasser hat in dem „Lehrbuch für den Optikkonstrukteur“ Bd. I die Methoden ausführlich dargelegt. Daher seien diese an Hand von Abb. 4 nur kurz beschrieben.

Aus Gründen, deren Darlegung hier zu weit führen würde, wird als Abszisse zur Darstellung der Meridionalstrahlen der Wert tan σ [1]) im Filmraum verwendet.

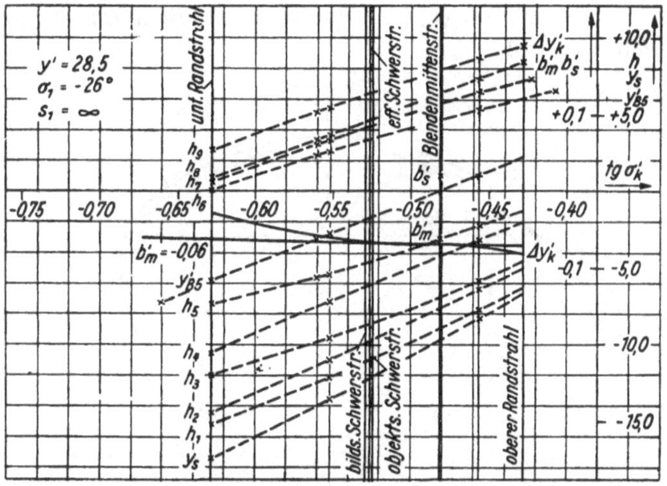

Abb. 4. Kurve der Queraberration für ein Biometar 2,8/58

Hierüber werden nun die Werte der Flächenhöhen h_1 bis h_k[2]) als annähernd geradlinige Kurven aufgetragen. Durch Eintragung der freien Durchmesser der k Flächen ergeben sich dann der untere und obere Randstrahl als gerade noch hindurchgehende Strahlen. Durch Mittelung der Werte tan σ'_o und tan σ'_u ergibt sich der filmseitige Schwerstrahl. Trägt man weiterhin über tan σ' auch y'_S, die Koordinate in der Scheitelebene im Schirmraum auf, so kann durch Mittelung der Werte y_{So} und y_{Su} für oberen und unteren Randstrahl der schirmseitige Schwerstrahl bestimmt werden. Beide Schwerstrahlen fallen erfahrungsgemäß auf Grund der Pupillenaberration nicht zusammen. Man kann soweit dies erforderlich ist, durch nochmalige Mittelung zwischen beiden den effektiven Schwerstrahl bestimmen.

Die exakte Bestimmung der Flächen der Pupillen erfordert die Durchrechnung windschiefer Strahlen und die Bestimmung der Durchstoßungskoordinaten in den einzelnen Flächen. Diese Werte fallen bei uns im VEB Carl Zeiss Jena bei der Objektivberechnung als Nebenergebnisse der Untersuchung des Korrektionszustandes des musterreifen Systems ab, wenn die entsprechenden Strahldurchrechnungen mit Hilfe der Oprema durchgeführt werden.

---

[1]) Für die Bezeichnungen ist die bei der Optik-Rechnung übliche Lichtrichtung vom Schirm zum Film zugrunde gelegt.

[2]) Die Anzahl k der Flächen des benutzten Projektionsobjektives darf nicht mit der für die Aufteilung der Filmnutzfläche in $(2k + 1) \cdot (2l + 1)$ Elemente verwechselt werden.

Näherungsweise kann die abgeschattete Pupille auch aus den ideal abgebildeten Luken durch Projektion von dem betreffenden Filmpunkt auf die filmseitige Pupille oder von dem entsprechenden Schirmpunkt auf die schirmseitige Pupille gewonnen werden. Untersuchungen haben in einem speziellen Fall (Projektionsobjektiv 1,8/50 für 35 mm Film) gezeigt, daß in diesem Falle die Fläche der so ermittelten paraxialen Pupille (a) 5,9% größer ist als die durch windschiefe Strahlen ermittelte (s. Abb. 5).

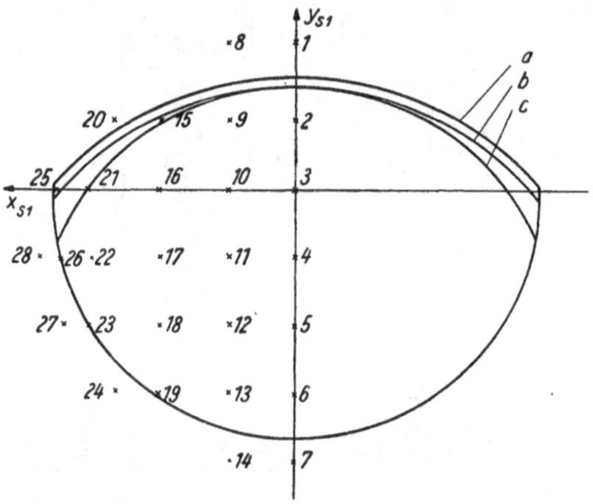

Abb. 5. Zur Bestimmung der abgeschatteten Pupille

Eine bessere Näherung ergibt sich bereits, wenn nur die Abschattung im Meridionalschnitt berücksichtigt wird und die Luke als konzentrischer Kreis zur idealen Luke mit dem der meridionalen Abschattung entsprechenden Kreis bestimmt wird. Die so bestimmte Fläche ist nur etwa 2,6% größer als die exakt bestimmte.

Bemerkung:

In dem vorliegenden Beispiel wurde die schirmseitige Pupille bestimmt.

An Hand von Tab. 1 zeigen wir den Gang der Rechnung an einem Beispiel.

7. Zusammenfassung

Nach der in Wien vom Verfasser angegebenen Definition des Wirkungsgrades η eines Beleuchtungssystems für eine Projektionsoptik ist dieser abgesehen von Potenzen von cos σ durch das Verhältnis der effektiven Pupille, d. h. des Teiles der Pupille, der mit Licht normaler Leuchtdichte ausgefüllt ist, zur gesamten – abgeschatteten – Pupille der verschiedenen Filmpunkte bestimmt. Dieses Verhältnis kann angenähert auf Grund von sehr einfachen Durchzeichnungen von Meridionalstrahlen und des sagittalen Bildpunktes im Raum des Leuchtfeldes vor dem Kondensor bestimmt werden. Die abgeschatteten Pupillen, die zu den einzelnen Filmpunkten gehören, können mit ausreichender Genauigkeit aus idealen Abbildungen der Luken, die auf Grund des tatsächlichen Verlaufs der Meridionalstrahlen korrigiert sind, ermittelt werden.

VEB Carl Zeiss JENA

Wirkungsgrad „η_{Bel}"

x	y	x_B	y_B	$(x-x_B)^2$	$(y-y_B)^2$	[ ]	$[\ ]^2$	$\frac{k^2}{[\ ]^2}$	μ	$\frac{k^2}{[\ ]^2}\mu$	ν	$\frac{k^2}{[\ ]^2}\mu\nu$	*Gewicht*
0	0	0	0	0	0	$1{,}1800 \cdot 10^4$	$1.3900 \cdot 10^8$	$0.848 \cdot 10^{-4}$	1,000	$0.848 \cdot 10^{-4}$	0,77	$0.655 \cdot 10^{-4}$	$\times 1$
0	8	0	0	0	64	$1{,}1864 \cdot 10^4$	$1{,}408 \cdot 10^8$	$0.838 \cdot 10^{-4}$	0,895	$0{,}750 \cdot 10^{-4}$	0,82	$0{,}615 \cdot 10^{-4}$	$\times 2$
12	0	0	0	144	0	$1{,}1944 \cdot 10^4$	$1{,}43 \cdot 10^8$	$0{,}824 \cdot 10^{-4}$	0,865	$0{,}712 \cdot 10^{-4}$	0,825	$0{,}587 \cdot 10^{-4}$	$\times 2$
12	8	0	0	144	64	$1{,}2008 \cdot 10^4$	$1{,}446 \cdot 10^8$	$0.816 \cdot 10^{-4}$	0,85	$0{,}693 \cdot 10^{-4}$	0,85	$0{,}589 \cdot 10^{-4}$	$\times 4$
									Σ	$6{,}544 \cdot 10^{-4}$		$5{,}415 \cdot 10^{-4}$	$\eta = 0{,}828$

$k = 1.088 \cdot 10^2 \quad ; \quad k^2 = 1{,}18 \cdot 10^4$

Tab. 1

O. MEISSER, Freiberg/Sa.

Schwingungen aller Wellenlängen des Erdkörpers[1])

Im nachstehenden Referat möchte ich einige Besonderheiten der seismischen Wellenausbreitung vom physikalischen Standpunkte mitteilen. Das Tagungsthema „Optik aller Wellenlängen" wird somit durch die auf und in dem Erdkörper auftretenden Wellenlängen λ von cm-Größe bis zu Tausenden von km erweitert [1].

Die Geophysik beschäftigt sich mit den physikalischen Konstanten und mit dem physikalischen Verhalten unseres Erdkörpers. Aus dem gegenwärtigen Internationalen Geophysikalischen Jahr (IGJ) sind in erster Linie die überaus bedeutenden Erfolge bei der Erforschung der Hoch- und Höchstatmosphäre durch die Anwendung von Raketen und Erdsatelliten bekannt. Diese Verfahren gestatten, uns sonst nicht zugängliche Teile der Lufthülle und wohl auch von Teilen des benachbarten Weltenraumes unmittelbar mit entsprechenden Meßinstrumenten zu erforschen.

Für die feste Erde benötigen wir jedoch zur physikalischen Erforschung andere Methoden, da durch das Höhenrelief der Erdoberfläche nur etwa 20 km vertikal zugänglich sind. Auch die derzeitige mechanische Bohrtechnik kommt über 6 bis 7 km noch nicht hinaus, obgleich an Theorien gearbeitet wird, wie eine Bohrtiefe von 15 km erreicht werden kann.

Für die Erforschung des Erdinnern stehen die klassischen Integralverfahren: Gravimetrie, Erdmagnetik, Geoelektrik, Geothermie und Radioaktivität mit ihren stationären Verhältnissen, mit den Ausgangswerten in der Umgebung der Erdoberfläche und mit theoretischen Ansätzen für den Verlauf ihrer entsprechenden Größen im Erdinnern zur Verfügung. Neben dieser „statischen Betrachtung" können durch eine verfeinerte Meßtechnik und eine weltweite Verdichtung des Feldverlaufes an der Erdoberfläche über das Studium der zeitlichen Variationen mit ihren verschiedenen Frequenzen (z.B. Erdmagnetismus Bruchteile von Sekunden bis 10000 Jahre) auch die Tiefenbereiche bis zur Erdmitte mit erschlossen werden.

Eine ins einzelne gehende Strukturanalyse des Erdaufbaues gestattet aber erst das Impuls- und Wellenverfahren der Seismik. Die Energiequellen sind für geringere Tiefenwirkung Explosionen, Gebirgsschläge oder Schwingmaschinen, die größeren Tiefenwirkungen ermöglichen Atomexplosionen, Erdbeben, Ebbe und Flut der festen Erde und für die Kontinentalschichten die mikroseismische Unruhe.

Physikalisch haben wir es in der Seismik mit denselben Gesetzen und Verhältnissen zu tun wie bei der Werkstoffprüfung mit Schall. Hier treten nur gemäß den Dimensionen der Erde bzw. ihrer Teile entsprechend größere Wellenlängen auf.

---

[1]) Dieser Vortrag wurde nicht gehalten.

Die Grundkonstanten für einen elastischen Erdkörper gemäß dem HOOKEschen Gesetz (erste Näherung!) können im Laboratorium nach den bekannten Methoden statisch bestimmt werden (E Elastizitätsmodul, G Schubmodul oder LAMÉsche Konstanten: λ, μ oder POISSONsche Konstante σ und Kompressibilität k). Für die größeren Teile der Erde könnte man eine Belastung durch eine Talsperrenfüllung, durch eine Kippenaufschüttung oder durch meteorologische Luftkörper für sehr feine Durchbiegungsmessungen benutzen. Die Gesamterde wird über die wechselnde Gravitation der Sonne und des Mondes als Gezeitenerscheinung der festen Erde deformiert.

Die Wellenerscheinungen in einem elastischen Körper werden durch die bekannte Gleichung

$$\varrho \frac{\partial^2 \mathfrak{r}}{\partial t^2} = \mathfrak{F} - b^2 \operatorname{rot} \operatorname{rot} \mathfrak{r} + a^2 \operatorname{grad} \operatorname{div} \mathfrak{r}$$

für ein homogenes Medium beschrieben, wobei bedeuten:

$\mathfrak{r}$ die Verschiebung aus der Gleichgewichtslage,

ϱ die Dichte und

$a^2 = \varrho \cdot v_l = \lambda + 2\,\mu$ $\quad v_l$ die longitudinale Wellenfortpflanzungsgeschwindigkeit,

$b^2 = \varrho \cdot v_{tr} = \mu$ $\quad v_{tr}$ die transversale Wellenfortpflanzungsgeschwindigkeit

und $\mathfrak{F}$ die äußere Volumenkraft. Die entsprechenden „charakteristischen Gleichungen" ergeben für ein homogenes Medium Wellen, die sich mit den Geschwindigkeiten v_l und v_{tr} als Körperschall bzw. als Scherungswellen fortpflanzen. An einer Grenzfläche treten die üblichen Erscheinungen von Brechung und Reflexion der einfallenden Welle mit ihren Aufspaltungen in Wechselwellen auf.

Auch in der Seismik hat, wie in der Optik, die geometrische Wellenausbreitung eine breite Entwicklung im Laufe der letzten 50 Jahre erfahren. Die Anwendbarkeit der seismischen Strahlbetrachtung

$$\delta \int \frac{ds}{v} = 0\,, \tag{1}$$

wobei ds ein Element des Wellenstrahls und v die Wellengeschwindigkeit bedeuten, ist nur gültig, solange die Wellenlänge λ an einer ebenen Grenzfläche mit der dazu vertikalen (z) Geschwindigkeitsänderung $\frac{dV}{dz}$ der Ungleichheit [2] genügt

$$\frac{1}{2\pi} \cdot \frac{1}{V} \cdot \frac{dV}{dz} \ll 1/\lambda \tag{2}$$

oder der Krümmungsradius ϱ einer Strahlbahn beim Einfallswinkel i der der Gl. (2) analogen Bedingung

$$\frac{1}{\varrho} \ll \frac{2\pi \sin i}{\lambda} \tag{3}$$

entspricht. Diesen Bedingungen genügen weitgehend die Gegebenheiten der geometrischen Seismik im Erdinnern. In den obersten Krustenschichten, wo eine relativ starke vertikale Geschwindigkeitszunahme bis zu etwa 30 km Tiefe von 1 km/s bis zur MOHOROVIČIĆschicht mit etwas über 8 km/s vorhanden ist, befriedigen die Kriterien Gl. (2) und Gl. (3) nicht, obwohl der Mechanismus der geometrischen Wellenausbreitung — weniger für die Energiebetrachtungen im allgemeinen — bei den geometrischen Auswertungen recht brauchbar ist und einer beachtlichen Industrie die Grundlage gibt.

Die geometrische Seismik ergibt aus (Gl. 1) das übliche sin-Brechungsgesetz. Die Strahlgleichung läßt sich für ein homogenes Medium schreiben als

$$\frac{\sin i}{v} = \text{const} = C \tag{4}$$

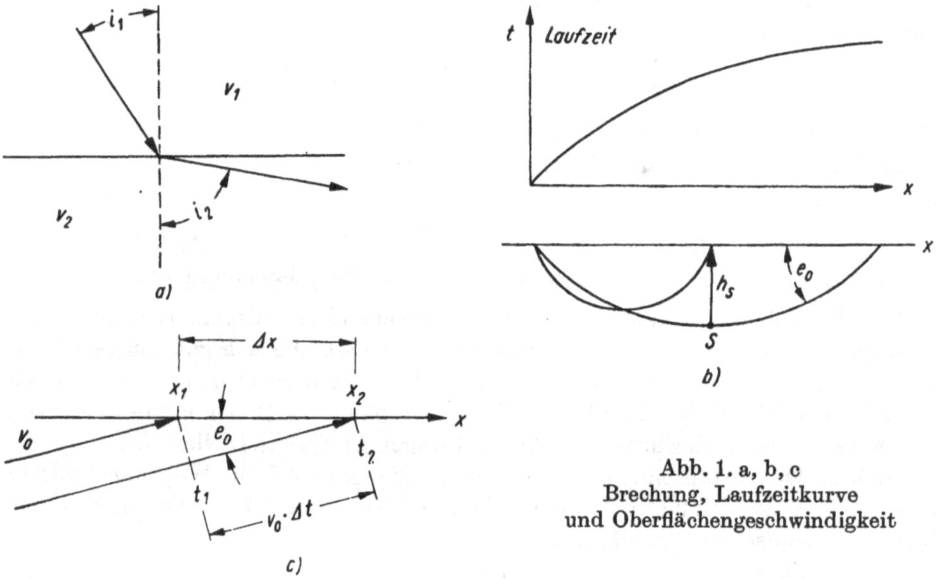

Abb. 1. a, b, c
Brechung, Laufzeitkurve
und Oberflächengeschwindigkeit

wobei i der Einfallswinkel zwischen der Vertikalen und dem Strahl ist. Der Bahnkrümmungsradius ϱ ist

$$\varrho = C \cdot \frac{dV}{dz} \,. \tag{5}$$

Eine dreistufige Anwendung von Gl. (4) gibt in einem homogenen Medium folgende Beziehungen: (Abb. 1 a-c)

1. an der Erdoberfläche, unter Einführung des zu i komplementären Emergenzwinkels e_0 ist für die Geschwindigkeit an der Oberfläche

$$C = \frac{\cos e_0}{v_0}$$

2. im Scheitel S der Bahn wird wegen der Symmetrie $i_S = 90^0$ und der Geschwindigkeit v_S im Scheitelpunkt

$$C = \frac{1}{v_S}$$

3. bei einer gegen die Erdoberfläche einfallenden ebenen Welle wird auf eine horizontale Erstreckung Δx der Welleneinsatz mit der Zeitdifferenz Δt beobachtet

$$C = \frac{\Delta t}{\Delta x}.$$

Somit läßt sich über die Tangente an eine Laufzeitkurve, die längs der Erdoberfläche aufgenommen wird, nach der Strahlgleichung (4)

$$\frac{\sin i}{v} = \frac{\cos e_0}{v_0} = \frac{1}{v_s} = \frac{\Delta t}{\Delta x} = C \qquad (6)$$

die Scheitelgeschwindigkeit für die maximale Eintauchtiefe eines Strahles ermitteln. Auch die Eintauchtiefe h_S wird über eine Integralgleichung gemäß der Lösung von Wiechert-Herglotz bestimmt. Diese für die Wellenausbreitung im Erdinnern und auch für die in der Luft (Luftseismik, Ionosphärenforschung) ganz allgemeinen Gesetze haben über das seismische Weltstationennetz für direkte, reflektierte und gebrochene Wellenarten eine Fülle von Laufzeitkurven ergeben. Man hat mit dieser Laufzeitkurvenseismik den Aufbau des Erdinnern studiert. Die geographische Verteilung der Erdbebenherde für eine seismotektonische Weltkarte ist ein solches Ergebnis, ferner läßt sich auch die Herdlage nach der Tiefe (bis 720 km festgestellt!) ermitteln.

Die Grenzen der geometrischen Seismik liegen bei Energiebetrachtungen. Hier muß man beim Auftreffen eines Wellenstrahles unter dem Grenzwinkel i_G

$$\sin i_G = v_1/v_2 \qquad (7)$$

beachten, daß geführte Wellen auftreten. Diese kann man am Modell einer Grenzfläche zwischen Flüssigkeit (Schallgeschwindigkeit v_F) und einer ebenen Gesteinsseite (v_{Gl}, v_{Gtr}) mittels Schlierenaufnahme nach üblichen Verfahren sichtbar machen und zur Konstantenbestimmung über die Winkel α und β der konischen Wellenfronten benutzen nach (Abb. 2)

$$v_{Gl} = \frac{v_F}{\sin \alpha} \quad \text{und} \quad v_{Gtr} = \frac{v_F}{\sin \beta}. \qquad (8)$$

Die strenge physikalische Berechnung dieser Grenzwelle, vor allen Dingen hinsichtlich ihrer Energiebeträge, stellt seit Sommerfeld auch heute noch für die Seismik ein recht interessantes Problemgebiet dar, das noch nicht als abgeschlossen betrachtet werden kann.

Eine Betrachtung der physikalischen Grundgleichungen der Elastizitätstheorie benötigt man für den Herdvorgang, um die Verteilung der einzelnen Wellenanteile nach Größe und insbesondere nach Richtung zu berechnen.

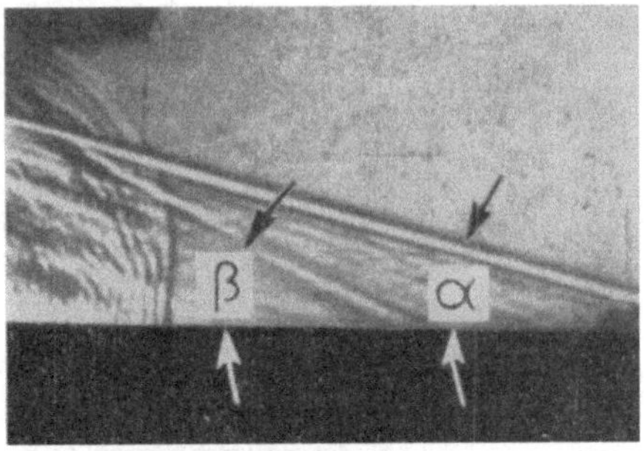

Abb. 2. Grenzflächenwelle an einer Granitprobe mit den Kopfwellen (α, β) im Wasser [8]

Auch die Errechnung der Gesamtenergie eines Erdbebens (Größenordnung maximal bis 10^{25} erg, Atombombe Hiroshima-Typ $8 \cdot 10^{20}$ erg) ist nur noch bis auf einige Zehnerpotenzen theoretisch unsicher.

Die Behandlung unserer Erde als elastisches Kontinuum bringt bei Schichtung durch die Einführung von Grenzflächen neue Wellentypen, die als eine Kombination von Longitudinal- und Transversalwellen aufgefaßt werden können. Charakteristisch sind ihre Schwingungsrichtungen im Verhältnis zur Fortpflanzungsrichtung, ihre Amplitudenverhältnisse und ganz wesentlich ihre Dispersion. Durch die Dispersion treten bei der Ausbreitung Wellengruppen auf, ihre Gruppengeschwindigkeit U hängt mit der Phasengeschwindigkeit v und der Wellenlänge λ bekanntlich nach

$$U = v - \lambda \frac{\partial v}{\partial \lambda} \tag{9}$$

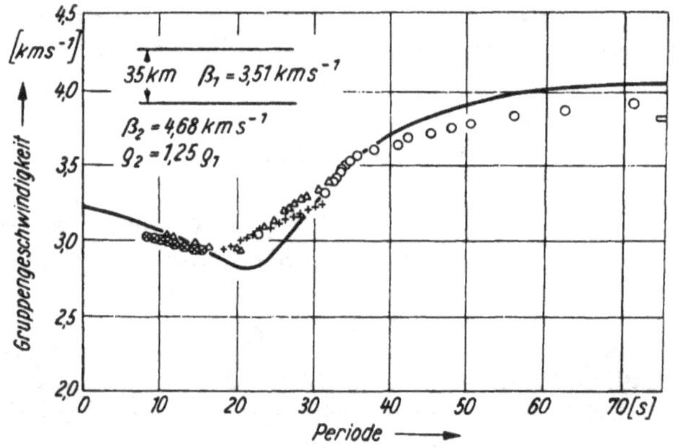

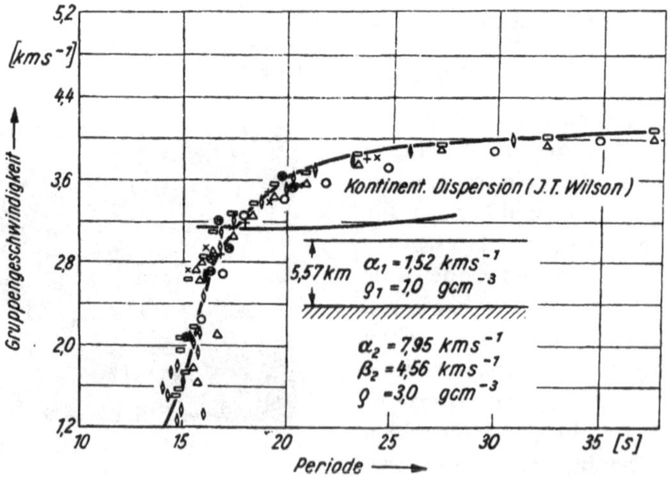

Abb. 3a, b. Dispersionskurven von kontinentalen und ozeanischen Rayleighwellen nach [9]

zusammen. Theoretisch lassen sich die Dispersionsgleichungen für v als Funktion der elastischen Konstanten der Medien und des Parameters (Schichtdicke: Wellenlänge) ermitteln. Das experimentelle Studium der Abhängigkeit der Gruppengeschwindigkeit von der aufgezeichneten Bodenperiode hat zu einer neuen Methode geführt, indirekt die Dicke der schwingenden Schichten unserer Erdkruste (Kontinent, Ozeanboden) und bis zur Größe des Erdmantels zu ermitteln. Die dabei auftretenden Wellen (Rayleigh, Love, Stoneley, ...) erfordern theoretisch umfangreiche Betrachtungen und teilweise eine Auswertung mit elektronischen Rechenhilfsmitteln. Bereits frühzeitig (Love 1911) errechnete man die Eigenschwingung einer elastischen Kugel, um aus dem Vergleich mit dem experimentellen Befund in der Größenordnung von etwas weniger als 1 Stunde für die Grundschwingung auf die Righeit μ eines vorgegebenen Erdmodells zu schließen. Selbstverständlich kommen auch periodische Änderungen im Rotationsmechanismus der Erde hierfür mit in Betracht (Rotationsdauer, Polverlagerungen) [6], [7].

Nach diesen Hinweisen auf die umfassenden theoretischen Grundlagen der einzelnen Ergebnisse einer stark vereinfachten Elastizitätstheorie und einer weitgehenden rein geometrischen Näherung in bezug auf die Dimensionen der Erde und ihrer Teilschichten besteht ein weiteres interessantes Problem, wie diese an und für sich relativ kleinen Deformationen (Erddurchmesser 12600 km, Deformationen 0,5 m bis herab zu einigen 1/1000 mm) aufgezeichnet werden können.

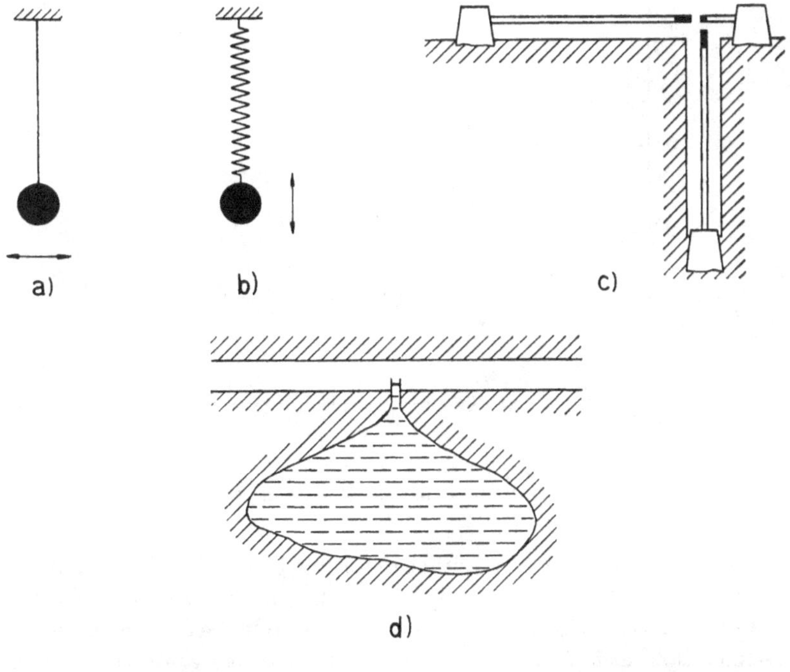

Abb. 4. Seismometerpendel (a, b), Strainseismometer (c) und div-Seismometer (d)

Zur Bestimmung von relativen Bodenbewegungen steht das Pendel zur Verfügung. In erster Näherung lassen sich durch Komponentenanordnung getrennt die horizontalen und vertikalen Verrückungen entsprechend dem Verhältnis Pendelperiode zu Bodenperiode nach Betrag, Geschwindigkeit oder Beschleunigung feststellen. Hier gelten zunächst weitgehend die Beziehungen, die sich aus den Gesetzen für einen linearen Oszillator bei erzwungenen Schwingungen ableiten lassen. Auch die weiteren Einflüsse der Koppelung von Seismometer und Boden muß man berücksichtigen.

Die Meßtechnik gibt beim heutigen Stand drei Beobachtungsverfahren an:

1. Das Pendel, in den entsprechenden Seismometerformen für Wellenlängen λ von cm-Größenordnung bis zu 10000 km, je nach Konstruktion,
2. das Strainseismometer bzw. die Extensometer, um Punktverschiebungen zu bestimmen,
3. das div-Seismometer zum Studium auch der Gesamtdeformation.

Alle Pendel genügen hinsichtlich ihres Nullpunktes der Beziehung

$$\mathrm{d}a = \mathrm{V} \cdot \mathrm{L} \cdot \begin{cases} \mathrm{d}i & \text{für horizontale Komponente} \\ \dfrac{\mathrm{d}g}{g} & \text{für vertikale Komponente,} \end{cases} \qquad \mathrm{I} = \mathrm{V} \cdot \mathrm{L}$$

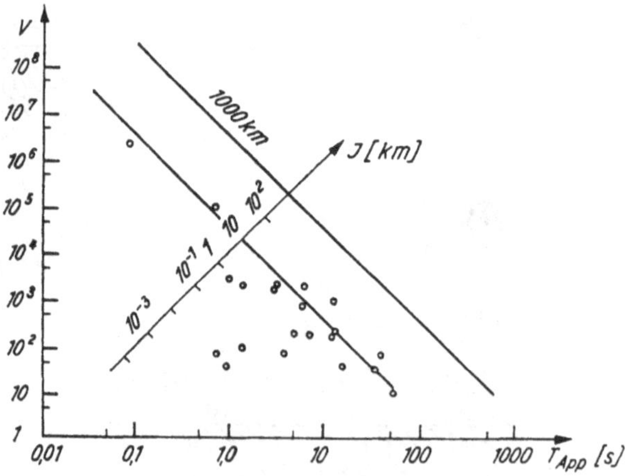

Abb. 5. Vergrößerung V, Apparateeigenperiode T_{App} und Indikatorlänge I [km] bei gebräuchlichen Seismometertypen

wobei der Ausschlag da für eine Neigungsänderung di bzw. für eine relative Schwereänderung dg/g steht [3]. V ist die Vergrößerung (mechanisch, optisch, elektrisch) und L die aus der Schwingungsdauer berechnete reduzierte Pendellänge. Die Indikatoılänge I läßt sich über alle Frequenzbereiche bis etwa 10 km aber kaum über 100 km (= 10^8 mm) wählen, da sich wegen der Grenze der Bodenstabilität, mangelnder Temperaturkonstanz und sonstiger Störeinflüsse auch in temperaturkonstanten Räumen keine hinreichende Nullpunktsstabilität erreichen läßt. Man benutzt daher die 1911 von Galitzin eingeführte induktive Registriermethode, indem die Bewegungen eines Seismometers induktiv mittels Galvanometer aufgezeichnet werden. Bei entsprechender Konstruktion können so die unvermeidlichen Nullpunktsschwankungen eliminiert werden. Zudem wirkt dieses System als geeignetes Filter [4].

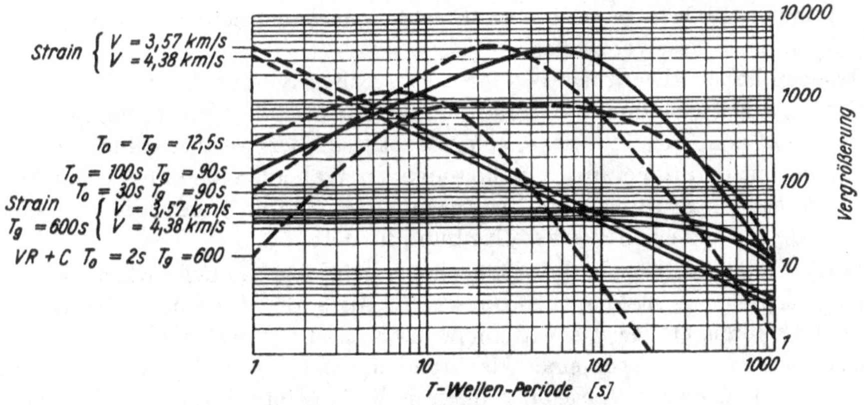

Abb. 6. Langperiodenfrequenzcharakteristiken (T Bodenwellenperiode) von Strainseismometer (für V Phasengeschwindigkeit) und Galitzinanordnungen (T_0 Pendelperiode, T_g Galvanometerperiode), VR + C magnetischer Geber mit dem Galvanometer parallelgeschaltetem Kondensator nach [4].

Die Empfindlichkeit der Pendel ist dem Quadrat der Schwingungsdauer (T) proportional. Um langperiodische Pendel bei kleinen Abmessungen konstruieren zu können, wird die Direktionskraft mittelbar oder durch Einführung einer astasierenden Gegenkraft beachtlich klein gehalten (Horizontalpendel T bis mehrere Minuten erreichbar, Vertikalpendel mit Ewing-Astasierung bis $^1/_2$ Minute).

Während es kein Problem ist, bei schnellen Bodenfrequenzen (Größenordnung 100 Hz) Vergrößerungen bis $10^7 \ldots 10^8$ zu erreichen, hat man mit langen Perioden (Tage) erst in jüngster Zeit weitere Fortschritte erzielt (Horizontalpendel, Doppelhorizontalpendel Neigungsänderungen bis $10^{-4''}$ möglich, dg bis $10^{-9}\,g$ stationär, bis $10^{-8}\,g$ transportabel!).

Das Strainseismometer mißt ebenso wie das Extensometer die Verschiebung von horizontal auseinanderliegenden Punkten oder auch von solchen, die vertikal übereinander liegen. Die bisher erreichte Genauigkeit von 10^{-8} mit etwa 25 m langen Quarzstangen oder Invardrähten wird auf etwa 10^{-9} angestrebt.

Das div-Seismometer mit einem unterirdischen Volumen hat bereits in den letzten Jahren beachtliche Hinweise gegeben, die Deformation der Erdkrustenanteile sowohl für seismische wie für die längerperiodischen Erdgezeitenbeobachtungen weiter nutzbar zu machen.

Die vorstehenden nur kurzen Andeutungen erfordern aber noch eine wichtige Ergänzung über technische Anwendungsmöglichkeiten.

Die Impulsseismik, die mittels Erdbeben das gesamte Erdinnere erforscht, hat seit etwa 40 Jahren, durch die Arbeiten von L. Mintrop in Deutschland bergmännisch orientiert, eine seismische Erkundungstätigkeit mit hochentwickelter Technik in allen Teilen der Erde sich entwickeln lassen. Diesem Umstand haben wir in erster Linie die weltweite Erschließung von neuen Erdölvorkommen (in 6,5 km Tiefe!) zu verdanken.

Daneben haben alle Arbeitsverfahren der großen Seismik heute hoffnungsvolle Ansätze zur Entwicklung von Verfahren zur seismischen Untersuchung des Baugrundes und zum Studium des Gebirgsdruckes in Bergwerken gefunden, so daß man auch mit den dabei in Frage kommenden Wellenlängen entsprechende seismisch-akustische Prüfungen am Anstehenden ausführen kann, wie bei der entsprechenden akustischen Werkstoffprüfung im Labor.

Es ist selbstverständlich, daß die Geologie beim Aufbau der Erdkruste für ihre Tiefengeologie neue Erkenntnisse gewinnt. Auch die Festkörperphysik ist an unseren Ergebnissen für das Erdinnere interessiert, da wir von seiten der Geophysik noch weit entfernt sind, klar abgeschlossene, physikalisch einwandfreie Vorstellungen über die Auslegung unserer Meßergebnisse für das Erdinnere zu haben.

Schließlich sei noch auf eine Beziehung der hier behandelten Probleme zu früheren Arbeiten in Jena hingewiesen.

Dieser Vortrag war für die Tagung „Optik aller Wellenlängen" in Jena vorgesehen, weil in dem Jenaer physikalischen Kolloquium von Max Wien fast auch immer von mir ein ähnlicher entsprechender Beitrag gegeben wurde. Auch möchte ich mit diesem Beitrag meinen damaligen Lehrer ehren.

Darüber hinaus hat Jena gerade auf dem Gebiete der Deformationsmessungen der Erde eine alte Tradition. Schon Abbe hatte Interesse daran, die Deformation der Lotlinie zu messen. Diese Pläne wurden von Straubel auf der Sternwarte durch den Bau eines 9 m langen Zenithteleskopes und einer unterirdischen Kammer im Buntsandstein für Interferenzneigungsmessungen in die Wege geleitet. Beide Apparate, wenn auch nicht voll betriebsfertig, habe ich als junger Assistent 1923 auf der Sternwarte noch vorgefunden [5].

Weiter hat das wissenschaftliche Interesse an den seismischen Erscheinungen dazu geführt, daß durch Straubel bereits seit 1904 eine Erdbebenstation auf der Sternwarte hier eingerichtet wurde. Das von Straubel 1906 konstruierte Vertikalseismometer ($T = 6s$, $V \approx 2000$ fach) ist für die damalige Zeit eine außerordentliche hohe Leistung. Dieses wissenschaftliche Interesse von Straubel hat auch dazu geführt, daß O. Hecker, von Straßburg kommend, nach 1920 hier mit Hilfe der Zeiss-Stiftung das heute hier bestehende Akademieinstitut für Bodendynamik und Erdbebenforschung als damalige Reichszentrale, später Reichsanstalt für Erdbebenforschung am 1. 10. 1923 errichten konnte.

Die fruchtbare wissenschaftliche und auch überaus erfolgreiche technische Entwicklung der „seismischen Optik“ in der Zwischenzeit lassen diese Arbeiten und die Gründungen unserer damaligen Vorgänger hier in Jena als außerordentlich weitsichtige Schritte erscheinen.

In diesem Sinne sei ehrend ihres Wirkens von dieser Stelle mit gedacht.

Freiberg/Sa. Institut für Angewandte Geophysik an der Bergakademie

Zusammenfassung

Es werden die seismischen Schwingungen aller Wellenlängen einschließlich der Gezeiten des festen Erdkörpers nach theoretischen Grundlagen, moderner Meßtechnik, bisher gewonnenen Beobachtungen der Ergebnisse und Auswertung für den Aufbau der Erde, für das elastische Verhalten der Erde und für wirtschaftliche Anwendung zusammenfassend dargestellt.

Literatur

[1] Richter, C. F., Elementary Seismology, San Francisco, W.H. Freeman and Comp., 1958, S. 768.
[2] Fu, C. Y., On seismic rays and waves (part one) Bull. Seismol. Soc. Am. **37**, 331 (1947).
[3] Meisser, O., Praktische Geophysik, Dresden und Leipzig, Verl. Th. Steinkopff, 1943, S. 368.
[4] Benioff, H., und Press, F., Progress Report on Long Period Seismographs, The Geophys. Journ. Royal Astron. Soc., Vol. **1**, 208 (1958).
[5] Auerbach, F., Ernst Abbe, Leipzig, Akad. Verlagsges., 1918.
[6] Melchior, P. J., Earth Tides. Advances in Geophysics, Vol. 4, Academic Press, New York, 1958, S. 391—443.
[7] Tomaschek, R., Tides of the Solid Earth, Hdb. d. Physik, Bd. 48, Springer Verlag, Berlin, Göttingen, Heidelberg 1957, S. 775—885
[8] Vosahlo, H., Fortschritte beim Impulsschlierenverfahren, einem Hilfsmittel geophysikalischer Forschung und Praxis. Freiberger Forschungshefte C45 Geophysik, 1958, S.62—67.
[9] Ewing, W. M., Jardetzky, W. S., Press, F., Elastic waves in layered media. McGraw-Hill Comp., New York, Toronto, London, 1957, S. 380.

FSC
www.fsc.org
MIX
Papier | Fördert gute Waldnutzung
FSC® C083411

Kolibri 360 GmbH
Ferdinand-Jühlke-Straße 7
99095 Erfurt, Deutschland
produktsicherheit@kolibri360.de